MITTEILUNGEN

der

Geographischen Gesellschaft in Hamburg

Bd. XXXVIII.

Im Auftrage des Vorstandes herausgegeben

von

Prof. Dr. Bruno Schulz
Mitglied des Vorstandes.

Mit 8 Tafeln und 30 Textfiguren.

HAMBURG
L. Friederichsen & Co.
1927

Druck von J. J. Augustin in Glückstadt und Hamburg.

Vorwort.

In dem vorliegenden Bande XXXVIII der Mitteilungen der Geographischen Gesellschaft in Hamburg gelangen die ersten Berichte von F. Termer über seine nach Guatemala und Mexiko ausgeführte Forschungsreise zur Veröffentlichung. Das z. Zt. noch nicht abgeschlossene Unternehmen wird im Auftrage unserer Gesellschaft ausgeführt und von der Notgemeinschaft der Deutschen Wissenschaft unterstützt.

In seinem wesentlichsten Umfange ist der Band der Methode landschaftskundlicher Darstellung gewidmet. Nach einer einleitenden Abhandlung von S. Passarge werden in drei, im Geographischen Seminar der Hamburgischen Universität entstandenen Arbeiten Beispiele landschaftskundlicher Darstellung und Forschung auf Grundlage der Literatur bzw. der eigener Beobachtungen gegeben.

Die Arbeit von R. Lütgens ist eine weitere Frucht von seiner mit Unterstützung unserer Gesellschaft 1912/13 nach Haiti ausgeführten Studienreise (vergl. Mitt. der Geogr. Ges. Hamburg, Bd. XXXII).

Die letzte, von F. Termer verfaßte Veröffentlichung behandelt die heutigen wirtschaftlichen und sozialen Zustände in den mexikanischen Staaten Chiapas und Tabasco.

Von einem Abdruck des Mitgliederverzeichnisses ist in diesem Jahre mit Rücksicht auf den ohnehin großen Umfang des Bandes abgesehen worden, er wird im nächsten Bande erfolgen.

Wie in den Vorjahren ist die Geographische Gesellschaft auch in diesem Jahre der Notgemeinschaft der Deutschen Wissenschaft für Gewährung eines Zuschusses zu den Druckkosten der Mitteilungen zu Dank verpflichtet. Ebenso sei auch hier der Dank der Hamburgischen Universität ausgesprochen, die gleichfalls einen Betrag zu den Kosten des vorliegenden Bandes beisteuerte.

Die Zeichnungen sind im Seminar für Geographie hergestellt worden.

Hamburg, Mai 1927. Bruno Schulz.

Inhalt.

Termer, F., Dr.: Berichte über Reisen in Mittelamerika.
I. **Bericht über eine Reise durch das westliche Guatemala, Chiapas und Tabasco 1925/26** (mit 4 Abbildungen auf Tafel 1 und 2) 1
II. **Bericht über eine Reise durch die Sierra Madre Westguatemalas** 41

Passarge, S., Prof. Dr.: Das Problem landschaftskundlicher Forschung und Darstellung (Einleitung und Vorwort zu den drei folgenden Arbeiten von J. Stoltenberg, G. Niemeyer und K. Frenzel) 57

Stoltenberg, I., Dr.: Landschaftskundliche Gliederung von Paraguay (mit 12 Karten auf Tafel 3 und 2 Textfiguren) 69

Niemeyer, G., Dr.: Die südostspanische Steppe (mit 14 Karten auf Tafel 4 und 5 und 7 Textfiguren, sowie 6 Abbildungen auf Tafel 6, 7 und 8) mit einem Nachwort von **S. Passarge** (S. 214) 131

Frenzel, K., Dr.: Beiträge zur Landschaftskunde der westlichen Lombardei mit landeskundlichen Ergänzungen (mit 10 Textfiguren) 217

Lütgens, R., Dr.: Grundzüge der wirtschaftsgeographischen Entwicklung und Gliederung Haitis (mit 11 Textfiguren) 375

Termer, F., Dr.: Die gegenwärtigen wirtschaftlichen und sozialen Zustände in den mexikanischen Staaten Chiapas und Tabasco 405

Sitzungen und Veranstaltungen der Gesellschaft im Jahre 1926 424
A. Allgemeine Sitzungen 424
B. Fachsitzungen 434
C. Ausflüge 435
Bericht über die Bibliothek 435
Abrechnung der Kassenverwaltung für 1926 437

Verzeichnis der Tafeln.

Tafel 1: Abbildung 1: Blick auf das Indianerdorf San Juan Ixcoy.
„ 2: Sierrenzone von Zentralchiapas.
Tafel 2: Abbildung 1: Auf dem Marktplatz in Barillas.
„ 2: Opferstätte der Indianer von San Martin Chileverde.
Tafel 3: 12 Karten über die landschaftskundliche Gliederung von Paraguay.
Tafel 4: 6 Karten über die Niederschlagsverteilung in Südostspanien.
Tafel 5: 8 Karten zur landschaftskundlichen Gliederung von Südostspanien.
Tafel 6: Abbildung 1: Campo de Dalias, Sierra de Gador.
„ 2: Campo de Dalias, Rambla de Cañuelos.
Tafel 7: Abbildung 1: Campo de Dalias, Las Marinas.
„ 2: Flußbett des Rio Grande.
Tafel 8: Abbildung 1: Campo de Nijar. — Starke Quellansammlung.
„ 2: Campo de Nijar. — Esparto-Grasfeld.

Berichte über Reisen in Mittelamerika

von

Dr. **Franz Termer**, Würzburg

I. Bericht über eine Reise durch das westliche Guatemala, Chiapas und Tabasco 1925/26.

(Mit 4 Abbildungen auf Tafeln 1 und 2).

Wenn im Folgenden Berichte über Reisen in den Ländern Mittelamerikas gegeben werden, unternommen im Auftrage der Geographischen Gesellschaft in Hamburg und mit Unterstützung der Notgemeinschaft der deutschen Wissenschaft wie eines bekannten Hamburger Hauses, so kann es sich nur um solche vorläufiger Art handeln. Reiseeindrücke werden sie wiedergeben, während die wissenschaftlichen Ergebnisse erst nach Beendigung des Auslandsaufenthaltes zu bearbeiten und im Zusammenhange darzustellen sind. Handelt es sich doch dabei zum größten Teil um Probleme sowohl morphologischer wie anthropogeographischer Art, die erst in Verfolgung über größere Ländergebiete sich deutlicher herausheben und daher auch in diesem Sinne in Angriff genommen werden müssen. Bei dem schnellen Hinschwinden der Reste indianischen Volkslebens, seiner auf alt ererbten Anschauungen und Vorstellungen beruhenden Bräuche muß der Reisende namentlich in den entlegeneren Gebieten auch diesen Fragen Aufmerksamkeit schenken. So wird denn in den Berichten auch neben den geographischen auf ethnographische Tatsachen hingewiesen werden. —

Am 19. September 1925 hatte ich mich in Hamburg nach Puerto Barrios[1]) eingeschifft und war nach einer angenehmen Fahrt über Trinidad und Curaçao wie über die festländischen Häfen des Karaibischen Meeres am 25. Oktober auf dem Boden Guatemalas eingetroffen. Die ersten Wochen des Aufenthaltes im neuen Lande dienten kleineren Exkursionen nach Antigua und an die pazifische Küste, deren archäologische Verhältnisse nur zu sehr noch unbearbeitet geblieben sind. Neuere Funde auf dem Gebiet der Finca El Baul, die Stelen mit prächtig geschmückten Figuren im Mayastil sowie mexikanische und Mayadaten kennen lehrt, die zahlreichen Überreste einer hochentwickelten Keramik und ausgedehnte Pyramidenbauten kennzeichnen den Platz als ein altes bedeutendes Siedlungszentrum, in dem die mexikanischen oder Pipil- sich mit den Mayaelementen vermengt zu

[1]) Vergl. die im Verlag von L. Friederichsen & Co., Hamburg erschienene „Mapa del Estado de Guatemala“ im Maßstabe 1:400000, sowie Stielers Handatlas Blatt 101.

haben scheinen. Auch sonst finden sich an der Küste ausgedehnte Tumulusstätten, unter denen die größte in Caballo Blanco gelegen ist. Aber systematische Grabungen sind noch nirgends hier unternommen worden. Die bisherigen Ergebnisse zeigten in den oberflächlichen Schichten der Hügel regelmäßig Obsidiansplitter und Tonscherben, unter denen ich auch in Caballo Blanco solche mit Bemalungsspuren antraf. An der ganzen pazifischen Küste sind systematische Ausgrabungen zur Erkundung der alten Bevölkerungszusammenhänge in Mittelamerika dringend notwendig und dürften zu wertvollen Feststellungen führen.

Die in weitestem Umfange mir von der Centralamerican Plantation Corp. durch Vermittlung der Firma Schlubach, Sapper & Co. zur Verfügung gestellte Gastfreundschaft auf ihren Pflanzungen benutzend, hatte ich mich nach der Finca San Andres Osuna am Südabhang des Vulkans Fuego begeben, um dort die letzten Vorbereitungen für die erste größere Reise zu treffen. Der Plan war, zunächst das westliche Guatemala zu bereisen, insbesondere die wissenschaftlich unbekannten östlichen Teile der Altos Cuchumatanes näher kennen zu lernen, dann aber durch Zentral- und Nordchiapas nach Tabasco zu ziehen, wo die Kenntnis der mittel- und nordchiapanekischen Gebirge für die späteren Reisen im mittleren und östlichen Guatemala notwendig war. Ebenso erschien die Bekanntschaft mit den gegenwärtigen wirtschaftlichen und kulturellen Zuständen dieser Gegenden Südostmexikos wünschenswert. Auch konnte dann bequem ein Ausflug zu den Ruinen von Palenque und zum Usumacinta Fluß angeschlossen werden. Hinzugefügt mag sein, daß die Reise zum größten Teil zu Fuß zurückgelegt wurde, da nur Fußmärsche in den wenig übersichtlichen Gegenden Gelegenheit zu günstigen Beobachtungen bieten. —

Am 5. Dezember 1925 war ich in Begleitung des Malers Herrn Richard Sapper, mit Reit- und Packtieren von der Finca San Andres Osuna aufgebrochen. Über den Weiler Las Cruces und das Dorf Alotenango in der breiten Paßsenke zwischen den Vulkanen Fuego und Agua, in der sich ihre sanft geschwungenen schönen konkaven Hanglinien miteinander verschmelzen, erreichten wir die einem Guatemalteco gehörende Finca San Sebastian am Fuße des 3960 m hohen Vulkans Acatenango. Wir bestiegen von dort aus den Berg, der seit wenigen Jahren nach langer Ruhepause wieder lebhafte Fumarolentätigkeit zeigt, gerieten aber über Nacht in böses Wetter, das uns am folgenden Morgen wegen starken Sturmes und Nebels jede Beobachtung unmöglich machte. Vor Kälte zitternd, mißmutig und wenig vom Beginn der Reise erbaut, nahmen wir nordostwärts den Abstieg zu einer anderen Finca La Concepcion, wo inzwischen unsere Tiere eingetroffen waren und von wo wir ohne Aufenthalt noch am gleichen Abend bis zum Dorf Acatenango gelangten, das am Nordabhang des Vulkans inmitten von Agavenfeldern gelegen ist. Die Herstellung von Geflechten und Stricken aus den Fasern dieser Pflanze bildet im Ort die Hauptindustrie. Die Erzeugnisse werden von den Indianern meist nach der Hauptstadt zum Verkauf gebracht. Von hier aus ritten wir über das von tiefen Schluchten zerschnittene Hochland, das mit seinen schütteren Kiefernwäldern und den tief hängenden Wolken zu einem Vergleich mit deutschen Landschaften herausgefordert hätte, wären nicht die Vulkane und Agaven gewesen, die stets dem Bilde einen eigenen, amerikanischen Charakter verliehen. Nach Westen zu erreichten wir den Atitlan-See, der eine der malerischsten Szenerien in Guatemala bietet. Bei dem reizvollen kleinen Indioweiler Godinez sieht man unvermittelt 1000 m unter sich die blaue Fläche des weiten, durch vulkanische Vorgänge abgedämmten Wasserbeckens gegen Westen hin sich breiten, leicht von Winden gekräuselt, die durch schmale Täler fallwindartig von Norden und Nordosten her auf sie niederwehen. Im Süden umrahmen die Ufer mächtige, nicht mehr tätige Vulkane mit prachtvollen Kegelformen, der schlanke San Pedro, die mächtigen Gipfel des Toliman und des aschenbedeckten Atitlan. Einige Tage Verweilens in dieser anmutigen Gegend in dem kleinen Flecken Tzanjuyú benutzte ich zu einer Exkursion am Südufer, um dort die morphologischen und geologischen Verhältnisse besonders am Cerro de Oro näher zu studieren.

Wir entschlossen uns hier, an der in den Tagen des 18.—21. Dezember stattfindenden großen Fiesta der Indianer von Chichicastenango teilzunehmen, zu der von weit her die Eingeborenen zusammenzuströmen pflegen. Da die Zeit knapp war, so legten wir die Strecke im Automobil zurück. Es ist bezeichnend für den Fortschritt, den das Land in den letzten Jahren hinsichtlich seiner Verkehrsverhältnisse gemacht hat, daß man auf verhältnismäßig guten Wegen mit diesem modernen Verkehrsmittel vorwärts kommt. Die Zeitersparnis des Reisens dadurch ist beträchtlich. In Chichicastenango angelangt, wurden wir Zeugen interessanter Volksbräuche, die mit der Brujeria in Zusammenhang stehen, jenem eigentümlichen Gemisch aus christlichen und heidnischen Vorstellungen, das heute den „modernen“ Glauben der Indianer vorstellt. Im Dialekt, hier im Quiché, werden an den „Dios del Mundo“ Gebete gerichtet, wobei geweihte Kerzen als aus dem christlichen Kult übernommen, Kopalharz, Truthähne und Tauben neben Branntwein als aus dem alten heidnischen Kult stammend geopfert werden. Die Zauberpriester, Brujos, die sich in gute und schlechte, böse gliedern, nehmen diese Opfer vor, was an abgelegenen Stellen in Grotten oder Steinnischen, auch auf den Maisfeldern vorgenommen wird. Sie stehen bei ihren Stammesgenossen in hohem Ansehen und besitzen einen bedeutenden Einfluß, den sie bisweilen dem Weißen oder Ladino gegenüber in schädlicher Weise auszunützen verstehen. Hier in Chichicastenango war ich überrascht, diese Brujeria offen in der Kirche oder vor ihr bei Tag und Nacht anzutreffen. Auf einem in die Freitreppe der Kirche eingelassenen Herd brannte ununterbrochen das heilige Kopalfeuer. Das Fest wurde durch Maskentänze verschönt, die Szenen aus der Konquista vorstellten. Die Masken waren aber modernen Ursprungs, zum Teil häßliche Pappmasken. Merkwürdig wirkte, daß die Darsteller der Anführer der Spanier mit aufgespannten Regenschirmen tanzten, was wohl eine Karikierung der Weißen vorstellen sollte. Die Tänze fanden Tag und Nacht unter Musikbegleitung durch Marimba und Chirimia, die alte Holzflöte, statt. Am vierten Tage war der Höhepunkt des Festes. Da wurde von der Höhe des Kirchturmes quer nach unten zu einem Pfahl ein Seil gespannt und an diesem ein kleines Holzpferd mit einer Reiterfigur in spanischer Tracht befestigt. Dann wurde mehrere Stunden diese Figur hinauf und hinab gezogen, wozu Raketen abgeschossen wurden und die Marimba ihre Weisen ertönen ließ. Schon an den Tagen vorher war die Reiterfigur in den Prozessionen vor den Heiligenbildern getragen worden, wobei der Träger ein Angehöriger der Cofradias (etwa mit einer Art Kirchenrat zu vergleichen) und jedenfalls Brujo war. Dieser bewegte sich stets tanzend mit kleinen Schritten die Figur im rechten Arm tragend daher, nur war diese mit einem roten Tuche verhüllt. Erst am letzten und Haupttage war die Hülle entfernt worden. Die Indianer nennen die Figur Tzijolach (j wie in ja, ch wie in noch). Jedenfalls versteckt sich dahinter ein alter Brauch, der nach Ansicht des Pfarrers Roßbach in Santa Cruz Quiché mit dem Feuergott, nach meinem Dafürhalten aber mit dem Sonnen- oder Maisgott in Verbindung steht, wie später einmal näher auszuführen sein wird. Aus den Indianern ist jedenfalls nichts darüber in Erfahrung zu bringen; auch dürften sie selbst kaum wissen, was sich an Resten aus alter Zeit dahinter versteckt. Auch das Voladorspiel war in Chichicastenango vertreten, aber bereits zum Belustigungsmittel herabgesunken. An einem hohen Mast ist ein drehbarer Rahmen auf der Spitze befestigt, von dem zwei Stricke sich abrollen lassen. In den Enden der Stricke sind Schlaufen geschlungen, in denen sich zwei Indianer setzen, nachdem sie den Mast emporgeklettert sind. Langsam lassen sie sich dann von oben immer im Kreise herabschweben. Wie uns der Geschichtsschreiber Fuentes y Guzman berichtet, war dieses Spiel bereits in der alten Zeit in Guatemala verbreitet. Wir kennen es auch aus Mexiko, wo es seinen Ursprung im Totonakengebiet der atlantischen Golfküste hatte und eine religiöse Bedeutung besaß. Daß es im Staate Veracruz auch heute noch vorhanden ist, lehren einige Abbildungen in der soeben erschienenen wertvollen Studie von W. Krickeberg (Die Totonaken, Baeßler Archiv Band IX. S. 74). Ob hier in Guatemala verhältnismäßig späte Entlehnung aus Mexiko vorliegt, wird später erst darzulegen sein.

Wie immer war auch dieses Fest mit einem großen Markt verbunden, auf dem ständig ein lebhafter Verkehr statthatte, ein Bild, das durch die bunten Trachten sehr lebhaft gestaltet wurde. Von der üblichen Trunkenheit war verhältnismäßig wenig zu bemerken, da jeder Trunkene durch Polizeiorgane sofort in Haft genommen wurde, aus er der am andern Tage für 56 Papierpesos sich freikaufen konnte.

Zum Weihnachtsfest trafen wir in der zweitgrößten Stadt des Landes in Quezaltenango ein, wo der erste Abschnitt der Reise sein Ende fand. Ich hielt mich über drei Wochen dort auf und unternahm mehrere Exkursionen zu den benachbarten Vulkanen Santa Maria, dessen letzte Tätigkeitsperiode ihrem Ende entgegenzugehen scheint, und zum Cerro Quemado, sowie in das Hochbecken von Quezaltenango, um die morphologischen Verhältnisse dieser aus vulkanischen Lockermassen gebildeten aufgesetzten Ebene näher zu untersuchen. Ein Ausflug nach Momostenango lehrte mich die in den Lockermassen ausgebildeten Erdpyramiden kennen, verschaffte aber auch zugleich die seltene Gelegenheit, daß sich einer der guten Brujos des Dorfes herbeiließ, eine Brujeria mit mir vorzunehmen. Auf einem freiliegenden Hügel wurde nach den vier Weltgegenden in der Quichésprache an den Dios del Mundo ein Gebet gerichtet, das Bezug auf den guten Ausgang meiner Reisen über Berge und durch Schluchten, über Flüsse und Bäche hatte und sich für meine gute Heimkehr verwendete. Ich mußte eine brennende Kerze in der Hand währenddessen halten und dem Zauberer Kopalharz reichen, von dem er fortwährend kleine Stücke in ein Feuer auf den Steinaltar warf. Die Kerze wurde nachher von ihm in der Kirche des Ortes aufgestellt. Man erkennt auch hier wieder die Mischung des alten Heidentums mit christlichen Motiven (vgl. Abb. 2 auf Tafel 2).

Nach Quezaltenango in das gastliche Haus des Herrn Gottfried Hurter zurückgekehrt, wurde es nun Zeit, an die Weiterreise zu denken, die ja erst die eigentliche Forschungsreise werden sollte. Es war mir gelungen, in einem jungen, 23 Jahre alten Guatemalteco deutscher Abkunft einen sehr tüchtigen, treuen Begleiter zu verpflichten, der zwar kein Wort deutsch, dafür aber neben Spanisch den indianischen Dialekt des Chuj, einer in den Altos gesprochenen Mayasprache, fließend redete und sich zum Teil trefflich in den zu bereisenden Gegenden auskannte. Ich habe an Don Gustavo Kanter einen ebenso pflichttreuen, wie praktisch veranlagten Begleiter gehabt, dem ich sogar später einmal gewissermaßen das Leben zu verdanken hatte. Außerdem wurde mir von der Finca San Andres Osuna ein Junge von etwa 15 Jahren zu gröberen Arbeitsleistungen zur Verfügung gestellt, der sich in seiner Findigkeit bald als unentbehrlich erwies und mir ebenfalls später treue Dienste geleistet hat.

Nachdem alles zur Reise vorbereitet war, die Lebensmittel eingekauft, die Reit- und Packtiere eingetroffen waren, die mir wieder in zuvorkommender Weise von einer Schlubachschen Plantage zur Verfügung gestellt wurden, brachen wir am 18. Januar von Quezaltenango auf und machten in dem stillen, langweiligen, aber schön am Steilabfall der Altos Cuchumatanes gelegenen Städtchen Huehuetenango eine mehrtägige Rast. Ich benutzte sie zu einer Exkursion nach Aguacatan im Osten, wo ich Gelegenheit zu sprachlichen und archäologischen Beobachtungen fand und die durch den zum Chixoy fließenden Rio Aguacatan und den Rio San Juan gebildeten Terrassen in den Lockermassen studieren konnte. Dann besuchte ich im Westen von Huehuetenango die Ruinen von Zaculeu, einem Kultzentrum der Mam-Indianer, in dem sie wegen seiner günstigen strategischen Lage zwischen Barrancos sich gegen die Spanier verteidigten. Es handelt sich um zahlreiche vertiefte Höfe, die an den Seiten von niedrigen Terrassenbauten, auch an zwei Stellen von hohen Stufenpyramiden umgeben werden und in deren Mitte kleine niedrige runde Tumuli aufragen. Wir gruben den einen an und stießen unter einer Plattform aus gebranntem Kalk auf menschliche Knochenreste. Die Angaben, die Fuentes y Guzman von der Anlage des Platzes macht, stimmen nicht mit der Wirklichkeit überein; er sah in den Ruinen Festungswerke und deutete demgemäß die erhaltenen Reste. Wir statteten dann noch einer anderen Ruinenstelle im Westen der Stadt mit Namen Cambote einen Besuch ab, wo drei große Hügel in einer Ost—West gerichteten Linie liegen. Etwa 40 m westlich des äußersten fällt das Gelände steil, fast senkrecht zu einem Flußtal ab, ebenfalls eine vorzügliche Verteidigungsstellung. In der Nachbarschaft finden sich noch kleinere Tumuli, so daß auch hier einst eine Siedlung oder eine Kultstätte gelegen haben muß. Das trifft insofern gut mit den überlieferten Nachrichten zusammen, als berichtet wird, daß die Indianer beim Anrücken der Spanier aus der Umgebung von Zaculeu Zuzug erhielten. Cambote wie das große Ruinenfeld von Rio San Juan bei Aguacatan deuten darauf hin, wo diese Stellen anderer Siedelungen in der Nachbarschaft zu suchen sind. Die Hügel von Cambote zeigten viele rohe Tonscherben und Obsidiansplitter.

Am 25. Januar früh morgens noch in der Dunkelheit bei bitterer Kälte brachen wir von Huehuetenango auf, um bei dem Dorfe Chiantla den Aufstieg zu den steilen südlichen Abfall der Altos Cuchumatanes zu beginnen. Wie eine Riesenmauer steigen sie in zwei Absätzen auf, die durch verschiedenartige Gesteine hervorgerufen werden. Glimmerschiefer am Fuße, dann Kalke, schließlich Tonschiefer und abermals Kalke lösen einander ab, so daß die Hanggliederung dadurch mannigfaltig gestaltet wird und zu abwechslungsreichen, schönen Landschaftsbildern Anlaß gibt. In etwa 3000 m wurde die Paßhöhe erreicht, und nun bot sich uns ein Blick in der klaren Morgenluft, die gerade die ersten Strahlen der Sonne durchblitzten, der sich für immer der Erinnerung einprägt. Zu unsern Füßen lag wie ein Relief das zerschluchtete Vorland der Altos, dahinter zog in scharf abgesetzter Linie von West nach Ost die Kette der Sierra Madre, den Südhorizont bildend. Und diesem als spitze Kegel aufgesetzt ragten die Vulkane vom Agua im Osten bis zum Tajumulco im Westen dicht an der mexikanischen Grenze in haarscharfen Umrissen auf. Doch dann änderte sich das Bild. Waren wir bisher meist in den weichen und daher stärker abgetragenen Tonschiefern emporgeklommen, so kamen wir jetzt auf ein Hochplateau von 2800—3000 m Höhe, das aus verwitterten Kalken gebildet wurde. Die einzelnen indianischen Gehöfte am Abhang mit ihren Mais-, weiter hinauf Weizenfeldern machten ärmlichen Hütten Platz, deren Bewohner Ziegen- und Schafherden auf magern Grasflächen weideten. Bald hörten aber auch diese auf, die dürre Kalkfläche, von wenigen Trockentälern schwach zertalt, war selbst nicht mehr für Kleintierhaltung günstig. Lichte Kiefernwälder, in denen seltsam verwitterte Dolomitfelsen sich in abenteuerlichen Formen emporreckten, erinnerten an gewisse Teile deutscher Juralandschaften. Zahlreiche Dolinen lehrten, daß hier eine echte Karstlandschaft vorlag, in der die Talbildung vielfach auf die reihenweise angeordneten

Einsturzlöcher zurückzuführen war. Stundenlang ritten wir so durch dieses Gebiet. Nur ab und zu begegneten Trupps von Indianern mit Weib und Kind, schwerbepackt, die als Pflanzungsarbeiter zur Küste hinabzogen oder von dort in ihre entlegenen Gebirgsdörfer zurückmarschierten. Endlich kamen wir an ein tief eingesenktes Waldtal mit dichtem immergrünen Laubwald, auf dessen Grunde in schnellem Lauf der Quisil -Bach nach Osten eilte. Auf steilem, schlechtem Wege ritten wir lange die Kalkhänge hinab und schlugen noch oberhalb der Talsohle von der Dunkelheit überrascht unser Lager auf. Am andern Tage erreichten wir unser Ziel, das Indianerdorf San Juan Ixcoy, wo wir uns bei einem Angestellten der Firma Schlubach, einem Ladino, einquartierten (vergl. Abb. 1 auf Tafel 1).

Der achttägige Aufenthalt im Dorfe war mit Exkursionen in die Umgebung ausgefüllt, die reich an interessanten morphologischen und geologischen Problemen ist, und zu Studien über die im Dorf bei Tag und Nacht an allen Straßenecken geübte Brujeria. An den Straßenkreuzungen sind rohe Steinkreuze errichtet, an denen Männer und Frauen mit brennenden Kopalharzschalen ihre Gebete verrichten, besonders nachts ein schöner Anblick, wenn allenthalben die Feuer loderten. Bei einem Ausflug nach Soloma trafen wir auch im Buschwerk auf eine Brujostelle, an der ein altes Steinidol stand, eine Art Herme, deren menschliches Gesicht aus einem Reptilrachen hervorsah. Es ist charakteristisch und auch aus der Gegend von Quezaltenango bekannt, das noch heute die Indios alte Idole bei ihren Andachtsübungen benutzen.

Die Talbildung bei San Juan zeigte bereits die wesentlichen und charakteristischen Merkmale, denen ich auch später immer wieder begegnete, wohl ausgebildete Talterrassen, die Nebentäler teilweise als Hängetäler ausgebildet, Anzeichen für eine schnelle und ausgiebige Hebung, die das Gebiet in junger Zeit durchgemacht haben muß. Viele Anzeichen deuten auch darauf hin, daß die Hebung noch nicht zum Stillstand gekommen ist. Die Kalke erwiesen sich als versteinerungsleer, doch wechselte beim Dorf ihre Zusammensetzung. Zwischen harten körnigen grauen Kalken waren bituminöse bläulich-graue und gelbliche recht tonhaltige Kalke eingeschaltet. Wo diese im Tal angeschnitten waren, gaben sie durch ihre leichtere Zerstörbarkeit zu Talweitungen Anlaß, während an ihrer Grenze zum Hangenden eine Reihe von Quellaustritten zu beobachten war. Recht eindrucksvoll tat sich auch des Morgens das Phänomen der Temperaturumkehr kund. Während die Talsohle bis etwa 30 m die Hänge aufwärts mit dichtem weißem Reif bedeckt war, breiteten sich darüber die frischen, vom Tau perlenden Matten aus, während die Sonnenstrahlen eben erst die höchsten Gipfel in Rot tauchten. Unsere Tiere wurden nun von hier an die Küste zurückgeschickt, da wir jetzt in die wissenschaftlich noch völlig unbekannten östlichen Altos vordringen wollten, in denen es kaum noch Reitwege gibt, sondern in denen man allenfalls auf schmale Indianerpfade angewiesen ist. Mit sechs indianischen Trägern brachen wir am 1. Februar von San Juan Ixcoy gegen SE auf, querten abermals eine Karstfläche mit vielen Dolinen und ein Hängetal das wir steil nach dem Quisiltal hinabkletterten und dieses lag an dieser Stelle 200 m tief unter der Sohle des Hängetales. Der klare Bach floß hier in einem aus Kalksinter gebildeten natürlichen schmalen Kanal in eine malerische, dicht bewaldete Felsenschlucht. Wir folgten ihm nach Osten und kamen bei einer Talweitung in eine Sandsteinformation, die den Todos Santos-Schichten angehörte und in der der Fluß deutliche Terrassen gebildet hatte. Ein erheblicher, alter Bergsturz von den hangenden Kalken lehrte die Art der Abtragung durch Unterspülung der Kalke in diesem Gebiete kennen. Am Südufer des Flusses kletterten wir dann steil wieder hinauf in ein enges Waldtal hinein und bezogen dort auf einer Terrasse hoch über der Talsohle unser Zeltlager.

Die Täler begannen nun immer tiefer und steiler eingeschnitten zu werden, die rötlichen Sandsteine blieben unsere ständigen Begleiter. Je weiter wir nach Südosten gelangten, um so härtere Sandsteinschichten lösten die bisher begegneten tonig glimmerigen ab, bis sie schließlich in Quarzite übergingen. Bei den tiefen Talschluchten, die dauernd zu queren waren, ließen sich die Schichtfolgen gut erkennen. In jedem dieser Kerbtäler fanden sich Terrassen, oft bis zu sechs übereinander, ebenso viele Hebungsphasen des Gebietes anzeigend. Auf jeder Terrasse lag in der Regel eine Hütte von Indios bewohnt und von einem Maisfeld eingenommen, wogegen die schmalen Talsohlen für die Anlage derselben nicht mehr genügten oder wegen ihrer Tiefe bereits zu viel Schatten aufwiesen. Endlich kamen wir zu einigen zerstreut liegenden, einen schmalen Grat oder Riedel einnehmenden Hütten, die den Namen San José de las Flores trugen und als Aldea, etwa Weiler in unserm Sinne, angesehen wurden. Da kein indianischer Name für diesen Platz besteht, so ist anzunehmen, daß er erst in junger Zeit zu einer Gemeinde zusammengefaßt worden ist. Die zerstreute Siedlungsweise der Eingeborenen in diesen entlegenen Waldtälern ist typisch und wird uns schon durch Remesal aus dem 16. Jahrhundert für die Altos bezeugt. Rodungen auf den Talterrassen haben Platz für die Maisfelder geschaffen, deren Pflege hier die Hauptbeschäftigung der Indianer bildet. In der Zeit zwischen Aussaat und Ernte oder nach der Ernte verdingen sich die Männer als Pflanzungsarbeiter an die Küste.

Unsere Träger aus San Juan Ixcoy wurden hier entlohnt und machten sich sofort auf den Weg nach ihrem Dorfe zurück, während wir drei nun zunächst allein mit unserm Gepäck auf einem freien Platz saßen, an dem eine verschlossene Rohrhütte, und eine baufällige Bretterbude standen. Dies war die Plaza von San José, von der sich ein prachtvoller Blick nach Süden und Norden in die beiden flankierenden, 400 m tief eingesenkten Täler des Rio Quisil und Rio Kaxišaak eröffnete, während im Südosten vor uns über einem Tal des Rio Mišlak der mächtige dreigipflige steile Kamm des Cerro Sumal aufragte, der nach meiner Schätzung der höchste Gipfel in den östlichen Altos sein muß. Nachdem wir abgekocht hatten, erschien nach etwa drei Stunden ein wenig vertrauenerweckend aussehender Ladino, der einen alten verrosteten Degen ohne Scheide in der Hand trug. Der Mann stellte sich uns als der Sekretär des Ortsvorstehers vor, der gerade zu einer Fiesta irgendwo abwesend sein sollte. Dann gesellte sich noch ein Ladino dazu, der einen schweren Holzknüppel in der Hand trug und die Polizeigewalt des Ortes repräsentierte. Es begannen nun die Verhandlungen wegen neuer Träger, die zunächst dadurch erschwert wurden, daß man uns in unserm Aufzuge mißtraute und nicht glauben wollte, daß wir nur aus Wißbegierde dorthin gekommen waren. Wir galten als Prospektoren, die nur sich aufgemacht hatten, um neue wertvolle Minen aufzufinden. Schließlich beruhigten sich die beiden Gewaltigen, nachdem sie mühselig das Regierungsschreiben entziffert hatten. Aber dann glaubte der Sekretär irgend einen Formfehler darin entdeckt zu haben und bedauerte uns keine Träger stellen zu können. Die Sache wurde kritisch, denn ließ sich der Mann nicht erweichen, saßen wir hier vielleicht tagelang fest. Als dann schon die Sonne sich zum Sinken anschickte, nahm Kanter als der der Landesgewohnheiten besser Kundige den Mann abseits, und siehe da auf eine in diesen Ländern nicht ungewöhnliche Weise ließ sich der Mann bestimmen, uns die Träger zu besorgen und wurde sehr entgegenkommend und freundlich. Er ließ uns sogar beim Abend noch Tortillas heraufbringen. Die verschlossene Rohrhütte stellte sich als das Gasthaus heraus, sie wurde uns zum Nachtquartier eingeräumt.

Gegen 10 Uhr des andern Morgens fanden sich die Träger nach und nach ein. Da die folgenden Märsche wegen des Geländes schwierig sein und wir erst nach drei Tagen wieder auf einen ähnlichen Weiler stoßen sollten (was auch wirklich zutraf), so beschloß ich, acht Träger zu nehmen, zu denen sich noch zwei Indianerbuben gesellten, die einen Teil der Lebensmittel der Erwachsenen tragen mußten. Die Leute zeigten vor dem Weg eine gewisse Scheu, die ich anfangs bei neuen Trägern stets beobachtet habe. Nachher auf dem Marsche, wenn sie sich an den Patron gewöhnt haben, sind sie willig und folgen allen Anordnungen. Drei der Träger, die sich krank stellten, wurden durch fingierte Untersuchung und Aspirintabletten schnell gesund, so daß wir gegen mittag endlich aufbrechen konnten.

Mein ursprünglicher Plan war gewesen, von San José weiter in südöstlicher Richtung bis nach Nebaj vorzustoßen und dann nördlich über Ilom nach Barillas zu gehen. Allein die Indianer von San José weigerten sich diesen Weg einzuschlagen, zumal als ich meinen Wunsch nach einer Besteigung des Cerro Sumal kundgab. Sie behaupteten, daß das Vordringen dort unmöglich sei. Wie sich später ergab, schienen sie abergläubische Vorstellungen vor diesem Berge davon abzuhalten. So änderte ich denn den Kurs und ging in östlicher Richtung vor, was ich nicht zu bereuen hatte, denn es erschlossen sich so neue Täler, von denen bisher noch nichts verlautet war. Wieder mußten wir bergauf, bergab, da stets die Richtung quer zu den Tälern verlief und diese auch zu schmal waren, als daß man hätte in den geröllreichen Bachbetten weiter vordringen können. Wir kamen bald in dichten Urwald, in tiefere Regionen, die schon der Tierra templada angehörten. An einem reizenden abgelegenen Wildbach trafen wir auf eine neue einfache Hütte in einer frischen Rodung. Hier wie eine Stunde weiter mitten im Urwald hatten sich zwei Ladinofamilien erst vor Jahresfrist niedergelassen, um Zuckerrohr anzupflanzen. Sie nannten ihren Rancho Naranjo und den Bach mit gleichem Namen, während die Indianer für diesen den Namen Rio Pošlak gebrauchten. Stundenlang ging es dann wieder einen dicht bewaldeten Sandsteinrücken hinauf, auf dessen Höhe wir in dichten Nebel gerieten. Wir kamen in die Wetterseite hinein. Die Täler streichen von hier an fast stets nach Osten, so daß der Passat in sie hinaufweht und seine Feuchtigkeit ablädt, je höher er hinauf gelangt. Der Wald triefte von Nässe, zahllose Schlingpflanzen, ein Heer von Schmarotzern, von prächtigen Orchideen verwirrte das Waldbild. Bald konnte man den schmalen Pfad kaum noch erkennen, der nun wieder hangabwärts führte, wobei die Baumwurzeln teilweise als Treppen benützt wurden. Am Hang in der Nähe einer frischen Waldquelle, die unter dichtem grünen Blattgewirr hervorsprudelte, und den Namen Agua escondida trug, stießen wir auf ein von vier Pfählen gestütztes Blätterdach, das an den Seiten offen war und unser Nachtlager wurde. In der schon wärmer werdenden Luft machte sich der feuchte Nebel nur noch drückender bemerkbar. Er ging am nächsten Tage in ununterbrochenen Nieselregen über, der das Gehen beschwerlich machte. An einem der danach gequerten Täler, das den Namen Kutškutšlax trug, traf ich das Bachbett in Glimmerschiefern an, ein Zeichen, daß die Erosion bereits hier bis auf den Sockel des Gebirges vorgedrungen war. Das Hangende dieser Schiefer bildeten dunkelrote körnige Sandsteine, die vielleicht mit den Santa Rosa-Schichten ident sind. Nach drei Tagen derartiger Märsche kamen wir zu einer Lichtung, auf der die wenigen aus Stangengerüst aufgebauten Hütten eines Weilers namens Palo Grande sich erhoben. Dichter Nebel und Regenwolken hinderten jede Sicht. Am Morgen darauf sahen wir von der Höhe des Riedels weit nach Osten in das wild zertalte, mit dichten Urwäldern bedeckte Gebirge, das den Namen Sierra Madre trägt. Wir trafen hier auf drei Ladinofamilien ,die aus Chiantla stammten und von der Regierung vor etwa 12—15 Jahren Land zur Urbarmachung erhalten hatten. Daher war denn der Wald ringsumher schon gerodet, und kleine Kaffeepflanzungen sowie Zuckerrohrfelder erhoben sich in den Lichtungen. Die Leute waren mit der Qualität ihrer Produkte sehr zufrieden. Die Familien weilen nur zur Zeit der Ernte hier, sonst haben sie ihren Wohnsitz in Chiantla. Eine Rentabilität der Produktion in diesen entlegenen Gebieten wird nur durch die niedrigen Arbeitslöhne erreicht, die pro Kopf drei Papierpesos ausmachen. Dafür haben die Arbeiter, alles Indianer, das Recht, auf dem Besitztum ihres Herren ihre Hütten zu erbauen und die Maisfelder anzulegen. Der Abtransport der Waren erfolgt über Barillas und Chiantla auf großen und beschwerlichen Umwegen.

Auch in Palo Grande hatten wir wieder unsere Not mit den Trägern. Nach zweitägigen Verhandlungen hatten wir endlich die nötige Anzahl zusammen, so daß wir am dritten an den Aufbruch denken konnten. Da die Leute es aber ablehnten, den Rio Naranjo, den wir am zweitfolgenden Tage zu passieren hatten, auf einer Hängebrücke zu überschreiten, einigten wir uns auf schmale Indianerpfade durch den Wald, die dieses Hindernis umgehen sollten. Die folgenden Tage boten wieder schwierige Waldmärsche, auf denen teilweise der Weg erst mit dem Buschmesser gehauen werden mußte. So kam es, daß wir an einem dieser Tage als ganze Marschleistung nur 5 km Weges zurücklegten. Am zweiten Tage kamen wir an den Naranjo-Fluß an einer schmalen Stelle, an der das Wasser in reißender Strömung durch eine Felsenenge aus Sandsteinen eilte. Eine Hamaca war aber auch hier über den Fluß gespannt, so daß uns nichts weiter übrig blieb als sie zu benutzen. Unter Hamaca versteht man in diesen Gegenden eine luftige, schmale Hängebrücke, die an zwei Tauen, hier in unserem Falle zwei Finger starken Drahtseilen befestigt ist. Holzknüppel sind etwa jeden Meter in diese Drähte eingeklemmt, die man als Fußsteig benutzen muß, während als Handstütze zwei dünne Drähte in halber Körperhöhe dienen. Je weiter man sich auf diesem schwankenden Instrument nach der Mitte zu bewegt, um so mehr gerät das Ganze ins Schwanken und sackt in die Tiefe, in der man in etwa 8 m Tiefe unter sich den Fluß dahin brausen sah. Von den acht Indianern fühlten sich nur drei schwindelfrei genug, mit den Lasten die Hamaca zu passieren, so daß uns dieser Übergang lange aufhielt, bis alles ohne Unfall glücklich hinüber war. Dann ging es wieder eine steile Böschung bergauf, die Quarzite zusammensetzten. An einigen Stellen durchsetzten reine Quarzgänge milchweißer Farbe das Gestein spitzwinklig zur allgemeinen Steinrichtung des Gebirges. In der Nachbarschaft überragten sogar einige spitze Gipfel aus Quarz mit ihrer weißen Farbe markant die schmalen Firste oder Riedel. An einigen indianischen Hütten, die Leuten aus Santa Eulalia gehörten, vorüber gelangten wir am Abend nach halsbrecherischem Abstieg in ein neues Flußtal, in dem der breite Amelco -Fluß gegen ESE strömte. Da er sich als flach genug zum Durchwaten erwies, durchwateten wir ihn noch am Abend und bezogen unser Lager am andern Ufer. Das Tal war wesentlich breiter als die bisher gequerten und zeigte insofern einen unsymmetrischen Bau, als die Hänge im Westen steil, im Osten dagegen sanft gebööscht waren und von breiten Schotterterrassen, darüber von gerundeten Hügeln eingenommen wurden. Als wir dort am andern Tage hinaufstiegen, zeigte es sich, daß dieser Teil des Tales von einer Mergelzone gebildet wurde, die hier, anscheinend infolge einer großen ESE verlaufenden Verwerfung, das Anstehende bildete. Nach mehreren Stunden erreichten wir endlich das weite in Mergeln angelegte Tal von Barillas und damit wieder belebte Gegenden.

Denn das anmutig gelegene Ladinodorf hat in der letzten Zeit als Durchgangsort für mannigfache Handelswaren nach den großen Holzschlägereien an den oberen Quellflüssen des Usumacinta Bedeutung gewonnen, die sich schon äußerlich in einer gewissen Wohlhabenheit der Bewohner bemerkbar macht. Der Wald ist in dem breiten Tal stark gelichtet, kleine Kaffeepflanzungen bedecken die Hänge, während auf dem Talboden Zuckerrohr gezogen wird. Denn das Klima ist hier schon warm, zumal das Tal gegen Osten geöffnet ist und so der feuchte Passat von der Urwaldregion des nördlichen Guatemala und der Alta Verapaz ungehindert eindringen kann, wogegen die etwa 2000 m hohen Gebirgszüge im Norden einen guten Schutz gegen gelegentliche kühle Nordwinde abgeben. Infolge der Waldarmut der Hänge treten überall im Tal die anstehenden Schichten der Todos Santos-Formation heraus, in der an dieser Stelle besonders bunte Mergel im Wechsel mit rötlichen Sandsteinen und gelblichen Kalken bestimmend sind. Die Mergel mit den eingeschalteten, wenig mächtigen leistenartigen Kalkbänken, die Steinmergeln sehr ähnlich sind, erinnern nicht nur dadurch, sondern auch durch ihre Färbung an die Keuperlandschaften Südwestdeutschlands. Terrassen sind auch hier im Tal ausgebildet, jedoch in den weiten Schichten nicht so scharf hervorspringend wie in den früher durchzogenen Teilen des Gebirges.

Von Barillas (vergl. Abb. 1 auf Tafel 2) zieht sich heute ein guter Weg nach Westen und Südwesten in die Altos hinauf, der über die hochgelegenen Dörfer Santa Eulalia, Soloma und San Juan Ixcoy die beste Verbindung mit Huehuetenango und der pazifischen Küste herstellt. Talabwärts aber steht Barillas mit dem Flußnetz des Lacantun-Flusses in Verbindung, eines Quellflusses des Usumacinta, den man jetzt leicht erreichen kann, da kleine Boote den Ixcan-Fluß, einen Nebenfluß des Lacantun, bis eine Tagereise von Barillas entfernt herauffahren können. Dieses letzte Stück füllt ein Maultierweg aus. Wir hatten nun unsern Weitermarsch nach Westen zu wenden und wieder in das Gebirge hinaufzusteigen. Trotzdem gerade Fiesta im Orte und fast alles betrunken war mit Ausnahme einiger Ladinos, die mit den betrunkenen Indianern ihre einträglichen Geschäfte machten, erhielten wir doch schnell schon für den folgenden Tag nach unserm Eintreffen frische Träger. Die treuen, braven Jungen, die uns auf schwierigen Wegen die Tage vorher so trefflich geführt hatten, waren bereits eine halbe Stunde nach unserer Ankunft völlig betrunken gewesen. Gegenüber dem Alkohol, der dem Indio in der schlechtesten und gesundheitsschädlichsten Art verabfolgt wird, kennt der Eingeborene keine Schranken. Hemmungslos gibt er sich dem Trunke hin, sein Letztes opfernd.

Ein bequemer Marsch von wenigen Stunden führte uns an diesem Tage bis zum Dorfe Quetzal, das von Ladinos und einigen Indianern bewohnt wird. Auch hier bekamen wir ohne Schwierigkeit neue Träger. Am Abend setzte strömender Regen ein, der uns schleunigst in unser

Quartier, das Schulzimmer, hineintrieb. Man zeigte mir ein paar Proben einer bröckligen Steinkohle, die in der Nähe des Dorfes zu finden wäre. Doch war der mißtrauische Ladino nicht dazu zu bewegen, mir genauer die Fundstelle anzugeben. Die Mischlinge verraten nie dem Fremden Minen, führen ihn geradezu in die Irre ,während sie seine Schritte argwöhnisch bewachen und von ihm verlangen, daß er ihnen die Fundorte von Metallen oder wertvollen Mineralien verrät.

Noch am Abend war es möglich, einen Indio aufzutreiben, der sich gegen Belohnung bereit fand, mir im Vertrauen den alten, noch heute von den Brujos benutzten 20 tägigen Kalender mit den elf guten und neun bösen Tagen mitzuteilen. Dies ist ein Zufall, da sonst die Indianer kaum zur Preisgabe ihres alten Kalenders zu bewegen sind.

Bei klarem, kaltem Wetter, denn Quetzal liegt schon beträchtlich höher als Barillas, zogen wir am andern Morgen ab und hatten wieder tiefe Täler zu queren. Dichte Walddeckung in den wildbachdurchrauschten Schluchten erinnerte an das früher durchstreifte Gebiet, während geologisch neue Formationen auftraten. Schiefer dunkelschwarzer Farbe stellten sich ein, unsern Dachschiefern entsprechend, deren Hangendes Kalke bildeten. Überall waren jetzt starke Schichtstörungen zu beobachten, Faltung, Bruch, Stauchung wechselten miteinander ab und zeigten so an, daß dieses eng umgrenzte Gebiet ganz erheblichen Dislokationen ausgesetzt war. An einer Verwerfung waren die Schiefer in die Tiefe gesunken, die ihnen auflagernden Todos Santos-Sandsteine, darüber Kalke nahmen von nun an wieder am Aufbau des Gebirges bis Santa Eulalia teil. Als wir aus dem der Verwerfung folgenden Tale langsam aufwärts klommen und uns schließlich auf einer Kalkhochfläche wie zwischen Chiantla und San Juan Ixcoy sahen, bot sich uns doch ein neues Bild. Denn die Hochfläche war in ein Hügelland niedriger Kuppen aufgelöst, alte Täler zogen sich darin hin, es war, als wenn wir um eine Etage höher in ein altes Abtragungsgebiet gelangt wären. Und wirklich handelt es sich um die Reste einer alten Abtragungsfläche, die nicht nur die Umgegend von Santa Eulalia zusammensetzt, sondern von der sich auch Reste in der Umgebung von San Juan Ixcoy nachweisen lassen. Im Osten des Gebirges ist sie bereits zerstört, nur im Westen setzt sie noch größere Flächen zusammen. Die Hebung, der die gesamte Scholle der Altos Cuchumatanes unterlag, muß sehr kräftig gewesen sein, und wie deutliche Anzeichen beweisen, noch gegenwärtig andauern.

Petrographisch scheinen die Kalke von Santa Eulalia Abweichungen gegen jene von Juan Ixcoy zu zeigen. Sie neigen dort viel mehr zu

Höhlenbildungen wie hier, sind auch löcheriger. Versteinerungen vermochte ich in ihnen nicht zu finden. Eine der größten Höhlen liegt bei dem Indianerdorf Santa Eulalia. In ihr treiben die Brujos des Ortes ihren Kult, ohne daß es einem Nichtindianer möglich wäre, dort Zutritt zu erlangen. Es heißt, daß nur einmal der zuständige Pfarrer hätte eindringen können, der nachher berichtete, er hätte in der Haupthöhle, die sich weit in das Gebirge erstreckte, viele Nebenhöhlen gesehen, in denen überall die Holzkreuze der Brujos standen. Bei den Ladinos des Dorfes geht die Sage um, daß jeder, der die Grotte beträte, wahnsinnig würde. Ich hatte zuerst die Absicht, mit unserm Gastfreunde in Santa Eulalia, einem Deutschschweizer, der gute Beziehungen zu den Brujos unterhielt, in die Höhle einzudringen. Da aber gerade Fiesta war, so nahmen wir bei der allgemeinen schweren Trunkenheit davon Abstand, da dann die Leute gefährlich werden können, namentlich wenn man ihren Kultgegenständen zu nahe kommt. Santa Eulalia ist ein zerstreut gebautes Indianerdorf, dessen Bewohner fast sämtlich als Pflanzungsarbeiter an die Küste ziehen. Infolgedessen sind sie verdorben, anmaßend und bilden den weniger erfreulichen Typ des Eingeborenen.

Mit Herrn Gantenbein, unserm Gastfreund, brachen wir dann nordwärts nach San Mateo Ixtatan auf, das wir nach halbtägigem Ritt, da uns Herr G. Tiere besorgt hatte, in dichtem Nebel erreichten. San Mateo ist wie Santa Eulalia Indianerdorf, dessen Bevölkerung ebenfalls Saisonwanderungen an die Küste unternimmt. Die Leute waren hier ganz besonders abstoßend und frech, zumal wir das Unglück hatten am letzten Tage der Fiesta einzutreffen. Alles war betrunken, Zu den unermüdlich klingenden Tönen der Marimba, die immer wieder die gleichen einfachen Weisen ertönen läßt, tanzten Männer und Weiber, bis sie trunken auf die Straße niederstürzten; Weiber mit den Säuglingen auf dem Rücken, Männer, Buben, wälzten sich noch ein paar Minuten im Schmutz, um dann im tiefen Rausche liegen zu bleiben, als wären sie tot. Andere Mütter gossen ihren Kleinen unter lautem Heulen oder Kreischen die Schnapsflasche in den Mund, was diese natürlich mit Schreien erwiderten, so daß ein fürchterliches Durcheinander herrschte. Es waren die widerlichsten Szenen, die ich zu Gesicht bekam.

Wir besuchten die Ruinen bei dem Dorfe, unter denen eine kleine, einfache Stufenpyramide mit einem Absatz und mit den Resten des Sakrariums auf der Plattform wie einige langgestreckte rechteckige Erdwerke den primitiven Hochlandsstil der Mayaarchitektur darstellen. Die Lage der alten Bauwerke ist für Verteidigungszwecke sehr günstig gewesen, denn sie liegen auf einem schmalen Sporn, der an zwei Seiten von tiefen Tälern begrenzt wird. San Mateo ist ferner bekannt durch seine Salzminen. Seit alter Zeit sind sie im Besitz der Indianer. Die eine der Minen ist den Alcaldes rezadores zugesprochen, worunter eine Art von Kirchenbeamten zu verstehen ist. Sie werden jedes Jahr gewählt und haben sich während ihrer einjährigen Amtsperiode geschlechtlicher Enthaltsamkeit zu befleißigen. Die Ausbeutung der Minen geschieht in einfacher, altüberkommener Weise. In einem niedrigen, in den Berg getriebenen Stollen sammelt sich salzhaltiges Wasser an, das mit geflochtenen Gefäßen ausgeschöpft und an der Sonne zum Verdunsten gebracht wird. Die salzhaltigen Schichten gehören der gleichen Mergelzone an, die bei Barillas und Quetzal ansteht. Durch eine Verwerfung, die bei San Mateo in ostwestlicher Richtung streicht, sind sie aufgeschlossen. Die Talbildung selbst wird auch im großen durch eine erhebliche Verwerfung bedingt, so daß an der Nordseite Kalkschichten, an der Südseite Todos Santos-Schichten mit ihren roten Sandsteinen anstehen.

Wir brachen dann nordwestlich nach Chaculá auf, das schon in der nördlichen Vorzone des Gebirges gelegen ist. Die Kalkformation ist auf dem Wege überall herrschend; schöne Nadelholzwälder bedecken die höheren Regionen, in denen man sich noch ein gutes Stück von San Mateo aus bewegt. Gute Blicke boten sich in das Gelände nach Westen, das nicht die starke Zertalung der östlichen Altos aufweist. Die Täler sind breiter und nicht so tief eingesenkt, als im Osten. Überall treten in ihren waldigen Hängen Kalkfelsen zutage, die mit schroffen Wänden abstürzen. Über dem Ganzen erhebt sich in der Ferne die hohe Sierra Madre von Chiapas. Sobald wir von den Höhen der Altos hinabstiegen, änderte sich das Landschaftsbild. Der Wald wurde lichter, spitze Kalkhügel durchsetzten das Gelände und verliehen ihm so das Bild einer Maulwurfshügellandschaft. Auch Dolinen traten auf, oberirdisch fließendes Wasser trafen wir bis kurz vor der Hacienda Chaculá nicht mehr an. Das Gebiet ist für Viehzucht gut geeignet, und so liegen denn auch hier einige größere Viehhaciendas, unter denen Chaculá und La Trinidad einst die bedeutendsten waren, bis sie auf das Geheiß des Präsidenten Cabrera in den Jahren 1914 bis 1916 zerstört wurden. La Trinidad besaß einst 800 Rinder und 700 Pferde, die sämtlich von den Truppen des Präsidenten abgeschossen wurden. So zogen wir denn in die noch bestehenden Reste der Gebäude von Chaculá ein, die ehemals wie Trinidad guter deutscher Besitz gewesen waren. Das Bild wurde durch das gerade herrschende Regenwetter nur noch trostloser gestaltet. Der Besitzer der Hacienda, der Vater meines Begleiters, hatte in jahrelanger, unermüdlicher Arbeit eine gute Sammlung wertvoller Altertümer aus der Gegend zusammengebracht, von denen sich nur noch Reste vorfanden, da alles andere die Truppen Cabreras teils geraubt, teils mutwillig zerschlagen hatten. Die Umgegend muß in alter Zeit dicht besiedelt gewesen sein, wie neben zahlreichen Tumuli und Höhlen auch Tempelreste und künstliche Erdwerke bezeugen. Dies wird auch erklärlich, wenn man bedenkt, daß durch Chaculá das einzige oberirdisch fließende Wasser weit und breit sich zieht, das als schmales Bächlein mit klarem Wasser nicht weit unterhalb der Hacienda in Kalkhöhlen versickert.

Nach einigen Tagen Aufenthaltes, da erst neue Träger aus Nentón kommen mußten, zogen wir in nordwestlicher Richtung weiter, an einigen anderen Viehhacienden vorüber und passierten die mexikanische Grenze an der Stelle, wo sie einen scharfen Knick nach Osten beschreibt. Die Kalkhügel begleiteten uns noch ein Stück, ein paar Restberge waren das letzte Zeichen des verlassenen Gebirges, dann nahmen uns die flachen Ebenen der weiten Senke von Comitán auf. Wir marschierten jetzt auf dem Boden von Chiapas. Kiefernheide in ermüdender Einförmigkeit bedeckt ihn hier. Eine Viehhacienda grenzte an die andere, doch bestand ein Unterschied zu denen in Guatemala. Von Vieh war hier nämlich so gut wie nichts mehr zu sehen. Die Vieharmut in Chiapas und ebenso in Tabasco ist eine der schlimmen Folgen, die das Land den letzten Revolutionen zu verdanken hat, in denen Freund und Feind das Vieh als willkommene Beute betrachteten und rücksichtslos abschossen. Von Wiederaufbau ist vorläufig noch wenig zu sehen; allenfalls auf den Besitzungen in Zentralchiapas ist davon etwas zu spüren. Doch sind die Verhältnisse immer noch zu unsicher, um den Betrieb wieder im alten Umfange zu eröffnen. Die Besitzer haben sich in die Hauptstadt Mexico oder kleinere Städte wie Tuxtla Gutierrez, San Cristobal, Comitán zurückgezogen, ihr Geld im Auslande, besonders in den Vereinigten Staaten in Sicherheit gebracht. Die Kaufpreise der Haciendas sind niedrig, namentlich in der Grijalvasenke. Ein größeres Terrain würde dort schon für 15000 $ abgegeben werden. Nur muß dann der Käufer für die Beschaffung des Viehs selbst Sorge tragen, da ja nichts bestockt ist. Aber an Kauf denkt vorläufig niemand.

Bei ein paar Hütten, die den Namen Ojo de agua trugen, fand sich der mexikanische Grenzposten, von dem wir in der zuvorkommendsten

Weise empfangen wurden. Man gab uns am andern Morgen einen Grenzbeamten mit nach Comitán, da die Zolluntersuchung erst in diesem Grenzstädtchen vorgenommen wird. Dieser Tagesmarsch war ebenso eintönig wie langwierig, da wir über völlig ebenes Gelände, in dem von Wald keine Spur mehr vorhanden war, in brennender Sonne 38 km zu marschieren hatten. Zuerst hatte die Weite des Blicks etwas Befreiendes nach den Wochen der Gebirgsmärsche, die Vegetation etwas Neues, Ungewohntes. Denn hier und dort breiteten Schirmakazien ihre dürren verkrüppelten Äste aus, tauchten hin und wieder niedrige stachelbewehrte Mimosensträucher auf und spitzten stachlige Agaven ihre schmalen, vom Staub schmutzig grün gefärbten Blätter in den wolkenlosen, staubverschleierten Himmel hinein. Mehrere Meter hohe Säulenkaktusse zogen das Auge auf sich, das von dem niedrigen dürren Gras mit seiner braunen Farbe ermüdet wurde, während weit in der Ferne über der Ebene die dunstigen Umrisse der Randgebirge der Senke im Sonnenglast tanzten. Die gegen Mittag lebhafte Windbewegung wirbelte Staubtromben, Remolinos, auf, die über die verdorrten Savannen, durch die trockene Steppe dahineilten in schlanken Bewegungen, einen Augenblick in sich zusammensanken, um dann gleich wieder aufs neue durch einen Wirbel emporgetrieben zu werden. Merkte man schon an diesem Wechsel der Landschaft, daß wir in die Trockengebiete des mittleren Chiapas gelangt waren, so boten begegnende Reiter in ihrer Tracht und langsam schwerfällig auf niedrigen Holzscheiben quietschend daher rumpelnde Ochsenkarren echt mexikanische Typen. Mit mißtrauischen Blicken wurden wir gemustert, die wir ungewohnter Weise zu Fuß durchs Land marschierten, und man hielt uns wohl in der Begleitung unseres berittenen Grenzwächters für irgend eine der nicht seltenen Pascherkarawanen. Wird doch hier viel Panela, Rohzucker, von Guatemala nach Comitán geschmuggelt. Endlich sahen wir diese Stadt vor uns liegen; es konnte nicht mehr weit bis dahin sein. Aber in dieser Atmosphäre versagte jede Entfernungsschätzung. Wir hatten noch stundenlang zu gehen, bis wir endlich in den Ort einrückten. Auch hier nahm man uns freundlich und zuvorkommend auf, zumal die Regierung in der Hauptstadt auf unser Kommen aufmerksam gemacht und einen „Salvo Conducto“ für uns ausgestellt hatte.

Comitán ist ein freundliches Städtchen mit einigem Verkehr. Die Herstellung eines Zuckerbranntweins, des sogenannten Comiteco, ist eine der Haupterwerbsquellen der vermögenden Bewohner. Außerdem wohnen reiche Arrieros im Orte, die ihre Tiere für das ganze Gebiet von Chiapas vermieten und, da Maultiere bei den schlechten Wegen des Staates noch immer das einzige Verkehrsmittel bilden, gute Einkünfte haben. Mit der Außenwelt steht Comitán über Tapachula an der pazifischen Küste in Verbindung, von der ebenso wie aus dem nördlichen Chiapas die zum Branntweinbrennen notwendige Panela herangebracht wird. Als neueste Sehenswürdigkeit wurden mir vier Automobile gezeigt, die erst vor kurzem eingetroffen waren. Da die Wege nur Maultierwege sind und bis jetzt einigermaßen für Automobile befahrbare Wege nur in der Umgebung der Stadt Comitán und von Tuxtla Gutierrez bestehen, so muß man das Wagnis bewundern, das moderne Verkehrsmittel in den entlegenen Winkel gebracht zu haben.

Nach zwei Rasttagen brach ich dann von Comitán zu einer mehrtägigen Exkursion nach dem Dorfe Chicomucelo auf, um dort ein Vokabular des eigenen Mayadialektes dieses Ortes aufzunehmen. Karl Sapper, der im Anfang der 90er Jahre dorthin gekommen war, hatte damals als erster auf das Vorhandensein des Chicomucelteco aufmerksam gemacht, von dem er auch seiner Zeit ein kleines Vokabular hauptsächlich von Tier- und Pflanzennamen aufgezeichnet hatte. Wir waren dieses Mal beritten, um Zeit zu sparen, und gelangten über den hübschen Ort Simol, dessen starke Karstquelle zum Antrieb der Maschinen des elektrischen Kraftwerkes von Comitán dient, bald an den Steilabfall der Kalkflächen zu der grabenartigen Senke von Chiapas, in deren Mitte der breite Grijalva -Fluß gegen Westen strömt. Der Blick von hier oben auf die weite Senke war wundervoll. Gegenüber im Süden durch Sonnendunst verschleiert, reckten sich die kühnen Gipfel der Sierra Madre empor, zwischen ihr und uns breitete sich das grüne Band der Senke, das sich nach Westen im bräunlichen Staubschleier verlor, in dem man noch einige isolierte Gipfel des Gebirges mehr ahnte als wirklich sah. Im Osten schloß der Steilabfall der Altos Cuchumatanes düster das Bild ab, uns an vergangene Wegstunden erinnernd. Mehrfach stiegen aus der hier immerhin 50—60 km breiten Senke gelbliche Rauchsäulen auf, kerzengrade in den dunstigen Himmel der Trockenzeit hinein, vom Abbrennen der Grasflächen herrührend, das vom Januar ab in der Trockenzeit vorgenommen wird. Die Sonne brannte heiß und heißer, seitdem wir nun in die Senke abzusteigen begannen. Der Weg war nur noch ein Wirrwarr von Kalksteinen, der die größte Vorsicht erforderte. Zur Linken nach Osten an dem Hang traten drei mächtige Terrassen hervor, die mit steiler Böschung gegen die Senke abstürzten. Nur die unterste erwies sich als aus Schottern aufgebaut, während die oberen im Anstehenden des Kalkes angelegt waren. Als wir endlich auf dem Boden der Senke angelangt waren, den ebenfalls die Kalke zusammensetzten, an einigen Stellen auch junge Alluvionen bedecken, waren wir wie in einem Brutkasten. Dorngestrüpp, Chaparral genannt, nahm uns auf, die Tockenregion der Senke andeutend, schlanke Königspalmen ragten hainartig daraus hervor, Papageien flogen kreischend von Stamm zu Stamm, andere Vogelstimmen ertönten, für mich ungewohnt, da in den Urwäldern des Gebirges das Tier- und das Vogelleben nur gering vertreten gewesen war. Auch sonst begegneten wir andern Tieren wie Rehen, Gürteltieren, Jabalís, einer Art Wildschwein, auch coche del monte genannt; von Siedelungen aber fanden wir nichts. Erst am Spätnachmittag kamen wir an eine zerstörte Hacienda, ritten aber weiter, da wir noch möglichst viel Weges zurücklegen wollten, um in Chicomucelo mehr Zeit zu gewinnen. Unser in Comitán gemieteter Diener, ein Indio, lief immer in kurzem Laufschritt hinter unsern Pferden einher, unermüdlich, wie es nur ein Indio sein kann. Schon in der Dunkelheit, aber bei Mondschein, sahen wir vor uns wie ein dunkles Band einen Hochwald sich hinziehen, aus dem das Geschrei der Brüllaffen tönte, ein Zeichen, daß wir an den Grijalva gelangt waren. Wir trafen auch auf eine Hacienda, deren Herrenhaus zerstört war, und fragten den anwesenden Mayordomo oder Verwalter nach einem Nachtlager, das uns auch in der freien Veranda des Herrenhauses gewährt wurde. Da die Häuser auf einer hohen Flußterrasse lagen, war der Platz moskitofrei. Bei der herrschenden Schwüle kam uns das Lager in der hellen Vollmondnacht nur zustatten, ohne daß wir uns durch die surrenden Fledermäuse aufstören ließen, die in großen Schwärmen durch das gefallene Gemäuer flatterten. Am nächsten Morgen erbot sich der Verwalter, ein struppig aussehender, zerlumpter Ladino, uns durch den Fluß zu führen. Dieser strömt hier in zwei breiten Armen, die etwa 2 km voneinander entfernt sind. Das Wasser reichte jetzt den Tieren nur bis zum Bauch, war aber recht reißend, besonders an dem zweiten Arm. Die Aue zwischen beiden Läufen bedeckte ein prächtiger üppiger Urwald mit kolossalen Bäumen und reicher Schlingpflanzenvegetation. Zwischendurch zog sich ein Trockenbett mit feinem Sand ausgelegt, das nur in der Schwellzeit das Wasser durch den Wald leitete. Als wir das südliche Ufer erreicht hatten, fanden wir auf der Schotterterrasse eine andere Finca namens Chejel, die das gewohnte Bild bot: zerfallene Hütten, in denen ein paar Ladinofamilien ein kümmerliches Dasein fristeten, die Ruinen des Herrenhauses vom Busch überwuchert. Es mußte gerade hier schlimm gehaust worden sein. Dann ging es wieder eben weiter, bis einige leichte Bodenwellen von Kalken, dann von rötlichen Sandsteinen auftraten.

Danach folgten Schiefer, und bald setzte eine derart verwickelte Lagerung ein, daß man sich ohne genauere Aufnahme des Gebietes nicht mehr ausfinden konnte. Wir waren jetzt in die Störungszone der Sierra Madre gekommen, deren Vorhügel, ebenfalls tektonisch bedingt, sich in ihrer Waldlosigkeit malerisch vor den hohen düsteren, zackigen Ketten des Gebirges hinzogen.

Nachdem wir am vorhergehenden Tage dreizehn, an diesem zehn Stunden geritten waren, empfanden wir es angenehm, als wir endlich den Chicomucelo-Bach queren und darauf in das Dorf einreiten konnten, dessen Hütten von Bananen beschattet wurden. Der Sekretär des Ortsvorstehers und Schulmeister des Dorfes lud uns ein, in sein Haus zu kommen, dann begann sogleich die Unterhandlung mit dem Vorsteher wegen Beschaffung eines geeigneten Interpreten. Zunächst schüttelte man im Rathaus, wo sich ob des merkwürdigen Verlangens nach Aufzeichnung der Sprache allmählich die Spitzen der Behörden vollzählig versammelt hatten, den Kopf. Es gäbe keine Sprache von Chicomucelo. Schließlich fand unser Schulmeister den rettenden Ausweg und sagte, er wüßte schon, was ich wollte, und er würde mir schon den passenden Mann besorgen. Glücklicherweise drang ich darauf, daß man den Mann sofort herbeiholte, einen Ladino, der die Kenntnis des Chicomucelteco bejahte. Als ich ein paar Worte zur Probe fragte, ergab sich, daß er den Dialekt des Motocintleca redete, einer Mayasprache, die ebenfalls in der Sierra Madre gesprochen wird. Außerdem hatte er spanischen Akzent, erwies sich also als unbrauchbar. Als wir dann in einer Ladinofamilie zu Abend speisten, erkundigte ich mich nach Indios im Orte, und hörte zu meiner Bestürzung, daß keine mehr im Orte lebten mit Ausnahme einer Alten und zwei über 70 Jahre alten Männern, die aber weit außerhalb des Ortes wohnten. Für Geld und gute Worte fand sich ein Junge, der noch in der Dunkelheit sich auf den Weg machte und mir die beiden auf den kommenden Tag in das Dorf bestellen sollte. Es kam nun alles aufs Glück an, sollte die Exkursion nicht vergeblich gewesen sein. Am andern Morgen in aller Frühe waren auch die beiden Alten zur Stelle, wogegen die Frau nicht zum Kommen zu bewegen war. Anscheinend war sie schwachsinnig. Schon die ersten Worte, die ich mit Sappers Vokabular verglich, zeigten, daß hier die richtige Spur war, und dann ging das Frage- und Antwortspiel an. Die Aufnahme glückte. Leider sind aber alle Bräuche älterer Zeit verloren gegangen. Man konnte mir nur sagen, daß früher bei den Festen Tänze mit Masken stattgefunden hätten wie in Guatemala noch heute; es fanden sich sonst keine weiteren ethnographisch interessanten Reste. Das Beispiel zeigt, wie sehr heute das indianische Element seine Kultur aufgegeben hat. Von eigenen Trachten, denen man in Guatemala noch verhältnismäßig häufig begegnet, ist in Chiapas nichts mehr erhalten. Es ist die höchste Zeit, hier noch zu retten, was zu retten ist. Wie wenige Jahre noch, und das Chicomucelteco wird zu den ausgestorbenen Mayasprachen gehören.

Da in dem heißen, nüchternen, aber schön gelegenen Orte nichts weiter zu sehen war, machten wir uns noch am Nachmittage nach beendeter Sprachaufnahme wieder auf den Weg und erreichten nach Osten und Südosten reitend über einige Haciendas den Ort Cuxhu, wo wir schon in der Nacht eintrafen. Der nächste Morgen sah uns schon lange vor Sonnenaufgang wieder im Sattel. Wir durchquerten nach Norden zu das gleiche Gelände wie beim Herritt, nur daß die Schieferzone fehlte, und auch die Sandsteine als schmalere und seltenere Bänder in die Kalke eingeschaltet waren. Erst nach achtstündigem Ritt trafen wir das erste Wasser, den Grijalva, der hier in einem Arme eine Kalkschwelle in schönem, engem Cañon durchbricht, über den eine Brücke aus Holz führte, die wir glücklicherweise erst näher betrachteten, als wir sie bereits passiert hatten. Die in der Nähe gelegene Hacienda San Salvador, eine der wenigen, die wieder etwas Vieh sich zugelegt haben, bot uns ein einfaches Nachtlager, nachdem wir noch am Abend in der Dämmerung einer Jagd auf einen verwilderten Stier, einen Toro cimarron, beigewohnt hatten. Dieses verwilderte Vieh, namentlich die Stiere, sind gefährliche Tiere, die sich seit den letzten Revolutionen herrenlos umhertreiben und von jedem, der ihrer ansichtig wird, abgeschossen werden dürfen.

Von San Salvador ab folgte am andern Tage wieder wasserloses Kalkgebiet mit leichten Bodenwellen. Die Kalke ließen keine Versteinerungen erkennen; sie waren körnig ausgebildet. Wir klommen dann in der gleichen Formation den nördlichen Rand der Senke empor, an dem abermals wie beim Herweg südlich Simol mächtige Terrassen ausgebildet waren. Überall trat der nackte Kalkfels zutage, über den der Weg in gefährlichem Zustand hinweg führte. Steil hangabwärts geneigte Felsplatten, Lajas genannt, zum Teil mit lockeren scharfkantigem Geröll bedeckt, machten den Tieren schwer zu schaffen. An dieser Stelle war es, wo ich mit Widerstreben dem Rate Kanters nachgab, abzusteigen, da wir schon schwierigere Stellen zurückgelegt hatten. Wenige Minuten danach stürzte das reiterlose Tier und überschlug sich mehrfach, den Abhang hinunterrollend, aus dem wir es wieder heraufziehen mußten.

Ist man den langen Aufstieg hinaufgekommen. so findet man sich abermals auf der Fläche, die die Mulde von Comitán bildet. Über das große Ladinodorf Zapaluta erreicht man schließlich in ermüdendem, völlig schattenlosem Ritt Comitán. Kurz vor der Stadt zeigt ein tiefer Bacheinschnitt, daß die Mulde von jungen dulivialen Ablagerungen, Schottern, Sanden und bunten Tonen eingenommen wird, ohne daß sich die Mächtigkeit erkennen ließe.

Zwei Rasttage dienten den Zurüstungen für die Weiterreise gegen Norden. Mein Plan war, etwa bis zur Hacienda Bajocuc oder Vergel zu gehen und dann mit Trägern wie vorher quer nach Osten den sogenannten Desierto zu durchwandern mit dem Usumacinta-Fluß als Ziel. Auf die Frage bei den Behörden in Comitán deutete man mir an, daß sich jedenfalls Schwierigkeiten wegen der Beschaffung von Trägern ergeben würden. da die Leute für einen so weiten Weg nicht zu haben wären oder im äußersten Falle es nur gegen sehr hohe Bezahlung tun würden. Doch riet man mir. mein Heil in einer der genannten Haciendas zu versuchen. Wir mieteten uns Maultiere für das Gepäck mit zwei Treibern, die sich aber bald als derart lässig herausstellten, daß ich schon nach zwei Tagen die Sachen einer anderen uns zufällig überholenden Karawane anvertraute, die von drei tüchtigen Treibern, Arrieros, geführt wurde. Wir selbst gingen wieder zu Fuß.

Am Abend vor unserm Aufbruch von Comitán erlosch plötzlich das elektrische Licht in der Stadt. Die Musikkapelle, die gerade auf dem Platz gespielt hatte. brach schnell ab. das Publikum eilte schleunig nach Hause, alles geriet in eine Aufregung, die mir unverständlich war. Nach kurzer Zeit eilten Militärpatrouillen durch die Straßen, hielten jeden Passanten an und verlangten seine Personalien. Wer sich nicht ausweisen konnte, wurde sistiert. Kein Mensch wußte, welches der wahre Grund für das Versagen des Lichtes war. Aber hier erhielt sich überall hartnäckig das Gerücht, daß eine große Räuberbande im Anmarsch wäre und die Lichtleitung bereits zerschnitten hätte. Die Angst war unbeschreiblich, und man widerriet uns, am nächsten Tage fortzugehen. Auch diese Episode ist bezeichnend für das Mißtrauen in die öffentliche Sicherheit, dem ich hier wie später allenthalben in Mexico begegnet bin. Wenn uns auch nie welche Begegnung mit Banden widerfuhr, so sind doch Überfälle im Lande häufig. Gerade die Umgebung von Comitán gegen Tuxtla Gutierrez und nach Norden stehen bei den Anwohnern in keinem guten Ruf. Ein anderer Grund. der die Behörden beim Versagen des Lichtes stets zu schnellem Eingreifen in diesen Ländern veranlaßt, ist der. daß man eine neue Revolution befürchtet.

Ich glaube, daß dies auch in unserm Falle der eigentliche Grund war, denn wir wurden nachher noch oft gefragt, als wir Chiapas lange verlassen hatten, ob wir dort nichts von neuen Umsturzplänen bemerkt hätten. Mexico ist eben noch nicht zur Ruhe gekommen.

Ich ließ mich durch das unbedeutende Vorkommnis nicht in den gefaßten Plänen abschrecken, und der frühe Morgen sah uns bereits außerhalb der Stadt die Mulde gegen Norden querend. Die diluvialen Ablagerungen heben sich nach Norden heraus, je näher man der Randumwallung kommt, wo man beobachten kann, wie die gleichen Kalke wie im Süden Comitáns die diluviale Decke unterteufen. Das Gebiet, das sich eröffnet, wenn man beim Dorfe Rio Grande nach Überschreitung eines breiten Fiumares und Ersteigung der Randhöhen eine Höhe von etwa 1800 m erreicht hat, setzt sich aus kleinräumigen Becken und Wannen zusammen, die durch nordwest-südost bezw. westnordwest—ostsüdost streichende Kalkrücken getrennt werden. Diese zentralchiapanekischen Sierren lösen sich dann unmittelbar nördlich der Hacienda Yaxhá in wahllos zerstreute steile Hügel und Kuppen auf, die wieder den Eindruck einer Maulwurfshügellandschaft hervorrufen (vergl. Abb. 2 auf Tafel 1). Sie bildet ein geradezu typisches Gepräge der Abtragungsformen der dortigen Kalke. Lichter Kiefernwald bedeckt sie, durch den sich freie Blicke auf kleine Wassertümpel, Tonwannen, in denen sich das Wasser auch in der Trockenzeit als schmutzige Pfütze sammelt, erschließen. Blind im Kalk versickernde Bäche durcheilen sie, die als starke Karstquellen Spalten im Kalke enteilen. Nicht eben zahlreich, sind sie für die Nutzung der Gegend zur Viehzucht wichtig. Wo die mangelhaften Karten des Gebietes eine Hacienda verzeichnen, kann man mit Sicherheit einen solchen Bach oder Wasserlauf voraussetzen. Dazwischen ist die Hügelzone wasserlos, von Hartgräsern zwischen den Kiefern bedeckt. Tagelang bis an den Einschnitt von Ocosingo durchquert man die eigenartige Landschaft, die so gar kein tropisches Gepräge trägt. Die Kuppen erreichen im Durchschnitt Höhenunterschiede von etwa 80—120 m. Sie sind stets bis zum Gipfel bewaldet. Der Kalkfels zeigt auch hier eine harte, körnige Beschaffenheit. Fossilien vermochte ich hier ebenfalls nicht zu finden. Dagegen traf ich mehrfach in den erwähnten Mulden oder Wannen auf Einlagerungen von Bohnerzen, die mit bräunlichen, eisenschüssigen Tonen und Sanden vermengt waren. An der Oberfläche lagen in der Verwitterungsdecke bis kindskopfgroße Eisenerzknollen. Die Ton- und Erzstreifen geringer horizontaler Ausdehnung strichen stets in der allgemeinen Streichrichtung der genannten Sierren. Sie verschwanden zwischen Bajocuc und Vergel.

Als wir in Bajocuc, einer großen Hacienda, eintrafen, stellte es sich heraus, daß Träger bei dem geringen Personalbestande nicht zu erhalten waren. Hier wie in der Hacienda Vergel, wo ich nochmals nachfragte, waren die Betriebe noch nicht wieder auf ihren alten Zustand gebracht worden. Es herrschte Leutemangel. So sah ich mich denn gezwungen, die Durchquerung des Desierto aufzugeben. In Vergel erhielt ich Auskunft über diese Gegend. Danach muß sich die Hügellandschaft noch weit nach Osten fortsetzen, angeblich bis an den Usumacinta-Fluß. Mit den Wasserverhältnissen ist es ebenso bestellt, wie in dem Gebiet, das wir bisher durchzogen. Bachstücke und Tümpel treten ab und zu auf. Höhlen sollen häufig vorkommen. Der Name Desierto besteht noch heute, nach den erhaltenen Auskünften zu Unrecht. Denn in den letzten beiden Revolutionen flüchteten viele Familien von den auf den Haciendas beschäftigten Arbeitern, Indianern und Ladinos in den bis dahin unbesiedelten Osten und verbargen sich in den Höhlen. Die meisten sollen auch jetzt dort noch leben und sich Maisfelder angelegt haben. Interessant war mir eine mündliche Mitteilung von Dr. Dampf, die ich später in der Stadt Mexico erhielt, nach der er bei seiner Durchquerung des Petén genau die gleiche Maulwurfshügellandschaft angetroffen hatte, die ich ihm aus dem durch mich bereisten Gebiet schilderte. Der Landschaftscharakter des Petén in diesem Teile muß also dem der zentralchiapanekischen Sierrenzone sehr ähneln. Nach der bisherigen Annahme sollen ja auch diese Sierren ihre Fortsetzung im Petén bzw. der nördlichen Alta Verapaz finden.

Kurz bevor wir nach Vergel gelangten, trafen wir unmittelbar am Wege auf altertümliche Stein- und Erdwerke, die bereits sehr zerfallen waren. In dem dichten Buschwerk ließ sich nicht feststellen, welches der Plan oder die Ausdehnung der Anlage einst gewesen war. Jedenfalls lag der gleiche Fall wie in Chaculá vor, daß die Alten sich in der unmittelbaren Nähe eines reichlichen Wasser führenden Karstflusses angesiedelt hatten. Der Fluß von Vergel entspringt in der Nähe der Hacienda als mächtige Karstquelle und hat als solche bereits wenig unterhalb seines Ursprungs die Kraft besessen, sich einen etwa 10—12 m tiefen schmalen Cañon in die Kalkschichten einzutiefen. Interessant war jetzt in der Trockenzeit an der Quelle zu beobachten, wie diese gewissermaßen in der Regenzeit in zwei Etagen strömen muß. Denn ungefähr 2 m oberhalb der gegenwärtigen Austrittsspalten lag eine zweite Reihe solcher, jetzt natürlich trocken. Es zeigte deutlich dieses Vorkommen die Schwankung des Wasserspiegels in Regen- und Trockenzeit an.

Das Mißlingen des Desiertoplanes ließ mich den weiteren Weg dahin abändern, daß wir nach Ocosingo marschierten, die nördlichen Sierren von Chiapas überquerten und von El Salto de agua nach Palenque und zum Usumacinta gelangten. Die gleiche Landschaft begleitete uns noch in den nächsten Tagen. Es folgten einige Bächlein, die sämtlich gegen Osten oder Südosten flossen, eine Richtung, die für alle Wasserläufe nördlich Comitán charakteristisch ist. In den Bachbetten fanden sich fast immer unter Kalkgeröllen auch Quarze gelblicher Farbe. Ein größerer Fluß ist der Sakonijá, den wir am Abend des ersten Tagesmarsches nach Vergel erreichten. In engem Kalkcañon strömt er mit bedeutender Geschwindigkeit gegen Südosten und soll sich in den Jataté ergießen, der in dieser Gegend der bedeutendste perennierende Fluß ist. Zwei Terrassen waren deutlich ausgeprägt, beide von Schottern, darunter vielen Quarzgeröllen, gebildet. Am nördlichen Ufer schließt sich an die Hochterrasse eine fast völlig ebene, von Torrenten zerrissene Schotterfläche an, die sich bis zum Dorfe San Carlos erstreckt. Dann folgt abermals die Hügellandschaft. Auffällig war auch, daß kurz hinter Vergel bei einem Hause namens Morelia eine aus rötlichen Mergeln und hellen Sandsteinen aufgebaute Bodenwelle sich in die Kalke mit gleichem Streichen wie diese einschob. Es war das erste Auftreten anderer Formationsglieder, die dann von Ocosingo ab herrschend wurden. Vor Ocosingo überschritten wir den Jataté-Fluß, der in breitem Mergeltal nach Südosten strömt. Die Mergel bilden eine Art niedriger Hügelzone, die sich höheren Kalkgebirgen, die die Talgrenzen bezeichnen, vorlagern und den Eindruck von Terrassen erwecken könnten. Doch schienen sie mir eher durch ihr Verhalten als leicht denudierbares Material gegenüber den widerstandsfähigeren Kalken hervorgerufen zu sein. Vermutlich entspricht das Tal des Flusses einer großen im Streichen des Gebirges ziehenden Verwerfung. Über dieses Tal des Jatatė und den Fluß selbst weiß man nur wenig. Er soll eine Urwaldzone durchströmen und sich in den Lacantun ergießen. Primitiv lebende Lacandonen sollen noch in schwacher Zahl in seinem Gebiet hausen.

Was sonst hier als Lacandones bezeichnet wird, sind bereits zivilisierte Angehörige dieses am weitesten zurückgebliebenen Mayastammes. Sie arbeiten in den Holzschlägereien und auf Fincas, sollen aber noch das Haar lang tragen. Pfeile und Bogen, die ihre wilden Stammesgenossen tragen, verfertigen sie als Kuriositäten und verkaufen sie an Händler, die sie nach Ocosingo bringen. Es ist eine elende Machware, die jeden Sammlungsinteresses entbehrt.

Ocosingo ist ein unbedeutendes, heißes Dorf in ungesunder Lage. Fieber und Dysenterie sind endemisch. Die Bewohner sehen krank aus; es fehlt jedes Leben. So machte denn auch auf uns der Ort einen stillen, verkommenen Eindruck. Von irgendwelcher Arbeitsbetätigung der Bewohner sahen wir nichts. Ein paar dort stationierte Soldaten vergnügten sich den Tag über mit Nichtstun; in den kühleren Nachmittagsstunden vertrieben sich sie die Zeit mit Fußballspiel auf dem Platz. Der Ortskommandant nahm uns freundlich auf und verschaffte uns ein einfaches, leeres Zimmer als Quartier sowie bei einer Ladina eine Verpflegungsstation. Als er von unseren weiteren Plänen hörte, warnte er uns vor den Indianern, die nördlich von Ocosingo hausen, Tzeltal-Indianer, die wegen ihrer räuberischen Überfälle in der Gegend einen üblen Namen hätten. Da er nicht imstande war, uns einige seiner wenigen Soldaten mitzugeben, riet er uns, auf der seiner Ansicht nach schlimmsten Tagereise uns einer größeren Maultierkarawane anzuschließen, die nach uns des Weges kommen sollte. Dieser Umstand wie die Notwendigkeit unsern Tieren einige Erholung zu gönnen, bedingte einen Rasttag in Ocosingo, den wir zur Besichtigung des Ortes und seiner Umgebung verwendeten. Dabei fanden wir im Pflaster der Straße einen Stein mit Mayahieroglyphen, die noch ein Datum erkennen ließen. In Ocosingo lebt auch ein Deutscher, der gerade abwesend war und uns als Doktor bezeichnet wurde. Nachher stellte sich heraus, daß er als Heilgehilfe Deutschland verlassen hatte und nun in diesem entlegenen Winkel eine rege ärztliche Praxis entfaltete, wozu ihm das ungesunde Klima die besten Gelegenheiten verschaffte. Allgemein lobte man ihn und war mit seinen Heilerfolgen sehr zufrieden.

Leider schlug das Wetter um. Es stellte sich Nortewitterung ein, die hier mit mehrtägigen Landregen verbunden zu sein pflegte. Zum Unglück begann nun auch von Ocosingo ab das schlechteste Wegstück der ganzen Reise. Denn wir traten nun in die Tertiärzone ein mit weichen Ton- und Mergelschichten zwischen harten Kalken. Wir waren kaum im strömenden Regen aus dem Orte heraus, als wir auch schon im Schlamm fast versanken. Dichter Nebel behinderte die Sicht, so daß wir mißmutig vor unseren Mulas durch den Schlammbrei hindurchstapften und eine steile Kalkkette emporstiegen. Gründlich durchnäßt kamen wir gegen Mittag an eine ärmliche, in der Revolution zerstörte Hacienda, wo man uns aufnahm und wir mit der ganzen Familie zusammen den einzigen noch vorhandenen Raum in der Nacht teilen mußten. Die erwartete Maultierkarawane traf noch am Nachmittage ein, 40 Tiere mit 8 Treibern und dem Besitzer, einem wohlhabenden Comiteco, der ebenfalls froh war, uns getroffen zu haben. Am andern Morgen zogen wir gemeinsam weiter und passierten um die Mittagszeit das Indianerdorf Bachajón, vor dem wir gewarnt worden waren.

Die hier hausenden Tzeltales sind gefährliche Burschen, die in den letzten Revolutionen fast verwildert sind. Einzelne Reisende, namentlich Händler, und kleine Maultiertrupps werden häufig überfallen, beraubt und ermordet. Die Taktik ist die gleiche, wie sie uns aus den älteren spanischen Berichten aus dieser Gegend geschildert wird. 15—20 Individuen tun sich zusammen zu einer Rotte, überfallen aus dem Hinterhalt ihre Opfer und machen sie mit ihren langen Buschmessern, den Machetes, nieder. Dann flüchten sie in die unzugänglichen Waldgebirge und halten sich vor den Verfolgern versteckt. Bezeichnend ist auch, daß in Bachajón kein Ladino sich niedergelassen hat, Der Ort besteht aus zerstreut liegenden Stangenhütten. In der Mitte ragen die Ruinen einer Kirche und eines ehemaligen Rathauses auf, die beide der Wut der Indios zum Opfer fielen. Die Leute sind große Gestalten, auch die Frauen, und haben sämtlich eine auffallend helle Hautfarbe, wie ich sie auf der Reise weder vorher noch nachher angetroffen habe. Mit finstern Blicken sahen sie uns durchs Dorf marschieren, alle ihre blinkenden Machetes in der linken Armbeuge tragend, selbst die Buben, und riefen uns in ihrer Sprache irgend welche Worte nach. Es war das einzige Mal, daß wir auf der Reise unsere Pistolen schußbereit in der Tasche trugen.

Der Weg wurde immer schlechter. An einer Stelle versank eine unserer Mulas in einem Schlammloch und konnte nur mit Mühe aus ihrer gefährlichen Lage wieder befreit werden. Abermals mußte eine Sierra erstiegen werden, ehe wir nach Chilón gelangten, einem Ladinodorfe, das einst ein bedeutenderer Ort gewesen sein muß. Heute macht auch er wie Ocosingo einen heruntergekommenen Eindruck. Auch Chilón hat wie Bachajón und Ocosingo noch im Laufe des 18. Jahrhunderts blutige Metzeleien der Indianer erlebt, die zeitweise zur völligen Entvölkerung durch die Mischlinge und spanischen Elemente führte. Wirtschaftlich steht dieser Ort bereits mit der atlantischen Küste in Verbindung, während Ocosingo noch mit Comitán und der pazifischen Küste bzw. San Cristobal Las Casas Verkehr besitzt. Nordwestlich des Dorfes breiten sich kleine Kaffeepflanzungen in den Mergelhügeln aus, die Ladinos gehören.

War nun auch das Wetter wieder trocken geworden, so blieben die Wege doch noch grundlos. Beschwerlich wurde das Terrain besonders dadurch, daß dauernd niedrige. steile Mergelrücken einer nach dem andern quer zur Wegrichtung liefen und ein immerwährendes Auf- und Absteigen in dem zähen Tonbrei nötig machten. Nach kurzem Tagesmarsch erreichten wir Yajalón, das noch bis vor nicht allzu langer Zeit ein unbedeutender Ort indianischer Bevölkerung gewesen war. Heute ist ein bedeutendes Dorf daraus entstanden. Die Ladinos siedelten sich vor etwa 30 Jahren zuerst an und verdrängten allmählich die ursprünglich ansässigen Chol-Indianer. Mit dem Vordringen des Kaffeebaus in diese Gegenden und der Entdeckung ölhaltiger Schichten durch amerikanische Geologen, in jüngster Zeit setzte ein Aufschwung ein, der dazu führte, daß Yajalón den Nachbarort Chilón schnell an Einwohnerzahl und Bedeutung überflügelte. In den letzten zwei Jahren sollen allein an 40 neue Häuser erbaut worden sein. Mehrere Deutsche haben sich in der Umgebung Kaffeefincas angelegt, und im Orte selbst waltet eine deutsche Lehrerin ihres Amtes als Angestellte des Munizipiums. Der Verkehr mit El Salto de Agua und weiterhin Frontera de Tabasco an der Küste wird durch Maultiere und Flußschiffahrt aufrecht erhalten. Die Lage des Dorfes ist anmutig und die schönste, der wir von Comitón ab begegnet waren. Waldige Gebirgshöhen begleiten zu beiden Seiten das liebliche Tal, auf dessen drei gut ausgebildeten Terrassen kleine Kaffeepflanzungen angelegt sind.

Nordwärts setzt sich die Tertiärzone in der schon geschilderten Weise weiter fort, unterbrochen von steilen Kalkzügen. Bald nach Yajalón erreicht man eine Indianersiedelung der Choles, sympathischen, zutraulichen Indios, mit Namen Hidalgo, wo gut ein südwestliches Einfallen der Kalke zu beobachten ist. Sie lagern über weichen Mergeln und neigen daher zu Abbrüchen und Bergstürzen, wie in der Nähe von Hidalgo zu sehen ist. Gleich nach dem in einem tiefen schönen Tal strömenden Hidalgo -Fluß steigt eine hohe Kalksierra auf, die der Weg auf dem sogenannten Teufelspaß überschreitet, dem Paso del Diablo. Wirklich machte dieses Wegstück seinem Namen alle Ehre, wie schon zur Zeit des amerikanischen Reisenden Stephens in den dreißiger Jahren des vergangenen Jahrhunderts, und wir waren froh, es zu Fuß passieren zu können. Unsere Arrieros hatten wir mit den Tieren und dem Gepäck zurückgelassen. da die Tiere wieder eines Tages der Ruhe bedurften. Um Zeitverlust zu vermeiden, hatte ich in dem Dorfe zwei indianische Träger gemietet, die uns das notwendigste Gepäck weiter trugen. Es war zu bewundern, mit welcher Leichtigkeit die beiden Leute in der Mittagshitze den Teufelspaß wie die Rehe hinaufeilten. so daß wir bald hinter ihnen zurückblieben. Vom Paß bot sich ein wundervoller Blick nach Osten auf ein zerschluchtetes Waldgebirge, in das tiefe Täler nach Osten zu eingesenkt waren. Allenthalben blickten aus der Tiefe einzelne Ranchos der Choles inmitten ihrer mit Maisfeldern bestandenen Rodungen hervor, während nach Nordwesten zu in der Ferne eine neue, der unsern parallele Sierra sich hinzog, hinter der sich das Flachland von Tabasco ausbreiten mußte und an deren uns abgekehrten Hang die Ruinen von Paleque lagen. Es war die letzte der chiapanekischen Sierren, ehe das atlantische Tiefland Südostmexikos seinen Anfang nahm. Bald nach dem Teufelspaß erreichten wir in kühlem Nebel den Ort Tumbalá, der auf freier Höhe nach Nordosten zu gekehrt liegt. Die Lage zu dem herrschenden Passat muß den Nebelreichtum und das auffallend kühle Klima Tumbalás hervorrufen. Auch dieses Dorf war einst bedeutend, wie noch die schönen Barockruinen der zerstörten Kirche andeuten und wie auch noch Stephens zu berichten weiß. Heute ist es wie Chilón ein armseliges Nest, in dem wir nur durch persönliche Beziehungen Kanters Quartier erhielten. Nur wenige Ladinos leben noch hier.

Von Tumbalá ab beginnt der Abstieg in tiefere Regionen und damit eine bedeutende Kaffeezone, in der zahlreiche deutsche Pflanzungen gelegen sind. Gleich in der ersten, El Triumfo, trafen wir einen deutschen Landsmann, Herrn Wilhelm Fahrholz, der mich in der liebenswürdigsten Weise aufnahm und mir nach kurzem Aufenthalte ein Reittier bis zum Salto de Agua lieh. Zwei Stunden weiter kamen wir zu einer anderen deutschen Finca Primavera, die einem Würzburger, Herrn Heinrich Mahr, gehörte. Ein Rundgang durch die saubere Anlage ließ in den Kalken vielfach Erdpech erkennen, ein Zeichen, daß wir uns der Ölzone näherten. Lange in die lauwarme Nacht hinein wurden allerlei Erinnerungen ausgetauscht, während sich von unserer Veranda aus in der klaren Atmosphäre die dunklen Waldhänge der Gebirge abzeichneten.

Der folgende Tag brachte uns dann noch eines der schwierigsten Wegstücke der Reise, die Überquerung der letzten Sierra. Mit Worten läßt sich die Beschaffenheit des Weges nicht mehr beschreiben. Er bestand buchstäblich nur noch aus scharfen, spitzen Kalkbrocken, Löchern mit zähem Tonbrei und Lajas, jenen schrägen, glatten Steinplatten, von denen bereits oben die Rede war. Das reiterlose Tier, denn man mußte absitzen, hatte selbst Mühe ohne Unfall hindurch zu kommen, indem es von einem Block zum andern über die Löcher hinwegsprang. Gegen Abend zogen wir in El Salto de Agua ein und waren damit in der heißen Tierra caliente von Tabasco angelangt. Im Hause eines Deutschen, Herrn Friedrich Martens, fand ich bereitwilligst Aufnahme.

El Salto de Agua, so genannt, weil der Tulijá-Fluß unmittelbar oberhalb eine Reihe von Stromschnellen bildet, ist ein bedeutender Punkt geworden, seitdem in seiner unmittelbaren Nähe durch die Amerikaner Petroleumbrunnen angelegt wurden. Amerikanische Ingenieure, Geologen und kaufmännisches Personal hielten ihren Einzug, ihnen folgten chinesische Händler auf dem Fuße. Schenken, in denen alles feilgehalten wird, bis zum teuersten französischen Sekt, Spezialkaufläden, die große Eisenwarenhandlung meines Gastfreundes, kamen auf. Dazu trat weiterhin als bedeutungsvoll, daß von El Salto der Tulijá schiffbar bis zur Küste ist, indem die Waren den Weg über Macuspana nehmen. In der allerletzten Zeit zeigte sich ein Rückgang des wirtschaftlichen Lebens, der für ganz Chiapas und Tabasco bezeichnend ist und seine Ursachen in der politischen Entwicklung Mexicos und besonders des Staates Tabasco findet. Denn infolge der fremdenfeindlichen Gesetzgebung ziehen sich die amerikanischen Oelgesellschaften zurück. Unter dem Hinweis, daß die Ausbeute an Petroleum nicht mehr rentabel wäre infolge Erschöpfung der Brunnen, legten sie diese still und beriefen ihre Angestellten zurück. Gerade zu unserer Zeit war man damit beschäftigt, die Rohre eines Brunnen herauszuziehen. Dementsprechend schwindet ja auch die Möglichkeit gewinnbringender Existenzbedingungen für die Handeltreibenden, die sich schon nach andern Gelegenheiten umsehen. Da aber auch die Kaffeeproduktion durch die Regierungsmaßnahmen leidet, und daher einer bedenklichen Zukunft entgegensieht, so bieten sich auch keine Möglichkeiten für die nächste Zeit, den Kaffeebau weiter auszudehnen. Allenthalben traf ich besorgte Gesichter. Muß doch auch ferner berücksichtigt werden, daß die bolschewistische Beeinflussung der Massen in Tabasco, auf das eifrigste von der Regierung des Staates unterstützt und gefördert, einen nur zu großen Erfolg gehabt hat, unter dem das öffentliche Leben dort leidet. Auch den Indianer hat man unverantwortlicherweise in die Bewegung mithineingezogen, der natürlich nun aus ihr und den ihm gepredigten Lehren für sich Kapital zu schlagen sucht, wozu ihm der offiziell eingeführte sechsstündige Arbeitstag willkommenen Anlaß gibt.

Die drückende Schwüle und das ungesunde Klima des Ortes ließen mich bald von dort wieder aufbrechen und Palenque zustreben. Das Gelände bleibt nun stets flache Savannenlandschaft mit hohem Graswuchs und Waldinseln dazwischen. Die Besiedelung ist sehr dürftig.

Auf der zweitägigen Strecke fanden wir nur einen armen Rancho mit fieberkranken Bewohnern, in dem wir übernachten mußten und in dem ungeheure Moskitoschwärme in der heißen Nacht wahre Orgien aufführten. Noch lange vor Tagesanbruch machten wir uns wieder auf, um noch vor der Mittagshitze unsern Marsch durch die Savanne zurückzulegen, die sich in ermüdender Eintönigkeit gegen Südosten stets der Sierra parallel hinzog. Früher lagen auf der Strecke zwischen El Salto und Palenque dreiundzwanzig Haciendas, heute trafen wir nur noch auf eine, die kurz vor Palenque lag, ein trübes Bild der Ergebnisse der Revolutionen.

Über die Ruinen von Palenque ist schon oft berichtet worden, so daß es sich erübrigt, hier nochmals darauf zurückzukommen. Für mich verknüpften sich mit dem Besuche hauptsächlich anthropogeographische Interessen. Heute noch wie zu den Zeiten eines Dupaix oder Stephens machen die Ruinen einen tiefen Eindruck, der nicht nur durch die Höhe der Kunstleistungen ihrer Erbauer, sondern auch durch ihre im Urwald verlorene Lage am Abhang der Sierra hervorgerufen wird. Weit in den Wäldern der Umgebung zerstreute und kaum bekannte Ruinen deuten darauf hin, daß einst die Ausdehnung der Stätte viel bedeutender gewesen sein muß, als die bisher bekannten Tempel ahnen ließen. Bei der dichten Waldbedeckung und dem ungesunden Klima werden aber einer eingehenderen Nachforschung noch lange Schwierigkeiten bereitet werden. Vor wenigen Jahren sind durch die Expedition der Tulane Universität in New Orleans einige Ausgrabungen vorgenommen worden, die zu interessanten Funden führten.

Eine volle Woche hielten wir uns in Palenque auf, das eineinhalb Stunden von den Ruinen entfernt liegt, ein langweiliges Nest, im drückendheißen Tieflandsklima. An der halbzerstörten Kirche sind an der Westfront neben der Pforte zwei alte Relieftafeln eingelassen, die Göttergestalten des Mayapantheons darstellen. Wind und Wetter schutzlos preisgegeben, werden die wundervollen Arbeiten allmählichem Verfall entgegengehen, wie das bei der in diesen Ländern üblichen Unbekümmertheit um die Erhaltung der Altertümer nicht weiter zu verwundern ist.

Palenque war in den letzten Jahren zu einiger Bedeutung gelangt, als amerikanische Petroleumgesellschaften in der Nähe Ölquellen entdeckt hatten. Jetzt fanden wir auch hier alles im Abbruch begriffen; schwere Traktoren zogen mit Rohren bedeckte Beiwagen zum Flußhafen Montechristo am Usumacinta. Von Ingenieuren war niemand mehr anwesend, nur weniges technisches Personal amerikanischer

Staatsangehörigkeit leitete eben noch die letzten Arbeiten. Die Gesellschaft war es auch, die für die Herstellung eines guten Weges nach Montecristo Sorge getragen hatte, so daß dort Lastautomobile verkehren konnten. Da sich jetzt niemand mehr darum kümmert, so geht auch er schnellem Verfall entgegen.

Unser Gastfreund im Dorfe, ein Deutschamerikaner, der in der Nähe eine größere Viehhacienda besitzt und auch Holzschlägereien sein eigen nennt, brachte uns mit seinem Fordauto bis nach Montecristo. Das Gelände war das Gleiche wie zwischen El Salto und Palenque: Savannen mit zerstörten Haciendas und Waldinseln, in denen die Brüllaffen ihr Konzert aufführten. Montecristo ist mit dem Aufhören der Petroleumproduktion im Hinterland ebenfalls zurückgekommen. Der Verkehr auf dem Flusse hat gegen früher erheblich abgenommen. Man sieht auf ihm nur noch ab und zu eine kleine Motorbarke, die Bananen flußabwärts bringt, oder selten einen größeren Motorschooner, der von Veracruz Waren flußaufwärts schafft. Die früher regelmäßige Personenschiffahrt mit Heckraddampfern ist nur noch unregelmäßig. Ein einziger Dampfer verkehrt noch von Frontera de Tabasco nach Tenosique, wo die Schiffahrt durch Stromschnellen unterbrochen wird, bis sie weiter flußaufwärts abermals mit Motorbooten einsetzt. Wir mußten in dem heißen Orte fünf Tage auf den Dampfer warten, der erst flußaufwärts von der Küste kam, und bis Tenosique fuhr. Ich benutzte die Gelegenheit stromaufwärts bis dorthin mitzufahren. Der Fluß, stellenweise von stattlicher Breite und auch in der Trockenzeit noch genug Wasser führend, strömt durch offenes Savannenland dahin. Die Ufer nehmen verlassene Bananenhaine ein, ärmliche Hütten von schmutzigen Mischlingen bewohnt, lugen aus Maisfeldern hervor. Dann gleitet der Dampfer wieder an einigen Waldresten vorüber, in denen Papageien kreischend lärmen und schwerfällig weiße Reiher von Wipfel zu Wipfel fliegen, während am tonig-sandigen Steilufer sich große Eidechsen, Iguanas oder Leguane, sonnen. Sandbänke tauchen hier und da im Flußbett auf, oft sitzt der Dampfer auf einer unsichtbaren fest und arbeitet sich mühsam wieder los; doch beträgt die Wassertiefe meist 6—8 Fuß. Da die Fahrrinne nicht markiert ist, auch keine Karten des Flußlaufes existieren, und zudem bei der immerhin bedeutenden Strömung die Fahrrinne ständig wechselt, muß der Kurs erst immer gewissermaßen getastet werden. Doch das Personal des Schiffes ist sorglos, und Kapitän wie andere höhere Chargen der mit wenigen Ausnahmen farbigen Besatzung vertreiben sich die Zeit mit Glücksspiel um hohe Einsätze im „Salon", an dem sich auch die Fahrgäste beteiligen.

Die Fahrt wurde durch lange Aufenthalte zum Feuerholznehmen sehr langsam. Wir erreichten an einigen bedeutenden Haciendas vorüber am späten Abend den wohlhabenden Ort Balancan, der sogar eine eigene elektrische Lichtanlage besitzt. Er wird von Mischlingen bewohnt und verdankt seinen Reichtum dem Durchgangshandel mit den großen Holzschlägereien im Petén, die an dem kurz vor Balancan mündenden San Pedro-Fluß gelegen sind. Mehrere Stunden lagen wir hier in moskitodurchschwärmter Nacht bei unangenehmer Hitze fest. An Schlaf war in der engen Kabine nicht zu denken, in der das Thermometer noch um 11 Uhr 34° C. zeigte. Auch auf Deck zu schlafen erwies sich bald als unmöglich, da einen sofort die Schwärme der Moskitos überfielen. So verbrachte man die Zeit der Abfahrt rauchend an Deck und war froh, als gegen 2 Uhr morgens endlich die Haltetaue gelöst wurden und die Zugluft einige Erfrischung brachte. Das Landschaftsbild blieb bis Tenosique das gleiche. Wir kamen dort um die Vormittagszeit an und blieben einige Stunden liegen, die dazu ausreichten, den auf der Flußterrasse gelegenen Ort zu besichtigen, der sich inmitten von Bananenhainen und Palmen ausdehnt. Wie Balancan zeigt Tenosique gewissen Reichtum, der durch den Verkehr mit den Holzschlägereien am obern Usumacinta hervorgerufen ist. Außerdem kommt viel Chicle aus dem Hinterlande in den Ort, um hier in die kleineren Boote zum Hafen an der Küste verladen zu werden. Die etwa eine Tagereise oberhalb liegenden Stromschnellen in dem Durchbruch des Flusses durch die Kalksierra erfordern das Umladen der Waren auf Packtiere, während das Holz in der Regenzeit durch die Schnellen geflößt wird. Infolgedessen war auch jetzt von Holz auf dem Fluß nur wenig zu sehen. Man flößte die Reste, die sich von der letzten Regenzeit her noch unterhalb Tenosique gehalten hatten, zum Meer. Zedern- und Mahagony- (Caoba-) Stämme sind das wichtigste ausgebeutete Holz. Durch den schmalen Seitenarm des Palisada bringt man es in die Laguna de Términos zum Überseehafen Laguna del Carmen, wo es nach den Vereinigten Staaten verladen wird. Nebst Holz ist Chicle heute das wichtigste Produkt des Usumacintagebietes, das in großen Mengen ebenfalls über Laguna nach den Staaten geht.

Wir fuhren am Nachmittag wieder von Tenosique flußabwärts, bogen dann aber noch in der Dunkelheit in den rechter Hand mündenden San Pedro-Fluß ein und legten uns ein paar Stunden aufwärts am Morgen an einem Rancho fest, in dem große Mengen von Chicleballen ihrer Verschiffung harrten. Diese nahmen wir auch als Ladung ein, was bis in die Nachmittagsstunden dauerte. Denn jeder Ballen von einem halben Zentner Gewicht mußte von den farbigen Arbeitern auf den Schultern das steile Ufer herabgetragen werden, da der Fluß einen tiefen Stand erreicht hatte. Die anstrengende Arbeit erforderte in der Hitze längere Pausen, so daß wir Passagiere gerade bei diesem Aufenthalt auf eine harte Geduldsprobe gestellt wurden. Stumpf brütete man in der Hitze vor sich hin, die mittags im Schatten 42° C. ihren höchsten Stand auf der ganzen Reise erreicht hatte. Der San Pedro ist ein rechter Urwaldfluß; seine beiden Ufer umsäumt noch jungfräulicher Urwald, der nur stellenweise von einzelnen Hütten, die Mischlingen gehören, unterbrochen ist. Der Lauf ist mäanderreich. die einzelnen Mäander stark gekrümmt. An den Ufern zeigten sich oft Alligatoren, doch waren es meist kleinere Exemplare, auf die durch die Passagiere bald mit Pistolen und Gewehren vom Dampfer aus eine glücklicherweise erfolglose Jagd gemacht wurde.

In der Weise wie bei der Bergfahrt gelangten wir bei der Talfahrt nach Montecristo zurück, wo unser Gepäck an Bord kam, und dann ging es weiter stromabwärts. Dicht unterhalb von Montecristo schneidet der Strom einen Mergelrücken, in dem zwei Terrassen erkennbar sind. Savannen, Bananenhaine, Viehhaciendas lösen an beiden Ufern einander ab, von Wäldern ist nichts mehr zu bemerken. An einem unbedeutenden Weiler lagen wir wieder stundenlag fest, um Farbholz. Palo tinto, einzunehmen. Auch hier mußte jedes einzelne der schweren Holzscheite auf den Schultern der Arbeiter das Steilufer hinabgetragen werden. Das Holz geht nach den Vereinigten Staaten. Der Preis beträgt am Ursprungsort für den Quintal 1 Peso mexikanisch. Insgesamt nahmen wir an dieser Stelle 20 Toneladas von dem Holze ein. Die folgende Nachtfahrt wurde wieder schlaflos verbracht. Prachtvoll war der Eindruck, den an den dunklen Ufern die Savannenbrände hervorriefen, denn jetzt am Ende der Trockenzeit steckte man das Gras in Brand. Wie brennende Städte sahen in der Ferne die Flammenmeere aus, deren dunkle Rauchwolken sich bei dem windstillen Wetter drohend zum sternenklaren Himmel emporreckten.

Beim Tagesanbruch gelangten wir nach Palisada, einem hübschen Ort am gleichnamigen Fluß, in dem auch Garnison lag. Der Hauptstrom des Usumacinta, der hier die Breite des Rheins bei Köln hat, sendet gegen NNE einen schmalen gewundenen Arm, den Palisada, in die Laguna de Términos. Er wird vielfach von der Schiffahrt benutzt, da an einer der Mündungen des großen Haffes ins offene Meer der Hafen Laguna liegt. Das Gelände zu beiden Seiten des Flusses ist ebenes Grasland mit Sümpfen und Altwässern, in denen Schwärme von

Wasservögeln hausen. Namentlich fallen die zahlreichen weißen Reiher auf. Langsam, mit kaum merklicher Strömung gleitet der Fluß in die weite flache Lagune, die infolge einer Senkung des Festlandes entstanden ist und somit ein echtes Haff darstellt. Sie ist nur flach, so daß die Fahrrinne durch Bojen gekennzeichnet ist. Auf einer kleinen Insel in ihr erhebt sich ein Leuchtturm, der aber nicht im Betrieb gehalten wird. Delphine und Haie beleben das Wasser, das eine schmutzig grau-grüne Färbung besitzt.

Bald sahen wir am nördlichen Horizont als schmalen Streifen die flache Insel Carmen auftauchen, auf deren westlichem Ende der Hafen Laguna gelegen ist. Dort machten wir fest, um den größten Teil der Ladung zu löschen. Der Verkehr hat wie in allen anderen Häfen Tabascos auch hier bedeutend nachgelassen, was mit dem allgemeinen wirtschaftlichen Niedergang in Zusammenhang steht. Nur noch die kleinen Schiffe der mexikanischen Nationallinie laufen Laguna regelmäßig an, daneben ab und zu ein Dampfer aus New Orleans; Küstensegler kleinen Ausmaßes stellen immer noch die Mehrzahl der Fahrzeuge. Früher legten auch Segler aus Hamburg hier an, die Holzladungen einnahmen und direkt dorthin zurückbrachten. Heute haben sie den Amerikanern das Feld räumen müssen. Den verfallenen Hafenanlagen sieht man schon an, daß ein Rückgang eingesetzt hat. Gehört auch Laguna politisch zum Staate Campeche, so ist es doch wirtschaftlich mit Tabasco verbunden. Da wir gerade am Ostersonntag eingelaufen waren, so herrschte einiges Leben auf der Plaza , die hübsch mit schattigen Bäumen eingefaßt ist. Als aber einige unserer Mitreisenden am Abend des folgenden Tages noch durch die Stadt spazierten, wurden sie von Soldaten angefallen und beraubt. Auf die Vorstellungen beim Kommandanten am andern Tage hieß es, daß die Mannschaften seit längerer Zeit keinen Sold mehr erhalten hätten. Wir mußten nunmehr, daß wir wirklich in Mexiko waren. Ich hatte schon oben auf die bolschewistischen Tendenzen in Tabasco hingewiesen. Besonders deutlich offenbaren sich diese in den Küstenstädten, und man ist froh, wenn man diese Orte bald verlassen kann. Doch auch in Villa Hermosa, der Hauptstadt von Tabasco, soll es schlecht aussehen.

Nach zweieinhalbtägigem Aufenthalt verließ unser Dampfer, mit neuen Fahrgästen reich besetzt, Laguna. Da er nicht seetüchtig war, durchfuhren wir noch einmal die Lagune und den Palisada und bogen dann in den breiten Hauptarm des Usumacinta ein. Am nüchternen, langweiligen Dorf Jonuta vorüber erreichten wir noch am Abend

Frontera de Tabasco und waren zufrieden, unser Gefängnis mit seiner Enge und dem Schmutz verlassen zu können. Wenn man bedenkt, daß vor der Revolution die Fahrt von Tenosique nach Frontera in drei bis vier Tagen bewerkstelligt wurde, heute aber mindestens acht Tage benötigt, so wird man den Rückschritt ermessen, den das öffentliche Verkehrswesen in Tabasco erlitten hat.

Um von Frontera nach Veracruz über den Golf zu kommen, hat man heute zwei Möglichkeiten: entweder einen Dampfer der mexikanischen Nationallinie oder einen der kleinen Motorsegler zu nehmen. Da die Dampfer unregelmäßig verkehren, so ist man oft nur auf die zweite Möglichkeit beschränkt. Auf kleinstem Raum sind auf den gebrechlichen Booten Passagiere, Bananenbündel und Postsäcke wie Gepäckstücke verstaut, so daß sich der Fahrgast während der dreißigstündigen Meerfahrt kaum bewegen kann. Werden die Fahrzeuge unterwegs von einem der gefürchteten Nortes überrascht, ohne sich schnell in einen der Nothäfen an der Küste flüchten zu können, so ist das Schlimmste zu befürchten. Oft gehen die kleinen Schiffe mit Mann und Maus verloren. Kommen sie aber in einen Nothafen, so kann es den Passagier treffen, daß er mehrere Tage dort in der Einöde Tabascos festsitzt, bis das Sturmwetter sich gelegt hat. So sind also die Verbindungen des Haupthafens des Staates mit Veracruz denkbar schlecht. Kann man es irgendwie ermöglichen und reicht die schon auf der Flußfahrt auf harte Proben gestellte Geduld noch aus, so wartet man lieber in Frontera noch einige Tage, bis der Nationaldampfer kommt. So taten auch wir und hatten das Glück, daß wir nur drei Tage zu warten brauchten. Am vierten Tag früh nahm uns ein Motorboot an Bord, das uns an den Dampfer bringen sollte. Seeschiffe mit größerem Tiefgang vermögen nämlich nicht bis zu dem etwa eine halbe Stunde vom Meer entfernten Hafen zu gelangen, da der Fluß an seiner Mündung eine Barre besitzt. Jetzt lag an ihr ein amerikanischer Saugbagger, der eine freie Fahrrinne schaffen sollte. An ihm legten wir uns fest, um den erst am Horizont auftauchenden Dampfer zu erwarten. Dieser nahm uns dann auf, um uns an der schon von Juan de Grijalva und Hernan Cortes 1518 bzw. 1519 befahrenen flachen Küste noch Norden zu führen. In Puerto Mexico wurde einige Stunden angelegt, die gerade dazu ausreichten, den gewaltigen Rückschritt kennen zu lernen, den dieser einst so bedeutende Ort seit Eröffnung des Panamakanals erlitten hat.

Am 13. April 1926 langten wir wohlbehalten in Veracruz an, wo ich die Gelegenheit benutzte, die Hauptstadt Mexico zu besuchen. Die Tage dort verbrachte ich mit Ausflügen zu den Ruinen von Teotiuacan, zu den Ausgrabungen am Pedregal de San Angel sowie nach Xochimilco. Am 26. April trat ich die Rückreise nach Guatemala mit der Bahn an und gelangte am 1. Mai wieder nach Quezaltenango zurück. Damit hatte die erstere größere Reise durch Gebiete Mittelamerikas ihr Ende gefunden. Ihre Ergebnisse liegen, soweit sich schon überblicken läßt, auf morphologischem, anthropogeographischem und wirtschaftsgeographischem Gebiet.

Zum Schluß möchte ich noch allen denen meinen aufrichtigen Dank aussprechen, die mir ihre Unterstützung für diese Reise zuteil werden ließen, in allererster Linie Herrn Dr. Roderich Schlubach in Hamburg, Herrn David E. Sapper in Guatemala und Herrn Gottfried Hurter in Quezaltenango, dann aber auch vielen Landsleuten, die mir unterwegs über manche Schwierigkeiten hinweghalfen, wie Herrn Konsul Bregartner in Quezaltenango und Herrn Christian Gantenbein in Santa Eulalia.

II. Bericht über eine Reise durch die Sierra Madre Westguatemalas.

Das Wesen der Republik Guatemala, politisch aufgeteilt unter die Departamentos San Marcos und Huehuetenango, wird zu seinem größten Teile durch das Kordillerensystem erfüllt. Von Chiapas her in das Nachbarland übertretend, erstreckt es sich mit südöstlicher Streichrichtung gegen das Zentrum der Republik, um hier allmählich nach Osten abzubiegen. Im Süden wird es begleitet von einer jungvulkanischen Küstenkette, die die rezenten Vulkane des Landes trägt, während sich südlich davor die flach geneigte Küstenebene des Pazifischen Ozeans hinzieht, ein jung gehobenes Land, wie zwei Hebungsterrassen bezeugen. Im Norden begrenzt der breite Grabenbruch der Chiápassenke mit dem Grijalva-Fluß das Gebirgssystem, dessen östliche Begrenzung die jung gehobene und in sich wieder zerstückelte Scholle der Altos Cuchumatanes bildet. Wie auf mexikanischem Gebiet führt auch in Westguatemala das Gebirge den Namen Sierra Madre. Eine natürliche Grenze gegen die Nachbarrepublik Mexico fehlt, so daß die politische Scheidelinie beider Staaten willkürlichen Grenzlinien durch das Gebirge folgt, nachdem sie sich in der pazifisc' en Küstenebene an den Suchiate-Fluß angelehnt hat.

Das Gebirge gliedert sich in Westguatemala in drei nordwestlich-südöstlich streichende von Süden nach Norden aufeinanderfolgende Abschnitte, die drei Längsketten entsprechen. Im Süden erheben sich die von jungvulkanischen Ergüssen aufgebauten, mit wenigen darüber aufragenden kuppigen Gipfeln gekrönten Hochflächen des Cerro Cotzic, der im Norden vom Rio Cuilco mit seinem tief eingenagten Tale begrenzt wird. Darauf folgt im Norden die Kette des Cerro Boquerón zwischen den Tälern der Flüsse Cuilco und Seleguá und an diese schließt sich weiter nördlich ein kettenartiger Gebirgszug zwischen Rio Selegua und Rio Huista an, der nach Osten in das als Scholle aufzufassende System der Altos Cuchumatanes überleitet. Noch weiter nördlich schließen sich die Ausläufer dieses imposanten Gebirges an, die allmählich in den Chiapasgraben verlaufen und durch die ostwestlich gerichteten Zuflüsse des Rio Grijalva in einzelne niedrige Parallelzüge aufgelöst sind.

Sämtliche drei Teile der Sierra Madre zeichnen sich durch Höhen von über 3000 m Seehöhe aus, neben denen tief eingesenkte Täler liegen. Die Zerschneidung ist jung und hat erhebliche Ausmaße erreicht, so daß die Höhenunterschiede benachbarter Voll- und Hohlformen oft beträchtlich sind. So werden hierdurch erhebliche landschaftliche Gegensätze auf kleinen Raum in diesem Gebiet hervorgerufen, da neben den kühlen Höhen der Tierra fria mit einer an gemäßigte Zonen erinnernden Vegetation und Wirtschaft unmittelbar benachbart warme Täler mit tropischem Klima und tropischer Agrikultur liegen. Durch die Entwässerung mittels der beiden Hauptentwässerungsadern des Rio Cuilco und Rio Selegua ist das ganze Gebiet gegen Nordwesten aufgeschlossen und steht seiner natürlichen Gestaltung entsprechend verkehrsgeographisch eher mit den angrenzenden Teilen von Chiapas als mit dem Hauptkörper Guatemalas in Verbindung.

Eine Rundreise durch diese Teile Guatemalas im November 1926 sollte der Gewinnung eines Einblickes in die geologischen, morphologischen und anthropogeographischen Verhältnisse dienen, die bisher nur von Karl Sapper auf einigen Reisen wissenschaftlich untersucht worden waren. Im folgenden soll in Kürze ein vorläufiger Bericht über die Reise gegeben werden, auf der sich mir Herr Gottfried Hurter aus Quezaltenango angeschlossen hatte. Er hatte die Freundlichkeit, die photographischen Arbeiten zum größten Teil zu übernehmen und in bekannter Meisterschaft auszuführen. Ihm möge dafür auch an dieser Stelle besonderer Dank ausgesprochen sein. —

Am 8. November 1926 brachen wir im Automobil von Quezaltenango nach San Marcos auf. Dieses moderne Verkehrsmittel bedeutet heute in Guatemala eine wesentliche Erleichterung des Reisens zwischen größeren Plätzen, da man in wenigen Stunden so Entfernungen in einem gebrochenen und daher verkehrstechnisch schwierigen Gelände zurücklegt, für die man früher Tage gebrauchte.

Am westlichen Rande des Hochbeckens von Quezaltenango steigt man innerhalb der aus jungem vulkanischem, basaltischem Material gebildeten Umrandung bald zu 2900 m empor.[1]) Lichter Eichen- und Kiefernwald, dazwischen Erlen und Zypressen, dann wieder Maisfelder mit ärmlichen Indianerhütten verleihen diesen Höhen ein Bild, das an Landschaften gemäßigter Breiten erinnert. Nach W öffnet sich dann ein weiter Blick in die stark zerschnittene Küstenkette. Die nahe Erosionsbasis des Pazifik, nach der die gesamte Entwässerung des Gebietes gerichtet ist, hat zu einer tief reichenden Zertalung geführt. In den Talschluchten eilen die Bäche und kleinen Flüsse der Hauptader des Rio Naranjo zu, der die Kette zwischen dem langgestreckten Cerro Sacachúm und dem Vulkan Lacandón in einem tiefen Barranco durchbricht. Er stellt auch die Hauptentwässerungsrinne des Hochbeckens von San Marcos dar. Deutlich ist zu beobachten, wie die rückschreitende Erosion von der pazifischen Abdachung her allmählich das Becken angezapft hat. In diesem selbst wie in den einzelnen Tälern treten zwei Terrassen hervor, die für eine Hebung des Gebietes sprechen.

Etwas östlich von San Marcos liegt unmittelbar südlich am Wege bei dem Dorfe San Antonio der kleine Vulkan gleichen Namens, den K. Sapper bereits beschrieben hat. Sein Gipfel ist in der seitdem verflossenen Zeit mit Dickicht und Wald so sehr verwachsen, daß sich über seine Formenverhältnisse nur schwer noch Einsicht gewinnen läßt. Gegen NW fand ich den von Sapper erwähnten Rest eines Kraters vermochte aber von den von ihm erwähnten Resten zweier weiterer nichts zu entdecken. Der Höhenunterschied des durch lockere Massen bedeckten Gipfels gegen die Plaza vom Dorfe beträgt 140 m.

Wir gelangten dann nach der Departementshauptstadt San Marcos, die mit dem unmittelbar benachbarten Dorfe San Pedro im E eine Einheit bildet. In diesem herrscht die indianische, in jenem die Mischlingsbevölkerung vor. An Bedeutung in kommerzieller Beziehung übertrifft San Pedro die Nachbarstadt, die mehr das verwaltungspolitische Zentrum dieses Teiles von Westguatemala ist.

Hier erreichten uns die Reit- und Packtiere, die von der der Central American Plantation Corporation gehörenden Finca El Porvenir in zu-

[1]) Die mitgeteilten Höhenangaben beruhen teils auf Aneroidablesungen, teils auf Siedepunktbestimmungen. Sie stellen nur rohe Angaben dar und müssen noch einer späteren Bearbeitung unterzogen werden.

vorkommendster Weise zur Verfügung gestellt worden waren. Nachdem wir dem Jefe político uns vorgestellt und von ihm ein Empfehlungsschreiben an sämtliche untergeordnete Verwaltungsstellen ohne weiteres empfangen hatten, brachen wir am 9. November von San Marcos gegen NW auf. Man steigt steil an der Beckenumrandung innerhalb andesitischen Gesteins zur Paßhöhe von Las Escobas (2920 m) empor, an die sich eine schmale, öde, baumlose Hochfläche anschließt. Weit schweift von hier der Blick über die Sierra Madre nach N. und E, während sich im S die Küstenkette mit den Vulkanen erhebt. Nach E zu im Gebiet von San Lorenzo treten deutlich die Reste einer alten Landoberfläche heraus, die zwischen 2000 und 2500 m Höhe gelegen sein muß. Jung gehoben, ist sie von tiefen Barrancos durchzogen. Die ungeschützte Hochfläche ist dürftig besiedelt durch Indianer, deren Hütten in kleinen mageren Maisfeldern liegen. Der Mais erreicht in diesen Höhen nur noch Kümmerformen und wird hier noch weiter in der kühlen Zohe aufwärts angebaut (2900 m), als ich es früher aus den Altos Cuchumatanes kennen lernte. Daneben wird Weizen, Hafer und etwas Gerste kultiviert. Die Haupterwerbsquelle der Eingeborenen bildet aber die Viehzucht, besonders von Schafen, für die die vorhandenen Matten gute Weidegründe abgeben.

Leicht senkt sich dann das Gelände, kleine Täler sind eingemuldet, die nach dem Rio Cuilco entwässern, also schon der atlantischen Zone tributär sind. Die Aldeas von Serchil und San Sebastian, am Nordabhang des gerundeten kahlen Cerro Serchil gelegen, werden von Ladinos bewohnt. Schließlich erreichten wir die ärmliche Aldea von Tuichán am Nordabhang des Vulkans Tajumulco in 2850 m Höhe. Auf kahler Fläche gelegen, besteht sie nur aus einem dürftigen Haus der Behörden und einigen weit im Gelände zerstreuten Indianerhütten. Bei Tuichán lassen sich nach N zum Rio Cuilco zu in den Tälern überall zwei Terrassen erkennen. Gut sieht man auch, wie der Cuilco im Kampf um die Wasserscheide mit einem Quellfluß des Rio Suchiate an der pazifischen Seite liegt. Da die Erosion von dieser her bedeutend kräftiger arbeitet infolge der nahen Erosionsbasis des Ozeans gegenüber der weiter entfernten lokalen des Chiapasgrabens, so wird langsam der Cuilco von der Küste her angezapft werden. Es sind die gleichen Verhältnisse, wie ich sie auch sonst im Bereich der Küstenkette Guatemalas bisher beobachten konnte, daß die pazifische Erosion erfolgreicheren Kampf gegen die atlantische führt. Unseren ursprünglichen Plan einer Besteigung des Tajumulco von Tuichán aus mußten wir wegen nachts einsetzenden Witterungsumschlages aufgeben, was uns veranlaßte. am 10. November nach dem Dorf Tajamulco weiter zu reiten.

Landschaftlich bietet der Abstieg von der Cumbre de Tuichán (3000 m) nach dem Tal von Tajumulco ebenso erhabene und reizvolle Eindrücke wie er morphologisch bedeutsam ist. Während sich bisher nur zwei Terrassen erkennen ließen, treten nunmehr in dem vom Rio Cusulchimá durcheilten Haupttal wie in dem Nebental unterhalb des Passes vier Terrassen auf, die gleichsinnig mit dem Talgefälle gegen SW an Höhe abnehmen. Die Höhenunterschiede von I : II, II : III, III : IV, IV zum Fluß sind gleich 100 m; 50 m; 80 m: 60 m. Die Terrassen sind in dem Gesteinsmaterial der Talwände angelegt und bei der III und IV mit Schottern bedeckt. In dem erwähnten Nebental unterhalb des Passes von Tuichán stehen auf der südlichen Seite alte Eruptiva an, die dem Sockel des Tajumulco -Vulkans angehören, auf der rechten nördlichen Seite Andesite, später im Tal des Cusulchimá Granite. Neben den Terrassen, die das Tal bis unterhalb von Tajumulco-Dorf begleiten, beobachtet man aber noch zwei alte Talbodenreste, die Querriegeln alter Lavaströme vom Tajumulco angehören. In Wasserfällen stürzt der Fluß über diese noch unausgeglichenen Stellen seines Laufes hinweg. Unterhalb des Dorfes Tajumulco vermochte ich nur drei Terrassen zu sehen, muß aber bemerken, daß mir der untere Teil des schluchtartigen, scharf nach SW abbiegenden Tales perspektivisch verdeckt war, so daß möglicherweise auch dort noch die IV. Terrasse ausgebildet ist.

Das Dorf Tajumulco liegt auf der III. Terrasse, ein kleiner Platz von Ladinos und Indios bewohnt (2090 m). Von hier aus verdingen sich viele Indianer zu Pflanzungsarbeiten an die Küste auf Fincas in der Nähe der mexikanischen Grenze. Es soll im Dorfe ein besonderer Dialekt des Mam gesprochen werden. Das ganze Gebiet des Departaments San Marcos und Teile des Departaments Huehuetenango werden von dem Mayastamm der Mames bewohnt, einem kräftigen, gesunden Menschenschlag, der zur Zeit der spanischen Eroberung ein eigenes unabhängiges Königreich besaß. Leider fließen die alten Quellen über dieses interessante Volk nur sehr spärlich, so daß wir uns über ihre damaligen Zustände kein Bild verschaffen können. Und auch archäologisch müssen wir das Mamgebiet neben dem Osten der Republik zu den am wenigsten bekannten Gegenden des alten Mayaterritoriums rechnen. Bemerkenswert ist, daß verschiedene Dialekte der Mamsprache bestehen in oft dicht benachbarten Dörfern, wie weiter unten mehrfach erwähnt werden wird. Diese unterscheiden sich aber hauptsächlich phonetisch, während der Wortschatz selbst bis auf geringe Abweichungen der gleiche ist.

Nach kurzem Aufenthalte in Tajumulco strebten wir weiter nach Sivinal. Der Reitweg zwischen den beiden Orten macht einen großen Umweg, da er über das Hochplateau östlich und nördlich ausholend führt, wogegen ein näherer, nur für Fußgänger passierbarer Pfad direkt durch die Täler des Cusulchimá und Rio Sivinal sich windet. Angeblich haben kommunale Streitigkeiten zwischen den beiden Dörfern bisher seinen Ausbau verhindert. Man hatte uns in Tajumulco am Mittag bestimmt versichert, daß wir noch am Abend in Sivinal eintreffen würden. In Wirklichkeit stellte sich die Entfernung als bedeutend weiter heraus.Eine vielfach verbreitete Landessitte bei den Ladinos und Indios ist, auf Befragen die Wegentfernungen falsch anzugeben. Mangelndes Schätzungsvermögen und auch der Wunsch, dem Fremden eine möglichst gefällige Antwort zu erteilen, führt zu irreleitenden Antworten teils unbeabsichtigter teils beabsichtigter Natur, die dem Fragenden oft Unannehmlichkeiten bereiten. Der Reisende tut daher gut, niemals im Lande nach Wegentfernungen Erkundigungen einzuholen. Die Indianer geben meist noch ungenauere Antworten, nur um den Fragenden los zu werden.

Wir ritten von Tajumulco auf der nördlichen Talseite steil aufwärts, zuerst in Granit, dann in einer schmalen, wieder von Granit gefolgten Tonschieferzone. Wald fehlt hier gänzlich. Magerer Verwitterungsboden, Residualtonboden, bedeckt das Gestein, leicht bearbeitet von den zerstreut wohnenden Indios, denen er Ackerkrume für Mais. Weizen und Gerste bietet. Kurz vor einer Paßhöhe (3060 m) trifft man auf stark gestörte helle, hornsteinführende Kalke, die N95E (magnet.) streichen und mit 13° gegen S einfallen. Sie sind anscheinend versteinerungsleer. Dann tut sich abermals eine öde, baumleere Hochebene auf, die zum Teil aus Granit und aus Andesiten zusammengesetzt ist. Überall liegen zwischen dem hohen Büschel (Pajón-)gras die Trümmer mechanisch verwitterter Felsmassen, während der wenig mächtige humose Eluvialboden stellenweise äolisch abgetragen ist. Sein Vorkommen dürfte auf eine einstige dichtere Pflanzen-, vielleicht sogar auch Walddecke hindeuten. Manchmal sind auch weiße vulkanische Aschenreste im Windschutz größerer Felsblöcke zu bemerken, die wohl auf den letzten großen Ausbruch des Vulkans Santa Maria zurückzuführen sind. Leichte Mulden sind in diese Hochfläche eingesenkt, in deren einer östlich vom Wege die Aldea San Antonio liegt. Dicht am Wege liegt der Kirchhof für die weitere Umgegend, auf dem einige kolossale Felsblöcke künstlich aufeinander getürmt sind, anscheinend ein Überbleibsel aus alter Zeit. Die Friedhöfe liegen in dieser Gegend, wo es sich um eine vorwiegend indianische Bevölkerung handelt, stets allein, weit ab von Siedelungen und dienen als Begräbnisplätze vieler Orte. Auch hierin scheint sich alter Brauch der Indianer wiederzuspiegeln. Im allgemeinen wissen wir ja gerade aus dem Mayagebiet bisher wenig über Bestattungsplätze.

Kalt bläst der Wind über die kahle Fläche, die um so melancholischer wirkt, wenn man aus dem abwechslungsreichen, formenschönen, großartigen Engtal von Tajumulco aufgestiegen ist. Bald hüllten uns auf unserem Wege feine Nebelschwaden ein, die das Bild noch trauriger gestalteten und uns gegen Einbruch der Dunkelheit veranlaßten, in dem kleinen Weiler Ixchiguán (3180 m) Halt zu machen. Das kleine Dorf, schutzlos auf der Hochfläche gelegen, hat als Marktplatz einige Bedeutung, da es an dem Kreuzungspunkte wichtiger Wege von Tajumulco nach Sivinal und Tacaná wie von San Marcos nach Tacaná gelegen ist. Die wenigen Bewohner leben vom Anbau des Hafers und der Kartoffel, daneben treiben sie Schafzucht.

Am Abend um 6 h war die Temperatur auf 6° gesunken und erreichte am andern Morgen um 6 h ihr Minimum mit 2° C. Wir waren daher froh, uns nach der kalten Nacht bald wieder fortzubegeben und ritten kurz darauf in strahlendem Sonnenschein gegen NNW dem Cerro Cotzic entgegen. Er ist mit 3620 m (nach Messung der Ferrocarril Intercontinental) die bedeutendste Erhebung der Hochfläche und besteht aller Wahrscheinlichkeit nach aus andesitischem Material. Wir passierten auf der Paßhöhe von Cotzic unmittelbar den Südfuß des Gipfels, wo dieses Gestein ansteht. Der Cerro Cotzic, ein gerundeter, mit lichtem Baumbestand bedeckter Buckel ist hydrographisch wichtig, da über ihm die ozeanische Wasserscheide hinwegläuft. Nach E fließen Quellbäche zum Rio Cuilco, nach W zum Rio Coatán. Die neue Karte der Republik von Claudio Urrutia gibt die Topographie dieses Gebietes ungenau wieder. Der bei Tejutla mündende linke und Hauptquellfluß des Rio Cuilco hat seinen Ursprung westnordwestlich von Ixchiguán am Cerro Citzic, muß also auf der Urutiakarte weit nach W und NW verlängert werden. Unrichtig sind ebenso die Angaben über den Cerro Cotzic selbst, da die von Urrutia gezeichnete 3500 m Isohypse südlich des Gipfels nicht existiert.

Auf der Paßhöhe Cotzic (3420 m) bietet sich einer der schönsten Ausblicke, die wohl Guatemala aufzuweisen hat. Zwischen dem imposanten Kegel des Vulkans Tajumulco und der massigen Pyramide des Nachbarn Tacaná breitet sich eine wild zerschluchtete Kerbtallandschaft aus, die der Entwässerungszone des Pazifischen Ozeans angehört. Dahinter weitet sich das grüne Land der Küstenebene. Wälder mit den hellschimmernden Flecken Weidelandes (Potreros), mit Fincas und Ortschaften wie Tapachula auf mexikanischem, Ayutla auf guatemaltekischem Boden, während am Rande des Bildes die glitzernde Fläche des Weltmeeres den Horizont begrenzt, dessen Brandungswogen als weißer Streifen die Küste begleiten. Selbst den Hafen Champerico läßt das Fernglas erkennen. Und gegen Osten reiht sich Vulkan an Vulkan bis zum fernen Acatenango bei Antigua, dessen hohe Rauchsäule man deutlich sah. Ist gegen die pazifische Abdachung zu das Gelände ungemein tief und mannigfaltig zerschnitten, so bieten sich nach Norden Blicke in weite Täler mit gerundeten Profillinien. Auf allen diesen Pässen der Küstenkordillere hat man Gelegenheit, den Wechsel im Formenschatz der nördlichen Ketten und des Abfalles gegen den Pazifik zu beobachten.

Der Weg bleibt nun stets auf der Hochfläche in rund 3400 m Höhe. Lichte Erlen- und Eichenbestände mit Kiefern bedecken noch die Höhe. Doch hat auch hier oben schon die Waldverwüstung begonnen, die dem Landschaftsbilde wie dem Lande selbst schon genug Schaden gestiftet hat und stiften wird. Etwas westlich von der Paßhöhe von Cotzic folgen auf das andesitische Material Granite heller Farbe und in sie eingeschaltet finden sich noch weiter nach W zu stark gestörte Kalke (Streichen magn. N13OE, Fallen zuerst 48° nach SW, dann 81° gegen SW), die mit der Kalkzone am Paß von San Antonio ident sind. Sie zeigen sich auch beim Abstieg ins Becken von Sivinal in die Granite eingelagert, begegnen aber dann nochmals in geringer Mächtigkeit und übersichtlicher Lagerung beim Abstieg in das Becken von Sivinal. An dieser Stelle scheinen sie durch Brüche in die Tiefe gesunken zu sein.

Sivinal liegt äußerst anmutig in einem kesselförmigen Becken, das im E durch einen Quellfluß des Rio Suchiate in engem Felsencañon angezapft ist. Langsam senken sich die Hänge amphitheatralisch nach dem Ausgang zu, während sich über ihnen schroffe Wände um 500 m über die Beckensohle erheben. Sie bestehen im W, SW und NW aus vulkanischem Gestein, im N und NE aus Granit und den gestörten Kalken, im S, SE und SW aus Graniten. Radial haben sich kleine Bäche nach der Mitte des Beckens zu eingeschnitten. Allenthalben lassen sich in diesem zwei Terrassen erkennen, eine 25 m und eine 15 m Terrasse, die jung sind. Leider verhüllt eine mächtige Schuttdecke den Boden des Beckens, so daß sich über diesen Untergrund nichts aussagen läßt. und Brunnen im Orte fehlen. Dennoch darf der Annahme Raum gegeben werden, daß das Becken tektonischer Entstehung ist.

Das freundliche Dorf Sivinal (2520 m), wird zum überwiegenden Teil von Indianern bewohnt, die einen Unterdialekt des Mam reden. Ein Vokabular desselben konnte ich aufnehmen. Das Becken wirkt nach den siedlungsarmen Höhen wie eine Oase. Jeder Flecken Bodens ist landwirtschaftlich ausgenutzt. Hauptsächlich wird Mais, daneben Gerste angebaut. Die Indianer sind für ihre Verhältnisse wohlhabend zu nennen und verdingen sich daher nur wenig als Pflanzungsarbeiter an die Küste. Mit der Außenwelt steht der entlegene Winkel am meisten mit Tapachula in Verbindung, woher die Mehrzahl benötigter Waren herangeschafft wird. Der Verkehr mit San Marcos ist dagegen unbedeutend.

Von Sivinal richtete sich nunmehr unser Weg nordwärts, so daß wir die Sierra Madre zu queren hatten. Im vulkanischen Gestein die nordwestliche Beckenumrandung aufwärts steigend, erreichten wir den Paß von Cuenquenejo (3220 m) mit schönen Blicken gegen den Ozean und den Chiapasgraben. In völlig waldlosem, sanft zertaltem Gelände ging es nach Tacaná hinab in das Tal des Rio Coatán. In ihm sind vier Terrassen gut ausgebildet, die sämtlich an Höhe nach dem Talausgang abnehmen. Die oberste von einem Monument zum Andenken an den Sieg der liberalen Partei bei Tacaná gekrönte, wird aus vulkanischem Gestein aufgebaut, das in der Nähe des Denkmals östlich ansteht. Die III. Terrasse, auf der Tacaná selbst liegt, und ebenso die IV. sind aus Schottermaterial aufgebaut, in dem neben vulkanischen Geröllen Granite auftreten und damit ihre Herkunft aus dem Gebiete des Cerro Cotzic beweisen. Die IV. Terrasse ist stellenweise von weißen angewehten vulkanischen Sanden verdeckt. In der weiten Talmulde läßt sich gut erkennen, daß die erste und zweite von der dritten und vierten Terrasse durch eine längere Ruhepause voneinander getrennt waren. Sie gehören je zwei zeitlich voneinander unterscheidbaren Hebungsphasen an, die sich später auf der weiten Reise auch im Gebiete des Rio Cuilco erkennen ließen.

Tacaná ist ein großer betriebsamer Ort mit lebhaftem Marktverkehr, zu dem Indianer selbst von Cuilco mit Orangen kommen. Daneben wird Kalk feilgeboten, der bei Yerbasanta an der mexikanischen Grenze gewonnen und gebrannt wird. Auch in Tacaná wird wiederum ein phonetisch abweichender Mamdialekt geredet, von dem abermals ein Vokabular aufgenommen werden konnte.

Am 15. November gelangten wir nach Tectitán. Dabei wird zuerst der Rio Coatán überschritten (2320 m), dann geht es in stark zerschnittenen Terrassen aufwärts in granitischem, nach der Höhe zu in andesitischem Gestein, das die Paßhöhe von Tuismach (2520 m) zusammensetzt. Von hier aus sieht man in das Cuilcotal hinein, das als prächtiges Durchbruchstal nordwestwärts in den Chiapasgraben führt. Eine mächtige Kette begleitet es im Norden, während ein tief zertaltes Gebirgsland die Kette der Sierra Madre auszeichnet, auf der wir gerade standen. In diesem Gebiete tritt nun deutlich eine alte Landoberfläche heraus, die zu beiden Seiten an den oberen Hängen des Cuilcotales zu erkennen ist. Auf der südlichen Seite liegt sie in granitischem Material bei ca. 2400 m, also etwa 1550 m über der heutigen Talsohle. Über dieser alten Fläche erheben sich im Süden (Paß von Tuismach) jung vulkanische Gesteine als schmaler nordwestlich-südöstlich streichender Rücken, wogegen im Norden die Kalkmauer des Cerro Boquerón (oder Cerro Papal nach der Urrutia Karte) ihr aufsitzt. Unterhalb dieser erkennt man wieder vier Terrassen, die wie bei Tacaná zwei Hebungsphasen andeuten.

Unterhalb des Passes von Tuismach gelangt man wieder in Granite, die hier eine deutliche Kontaktzone aufweisen. Durch Hitzewirkung sind die Granite gefrittet und rot verfärbt, zum Teil zersetzt. Weiter abwärts führt der Weg auf einem schmalen Riedel dahin, den in trefflicher Spornanlage das Dorf Tectitán krönt (2230 m). Die Auflösung in nordwärts gerichtete Riedel ist dem Abfall dieser Kette des Gebirges gegen das Cuilcotal eigentümlich. Sie unterscheidet sich darin wesentlich im Formenschatz von ihrer nördlichen Nachbarin, der Boquerónkette, wie sie hier kurz genannt sein mag. Die die Riedel begleitenden Täler sind tief eingenagt, bis zu 800 m liegt der Talboden oft unterhalb der Riedelfläche. Steil fallen die in Granit angelegten Hänge mit 40^0 Neigung ab. Alle Täler sind hier Kerbtäler, nur in ihrem untersten Stück gegen den Rio Cuilco zu werden sie zu schmalen Sohlentälern. Auch in diesen Nebentälern bei Tectitán sind die vier Terrassen erkennbar.

Tectitán wird fast ausschließlich von Indianern bewohnt, die viel Mais anbauen. Die waldlosen Steilhänge sind überall mit den Maisfeldern bedeckt. Auch hier wird ein Unterdialekt des Mam gesprochen, von dem ich ein Vokabular aufnahm.

Beim Dorfe überschreitet man die Grenze der Departamente San Marcos und Huehuetenango. Den Wechsel in den politischen Verwaltungsbezirken erkennt man sogleich an dem veränderten Zustand der Wege. Diese müssen im Departament San Marcos für Landesverhältnisse mustergültig genannt werden, sind dagegen im Departament Huehuetenango schlecht, vernachlässigt und erschweren das Vorwärtskommen bisweilen erheblich. In ersterem finden sich sogar Wegtafeln mit Orts- und Entfernungsangaben, was ich bisher nie in der Republik kennen gerlent hatte.

Sehr steil senkt sich der Weg von Tectitán zum Rio Canibal hinab, einem linken Zufluß des Cuilco. Immer durch Granit, der verwittert und mit lichtem Eichen- und Kiefernwald bestanden ist, geht es von 2230 m auf 1160 m hinab an den Zusammenfluß von Rio Canibal und Aguas Calientes, die beide als geröllreiche, schäumende Bergwasser aus tiefen Kerbtälern hervorströmen. Überraschend wirkt der Anblick von einigen Palmen und Zuckerrohrfeldern im Tal, nachdem man noch zwei Stunden zuvor in der Tierra fria mit ihrem Nadelholzwald geweilt hat. Unterhalb des Zusammenflusses wird das Tal als Sohlental an den Ufern von gestörten Glimmerschiefern begleitet. Zwei Schotterterrassen und eine Flutterrasse begleiten den Fluß bis zum Cuilcotal. Auffällig ist der Wechsel der Vegetation. Sie wird nunmehr von xerophilen Gewächsen gebildet. Schirmakazien, Säulen-, Kugel- und Feigenkaktusse bedecken den steinigen, unfruchtbaren Geröllboden, auf den die Sonne heiß hernieder brennt. Die Verhältnisse bleiben dieselben im Cuilco-Tal, in dem wir östlich nach Cuilco hinaufritten. Das Tal folgt einer großen Verwerfung. Im N erhebt sich die mächtige aus Kalken aufgebaute Kette des Boquerón, im Süden begleiten die gerundeten Gipfellinien der Granite der Tectitán-Kette das Tal, denen am Fuß ein schmales Band von Glimmerschiefern vorgelagert ist. Man unterscheidet wieder vier Terrassen, von denen zwei als Gehänge-, zwei als Schotterterrassen ausgebildet sind. Unter diesen ist eine 60 m und eine 20 m-Terrasse erkennbar. Ungeheure Schottermengen sind in dem Talabschnitt westlich von Cuilco abgelagert worden. Eine junge kräftige Hebung bezeugen die geradezu großartigen Terrassendurchbrüche des Flusses und mehrere Umlaufberge. Mehrfach sind an beiden Ufern helle vulkanische Sande abgelagert worden, die auch auf der vierten Terrasse liegen und jung sind.

An einigen Stellen auf der dritten und vierten Terrasse liegen künstliche Erdhügel, die von der früheren Besiedelung des Tales in vorspanischer Zeit Kunde geben. Wir besuchten später die drei Stunden westlich Cuilco gelegenen Tumuli von San Juan oder Cambot, wie die Indianer dort sie nennen, die bereits Tonwaren geliefert haben sollen. Die von Ladinos gemachten Funde sind natürlich längst verloren gegangen, wie das so oft mit den Altertümern des Landes geschieht.

Die heutige Besiedlung des Tales wird durch kleine, im Besitz von Ladinos befindliche Zuckerrohrfelder gebildet. Die einzige größere Siedelung ist Cuilco, ein reines Ladinodorf. Waren vorher im Gebirge die Indios zahlreich vertreten, so breitet sich in diesem Tal das Mischlingselement aus. Neben Zuckerrohr wird Kaffee in kleinem Ausmaße gepflanzt, auch vorzügliche Orangen gezogen.

Weiter östlich talaufwärts ändert sich der Landschaftscharakter, da man auf die rechte nördliche, aus Kalken gebildete Talseite übertritt. Hier ist die Terrassenlandschaft in rundkuppige Hügel aufgelöst, die mit Gras bewachsen sind und wenige Kieferngehölze tragen. Kahl streben zur Linken im N die steilen Kalkhalden der Sierra empor, durch kleine Seitenbäche schwach gegliedert.

Die niedrige Paßhöhe von Acal leitet schließlich hinüber in das Tal von San Ildefonso Ixtahuacán, das man alsbald anmutig inmitten von Orangenhainen und Kaffeegärten vor sich liegen sieht. Auch hier war es möglich, ein Vokabular des Mamdialektes aufzunehmen.

Bei San Ildefonso Ixtahuacán (1582 m) beginnen östlich Tonschiefer mit südlichem Einfallen aufzutreten, die das Liegende der Kalke darstellen. Die Sierra des Boquerón keilt hier gegen den Rio Cuilco zu aus, erniedrigt sich zugleich, so daß die liegenden Schichten zutage treten. Bei 1420 m überschreitet man den Rio Selegua, der in einem wilden, tiefen Felsental gegen NW in den Chiapasgraben strömt. Unmittelbar im N klimmt man zu einer Paßhöhe hinauf (2010 m), von der aus sich ein guter Überblick über die im S vorgelagerten Teile der Sierra Madre bietet. Nach N zu gelangt man nach Überschreitung eines Baches (1710 m) auf die letzte Paßeinsattelung vor San Pedro Necta immer in Tonschiefern bleibend, bis dicht vor diesem Dorfe Grauwacken beginnen. Das westlich zum Rio Selegua entwässernde Tal von San Pedro wird von zwei weniger deutlich ausgeprägten Terrassen begleitet.

Der Ort selbst wird von Indianern und einigen Ladinos bewohnt, die Kaffee pflanzen und Zuckerrohr bauen, während die Eingeborenen an die Küste als Zeitarbeiter ziehen. Sie sind aber für ihre Verhältnisse wohlhabend, da sie meist eigene kleine Ländereien besitzen, die in der Umgegend des Dorfes verstreut liegen.

Am 21. November ritten wir weiter nach San Antonio Huista. Dabei mußten wir die letzte, nördliche Kette der Sierra Madre, die Necta-Kette, überschreiten. Auf Grauwacken folgen zunächst Kalke in bedeutender Mächtigkeit, in denen dicht östlich am Wege bald nördlich von San Pedro die auf Sappers Karte 1899 als See angegebene „Laguna“ de Nimá liegt. In Wirklichkeit handelt es sich, wie ich mich überzeugen konnte, um eine kleine unbedeutende Pfütze, an der sich auch keine Spuren einer einst größeren Ausdehnung mehr wahrnehmen lassen. Die Karte von Urrutia ist daher im Recht, wenn sie die Lagune nicht mehr angibt. Die Kalke stehen auch noch an dem Paß nördlich von San Pedro an (2280 m), werden dann aber nördlich davon von Tonschiefern unterlagert, die nach N ausholen. Das Gebirge ist auch hier wieder in schmale Riedel aufgelöst und ähnelt daher der Tectitán-Kette. Da die Walddecke dichter ist, lassen sich in dieser Gegend Terrassen nicht erkennen. Kurz vor dem Rio Huista treten danach rote Sandsteine und Mergel der Todos Santos-Formation auf. Gegen diesen Fluß setzt das Talgehänge in 5 Stufen ab, die durch Gesteinsunterschiede (Wechsel von Mergeln und Sandsteinen) bedingt sind. Im Tal selbst, wo man den Rio Huista bei 860 m überschreitet, sind zwei Schotterterrassen ausgebildet. Nördlich erhebt sich ein aus Sandsteinen, Mergeln und Kalken der Todos Santos-Formation aufgebauter Rücken, an dessen nördlichem Fuß San Antonio Huista liegt (1210 m), von Indianern bewohnt. Hier beginnt das Gebiet der Chuj-Sprache, die einem vom Mam verschiedenen Zweig des Mayastammes angehört. Sie gleicht dem Dialekte von Nentón und Chaculá, den ich auf meiner vorigen Reise aufgenommen habe.

Unser nächstes Ziel war Todos Santos, das wir in zweitägigem Ritt über Petatán und San Martin Cuchumatanes am 24. November erreichten. Der Weg bleibt stets in der Todos Santos-Formation, die sich als Liegendes der Cuchumatanes-Kalke nach W zu erstreckt. Als mächtige Mauer überragen sie die rötlichen Sandsteine, die als eine flach geböschte Schulter unter ihnen in einer Denudationsterrasse hervortreten. Einzelne Kalkklötze, von der Kalkmauer darüber abgebrochen, liegen auf ihnen und zeigen, wie die Mauer des westlichen Abfalles der Altos Cuchumatanes durch Abbrüche ihre heutige imposante Form erhalten hat. Die Täler von San Martin und Todos Santos sind in ihren oberen Partien breite Mulden, in den unteren schluchtartige Cañons. In diesen treten zwei Terrassen auf, die aber an einigen Stellen durch gesimsartige Vorsprünge und Leisten vermehrt werden, so daß manchmal der Eindruck von drei Terrassen erweckt wird. Letztere sind aber durch petrographische Verschiedenheiten des Gesteinsmaterials der Todos Santos Schichten bedingt. können daher nicht als Beweis für eine dritte Hebungsphase angesehen werden. Bei Todos Santos selbst sind diese zwei Phasen deutlich ausgeprägt. Über den beiden Terrassen treten dann oberhalb dieses Dorfes in den Talhängen noch weitere terrassenartige Absätze auf. Die Begehung des südlichen Talhanges lehrte dann, daß auch hier der Wechsel von liegenden Todos Santos-Schichten und Tonschiefern (Tonschiefer, Sandsteine, Mergel, Quarzite) dafür verantwortlich zu machen ist. Der Rio Todos Santos fließt in einer westnordwestlich streichenden Verwerfungsspalte, auf deren südlicher Seite Mergel, Sandsteine und Quarzite, nördlich versinterte Kalke anstehen.

Todos Santos (2464 m) ist ein alter, bedeutender, fast nur von Indianern bewohnter Ort an dem seit langer Zeit benutzten Wege von Comitán nach Chiantla, den schon Thomas Gage im 17. Jahrhundert beschrieben hat. Durch ihre eigenartige Tracht wie durch ihren Habitus unterscheiden sich diese Indianer von den umwohnenden Nachbarn. Fast alle Männer tragen Schnurr- und Knebelbärte, denen man sonst bei den Indianern Guatemalas nicht oft begegnet. Unmittelbar südlich vom Dorfe liegen einige künstliche Erdhügel der alten Bewohner, die zwei Höfe umgeben und als ein altes Kultzentrum zu deuten sind.

Auf einem Umwege begeben wir uns sodann nach Huehuetenango, den Weg über San Juan Atitán und Santa Ysabel wählend. Hierbei querten wir mehrmals die südwestlichen Ausläufer der Altos Cuchumatanes, die aus Tonschiefern, Kalken und Grauwacken aufgebaut sind. Dazwischen treten schwarze Schiefer auf, jedoch in derart gestörter Lagerung, daß sich keine genaueren Einblicke in die Tektonik dieser Gegend gewinnen lassen. Sehr gut aber sind wiederum hier sowohl wie in dem vom Rio Selegua durchströmten Haupt-, wie in dem Nebentale des Rio San Juan zwei Flußterrassen ausgebildet, die weiter aufwärts in letzterem Tale noch von drei Gehängeterrassen überragt werden. Diese scheinen mir ebenfalls durch Gesteinsunterschiede hervorgerufen zu sein. Das kleine Dorf Santa Ysabel liegt auf der untersten Gehängeterrasse (2400 m). Die Flußterrassen sind aus Schottern gebildet. Sie setzen sich auch noch in das südliche Nebental fort, das flußaufwärts von San Sebastián in das Seleguatal mündet. Es gehört der mittleren Kette der Sierra Madre an. Granite und Kristallines sind die auftretenden Gesteine, Waldlos oder wenigstens waldarm, zeigen die gerundeten Gipfelformen dieses Gebirgsteiles einen deutlichen Gegensatz zu den vorher von uns weiter westlich bereisten Gegenden. In dem genannten Nebentale liegen westlich von der kleinen Finca Villa de Tres Martas einige künstliche Erdhügel aus alter Zeit. Ein leichter Anstieg in Graniten führt dann zur westlichen

Umrandung des Beckens von Huehuetenango hinauf (Paß 1900 m), das mit mächtigen vulkanischen Lockermaterialien ausgefüllt ist. Einige Barrancos ziehen als tiefe Rinnen durch das Gelände, das von Maisfeldern und Weideland eingenommen wird. Verschiedene Ruinenstätten, die ich bereits auf der vorhergehenden Reise besucht hatte, beweisen, daß die Becken einst eine dichte indianische Siedelung aufgewiesen hat, was mit der auch sonst bekannten Tatsache der Lage alter Volksdichtezentren in den Hochbeckenlandschaften Guatemalas übereinstimmt.

Am 27. November fand die Reise in Huehuetenango ihr Ende. Sie hat gute Ergebnisse in morphologischer Erkundung der Sierra Madre Westguatemalas gebracht, dazu auch wertvolle Aufschlüsse über die Besiedelung in alter und neuer Zeit gewinnen lassen. Die Schlußfolgerungen aus den gesammelten Beobachtungen und die Bearbeitungen der Messungen sowie des eingebrachten sprachlichen Materials müssen der späteren ausführlichen Behandlung vorbehalten bleiben.

Das Problem landschaftskundlicher Forschung und Darstellung

von

Prof. Dr. **S. Passarge,** Hamburg

„How the country looks like".

Unter diesem Titel beginnt das erste Kapitel des Buches von Sir Harry Johnston über Uganda. „Wie das Land aussieht", das wird zunächst festgestellt, und zwar in einer lebendigen Schilderung von Land und Leuten. Beim Lesen dieses ziemlich umfangreichen Abschnittes wird man unwillkürlich an die wissenschaftlichen Darstellungen moderner Landeskunde erinnert. Wird doch in diesen ausschließlich die bekannte analytische Stufenleiter erklettert — Lage und Größe, Oberfläche und Bau, Klima und Wasserverhältnisse, Boden und Pflanzendecke, Tier und Mensch, aber wie das Land eigentlich aussieht, das erfährt der Leser im allgemeinen wohl nicht.

Die zergliedernde Methode für sich allein ist nicht geeignet, ein anschauliches Bild zu übermitteln. Wird z. B. die Beschaffenheit der Pflanzendecke in den verschiedenen Gegenden geschildert, so sind dem Leser inzwischen längst die Einzelheiten, z. B. der Wasser- und Oberflächenverhältnisse, aus der Erinnerung entschwunden. Nun besteht aber die Landschaft mehr oder weniger regelmäßig aus zusammengesetzten Landschaftsgebilden. Da mag sich z. B. ein geschlossener Kessel in dürrer Grassteppe finden. Auf dem Boden dieses Kessels aber zieht sich eine Waldebene hin. Solche Waldkessel in dürrer Grassteppenplatte treten immer wieder auf; denn Hohlform, hoher Grundwasserstand und Wald gehören nun einmal zusammen. Beschreibt man in verschiedenen Kapiteln die Oberflächenformen, die Grundwasserverhältnisse, die Pflanzendecke nacheinander, so liegt die Gefahr nahe, daß der Leser das Landschaftsbild eines solchen sumpfigen Waldkessels nicht erfaßt.

Sir Harry Johnston ist nicht in strengem Sinne des Wortes ein wissenschaftlicher Gelehrter, aber augenscheinlich ein Praktiker mit offenem Auge. Er hat den Mangel wissenschaftlicher Darstellung erfaßt und sucht die in Landeskunden vorhandenen Lücken durch eine einleitende Schilderung der Landschaft und ihrer Bewohner auszufüllen. Dann erst geht er zergliedernd vor. Ohne Zweifel kann eine wissenschaftliche Darstellung der zergliedernden Darstellung nicht entbehren. Man muß zunächst die einzelnen Bestandteile der Landschaft gesondert betrachten und die sich darbietenden Probleme gesondert behandeln. Allein man darf sich nicht mit solcher Zergliederung begnügen; die Zusammenfassung zu einem geschlossenen Landschaftsbilde darf nicht einfach fortfallen.

Wie wird nun eine solche Zusammenfassung am besten erfolgen? Johnston eröffnet sein Buch mit einer Beschreibung dessen, was dem Reisenden an Land und Leuten auffällt. Eine solche Darstellung wird naturgemäß rein beschreibend, — man könnte sagen naiv — sein. Vielleicht ist es daher vom wissenschaftlichen Standpunkt aus zweckmäßiger, erst einmal die einzelnen Bestandteile der Landschaft nach der bekannten analytischen Methode kennen zu lernen, und dann erst, wenn man alle Einzelfaktoren überblickt, die Landschaftsschilderung in wissenschaftlicher — nicht in naiver — Form zu bringen.

Eine wissenschaftliche Landschaftsschilderung muß unbedingt auf die Einzelwissenschaften — Klimatologie, Morphologie, Hydrologie, Bodenkunde, Standortslehre der Pflanzen, Tierleben und Kulturgeographie — stark anregend wirken. Denn hat man die Landschaft mit allen Einzelheiten erfaßt, so taucht eine Fülle von Fragen nach den ursächlichen Beziehungen auf. Der Forschung können neue Wege gewiesen, die Gesichtspunkte reichhaltiger und mannigfacher gestaltet werden.

In welcher Weise sollte nun die wissenschaftliche Landschaftskunde vorgehen?

Die erste Aufgabe ist die Feststellung der Elemente, aus denen sich die Landschaft zusammensetzt, also der Landschaftsteile. In dieser vereinigen sich alle oder mehrere der „Einzelräume“ — Oberflächenform, Gesteinart, Bewässerung, Boden, Pflanzendecke — zu einem zusammengesetzten „Landschaftsraum“.

Solche Landschaftsteile sind von recht verschiedener Größenordnung. Aus ihnen setzen sich, wie das wiederholt geschildert worden ist, Teillandschaften, Landschaften und Landschaftsgebiete zusammen.

Wichtig ist nun die Frage, wie man mit Worten die landschaftlichen, zusammengesetzten Gebilde, ausdrücken soll. Hier geht der Vorschlag dahin, dem üblichen Sprachgebrauch folgend, zusammengesetzte Worte zu bilden. Gewiß sind die gebräuchlichen landschaftskundlichen Begriffe wie „Wiesental“, „Waldgebirge“ häufig nicht genau genug. Ob z. B. ein „Wiesental“, wie gewöhnlich, Wald- oder Felderhänge besitzt oder ob nur die Sohle eine Wiese ist, bleibt ungewiß. Die Bezeichnung „Wiesental“ gibt also keine richtige Vorstellung von dem Landschaftsbild. Allein die Wortbildung an sich kann als Vorbild dienen.

Es besteht die Gefahr, daß die landschaftskundlichen Namen zu lang und schwerfällig werden. Deshalb sollte man wohl die landschaftskundlichen Begriffe aufstellen, aber die langen Namen nicht häufiger als unbedingt notwendig ist, gebrauchen.

Die Aufstellung der landschaftskundlichen Begriffe ist an sich von größter Bedeutung. Denn einmal sind die zusammengesetzten Namen vielleicht am ehesten imstande, vor dem geistigen Auge des Lesers ein Bild erscheinen zu lassen, und ferner enthält jeder dieser Namen ein Problem oder gar mehrere, Probleme: Warum treten die Einzelräume in dieser oder jener Vereinigung auf?

Auf den Unterschied zwischen tatsächlich vorhandenen, realen Landschaftsgebilden und idealen Landschaftstypen braucht hier wohl nur kurz hingewiesen zu werden. Die realen Landschaftsgebilde besitzen außer allgemein in dem entsprechenden idealen Typus vorkommenden Eigenschaften auch noch individuelle Züge, die z. B. von Besonderheiten der Oberflächenformen der Gesteine, und geologischen Formationen, der Lage, Größe, Anordnung der Flüsse, Seen, Sümpfe, der Pflanzen- und Bodendecke abhängen.

Das Verhältnis zwischen Landschaftskunde und Landeskunde sei noch kurz besprochen. Während manche auf dem Standpunkt stehen, daß die Landschaftskunde ein selbständiger Zweig der Allgemeinen Vergleichenden Erdkunde sei, identifizieren andere sie mit der Landeskunde; beide seien genau dasselbe.

In Heft IV der Vergleichenden Landschaftskunde ist diese ganze Frage eingehend behandelt worden. Deshalb dürfte ein Hinweis auf jene Ausführungen genügen. Nur soviel sei erwähnt, daß nach des Verfassers Ansicht die Landschaftskunde deshalb ein neuer selbständiger Zweig der Erdkunde ist, weil sie die Nachbarwissenschaften intensiv befruchtet, eigene Probleme besitzt, nach eigenen Methoden arbeitet und weil landschaftkundliche Darstellungen für sich allein, ohne landeskundlich zu werden, selbständige wissenschaftliche Arbeiten bilden. Da nun aber nicht mit Worten, sondern nur mit Taten solche Streitfragen gelöst werden können, so sei auf die drei nachfolgenden Arbeiten verwiesen. Sie sind durchaus landschaftskundlich — durchaus nicht landeskundlich. Denn sie machen nach Feststellung der landschaftlichen Verhältnisse Halt und geben nicht eine systematische Darstellung der Staaten, ihrer Kultur, Geschichte usw., die in einer Landeskunde nicht fehlen dürfen. Indes mögen die drei landschaftskundlichen Darstellungen selbst für sich sprechen!

An diese Arbeiten knüpft sich aber noch ein anderes Problem, nämlich das Problem, in welchem Umfange und mit welcher Sicherheit sich Literaturstudien für landschaftskundliche Arbeiten verwerten lassen.

Auch um diese Frage beantworten zu können, dürften die drei landschaftskundlichen Arbeiten über Paraguay, SO.-Spanien und die Lombardei geeignet sein.

Um ein brauchbares Vergleichsmaterial bezüglich der drei Länder zu gewinnen, hat man zunächst die Größenverhältnisse in's Auge zu fassen. Paraguay ist ungefähr so groß wie Preußen, die Provinz Murcia, die besonders bearbeitet worden ist, entspricht annähernd Schleswig, das von Dr. Frenzel bearbeitete Gebiet in der Lombardei aber etwa der Hälfte von Schleswig.

Die Oberflächengestaltung ist in allen drei Ländern so gestaltet, daß Ebenen und Gebirge in schroffem Wechsel auftreten, wenn auch die Höhenverhältnisse recht verschieden sind. Am niedrigsten sind die Gebirge in Paraguay.

Der geologische Charakter zeigt insofern Übereinstimmung als die Gesteine innerhalb jedes Gebietes große Verschiedenheit aufweisen, und daß damit in der Landschaft ein erheblicher, auf der Verschiedenheit der Gesteine beruhender Formenreichtum nebst einem Wechsel von Ortsböden und Ortsvereinen der Pflanzen zu erwarten ist.

Das Klima ist in jedem Gebiet einheitlich und zwar in der Lombardei subtropisch-gemäßigt mit geringen Sommerregen, in SO-Spanien sommerdürr-subtropisch mit geringen winterlichen Niederschlägen, dagegen in Paraguay tropisch-subtropisch mit Jahresregen. Demgemäß ist die Pflanzendecke verschieden: Wald früher in der Lombardei, jetzt noch in Paraguay, Salzsteppe in SO-Spanien. Allein der Mensch hat in der Lombardei eine großartige Kulturlandschaft geschaffen, die in ausgedehnten Industriestädten den Gipfel der Entwicklung erreicht, SO-Spanien dagegen besteht aus einer Raublandschaft mit Kulturinseln, während Paraguay neben Anbauflächen und kleinen Stadtlandschaften ausgedehnte Naturlandschaften umfaßt. Man wird also von vornherein annehmen können, daß die landschaftskundliche Forschung und Darstellung in der Lombardei wegen der hohen Kulturentwicklung am schwierigsten, in den Naturlandschaften Paraguays am leichtesten sein dürfte; auch in den Raublandschaften der Provinz Murcia wird man mit verhältnismäßig einfachen Verhältnissen rechnen können. Die Unterschiede in der Schwierigkeit der Aufgabe werden also in der kleinen Lombardei und dem großen Paraguay vermutlich durch die Unterschiede in der Größe einigermaßen aufgewogen, während die Bearbeitung von Murcia eine verhältnismäßig leichte Aufgabe zu sein scheint. Doch werfen wir nun noch einen Blick auf den Charakter der zur Verfügung stehenden Literatur!

Da gibt es einmal Reisebeschreibungen, die zum großen Teil nicht von Fachleuten, sondern von Allgemeingebildeten stammen und das Gesehene wiedergeben. Dazu kommen zusammenfassende, überwiegend auf literarischer Grundlage aufgebaute „Landeskunden", die einen Überblick geben, ferner Facharbeiten über geologischen Bau und Oberflächenformen, über Klima, Wasserverhältnisse, Bodenbildung und namentlich über die Pflanzendecke. Der Mensch mit seinen Siedlungen, seiner Wirtschaft und seinen Verkehrsvorrichtungen nimmt in der Literatur einen verhältnismäßig breiten Raum ein. Schließlich sind Karten verschiedenster Art zu nennen.

Auf die drei behandelten Gebiete verteilen sich die Literaturarten in verschiedener Weise. Landeskundliche Übersichten gibt es wohl für alle drei, allein Reisebeschreibungen kommen eigentlich nur für Paraguay und daneben auch für SO-Spanien in Betracht, so die von Willkomm und Roßmässler. Spezialarbeiten, die auf geologischem, botanischem und geographischem Gebiet liegen, sind am wichtigsten für die Lombardei, wo sie vielseitig sind und durch amtliche, statistische und kartographische, Aufnahmen ganz wesentlich ergänzt werden.

Die Erfahrung lehrt nun, daß von den rein literarischen — nicht kartographischen — Hilfsquellen die Reisebeschreibungen, die einfach das in der Landschaft Gesehene schildern, weitaus das beste und sicherste Beobachtungsmaterial darbieten. Der gebildete, aber nicht fachlichen Spezialinteressen nachgehende Reisende erfaßt instinktiv das, was er in der Landschaft als Einheit sieht, und bemüht sich auch — oft genug unter Anwendung zusammengesetzter landschaftskundlicher Namen — diese Einheiten zur Darstellung zu bringen.

Als völlig belanglos erweisen sich die eine Übersicht bringenden Landeskunden. Mit ihrer zergliedernden Darstellungsweise zerreißen sie die landschaftlichen Einheiten, und gewöhnlich lassen sich diese vom Leser nicht rekonstruieren.

Die geologischen und morphologischen Arbeiten bringen wohl ein Bild von dem geologischen Bau und der Gestaltung der Formen, allein falls nicht der geologische und morphologische Darsteller selbst auf die Beziehungen der Gesteine und Oberflächenformen zur Bodenbildung, Pflanzenwelt und Bewässerung aufmerksam macht, lassen sich landschaftliche Räume entweder garnicht oder nur in großen Zügen erkennen. Am auffallendsten ist das Versagen der botanischen Darstellungen. Man sollte meinen, daß niemand geeigneter wäre, landschaftskundliches Material zu liefern als der Botaniker, da ja einmal sein Spezialstudium die so überaus wichtige Pflanzendecke umfaßt, und da er obendrein mit Rücksicht auf die Standortslehre der Pflanzen und ihre Abhängigkeit vom Boden und Klima sehr energisch auf Geologie, Oberflächenformen, Höhenverhältnisse, Klima und Bewässerung hingewiesen wird. Dazu kommt der Einfluß des Menschen auf die Pflanzendecke, die Erzeugung von Raub- und Kulturlandschaften u. a. m. Also müßte man aus botanischen Darstellungen die größte Erkenntnis schöpfen können — so sollte man glauben. Allein mit Erstaunen muß man feststellen, daß die botanischen Spezialarbeiten der Hauptsache nach darin bestehen, daß die Flora nach Spezies erforscht und dargestellt wird, daß dagegen im allgemeinen keine übersichtliche, zusammenfassende Beschreibung der Pflanzenvereine erfolgt. Letztere sind aber für den Geographen weit wichtiger als die Spezies. Was hat man von der Aufzählung von zwanzig und mehr Pflanzenarten mit ihren lateinischen Namen, wenn man nicht erfährt, ob z. B. eine Gras-, oder Kraut- oder Zwergstrauchsteppe vorliegt, ob die Pflanzendecke geschlossen oder licht ist, oder ob gar nur hier und dort Pflanzen zwischen Felsen, auf Lehmboden, im Flugsand stehen? Und was fängt man mit einem so allgemeinen Ausdruck wie „kahl" an, der recht häufig vorkommt? Bedeutet er baumlos oder pflanzenlos? Bei manchen Autoren augenscheinlich beides.

Daß an und für sich gerade die Botaniker für landschaftliche Darstellungen ganz besonders geeignet sind, beweisen manche Beobachter, die die Landschaft als Einheit zu erfassen suchen, wie z. B. in seinen Schilderungen aus Südamerika der schwedische Botaniker Skottsberg. Er legt mehr auf die Erscheinung eines Pflanzenvereines im Landschaftsbild als auf die jene zusammensetzenden Spezies Gewicht. Das zeigen auch die Beobachtungen eines meines Breslauer Schüler, des leider verstorbenen Dr. Gehrmann, der im Gebiet von Almeria während des Krieges wirtschaftliche Beobachtungen anstellte. Er hat freundlicherweise seine Aufzeichnungen und Bilder Fräulein Dr. Niemeyer zur Verfügung gestellt, und diese hat in dem Abschnitt über das Campo de Dalias und Campo de Nijar diese verwertet. Der Leser wird leicht den erstaunlichen Unterschied zwischen diesem Abschnitt und der Darstellung von Murcia hinsichtlich der Güte des Beobachtungsmaterials feststellen.

Ohne Zweifel, ein landschaftskundlich geschulter Botaniker ist für landschaftskundliche Darstellungen ganz besonders geeignet.

Darstellungen menschlicher Erscheinungen, der Wirtschaft, der Siedlungen, des Verkehrs, befriedigen den landschaftskundlich Arbeitenden gewöhnlich wenig. Denn mag der Darsteller auch naturgemäß auf besondere Einflüsse der Oberflächenformen und Gesteine, der Pflanzendecke, des Wassers, des Bodens Rücksicht nehmen, so sieht und schildert er im allgemeinen lediglich die hauptsächlich wirksamen Erscheinungen. So mag ein Dorf am Rande einer ,,Schlucht", ein Feld am Ufer eines ,,Sees", ein Gehöft auf einer Insel „im Fluß" liegen, wie aber außer der gekennzeichneten Tatsache die Beschaffenheit der Gesteine, der Pflanzendecke, der Oberflächenformen usw. ist — z. B. Waldschlucht, kahles Felsenkliff, grasige Sandbank — erfährt man nicht. Demgemäß erhält man doch kein klares Bild von der Landschaft in der Umgebung menschlicher Einrichtungen und von den jene aufbauenden Landschaftsräumen.

Gute Karten, die bezüglich der Oberflächenformen, der Bewässerung, der Pflanzendecke und des Kulturlandes nebst Siedlungen und Wegen zahlreiche Angaben enthalten, bieten naturgemäß ein außerordentlich reichhaltiges landschaftskundliches Material, das man bei gründlicher Durcharbeitung herausholen kann. Wird es durch Schilderungen, die auf eigener Anschauung beruhen, ergänzt, so kann es eine überaus wertvolle Quelle landschaftskundlicher Formen sein.

Von den drei vorliegenden Landschaftskunden baut sich die eine — Paraguay — ausschließlich auf Literaturstudien auf, die über SO-Spanien überwiegend, sie wird aber durch Beobachtungen und Photographien von Dr. Gehrmann und dem Unterzeichneten, die auf Grund einer schnellen Durchreisung gewonnen wurden, ergänzt. Diese Ergänzung durch Augenschein ist für die Beurteilung der Frage, in wieweit sich die Literatur für landschaftskundliche Bearbeitung eignet, nicht ohne Wert. Die Bearbeitung der Lombardei ist das Ergebnis eigener Aufnahmen und Literaturstudien.

Fassen wir nun das Ergebnis aus den drei Bearbeitungen zusammen!

Der Landschaftskunde von Paraguay liegen nicht genauere Kartenaufnahmen, sondern hauptsächlich Beschreibungen zugrunde. Auch diese sind zum großen Teil recht allgemeiner Natur. Trotzdem dürfte es gelungen sein, eine landschaftskundliche Übersicht zu bringen. Hauptsächlich handelt es sich freilich um das Erfassen von Landschaftsgebieten, Landschaften und Teillandschaften. Nur ausnahmsweise genügt das Material, um mit einiger Vollständigkeit die bezeichnenden Merkmale größerer Landschaftsteile zu erkennen; für kleinere genügt es meist überhaupt nicht. Demgemäß handelt es sich fast nur um ein Fresko-Gemälde, eine Skizzierung in großen Linien. Allein ist der Nutzen nicht ganz gewaltig ? Bietet die in großen Zügen gegebene Darstellung nicht ein erstaunlich übersichtliches Bild? Werden nicht kommende Reisende und Forscher auf eine Fülle von Problemen aufmerksam gemacht? Können sie nicht sofort planmäßig mit eigenen Aufnahmen beginnen, und wird ihnen nicht ganz wesentlich die Aufgabe erleichtert, Unklarheiten und fehlerhafte Darstellungen zu verbessern? Man vergleiche die hier gegebene landschaftskundliche Darstellung mit den über Paraguay vorhandenen „Landeskunden", und der Fortschritt kann nicht geleugnet werden.

Anders steht es mit SO-Spanien. Hier war die landschaftskundliche Aufgabe eine wesentlich andere. In großen Zügen war man über die Salzsteppennatur des Landes unterrichtet, ebenso über die Oasen, die Gebirge mit waldiger Höhenstufe u. a. m. Hier galt es mit Hilfe der Literatur gerade im Kleinen landschaftliche Elemente, also Landschaftsteile zu erfassen. Das Gebiet erschien dafür besonders geignet, weil botanische Fachleute dort gearbeitet hatten. Deutsche und Spanier. Auch geographische, besonders wirtschaftsgeographische Forschungen existierten. Die Karten freilich versagten. Sie stimmten z. T. nicht einmal topographisch zusammen und brachten wenig oder keine Detailangaben über Pflanzendecke u. a. m. Demgemäß waren die Schwierigkeiten, ein landschaftskundliches Bild zu gewinnen, groß. Denn nicht nur genügten die Karten nicht, auch die botanischen Angaben erwiesen sich als ungeeignet, weil, wie oben geschildert wurde, den Botanikern mehr die Flora und ihre Spezies als die Pflanzenvereine am Herzen gelegen haben. Dazu kommt, daß ohne genügende Spezialkarten, die ähnlich unseren Meßtischblättern eine Fülle von Angaben über Oberflächenformen, Pflanzen, Wasser, Kulturland bringen, eine Ermittlung der Beschaffenheit der Landschaftsteile nicht gut möglich ist. Auf den Vorzug, den die Darstellung des Campo de Nijar und Dalias besitzt, weil von Dr. Gehrmann Aufzeichnungen und Bilder vorlagen, sei nochmals hingewiesen.

Den gewaltigen Vorzug eigener Aufnahmen beweist die Bearbeitung der westlichen Lombardei durch Frenzel. Hier sind unmittelbar durch Beobachtung selbst kleine Landschaftsteile erfaßt und zur Darstellung gebracht worden. Wenn man bedenkt, daß sich die Aufnahmen hauptsächlich auf das scheinbar so langweilige Nudelbrett der oberitalienischen Ebene beziehen, deren Felder und Hecken, Gräben und Flüsse so wenig Anziehendes bieten, so ist man überrascht, eine solche Fülle von interessanten landschaftlichen Einzelheiten und von Beziehungen zwischen dem Lande und der Kultur des Menschen aufgedeckt zu finden. Bereits vorhandene Spezialarbeiten und gute Spezialkarten haben obendrein wesentlich dazu beigetragen, eine gute Vorstellung von den landschaftlichen Verhältnissen zu gewinnen.

Fassen wir nun zum Schluß die Ergebnisse zusammen!

Auf Grund literarischer Studien sind landschaftskundliche Bearbeitungen größerer Auslandsgebiete dringend zu empfehlen, wenn man lediglich eine Übersicht, eine Gliederung des Landes im Großen in Landschaftsgebiete, Landschaften und Teillandschaften erzielen will. Dagegen wird man bezüglich der Landschaftsteile im allgemeinen wohl seine Ansprüche herabschrauben müssen. Größere Landschaftsteile wie Flußtalungen, große Täler u. a. m. sind vielleicht noch landschaftlich zu charakterisieren, von kleineren Landschaftsteilen, mögen sie auch noch so wichtig sein, wird man dagegen wohl nur ausnahmsweise ein klares Bild gewinnen.

In Anbetracht der oft recht umfangreichen Literatur und der recht stattlichen Zahl von Reisenden und Forschern ist das Ergebnis hinsichtlich der kleinen landschaftlichen Gebiete eigentlich nicht sehr befriedigend, und damit kommt man auf die oben gestellte Frage zurück: wie sollte man landschaftlich beobachten?

Ohne Zweifel ist auf diesem Gebiete bisher sehr wenig geschehen, systematisch wohl garnichts. Man kann nicht eindringlich genug anraten, grundsätzlich nicht die Einzelräume, sondern die zusammengesetzten Landschaftsräume festzustellen und sofort unter Bildung eines zusammengesetzten landschaftlichen Ausdruckes festzulegen. Nach meiner eigenen Erfahrung ist eine landschaftskundliche Definition ein Denkvorgang, der anfangs keineswegs leicht fällt. Vor allem habe ich, obwohl doch einigermaßen geübt, immer und immer wieder Folgendes feststellen können:

Wenn man nicht unmittelbar im Angesicht des darzustellenden Landschaftselementes sofort den zusammenfassenden landschaftskundlichen Namen bildet, bzw. die Vereinigung der Einzelräume zu einem Landschaftsraum schriftlich festgelegt, hat man das Spiel verloren. Eine nachträgliche Rekonstruktion eines Landschaftsraumes aus seinen einzelnen Einzelräumen nach der Erinnerung versagt stets. Es ist das eine merkwürdige, von mir persönlich aber immer wieder gemachte Erfahrung. Am besten ist es, sofort mit einigen Strichen Form und Zusammensetzung des beobachteten Landschaftsraumes in einer Zeichnung festzulegen. Hätten alle früheren Reisenden nach dieser, die Aufmerksamkeit allerdings überaus in Anspruch nehmenden, daher ermüdenden Methode gearbeitet, wahrlich, unsere Kenntnisse von dem Aussehen, der Beschaffenheit und den Problemen der Länder, namentlich unserer engeren Heimat, wären unendlich besser. Wer einmal nach landschaftskundlicher Methode zu beobachten angefangen hat, wer einmal erfahren hat, wie unendlich reicher an Tatsachen und Problemen solchem Beobachter die Umgebung erscheint, der wird gern die größere Mühe und Anstrengung übernehmen, die landschaftskundliches Beobachten und Aufzeichnen mit sich bringen.

Möge das Studium der vorliegenden drei Arbeiten dazu beitragen, den Wert landschaftskundlicher Forschungen und Darstellungen auf rein literarischer Grundlage bzw. auf der eigener Beobachungen schätzen zu lernen!

Landschaftskundliche Gliederung von Paraguay

von

Dr. **Ida Stoltenberg,** Hamburg.

(Mit 12 Karten auf Tafel 3 und 2 Textfiguren).

Inhalt

Seite

A. Grundlagen der landschaftskundlichen Gliederung ... 71
1. Lage, Größe, Grenzen ... 71
2. Orographische Gliederung[1] ... 72
3. Petrographisch-tektonische u. bodenkundliche Gliederung ... 74
4. Klimatische Gliederung ... 79
5. Hydrographische Gliederung ... 84
6. Pflanzengeographische Gliederung ... 88
7. Gliederung nach Ausgestaltung der Oberfläche ... 91
8. Vorzeitformen ... 92

B. Die Landschaften Paraguays ... 94
I. Landschaftstypen in Paraguay ... 94
A. Regenlandschaften ... 94
B. Nasse Landschaften ... 96
α) Waldlandschaften ... 96
β) Graslandschaften ... 96
II. Landschaftsgebiete und Landschaften Paraguays (und ihre Bedeutung für Tier und Mensch) ... 97
a) im Amambay-Plateau, einer Regenwaldsandsteintafel ... 98
1. Das Vorgelände, überwiegend eine Buschwald-Schotterabdachung ... 98
2. Der Steilrand, ein Regenwald-Sandstein-Stufenland ... 100
3. Das Plateau, eine Regenwald-Sandstein-Tafel ... 101
4. Das Paranáflußtal ... 103
b) im welligen Flachland: ... 104
5. Die Hügellandplatte Ost-Paraguays, eine Galeriewaldsteppe ... 104
6. Das Saty-Plateau, ein Buschwaldtafelland ... 107
7. Das Steppenbuschwaldbergland am Rio Apa ... 108
8. Das Strauch- und Grassteppen-Kalkflachland bis -bergland zwischen unterem Apa und Paraguay ... 109
9. Die Sierra de Villa Rica, ein Trockenwaldbergland ... 111
10. Das südparaguayische Trockenwaldbergland mit Grassteppenbecken und Niederungen ... 112
c) Die zusammengesetzte Steppen-Sumpf- und Überschwemmungslandschaft der Paraguayflußtalung ... 115
d) Der Chaco, eine Feuchtsteppen- und Parklandebene ... 119
11. Das Pilcomayoflußtal, eine zusammengesetzte Steppen-, Sumpf- und Überschwemmungslandschaft ... 122

C. Schlußbetrachtung ... 124

[1]) Zu Beginn der meisten Abschnitte ist ein kurzer Überblick über die Nachbarlandschaften gegeben.

A. Grundlagen der landschaftskundlichen Gliederung.

1. Lage, Größe, Grenzen.

Paraguay liegt im Innern Südamerikas; sein nördlicher Teil gehört zu den Tropen. Das Land erstreckt sich von 20½—27½° S-Br. und von 54—62½° W-Lg. Der östlich des Paraguayflusses gelegene Teil des Landes, der am meisten entwickelte Teil Paraguays, umfaßt das zwischen Paraguay und Paraná liegende Gebiet bis zu deren Zusammenfluß, während westlich des Paraguayflusses das Land beträchtlichen Anteil am Chaco hat. Die Nord-Süd-Ausdehnung des Landes beträgt 700 km, die Ost-West-Ausdehnung 850 km.[1])

Die Größe Paraguays wird verschieden angegeben, da die Nordwestgrenze gegen Bolivien strittig ist. Der östlich des Paraguayflusses gelegene Landesteil soll nach übereinstimmenden Angaben 168000 qkm groß sein[2]) — nur bei Sievers werden 150 000 qkm genannt[3]) — während für das Land im ganzen die Angaben zwischen 253 000 qkm,[4]) nicht ganz die Hälfte des heutigen Deutschlands (= 470 000 qkm), 317 000 qkm,[5]) 445 000 qkm[6]) und 507 640 qkm[7]) schwanken, je nach der Größe des Gebietes, das man Paraguay in dem erst an den Rändern erschlossenen Chaco zuerkennt.

Paraguay grenzt im Nordwesten und Norden an Bolivien und an den brasilianischen Staat Matto Grosso, im Osten an Matto Grosso und Paraná, im Südosten und Süden an die argentinischen Misiones, im Süden an die argentinische Provinz Corrientes, im Westen an den argentinischen Chaco.[8]) Die Grenzen werden überwiegend von Flußläufen gebildet. Der östlich des Paraguayflusses gelegene Teil des Landes, das eigentliche Paraguay, wird begrenzt im Süden und Osten vom Paraná, der vom Salto Guaira bis zum Zusammenfluß mit dem

---

1) Scobel: Bd. 2, S. 472.
2) Andree: Bd. 3, S. 158.
3) Sievers: S. 216.
4) ebenda S. 216: goth. Hofkalender 1921, S. 940: Andree S. 158.
5) v. Fischer-Treuenfeld S. 2.
6) Vogler S. 1.
7) General Descriptive Data. Pan. Am. Union. 1919 „Paraguay".
8) Frank: Latein-Amerika. 1921. Dez. S. 685/689.

Paraguay die Grenze bildet. Vom Salto Guaira nach Westen zieht sich die Grenze parallel dem Igatimi, einem Nebenfluß des Paraná, hin und folgt in einigem Abstand seinem Südufer bis zur Siedelung Ipehu. Von dort verläuft die Grenze in nördlicher und nordwestlicher Richtung auf einem gebirgsartig erscheinenden Plateaurand. Vom Örtchen Estrella ab bilden wieder Flüsse die Grenze und zwar zunächst der Rio Estrella, ein Nebenfluß des Rio Apa, darauf der Rio Apa selbst bis zu seiner Mündung in den Paraguay.

Auch der westliche Teil des Landes, der Chaco, hat überwiegend Flußgrenzen, im Osten den Paraguay, im Süden und Südwesten einen rechten Nebenfluß des Paraguay, den Pilcomayo. Da die Flüsse ihre Umgebung zeitweilig weithin überschwemmen und sumpfige Gebiete in Seen verwandeln, bilden sie strategisch gute Grenzen. Wie bereits erwähnt, ist das nordwestliche Grenzgebiet strittig, und der Verlauf der Grenze wird durch eine Linie bezeichnet, die in 22° 50′ S-Br. vom Pilcomayo nach Nordosten zum Paraguay führt, den sie in 20½° S-Br. trifft.[1])

Der Name Paraguay wird auf verschiedene Weise erklärt.[2]) Ich möchte der Ansicht Renggers beipflichten, der den Namen im Anschluß an die Schreibweise der ältesten Dokumente mit wörtlicher Wiedergabe als „source de mer“ deutet — para = mer, quay = trou d'eau, source. Der Name des Flusses wurde auf das Land übertragen.[3]) El gran Chaco = Treibjagdfeld (Guaranidialekt) bezog sich ursprünglich nur auf das am Fuß der Anden gelegene bolivianische Gebiet[4]), jetzt Llanos de Manza genannt, dann wurde der Name Chaco auf das ausgedehnte Flachland zwischen den bolivianischen Gebirgsketten und dem Paraguayfluß übertragen[5]).

2. **Orographische Gliederung** vergl. Fig. 1 u. 2 auf Tafel 3.

Ein Blick auf die Karte zeigt, daß Paraguay nicht ein abgeschlossenes, landschaftlich einheitliches Gebiet bilden kann, sondern daß es ein durch seine Grenzen herausgeschnittener Teil weit größerer Landschaftsgebiete ist. Es gehört mit dem westlich des Paraguayflusses gelegenen Landesteil dem Chaco an, mit dem östlichen dagegen dem brasilianischen Bergland und dem östlichen Stromland des Paraguay-Paraná.

Wie das gesamte Bergland Paraguays so ist auch in Bolivien die Landschaft zwischen Paraguayfluß und Mamoré ein Teil des brasi-

---

[1]) Lütgens: Quebracho S. 5.

[2]) Decoud: Geografia de la Republica del Paraguay, S. 14.

[3]) Rengger: S. 4. [4]) Lütgens: Quebracho S. 6.

[5]) Zeitschr. f. Kolonialpolitik usw. 1904 S. 821.

lianischen Berglandes.[1]) Das Innere des brasilianischen Hochlandes ist recht eben, aber durch zahlreiche Becken und Flußtäler stark zerschnitten. Einzelne große Tafeln sind entstanden, deren Ränder den Eindruck von Sierren machen. Besonders der Westrand des brasilianischen Berglandes ist als Steilrand weit nach Süden zu verfolgen.

Auch die südlichen Nachbarländer von Paraguay: Misiones, Uruguay, sowie Corrientes und Entre Rios werden zum großen Teil von Ausläufern des brasilianischen Berglandes erfüllt. Misiones ist ein hügeliges, gewelltes, im Innern wenig gegliedertes Land ohne auffällige Oberflächenformen. Auch Entre Rios ist noch leicht gewellt.[2])

Die Landschaft westlich des steilen Abfalles des brasilianischen Berglandes liegt tiefer. Sie gehört zum Stromgebiet des Paraguay-Paraná, das weit bis ins Innere Brasiliens greift. Der Teil des Stromlandes, der westlich des Paraguay und weiter im Süden westlich des Paraná liegt, wird zusammengefaßt unter dem Namen „Chaco". Von Norden nach Süden folgen: Chaco boreal, zu Bolivien und Paraguay gehörig, Chaco zentral und austral als argentinisches Gebiet, das in die Pampa übergeht. Der Gran Chaco ist nicht streng vom Pampagebiet zu scheiden.[3])

Der Anteil, den Paraguay an den drei eben skizzierten großen Landschaftsgebieten hat, ist so bemessen, daß Paraguay überwiegend — etwa zu $^3/_4$ — von Tiefland eingenommen wird. Der Rest des Landes — das Gebiet östlich von 56° W-Lg. und einige Erhebungen im Flachland — reicht bis über die 200 m Linie empor, jedoch weist kein Gipfel mehr als 700 m auf. Sowohl der westlich des Paraguay gelegene ebene Chaco als auch das östliche wellige Flachland senken sich zum Paraguay (vergl. Figur 1 auf Tafel 3).

So gelangen wir vorerst zu einer orographischen Vierteilung des Landes und unterscheiden (vergl. Figur 2 auf Tafel 3):

1. Das östlich von 56° westlicher Länge gelegene Amambayplateau, das sich zum Paraná nach Osten senkt und den östlichen Teil des eigentlichen Paraguay bildet,
2. östlich vom Paraguay: das nach Südwesten und Süden geneigte wellige Flachland, der westliche Teil des eigentlichen Paraguay,
3. die Flußtallandschaft des Paraguay,
4. westlich vom Paraguay: Das sich nach Südosten senkende Flachland des Chaco.

---

[1]) Sievers: S. 156.

[2]) Regel: Argentinien S. 3.

[3]) ebenda S. 19.

Innerhalb Paraguays suchen wir aus den vier orographischen Landschaftsgebieten eine Reihe von Landschaften zu sondern.

1. So unterscheiden wir beim Amambayplateau das besonders in 22—23⁰ südlicher Breite ausgebildete Vorgelände. Ferner bildet der 300—400 m hohe Steilrand eine Landschaft für sich. Die dritte orographische Landschaft wird von dem nach Osten geneigten Plateaurücken, einer welligen Fläche, gebildet. Als vierte orographische Landschaft ist die Flußtalung des Paraná anzusehen, der das Amambayplateau im Osten begrenzt.

Das wellige Flachland, das zweite große orographische Landschaftsgebiet, zeigt eine leichte Abdachung von Norden nach Süden. Aus ihm erheben sich im Norden und Süden größere Höhen, gewissermaßen als Fremdkörper: Das nordparaguayische und das südparaguayische Bergland. Beim nordparaguayischen Bergland sind drei verschiedene Gebiete zu unterscheiden: 1. Das Saty-Plateau mit etwa 200 m hohen Rücken; 2. das bis zu 300—400 m aufsteigende Apa-Bergland; 3. ein zwischen Apa-Bergland und Paraguay gelegenes Gebiet mit wechselnden Oberflächenformen, das sich in drei Unterabteilungen gliedern läßt, die später behandelt werden. Im südparaguayischen Bergland treten zwei orographische Landschaften hervor:

1. Die langgestreckte Sierra de Villa Rica.
2. das südparaguayische Bergland im engeren Sinn; es bildet keine scharfe orographische Einheit, sondern ist in verschiedene Teile aufgelöst.

Als drittes orographisches Landschaftsgebiet ist die Paraguayflußtalung anzusehen, die als Hohlform den anderen orographischen Landschaftsgebieten gegenübersteht. Zu ihrem Bereich gehört auch das z. T. ständig, z. T. zeitweilig sumpfige Überschwemmungsgebiet auf beiden Seiten des Flusses, das sich besonders auf der niedrigen westlichen Seite weithin ausdehnt.

Das vierte große orographische Landschaftsgebiet Paraguays ist der fast gänzlich ebene Chaco, ein Siebentel des gesamten Chacogebietes.

3. Petrographisch-tektonische und bodenkundliche Gliederung
(vergl. Figur 3 und 4 auf Tafel 3).

Auch bei der petrographisch-tektonischen Gliederung wird die Verwandtschaft Paraguays mit seinen Nachbarländern deutlich. Alle Forscher betonen besonders die Übereinstimmung des geologischen Baus von Südbrasilien und Paraguay.[1])

---

[1]) Goldschlag: S. 4—8.

Die im Innern Brasiliens bei Cuayabá und weiter im Südosten und Osten auftretenden roten und weißen Sandsteine werden meistens zur Trias gerechnet.[1]) Im Mündungsgebiet des Rio Apa setzen sich ebenfalls ältere Massen Brasiliens nach Süden fort, wie unten gezeigt werden wird. Auch in Südbrasilien tritt im Innern und im Westen des Paranágebietes Trias auf, meistens rote Sandsteine, Schiefer, mehrere Arten von Eruptivgesteinen. Viele Bruchlinien zerlegen das Land in eine Reihe von Tafeln.[2])

In Uruguay, Misiones und im Osten von Paraguay, auch in dem geologisch wenig bekannten Corrientes und Entre Rios, treffen wir die Fortsetzung der brasilianischen Masse.[3]) Die ganze Plata-Landschaft ist eine tektonische Senke zwischen dem älteren Süd-Amerika im Osten und dem jüngeren im Westen.[4]) Westlich des Steilrandes liegt ein weites, von Schwemmstoffen der Flüsse erfülltes Gebiet mit zahlreichen großen Sümpfen.

Auf argentinischem Gebiet setzt sich die gewaltige Flußtalung in derselben charakteristischen Eigenart fort, nur daß Paraná und Paraguay ihre Fluten vereinigt, durch das wahrscheinlich tektonisch vorgezeichnete Tal schicken.[5])

An dem gewaltigen Stromland haben also ebenfalls Teil: Brasilien. Bolivien, Argentinien und Uruguay.

Durch die petrographisch-tektonische Gliederung Paraguays sollen Gebiete gesondert werden, bei denen hinsichtlich der Gesteinsmassen oder der tektonischen Vorgänge oder bezüglich beider Faktoren Einheitlichkeit vorwaltet. Der Vergleich von Figur 2 und 3 auf Tafel 3 wird eine weit gehende Übereinstimmung der orographischen mit der tektonischen Gliederung zeigen. So läßt sich folgende Gliederung Paraguays aufstellen:

1. Das Amambay-Plateau, die Fortsetzung des brasilianischen Tafellandes, ist überwiegend aus dickbankigem, rotem Sandstein aufgebaut. An den Rändern erscheint dunkles Eruptivgestein, meistens ziemlich stark zersetzter Melaphyr. Die denudierten Rücken zwischen Aquidaban, Ipane und Jejuy und die vorgelagerten Tafelberge und Bergzüge zeigen, daß der Steilrand einst weiter nach Westen reichte, wie heute noch in 25—26° Breite.

---

[1]) Sievers: S. 159.

[2]) ebenda S. 197.

[3]) ebenda S. 216.

[4]) ebenda S. 217.

[5]) ebenda S. 216.

Die orographischen und die petrographisch-tektonischen Unterabteilungen entsprechen einander:

Vorgelände mit Tafeln und Rücken — Sandstein
Steilrand — Sandstein und Eruptiva
Plateau — Sandstein
Ostrand — Sandstein und Eruptiva.

Im Gegensatz zu dem geologisch alten Osten Paraguays sind das wellige Flachland, die Flußtallandschaft des Paraguay und der Chaco —

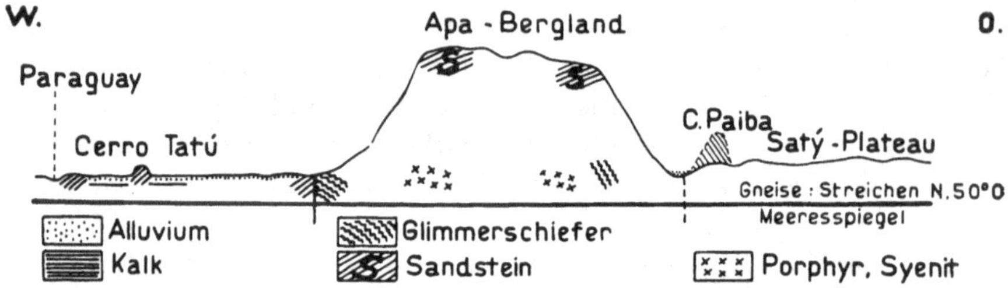

Fig. 1. Schematisches Profil durch das Apabergland.
(Nach Carnier, Mitt. d. Geogr. Ges. f. Thüringen, Bd. 29, 1911—13).

wie oben erwähnt — junge Bildungen. Im welligen Flachland treten dieselben Landschaften, die in orographischer Hinsicht eine besondere Stellung einnehmen, auch durch die Gesteinsbeschaffenheit und den Aufbau als solche hervor, denn dort ragt älteres Gestein aus der umgebenden Decke empor.

Im Norden Paraguays erhebt sich das aus Gneisen und Graniten wahrscheinlich archaischen Alters aufgebaute Saty-Plateau (vergl. Textfigur 1 und 2).

Das Apabergland besteht vornehmlich aus Glimmerschiefern, anscheinend vorkarbonischen Alters; ferner kommen Eruptiva wie Syenit und Porphyr vor.[1])

Westlich vom Apabergland erstreckt sich eine ebene Kalkregion, die sich im südlichen Teil als zusammenhängende Decke zum Paraguay zieht.[2]) Die ganze Kalkzone ist ein petrographisch einheitliches Gebiet.

Auch bei den Erhebungen im Süden Paraguays stimmt die tektonische Gliederung mit der orographischen überein. Die Sierra de Villa Rica ist aus zersetztem, aber festem Melaphyr aufgebaut, der roten

---

[1]) Carnier: Paraguay S. 5.
[2]) ebenda S. 12.

Sandstein überlagert. Beide Gesteine sind von zahlreichen Kluftlinien, zuweilen auch von Dislokationen, durchsetzt.

Auch das südparaguayische Bergland im engeren Sinne ruht auf einer Basis von mächtigem rotem Sandstein von wechselnder Ausbildung, der im ganzen überwiegt; das Eruptivgestein tritt dagegen mehr zurück, ausgenommen im südlichen Teil.[1]) Wie der Paraguayfluß in

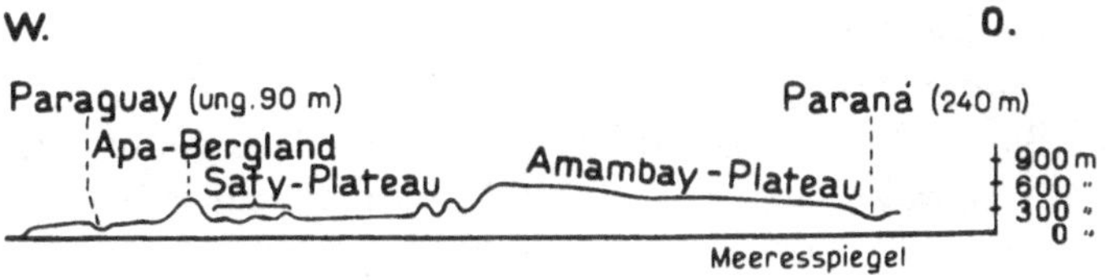

Fig. 2. Profil durch das nördliche Paraguay unter 22° 20′ S. Br. 50fach überhöht. Nach Carnier, Paraguay (Mitt. d. Geogr. Ges. f. Thüringen, Bd. 29, 1911—13).

orographischer Hinsicht die Grenze zwischen dem ebenen Chaco und dem flachwelligen östlichen Gelände bildet, so scheidet das Paraguaytal den fast ausschließlich aus einer sedimentären Decke bestehenden Chaco von dem östlich gelegenen Aufschüttungsgebiet, das stellenweise von älteren Gesteinsmassen durchbrochen wird. Die meistens niedrigen Ufer des Paraguay bestehen aus Sand, Geröll, Ton, Lehmmergelschichten; darunter befindet sich Sandstein.[2])

Wie das wellige Flachland Paraguays so ist auch der paraguayische Chaco ein Teil des großen Tieflandes zwischen dem brasilianischen Schollenland im Osten und den Cordilleren im Westen. Der Boden besteht hauptsächlich aus Ablagerungen der Tertiärformation, lehmigen und tonigen Schichten, die stark mit Sand vermischt und von angeschwemmtem Humus überlagert sind.[3]) Nur die obersten Schichten sind an den Steilhängen der Flüsse bekannt.

Zusammenfassend läßt sich folgende petrographisch-tektonische Gliederung feststellen:

I. Die mesozoische Amambay-Tafelscholle
mit eruptiven Durchbrüchen an den Rändern.

1. Sandstein-Tafelberge und -Rücken des abgesunkenen Vorgeländes der Scholle.
2. Sandstein-Melaphyr-Steilstufe am Steilhang der Scholle.

---

[1]) Carnier: Paraguay S. 41.
[2]) Vallentin: Paraguay S. 256.
[3]) ebenda S. 16.

3. Sandstein-Scholle.
4. Sandstein und Eruptiva im Osten am Paraná-Einbruch.

II. Das Aufschüttungsgebiet des welligen Flachlandes, aus dem ältere Gesteine auftauchen.
1. im Norden Paraguays:
   a) Saty-Plateau (Gneise und Granite)
   b) Apabergland (Glimmerschiefer)
   c) Kalkgebiet.
2. im Süden Paraguays:
   a) Sierra de Villa Rica, Eruptivgestein über Sandstein,
   b) südparaguayisches Bergland mit mächtiger Sandsteinbasis.

III. Die Flußtallandschaft des Paraguay.

IV. Das einheitliche Aufschüttungsgebiet des Chaco.

Der petrographisch-tektonischen Gliederung entspricht die bodenkundliche. Dieselben vier großen Gebiete sind zu erkennen.

1. Das Plateau des Ostens ist von rotem Boden, dem Verwitterungsprodukt der Sandsteinformation. bedeckt, und zwar findet sich überwiegend roter Lehmboden von oft großer Mächtigkeit. Nur im Norden des Plateaus und auf einigen inselartigen Flächen in der Mitte und im Süden zeigt der rote Boden eine mehr sandige Ausbildung.[1])

2. Das wellige Flachland ist auch in bodenkundlicher Hinsicht am mannigfaltigsten. Roter Boden in vorwiegend sandiger Ausbildung herrscht vor, besonders im östlichen Teil. Er ist sehr fruchtbar und enthält 65% Ton, 18,17% Eisenoxyd, 3% Kalk.[2]) Daneben nimmt schwarze Erde einen beträchtlichen Raum ein. Sie findet sich in breitem Streifen am Ost-Ufer des Paraguay und bildet den alluvialen Saum längs der Nebenflüsse. Die Verwitterungsböden der älteren Gebirge bringen Abwechslung in das bodenkundliche Bild. Im Norden zwischen Apabergland und Paraguayfluß liegt verwitterter Kalkboden zu Tage, im Satyplateau trifft man auf stark verwitterte dunkle Gneis- und Granitböden. Im Apabergland tritt vorwiegend Verwitterungsboden aus Glimmerschiefer, im südparaguayischen Bergland hauptsächlich solcher aus Eruptivgestein und Sandstein auf. Nähere Kennzeichnung fehlt.

3. Die Flußtalung des Paraguay mit ihrem breiten, von den oben erwähnten Alluvionen erfüllten Überschwemmungsgebiet weist nur an den oben erwähnten Stellen älteren Verwitterungsboden auf.

---

[1]) Jerrmann: Jpane S. 36.

[2]) v. Fischer-Treuenfeld, S. 9.

4. Am westlichen Ufer des Paraguay dehnt sich in unabsehbarer Weite ein einheitliches Gebiet fruchtbarer schwarzer Erde aus: der Chaco.[1])

4. Klimatische Gliederung. (Vergl. Figur 5 und 6 auf Tafel 3).

Die klimatischen Faktoren ergeben sich aus der Lage Paraguays an der Grenze des tropischen zum subtropischen Gürtel. Das Klima Zentral-Brasiliens ist wegen der Höhenlage kühler, die Temperaturschwankung beträchtlich.[2]) Der Unterschied im Regenfall zwischen den Monaten ist größer als in Paraguay. So hat in Cuyaba der regenreichste Monat 270 mm, der regenärmste 4 mm,[3]) in Asuncion 170 mm und 55 mm. Wie das Klima Paraguays — das weiter unten behandelt werden wird — so ist auch dasjenige Südbrasiliens ein Übergangsklima. Im ganzen ist das Klima Paranás tropisch, das von Santa Catherina subtropisch, dasjenige von Rio Grande do Sul halb gemäßigt. In Südbrasilien kommt schon gelegentlich Winterkälte und Reifbildung vor, sogar Schnee und Eis auf hochgelegenen Kamps.[4])

Das Klima des nordöstlichen Argentiniens ist durchaus subtropisch mit tropischem Einschlag im Norden und Annäherung an das Pampaklima im Süden.[5]) Das Klima des Chaco ist nicht mehr völlig tropisch wegen der niedrigen Wintertemperaturen.[6]) In Paraguay und in seinen Nachbarländern sind große Temperaturstürze häufig durch den von Südwesten hereinbrechenden Pampero, der meistens warme Winde

---

[1]) Carnier: Chaco S. 20 gibt folgendes Profil an nach einer 30 m tiefen Bohrung bei Puerto Sastre gegenüber der Apa-Mündung.

Bodenart.	Mächtigkeit.	Eigenschaft.
humose Erde	0,15—0,30 m	dunkelgrau, tonig
Lehm	1 m	weißlich-rötlich
Sand	4—5 m	gelb, fein
Ton	1 m	grau, löcherig, zuweilen mit Konkretionen, wasserhaltig (Salze),
Sand und Lehm gemischt	10 m	gelb
Kaolin	0,15 m	bläulich
Sand	10—15 m	rötlich, grob, kiesig.

bis 30 m harte Schicht, auch Tosca genannt, soll ebenfalls im Ipacaray-Tal gefunden sein.

[2]) Sievers: S. 163.

[3]) ebenda S. 164.

[4]) Sievers: S. 200 u. 201.

[5]) ebenda S. 235.

[6]) ebenda S. 240.

ablöst.[1]) Bei den Niederschlagsverhältnissen treten starke Unterschiede hervor, lediglich durch Bodengestalt und Richtung der Regenwinde bedingt.[2]) Der Chaco, Paraguay, Südbrasilien und das südliche Zentralbrasilien sind Gebiete mit Sommerregen.[3]) Klimatische Beobachtungen sind in Paraguay erst seit 1873 und zunächst von privater Seite angestellt worden. Es gibt erst wenige meteorologische Stationen im eigentlichen Paraguay, im Chaco nur im Randgebiet. Entsprechend der geringen geographischen Breite, der geringen Seehöhe und der kontinentalen Lage ist das Klima Paraguays heiß, trotzdem aber auch feucht.

Das Land ist ausgezeichnet durch hohe Sommerwärme, aber niedrige Wintertemperaturen. Die Isothermenkarte zeigt in den Sommermonaten 26½ und 28½° C an, in den Wintermonaten Temperatuten zwischen 16 und 21° C.[4]) Die westlichen Gegenden weisen etwas höhere Temperaturen auf, auch die Amplitude ist größer. Sievers gibt an:

	Januar	Juli
Asuncion	26,4°	17,6°
Estanzia Misionera	29,1°	19,1°

Die durchschnittliche Jahrestemperatur von Asuncion beträgt 22½° C. Zwischen Juni und August kommen gelegentlich Frosttage vor und gefährden die Kaffee- und Zuckerrohrplantagen. Im höher gelegenen Osten ist Eisbildung nicht selten. Die Maximaltemperaturen geben einen Maßstab für die Besiedlungsmöglichkeit des Landes durch Europäer. Asuncion hat mittlere Extreme von 40,2° und 2,4° C und absolute von 41,8° und —0,6° C. Da die hohen Tagestemperaturen mit kühlen Nachttemperaturen wechseln und die ewige Gleichmäßigkeit der feuchten Wärme, wie sie in den Tropen herrscht, fehlt, können sich Europäer leicht an das Klima gewöhnen. Nach Renggers Ansicht hängt die Temperatur viel mehr vom Wind wie von der Sonnenhöhe ab.[5])

Der Luftdruck ist im Winter, besonders im Juni und Juli am höchsten mit 755 mm, im Dezember und Januar am tiefsten, der jährliche Gang ziemlich regelmäßig; die tägliche Amplitude beträgt in Asuncion 2,5 mm.

---

[1]) Sievers: S. 231.

[2]) Lütgens: La Platasystem S. 362.

[3]) Sievers: S. 64.

[4]) Lütgens: Quebracho S. 8—9.

[5]) Rengger: S. 67.

Aus den Luftdruckverhältnissen erklärt sich die Luftbewegung. Der Süd-Ost-Passat wird im Südsommer im Innern des Kontinents und im Osten abgelenkt und tritt gewissermaßen als Monsun auf.[1]) Im Herbst wehen vom Hochdruckmittelpunkt bei Corrientes aus südliche und südöstliche Winde über das nach Süden offene Paraguay. Im Winter greift der Hochdruck vom atlantischen Ozean weit nach Westen in das Land hinein, die Winde strömen nach Norden ab. Ähnlich ist die Lage im Frühjahr. Daß kein Wind in irgendeiner Jahreszeit das Übergewicht erlangt, zeigt die prozentuale Verteilung: Südwest-Winde 26%, Südostwinde 9%, Nordostwinde 17%, Nordwinde 10%.[2]) Der Übergang der beiden Hauptluftbewegungen — nördlich und südlich zueinander — erfolgt sehr schnell und bewirkt große Sprünge der Temperatur und des Feuchtigkeitsgehaltes.

Ein charakteristischer Wind ist der in nördlicher Richtung wehende kalte Pampero. Dunkle Wolken künden ihn an. Er bricht plötzlich herein und löst meistens schwüle Nordwinde ab.[3]) Das Thermometer fällt gewöhnlich um 10° im Winter und Frühjahr, um 5° im Sommer und Herbst, aber auch 17° sind beobachtet worden. Infolge der Temperaturerniedrigung verdichtet sich die durch den Nordwind angesammelte Feuchtigkeit: schwere Regen stürzen nieder, nach denen kühle, trockene Südwinde herrschen.[4]) Der Pampero bringt oft auch Hagel. Das Barometer, während des Nordwindes gefallen, steigt bei den Südwinden um 5—6 mm. Die Beziehungen zwischen Luftdruck und Winden sind so innig, daß an manchen Tagen der barometrische Druck zeigt, aus welcher Richtung der Wind kommt.[5]) Zwei Tabellen zeigen die Wirkung des Windes, a) auf den barometrischen Druck; b) auf die Temperatur. (Die Werte gelten für das ganze Jahr und zeigen die Abweichung vom Mitteldruck entsprechend den acht Winden.)

Asuncion:

	Norden,	Nordost,	Osten,	Südost,	Süden,	Südwest,	Westen,	Nordwest
a)	—2,3;	—1,1;	+0,2;	+1,6;	+2,1;	+0,8;	—0,8;	—0,7 mm
b)	+2,0;	0,0;	—0,6;	—0,7;	—1,6;	—1,4;	0,0;	+2,0° C

Die relative Feuchtigkeit beträgt von Mai bis Juli 75—80%, von September bis Januar 70%. Die Davis-Skizze zeigt Höhe des Niederschlages und seine Verteilung über das Land. Die Menge nimmt von

1) Eckardt: Landbauzonen S. 419.
2) Classen: Passat u. Antipassat S. 83.
3) ebenda S. 85.
4) ebenda S. 86.
5) C. Fiebrig: Reseña Clima del año 1916. El Diario. Asuncion. 9. Jan. 1917.

Ostnordost nach Westsüdwest ab, von 1800 mm und mehr im nördlichen Paraguay auf 800 mm im Chaco. Die Tabelle Lütgens S. 13 zeigt den Betrag, um den die Regenmenge schwankt:

	Mittel	Max.	Min.
1892—1907 Asuncion	1373	1795	1050 mm
1896—1907 Estanzia Misionera	999	1275	827 ,,

Die Schwankung nimmt nach Süden zu. Ob und welche periodischen Schwankungen sich bei der Regenmenge kund tun, läßt sich noch nicht sagen, Der Regen ist meist von kurzer Dauer und geht, im Sommer fast immer von Gewitter begleitet, mit großer Heftigkeit nieder, so fielen im Jahre 1892 80 mm in einer Viertelstunde. In der Hauptstadt entstehen nach Gewitter oft Gießbäche. Die Zahl der heiteren Tage ist viel größer als bei uns.

Von größerer Bedeutung als die Regenmenge ist die Verteilung über das Jahr hin. In Paraguay fällt der Regen über das ganze Jahr verteilt, wenn auch 60% der Gesamtmenge in der heißen Zeit niedergehen.[1]) Nach Sievers beträgt der Niederschlag von Oktober bis April 77% der Jahresmenge.[2]) Nach Voß ist die Verteilung folgendermaßen: im Sommer fallen 33—50% des Niederschlags, im Herbst 25—30%, im Winter 20—25%, im Frühling 15%.[3]) Die Hauptregenzeit umfaßt die Monate Dezember bis März, der Januar ist am regenreichsten; am wenigsten Regen fällt vom Juli bis September, der August ist am trockensten. Folgende Tabelle ist dem Werke von Davis entnommen:[4])

	Jan.	Febr.	März	April	Mai	Juni
Asuncion	170	146	132	130	102	65 mm
Estanzia Misionera	116	80	84	117	53	56 ,,
	Juli	Aug.	Sept.	Okt.	Nov.	Dez.
Asuncion	55	48	78	137	156	154 mm
Estanzia Misionera	45	21	57	107	122	144 ,,

Der Regenfall zeigt von allen klimatischen Faktoren die größte Verschiedenheit im Betrag von Jahr zu Jahr und in der jährlichen Verteilung, doch ist seit 25 Jahren kein Monat regenlos gewesen.

1877	Januar	39 mm	Februar	33 mm
1878	,,	386 ,,	,,	610 ,, [5])

---

[1]) Endlich: S. 197.
[2]) Sievers: S. 224.
[3]) Niederschlag von Südamerika. Pet. M. Erg. H. 157. 1907.
[4]) Davis: S. 33.
[5]) v. Fischer-Treuenfeld: Paraguay 1916, S. 14.

Der Sommerregen reicht bis 27 ½° südlicher Breite. Die sommerliche Regenzeit hat das Anschwellen der Flüsse im Gefolge. Die Entstehung von Sumpfgebieten beeinträchtigt die Pflanzungen und hindert den Verkehr.[1]) Von ausschlaggebender wirtschaftlicher Bedeutung ist der Umstand, daß das eigentliche Paraguay auch Winterregen erhält, besonders Steigungsregen im östlichen Teil, den es dem Südost-Passat verdankt. Schon kleine Erhebungen bedingen einen Unterschied von 50% zwischen Luv- und Leeseite.[2]) Im Chaco treten Regen- und Trockenzeiten schärfer hervor, letztere dauert fünf Monate, von Mai bis September. In dieser Zeit stirbt alles pflanzliche Leben ab. Da während der sommerlichen Regenzeit der steinharte Boden die plötzlich hereinbrechende Regenmenge nicht aufnehmen kann und in geringer Tiefe häufig eine undurchlässige Schicht auftritt, entstehen große Überschwemmungen.[3]) Charakteristisch für den Chaco ist der Umstand, daß der Zeitpunkt für den Beginn der Regenzeit und Trockenzeit im Laufe der Jahre wechselt.

So ergibt sich, daß Paraguay in klimatischer Hinsicht ein Übergangsgebiet mit hohen Sommer- und niedrigen Wintertemperaturen ist.[4]) Ein Vorzug des Klimas besteht darin, daß kühle Perioden auch während der Sommermonate auftreten.[5]) Ein Übergangstypus zeigt sich auch bei den Niederschlagsverhältnissen: im Sommer empfängt das Land Zenital- und Monsunregen während einer ausgeprägten Regenzeit. Da während der übrigen Zeit des Jahres östlich vom Fluß der Südost-Passat Niederschläge bringt, so gibt es dort keine unproduktive Jahreszeit wie im Chaco zur Trockenzeit. Sc ist Ost-Paraguay in klimatischer Hinsicht als tropisch-subtropisches Übergangsgebiet anzusehen mit annähernden Jahresregen, der Chaco als solches mit mäßiger Trockenzeit.

Die Gliederung — vornehmlich nach Temperatur und Niederschlag — läßt erkennen: 1. ein westliches Gebiet, den Chaco mit mehr kontinentalem Klima, im Sommer mit höheren, im Winter mit niedrigeren Temperaturen und größerer Schwankung als der Osten. Es fällt weniger Niederschlag und mit ungünstigerer Verteilung, daher die ausgeprägte Trockenzeit von Mai bis September.

2. Das östliche Gebiet hat eine geringere Wärmeamplitude, höheren

---

[1]) Carnier: Verkehr, S. 3.

[2]) Henning: Landbauzonen, S. 316.

[3]) Fontana: Temperatura y clima del Chaco, S. 77—80.

[4]) Lütgens: Quebracho, S. 8 u. 9.

[5]) Mangels: Paraguay, S. 20 u. S. 108.

Niederschlag — z. T. Steigungsregen — der auch besser verteilt fällt, und keine Trockenzeit.

Also steht ein westliches niederschlagsärmeres, heißeres Gebiet einem östlichen, niederschlagsreicheren, kühleren gegenüber. Vermehrung der Stationen würde wohl die Aufstellung von orographisch-klimatischen Landschaften ermöglichen; vorläufig muß darauf verzichtet werden.

Das Klima Paraguays ist im ganzen sehr gesund, auch für Europäer. Malaria fehlt trotz der Sümpfe fast gänzlich — eine bemerkenswerte Erscheinung.[1])

5. Hydrographische Gliederung. (Vergl. Figur 7 auf Tafel 3).

Das gewaltige Stromsystem des Paraguay-Paraná greift weit ins Innere Brasiliens ein. Die Quellflüsse des Paraguay fließen meist in westlicher und südwestlicher Richtung ab und schneiden sich in den Rand des Plateaus ein. Ihre zuerst schmalen Täler werden flußabwärts nach Süden zu durch stärkere Erosion breiter; die Flüsse bilden beim Eintritt in die Ebene Sümpfe und überschwemmen das flache Land.[2]) Der Paraná — im Gegensatz zum Paraguay ein echter Hochlandsfluß — erhält wasserreiche Zuflüsse. Den Oberlauf des Paraná rechnet man bis zum Salto Guaira. Von dort ab bildet der Fluß die Grenze gegen Paraguay.[3]) Nachdem er in Corrientes die letzten Ausläufer der brasilianischen Masse — es sind Sandsteine — zerschnitten hat, wird er zum Tieflandsstrom.[4])

Noch zum Becken des Paraná gehörig ist auch der Uruguay, in seinem Oberlauf ein Tafellandsstrom. Im nordöstlichen Argentinien machen die zahlreichen Flüsse und Wasserläufe das Land zum Marschland mit Lagunen und Sümpfen.[5]) Entsprechend den Niederschlagsverhältnissen ist Paraguay gut mit Wasser versorgt, hat reichlich Quellen und im Osten eine große Flußdichte. Wie für die Regenverteilung so ergibt sich auch für die hydrographische Gliederung eine Zweiteilung des Landes in eine West- und eine Osthälfte.

Im Ostteil ergeben sich Unterabteilungen in den Stromgebieten des Paraguay und Paraná, die das ganze reiche Flußsystem des Landes beherrschen.

---

[1]) Vallentin: Paraguay, S. 20.

[2]) Sievers: S. 199

[3]) ebenda S. 161.

[4]) Sievers: S. 219.

[5]) ebenda S. 221.

Das Flußgebiet des Paraná umfaßt den niederschlagsreichsten Teil des Landes. Die günstige Verteilung des Regens äußert sich in der Wasserführung. Der Paraná durchschneidet an der Grenze von Paraguay in mächtigem Fall, dem Salto Guaira, hartes Melaphyrgestein und wirbelt in auf 70 m eingeengtem Bett zwischen bis 20 m hohen Ufern als wasserreicher und trotz mancher Schnellen schiffbarer Strom dahin.[1]) Alljährlich setzt das Hochwasser, das seinen Stand um mehr als 30 m schwanken läßt, die Bambusbestände des Ufers weithin unter Wasser und dringt bis zum Uferwaldsaum vor.[2]) Es entstehen hängende Seitenflüsse: Die Nebenflüsse haben Schnellen und vor der Einmündung Wasserfälle. Carnier glaubt, daß der Paranáfall aufwärts gewandert ist und daher die Nebenflüsse gezwungen hat, mit einem Fall zu münden.[3]) „Das ungleiche Verhältnis im Rückschreiten der Fälle vom Hauptfluß und Nebenfluß mag z. T. darin seine Erklärung finden, daß der Paraná in Zeiten des hohen Wasserstandes die Seitenwässer an ihrer Mündung aufstaut, sie an der stärkeren Entfaltung ihrer Erosionskraft hindert, während er selbst mit den gewaltigen Wassermassen um so stärker zu arbeiten imstande ist."[4])

Die Hochwasserverhältnisse im Paraná und Paraguay sind verschieden. Während der Wasserstand des Paraná wohl regelmäßigen Schwankungen unterworfen ist — denn er entwässert Gebiete mit periodischen Regenzeiten — wechselt der Stand des Paraguay, der Lebensader des Landes, höchst unregelmäßig. 1909 hatte der Fluß seinen höchsten Stand im Januar und Mai, 1908 um dieselbe Zeit den tiefsten.[5]) Nach Aufhören der Regenzeit gibt es noch eine sekundäre Schwankung im Paraguay, weil nach Davis' und Delachaux' Ansicht das Hochwasser aus dem oberen Amazonasgebiete in das des Paraguay eindringt, da beide Gebiete hydrographisch in einander übergehen. Die Zunahme der Flutwelle im Paraguay beginnt schneller als im Paraná, weil er keine Stromschnellen hat, und dauert länger, weil der Paraná den Paraguay an seiner Einmündung staut. Dadurch kommt im Hochsommer (Februar) manchmal eine etwas stärkere Anschwellung im Paraguay zu stande, und der Paraguay kann erst nach dem Paraná fallen.[6]) Da bei Hochwasser des Paraguay das niedrige rechte

---

1) Decoud: Geografia de la Republica del Paraguay, S. 25.
2) Carnier: Paraguay, S. 33.
3) ebenda S. 32.
4) Carnier: Paraguay, S. 33.
5) Handbuch der Ostküste Südamerikas. 2. Bd. 1913. S. 185.
6) Burmeister: S. 401.

Ufer weithin überschwemmt wird, liegen die Ortschaften am hohen linken, dessen sumpfiges Vorland auch überflutet wird. Bei Asuncion ist das Bett des Paraguay 600—800 m, zuweilen über 1000 m breit.[1]) Es liegt in 98 m Meereshöhe; die Tiefe beträgt nie unter 2 m. 25 km ist die normale Breite des Überschwemmungssaumes.[2]) Die zahlreichen Nebenflüsse des Paraguay wie Apa, Aquidaban, Ipane, Jejuy, Tebicuary haben infolge des größeren Gefälles zu der im Vergleich zum Paraná etwa 100 m tiefer gelegenen Erosionsbasis nicht nur Zurückverlegung des Plateaurückens bewirkt, sondern wegen dieser günstigen Erosionsbedingungen wahrscheinlich auch das System des Paraná angeschnitten.[3]) Da die Betten der großen Nebenflüsse des Paraguay schon nahe ihrer Quelle nur einige Meter über dem Paraguay liegen, ist ihr Bett weiter abwärts wegen geringen Gefälles und starker Schlammzufuhr nicht tief, und es hat oft Sandboden.[4]) Daher gibt es Überschwemmungen zur Regenzeit und nach jedem Regenguß. Der schwarze Boden wie auch der rote und weiße Sandboden sind angeschwemmt.[5]) Nach Regengüssen können kleine Bäche zu gewaltigen Strömen anschwellen und die Reisenden zu tagelangem Warten nötigen; so berichtet Jerrmann, daß der Ipane wegen starker Regenfälle im Gebirge in drei Stunden um 1 ½ m gestiegen war.[6]) Ein einziger Regenguß kann Überschwemmungen hervorrufen. Die Betten der beiden großen Ströme sind schnellen Veränderungen ausgesetzt. Alle paar Tage werden Sandbänke aufgebaut, Inseln verändert, Stücke des Ufers abgerissen und die Schwemmassen anderswo angesetzt.[7]) Der Paraguay hat unendlich viele Verästelungen.[8]) Das Wasser des Paraná ist viel klarer als das des Paraguay, der viel Schlamm führt; aus dem Mudd aufragende Baumstämme gefährden die Schiffahrt.

Über das ganze Gebiet des Paraguay-Paraná zerstreut finden sich zahllose Sümpfe und Lagunen, von denen die riesigen Sümpfe des Südwestens wohl als Reste der ehemaligen Wasserbedeckung anzusehen sind. Die Sümpfe auf dem Plateau kommen nach Carnier nur im Gebiet der Grasflur vor, so bei Palomares und Campo Niuguassu.[9])

[1]) Sievers: S. 218.
[2]) Lütgens: Quebracho, S. 22.
[3]) Carnier: Paraguay, S. 31.
[4]) Sievers: S. 223.
[5]) Classen: Passat u. Antipassat, S. 67.
[6]) Jerrmann: Jpane, S. 40.
[7]) Rengger: S. 484.
[8]) Koebel: S. 326.
[9]) Carnier: Paraguay, S. 48.

Im Südwesten ist das Land so eben, daß manche Sümpfe nach mehreren Seiten entwässert werden, so Neembucu zum Paraguay und Paraná und die Lagune Ipoa zum Tebicuary und zum Paraguay. Diese Lagune bildet eine Zwischenstufe zwischen Sumpf und See, ihre Größe wechselt mit den Jahreszeiten. Sie ist also gewissermaßen ein Hochwassersee. Die Tiefe der im Norden, Süden und Westen von einem weiten Sumpfgebiet umgebenen Lagune beträgt aber nur 1—2 m.[1]) Von den Seen ist der Ipacaraysee am bedeutendsten.

Im ganzen östlichen Paraguay kommt es in den Überschwemmungsgebieten nach Verdunstung des Wassers zu Salzausblühungen.[2]) Die Abflüsse einiger Lagunen sind in der Zeit nach der Verdunstung schwach salzig, so auch der Salado aus dem Ipacaraysee.[3]) In den gebirgigen Gegenden kommt die Salzabscheidung naturgemäß in den Tälern vor.

Die Flüsse des Chaco spiegeln getreulich die schwache Südost-Abdachung des Bodens in ihrem trägen, leicht veränderlichen Lauf wieder. Zur Trockenzeit versiegen alle bis auf den Pilcomayo und Bermejo, nur in den tiefsten Stellen der Flußbetten und Lagunen halten sich einige Wasserlachen. Zur Regenzeit dagegen dehnt sich im östlichen Chaco eine weite Überschwemmungsfläche aus; das Hochwasser des Paraguay staut die Chacoflüsse. Da auch ohne Regenzeit und Regenfall Überschwemmungen eintreten, ist anzunehmen, daß Wasserspeicher im Innern des Chaco vorhanden sind, und zwar in Gestalt von Sümpfen, die vielfach mit dem Pilcomayo in Verbindung stehen. Wegen mangelnder Kenntnis kann im Chaco noch nicht zwischen Seen- und Überschwemmungsgebiet unterschieden werden. Bis auf den Pilcomayo und Bermejo versiegen die aus den Anden kommenden Flüsse in der Ebene.[4]) Sie bringen aber eine Unmasse von Schutt mit. Der größte Nebenfluß des Paraguay, der aus dem Chaco kommt, ist der Pilcomayo, in dessen Mittellauf ein großes Sumpfgebiet ausgebildet ist.

Salzausblühungen, wie wir sie im Osten des Landes trafen, kommen im Chaco in verstärktem Maße vor. Schon nahe der Oberfläche trifft man auf salziges Grundwasser, dessen Salzgehalt nach unten zunimmt.

Als hydrographische Gliederung ergibt sich:

1. Eine östliche reich bewässerte Landeshälfte — Plateau und

---

[1]) Carnier: Paraguay, S. 48.

[2]) Rengger: S. 34.

[3]) ebenda, S. 33.

[4]) Sievers: S. 238.

welliges Flachland — mit dauernd fließenden, zeitweilig überschwemmenden Flüssen, vielen Sümpfen und Lagunen.

2. Die Flußlandschaft des Paraguay in der Mitte des Landes mit einem ausgedehnten Sumpf- und Überschwemmungsgebiet. mit Dauersümpfen, Regenzeitsümpfen und Wasserscheidensümpfen.

3. Eine westliche Hälfte, der paraguayische Chaco, mit zahlreichen kleinen Flüssen und nicht immer unterscheidbaren Sumpf- und Lagunengebieten. Zur Trockenzeit versiegt fast alles Wasser, zur Regenzeit entstehen weite Seen. In geringer Tiefe trifft man auf salziges Grundwasser.

So zeigen entsprechend den klimatischen auch die hydrographischen Verhältnisse im Chaco einen mehr extremen Charakter.

6. Pflanzengeographische Gliederung (vergl. Figur 8 auf Tafel 3).

Das Pflanzenkleid zeigt deutlich die Abnahme des Regenfalls von Nordosten nach Südwesten.[1]) In Zentral-Brasilien durchdringen sich je nach der Regenmenge und dem Wasserreichtum: Grasflur, Trockenwald und feuchter Regenwald. Bei größerer Trockenheit kommen die Wälder als Galeriewälder, immergrüne Wälder und vereinzelte Waldinseln vor. Bei geringeren Niederschlägen werfen die Wälder in der Trockenzeit ihr Laub ab und werden dann Trockenwälder, besonders nach dem Innern Brasiliens zu. Dort heißen sie Caatinga.[2])

Die Vegetation Südbrasiliens weist im Innern und im Norden tropische Formen auf, im Süden dagegen erscheinen subtropische. Auch hier treten wie in Zentralbrasilien die verschiedenartigsten Übergangsformen vom Wald zur Grasflur auf.[3])

Das nordöstliche Argentinien hat vorwiegend subtropischen Pflanzenwuchs.

Der Chaco vom Rio Mamoré im Norden bis zum Saladillo im Süden ist ein weites Parkland mit wechselnden Gehölz- und Grassteppenflächen, mit Schilfdickicht und zahlreichen Beständen der Wachspalme; im Süden geht er in die Pampa und Chañarsteppe über.[4]) In den Chacowäldern kommen ungefähr dieselben Bäume vor wie in Paraguay östlich des Flusses.

Im Süden und Südosten Boliviens dehnen sich große grasreiche

[1]) Sievers: S. 66.
[2]) Sievers: S. 66.
[3]) ebenda S. 203.
[4]) ebenda S. 68.

Ebenen aus. Das Weideland erstreckt sich nach Osten, bis es sich allmählich in Waldland verwandelt, das bis an den Paraguay reicht.[1])

Im Osten des gekennzeichneten Gebietes treten im ganzen die Gegensätze der Vegetation und des Klimas nicht so scharf hervor wie im Westen.

In Paraguay ist das Pflanzenkleid ein getreues Abbild des Klimas und des Bodens und zeigt besonders deutlich den engen Zusammenhang mit den Regenverhältnissen. Bei Einreihung Paraguays in die klimatischen Pflanzenvereinsgürtel gelangen wir zu unserer alten Vierteilung des Landes. Paraguay als Ganzes gehört zum Landschaftsgürtel der tropischen Steppen- und Trockenwaldländer, jedoch tritt

1. im Osten, im Bergland, wegen des reichlichen, gut verteilten Niederschlags tropisch-subtropischer Regenwald auf. Die Westgrenze der vorherrschenden Waldbedeckung ist im Anschluß an Toeppen gezogen worden, der das Land durchritten hat.[2]) Der Wald ist ein Ausläufer der brasilianischen Wälder. Der Yerbastrauch, Ilex paraguayensis, ist für den Osten und Norden Paraguays charakteristisch. Innerhalb des großen subtropischen Regenwaldes kommen an edaphisch bedingten Ortsvereinen vor: a) Trockenhochwald auf mehr sandigem Boden; er bildet den Übergang zu b) inselartigen Grasfluren; c) vereinzelt Buschwald auf dem Plateau; d) Sumpfvegetation im Überschwemmungsbereich der Flüsse und in Plateausümpfen.[3])

2. Im welligen Flachland ist das Steppen- und Trockenwaldland vornehmlich als Galeriewaldsteppe ausgebildet. Die Grasflur ist in erster Linie durch sandigen Boden bedingt. Das eintönigeLandschaftsbild wird durch den nassen Ortsverein der Galeriewälder längs der Flüsse und durch den trockenen des Trockenhochwaldes auf Bergrücken belebt, der auch gelegentlich Waldinseln inmitten der Grasflur bildet.[4]) Jedoch steht dieser lichte Wald im Gegensatz zu den dichten Wäldern des Ostens. In den Kamps beherrschen Gräser und Stauden das Vegetationsbild. Je weiter man nach Süden kommt, desto mehr nimmt das Grasland zu. Im felsigen Vorgelände des Plateaus im Nordosten und auf den Gipfeln der Berge ist Buschwald ausgebildet, der ebenfalls im Granit- und Gneisgebiet des Westens edaphisch bedingt ist. Der wenig verwitterte Kalkboden in derselben Gegend zeigt dagegen nur Gras- oder Strauchvegetation. Im Süden des Landes tritt — edaphisch bedingt — Trockenwald auf.

---

[1]) P. Walle: Bolivia, S. 71.

[2]) Toeppen: 100 Tage in Paraguay.

[3]) Chodat: Géographie Botanique du Paraguay, S. 528.

[4]) Carnier: Paraguay, S. 17.

3. Die Flußtalung des Paraguay ist vorwiegend von Sumpfwald und Grassümpfen erfüllt. In den Sumpfgebieten hat sich vornehmlich die Fächerpalme angesiedelt. Edaphisch bedingt ist die Salzvegetation im Überschwemmungsgebiet, die Sandvegetation auf den Uferwällen der Flüsse wie Cassia alata, verschiedene Grasarten, Gebüsche von Salix repens und die Strauchvegetation auf Kalkboden.

4. Der Chaco trägt auch in pflanzengeographischer Hinsicht ein eigenartiges Gepräge. Er hat mit seinem Wechsel von Wald und Grasflur einen ausgesprochen parkartigen Charakter. Der Quebrachobaum ist ein typischer Vertreter der Chacofarmation. Für das Überschwemmungsgebiet ist Sumpfvegetation und Salzvegetation charakteristisch.

Paraguay ist auch in botanischer Hinsicht ein Übergangsgebiet. Die verbreitetsten Pflanzen und Pflanzengemeinschaften kommen auch in den Nachbarländern vor. Die Kamps ähneln denen Südbrasiliens, der Buschwald ist eine Fortsetzung der brasilianischen Caatingas. Andererseits sind zahlreiche argentinische Elemente im Chaco vorhanden.

Zusammenfassend gelangen wir zu folgender Gliederung (vergl. Figur 8 auf Tafel 3):

I. Im Osten: tropisch-subtropischer Regenwald, klimatisch und orographisch bedingt:
   Ortsvereine: (edaphisch)
   a) Trockenwald
   b) Grasflur
   c) Buschwald
   d) Sumpfvegetation.

II. Galeriewaldsteppe im welligen Flachland.
   Ortsvereine:
   1. nasse:
      a) Galeriewälder
      b) Überschwemmungsgrasflur
   2. trockene: Trockenwald (ursprünglicher Klimaverein)
   3. edaphische:
      a) Buschwald im Vorgelände und kristallinen Gebiet
      b) Strauch- und Grasvegetation im wenig verwitterten Kalkgebiet
      c) Sumpfvegetation
         α) Sumpfwald
         β) Grassumpf

III. Die Paraguayflußtallandschaft:
Ortsvereine:
1. nasse:
a) Galeriewälder
b) Überschwemmungsgrasflur
α) ohne Palmen
β) mit Palmen
2. edaphische:
a) Sumpfvegetation
α) Sumpfwald
β) Grassumpf
b) Salzvegetation (salzliebende Sträucher und Bäume)
c) Sandvegetation (Grassteppe, Buschwald)
d) Strauchvegetation auf Kalkboden
IV. Die Parklandschaft des Chaco:
Ortsvereine:
1. nasser: Uferwaldungen
2. trockener: Buschwald
3. edaphisch:
a) Sumpfvegetation
α) Sumpfwald
β) Grassumpf
b) Salzvegetation.

7. Gliederung nach Ausgestaltung der Oberfläche

(vergl. Figur 9 auf Tafel 3).

Die Kräfte der Verwitterung, Zerschneidung und Aufschüttung haben mannigfaltige Veränderungen der Oberfläche hervorgerufen. So sind in Zentralbrasilien durch Zerschneidung einzelne große Tafeln entstanden. Im Sandsteingebiet Südbrasiliens sind Pilze und tischförmige Gebilde häufig, im Gebiet der Mandelsteindecke dagegen Melaphyrsäulen.[1])

Stellenweise sind tiefe Regenschluchten mit Erdpyramiden und anderen seltsamen Formen herausgearbeitet. Auch in dem Gebiet westlich des Steilrandes sind die ausgestaltenden Kräfte stark tätig.

In Paraguay lassen sich folgende Gebiete unterscheiden, in denen

---

[1]) Sievers: S. 197.

die abtragenden und aufschüttenden Kräfte von ähnlichem Charakter und ähnlicher Stärke sind:

1. Das nach Osten geneigte Amambay-Plateau ist ein Gebiet mäßiger Abtragung, die nach Osten mit dem Gefälle zunimmt. Die Zerschneidung durch fließendes Wasser steht im Vordergrund. Auf der Ostseite des Plateaus ist die Zerschneidung, verglichen mit der am Westhang, mäßig zu nennen. Dies ist auf die 100 m höher gelegene Erosionsbasis im Osten und auf die steile Böschung im Westen zurückzuführen.

2. Ein Gebiet starker Abtragung und Schuttausfuhr ist erstens der Steilrand des Amambay-Plateaus. Die Flüsse arbeiten eifrig an seiner Rückverlegung und an der Herausbildung von Vorbergen. Sie greifen auch den Oberlauf der Paranázuflüsse an. Zweitens ist das Vorgelände des Plateaus stark zerschnitten. Gebiete schneller Abtragung sind ferner die aus dem welligen Flachland hervorragenden Bergländer, so im Norden Paraguays: das Saty-Plateau, das Apabergland und die Kalkzone, im Süden: die Sierra de Villa Rica und das südparaguayische Bergland im engeren Sinne.

3. Ein Gebiet mäßiger Abtragung und beträchtlicher, nach Westen zunehmender Ablagerung ist der Westen und Südwesten des welligen Flachlandes von den Punkten an, wo in den verschiedenen Flußtälern die Ablagerung die Abtragung überwiegt. In flachen Senken entstehen Salzsümpfe.

4. Gebiete der Schuttumlagerung und Schuttanhäufung sind a) die Paraguayflußtalung und b) der Chaco. Zur Überschwemmungszeit entstehen durch Aufstau des angeschwollenen Paraguay beträchtliche Ablagerungen. Auch sonst verändert der unruhige Strom Lauf und Uferstrecken häufig. Im Chaco erhöhen die meistens in Sumpfgebieten endenden Chacoflüsse allmählich durch Ablagerungen den Boden.

5. Die Sumpfgebiete. Über das ganze Land verstreut — vornehmlich in der Flußtallandschaft des Paraguay und im Chaco — finden sich Sumpfgebiete. Sie sind wegen der Anhäufung von organischen und anorganischen Sedimenten gesondert zu betrachten.

8. Vorzeitformen.

In den eben besprochenen Gebieten sind nicht nur die gegenwärtigen Kräfte tätig, sondern auch Spuren von Kräften vorhanden, die in der jüngsten geologischen Vergangenheit gewirkt haben.

Zu den Vorzeitformen, an deren Aufbau die heutigen Kräfte nicht mehr weiterarbeiten, sondern die sie nur umgestalten, gehören;

1. schmale Kalkterrassen, 15—20 m über dem Niveau des Paraguay, wohl durch Seebrandung entstanden. Bei Postillon liegt unter 3 m mächtigen, kalkig-tonigen, ganz jungen Schichten eine rötliche Masse, kalkiger Ton, der in ruhigem Wasser entstanden sein muß.[1]) Auch ausgedehnte gleichmäßige Ebenen zwischen Kalkpartien sprechen für junge Wasserbedeckung.

2. Vorzeitformen sind am Lauf des Aquidaban innerhalb des Berglandes zu erkennen, wo er in 6—8 m hohe lehmig-tonige Schichten einschneidet. Auch im Unterlauf schneidet sich der Aquidaban einige Meter in lehmig-sandige Ablagerungen ein und scheint in einer Lagune sein Ende gefunden zu haben. Auch der Ipane fließt bei Belen in eigenen Sedimenten, die schon zu weichem Sandstein geworden sind. Also war wohl bei beiden die Erosion im Unterlauf eine Zeitlang zum Stillstand gekommen.[2])

3. Vorzeitformen sind die Quarzgerölle bei Estrella im Norden, die aus einer Zeit des Niveauausgleichs stammen. Die eigroßen Quarzgerölle bilden in kleinen Hügeln die höchsten Partien des Plateaus. müssen einst an der Mündung eines starken Gewässers abgelagert worden sein und stammen wohl aus dem Gebiet der Gneisgranite und kristallinen Schiefer.[3])

4. Um die Sierra de Villa Rica herum erstreckt sich eine Ebene mit graubraunem, kalkig-tonigem Boden; im Nordwesten findet sich im Vorland mehr gröberes Material, Gerölle feiner und grober Natur, dagegen im Westen feinere Ablagerungen. Diese tonigen Ablagerngen mit Kalkkonkretionen stammen aus einem stehenden Gewässer, das wohl einst das Gebirge umgeben hat. (Seelöß ?)[4])

5. Kalkkonkrationen (Tosca) sollen nach Azara unter sandigen und tonigen Gebilden des Ipacaraytales liegen. Carnier stellte bei Aregua ungefähr 15 m über dem Spiegel des Ipacaray-Sees junge, weiche, tonige Ablagerungen fest, die aus ruhigem Wasser stammen. Danach muß das beckenartige Tal schon früher vorhanden gewesen sein, ehe der Paraguay und seine Nebenflüsse sich eingruben.[5]) Das Tal des Ipacaray-Sees ist viel zu breit für den Pirayu. Wie im Ipacaray-Tal so befinden sich auch im Paraguaribecken Ablagerungen eines stehen-

---

[1]) Carnier: Paraguay, S. 16 u. 17.
[2]) ebenda S. 29.
[3]) Carnier: Paraguay, S. 27.
[4]) ebenda S. 35.
[5]) ebenda S. 46 u. 47.

den Gewässers; das ganze südliche Paraguay war wohl einst von einer großen Wasserfläche bedeckt.[1])

6. Als Vorzeitformen sind auch die gleichmäßigen Rücken aufzufassen, die beim Zurückweichen des Wassers aus der Oberfläche herauserodiert wurden und ihr den welligen Charakter verleihen.[2]) Von diesen Rücken sind aber wohl die vorhin erwähnten zu unterscheiden, die im Osten des Landes die Flüsse noch heutzutage aus dem Untergrund herausarbeiten.

Abgesehen von den Quarzgeröllen gehen alle Vorzeitformen auf einstmalige Wasserbedeckung zurück.

Auf dem Plateau nordöstlich von Palomares tritt uns noch eine Vorzeitform entgegen: ein leichter Höhenzug, ungefähr 50 m hoch, der Rest einer denudierten und erodierten Decke.[3])

Die Landschaften Paraguays.

I. Landschaftstypen in Paraguay
(vergl. Figur 10 und 11 auf Tafel 3).

Ehe der Versuch gemacht wird, die einzelnen natürlichen Landschaften Paraguays herauszuschälen, seien die Landschaftstypen zusammengestellt. Wie wir gesehen haben, gehört Paraguay zum Landschaftsgürtel der tropischen Steppen- und Trockenwaldländer, jedoch ist im Osten überwiegend Hochwald ausgebildet. In Anlehnung an das Muster in Passarges Vergleichender Landschaftskunde, Heft IV, „Der heiße Gürtel", seien folgende Landschaftstypen festgestellt, die nach Regen- und nassen Landschaften zusammengefaßt werden.

A. **Regenlandschaften** (vergl. Fig. 10 auf Tafel 3).

1. Im Osten des Landes im Bereich der Tafelsohle tritt ein Regenwald-Sandstein-Bergland auf, oft von tropischer Üppigkeit, entsprechend dem reichlichen Niederschlag. Anstehendes Gestein ist selten auf dem Plateau zu finden, nur häufig in den tiefen Einschnitten

---

[1]) Carnier: Paraguay, S. 48.
[2]) ebenda S. 48.
[3]) ebenda S. 22.

der Gewässer.[1]) Die sandige Beschaffenheit des Verwitterungsproduktes, das aus dem roten Sandstein entsteht, bewirkt das Auftreten besonderer Landschaftstypen, die aber innerhalb des großen Regenwaldes von untergeordneter Bedeutung sind. Das sind im Norden des Plateaus und an zwei Stellen weiter südlich die Landschaftstypen des Trockenwaldes, des Buschwaldes und der Grasflur.

2. Als Übergangslandschaft vom Flachland zum Bergland tritt uns das VorgeländedesAmambay-Plateaus entgegen, ein stark welliges Gelände mit Niveauunterschieden von 30 bis 40 m.[2]) Dort breitet sich auf Felsgestein und groben Geröllen dichter Buschwald mit stacheligem Unterholz aus. Im Norden dieser Übergangslandschaft liegt eine Trockenwald-Sandstein-Tafelberglandschaft. Durch dieses Gebiet, wo sich die Sandsteinscholle in einzelne bewaldete Ketten, Rücken, Tafelberge auflöst, gelangen wir

3. in die weite Aufschüttungsebene des welligen Flachlandes vom Typ des Feuchtsteppenflachlandes, dem die von immergrünem Wald umsäumten Flußläufe und die mit Trockenwald bedeckten gerundeten Rücken ein eigentümliches Gepräge geben. In diesem Galeriewaldsteppenflachland macht sich folgender Einfluß des Gesteins geltend: Im kristallinen Gebiet des Nordwestens ist im Bereich des Saty-Plateaus Buschwaldtafelland ausgebildet, am Rio Apa ein Steppenbuschwaldbergland, zwischen unterem Rio Apa und Paraguay ein Strauch- und Grassteppen-Kalkflachland. Im Süden Paraguays bilden die Sierra de Villa Rica und das südparaguayische Bergland Trockenwaldberglandschaften; Grasflur tritt dort im südlichen Teil, durch Porphyr bedingt, auf. Innerhalb des südparaguayischen Berglandes ließen sich noch kleinere Landschaften aussondern, so mehrere Grasbeckenlandschaften wie Paraguari u. a.

4. Die Paraguayflußtallandschaft, die zu den nassen Landschaften gehört, trennt die östliche Galeriewaldsteppe von der westlichen, dem Chaco.

5. Galeriewaldsteppe in Ausbildung einer Parklandschaft zeigt die Aufschüttungsebene des Chaco. Der ununterbrochene Wechsel von Grasflur und Trockenwald wirkt in seiner Einförmigkeit ermüdend Im Nordwesten findet vielleicht Übergang in Trockensteppe statt; das Gebiet ist noch nicht genügend erforscht.

---

[1]) Carnier: Paraguay, S. 23.

[2]) ebenda S. 18.

B. Nasse Landschaften (vergl. Figur 11 auf Tafel 3).

α) Wald-, β) Graslandschaften.

α) Nasse Landschaften im Hochwaldortsverein des Ostens.

1. Grundwasserwaldlandschaftstypen breiten sich in Niederungen aus.

2. Vielleicht handelt es sich im Übergangsgebiet im Nordosten um eine sumpfige Bergfußniederung. Vallentin spricht dort von unpassierbaren Sümpfen,[1]) Jerrmann von tiefen Sumpfflächen am Abhang.[2]) Auch dieses Gebiet ist noch nicht genau erforscht.

3. Sumpfwaldlandschaftstypen mit Schilf- und Bambusbeständen sind zahlreich in den Flußtälern des Ostens, z. B. beim Igatimi.[3]) Auch kleine Lagunen kommen häufig vor.

4. Überschwemmungswaldebenen ziehen sich längs der Flüsse hin, so weit das Hochwasser reicht.

5. Der breite Strich Überschwemmungslandes in jedem Flußtal zeigt häufig auch Wiesenlandschaftstypen mit dichtem, oft versumpftem Gras.

6. Rengger berichtet von Tälern des Ostens mit Weiden von 6—7 Fuß hohem Gras, also Überschwemmungsgrasfluren, und häufiger Sumpfbildung.[4])

7. Eine besondere Art bilden die sich weithin erstreckenden Grassümpfe des Plateaus. Eine genaue Erklärung für diese Sumpfbildung steht noch aus. Auch im Norden erstrecken sich um den Campo Niuguassu, ein großes, heideartiges Grasflur- und Buschwaldgebiet, Sümpfe, die vielleicht auf die Abflußlosigkeit des Gebietes zurückzuführen sind.[5])

Im Osten treten im ganzen die nassen Landschaftstypen gegenüber den Regenlandschaften zurück.

β) Nasse Landschaften im Landschaftsgürtel der tropischen Steppen- und Trockenwälder.

1. Die Grundwasserlandschaft der Hügellandplatte Paraguays östlich des Überschwemmungsgebietes.

Die Ausräumungsabdachung im Osten des welligen Flachlandes und die sich daran anschließende Aufschüttungsebene bestehen aus

[1]) Vallentin: Paraguay, S. 258.

[2]) Jerrmann: Jpane, S. 31.

[3]) Jerrmann: Igatimi, S. 4 u. S. 14.

[4]) Rengger: S. 14.

[5]) Jerrmann: Jpane, S. 26.

einer Decke von Geröllen, Schottern, Kiesen, Sand, Sandsteinen, unter denen eine Grundwasserschicht liegt. Galeriewaldflüsse ziehen sich durch die hügelige, wellige Landschaft. Durch wiederholtes Abbrennen ist aus Wald schließlich Weide entstanden.[1])

2. Zusammengesetzte Steppen-, Sumpf- und Überschwemmungslandschaft des Paraguay (sog. Scharilandschaft).

Der Paraguay ist von hohem Schilf und Riedgras und niedrigem Wald, aus dichtem Gestrüpp, Unterholz, Schlinggewächsen bestehend, eingefaßt und erscheint wegen der vielen Altwässer und Lagunen breiter, als er wirklich ist. Hinter dem kulissenartigen Wald dehnen sich Dauer- oder Regenzeitsümpfe aus. So ergeben sich zahllose kleine Landschaftstypen, die ineinandergreifen, als Unterabteilungen: Überschwemmungsflächen, Altwässer, Lagunen, Uferwälle. Innerhalb dieses zusammengesetzten Gebietes sind verschiedene Arten von Sumpflandschaften ausgebildet: a) Sumpfwald längs der Flüsse; b) Sumpf-Palmwiesen in einem mehrere Kilometer breiten Strich am Paraguay; c) Sumpfgebiete bei Vereinigung von Flüssen; d) Grassumpflandschaft in der Südwestecke Paraguays, wo Gras, Schilf, verfilztes Wurzelwerk über einer oft bis 3—4 m mächtigen Schlammschicht eine trügerische Decke bilden. Ipoa und Neembucu sind Wasserscheidensümpfe; von Ipoa gehen Seitenarme zum Paraguay und Tebicuari, vom Neembucu zum Paraguay und Paraná. Über dem Sumpf ist oft so dichter Graswuchs, daß der Schlamm mit der grünen Decke bis 12 Fuß tief ist.

Vorzeitformen der zusammengesetzten Steppen-, Sumpf- und Überschwemmungslandschaft sind die — wie oben erwähnt — für die heutigen Flüsse zu breiten Flußbetten. Die Flüsse fließen z. T. in eigenen Sedimenten. Die früher größeren Seebecken sind z. T. versumpft.[2])

Die Pilcomayo-Flußtallandschaft ist wohl als eine besondere zusammengesetzte Steppen-, Sumpf- und Überschwemmungslandschaft anzusehen, die dieselben charakteristischen Merkmale aufweist.

II. Landschaftsgebiete und Landschaften Paraguays
(und ihre Bedeutung für Tiere und Mensch).

Aus dem Vergleich der verschiedenen Kartenskizzen (Figur 1—11 auf Tafel 3) erhellt, daß die zu Anfang vorgenommene orographische

[1]) Rengger: S. 351. [2]) Vallentin: Paraguay, S. 189.

Gliederung in vier Landschaftsgebiete meistens auch bei der Einteilung nach den anderen Gesichtspunkten wiederkehrt; wir können sie somit als Grundlage einer Gliederung Paraguays nach natürlichen Landschaften wählen (vergl. Figur 12 auf Tafel 3). Es sei auch hier nochmals nachdrücklich darauf hingewiesen, daß diese vier Landschaftsgebiete nur Teile weit größerer Landschaftsgebiete derselben Art sind.

Die vier Landschaftsgebiete liegen streifenförmig nebeneinander und greifen vornehmlich durch die nassen Landschaftstypen in einander über, da die Flüsse quer zu den großen Landschaften verlaufen. Die nassen Landschaften kommen mehr über das ganze Land verteilt vor und zwar sowohl in einzelnen verschiedenen Ausbildungsarten nebeneinander als auch in inniger Durchdringung, die zur Bezeichnung „zusammengesetzte Steppen-, Sumpf- und Überschwemmungslandschaft" geführt hat. Viele kleine Landschaftstypen können ausgesondert werden.

Innerhalb der vier Landschaftsgebiete Paraguays lassen sich eine Reihe von Landschaften unterscheiden, indem beim Vergleich der einzelnen Kartenskizzen untereinander die vielfachen Übereinstimmungen sich zu einem Landschaftsbild vereinigen. Wir beginnen im Osten mit a) dem Amambay-Plateau, einer Regenwald-Sandstein-Tafel, das in klimatischer Hinsicht einheitlich ist, während uns sonst vier Landschaften entgegentreten: 1. Das Vorgelände, 2. der Steilrand, 3. das Plateau, 4. das Paranáflußtal.

1. Das Vorgelände, eine wellige Buschwald-Schotter-abdachung, deren Norden als Trockenwald-Tafelberg-landschaft hervortritt.

Das Vorgelände ist besonders zwischen 22—23° S-Br. ausgebildet und hebt sich durch stark wellige Oberflächenformen und größere Höhenlage hervor. Im Nordosten trifft man eine Reihe von steilen, fast senkrecht aufsteigenden Bergen, die in Nord-Süd-Richtung gleichsam wie Vorposten vor dem Amambay-Plateau verlaufen.[1]) So ist im Norden innerhalb der Landschaft des Vorgeländes der Typ der Trockenwald-Sandstein-Tafelberglandschaft ausgebildet. Nach Westen gehen diese Vorberge in denudierte Rücken über, die sich zwischen Ipane und Aquidaban hinziehen. Die Berge fehlen zwischen $24\frac{1}{2}$ und $25\frac{1}{2}°$ S-Br., dort springt das Plateau um so viel weiter nach Westen vor. Die denudierten Sandstein-Rücken und die vorgelagerten Sand-

---

[1]) Carnier: Paraguay, S. 19.

stein-Tafelberge beweisen, daß der Steilrand des Plateaus einst weiter nach Westen reichte wie noch heute in der eben angegebenen Breite. Die Höhe des hügeligen, schräge zum Paraguay sich senkenden Vorgeländes ist nicht überall gleich. Seine Höhe beträgt zwischen 23 und 24° 350 m. Weiter südlich bei Igatimi — einer 30 km vom Steilrand entfernt liegenden Siedlung — ist das Vorgelände nur 180 m hoch; in derselben Breite, 3 km von dem auf dem Plateaurand gelegenen Ipehu entfernt, beträgt die Höhe des Vorgeländes zwischen 200 und 300 m. Es steigt also nach Osten an.[1]) Der autochthone, durchweg sandige Boden wird von dauernd fließenden, bei Regen häufig anschwellenden Flüssen zerschnitten. Je nach der Gesteinsart wird den Flüssen das Erodieren erleichtert oder erschwert. Während der Aquidaban sich langsam in harten, massigen Sandstein eingräbt, haben Ipane und Jejuy sich schnell in den dort wenig widerstandsfähigen Melaphyren in die Tiefe gearbeitet. So befindet sich der Talboden des Jejuy-mi bei Villa Igatimi ganz am Rand des Plateaus nur wenige Meter über dem Flußbett des Paraguay.[2]) Die Flüsse fließen in breiten Tälern mit sandigen, kiesigen Flußbetten. Rasche Erosion und Schuttausfuhr erfolgen. Starker Regen befestigt oberflächlich den tonigen Sandboden und fließt auf demselben ab. Der Ton im Sand macht den Boden wenig aufnahmefähig für Wasser. In pflanzengeographischer Hinsicht befinden wir uns hier im Kampfgebiet zwischen Wald- und Galeriewaldsteppe. Die inselartigen Waldflecke innerhalb der Grasflur werden zahlreicher. Vornehmlich die langen Hügelreihen sind mit Wald — Trockenwald — bedeckt. Die Flußufer werden von Galeriewald eingenommen. Jerrmann schreibt, bei Tacuati am hohen Ufer des Ipane stehend: „Der westliche Teil der vor mir ausgebreiteten Landschaft am Nordufer des Flusses zeigt niedriges Hügelland mit Wald und Wiesen, rechts aber, jenseits des von Norden in den Ipane einmündenden Arroyo Caniata, erhebt sich das dicht bewaldete Gebirge, in welchem man die letzten Ausläufer des Cerro Amambay erkennt."[3])

Im Nordosten des Übergangsgebietes ist die Gegend wild; unwegsames Felsgestein, zerbrochene Steinblöcke, grobe Geröllmassen wechseln mit dichten Waldstrecken, die stacheliges Unterholz und Dorngestrüpp sowie viele Sümpfe unwegsam machen. Der Landschaftstyp des Buschwaldes auf Schotterboden ist dort ausgebildet.

[1]) Carnier: Paraguay, S. 20.
[2]) ebenda S. 29.
[3]) Jerrmann: Jpane, S. 41.

Die vielen Sümpfe legen, wie bereits erwähnt, die Vermutung nahe, daß hier der Landschaftstyp einer sumpfigen Bergfußniederung vorkommt.

Das Vorgelände zeigt also im Norden den Landschaftstyp einer stark zerschnittenen Tafelberglandschaft, im ganzen Verlauf aber den eines Übergangsgebietes vom Bergland zum Flachland und gleichzeitig vom Wald zur Steppe. Als besondere Landschaftstypen treten Buschwald-Schotterflächen, Trockenwald-Bergland und vielleicht sumpfige Bergfußniederungen hervor.

2. Der Steilrand, ein Regenwald-Sandstein-Stufenland.

Der in Nord-Süd-Richtung hinziehende Rand des Amambay-Plateaus erscheint von Westen gesehen als ein langgestrecktes Gebirge. Der Steilrand erhebt sich 300—400 m hoch und fällt in mehreren fast senkrechten Stufen — von Strecken geringerer Neigung unterbrochen — zum Tiefland ab. Der Anstieg erstreckt sich meistens über 25—30 km in der Gegend zwischen 22 und 23°, jedoch weiter südlich werden 155 m auf einer Strecke von 3 km überwunden.[1]) Der nach Süden allmählich an Höhe verlierende steile Abbruch zieht sich nicht in gerader Linie hin, sondern springt südlich von 24° nach Osten zurück, während er sich von 24½° bis fast 26° wieder nach Westen ausbuchtet, um dann erneut zurückzuweichen. Im südlichen Teil vornehmlich ist die Topographie noch wenig erforscht. Die Basis besteht aus Sandstein, der wahrscheinlich aus der Trias stammt. v. Siemiradzki will die große, aus dem Mesozoikum stammende Sandsteindecke Süd-Brasiliens auf Paraguay ausdehnen.[2]) Am Steilrand liegt bei Ipehu in 220 und bei San Fernando in 450 m Meereshöhe Eruptivgestein zu Tage. Carnier vermutet, daß das Auftreten des Melaphyrs am Westrand und am Paraná an große Bruchlinien geknüpft ist, längs derer die eruptive Masse emporquoll, teils in den Sandstein hineindrang, teils sich über ihn ausbreitete.[3]) Tiefgründiger lehmiger Boden tritt am Steilrand auf, dessen Scheitel die Wasserscheide zwischen Paraguay und Paraná bildet. Die Melaphyre an den Rändern weisen rötlich-bräunliche, violette und grünliche Färbung auf und sind verschieden stark zersetzt.[4]) Die lebhafte Erosionstätigkeit hat starke Modellierung bewirkt, die durch leicht zerstörbare Melaphyre befördert wird. Tiefe

[1]) Carnier: Paraguay, S. 19.
[2]) v. Siemiradzki: Geol. Reisebeobachtungen in Südbrasilien, S. 30.
[3]) Carnier: Paraguay, S. 25.
[4]) ebenda S. 28.

Schluchten durchziehen den Steilrand, der allein die Bezeichnung „Sierra“ rechtfertigt. Der Steilrand ist also ein Gebiet starker Abtragung und Zerschneidung, die sogar Rückverlegung des Randes und Herausbildung von Tafelbergen bewirkt, wie oben gezeigt wurde. Fuß und Rand des Plateaus sind dicht bewaldet mit einer fast tropischen Vegetation. Der Wald ist reich an Palmen — besonders Mbocaya, Acrocomia Cotai, Bambus, Leguminosen, Myrtaceen, Euphorbien, Rubiaceen, Farnen. Der Steilrand bezeichnet die Westgrenze der vorherrschenden Waldbedeckung.

Innerhalb des Sandstein-Regenwald-Berglandes des Steilrandes bilden die einzelnen Erosionsschluchten kleine Typenlandschaften.

3. Das Plateau, eine Regenwald-Sandstein-Tafel.

Ist man oben auf der Höhe angelangt, dann ist der Eindruck eines Gebirges vollständig geschwunden.[1]) Eine wellige Fläche, wie wir sie westlich der Stufe verlassen haben, dehnt sich vor unseren Blicken aus. Die absolute Höhe beträgt im Norden bei Estrella 600—700 m (Katzenbuckel), zum Vergleich seien einige Berge in Deutschland herangezogen, in 23° Breite 500 m, in 24° Breite 420 m (Landeskrone), in 25½° Breite 300 m (Turmberg).[2]) Die allmähliche Senkung des Plateaus nach Osten nimmt in der Nähe des Paraná zu. Das Plateau trägt auf der Höhe trotz lebhafter Modellierung mehr ein einförmiges Gepräge, während nach Osten zu wegen des stärkeren Gegensatzes zwischen Talböden und Höhenrücken ein großartigerer Zug sich geltend macht. Der Aufbau aus rotem Sandstein läßt das Plateau als petrographische Einheit erscheinen. Daß der Sandstein, der die Hauptmasse des Massivs darstellt, im Norden in seiner Lagerung gestört ist, darf man wohl mit dem Aufsteigen des Melaphyrs an den Rändern in Zusammenhang bringen.[3]) Im Gegensatz zur brasilianischen Tafel mit ihren ungestörten Schichten stellt das Amambay-Plateau ein zerbrochenes Tafelstück dar.[4]) Spätere Störungen haben beide Gesteinsarten betroffen, denn sie werden von zahlreichen Kluftlinien durchzogen. Neben dem fruchtbaren, roten, stellenweise bis zu 30 m mächtigen Lehmboden tritt streckenweise auch roter und grauer Sandboden auf. Schwerer grauer Sandboden findet sich auf der Plateauhöhe bis zum Ibicuy, einem Nebenfluß des Acaray.[5])

---

[1]) Carnier: Paraguay, S. 19.
[2]) ebenda S. 20.
[3]) ebenda S. 28.
[4]) ebenda S. 27.
[5]) Jerrmann: Ipane, S. 29.

Die stellenweise sandige Ausbildung des Sandsteins gibt Veranlassung zu besonderen, bereits genannten Landschaftstypen. So treten im Norden Buschwald und Grasflur, bei Palomares und Morombi Grasflur und im Übergang dazu Trockenwald auf. Manche Kamps auf dem Plateau sind durch wiederholte Grasbrände entstanden.[1]) Jedoch überwiegt der tropisch-subtropische Regenwald durchaus im Landschaftsbild des Plateaus. Die Wälder des Ostens enthalten eine Fülle von tropischen und subtropischen Nutzhölzern: Zeder (Cedrela odorata), Lapacho (Tabellenea Avellamedre), Palisander- oder Jacarandaholz, verschiedene Laurelarten.[2]) Eine besonders günstige Zufallsform ist der Yerbastrauch, Ilex paraguayensis, dessen Blätter und Zweige zum Nationalgetränk des Landes, dem Paraguaytee oder Yerba Mate, verwandt werden. Der Yerbastrauch oder -baum (in der Literatur ist sowohl „Yerbastrauch“ als „Yerbabaum“ zu finden) tritt nicht in geschlossenen Beständen auf, sondern die Bäume stehen einzeln und gruppenweise durch den Wald verteilt. Auch im waldreichen Nordosten der Hügellandplatte kommt der Yerbastrauch vor.[3]) Die nach Osten abfließenden Flüsse haben echte Erosionstäler, meistens mit Flutsohle. Der Lauf ist bei vielen nur kurz, besonders bei den nördlichen, die sich in harten Melaphyr graben. Tieferes Einschneiden und längeren Lauf zeigen Acaray und Monday wegen ihrer tiefer gelegenen Erosionsbasis. Im ganzen ist der Lauf der Flüsse sehr wenig erforscht. Das Plateau ist nach allen Seiten vom Wasser zerschnitten. Im südlichen Teile des Plateaus sind die erosiven Kräfte nach verschiedenen Richtungen gelenkt wegen der Umbiegung des Paraná nach Westen. Auf der Kampfläche von Palomares hat die Zerschneidung Rücken von durchaus gleichmäßiger Höhe herausgearbeitet, so „daß ihre Verbindung eine einheitliche, zum Paraná kaum merklich geneigte Ebene darstellen würde.“

Nasse Landschaftstypen sind vertreten mit Talsümpfen, Wiesensohlen und Sümpfen im Bereich der Grasflur. Letztere sind noch nicht erklärt. Sie ziehen sich oft kilometerlang gewunden hin, sind einige hundert Meter breit, haben seitliche Wasserzufuhr und ständig hohen Wasserstand.[4]) Carnier hält sie für Seitengewässer, die in der Entwicklung zurückgeblieben sind.

---

1) Rengger: S. 351.

2) Toeppen: S. 201.

3) Carnier: Paraguay, S. 23 u. S. 30.

4) ebenda S. 31.

4. Das Paranáflußtal.

Das Paranáflußtal ist als besondere Landschaft anzusehen. Südlich vom Salto Guaira bis zum Salto Chico fließt der Paraná in einem felsigen Bett von hartem Melaphyr, auf 70 m Breite eingeengt, schäumend und tosend dahin.[1]) Zwischen 24 und 25° Breite etwa fallen Bett und Talsohle zusammen. Die steilen, oft senkrecht abfallenden Hänge tragen dichten Wald. Über 3½ Breitengrade hin ist das Gefälle des Paraná nunmehr als 30 m stärker als das des Paraguay.[2]) Felsen ragen aus dem Grunde empor, hervorspringende Uferstellen erzeugen Wirbel. Viele Schnellen treten im Strom auf bis zur Curitibamündung, daher hat der Paraná bis dorthin einen unruhigen Lauf. Dann wird das Bett allmählich breiter; aber die Ufer bleiben noch immer hoch. Am Salto Chico gibt es Sandsteinklippen, dann wird der Lauf friedlich. Das rechte Ufer wird niedrig, sumpfig oder durch Sandflächen gebildet, während das linke steil bleibt.[3]) Weiter flußabwärts erstrecken sich zu beiden Seiten Überschwemmungsstreifen, so daß wir im Querschnitt vom Fluß aus unterscheiden können: Flußsohle, Flutsohle (Überschwemmungsgebiet), Rand mit Uferwald. Über einem Uferwall am Paraná sind mir in der Literatur keine Angaben begegnet. Das Flußtal dürfte in seinem ganzen Verlauf durch Paraguay wohl in zwei Abschnitte zu gliedern sein: 1. vom Salto Guaira bis Salto Chico auf beiden Seiten felsiges Ufer; 2. die Strecke vom Salto Chico bis zur Vereinigung mit dem Paraguay mit niedrigem, sumpfigem Ufer auf der rechten Seite. — Der Wald zeigt am Paranáufer wohl die größte Üppigkeit im ganzen Land und geht unmittelbar in den des Regenwald-Sandstein-Berglandes über.

Petrographisch-tektonisch darf das Paranátal als Einheit angesehen werden. Nach Carniers Auffassung haben die Schollenbewegungen der großen Staffelbrüche, die das alte Tafelland vom Atlantischen Ozean bis zum Paraná in mehrere Schollen zerlegten, noch weiter nach Westen gewirkt. (Paraguay und Paraná scheinen großen Bruchzonen zu folgen). der Paraguay scheint parallel zu den Anden, der Paraná parallel zur atlantischen Küste zu fließen.[4]) Der Paraná gräbt sich sein Bett immer tiefer in die eruptive Masse ein. Besonders zur Hochwasserzeit, wo er in diesem Gebiet um 30 m steigen kann, ist seine erosive

---

[1]) Rengger: S. 46.
[2]) Rengger: S. 46.
[3]) Sievers: S. 219.
[4]) Carnier: Paraguay, S. 28.

Kraft von außerordentlicher Stärke.[1]) Das Wasser des Flusses ist nur zur Regenzeit etwas getrübt, sonst äußerst klar und gut,

Das Sandstein-Regenwald-Bergland des Ostens bildet ein organisches Ganzes mit eigenartigem Tierleben. Der Wald ist eine Zufluchtsstätte für Mensch und Tier. So sind vornehmlich die Waldgebirgssümpfe, aber auch andere Gebiete des zum großen Teil unerforschten Berglandes — wie die Gegend am Oberlauf des Ipane und Jejuy — Rückzugsgebiete für die Urbevölkerung geworden. In dem Regenwald-Bergland des Ostens dürfen als Vorzugsgebiete die Strecken gelten, wo der fruchtbare rote Boden im Randgebiet ausgenutzt werden kann, so in der Kolonie Hohenau und weiter aufwärts am Paraná. Mit dem Vorschieben des Kulturlandes gegen den Wald verändert der Mensch das ursprüngliche Landschaftsbild.

Die Wälder des Ostens bieten an Rohstoffen besonders nutzbare Hölzer und den Yerbastrauch und sind daher willkommene Ergänzungsformen zu den Anbaugebieten. Im Waldgebiet selbst beeinflußt der Mensch die Landschaft hauptsächlich dadurch, daß er Raubbau treibt, sowohl bei der Holzverwertung als bei der Yerbagewinnung.

Alle unter zeitweise übermäßigem Wasserreichtum leidenden Strecken haben als Kümmergebiete zu gelten, ebenfalls das z. T. steinige und sumpfige Übergangsgebiet im Nordosten und die sandigen Striche des Plateaus.

Günstige bisher noch unbenutzte Zufallsformen sind die reichen Wasserkräfte des Landes, besonders im Paranágebiet.

b) Das wellige Flachland, das zweite Landschaftsgebiet Paraguays, umschließt zahlreiche Landschaften: die Hügellandplatte Ost-Paraguays, das Saty-Plateau, das Apabergland, die Kalksteppe, die Sierra de Villa Rica, das südparaguayische Bergland.

5. Die Hügellandplatte Ost-Paraguays, eine Galeriewaldsteppe.

Die Hügellandplatte Ost-Paraguays nimmt den ganzen Raum zwischen Amambay-Plateau und Überschwemmungsbereich des Paraguayflusses ein. Ein von langgestreckten Rücken durchzogenes Gelände dehnt sich vor unseren Augen aus und senkt sich schwach von Norden nach Süden. Die Niveauunterschiede des Bodens betragen ungefähr 20 m, die Höhe über dem Meeresspiegel bis 200 m.[2]) Die den

[1]) Carnier: Paraguay, S. 33.

[2]) ebenda S. 3.

Lauf des Aquidaban und Ipane begleitenden langen Rücken ziehen sich fast bis zur Mitte des Raumes ziwschen Paraguay und Amambay-Plateau hin. Das ganze Gebiet ist petrographisch einheitlich junger Entstehung, abgesehen von einigen älteren Berglandschaften. Das bis 200 m hohe wellige Flachland ist abgesunken und war im Tertiär noch vom Meer bedeckt. Es ist von den Sedimenten der Flüsse aufgefüllt und zerfällt seiner Höhenlage nach in ein nördliches trockeneres und in ein südliches sumpfigeres Gebiet. Die Sümpfe im südlichen und vielleicht auch im mittleren Paraguay sind die letzten Reste der einstigen Wasserbedeckung. Auch die langgestreckten, gleichmäßig hohen Rücken im südlichen Teil des Landes, die sich oft einige Kilometer lang gleichlaufend hinziehen, erklärt Carnier als durch eine nivellierende Wasserfläche entstanden. Beim Zurückweichen des Wassers haben die erosiven Kräfte sie aus der gleichmäßigen Oberfläche herausgearbeitet, und so hat sich der wellige Charakter der Landschaft ergeben.[1]) Der rote Sandboden, der einen großen Teil des Landes bedeckt, ist teils autochthon, teils allochthon. Er ist sehr fruchtbar und wird z. T. seit Jahrhunderten ohne Düngung bebaut.[2]) Während er auf dem Plateau des Ostens und sonst im Waldgebiet von einer oft mächtigen Humusdecke überlagert wird, tritt er im Bereich der Grasflur häufig zu Tage. Neben dem sandigen roten Boden nimmt im welligen Flachland seiner Entstehung gemäß die fruchtbare schwarze Erde große Strecken ein. Sie ist hauptsächlich aus Alluvionen der Flüsse gebildet, besteht daher aus lehmigen, z. T. sandigen und tonigen Schichten und ist mit organischen Bestandteilen gemischt.[3])

Von einem Fluß ansteigend, überschreitet man zunächst entweder ein Sandufer oder gleich eine alluviale, oft sumpfige Fläche mit grauem oder schwarzem Boden. Zwischen dem Gebiet der schwarzen Erde und dem roten Sandboden weiter im Osten findet sich ein Übergangsgebiet mit rotem Schwemmlandsboden. So wechseln in der weiten Ebene von Paraguay Striche roter und schwarzer Erde ab.[4]) In flachen Senken entstehen Salzsümpfe,[5]) ferner Salzausblühungen im Süden Paraguays im Überschwemmungsbereich der Flüsse und in Tälern, wo Regenwasser steht.[6])

---

[1]) Carnier: Paraguay, S. 48.

[2]) Rengger: S. 351.

[3]) v. Fischer-Treuenfeld: S. 9.

[4]) Vallentin: Paraguay, S. 210.

[5]) Lütgens: La Platasystem, S. 362.

[6]) Rengger: S. 32 u. 34.

Hinsichtlich des Pflanzenwuchses ist hier ein Kampfgebiet, d. h. der Niederschlag reicht für Wald noch eben aus, aber edaphische Faktoren sind ausschlaggebend für das Vorherrschen von Wald oder Grasflur in der Weise, daß die Grasflur im allgemeinen überwiegt, der Baumwuchs nach Osten zunimmt. Die mehr lichten Wälder der Hügellandplatte enthalten besonders Mimosen, Algarobben, Weiden. An den Flüssen entlang erstrecken sich nebeneinanderlaufend zunächst ein Sandstrand mit Sandpflanzen, besonders Gramineen, dann meistens eine von dichtem Wald aus hohen und niederen Bäumen bestandene Barranca, darauf ein 50—100 m breiter Uferwald, der in Kamp übergeht. An der Kampgrenze weisen die Baumfarne knorrige Stämme auf, und Bambus tritt an die Stelle von dünnlaubigem Gebüsch. Gramineen, Cyperaceen, Euphorbien, Malvaceen herrschen in den Kamps vor. Im Süden gewinnt die Grasflur im Landschaftsbild immer mehr die Oberhand. Endlose Ebenen, vergleichbar einem „grünen Meer mit erstarrten Wellen" dehnen sich unabsehbar vor unseren Blicken aus, z. B. bei Paraguari, San Miguel, San Juan.[1]) Mit dem welligen Charakter des Flachlandes ist der Vorteil verbunden, daß neben feuchten Niederungen, wo das Grasland der Überschwemmung ausgesetzt ist, und daher für einen Teil des Jahres ein Sumpf wird, hochgelegene, trockene Kamps vorhanden sind, — also gibt es wichtige Ergänzungslandschaften.[2])

So tritt uns dieses Gebiet als Regenlandschaftstyp der Galeriewaldsteppe entgegen, während es gleichzeitig den nassen Landschaftstyp der Grundwasserlandschaft enthält.

Das östliche Flachland wird von zahlreichen, dauernd fließenden und zur Regenzeit stark anschwellenden Nebenflüssen des Paraguay entwässert. Die einzelnen Erhebungen werden dadurch erniedrigt, ihre Basis durch Schuttanhäufung breiter. Die in ihrem Unterlauf meist zwischen sanften Hängen in oft sehr breiten Tälern hinfließenden Flüsse besitzen z. T. Sandbarren an der Mündung, so der Jejuy. Auch werden sie von großen Schlammstrecken begleitet, die zeitweilig überschwemmt werden. Im Südwesten finden sich gelegentlich leuchtende Sandstrecken und Kiesgeröll. Zusammengewehte Sandhaufen sind vom Wasser, Wind und Sand in unablässiger Arbeit geglättet worden.[3])

Gewissermaßen als Fremdkörper heben sich im Nordwesten des eigentlichen Paraguay drei Einzellandschaften aus dem welligen Flachland heraus.

---

[1]) Vallentin: Paraguay, S. 168.

[2]) Chodat: Géographie Botanique du Paraguay, S. 509.

[3]) Vallentin: Paraguay, S. 284.

6. Das Buschwaldtafelland des Saty-Plateaus.

Das im Norden gelegene Saty-Plateau erhebt sich mit unruhig verlaufenden, bis 200 m hohen Rücken nur wenig über seine flachwellige Umgebung.[1]) Es wird im Norden vom Rio Apa, im Osten vom Pitanoaga und einer Linie begrenzt, die sich von San Carlos am Rio Apa nach Süden bis Villa Sana westlich vom Pitanoaga hinzieht. Das Saty-Plateau nimmt in petrographisch-tektonischer Hinsicht eine besondere Stellung ein. Die Grundmasse des Plateaus besteht aus z. T. stark zersetzten Gneisen und Graniten mit eingeschlossenen Quarzgängen, die ihrer Härte wegen erhalten sind und oft innerhalb des Berglandes kleine Erhöhungen bilden. Die Gneise und Granite sind wahrscheinlich archaischen Alters und vor dem Devon gefaltet worden. Vor und nach der Faltung der alten Gneise und Granite haben Dislokationen das Gebiet durchsetzt. So ist das heutige Plateau der Rest eines alten Faltengebirges, das seit dem Devon wohl Festland geblieben ist. Es stellt den ältesten Teil Paraguays und vielleicht ganz Süd-Amerikas dar.[2])

Das Gelände zeigt einen bunten Wechsel von rundlich gestalteten Rücken und Tälchen. Unzählige Bäche zerfurchen das Bergland. Die größeren Gewässer verlaufen in Tälern, die im Verhältnis zu ihrer Wasserführung sehr breit sind. Diese großen alten Hohlformen sind Vorzeitformen. Viele Flüsse, z. B. Pitanoaga und Plantengue, schneiden nahe ihrer Quelle in tonige Schichten ein.

Im Gebiet der kristallinen Gesteine verschwindet der schroffe Gegensatz zwischen Wald und Grasflur, letztere ist meistens von Bäumen und einzelnen Sträuchern durchsetzt, Serrato-Buschwald oder -Vegetation.[3]) Nur in wasserreicheren Tälern findet sich überwiegend Grasflur. Die zahlreichen kleinen Gewässer bewirken rasche Abtragung. Die Verwitterung hat beim Granit die bekannten charakteristischen Formen entstehen lassen; bei massiger Anordnung im Raum tritt schalige Absonderung und Wollsackbildung auf. Manche Gesteine werden durch eine dunkle Schutzrinde vor dem Zerfall bewahrt, während andere im Innern ganz zersetzt sind. Aus den stark verwitterten Feldspäten werden die tonigen Bestandteile durch das Wasser weggeführt.

---

[1]) Carnier: Paraguay, S. 4.

[2]) ebenda S. 5.

[3]) ebenda S. 18.

So ist das Saty-Plateau in orographischer, petrographisch-tektonischer, bodenkundlicher und pflanzengeographischer Hinsicht eine landschaftskundliche Einheit.

7. Das Steppenbuschwald-Bergland am Rio Apa.

Das Apa-Bergland dehnt sich in dem Winkel zwischen unterem Apa und Paraguay aus. Die das Flüßchen La Paz und nördlich vom Mittellauf des sich nach Norden wendenden La Paz bis zum Apa erstreckende Senke trennt das Apa-Bergland vom Saty-Plateau. Das eigentliche Bergland umfaßt südlich vom Apa nur etwa 600 qkm, ist also etwas größer als der Bodensee, = 540 qkm, und steigt bis 3—400 m (Turmberg, Grotenburg) schroff aus seiner Umgebung auf. Steile Hänge laufen zu gratartigen, sich kilometerweit hinziehenden Kämmen zusammen, die plötzlich zur Tiefe abbrechen und in anderer Richtung weiterziehen.[1]) Dadurch entstehen innerhalb des Berglandes zahlreiche, von steilen Hängen umschlossene, längliche oder runde Becken, aus denen sich zuweilen Bergkuppen erheben. Stellenweise verbinden Flüsse diese beckenartigen Vertiefungen, deren Entwässerung nach Westen oder Nordwesten erfolgt, wohin sie oft weit geöffnet sind.[2]) Nach Osten fällt das Bergland mit steilen Hängen schroff ab. Das Apa-Bergland ist nicht, wie oft fälschlich dargestellt wird, eine Abzweigung des Amambay-Plateaus, sondern nach Carnier als Ausläufer eines sich in südwestlicher Richtung durch das südliche Matto Grosso erstreckenden Bergzuges anzusehen.[3]) Der geologische Aufbau gibt uns das Verständnis für die Form: Das Apa-Bergland ist vornehmlich aus Glimmerschiefern—wahrscheinlich vorkarbonischen Alters—aufgebaut.[4]) Ferner kommen Eruptiva wie Syenite und Porphyre vor, und zwar liegen diese meistens in den von steilen Hängen umschlossenen Kesseln und auf kuppenartigen Erhebungen innerhalb derselben. Melaphyre, Sandsteine und Quarzite bilden vorwiegend die Hänge und Kämme. Die Glimmerschiefer sind nach Carnier durch Druck aus Sandsteinen und Tonschiefern hervorgegangen.[5]) Die starke Faltung, Zertrümmerung und Metamorphisierung deutet auf erhebliche tektonische Bewegungen hin. Dies wird durch das Vorhandensein zahlreicher Kluftlinien und durch eine an der Westgrenze verlaufende Verwerfung bestärkt. So

[1]) Carnier: Paraguay, S. 7.
[2]) ebenda S. 7.
[3]) ebenda S. 6.
[4]) ebenda S. 7.
[5]) ebenda S. 8.

bildet das Apa-Bergland in petrographisch-tektonischer Hinsicht eine Einheit: es ist wohl als ein Horst aufzufassen. Der Horstbildung ging die Faltung voran.[1])

Nach Osten fließen keine Gewässer von Bedeutung. Tektonisch vorgezeichnete Linien für die Flußläufe kommen wohl für den la Paz und seine Seitengewässer in Frage.

Auch im Apa-Bergland tritt die für die kristallinen Verwitterungsböden charakteristische Serrato-Vegetation auf. Wald kommt nur als Galeriewald vor. Gras und Wald von krüppelhaftem Wuchs bedecken die Hänge der Berge.[2]) Die Abtragung geht wegen der weichen Gesteine schnell vor sich. „Das Zerstörungsmaterial wird mit einer Schnelligkeit fortgeschafft, daß sich am Fuß der Gehänge kaum ein Schuttkegel bilden kann, so sehr auch die lockeren Massen der Glimmerschiefer in die Tiefe streben.“[3]) Nur am Ostfuß des Apa-Berglandes findet sich Verwitterungsmaterial. Auch aus dem Becken befördern die kleinen Gewässer fast alles Material hinaus; die rasche Schuttausfuhr wird wohl durch den Wind unterstützt.[4]) Die kesselartigen Becken innerhalb des Berglandes lassen sich nicht auf erosive Kräfte allein zurückführen, sondern sind wohl tektonisch vorgebildet.[5])

So bildet auch das Steppenbuschwald-Bergland am Rio Apa eine Landschaft für sich und tritt uns innerhalb der Galeriewaldsteppe des Aufschüttungsgebietes als besondere Gesteinslandschaft entgegen.

8. Das Strauch- und Grassteppen-Kalkflachland bis -bergland zwischen unterem Apa und Paraguay.

In der Kalkregion zwischen unterem Apa und Paraguay lassen sich drei verschiedene Geländeformen erkennen: 1. Schwach nach Südwesten geneigte Flächen; 2. lange, niedrige — etwa bis 80 m hohe — Rücken, von Puerto Max und Puerto Dos in Nord-Süd-Richtung laufend, und isolierte Berge zwischen Apa-Bergland und Paraguay; 3. das Loma-Pona-Plateau, 20 km lang, ein paar Kilometer breit, das nach Süden allmählich in hügeliges Gelände übergeht. Der steile Abbruch im Norden und Osten läßt es als besondere Geländeform hervortreten, obgleich es nur 50 m höher ist als das Saty-Plateau.[6])

Wenn auch in bezug auf die Oberflächenformen innerhalb der Kalkregion keine Einheit herrscht, ist diese doch in weitgehendem Maße

[1]) ebenda S. 10.
[2]) ebenda S. 18.
[3]) ebenda S. 10.
[4]) ebenda S. 10.
[5]) ebenda S. 10.
[6]) ebenda S. 13.

vorhanden in petrographisch-tektonischer, bodenkundlicher und pflanzengeographischer Hinsicht. Der Kalk taucht im Norden bald wieder unter weiche, kalkig-tonige Sedimente unter, um nur am Cerrito Tatu und am Paraguay noch einmal zu erscheinen, während er im Süden mehr eine zusammenhängende Decke bildet mit den oben genannten Bodenformen. Überall steht graublauer Kalk in starken Bänken an, der vereinzelt metamorphes Aussehen zeigt, aber nur selten marmorähnlich geworden ist. Der Kalk, dessen Alter noch nicht bestimmbar ist, setzt sich wahrscheinlich im südlichen Matto Grosso fort und ist wie letzterer vermutlich auch karbonischen Alters. Das Liegende des Kalksteins ist roter Sandstein, der im Loma-Pona-Plateau von Porphyr unterlagert ist. Der Sandstein wirkt als Wasserhorizont.Nach Carnier ist das Loma-Pona-Plateau ebenso wie das Apa-Bergland durch Vertikal-Dislokation entstanden, zeigt auch dieselbe Streichungsrichtung von Nord-Nord-West nach Süd-Süd-Ost.[1]) Ehe das Loma-Pona-Plateau sich als Horst herausbildete, muß Faltung und teilweise Abtragung der Schichten vorangegangen sein. Die ganze Kalkzone ist durch dieselbe Kraft gestört, die von Westen gewirkt zu haben und an den Gneisen und Graniten des Saty-Plateaus Widerstand gefunden zu haben scheint.[2]) Wie sich die tektonischen Bewegungen im einzelnen vollzogen haben, ist noch nicht erforscht.

In bodenkundlicher Hinsicht zeigt das Gebiet einheitlich verwitterten Kalkboden, der nicht näher gekennzeichnet ist. Die merkwürdige Erscheinung zweier Flüsschen im Kalkgebiet ist wohl auf den unterlagernden, als Wasserhorizont wirkenden Sandstein zurückzuführen.[3])

Das Kalkgebiet tritt in pflanzengeographischer Beziehung als besondere Gesteinslandschaft hervor. Weideland dehnt sich weithin aus. Wald findet sich auf hochgelegenen Stellen und längs der Flüsse; ab und an erscheinen auch Waldinseln im Grasland.[4]) Wo sich keine Verwitterungskrume gebildet hat, herrscht Strauch- oder Graslandschaft. Die von Gesteinstrümmern — wahrscheinlich Porphyr — bedeckte Ost-Flanke des Loma-Pona-Plateaus ist bewaldet. Dieses Plateau weicht wegen der Härte seiner Unterlage nur langsam an den Hängen zurück. Die Verwitterung hat Anfänge von Karrenbildung bewirkt. Einige Meter tief ausgewaschene Höhlungen befinden sich am Paraguay bei dem Saladero Risso und nördlich von Puerto Max.[5])

---

[1]) ebenda S. 14.

[2]) Carnier: Paraguay, S. 15.

[3]) ebenda S. 13.

[4]) ebenda S. 17.

[5]) ebenda S. 16.

So tritt uns im Norden das Steppen-Kalkflachland und -bergland als besondere Gesteinslandschaft mit verschiedenen Oberflächenformen entgegen. Lichter Buschwald und Grasflur mit Strauchvegetation und Galeriewäldern beherrschen das Landschaftsbild.

9. Das Trockenwaldbergland der Sierra de Villa Rica.

Auch im südlichen Teil des welligen Flachlandes heben sich einzelne Landschaften heraus, das Trockenwaldbergland der Sierra de Villa Rica und das südparaguayische Bergland.

Die Sierra de Villa Rica nimmt nur 200 qkm, ungefähr die Hälfte des 415 qkm großen Hamburgischen Staatsgebiets, ein.[1]) Sie ist ein nach allen Seiten, besonders nach Westen, scharf abgegrenztes Massiv mit langen Graten und Einzelbergen. Im Nordwesten und Nordosten erheben sich einige Vorläufer. Die Sierra de Villa Rica weist in ihrem südlichen Teil die höchsten Erhebungen des Landes auf: den 700 m hohen Cerro Tatuy u. a. Die Grate und Einzelberge im Norden sind niedriger, nach Carnier erreicht der Alberto nur eine Höhe von 370 m, der Domingo von 470 m über dem Meeresspiegel.[2])

Der orographischen Sonderstellung innerhalb des welligen Flachlandes entspricht die des Aufbaues. Die untere Region bis zu einem Drittel der Höhe etwa wird von rotem Sandstein eingenommen, der steile Abbrüche zur Ebene bildet und von Melaphyren verschiedener Ausbildung überlagert wird. Die Melaphyre sind stark zersetzt und von dunkler Farbe. Sie ähneln denen des Amambay-Plateaus, sind aber im Süden trotz der Zersetzung fester. Die fruchtbare rote Erde ist im Bergland von Villa Rica bis 3 m tief nachgewiesen, sie soll bis 10 m tief reichen.[3]) Vielleicht läßt der besonders nach Westen auffallend steile Abbruch auf eine Verwerfung schließen. Die Sierra de Villa Rica ist nach Carnier als eine eruptive Überlagerung von Melaphyr über Sandstein anzusehen, die wohl zu derselben Zeit entstanden ist, als der Melaphyr des Amambay-Plateaus emporstieg. Das Alter des Melaphyrs ist aber in beiden Fällen noch nicht genau bestimmt. Auch die Erhebungen im Randgebiet der Sierra de Villa Rica sind wohl durch Aufstieg von Eruptivmassen entstanden.[4])

Am Westrand der Sierra de Villa Rica findet man einen graublauen, kalkig-tonigen Boden. Diese tonige Ablagerung mit Kalkkonkrationen

[1]) Carnier: Paraguay, S. 34.
[2]) ebenda S. 35.
[3]) ebenda S. 41.
[4]) ebenda S. 37.

stammt wohl von einem stehenden Gewässer, das einst bis zum Gebirge reichte, ist also ein Vorzeitboden.[1])

Die Bedeckung der steilen, felsigen Hänge mit dichtem, wenn auch nicht sehr hohem Wald und Gebüsch wahrt in pflanzengeographischer Hinsicht die Einheit der Landschaft, die den Landschaftstyp eines Trockenwald-Berglandes bildet.

In bezug auf die Ausgestaltung der Oberfläche tritt die Sierra de Villa Rica mit den durch Erosion aus dem Massiv herausgearbeiteten langen Graten und Einzelbergen als ein Gebiet starker Zerschneidung, Abtragung und Schuttausfuhr entgegen. Die unzähligen Bäche, welche die Kette aus dem Plateau haben entstehen lassen, führen viel Geröll mit, sie haben sich einige Meter in die Ebene eingeschnitten.

10. Das südparaguayische Trockenwald-Bergland mit Grassteppenbecken und Niederungen.

Das südparaguayische Bergland im engeren Sinne erstreckt sich zwischen 25 und 26° S-Br. und 56½—57½° W-Lg. Es wird eingeschlossen vom Paraguay, der Niederung um die Lagune Ipoa, Tebicuary, Tebicuary-mi, Manduvira. Gegen den Paraguay streicht es aus und schickt noch einen Ausläufer oberhalb von Asuncion in den Chaco hinein. Dessenungeachtet kann der Fluß als Grenze angesehen werden. Einige kleine Höhen im Süden, in den Misiones, werden nicht berücksichtigt, da keine Berichte über sie vorliegen.[2])

Das südparaguayische Bergland zieht sich mit kuppenförmigen Bergen in ruhigen Linien hin; die höchste Erhebung im Süden erreicht 600 m (Geiersberg). Orographisch ist das südparaguayische Bergland keine Einheit, sondern in verschiedene Teile durch breite Talungen und beckenartige Vertiefungen aufgelöst, so daß wieder Teillandschaften entstanden sind, z. B. einzelne Bergzüge wie derjenige, der sich von Caballero bis Ibitimi hinzieht, und die Höhenzüge zu beiden Seiten der Pirayu-Senke. Einzelne Berge begleiten diese Höhenzüge, die auf der Nordseite der Senke sich steil aus dem Tal zu plateauartigen Rücken von 200 m relativer Höhe erheben, auf der Südseite zu niedrigen Zügen mit lebhaften Formen zusammentreten. Die Grenzlinie zwischen beiden Formen verläuft durch die Ipacaray-Pirayu-Senke nach Süden über Paraguari nach Ibitimi. Das im oberen Teil 1 km, im unteren 5—6 km breite Tal bildet eine gerade Linie. Der Talboden

---

[1]) Carnier: Paraguay, S. 35.

[2]) ebenda S. 39.

verläuft ganz flach, nur an den Rändern steigt er an. Das Gefälle ist äußerst gering, so daß bei Hochwasser des Paraguay eine breite Lagune entsteht. Also gehört diese Tallandschaft zu der zusammengesetzten Steppen-, Sumpf- und Überschwemmungslandschaft des Paraguay und ist gleichzeitig eine Teillandschaft des südparaguayischen Berglandes. Der Gesamttypus des Berglandes ist einfach, trotz des Wechsels der Oberflächenformen, der auf Wechsel des Gesteins und Verwerfungen beruht.[1]) Die Sandsteinbasis, auf der auch das südparaguayische Bergland ruht, nimmt die herrschende Stellung im Aufbau ein. Eruptiva treten mehr zurück. Im westlichen Gebiet dieses Berglandes bedingen Basalte, im zentralen Diabase wegen ihrer Härte die Höhe der Berge. Porphyr scheint hauptächlich im Süden vorzukommen.[2]) Beide Gesteine bestimmen die Oberflächenformen: nördlich und südlich der Pirayu-Senke wirkt der Sandstein formgebend mit plateauartigen Rücken und Tafelbergen, während weiter südlich das Eruptivgestein kegelartige Berge und mehr lebhafte Oberflächenformen erzeugt. Für den Wechsel der Formen innerhalb des südparaguayischen Berglandes kommt nicht nur die Verschiedenheit der Gesteine und die Wirkung der zerstörenden Kräfte in Frage, sondern es haben auch Verwerfungen der Abtragung vorgearbeitet.[3]) Das 50 km lange Ipacaray-Pirayu-Tal ist wahrscheinlich ein tektonisch angelegter und erosiv ausgestalteter, grabenartiger Einbruch, der von Nordnordwesten nach Südsüdosten streicht mit schwächeren Bruchlinien an den Seiten.[4]) Der Ipacaray-See ist nach Carniers Ansicht durch Abdämmung durch Sedimente des Paraguay entstanden.[5]) Die Richtung des Ipacaray-Pirayu-Tales, dieser Grenzlinie für die Oberflächenformen und Gesteinsarten, wiederholt sich bei kleinen Flüssen, in der Anordnung der Berge und in dem zum Tal parallelen Streichen des Sandsteins.[6]) Auch bei dem im Norden, Osten und Süden von schroff aufsteigenden Höhen begrenzten Becken von Paraguari ist wohl tektonische Anlage anzunehmen.[7])

Carnier glaubt, daß das südparaguayische Bergland einmal zur Tafel des Ostens gehört und tektonisch stärkere Bewegungen erlitten

---

[1]) Carnier: Paraguay, S. 45 u. 40.

[2]) ebenda S. 44.

[3]) Carnier: Matto Grosso, S. 32.

[4]) Carnier: Paraguay, S. 46.

[5]) ebenda S. 46.

[6]) ebenda S. 45.

[7]) ebenda S. 46.

habe als der Osten. Nach seiner Meinung ist der Süden Paraguays wie auch der Norden und Westen bei der Faltung der Anden beeinflußt worden, daher sei dieses westliche Gebiet mehr gestört.[1]) So darf das südparaguayische Bergland wohl als selbständiges Schollenstück gegenüber dem Amambay-Plateau angesehen werden, das innerhalb seiner Grenzen wieder wechselnden Vorgängen unterlegen ist. Die Ausbildung des Sandsteins ist bald mergelig, bald feinkörnig.[2]) Roter und gelber Sandstein kommt vor. Eruptivgestein hat Carnier nördlich vom Ipacaray-Pirayu-Tal nicht mehr festgestellt.[3])

Das südparaguayische Bergland wird nach allen Himmelsrichtungen gut entwässert. Es findet sich der Landschaftstyp des Trockenwaldberglandes auf den Höhenrücken, der Grassteppenberge auf den Porphyrrücken im Süden und ferner der Grassteppenbecken. Die reiche Entwässerung bewirkt rasche Abtragung. So zeigt der steile Hang der Cordillere von Altos viele vom Regen ausgewaschene tiefe, mit Gebüsch bewachsene Schluchten, die mit Felskegeln und nackten Steinmassen wechseln. Die Kuppen der höchsten Gipfel bestehen aus Olivindiabas, welcher der Verwitterung widerstanden hat. Wo diese schützende Decke fehlt, haben die zerstörenden Kräfte dem Sandstein arg zugesetzt und die Höhe der Berge erniedrigt.[4])

Das südparaguayische Bergland zerfällt orographisch in verschiedene Teile infolge der Entwicklung von Talungen und Becken. Besondere Teillandschaften sind: a) die Pirayusenke und ihre Umrahmung, eine sumpfige Flußniederung, eingerahmt von einem Bergland mit Trockenwald-Tafeln auf der Nord-Ost-Seite, mit Trockenwald-Kuppen auf der Süd-West-Seite;[5]) b) der südliche Teil des Berglandes, ein kuppiges Trockenwald-Bergland, im Bereich der Porphyr-Rücken: Grasland. Der größte Teil der Hügellandplatte darf mit dem guten Boden und dem günstigen Klima als Vorzugsbgeiet angesehen werden und ist sowohl ein vorzügliches Viehzucht- als auch ein lohnendes Ackerbaugebiet. An Rohstoffen liefern die viehreichen Steppen Felle und Häute. Die Tierwelt des offenen Landes ist reicher als die des dichten Waldes.

Ein wechselndes Bild im Bereich der Hügellandplatte bilden die Überschwemmungsstrecken der Flüsse bei Hochwasser. Ergänzungs-

---

[1]) Carnier: Paraguay, S. 47.
[2]) ebenda S. 41 u. 42.
[3]) ebenda S. 42.
[4]) ebenda S. 47.
[5]) ebenda S. 39.

landschaften sind dort vorhanden, wo trockene Platten mit Baumsteppen als Regenzeitweiden und nasse Niederungen als Trockenzeitweiden dienen.[1]) Die Waldinseln, die an nutzbaren Rohstoffen reich sind, bieten auch mit ihrem Laub eine willkommene Ergänzung des Viehfutters.

Im welligen Flachland wirkt der Mensch hauptsächlich als Viehzüchter und Ackerbauer auf die Landschaft ein. Durch Bestocken mit Vieh und Abbrennen der Weiden wird der Kamp verbessert.[2]) Durch Hackbau und Ackerbau ist in Paraguay an vielen Stellen aus der Naturlandschaft die Kulturlandschaft entstanden, vornehmlich im Paraguayflußtal und längs dessen Nebenflüssen. In der Hügellandplatte könnte noch viel mehr Land unter Kultur genommen werden. Gründliche Bewirtschaftung würde die Erträge erheblich steigern.

c) Die zusammengesetzte Steppen-, Sumpf- und Überschwemmungslandschaft der Paraguayflußtalung.

Das dritte Landschaftsgebiet, die zusammengesetzte Steppen-, Sumpf- und Überschwemmungslandschaft der Paraguayflußtalung bildet die Grenze zwischen dem östlichen zivilisierten Paraguay und dem nur an seinen Rändern erforschten Chaco. Aber auch zwei Landschaftsformen treffen am Paraguay zusammen: Nach Osten erstreckt sich das wellige Flachland, im Westen die fast tischebene Fläche des Chaco. So wie der Fluß auf seinem Ostufer zur Zeit der Überschwemmung weithin seine Herrschaft geltend macht und dadurch die Grenzen zwischen der Flußtallandschaft und dem welligen Flachland verwischt werden, so auch auf der Chacoseite. Erst bei einer Entfernung von 50—60 km vom Paraguay sind die Weiden im Chaco vor Überschwemmungen sicher.[3]) Ein breiter Gürtel undurchdringlicher Wildnis grenzt die Chacoebene vom Fluß ab, meistens ist die Landung unmöglich, stets erschwert durch Schilfrohr, Morast, Buschwerk, Schling- und Luftwurzelpflanzen.[4]) Selten ist der Blick über die Ebene frei. Wegen mangelnder Kenntnis des Landes kann auf der Chacoseite noch nicht endgültig zwischen Seen- und Überschwemmungsgebiet unterschieden werden.[5])

---

[1]) Chodat: Géographie Botanique du Paraguay, S. 512.

[2]) Steinbarth: S. 2.

[3]) Vallentin: Paraguay, S. 268.

[4]) Kreuth: Aus den La Platastaaten, S. 30.

[5]) v. Fischer-Treuenfeld: Paraguay, 1903. S. 4.

Der Paraguay fließt mit vielen Biegungen dahin, weist auch zahlreiche Inseln und Sandbänke auf, vornehmlich bei Asuncion.[1]) Der Fluß verändert seinen Lauf besonders bei Hochwasser oft — wie oben beschrieben — schneidet vorspringende Ecken Landes ab und schwemt das Material anderswo wieder an, bildet Inseln, verändert die zahlreichen Sandbänke. Häufig sieht man schwimmende Inseln, aus vom Ufer losgerissenen Pflanzen gebildet.[2]) Oft ragen Baumstämme aus dem Schlamm des Untergrundes empor und gefährden die Schiffahrt. Die Flußarme werden häufig verlegt. Der Paraguay erscheint durch die vielen Lagunen auf beiden Seiten breiter als er ist.[3]) Rengger glaubt nicht, daß das Wasser des Paraguay je die ganze Breite zwischen den Ufern erfüllt habe, sondern daß diese Breite durch die vielen Änderungen in Richtung und Strömung entstanden sei.[4]) Das Steigen und Fallen des Wassers geht sehr schnell und unregelmäßig vor sich. Der Fluß fließt ruhig in seinem Bett von Sand und Schlamm dahin.

Etwas südlich von der Einmündung des Salado bei Asuncion ziehen sich Hügel am Paraguay hin;[5]) von Ypyta bis Quarapoti ist das Ufer des Paraguay 40—60 Fuß hoch.[6]) Von Curupaity an begleitet eine „Barranca“ (=hohes Ufer) den Fluß, die bei Niedrigwasser 40 Fuß über dem Wasserspiegel bleibt. Die Barranca ist aus folgenden Schichten aufgebaut: an der Oberfläche liegt bis 1½ Fuß schwarze Erde, darunter eine 3—7 Fuß mächtige Tonschicht, unter dieser eine Sandschicht,[7]) die das Wasser berührt. Weiter im Norden tritt Sandstein ans Ufer, von tonigem Mergel unterlagert.[8])

Im ganzen zieht sich der Wald auf beiden Seiten des Paraguay hin. Der aus Urwaldriesen, dichtem Gestrüpp und Schlinggewächsen bestehende Wald wird ab und an von weiten, sumpfigen Strecken unterbrochen.[9]) Dieser herrliche Wald am Paraguay ist indes nur Kulisse. gleich hinter ihm breitet sich das Sumpfland aus.[10]) In diesem hat sich vornehmlich die Fächerpalme angesiedelt, die sumpfigen Boden liebt. Die Wachspalme, Copernicia cerifera. tritt in geschlossenen Beständen

---

1) Rengger: S. 395.
2) Carnier: Paraguay, S. 4, nebensteh. Abbildung.
3) Rengger: S. 374.
4) ebenda S. 484.
5) ebenda S. 9.
6) ebenda S. 16.
7) Rengger: S. 19.
8) ebenda S. 21.
9) Vallentin: Paraguay, S. 227.
10) Mevert: Ein Jahr zu Pferde, S. 58.

hauptsächlich von 20—25° S-Br. besonders am westlichen Ufer des Paraguay auf.[1]) Im Sumpf bilden Perys und Camelotes schwimmende Inseln.[2]) Während die Chacoseite immer denselben Typ zeigt, d. h. sumpfig und mit hohen Bäumen besetzt ist, ist das östliche Ufer abwechslungsreicher. Orangenbaumwälder und Zuckerrohrpflanzungen treten oberhalb von Humaita auf.

Nach Carniers Ansicht folgt auch der Paraguay einer tektonischen Linie,[3]) — wie bereits erwähnt. An zwei Stellen, wo die Gesteinslandschaften aus dem welligen Flachland in die Paraguayflußtallandschaften hineinreichen, durchbricht der Fluß anstehendes Gestein: denKalkstein im Norden bei San Salvador und weiter nördlich zwischen Cerro Peña hermosa und Apa und den Sandstein bei Asuncion. Wo im Norden bei Puerto Max der harte Kalkstein ans östliche Ufer tritt, wird die durch die Alluvionen aus dem Chaco bewirkte Verlegung des Flußbettes nach Osten verhindert, die in der Nähe des Wendekreises erfolgt.[4]) Demnach ist beim Paraguay eine kettenförmige Anordnung von abwechselnd engeren und weiteren Flußabschnitten festzustellen.

Das Flußtal bildet, je nach der Jahreszeit, ein verschiedenes Bild. Zur Trockenzeit ist am Ufer entlang ein Weg möglich durch niedriges sumpfiges Gebiet, einen Wald von Schilf und Schwertlilien. In der Regenzeit muß wegen der Überschwemmung des Flusses ein weiter Umweg gemacht werden: im Innern des Landes am Hang der Hügel entlang.

Im Überschwemmungsgebiet kommen Salzausblühungen überall da vor, wo die vegetabile Erde weggeführt ist, der Ton zu Tage liegt und Wasser sich ansammeln kann.

Etwas südlich von der Einmündung des Jejuy, also ungefähr vom 24. Grad an, begleiten an der Grenze des welligen Flachlandes ausgedehnte Sumpfgebiete den Paraguay, die vornehmlich im südwestlichen Winkel, zwischen Paraguay und Paraná, die größte Ausdehnung annehmen.[5]) Von Schilfdickicht umsäumte Lagunen mit jahreszeitlich stark wechselnder Wasserführung unterbrechen die eintönige Graslandschaft.[6]) Oft zwingen mehrere hundert Meter lange Wasserstrecken zu weiten Umwegen.[7])

---

1) Carnier: Matto Grosso, S. 19.
2) Vallentin: Paraguay, S. 57.
3) Paraguay, S. 28.
4) Fric: Pilcomayo, S. 213.
5) Rengger: S. 24.
6) Vallentin: Paraguay, S. 135.
7) ebenda S. 140.

Einzelne hohe Hügel — sog. Lomas — befinden sich in diesem der Überschwemmung ausgesetzten Gebiet, die nie unter Wasser gelangen;[1]) sie treten besonders häufig nahe dem Zusammenfluß von Paraguay und Paraná auf. Rengger nennt diese erhöhten Stellen: tierras altas oder lomas.[2]) Oft erheben sich diese Lomas nur wenige Fuß über dem höchsten Stand des Wassers zur Hochwasserzeit. Die tierras altas tragen Graswuchs.[3]) Die bei Rengger Seite 7 und 8 besprochenen Lomas darf man vielleicht als Uferwälle ansehen — vielleicht darum, weil Rengger ausdrücklich sagt, sie erscheinen besonders längs der Flüsse und Bäche, also kommen sie auch sonst in ebenem Gelände vor und sind vielleicht eher mit den von Carnier erwähnten durch Erosion herausgearbeiteten langen Wellenrücken zu identifizieren.[4]) An anderen Stellen braucht Rengger das Wort Loma eindeutig im Sinn von „Hügel" oder „Hügelzug", so Seite 5, 8, 10.

Da das Sumpfland mit seinen Lagunen weit vom Fluß landeinwärts reicht und lange Zeit unzugänglich ist, ergibt sich eine sehr ungenaue Grenze zwischen der flachwelligen Landschaft und der Flußtallandschaft des Paraguay. Auch an den Nebenflüssen entlang ziehen sich große Sumpfstrecken hin, so am Caniabe, Carapequa, Tebicuary. In den weiten Sumpfgebieten ist das Land so eben, daß es nach mehreren Seiten entwässert wird, wie oben erwähnt. (Die Lagune Ipoa zum Paraguay und Tebicuary, der Neembucu zum Paraguay und Paraná.)

Die andauernde Nässe schafft durch Infiltration des Bodens an Flüssen und Seen die Bedingungen für Waldwuchs im Grasflurgebiet.[5]) Edaphisch bedingt ist die Salzvegetation im Überschwemmungsgebiet, die Sandvegetation am Ufersaum der Flüsse und die Strauchvegetation auf Kalkboden.

Neben den Wasserscheidesümpfen bilden Grassümpfe mit verfilzter Grasdecke einen besonderen Landschaftstyp.

Eine kurze Zusammenfassung sei gestattet: Die Paraguayflußtalung ist eine zusammengesetzte Steppen-, Sumpf- und Überschwemmungslandschaft. Kettenförmige Anordnung mit Wechsel von engeren und weiteren Flußabschnitten tritt im Verlauf des Flusses hervor. Zahlreiche Pflanzenvereine treten innerhalb der zusammengesetzten Steppen-, Sumpf- und Überschwemmungslandschaft auf. Grassümpfe,

---

[1]) Rengger: S. 5.

[2]) ebenda S. 7.

[3]) ebenda S. 8.

[4]) ebenda S. 22.

[5]) Schimper: Pflanzengeographie, S. 405.

Wasserscheidensümpfe, Palmwiesen, Sumpfwiesen, Sumpfwälder. Im Querschnitt läßt sich das Paraguayflußtal gliedern in: Flußbett, Sandstrand, Überschwemmungsgebiet, Uferwald; dazu kommen noch Unterabteilungen, wie Inseln, Altwässer, außerdem streckenweise Uferwälle. Das jahreszeitlich verschiedene Aussehen ist charakteristisch.

In der Wechsellandschaft der Überschwemmungswälder erscheinen zur Hochwasserzeit viele Vögel, die sonst an den Fluß- und Seeufern leben. So bewirkt das Steigen und Fallen des Wassers auch ein Hin- und Herfluten der Tierwelt; darin kommt auf das Deutlichste die Abhängigkeit der Tierwelt von der Landschaft zum Ausdruck.

Reich an Ergänzungsformen ist die zusammengesetzte Steppen-, Sumpf- und Überschwemmungslandschaft. Der Wechsel von hoch- und tiefgelegenen Steppenplatten bietet Weiden zur Regen- und Trockenzeit. Die hochgelegenen, im Sommer trocken bleibenden Teile können als Vorzugsgebiete angesehen werden. An Wert gewinnt diese Landschaft durch das Vorkommen des Quebracho und die Ausnutzungsmöglichkeit von Salzsümpfen längs des Paraguay.

Durch Trockenlegung sumpfiger Gebiete, wie des Neembucu-Sumpfes, ließe sich noch viel nutzbarerer Boden gewinnen. Dasselbe gilt für die sumpfigen Gebiete im Chaco am Paraguay und am Pilcomayo.

d) Die Feuchtsteppen- und Parklandebene des Chaco.

Das vierte selbständige Landschaftsgebiet ist der Chaco, der von den beiden großen Flußtallandschaften des Paraguay und des Pilcomayo begrenzt wird. Der Chaco ist mit vielen Seen und Sümpfen bedeckt und wird von zahlreichen Flüssen durchzogen, die aber zur Trockenzeit bis auf den Pilcomayo alle versiegen. Seine Oberfläche ist völlig steinlos und gänzlich eben und läßt mit Ausnahme einiger Rücken in der Breite von Casado und des Ausläufers gegenüber von Asuncion weder Hügel noch Tafeln erkennen.[1]) Der Boden senkt sich von 300 m am Fuß der Anden auf 100 m im Südosten bei Asuncion.[2]) Die geringe Neigung ist nur mit Hilfe von Nivellierinstrumenten wahrnehmbar; sie beträgt westlich von Concepcion auf 100 km 17 m.[3]) Wegen der gleichmäßig ebenen Oberfläche lassen sich keine weiteren

---

1) Sievers: S. 228.
2) Lütgens: Quebracho, S. 20.
3) Carnier: Chaco, S. 18.

geographischen Einzelgebiete unterscheiden. Im Innern ist der Chaco so gut wie unerforscht.

Wie das wellige Flachland, so ist auch der paraguayische Chaco ein Teil des großen Tieflandgebietes. Der Chaco wurde während des größten Teils des Tertiärs vom Meer überflutet und wahrscheinlich erst im Pliocän trocken gelegt.[1]) Es ist das Gebiet der schwarzen Erde. Die Oberfläche ist nach Regen sumpfig, zur Trockenzeit, wenn alles stehende Wasser verdunstet, staubig.[2]) In der Diluvialzeit ist wiederholt in bestimmten Zwischenräumen Löß gebildet worden, der von ungefähr 40° südlicher Breite an auftritt und sich bis zum Wendekreis verfolgen läßt.[3]) Auch die Dünen am oberen Paraguay legen von der Tätigkeit des Windes Zeugnis ab. Ob es sich um Arbeits- oder Ruheformen handelt, geht aus der Literatur nicht hervor. Diese Entstehung der Bodendecke hält Carnier aber nur im Süden und im Westen des Chaco für wahrscheinlich, im Osten sprechen die Sedimente für fluviatile und lakustre Entstehung.[4]) Im Chaco liegen unter einer dünnen, meistens angeschwemmten Humusschicht alluviale Schichten von tonhaltigem Sand und schwarzer Pampaserde und stellenweise eine harte, undurchlässige Schicht. Daher erklärt sich das lange Stehenbleiben des Überschwemmungswassers, die Sumpfbildung im südlichen Paraguay und im Chaco und auch die Salzausblühungen.[5]) Schon nahe der Oberfläche trifft man auf Salzwasser von dunkler Farbe, dessen Salzgehalt nach unten zunimmt. Unter einer in 25—40 m Tiefe vorkommenden Tonschicht ist stets nur Salzwasser gefunden worden. Eine Erklärung steht noch aus, fehlt bis jetzt auch für das Vorkommen von nebeneinander liegenden Süßwasser- und Salzwasserbrunnen.[6]) Das Salz ist in Tonen und tonhaltigen Sanden vorhanden. Im allgemeinen nimmt das Wasser nach Nordwesten an Salzgehalt zu. Die großen Flüsse aus den Cordilleren führen Süßwasser, ihre Zuflüsse aber Salzwasser.

Die Chacoflüsse haben der geringen Neigung des Landes entsprechend einen langsamen, gewundenen Lauf, der Wechsel von Flußstrecken und Erweiterungen zu Seen zeigt. Die Flüsse sind in dem lockeren Boden verhältnismäßig tief eingeschnitten und verlagern nach heftigem

---

[1]) Vallentin: Paraguay, S. 268.
[2]) Franc: L'État économique du Paraguay central. Amérique. Mai 1925.
[3]) Steinmann: Diluvium in Süd-Amerika, S. 226 u. 227.
[4]) Carnier: Chaco, S. 19 u. 20.
[5]) Koebel: S. 241. v. Fischer:Treuenfeld, S. 30.
[6]) Lütgens: Quebracho, S. 22.

Regen ihr Bett nach rückwärts; dadurch erfolgt weitere Umlagerung des sedimentären Bodens.[1]) Ein breiter Saum des östlichen Chaco gehört zur Steppen-, Sumpf- und Überschwemmungslandschaft des Paraguayflußtales. Die Parklandschaft des Chaco stellt ein Übergangsgebiet vom Wald zur Steppe dar. Bodenfeuchtigkeit und -beschaffenheit entscheiden über die Herrschaft von Wald- und Grasland. Es ist eine innige Durchdringung von Grasflur und lichten Waldungen. Trockenwälder und kleine Gehölze ziehen sich zwischen den in 20—30 km Entfernung von einander entfernt fließenden Flüssen hin. Subtropische Feuchtwälder halten die Flußufer besetzt, soweit das Grundwasser reicht.[2]) Stellenweise treten die lichten Bestände der Fächerpalme an die Stelle der Grasflur. Auch die Wachspalme, Copernicia cerifera, kommt häufig bestandsbildend vor. Schon die kleinsten Unebeheiten machen sich im östlichen Chaco in einem Wechsel der Vegetation bemerkbar: An den tiefsten Stellen findet sich Grasflur, auf den mittleren offener Palmenwald, auf dem höchsten dornenreicher Buschwald.[3])

Typische Vertreter der Chacovegetation sind: Bromelia Serra Caraguata oder Cardo, die einen bestimmten Salzgehalt im Boden braucht; in ihren Blattscheiden hält sich das Wasser sehr lange in der trockenen Zeit, nach Herzog sogar Jahre lang;[4]) ferner Quebracho colorado (chaqueño), von großer wirtschaftlicher Bedeutung wegen seines harten Holzes und vor allem wegen seines Gerbstoffes; Palo Santo (Bulnesia Sarmienti), Cebil blanco (Piptademia Cebil), Algarobbe (Prosopis juliflora), letztere ein ertragreicher Fruchtbaum wie auch Chañar und Mistol. Nach Nordwesten soll kräftiger Buschwald größere Ausdehnung gewinnen. In diesem trockensten Gebiet zeigen Sukkulenten, Kakteen und zahlreiche Bromeliaceen das Anpassungsvermögen der Pflanzenwelt. Salzliebende Pflanzen sind im Überschwemmungsgebiet weit verbreitet.

Hinsichtlich der Ausgestaltung der Oberfläche ist der Chaco ein Gebiet der Schuttanhäufung, wie oben erwähnt. Noch heute bauen die Flüsse die Ebene weiter auf und veranlassen durch ihre Sedimente den Paraguay, einen Bogen nach Osten zu machen, überall da, wo nicht festes Gestein ihn hindert.[5]) Am Ostrand bewirkt die Überschwemmung Ablagerung.

---

[1]) Carnier: Chaco, S. 17 u. 20.

[2]) Sievers: S. 241.

[3]) Carnier: Chaco, S. 18.

[4]) Herzog: Tropische Pflanzenwelt Süd-Amerikas, S. 219.

[5]) Fric. Pilcomayo, S. 213.

Der Chaco, das vierte Landschaftsgebiet, bildet in orographischer und tektonisch-petrographischer Hinsicht eine Einheit. Er ist gänzlich eben, einheitlich aus tertiären Sedimenten aufgebaut. Der Chaco ist in klimatischer Hinsicht mehr extrem im Gegensatz zu dem übrigen Paraguay; daher wechselt das Landschaftsbild stark innerhalb des Jahres nach Regen- und Trockenzeit.

11. Die Pilcomayo-Flußtallandschaft.

Innerhalb des Chaco tritt uns als besondere Landschaft die Pilcomayoflußtallandschaft entgegen. Der Pilcomayo ist der bedeutendste Chacofluß; er bildet im Süden die Landesgrenze. Sein geheimnisvoller Lauf hat zu mehr als dreißig Expeditionen Veranlassung gegeben. In den Jahren 1906/08 haben mehrere deutsche Forscher unabhängig voneinander festgestellt, daß sich durch Reinigung des schilfbewachsenen Flußbettes im Mittellauf, wo der Fluß in einem großen Sumpfgebiet in zahlreiche Arme geteilt ist, eine Wasserstraße nach Bolivien herstellen läßt.[1]) Hervorgerufen wird das gewaltige Sumpfgebiet ,wie es heißt, ,,durch eine nord-südlich streichende Tonbank",[2]) die das Flußbett nicht zur Ausbildung kommen läßt, so daß infolge der starken Schlammzufuhr das Sumpfgebiet entstanden ist. Der Pilcomayo hat sich tief eingeschnitten. Das ganze Erdreich besteht aus schlammigen Alluvionen von roter Erde und weißem Lehm, ist vollkommen undurchlässig, so daß das Überschwemmungswasser nicht einsickern kann.[3]) Zur Trockenzeit ist der Fluß 1—1 ½ m tief.[4]) Die Ufer werden von Rohr, Schilfsumpf und dichtem Urwald eingenommen. Auch dieses Flußtal läßt eine kettenförmige Anordnung erkennen: 1. einfacher, jedenfalls nur wenig geteilter Lauf, der von den Cordilleren bis zu dem großen Sumpfgebiet reicht. 2. Das große undurchdringliche Sumpfgebiet. 3. Der in mehrere Arme geteilte Unterlauf. Im Querschnitt sind im Pilcomayoflußtal zu unterscheiden: Flußbett (Schwemmlandrinne, Tonrinne, Schilfsumpfrinne), Überschwemmungs-Talsohle, Uferwald (-Buschwald-Längsstufe).

Das Pilcomayoflußtal bildet eine selbständige zusammengesetzte Steppen-, Sumpf- und Überschwemmungslandschaft mit ebenfalls zahlreichen kleineren Landschaftstypen, wie Schilfsumpfrinnen,

---

[1]) Herrmann: Pilcomayo-Expedition. Z. d. Ges. f. Erdk. 1908. S. 526 bis 538.

[2]) ebenda S. 534.

[3]) Fric: Pilcomayo, S. 231.

[4]) Sievers: S. 239.

Sumpfwiesen u. a. Auch beim Pilcomayotal tritt kettenförmiger Landschaftsbau hervor.

Der paraguayische Chaco im ganzen betrachtet ist heutzutage noch ein sowohl durch Versumpfung als auch durch Wassermangel bedingtes Kümmergebiet. Die Abhängigkeit der Tiere und Menschen von der Landschaft wird besonders im Chaco deutlich. Die lang anhaltende Trockenzeit zwingt bei dem Absterben alles pflanzlichen Lebens und dem Austrocknen vieler Flußläufe und der meisten Lagunen Menschen und Tiere zu weiten Wanderungen, so daß zeitweise ganze Strecken im Chaco verödert daliegen. Bezeichnend ist, daß an den Flüssen die stärkeren, landeinwärts die schwächeren Indianerstämme leben, also ist der Chaco ein Rückzugsgebiet für Verdrängte.[1])

Nur am Ostrand ist das Gebiet wertvoller, denn es kommt am Paraguay neben anderen harten Holzarten die wichtigste Nutzform des Chaco, der Quebrachobaum, vor. Er hat jenen Gegenden erst Wert verliehen und die einträgliche Quebrachoindustrie entstehen lassen. So hat die Maschinenkultur den Rand des Chaco erobert. Die Quebrachofabriken sind „Kulturzentren in der Wildnis".[2]) Die Ausbeutung der Quebrachowälder wird durchaus als Raubbau betrieben; stellenweise findet sich Viehzucht in Verbindung mit der Quebrachoindustrie.[3])

Zu den schädlichen Zufallsformen sind die Heuschreckenschwärme zu rechnen, die besonders für den Chaco eine ständige Gefahr bilden.[4])

Durch Brunnengrabung in größerem Stil könnten chacoeinwärts weitere Strecken bewohnbar gemacht und der Wert der Landschaft erhöht werden.

Zusammenfassung.

Die Skizze Nr. 12 auf Tafel 3 stellt die vier Landschaftsgebiete und die einzelnen Landschaften Paraguays dar.

Im Osten sind vier Einzellandschaften innerhalb des großen Landschaftsgebietes des Amambay-Plateaus unterschieden worden, die dasselbe zusammensetzen.

In dem mittleren Landesteil treten fünf Gesteinslandschaften als Fremdkörper in dem sonst einheitlichen Landschaftsgebiet hervor.

---

[1]) Herzog: Vom Urwald zu den Cordilleren, S. 106.

[2]) Lütgens: Quebracho, S. 43.

[3]) ebenda S. 66.

[4]) Hennig: Die Landbauzonen, S. 431.

Innerhalb der großen zusammengesetzten Steppen-Sumpf- und Überschwemmungslandschaft des Paraguay wären bei genauerer Erforschung an den einzelnen Nebenflüssen Landschaften derselben Art in kleinerem Ausmaß zu sondern.

Im Landschaftsgebiet des Chaco bildet die Pilcomayo-Flußtalung eine gesonderte Landschaft.

C. Schlußbetrachtung.

In den bisherigen Ausführungen ist versucht worden, eine räumliche Landschaftskunde eines Gebietes zu geben, dadurch, daß die einzelnen Landschaften herausgehoben wurden. Die Abhängigkeit der Tiere und Menschen von der Landschaft und die Beeinflussung derselben durch den Menschen wurde gleichfalls betont.[1])

Um diese Landschaftskunde zu einer Landeskunde zu erweitern, müßten noch „Die Darstellung des Tierlebens in dem Raum, die Geschichte und Verbreitung des Menschen, seiner Siedlungen, seiner Wirtschafts- und Verkehrseinrichtungen, des materiellen und geistigen Kulturbesitzes" folgen unter Hinweis auf die jeweilige Abhängigkeit von der Natur des Landes.[2]) Zur Erklärung der jetzt bestehenden Verhältnisse müßte ferner nach Möglichkeit alles untersucht werden, was zu ihrer Entstehung beigetragen haben könnte, z. B. auch die Veranlagung des Volkes und die zufälligen Ereignisse in der Geschichte.

Literaturverzeichnis.

Amerlan, Alb.: Die Indianer des Gran Chaco. Globus 42, 1882. S. 183ff.
Andree: Geographie des Welthandels. 3. Bd. 1913. S. 158—162.
Annuario estadicio. Republica del Paraguay. 1915 u. 1916. Asuncion.
Argentinisches Wochenblatt. Buenos Aires. 10. 1. 1914.
Viehzucht und Viehverwertung im Norden Paraguays. Berichte für Handel und Industrie. Berlin. 17. Bd. 1912. S. 99—107.

[1]) Passarge: Vergl. Landschaftskunde. H. 4. Der heiße Gürtel. Vorwort, S. IV.

[2]) ebenda H. 1. Aufgaben und Methoden der vergl. Landschaftskunde S. 65.

Beschoren: Rio Grande do Sul. (kurzer Überblick über die Geschichte der ehemaligen Mission der Jesuiten in Paraguay. Pet. Mitt. Erg. H. 96. 1889. S. 58ff. Beyer, C.: Mapa de la Republica del Paraguay. Buenos Aires 1886.

Boletin del Ministerio de Agricultura de la Nacion. Buenos Aires. Juli/Septb. 1922.

von den Borght, Dr. Richard: Deutschlands wirtschaftliche Beziehungen zu Südamerika, in „Weltwirtschaft". 1917. S. 161—165.

von den Borght, Dr. Richard: Das Wirtschaftsleben Südamerikas insbesondere in seinen Beziehungen zu Deutschland, in: Bibliothek der Cultura-Latino-Americana. Nr. 1. Cöthen 1919. 227 S.

Bulletin of the Pan American Magazin 31. 5. 1915, u. andere.

Bulletin of the Pan American Union, Washington. 14. 4. 1913. 30. 11. 1915.

Burckhardt: Paraguay, Wirtschaftsleben u. Siedlungsleben, in: „Die deutsche Kultur in der Welt", Sonderheft. 2./3. Heft 6. Jahrg. 1920/21.

Burmeister: Physikalische Beschreibung der argentinischen Republik. 1. Bd. Buenos Aires 1875.

Buschan: Illustrierte Völkerkunde. 1. Bd. 1922. S. 293ff.

J. Butz: Eine Reise nach dem Niagara Südamerikas, den Wasserfällen des Yguazu. Buenos Aires 1894.

Carnier, Dr. K.: Verkehrswege und Verkehrsmittel in Paraguay, Mitt. der geogr. Ges. f. Thür. Jena 1910. 28. Bd. S. 1—9.

Carnier, Dr. K.: Paraguay, Versuch zu einer morphologischen Betrachtung seiner Landschaftsformen mit einer Skizze, ebenda 1911. 29. Bd. S. 1—50.

Carnier, Dr. K.: Reisen in Matto Grosso u. Paraguay. Mitt. d. geogr. Ges. in München 1911. S. 18—44. 6. Bd.

Carnier, Dr. K.: Skizzen vom paraguayischen Chaco u. von der engl. Mission unter den Lengua-Indianern, ebenda 1913. S. 16—32.

Carnier, Dr. K.: Einige Bemerkungen über isolierte Gebirge im Tiefland des Paraguay. Ebenda 1913. 8. Bd. S. 7—16.

Chavanne: Die Temperatur und Regenverhältnisse Argentiniens, in Veröffentlichungen der deutschen akademischen Vereinigung zu Buenos Aires. 1. Bd. 7. H.

Chodat, R.: Aperçu de la Géographie Botanique du Paraguay (par le professeur Dr. R. Chodat) recteur de la Université de Genève et par le docteur Hassler, Genève, i. Compte rendu des Travaux du neuvième Congrès International de Géographie 27. 7. — 8. 8. 1908. Genève. Her. 1910. S. 504—536.

Chodat, R.: La végétation du Paraguay VI.

Classen, Joh.: Gang und Einfluß des Passats und Antipassats im atlant. Gebiet Südamerikas. Diss. Bonn 1910. 124 S.

Commerce Reports. Washington. Nr. 102 u. andere (London).

Cronauer: Amerika, Geschichte seiner Entdeckung von der ältesten bis auf die neueste Zeit. 2 . Bd. S. 160—170.

Davie: Letters from Paraguay. London 1805.

Davis, Walter G.: Climate of the Argentine Republic. Buenos Aires 1902 u. 1910.

Decoud, Hector F.: Geografia de la Republica del Paraguay. Leipzig 1911.

Demersay: Land und Volk in Paraguay. Glob. 2. Bd. 1862. S. 65—76.

Deutsche Auswandererzeitung. Nov. 1920, Dez. 1919 u. andere.
Deutsche Kolonialzeitung. 16. 9. 1893.
Deutsche La Plata Zeitung. 14. 5. 1920; 31. 12. 1922. (Geestefeld.)
Diels: Pflanzengeographie. 1918. S. 77ff.
Drude, O.: Pflanzengeographie. Stuttgart 1890. S. 79ff., S. 524ff.
Drude, O.: Atlas der Pflanzengeographie. 1887.
Eckardt, W.: Die Landbauzonen der Tropen in ihrer Abhängigkeit vom Klima. Beihefte z. „Tropenpflanzer". 15. Jahrg. Nr. 8. Aug. 1911. S. 403—508.
Ehrenreich, P.: Neue Mitteilungen über die Guayaki. Glob. 73, 1898. S. 73—78.
Endlich: Die Rindviehzucht in den zentralen Teilen Südamerikas. Beihefte z. „Tropenpflanzer". 1901.
Engelbrecht, Th.: Landbauzonen der außertropischen Länder. Berlin 1899. S. 167ff.
Fiebrig, C.: Reseña Clima del año 1916, in „El Diario". Asuncion 9. 1. 1917.
v. Fischer-Treuenfeld: Paraguay, ein historischer Abriß. Separatabdruck aus der südamerik. Rundschau. H. 1—4. 1905. Berlin. S. 1—43.
v. Fischer-Treuenfeld: Die Entdeckung des Chaco und Boliviens. Z. f. Kolonialpolitik. Berlin 1904. 6. Jahrg. S. 820—827.
v. Fischer-Treuenfeld: Paraguay in Wort und Bild. 1903 u. 1906.
Fontana, L. J.: Temperatura y clima del Chaco im Boletino del Instituto Geogr. Argent. 1881. Tomo II Cuaderno XIV. S. 77—80. Tomo II Cuaderno XV. S. 90—95.
Frank: Paraguay. Lat. Amerika 1919. S. 685—689.
Franc: L'état économique du Paraguay central-Amérique. Mai 1925.
Fric, A. V.: Die unbekannten Stämme im Chaco Boreal. Globus 96. 1909. S. 24—28.
Fric, A. V.: Pilcomayo. Reise in den Chaco Central. Globus 89. 1906. S. 209ff. S. 229ff.
Friedrich, Ernst: Allgemeine und spezielle Wirtschaftsgeographie. Leipzig 1907.
v. Gemmingen: Die Entwicklung der Fabrikindustrie im lateinischen Amerika. 1909.
Geographical Journal. London, Februar 1896.
„Recent Discoveries in the Basin of the River Madre de Dios". (Bolivia and Peru by Clements R. Markham. C. B. F. R. S. S. 187—190.
G. Z. 1906. über Pilcomayo-Forschung von Argentinien. S. 346.
Goldschlag, M.: Beitr. z. Kenntnis der Petrographie Paraguays. Diss. Jena 1913. Der petrographische Aufbau Paraguays. S. 4—8. (nach Carnier).
Gothaischer Hofkalender. 1921. 1925.
Grisebach: Vegetation der Erde II. S. 381/383. 1884.
Guillen, Jose Paz: A traves del Gran Chaco. Relation de viaje de la Expedition Militar Boliviano en 1883. (Del departamento Tarija a la capital de Paraguay explorando el rio Pilcomayo. Buenos Aires 1886.
v. Gulich, C.: Paraguay in Bezug auf Ackerbau, Forstwirtschaft und Viehzucht. Deutsche Kol.-Zeitung. 1884. H. 5. S. 89/91.
Handbuch der Ostküste Südamerikas. 2. Bd. 1913. S. 163ff.

Hann: Handbuch der Klimatologie II. 1910. S. 415ff. Stuttgart. 3. Aufl.
Hann: Klima von Asuncion on Paraguay. Mat. Z. 1902. S. 131/133.
Hassert, K.: Allgemeine Verkehrsgeographie. 1913. S. 218, 244.
Heinze, Ed.: Der Matté- oder Parana-Tee. Seine Gewinnung und Verwertung, sein gegenwärtiger und künftiger Verbrauch. Beih. z. „Tropenpflanzer". 11. Jahrg. 1910. S. 1—63.
Hennig, Rob.: Die Landbauzonen der Tropen in ihrer Abhängigkeit vom Klima. 2. Zeil: Spezielles. I. Amerika. Beih. z. „Tropenpflanzer". 14. Bd. Nr. 4. Juni 1913. S. 251—438.
Hennig, R.: Ursachen und Wirkungen der klimatischen Gegensätze zwischen der atlantischen und der pazifischen Seite Südamerikas. Diss. Bonn 1910.
Herbertson, A.: The Distribution of the Rainfall over the Land. London 1901.
Herrmann: Pilcomayo-Expedition. Z. d. Ges. f. Erdk. 1906. S. 710/712.
Herrmann: Bericht Herrmanns über die Expedition. Ebenda 1908. S. 526 bis 538.
Herzog, Th.: Aus der tropischen Pflanzenwelt Südamerikas, in „Natur", Z. d. naturw. Ges. 1910. H. 14. S. 215ff.
Herzog, Th.: Pflanzenformation aus Ost-Bolivien. 7. Reihe, H. 6 u. 7 in „Vegetationsbilder von Ost-Bolivien", Her. v. Karsten u. Schenk. Jena 1909; desgleichen v. Südbrasilien. 1. Reihe ff.
Herzog, Th.: Vom Urwald zu den Gletschern der Cordilleren. 1913.
Herzog, Th.: Beitr. z. Kenntnis von Ost-Bolivien. Pet. M. 1910. 56. Jahrg. 1. Halbband. S. 136ff., S. 194ff. S. 199/200.
Hesse: Tiergeographie auf ökologischer Grundlage. Jena 1924.
v. Hesse-Wartegg, E.: Zwischen Anden und Amazonas. Stuttgart und Leipzig 1915. S. 431—493.
v. Hesse-Wartegg, E.: In den tropischen Urwäldern von Paraguay. Köln. Volkszeitung. 10. 4. 1915.
Hettner, A.: Regenverteilung, Pflanzendecke und Besiedlung der tropischen Anden in „Festschrift für Richthofen". Berlin 1893. S. 197—235.
Hettner, A.: Die Klimate der Erde. G. Z. 1911. S. 486ff, 675ff.
Hettner, A.: Besprechung von Voß: Niederschlag. G. Z. 1901.
Hirsch, Leo: Die geistige und wirtschaftliche Entwicklung der Republik Paraguay. 1913. Wien, Leipzig.
Huber, J.: Zur Entstehung der brasilianischen Kampos. Pet. M. 1902. S. 92—95.
Jerrmann, L.: Der Unterlauf des Igatimi und der Gran Salto Guaira des Alto Parana mit Kartenskizze in Mitt. d. Geogr. Ges. zu Hamburg. 14. Bd. 1898. S. 1—28.
Jerrmann, L.: Reise durch das Flußgebiet des Rio Ipane mit Kartenskizze, ebenda. 15. Bd. 1899. S. 25—44.
Jerrmann, L.: Reise in die Gummidistrikte Ost-Boliviens. Pet. M. 1904.
Johnston, Keith: Klima von Paraguay, i. Z. d. öst. Ges. f. Meteorologie. 1876. S. 136/138.
Kaerger: Landwirtschaft und Kolonisation im spanischen Amerika. 1901. 1. Bd. S. 315—352.
Kasdorf, O.: Der Wirtschaftskampf um Südamerika. Berlin 1916.

Katzer: Zur Frage der Entstehung und Einteilung der brasilianischen Kampos. Pet. M. 1902. S. 190/192.
Keicher: Bilder aus Paraguay. Deutsche Auswanderer-Zeitung. 1921.
Kersten, Ludw.: Die Indianerstämme des Gran Chaco bis zum Ausgang des 18. Jahrhunderts in: Internat. Archiv f. Ethnographie. 17. Bd. 1905. S. 1—75.
Koebel, W. H.: Paraguay. The South Am. Series. London. 2. Aufl. 1919.
Koch, Theod.: Zum Animismus der südamerik. Indianer. Suppl. Bd. 13. v. internat Archiv f. Ethnographie. 1901.
Koch-Grünberg: Die Lengaes in Paraguay. Glob. 78. 1900. S. 217—220.
Koegel, Ludw.: Das Urwaldphänomen Amazoniens. München 1914.
Köln. Zeitung 7. Okt. 1913. Leonore Nießen-Deiters. Ein Steinzeitvolk des 20. Jahrhunderts. S. Nr. 116.
Köln. Volkszeitung, s. Nr. 75. v. Hesse-Wartegg: In den tropischen Urwäldern von Paraguay.
Koenigswald, H.: Cayuas. Glob. 93. 1908. S. 576/581.
Kreuth, W.: Aus den La Plata-Staaten. Wien. Leipzig 1891.
Lamp, K.: Zur Charakteristik der gesitteten Ureingeborenen. Globus 42. S. 28—30. 1882. Latein-Amerika 1922 und andere.
Lufft, Herm.: Die nordamerikanischen Interessen in Südamerika vor dem Krieg. Jena 1916.
Lütgens, Rud.: Beitr. z. Kenntnis des Quebracho-Gebietes in Argentinien und Paraguay. Mitt. d. Geogr. Ges. in Hamburg. 1911. S. 1—70.
Lütgens, Rud.: Grundzüge zur Entwicklung des La Platasystems. Weltwirtsch. Archiv. Jena. 17. Bd. 1922. S. 359—374.
Mangels: Wirtschaftliche, naturgeschichtliche und klimatol. Abhandlungen aus Paraguay. Asuncion 1904.
Mayntzhusen: Über Guayakis, in Verhandlungen der Schweizer naturforsch. Ges. 1917/18. S. 289/90.
Meißner, W.: Das wirtschaftliche Vordringen der Nordamerikaner in Süd-Amerika. Bibl. der Cultura Latino Americana 1919. Nr. 2. Her. v. L. Schädel.
Merkblatt Nr. 12 des Reichswanderungsamtes. Septb. 1920.
Mevert, E.: Reisebriefe aus Paraguay. Wandsbek 1883.
Mevert, E.: Ein Jahr zu Pferde. Reisen in Paraguay. Wandsbek 1883.
Mevius: Vorposten deutscher Kultur in Elgran Chaco. Archiv f. Post und Telegraphie. Berlin 1902. S. 774/777.
Miller, Benj.: The Mineral Deposits of South America. London 1919. S. 434 bis 436.
Latein-Amerika 1922 u. andere.
P. Werner von und zur Mühlen: An den Grenzen dreier Republiken. Deutsches Volksblatt von Porto Allegre. 15.—20. Okt. 1913.
Relation des missions du Paraguay, trad. de l'Italien de M. Muratori. Paris 1846.
Nachrichtendienst des deutschen Wirtschaftsverbandes für Süd- und Mittel-Amerika. 29. 9. 1917.
Nachrichtenblatt des Reichswanderungsamtes. 1. 11. 1921.

Niederlein, G.: Gutachten für Herrn Baron Hirsch über die Kolonisationsfähigkeit Paraguays und der argent. Territorien Misiones, Formosa und Chaco Austral. Buenos Aires 1892.

Nießen-Deiters, Leonore: Vom La Plata an die Fälle des Iguassu. Kölnische Zeitung 26., 27., 29., 30. Aug. 1913.

Nießen-Deiters, Leonore: Ein Steinzeitvolk in Südamerika. Köln. Zeitung v. 7. 10. 1913 u. andere.

Nordenskiöld, Erland: Wälder, Streifzüge in Südamerika. Frankfurt am Main 1910.

Nordenskiöld, Erland: Indianerleben. (El gran Chaco) Leipzig 1912.

Olshausen: In Süd- und Mittelamerika. 26. 10. 1910.

The Pan American Magazine. 1919. S. 273—276. Industrial Resources of Paraguay.

The Pan American Union: Paraguay. General Descriptive Data. Washington 1919.

Paraguay im Nachrichtendienst des deutschen Wirtschaftsverbandes für Süd- und Mittelamerika. 1916—1919.

Pape, Cap.: El gran Chaco y sus rios in Bolet. Inst. Geogr. Argent. 1889. S. 242 bis 248, 252—276.

Passarge, S.: Vergleichende Landschaftskunde I u. IV. Berlin 1922.

Passarge, S.: Die Grundlagen der Landschaftskunde. I.—III.

Pfannenschmidt, E.: Die Landwirtschaft in Paraguay. Berlin 1914/15. T. 1 u. 2.

Pilger: Beitr. z. Flora v. Matto Grosso. Engl. bot. Jahrb. 30. Bd. 1901. S. 207—238.

Preuße-Sperber, O.: Süd- und Mittelamerika, seine Bedeutung für Wirtschaft und Handel. 1913.

Quelle, O.: Die Heimstättengesetze von Argentinien und Paraguay, i. Mitt. d. deutsch-südamerikan. Instituts. 1909. S. 2—9.

Ratzel, Fr.: Anthropogeographie. 2. Bd. 1899. 2. Aufl. S. 113ff. Stuttgart.

Ratzel, Fr.: Die Erde und das Leben. 2. Bd. 1902. Leipzig und Wien.

Gardener Reed., Will.: South America Rainfall Types, in Quaterly Journal of the Royal Meteorological Society. London 1910. Bd. 36. S. 49—59.

Regel, F.: Das lateinische Amerika. Separat-Abdruck aus K. Andrees Geographie des Welthandels. 1913.

Regel, F.: Argentinien. 1914. Frankfurt a. M.

Rengger, Joh. Rud.: Reise nach Paraguay in den Jahren 1818/1826. Her. v. A. Rengger. Aarau 1835.

Rewald, B.: Bilder aus Paraguay. Hamb. Fremdenblatt 30. 1. 1921, 1. 10. 1920.

Rodriguez, Serafim Rivas: Contribucion al estudio del Clima del Paraguay. Asuncion 1890.

Rolf, H.: Die wirtschaftliche Erschließung Paraguays; im Brasilian. Notiz-Anzeiger. Hamburg 1. 6. 1914. Mapa de la Republica del Paraguay con los ultimos datos geograficos par Cleto Romero Bruxelles 1897.

Genaro Romero: Paraguay, Handbuch f. Einwanderer. Asuncion 1914. Übersetzt u. herausg. v. L. Rehwinkel. Berlin 1914.

Schade, G.: 17 Jahre in Paraguay ansässig, i. Mitt. d. landw. Ges. Berlin 1. 2. 1912.

Schimper: Pflanzengeographie auf physiolog. Grundlage. Jena 1898.

Schmied, Adalb. u. Arn.: Lösung des Pilcomayo-Problems. Glob. 94. 1908. S. 11—15.

Adalb. Schmieds Reise am Pilcomayo. Glob. 96. 1909. S. 163ff.

Ulr. Schmiedels Reise nach Südamerika in den Jahren 1534—1554; n. d. Münch. Handschrift. Dr. Val. Langmantel. Tübingen 1889.

Schneider, H.: Die Bodenverhältnisse in Paraguay. Deutsche Kol.-Zeitung. 1884. H. 8. S. 149/150.

Schneider, H.: Das Klima v. Paraguay. Ebenda. H. 1, S. 4—9; H. 2. S. 32—35

Schurz: Paraguay a commercial handbook. Washington 1917.

Scobel: Geogr. Handbuch. 2. Bd. Paraguay S. 474/475. 5. Aufl. Leipzig und Bielefeld 1910.

v. Siemiratzki, J.: Über Carnier: Paraguay. Pet. M. 1912. S. 237.

v. Siemiratzki, J.: Geol. Reisebeobachtungen in Süd-Brasilien. Sitz.-Ber. der. k. k. Ak. d. Wiss. Wien. 1898. 107 Bd. Abt. 1. S. 23ff.

Sievers: Süd- und Mittelamerika. 3. Aufl. Leipzig und Wien 1914. Paraguay. S. 222ff.

Simon: Gran Chaco und Pampas. Deutsche Rundschau f. Geogr. u. Statistik. 1910. S. 529—540.

The South American Journal.

Stappenbeck, R.: Die Minerallagerstätten Südamerikas u. ihre wirtschaftl. Bedeutung für das deutsche Reich. Buenos Aires 1916.

Statesman's Yearbook 1918. 1923. 1925.

Steinbart, O.: Die Regierungskolonien Antequera u. Rosario Lomas. Buenos Aires 1914.

von der Steinen, K.: Durch Zentralbrasilien. Expedition zur Erforschung des Schingu. 1886.

Steinmann: Diluvium in Südamerika. Z. d. deutschen Geol. Ges. 1906. S. 215—229.

Sturm, Ivo: Bilder aus Paraguay. „Übersee" 30. 8. 1919.

Supplement to Commerce Reports. 9. 4. 1920.

Toeppen, H.: 100 Tage in Paraguay. 1885.

Tripp: M. Inst. C. E. E. R. Met. Society. South American Rainfall south of the tropics i. Scobl Geogr. Magazine 1889. S. 297—301.

Vogler: Was muß der Auswanderer von der Republik Paraguay wissen? 1919.

Vallentin, W.: Das Deutschtum in Südamerika. 1908. S. 72—79.

Vallentin, W.: Paraguay, das Land der Guaranis. Berlin 1907.

Voß, L.: Die Niederschlagsverhältnisse in Südamerika. Erg. H. 157 zu Pet. M. 1907.

Walle, P.: Bolivia. London und Leipzig.

Weltwirtsch. Nachrichten. Kiel 23. 2. 1920.

Werle: Deutsche Kulturarbeit in Südamerika. 1909. S. 49ff.

Wirtschaftlicher Nachrichtendienst. 23. 10. 1918.

Verh. der Schweiz. naturforsch. Gesellsch. 1917/18. S. 72ff. Chodat: Un voyage au Paraguay.

Yuberes, L.B. y Antunez, A.F.: Industria Nacional en la Asuncion del Paraguay. Asuncion 1897.

Z. f. Kolonialpolitik, Kolonialrecht, Kolonialwirtschaft. 1905. O. Cannstatt: Der Jesuitenstaat in Paraguay. S. 346—361.

Die südostspanische Steppe

von

Dr. **Gertrud Niemeyer,** Hamburg.

(Mit 14 Karten auf Tafel 4 und 5 und 7 Textfiguren, sowie 6 Abbildungen auf Tafel 6, 7 und 8) mit einem Nachwort von Prof. Dr. **S. Passarge.**

Inhalt.

Seite

A. Allgemeiner Teil ... 133
1. Allgemeines über Spanien ... 133
2. Orographie und Geologie des andalusischen Faltensystems, besonders des östlichen Teiles ... 134
3. Oberflächenformen ... 139
4. Bewässerung ... 140
5. Klima ... 143
6. Bodenbildung ... 152
7. Pflanzendecke ... 156
8. Der Mensch in der Landschaft ... 161

B. Spezieller Teil ... 170
1. Kartenmaterial und wichtigste Literatur ... 170
2. Versuch einer landschaftskundlichen Darstellung ... 187
A. Die Provinz Murcia ... 187
B. Campo von Dalias u. Campo von Nijar ... 200

C. Zusammenfassendes Ergebnis der Untersuchung ... 207

D. Literaturverzeichnis ... 211

Nachwort von S. Passarge ... 214

Die vorliegende Arbeit will untersuchen, wie weit eine landschaftskundliche Darstellung der spanischen Litoralsteppe auf Grund der Literatur möglich ist. Das Gebiet erstreckt sich an der Küste Südostspaniens vom 0.° bis zum 3.° westlicher Länge durch die Provinzen Alicante, Murcia und Almeria und dringt im Norden etwas über den 33. Breitengrad hinaus in die Provinz Albacete vor. Textfigur 1 zeigt das behandelte Gebiet.

A. Allgemeiner Teil.

1. Allgemeines über Spanien.

Eine wichtige Vorbedingung für das Verständnis der Natur des Landes ist die Kenntnis seiner Lage in Beziehung zu den benachbarten Land- und Wassermassen. Ehe wir uns der Betrachtung der Litoralsteppe zuwenden, müssen wir daher kurz die charakteristischen Züge der Iberischen Halbinsel kennen lernen. Diese ist ein großes Tafelland, das im Norden durch die Pyrenäen vom europäischen Kontinentalrumpf getrennt wird und sich ungefähr zwischen dem 44. und dem 36. Breitengrad erstreckt, im Westen von 9° 30′ westlicher Länge, im Osten vom 3.° östlicher Länge begrenzt wird. Die Westhälfte grenzt an den Atlantischen Ozean, während die Osthälfte vom Mittelmeer bespült wird. Die Hauptmasse der Halbinsel wird von dem zentralen Tafelland eingenommen, das sich an seinen Rändern zu Gebirgen aufwölbt. Im Norden und Süden der östlichen Hälfte erhebt sich außerdem je ein jüngeres Faltengebirgsland, das im größten Teil seines Verlaufs von der Zentralmasse getrennt wird. Es sind dies im Norden die Pyrenäen, die mit dem Cantabrischen Gebirge in Verbindung stehen, im Süden das Andalusische Faltenland. Die beiden trennenden Tiefländer sind im Norden das Ebrobecken und im Süden das Guadalquivirbecken. In diesen Faltenländern erreichen die Gebirge der Halbinsel ihre größte Höhe, annähernd 3500 m; für die Klimaentwicklung ist dies von besonderer Bedeutung. Das zentrale Tafelland hat eine mittlere Höhe von 810 m und wird durch die ihm aufsitzenden Gebirgszüge in verschiedene Teile gegliedert.

2. Orographie und Geologie des Andalusischen Faltensystems, besonders des östlichen Teiles.[1])

Genauer soll hier nur auf das andalusische Faltenland eingegangen werden, da dieses für die Litoralsteppe von Bedeutung ist, die sich in seinem östlichen Teil erstreckt, ungefähr vom Cap de la Nao bis

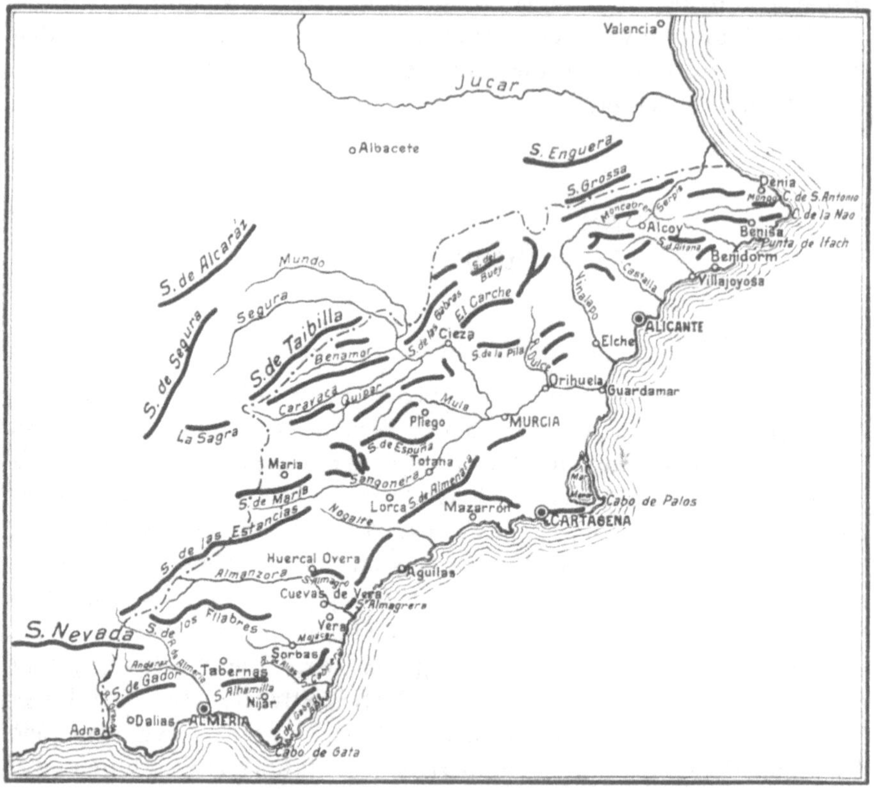

—·—·— Umgrenzung des im allgemeinen Teil behandelten Gebietes.

Fig. 1. Übersichtskarte (nach Stieler).

nach Adra, westlich von Almeria. Als Grundlagen für die nachfolgenden Betrachtungen dienen die Ausführungen von Theobald Fischer. Zum andalusischen Faltenland gehört das ganze Gebiet südlich der Guadalquivirbucht und des iberischen Tafellandes bis zum Cap de la Nao. Dieses Gebirge[2]) wurde zu Ende der Kreidezeit durch einen von Süden und Südosten her erfolgten Zusammenschub emporgefaltet; die fal-

---

[1]) Vergl. hierzu die Übersichtskarte, Textfigur 1.

[2]) Fischer: 1893, S. 535.

tenden Vorgänge dauerten aber nur während der Tertiärzeit fort bis in den Anfang des Pliozäns hinein, wo die Meerenge von Gibraltar sich bildete und das bis dahin vom Meer umspülte Guadalquivirbecken dauernd Festland wurde. Die Sierra Nevada, der höchste Teil des Faltenlandes, hat erst in der Miozänzeit ihre Höhe erreicht. Die Sedimente des oberen Miozäns lagern häufig, wenn auch stellenweise bedeutend gestört, fast wagerecht, dabei bis zu Höhen von 1000 m emporgehoben. Für die Oberflächenform des ganzen Gebietes ist dies eine wichtige Tatsache, die sich auf weite Strecken hin, vor allem im nordöstlichen Teil des andalusischen Faltenlandes, also im Gebiet der Litoralsteppe bemerkbar macht; eine anscheinend geringere Faltungsintensität unterscheidet diesen Teil außerdem von dem übrigen Faltenland; die Faltenlandnatur tritt hier der Plateauentwicklung gegenüber zurück. Das Faltenland besteht, seiner Entstehung entsprechend, aus einer Reihe langgestreckter, mehr oder weniger paralleler Gebirgsketten, die aber eine gewisse Länge nicht überschreiten, da eine Reihe von Querbrüchen trennend dazwischen stehen. Diesen Querbrüchen entspricht jedesmal ein Flußtal; für unser Gebiet kommt das des Almeria in Betracht. Außer diesen Querverwerfungen, wird durch eine Reihe von Längsverwerfungen, die teilweise richtige Einbruchskessel darstellen, eine Art orographischer Längsfurche durch das ganze Faltenland gelegt, die in zweifacher Weise von Bedeutung ist: einmal bildet sie die geologische Grenze zwischen dem inneren, südlichen, vorwiegend aus archäischen und paläozoischen Gesteinen aufgebauten Gürtel, und dem äußeren, nördlichen, der aus mesozoischen und tertiären Schichten besteht. Der innere Gürtel enthält die höchsten Ketten und Gipfel und stellt ein wirkliches Hochgebirge mit wilden Formen dar, während der äußere Gürtel bedeutend niedrigere Ketten in sich zusammenfaßt. Für den Nordosten, also das Gebiet der Litoralsteppe, fällt diese Erscheinung allerdings nicht mehr stark ins Gewicht, da der südliche Gürtel schon bedeutend westlicher seinen Abbruch findet als der nördliche und nur für einen kleinen Teil der Küstensteppe in Betracht kommt. — Mit der großen Längsbruchfurche ist außerdem eine Änderung in der Streichungsrichtung verknüpft: die im Süden fast genau westöstliche Richtung geht im Norden in eine ungefähr südwestnordöstliche über. Theobald Fischer scheidet hiernach das andalusische Faltenland in das andalusische Diagonal- und das andalusische Äquatorialsystem. — Durch die große Längsfurche ist der natürliche Verkehrsweg im Innern des Faltenlandes gegeben, der durch eine Reihe wichtiger Siedelungen gekennzeichnet wird und auch für die Hydrographie von Bedeutung ist.

Charakteristisch für das ganze andalusische Faltenland ist, daß die Gebirgsketten nach der Mittelmeerseite zu höher und steiler sind als landeinwärts; nach innen zu nimmt die Neigung der Schichten mit dem Alter der Formationen immer mehr ab, so daß die Miozänschichten nur noch streckenweise gefaltet sind und teilweise bereits ganz flach lagern. Sie bilden so Hochflächen, die besonders auffällig in der Provinz Murcia in die Erscheinung treten. Nach Fischer erheben sich in Murcia und Alicante „schmalen Inseln ähnlich, die aus gefalteten, vielfach noch durch Längsbrüche zerstückten Schichten des Jura, der Kreide und des Eozän, hier und da auch der Trias gebildeten Ketten, die alle Südwest-Nordoststreichen haben, mit meist geringer relativer und absoluter Höhe über die einförmigen Hochflächen oder das flachwellige Hügelland aus jüngerem marinem Tertiär." Infolge dieser flächenhaften Lagerung der Schichten und der geringen Faltungsintensität ähnelt der Charakter des andalusischen Faltenlandes hier im Nordosten sehr dem des zentralen Hochlandes, in das es hier auch allmählich übergeht. Dieser Unterschied den anderen Randlandschaften gegenüber macht sich sowohl in klimatischer als auch in verkehrsgeographischer Beziehung bemerkbar, indem hier ein Klima ähnlich dem des Tafellandes herrscht und sich die beiden für Kastilien wichtigsten Mittelmeerhäfen entwickeln konnten, Alicante und Cartagena.

Für die Litoralsteppe und ihre Grenzgebiete kommen folgende Gebirgszüge in Betracht: westlich von Almeria erhebt sich die triassische Sierra de Gador, die sich nach Osten in der teils archäischen, teils triassischen Sierra de Alhamilla fortsetzt. Zwischen dieser und der weiter landeinwärts gelegenen Sierra de los Filabres, die wie auch die beiden erstgenannten Sierren westöstliches Streichen hat, erstreckt sich eine breite Pliozän- und Alluvialebene, die im Bereiche des Horcajar, eines Nebenflusses des Rio Almeria, als Campo de Tabernas bezeichnet wird. Die Gebirge, besonders die der Vorkette, sind infolge des starken Gefälles der Flüsse und der oft nach langer Trockenheit verheerend wirkenden Regengüsse von tiefen Schluchten durchsetzt; die Flüsse bilden breite Geröllbetten, die sogenannten Ramblas. Auf ähnliche Verhältnisse im Tertiär deutet die von Adra an ostwärts der Küstenkette vorgelagerte breite pliozäne Ebene hin, die nach Fischer als tertiäre Deltaablagerung aufzufassen ist.

Die Sierra de Alhamilla, die bis zu 1446 m aufsteigt, setzt sich nach Osten in der Sierra de Cabrera fort, von der sie durch eine Pliozänmulde getrennt ist. Beide Sierren bestehen aus archäischen Schiefern und anscheinend triassischen Kalken und sind reich an Eisenerzen. —

Am Westende der Sierra de los Filabres zweigt eine nordöstlich streichende Kette ab, die die große Längsbruchfurche im Süden begrenzt, die Sierra de las Estancias. Auch diese beiden Gebirge bestehen aus alten, wahrscheinlich archäischen Schiefern und kristallinem Kalk.[1]) Die Sierra de las Estancias bleibt unter 1500 m, wogegen die Sierra de los Filabres bis zu 2080 m aufragt. Getrennt werden die beiden Gebirge durch das Tal des Almanzora, das vorwiegend aus wagerecht lagernden Schichten marinen Miozäns gebildet wird, die sich aus Sandstein-, Konglomerat- undMergelablagerungen zusammensetzen. Im Norden, am Fuß der Sierra de las Estancias, werden diese Sedimente überdeckt von einer Schicht festverkitteter Diluvialkonglomerate, in welchen vielfach sich Höhlendörfer finden. Das ganze Gebiet ist reich an Bodenschätzen, besonders an silberhaltigen Erzen. Die längs der Küste sich hinziehende schmale Sierra de Almagrera muß hier auch noch Erwähnung finden; sie setzt sich unter ständigem Namenwechsel in nordöstlichem Streichen bis fast an die Mündung des Segura fort und wird in ihrem Hauptteil Sierra de Almenara genannt.[2]) Dieser schmale, niedrige Rücken trennt das Gebirgsland von Murcia von der sanft gegen das Meer hin geneigten Ebene von Cartagena und dem breiten, niedrigen Hügelland. Auch hier überwiegen wieder wagerechte Schichten marinen Miozäns, nach der geologischen Karte auch große Flächen quartärer Ablagerungen, aus denen das alte Gebirge nur in flachen Rücken auftaucht. Mit diesen alten Gesteinen verknüpft sich häufig, wie z. B. in der schmalen, öden Sierra von Cartagena, erfolgreicher Bergbau auf Blei und Silber.

Auch im Außengürtel herrschen tertiäre Ablagerungen, besonders marines Miozän, durchaus vor. Fand doch in der Miozänzeit durch dieses Gebiet und die Guadalquivirbucht die Verbindung zwischen Ozean und Mittelmeer statt. Die Höhen bleiben hinter denen des Äquatorialsystems zurück und nehmen noch Nordosten zu immer mehr ab. Kalksteine sind weit verbreitet, in Gemeinschaft mit den salzhaltigen tertiären Ablagerungen drücken sie dem ganzen Gebiet den Stempel großer Unfruchtbarkeit auf. Bodenschätze sind vorhanden, aber in geringerer Menge als im Südgürtel.

Für die Litoralsteppe kommt nur der östliche Teil des Diagonalsystems in Betracht. Die Sierra de Segura, das Quellgebiet des Seguraflusses, das sich in nordnordöstlicher Richtung in der Sierra de Al-

---

[1]) Fischer: 1893, S. 641.
[2]) Fischer: 1893, S. 641.

caraz fortsetzt, besteht. wie auch diese letztere. aus gefalteten Triasschichten. Die Sierra de Segura liegt auf der Wasserscheide zwischen Guadalquivir und Segura; diese Scheide erreicht ihren höchsten Punkt aber erst in der weiter östlich gelegenen Sagra Sierra. einem steilen Jurakalkmassiv, das sich mit einer absoluten Höhe von 2400 m 1500 m über das südlich davon gelegene Tertiärbecken des Guadiana Menor erhebt. Am Nordabhang der Sagra Sierra finden sich Kreideschichten, die sich in einem schmalen Rücken, der Sierra de Taibilla, in nordöstlicher Richtung bis an den Segura erstrecken. Südöstlich des Guadiana Menor-Beckens erstreckt sich parallel der jenseits des großen Längsbruchs liegenden Sierra de las Estancias die jurassische Sierra de Maria, die sich nach Nordosten hin in mesozoischen Ketten fortsetzt und in der Sierra de Espuña. einem Kalkgebirge, das steil über dem Sangoneratale bis zu mehr als 1600 m aufragt. seine größte Höhe erreicht. Diese Sierra wird im Osten von dem Durchbruchstal des Segura begrenzt. Zwischen der Sierra de Taibilla und der Sierra Espuña findet sich eine Reihe weiterer nordöstlich streichender mesozoischer Ketten, deren Aufzählung hier aber zu weit führen würde, da sie von untergeordneter Bedeutung sind. Jenseits des Seguratales setzen sich die parallelen Ketten fort in Kalkgebirgen, die vorwiegend der Kreideformation angehören. Sie nehmen immer mehr an Höhe ab, ragen im Moncabrer nördlich von Alcoy aber noch einmal zu fast 1400 m auf. Getrennt werden sie voneinander durch salz- und gipshaltige Tertiärmulden. In der Umgebung des Cap de la Nao brechen die Ketten. die hier wieder dichter zusammentreten, steil zum Meere hin ab. Sierra Grossa und Sierra Enguera sind die nördlichsten Züge des Diagonalsystems, das hiermit an die valencianische Küstenebene angrenzt. Die Ketten nordöstlich vom Vinalapo zeichnen sich durch größeren Wasserreichtum vor den anderen aus. Die pliozänen Mergel der Flußtäler sind längst ausgelaugt und. da sie aus zahlreichen Quellen der Kalkberge bewässert werden, sehr fruchtbar. Die aus Kalkstein bestehenden Gebirge selbst sind dagegen auch hier kahl. höchstens mit dürftigen Kieferwaldungen bestanden.

Zu den genannten Formationen bilden die Gebiete mit Ergußgesteinen eine wichtige Ergänzung. Längs der mediterranen Steilküste findet sich eine Anzahl von Durchbrüchen jungeruptiven Gesteins, in größter Ausdehnung in der Sierra des Cap Gata, die. aus Trachyten, Andesiten und Tuffen bestehend. sich 24 km lang hinzieht. Etwas weiter landeinwärts verläuft die kürzere, nur 10 km lange Serrata de Nijar. — Weiter nach Nordosten zu treten solche jungeruptiven Gesteine noch mehrfach in der Nähe der Küste auf, z. B. bei Vera und östlich von Cartagena.

Was die Küstenbildung anbetrifft, so haben wir es in der Hauptsache mit einer Längsküste zu tun, die meistens schroff zum Meere abfällt. Zwischen Cap Gata und Cap Palos zeigt sie sich nach Willkomm[1]) als hohe, stark zerklüftete, unmittelbar zum Meere abfallende Felsmauer, die nur an den wenigen Hafenplätzen und den Mündungen der Küstenflüsse unterbrochen wird. Nördlich von Cap Palos herrscht sandiger Strand mit Haffbildung vor, um dann nördlich von Villajoyosa wieder in eine felsige Steilküste überzugehen.[2]) — An der Südküste herrscht ein bunter Wechsel von felsigen Steilküsten, kleinen Felsenkaps und sandigen Strandstrecken.[3]) Zwischen Adra und Punta Elena wird die Küste von dürren, teils salzhaltigen Kalk-, Gips- und Mergelhügeln umsäumt.[4])

Die kleinen Küstenebenen an den Flußmündungen der andalusischen Küste, wie z. B. bei Adra, sind nach Fischer als ehemals versandete Buchten aufzufassen, deren Sedimente pliozänen oder altquartären Ursprungs sind. Wir haben es hier also mit Vorzeitformen zu tun. Das Gleiche gilt von den verschiedentlich sich findenden quartären Strand- und Flußterrassen.[5]) Die heutigen Deltabildungen der andalusischen Ramblas sind von nur geringer Bedeutung.

Die ganze Längsküste des andalusischen Systems ist auffallend arm an natürlichen Häfen; Alicante und Almeria haben, trotzdem beide in einer ziemlich geschützten Bucht liegen, doch einen Kunsthafen. Cartagena stellt allerdings den besten Naturhafen der Mittelmeerküste dar. Außerdem finden sich gute Hafenbuchten bei Aguilas, und an der Küste der Sierra des Cap Gata bieten mehrere geöffnete Krater den Schiffen bei Sturm gute Zufluchtsstätten.

3. Oberflächenformen.

Bei den Oberflächenformen des Gebietes haben wir fünf Hauptformen zu unterscheiden: unregelmäßig zerklüftete Massengebirge, Kettengebirge, abgerundetes Hügelland, wild zerrissenes Gebirgsland mit zackigen Gipfeln und Graten und schließlich Ebenen.

---

1) Willkomm: 1896, S. 217.
2) ebenda, S. 69.
3) Ebenda S. 217.
4) Ebenda S. 218.
5) Quelle: 1914, S. 5ff.

Unregelmäßig zerklüftete Massengebirge herrschen in den paläozoischen Schiefergebieten vor, so in den Sierren Alhamilla, Filabres und Gador, wobei sich aber die Sierra Alhamilla durch eine weit stärkere Zertalung von der weniger zertalten Sierra Filabres abhebt.[1]) Für die Oberflächenformen der Sierren Estancias und Cabrera lag kein eindeutiges Material vor.

Die Sierra Nevada ist ein Kettengebirge; dies tritt besonders deutlich in der westlichen Hälfte zutage, wo der Kamm schmal ist, die in dieser Arbeit aber keine Berücksichtigung findet, während der Kamm sich nach Osten zu verbreitert und abflacht.[2])

Wechsel zwischen Hügelland und Kammgebirge scheint in den Küstensierren Süd-Murcias vorzuliegen; vorwiegend abgerundetes Hügelland findet sich in den aus Eruptivgesteinen und Gips aufgebauten Gebieten, so westlich von Almeria am Südrand der Sierra de Gador,[3]) im Becken von Cuevas de Vera, in der Gipshügelkette zwischen Totana und Alhama usw. In der aus Eruptivgesteinen aufgebauten Sierra del Cabo de Gata dagegen wechseln spitze Kämme und Bergkegel und breite, flache Rücken und stumpfe Bergkuppen miteinander ab.[4]) — Wechsel zwischen Hügelland und Kammgebirge scheint in den Küstensierren Südmurcias vorzuliegen, Wechsel zwischen Hügelland und Ebenen dagegen in den Campos Südalmerias und Südmurcias.

Wild zerrissenes Gebirgsland mit zackigen Gipfeln und Graten finden wir in den aus Kalk aufgebauten Sierren mit ihren oft bizarren Formen, hierher gehören die meisten Gebirge Murcias und Alicantes. Wo in den Kalkgebirgen Mergel auftreten, entstehen weniger steile Abhänge als im Kalk.[5]) — Bei Pato y Quintana wird der Höhlenreichtum in den aus leicht löslichem Jurakalk aufgebauten Gebirgen Westmurcias hervorgehoben; Gehrmann berichtet von Höhlen im Kalk der Gebirge Almerias und betont die starke Verwitterung des Gesteins.

Ebenen finden sich in wechselnder Ausdehnung über das ganze Gebiet verstreut; ihr Areal nimmt von Südwest nach Nordost zu.

4. Bewässerung.

R i o s u n d R a m b l a s. Bei der Betrachtung der hydrographischen Verhältnisse Südostspaniens und somit auch der Küstensteppe muß man

---

[1]) Quelle: 1914, S. 15 u. 18.
[2]) Willkomm: 1884, Bd. I. S. 39.
[3]) Quelle: 1914, S. 10.
[4]) Quelle: 1914, S. 12.
[5]) Pato y Quintana.

einen Unterschied machen zwischen ständig wasserführenden Flüssen, den Rios, und den nur nach heftigen Niederschlägen wasserführenden Flüssen, den Ramblas. Leider ist auf den Karten diese Unterscheidung nicht streng durchgeführt, auch die Karte der Provinz Murcia von Pato y Quintana scheint, trotzdem sie bei der Zeichnung einen Unterschied macht, nicht ganz zuverlässig zu sein, da mancher als „ständig fließend" gezeichnete Fluß die Bezeichnung „Rambla" führt. Wir sind also nicht imstande, eine genaue Trennung durchzuführen, sofern sich nicht bestimmte Angaben darüber in der Literatur finden, was jedoch nur für einzelne Teile des Gebietes zutrifft.

Der Hauptfluß des Litoralsteppengebietes ist, wie schon erwähnt, der Rio Segura. Er entspringt auf dem Ostabhang der Sierra de Segura, fließt die ersten 50 km zwischen den Randketten der Sierra in nordöstlicher Richtung, biegt dann in eine annähernd östliche Richtung um, die beim Eintritt in die Provinz Murcia in eine mehr südöstliche übergeht. Bis zur Stadt Murcia bleibt dies seine Hauptrichtung, abgesehen von einem nach NNO geöffneten Bogen zwischen den Städten Minas und Cieza. Er bildet auf der ganzen Strecke ein Durchbruchstal von großer Breite und Tiefe.[1]) Bei Murcia ändert er unter Benutzung der großen Längsbruchfurche seine Richtung plötzlich in eine nordöstliche bis zur Stadt Orihuela, von wo er in östlicher Richtung weiterfließt, um bei Guardamar ins Mittelmeer zu münden. Trotz seiner Lauflänge von über 200 km[2]) mündet der Segura als ein so wasserarmer Fluß, daß er an seiner Mündung selbst für kleine Seeschiffe unzugänglich ist. Diese Wasserarmut ist eine Folge der Benutzung seiner Wasser zu Berieselungszwecken.

Der wichtigste Nebenfluß von links ist der Rio Mundo, der, nördlicher als der Segura entspringend, dieselben Richtungsänderungen mit ihm durchmacht, bis er bei Minas in den Segura mündet.

Bei Orihuela mündet der bedeutend kleinere von Norden kommende Rio Dulce in den Segura. Andere wichtige Nebenflüsse empfängt er von der linken Seite nicht, da sich hier die niedrigeren Gebirge befinden, die wenig Feuchtigkeit abfangen und nur Ramblas zum Segura hinunterschicken. Die Gebirgsketten der rechten Seite des Segura sind höher, fangen infolgedessen mehr Feuchtigkeit ab und können den Segura reichlicher mit Nebenflüssen versorgen. Außer einer Anzahl von Ramblas münden zwischen Minas und dem Knie oberhalb

---

[1]) Fischer: 1893, S. 642.

[2]) Nach Fischer: 1893, S. 652 beträgt die Länge 220 km, nach Pato y Quintana dagegen über 300 km.

Murcias folgende Nebenflüsse: Benamor oder Moratalla, Caravaca oder Argos, Quipar und Mula: die ersteren drei haben vorwiegend nordöstliche Richtung. während die Hauptrichtung des Rio Mula eine östliche ist.

Als letzten großen Nebenfluß von rechts empfängt der Segura den Rio Sangonera oder Guadalentin, der von seinem Ursprung zwischen der Sierra de Maria und der Sierra de las Estancias. wo er als Chirivel entspringt, bis zu seiner Mündung in den Segura der großen tektonischen Längsbruchfurche folgt. Er empfängt verschiedene Nebenflüsse, die aber fast alle als Ramblas auftreten; seine Wassermenge ist daher höchst unregelmäßig, und bei starkem Regen ist er ein äußerst wilder Fluß, der mit Ungestüm über seine Ufer tritt und durch seine Überschwemmungen oft ungeheuere Verheerungen anrichtet. Sein Unterlauf, der infolge der ausgedehnten Bewässerungsanlagen von Lorca fast im Sand verläuft. mündet in einem künstlichen Bett, Regueron genannt, bei der Stadt Murcia in den Segura ein.

Als nächstgroßer Fluß ist der Vinalapo zu nennen, der, dem Moncabrer entspringend. bis Villena in südwestlicher Richtung, von da als Durchbruchsfluß in südsüdöstlicher Richtung dem Meere zufließt. Auch er mündet, der Verwendung seines Wassers zu Berieselungszwecken entsprechend. als wasserarmer Fluß in das Mittelmeer.

Außer diesen größeren Flußsystemen finden wir in der Litoralsteppe eine Anzahl kleinerer Flüsse. von denen die Mehrzahl aber nur zeitweilig Wasser führt. Als wichtigste unter ihnen sind zu nennen: der Nogalte zwischen Mazarron und Aguilas, der schon früher erwähnte Almanzora, der südlich der Sierra de Almagrera in das Mittelmeer mündet, der Rio de Aguas oder Mojacar und der nördlich der Sierra des Cap de Gata das Meer erreichende Rio de Alias. Der den Querbruch von Guadix benutzende Rio de Almeria ist schon früher erwähnt worden; als letzter der südlichen Flüsse ist der von der Sierra Nevada kommende Rio Grande. der bei Adra mündet, zu nennen. — In dem Gebiet zwischen Cap Palos und Cap de la Nao finden sich noch verschiedene kleinere Küstenflüsse. besonders in dem nördlichen Teil, die aber mit Ausnahme des in der Gegend von Villena entspringenden Castalla für das Steppengebiet kaum noch in Betracht kommen.

Die im ganzen Gebiet vorkommenden Ramblas führen zur Regenzeit oft ungeheuere Wassermengen zu Tal, liegen aber während des größten Teiles des Jahres trocken. Sie sind dann von Bedeutung als Verkehrswege und werden dort, wo sie feineren Boden abgesetzt haben, — der größte Teil ihrer Betten besteht aus grobem Geröll, — zur Anlage von Kulturen benutzt.

Salzseen. Von Bedeutung für den Landschaftscharakter sind ferner verschiedene Salzseen, die sich besonders in der Nähe der Küste finden, so im Süden Almerias und nördlich von Cartagena.

Quellen. Von besonderer Wichtigkeit für das ganze Gebiet ist das Auftreten von Quellen, die, trotzdem viele von ihnen bald nach ihrem Zutagetreten wieder vergehen, doch stark auf das Landschaftsbild einwirken, da sie Bewässerung und damit Entwicklung von Pflanzenleben möglich machen. Die Dichte ihres Vorkommens und ihr Wassergehalt sind außer vom Niederschlag von der Natur des Gesteins abhängig; daher sind z. B. die aus löslichem Jurakalk bestehenden Gebirge im Westen der Provinz Murcia durch größeren Quellenreichtum vor den aus sehr konsistentem Kreidekalk aufgebauten Sierren im Norden der Provinz ausgezeichnet.

Grundwasser. Angaben über Grundwasser finden sich nur sehr verstreut; in den Campos Südalmerias fand Gehrmann nicht ungünstige Grundwasserverhältnisse; wahrscheinlich wird sein Urteil, daß der Eindruck der Wasserlosigkeit des Landes hauptsächlich durch das Aufliegen vegetationsloser Kalkschichten ohne wasserhaltende Kraft hervorgerufen wird[1]) auch für weitere Teile des Gebiets Gültigkeit haben. Es finden sich z. B. Grundwasserkulturen im Campo de Cartagena und in der Umgebung von Villena.

5. Klima.

Kräfte. In Bezug auf das Klima nimmt Spanien den anderen Ländern des Mittelmeeres gegenüber eine gesonderte Stellung ein, da sich über der Halbinsel infolge der breiten Fläche des Tafellandes eigene Hochs und Tiefs ausbilden. Der Einwirkung der umgebenden Meere auf das Gesamtklima wird nur ein kleiner Spielraum gelassen, da das zentrale Tafelland ja fast ringsum von hohen Gebirgszügen umgeben ist. Nur im Südwesten der Halbinsel erlaubt die Bodengestaltung eine breitere Einwirkung des Seeklimas auf die Kontinentalmasse. Die Westseite der Halbinsel unterscheidet sich aber nicht nur aus diesem Grunde von der bedeutend trockeneren Ostküste, vielmehr kommt vor allem die unmittelbare Berührung mit dem Atlantischen Ozean in Betracht und dann das für alle Mittelmeerhalbinseln geltende Gesetz, daß die Westküsten regenreicher sind als die Ostküsten, eine Folge der vorherrschenden Westwinde. Als weiterer Faktor darf nicht vergessen werden, daß die Nord-, West- und Südwestküste Winden aus-

---

[1]) Gehrmann: S. 33.

gesetzt sind, die weithin über das Meer kommen, während die Winde, die zur Südostküste wehen, zum größten Teil aus dem trockenen und glutheißen Afrika kommen, also wenig Feuchtigkeit mitbringen. Von einem ozeanischen Klima kann man nur in den eigentlichen Küstenprovinzen und dem Guadalquivirbecken sprechen, denn nur in den Randlandschaften herrscht maritimes Klima, da diese vom Innern abgeschlossen und mit steilem Aufstieg dem Meere zugekehrt sind. So haben z. B. die dem Meere so nahe liegenden Tafelflächen des andalusischen Faltenlandes schon kontinentales Klima, weil sie infolge der sie vom Meere trennenden hohen Gebirgszüge der Einwirkung der Seewinde entzogen sind. — Allerdings bilden die südöstlichen Randlandschaften um Murcia herum mit ihren geringeren Niederschlägen den übrigen Küstenstrichen gegenüber eine Ausnahme, da sie auf Grund ihrer Lage und Oberflächengestaltung eng mit dem Tafelland verbunden sind. Es soll hier näher auf das Klima dieses Gebietes eingegangen werden. Willkomm bezeichnet diese Klimaprovinz als die südatlantische oder afrikanische Zone, der im Norden, dem zentralen Tafellande zu, die peninsulare Zone folgt, während sich längs der Küste die regenreichere mediterrane Zone anschließt (vergl. Karte 6 auf Tafel 4). Im Sommer bildet sich über der Kontinentalmasse der Halbinsel ein Tief aus; die Folge davon sind Seewinde, die an der Südküste östlich von Gibraltar aber kaum Feuchtigkeit mitbringen, sondern als heiße, trockene Ost- und Südwinde afrikanischen Urprungs sich erweisen. Gegen kalte Nord- und Nordostwinde ist dieser Küstenstrich durch die Serrania de Rondo und die Sierra Nevada geschützt. Es herrscht hier also fast ein tropisches Klima, so daß Zuckerrohr, Bataten, Baumwolle usw. angebaut werden. — Im Winter bringen die vorherrschenden Westwinde für den eben genannten Küstenstrich Regen, allerdings in geringeren Mengen als westlich von Gibraltar, da sie einen großen Teil ihrer Feuchtigkeit schon unterwegs abgegeben haben.

Im Gebiet der Litoralsteppe nimmt dieses als subtropisch zu bezeichnende Klima ziemlich unvermittelt anderen und zwar afrikanischen Charakter an. Es ist für die ganze Südostküste bis über Alicante hinaus bezeichnend. Die trockenen Süd-, Südost- und Ostwinde herrschen hier auch im Winter vor. Man kann dieses Gebiet fast als regenlos bezeichnen, denn der nur im Frühling und Herbst vereinzelt fallende Regen ist von meist unbedeutender, jedenfalls sehr unregelmäßiger Menge. Die Unregelmäßigkeit im Regen ist ein Hauptcharakteristikum des Steppengebietes.

Beobachtungsdaten für die Fußstufe. Eingehendere Angaben über die klimatischen Faktoren finden sich in der Arbeit des Spaniers Pato y Quintana, allerdings nur soweit sie die Provinz Murcia betreffen. Da die Verhältnisse in den zum Steppengebiet gehörenden Teilen von Almeria, Albacete und Alicante ähnlich sind, können wir uns hier an die Daten für die Provinz Murcia halten, indem wir zur Ergänzung die Arbeiten von Hann, Quelle u. a. heranziehen.

a) Temperaturen. Die folgende Tabelle zeigt die Beobachtungen in der Stadt Murcia während eines Zeitraumes von 22 Jahren, von 1871 bis 1892. Als Mittel ergibt sich eine Jahrestemperatur von 17,8° C, das winterliche Mittel beträgt 10,6°, das sommerliche 25,2°. Sehr viel stärkere Schwankungen finden wir in den absoluten Minimis und Maximis, ihr mittlerer Wert zeigt 43,1°; im Jahre 1876 erreichte die absolute Schwankung sogar 51,2°.

b) Regenverhältnisse. Die mittlere jährliche Regenmenge ist mit 384,6 mm angegeben, eine sehr niedrige Zahl besonders im Verhältnis zur Temperatur. In einzelnen Jahren bleibt sie aber weit hinter dieser Zahl zurück, 1879 erreicht sie z. B. nur 175 mm. Das Jahr 1884 ist dagegen durch den hohen Betrag von 845 mm Regen ausgezeichnet. Das nächstregenreiche Jahr ist 1888 mit 571 mm Regen; man kann also mit Recht von großer Regenarmut sprechen. Außerdem ist die große Unregelmäßigkeit in den Regenmengen der einzelnen Jahre für das Klima Südostspaniens charakteristisch.

Der Regen verteilt sich auf einige wenige Tage, die vorzugsweise im Frühling liegen; die größte Regenmenge dagegen fällt im Herbst. Der Sommer ist immer die regenärmste Jahreszeit; am trockensten ist der August, in dem wegen der hohen Nachttemperatur sogar die Taubildung unterbleibt. Die Herbstniederschläge fallen meist in Form von Platzregen, der harte, ausgetrocknete Boden kann die Wassermassen nicht so schnell aufnehmen; sie fließen ab; die Flüsse treten über ihre Ufer und richten oft ungeheure Verheerungen an. Häufig werden durch diese Regen die Landstraßen in reißende Gießbäche verwandelt oder derart von zusammengeschwemmtem Schutt überschüttet oder unterwühlt, daß jeder Verkehr unmöglich wird.

c) Bewölkung. Nach Pato y Quintana ist fast ein Drittel aller Tage des Jahres wolkenlos; selten zeigt sich mehr als ein Viertel aller Tage mit einem bedeckten Himmel, im Durchschnitt sind es nur 72 Tage; die übrige Zeit des Jahres ist der Himmel leicht bewölkt. Diese überaus große Klarheit der Luft ist natürlich von großem Einfluß auf die Entwicklung alles Lebens und hat Murcia den Namen

Meteorologische Angaben für MUR-

Geographische Lage von Murcia: 37° 59′ n. Br.

Jahr	Mittl. Barometerstand in mm	Mitteltemperatur					Temp.		Regen	
		Winter	Frühling	Sommer	Herbst	Jahr	Maximal	Minimal	Winter	Frühling
1871	757,3	9,6	16,8	24,4	19,0	17,5	40,0	**—5,5**	85	109
72	757,3	10,3	15,8	25,1	17,3	17,1	40,6	—3,0	177	80
73	757,6	10,2	16,0	25,0	18,9	17,5	42,0	—4,8	43	**155**
74	758,9	11,1	15,5	25,6	20,1	18,1	40,0	—1,7	**133**	121
75	757,7	11,1	18,3	25,2	20,4	18,8	39,2	—1,0	21	**120**
1876	757,2	10,1	16,7	25,8	20,9	18,4	**47,8**	—3,4	**160**	96
77	757,9	12,5	17,5	26,5	18,9	18,9	41,6	0,5	**33**	55
78	758,2	10,2	17,9	26,6	18,6	18,3	43,4	—4,3	**121**	27
79	756,7	11,8	15,5	25,9	19,2	18,1	40,0	—3,0	**65**	46
80	758,5	10,3	16,2	25,5	19,8	17,9	42,6	—2,8	80	86
1881	757,6	12,4	17,4	25,6	19,8	18,8	45,5	—2,0	97	99
82	757,7	10,2	16,7	25,2	18,5	17,8	40,7	—2,4	**137**	78
83	757,9	11,3	15,1	24,5	19,4	17,6	39,0	—1,6	**112**	110
84	758,4	11,0	15,9	24,6	17,6	17,3	40,0	—3,5	152	280
85	757,7	10,6	16,2	24,1	18,0	17,8	40,7	—2,4	110	107
1886	757,6	10,1	16,6	24,2	18,9	17,4	38,0	—1,0	39	93
87	757,7	10,1	15,2	25,7	17,9	17,2	40,1	—2,5	116	171
88	757,8	9,8	15,7	24,7	18,5	17,2	38,1	—3,5	136	141
89	757,3	11,1	15,2	25,0	19,1	17,6	39,6	—0,4	**209**	65
90	758,3	10,0	15,0	24,6	18,6	17,1	37,4	—2,2	**187**	140
1891	757,4	8,7	16,0	24,4	19,2	17,1	39,0	—3,0	158	64
92	757,3	11,7	15,8	25,8	19,0	18,1	41,1	0,0	57	129
Mittel von 22 Jahren	757,7	10,6	16,2	25,2	19,0	17,8	40,7	—2,4	110	107,8

[1]) Die jeweiligen Maximalwerte sind fett gedruckt.

CIA nach PATO Y QUINTANA.

1° 8′ westl. Länge von Greenwich 60 m Meereshöhe.

in mm			Anzahl der Regen-Tage im					Tage			Vorherrschende Winde
Sommer	Herbst	Jahr	Winter	Frühling	Sommer	Herbst	Jahr	wolkenlos	bewölkt	bedeckt	
36	**124**	354	20	**22**	6	20	68	130	140	95	NW O
5	**194**	456	**26**	16	8	23	73	129	150	87	OSO NW
55	66	319	11	**24**	8	17	60	130	143	92	O NW
9	35	298	18	**27**	4	18	66	126	147	92	O
79	52	272	13	**21**	8	11	53	123	166	76	O NW
37	26	319	17	**19**	8	13	57	115	161	90	Veränderlich
27	**227**	342	11	10	6	**19**	46	98	172	95	O S
1	82	230	9	11	4	**24**	38	137	151	77	NO S
1	63	175	11	**19**	2	14	46	124	152	89	Veränderlich
43	**91**	300	**22**	17	5	21	65	127	155	84	„
52	**167**	415	**25**	18	8	10	61	84	173	108	O SW
33	96	344	**29**	13	6	8	56	116	178	71	Veränderlich
19	32	273	22	**23**	4	9	58	134	170	71	O SW
55	**358**	845	17	31	11	**32**	91	89	154	123	NO SO
71	**143**	431	17	19	10	19	65	119	177	69	Veränderlich
22	**157**	311	12	15	3	**17**	47	96	224	45	SW O
9	**189**	485	9	**22**	6	20	57	93	237	35	O SW
50	**244**	571	17	**22**	10	20	69	125	198	43	O WSW
13	85	372	**20**	13	5	**20**	58	114	207	44	WSW O
43	150	520	**18**	**18**	8	15	59	117	214	34	SW O
44	**218**	509	16	**18**	3	**18**	55	82	248	38	SW OSO
18	**117**	321	18	**26**	3	11	58	98	243	25	SW O
32,8	**134**	384,6	17	**19**	6	17	59	118	180	72	

„el Reino serenissimo" eingetragen. Willkomm sagt:[1]) „Es fällt in vielen Distrikten dieser Provinz das ganze Jahr hindurch, weder Sommer noch Winter, auch nicht ein Tropfen Regen". An anderer Stelle[2]) rechnet er die Südostküste vom Cap de Gata bis Valencia zu den „fast regenlosen Gebieten". „Hier gibt es Jahre, in welchen kein Tropfen Regen fällt, und der Himmel fortwährend wolkenlos ist."

Nach Hellmann[3]) ist es jedoch verkehrt zu behaupten, daß der Regen oft mehrere Jahre hindurch gänzlich ausbleibt; nach den Beobachtungen der meteorologischen Stationen in Cartagena, Murcia, Alicante und anderen Orten dieses Gebietes ist das nie vorgekommen; die Jahressumme der Regenmenge ist nie hinter 150 mm zurückgeblieben. Ebenso ist es nach Hellmann verkehrt,[4]) für die große Trockenheit die Waldzerstörung verantwortlich zu machen. Die Menge der Niederschläge und ihre Verteilung wird dadurch kaum beeinflußt worden sein, die Ausnutzung des gefallenen Regens muß allerdings sehr dadurch gelitten haben, da das rasche Abfließen und Verdunsten des Regenwassers in waldlosen Gebieten begünstigt wird.

Nach Quelle[5]) beträgt die mittlere jährliche Niederschlagsmenge der Provinz Murcia kaum 400 mm, die höheren Gebirgszüge im Segurabogen und am oberen Segura stehen als Feuchtigkeitsinseln mit 400—600 mm Niederschlag in dem weiten Trockengebiet. Eine Trockenzone mit weniger als 350 mm Niederschlag zieht sich dagegen von Murcia über Lorca bis in die Provinz Almeria hinein.

In Brunhes' Arbeit über die Bewässerungsverhältnisse auf der Iberischen Halbinsel finden sich zwei Karten über die Regenverteilung in den Monaten Februar und August (vergl. Karte 1 u. 2 auf Tafel 4). Die sommerliche Trockenheit im Gebiet der Litoralsteppe mit einer Niederschlagsmenge von weniger als 10 mm kommt darauf gut zum Ausdruck; der Februar dagegen stellt nicht den Monat stärksten Niederschlags dar, vielmehr fällt dieser nach den Beobachtungen von 1861—1890 im Gebiet von Valencia und Alicante-Murcia in den Monaten September (vergl. Karte 3 auf Tafel 4) und Oktober, wo Valencia und Alicante einen Niederschlag von mehr als 50 mm haben, wogegen Murcia auch dann unter 50 mm bleibt. Im April dagegen bekommen West- und Nordmurcia sowie Nordalmeria 50 bis 100 mm mehr Regen

---

[1]) Willkomm: 1847, III. S. 62.

[2]) Willkomm: 1855, S. 237.

[3]) Zeitschr. d. Ges. f. Erdkunde, 1888, S. 323.

[4]) Zeitschr. d. Ges. f. Erdkunde, 1888, S. 322.

[5]) Mitt. d. Geogr. Ges. in Hamburg, 1917.

als das restliche Steppengebiet (vergl. Karte 4 auf Tafel 4). Die von Quelle angeführte Trockenzone in Almeria tritt auf der Februarkarte deutlich hervor.

In Cartagena sind die Verhältnisse ähnlich wie in Murcia, nur erscheint die Zahl der Regentage hier noch geringer und die Hauptregenzeit in den Winter verlegt. Die Karte über die jährlichen Regenmengen läßt ebenfalls eine Zunahme im Küstensteppengebiet von Süden nach Nordosten hin erkennen (vergl. Karte 5 auf Tafel 4).

Auf Grund der Angaben aus Murcia und Cartagena läßt sich natürlich kein vollständiges Bild des Klimas der Litoralsteppe entwickeln; bislang wird dies überhaupt kaum möglich sein, da die meteorologischen Beobachtungsstationen nur spärlich gesät sind. Es liegen allerdings Regen- und Temperaturmessungen aus verschiedenen Orten vor. Angot[1]) hat z. B. solche zusammengestellt; zum Teil erstrecken sie sich auf eine zu geringe Anzahl von Jahren, um ein klares Bild der Verhältnisse geben zu können. Überträgt man die Angaben Angots für Almeria, Murcia, Alicante und Valencia auf eine Kurve, so lassen sie Hauptminimum im Sommer und Hauptmaximum im Herbst deutlich hervortreten, wie auch die größere Trockenheit von Almeria, Murcia und Alicante dem außerhalb der Steppe gelegenen Valencia gegenüber und das Abnehmen der Regenmenge von Nordost nach Südwest (vergl. Textfigur 2).

Die im ganzen Küstengebiet herrschende Klarheit des Himmels wird im Hochsommer durch die Calina beeinträchtigt, von der Willkomm nachfolgende Schilderung gibt: „Die Calina beginnt Mitte Juni sich zu zeigen, erreicht im August ihr Maximum und verschwindet gegen Ende des Septembers nach den ersten Äquinoktialregengüssen. Anfangs bildet sie nur einen schmalen Streifen von bläulich roter oder bräunlicher Farbe, welcher rings um den Horizont läuft. In dem Maße als die Hitze sich steigert, wächst auch der Nebelkreis der Calina, bis er endlich zusammenfließt und das ganze Himmelsgewölbe mit einem Dunste überzieht, durch den das Licht der Sterne nur matt hindurchschimmert. Hat die Calina ihren höchsten Grad erreicht, dann besitzt der obere Teil des Himmelsgewölbes eine bleigraue Farbe, während rings um den Horizont bis 15° hinauf ein fahler, rotbrauner Rauch lagert. Die ganze Atmosphäre ist mit einem feinen Dunste erfüllt, welcher alle Gegenstände bis auf wenige tausend Schritte wie mit einem Schleier umgibt und die Fernen völlig unsichtbar macht. Sonne und Mond

[1]) Annales du Bureau central met. Paris 1893, I.

erscheinen bei ihrem Auf- und Niedergange von diesem Nebel, durch dessen fahlen Dunst die Umrisse der Berge, Bäume und Häuser gespenstisch hindurchdämmern. rot gefärbt. Immer glaubt man Rauch vor sich zu erblicken und doch ist die Calina kein solcher; denn geht man auf einen von ihr verschleierten Gegenstand zu. so wird derselbe

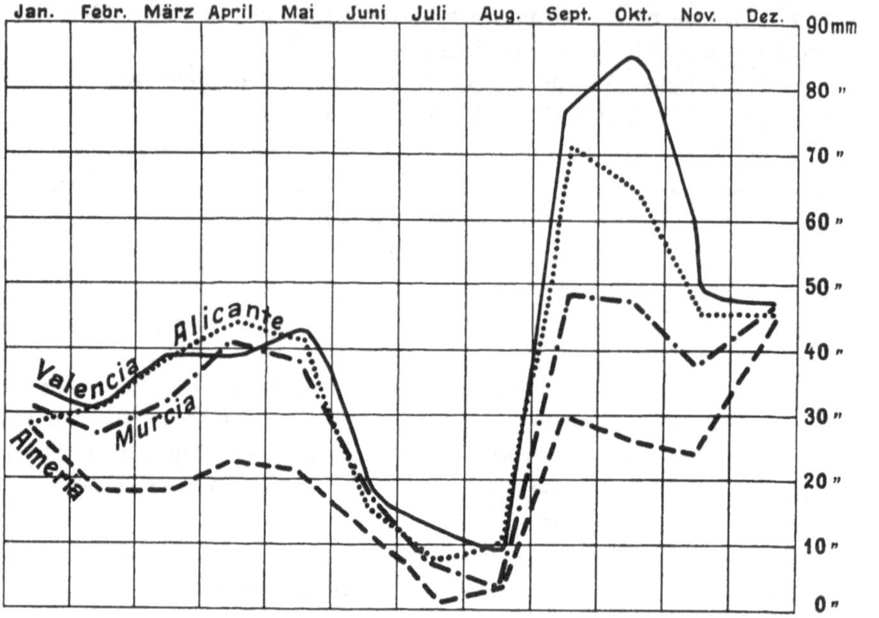

Fig. 2. Vergleichende Zusammenstellung der monatlichen Regenmengen in Almeria, Murcia, Alicante und Valencia.

mit jedem Schritte heller und heller, bis er in einer Weite von einigen tausend Schritten klar und deutlich da liegt, während die vermeintliche Rauchdecke ebensoweit zurückgewichen erscheint. Bildet und entladet sich einmal ein Gewitter. so reinigt sich die Atmosphäre teilweise, so daß die Calina wieder auf einen mehr oder weniger breiten Dunstgürtel reduziert erscheint. welcher jedoch wieder zu wachsen beginnt. Erst die Äquinoktialstürme vermögen dieses unheimliche Gespenst...... auf immer zu entfernen."[1])

Nach Fischer und Rikli[2]) ist die Calina ein trockener Hitzenebel. der nicht etwa Wasserdämpfen seinen Ursprung verdankt. sondern

---

[1]) Willkomm: 1852, S. 192.

[2]) Rikli: 1907, S. 93.

feinstem Staub, der mit dem aufsteigenden Luftstrom in höhere Lagen der Atmosphäre gelangt.

c) Winde. Wie die Tabelle S. 146/147 zeigt, herrschen unter den Winden die aus östlichen Richtungen kommenden vor, reine Nord- und Westwinde treten gar nicht auf. Besonders gefürchtet ist der Solano, ein von Süden kommender heißer Wind, der am besten in Willkomms Worten, der seine Wirkungen aus eigener Anschauung kennt, beschrieben wird: „Gewöhnlich ist es mit einigen Stößen abgetan, die aber hinreichen, um die Wein- und Olivenernte der Gegenden, über welche sie hinstreichen, zu vernichten. Dergleichen Glutstürme künden sich durch einen braun-rötlichen Dunst an, welcher am südöstlichen und südlichen Horizonte emporsteigt und allmählich das Blau des Himmels trübt. Dabei ist Windstille. Dann fängt das Meer an unruhig zu werden, es erhebt sich ein mehr oder weniger südlicher Wind, der von Sekunde zu Sekunde heftiger und heißer wird, bis er sich zuletzt zu einem Sturme steigert, welcher wirbelnd über das Land dahinbraust und die ganze Atmosphäre mit Staub und Sand erfüllt. Den Aussagen von Augenzeugen zufolge, welche indessen übertrieben sein dürften, soll die Temperatur des Luftstromes der eines geheizten Backofens gleichen und die Vögel, welche von denselben ereilt werden, sollen tot aus der Luft herniederstürzen. Soviel ist gewiß, daß das Laub der Bäume und Sträucher sich unter dem Gluthauch zusammenkrümmt und wenige Tage später vollkommen verdorrt ist. Einige Tage, bevor ich nach Cuevas de Vera kam, Mitte Juli 1845, hatte ein solcher Solanosturm die Küste zwischen Vera und dem Cabo de Gata betroffen. Mehrere Weingärten am rechten Ufer des Almanzora, die noch von dem Glutstrome berührt waren, sahen aus, als hätte man sie mit heißem Wasser begossen. Die Blätter waren gebräunt, zusammengekrümmt und runzelig, fielen bei der leisesten Berührung ab und ließen sich zu Staub zerreiben."[1])

Höhenstufen des Klimas. Da wir es in der Litoralsteppe mit einem Gebirgsland zu tun haben, können wir uns nicht auf die Betrachtung des Klimas der Fußstufe beschränken, sondern müssen auch in klimatischer Hinsicht Höhenstufen unterscheiden. Pato y Quintana unterscheidet für die Provinz Murcia vier klimatische Höhenzonen: die semitropische, die warme gemäßigte, die kalte gemäßigte und die kalte Zone.

Die semitropische Zone, die in sonnigen Lagen bis 150 m, in schat-

---

1) Willkomm: 1852, S. 181.

tigen bis 100 m Höhe reicht, stellt die Fußstufe dar; für sie gilt das über Murcia und Cartagena Gesagte. In der sich darüber erhebenden warmen gemäßigten Zone, die bis 700 resp. 600 m Höhe reicht, schwankt die jährliche Temperatur zwischen 13° und 16°; der Regen fällt etwas reichlicher, Frost und Schneefall sind im Winter keine seltenen Erscheinungen. Die kalte gemäßigte Zone mit einer mittleren Jahrestemperatur zwischen 10° und 13° reicht bis zu 1050 resp. 1000 m Höhe. Die Regenmengen steigen auf 550 bis 600 mm jährlich; die Fröste folgen sich häufig von Ende Oktober bis zum Frühlingsanfang. In der kalten Zone mit einer mittleren Jahrestemperatur von 6° bis 10° steigt der Niederschlag auf 600 bis 650 mm. Die Fröste beginnen schon Anfang Oktober und Reste von Schneefällen können noch im April gefunden werden. — Einzelne Gipfel des Gebietes, die über 1500 m emporragen, müßten einer fünften noch kälteren Zone zugerechnet werden, die Pato y Quintana aber nicht erwähnt.

Örtlich finden sich natürlich häufig Abweichungen von den gegebenen Mittelwerten; so zeigt sich in der von Quelle[1]) veröffentlichten Tabelle auf Grund zwölfjähriger Beobachtungen des Spaniers Ricardo Codorniu in der Sierra Espuña, daß die nach Süden gelegenen Orte bedeutend weniger Regen bekommen als die des östlichen Abhangs.

Fröste. Fröste kommen im ganzen Gebiet vor, halten in den küstennahen Gegenden aber nie lange an; nach Rosenstein[2]) sind in Murcia alle Monate außer dem Januar frostfrei, in Cartagena und Alicante sinkt das mittlere Minimum keines Monats unter den Gefrierpunkt; Fröste gehören also durchaus zu den Ausnahmeerscheinungen. In den höheren, weiter landeinwärts gelegenen Gebieten spielen die Fröste dagegen eine größere Rolle ebenso wie Schnee.

6. Bodenbildung.

Gesteine. Unter den für die Bodenbildung wichtigsten Gesteinen sind zu nennen: Kalke, Mergel, archäische, paläozoische und triassische Schiefer und jüngere Ergußgesteine, besonders Trachyte. Die archäischen und paläozoischen Schiefer und die Ergußgesteine finden sich nur in den küstennahen Ketten, während weiter landeinwärts Kalke und Mergel die Hauptrolle spielen.

Kräfte. Bei der Gesteinsverwitterung spielen sowohl physikalische als auch chemische Vorgänge eine Rolle; die ersteren als Folge der

---

[1]) Meteorol. Zeitschr. 1916.

[2]) Archiv der Deutschen Seewarte, Bd. 34, 1911.

starken Insolation und der wechselnden Durchnässung und starken Austrocknung des Gesteins; aber auch Salzsprengung und Spaltenfrost werden in diesen Gebieten ihre Wirkung ausüben. Die chemische Verwitterung hinterläßt nicht nur an den Salz- und Gipshügeln ihre Spuren, sondern zeigt sich z. B. auch deutlich in den Kalkgebieten Almerias und dem westmurcianischen Jurakalkland, wo das Wasser Höhlen ausgewaschen hat, und die aufgelösten Bestandteile sich in der Nähe der Quellen als Kalktuff wieder absetzen. Über die Bildung von Kalkkrusten finden sich in der Literatur kaum Angaben, ebensowenig über Karsterscheinungen wie Poljen und Dolinen. Eine Ausnahme macht Rikli, der die Oberfläche des Monte Mongo südlich von Denia als völlig verkarstet bezeichnet,[1]) wie überhaupt die ganze Oberfläche zwischen Denia und dem Cap San Antonio. Es ist anzunehmen, daß die Oberfläche der übrigen Kalkgebirge eine ähnliche Beschaffenheit zeigt, besonders da Rikli auch in der Umgebung von Fines-Olula in der Provinz Almeria die Neigung zur Trichterbildung und Verkarstung hervorhebt.[2]) Vielleicht sind auch die von Rikli erwähnten muldenförmigen Depressionen[3]) als Karsthohlformen aufzufassen. Zwei Bilder bei Quelle[4]) lassen die stark zerfressene Oberfläche der Sierra Filabres, die streckenweise die paläozoischen Schiefer unterbricht, erkennen. Nach mündlichen Mitteilungen Gehrmanns sind die Gerölle in den Campos von Almeria mit einer Kalkkruste überzogen.

Der zerfallene, noch nicht verkittete Gebirgsschutt, dessen Ausmaß zwischen Erbsen- und Faustgröße schwankt,[5]) bleibt teilweise am Fuße der Sierren liegen, hüllt bei sanfterer Böschung sogar Hochflächen und Hügellandschaften ein und schafft somit Ausgleichsformen. Er bildet einen Lockerboden, auf dem vorzugsweise Kleinsträucher und Espartogras sich ansiedeln; teilweise wird er von den heftigen Regengüssen in den Ramblas, deren breite Geröllbetten er bildet, weiter bergab geführt.

Böden. Der Verwitterungsboden ist fast überall mehr oder minder salzig, häufig auch gipshaltig, da wir es mit einem Gebiet zu tun haben, das nicht ständig nach außen entwässert wird, sondern nur zeitweilig durch die in der Regenzeit sich bildenden Ramblas; die ständig fließen-

---

[1]) Rikli: Neujahrsblatt 1907, S. 29.

[2]) a. a. O., S. 43.

[3]) a. a. O., S. 135.

[4]) Quelle: 1914.

[5]) Rikli: 1907, S. 110 u. 111.

den größeren Flüsse sind nicht autochthon, sondern entspringen außerhalb der Steppenlandschaft.

Rikli gibt folgende Darstellung über die Bodenverhältnisse der Litoralsteppe:[1) ..Gemeinsam ist dem ganzen Steppengebiet das Überwiegen kahler, unwirtlicher Einöden auf oft salzhaltigem Gips- und Mergelboden. Der Steppenboden Südostspaniens ist fast immer flachgründig-steinig, nicht selten tritt der anstehende kahle, mehr oder minder zerklüftete Fels zutage und zwar nicht nur in den Sierren, sondern auch in den Niederungen, so zwischen Villajoyosa und Alicante, um Cartagena und am nördlichen Rand der Huerta zwischen Orihuela und Murcia. — Die zwischen den Steinen und in den Felsspalten auftretende Erde scheint reich an Mineralstoffen, aber fast arm an Humus zu sein. Dunklere oder sogar schwarze Erde haben wir nur in einigen Felsritzen der Sierren angetroffen. — Der Steppenboden ist ferner fast stets salzig, öfters ist der Salzgehalt so groß, daß der Boden mit Salzausblühungen besetzt ist".

Übereinstimmung mit der Schilderung Riklis zeigen die Angaben Gehrmanns, der für die Campos Südalmerias die sehr geringe Ausdehnung feiner Schwemm- und Absatzböden gegenüber der steinigen Grundstruktur hervorhebt. Er sagt in seinem Gutachten:[2]) Das Campos de Dalias ,,besteht mitunter weithin aus absolut sterilen, mehr oder minder abgewaschenen Steinplatten und nur in den Spalten und schmalen Vertiefungen, wo ein wenig Erde sich ansammelt, wachsen die Steppen- und Heidekräuter. Oder aber in solchen Bodensenken findet sich steiniges Geröll, zwischen dem sich ein wenig Boden angesammelt hat und das bei äußerst mühsamer Bearbeitung in feuchten Jahren als kümmerliches ,,secano" Anwendung findet. An einigen Stellen treten auch noch kalkige Gesteine, plattig oder selbst in Kuppen zutage, welche zeigen, daß dieses Gebiet teilweise eine Fortsetzung des noch gebirgigen Vorlandes bedeutet." Ebenso betont Gehrmann den oft starken Salzgehalt der untersuchten Campoböden.

Aus diesen Schilderungen geht hervor, daß es sich nicht um dieselben Böden handelt, wie in den osteuropäischen Steppen, die aus Schwarzerde bestehen. Vielmehr handelt es sich in den spanischen Steppen um humusarme, weißgraue Böden, ähnlich den Grauerden in den Salzsteppen der Kaspiniederung. Diese hellgefärbten Boden-

---

[1]) Rikli: 1907 b S. 109.

[2]) Gehrmann: S. 27.

arten kommen in sehr niederschlagarmen Gebieten vor, in denen nur ein äußerst kärglicher Pflanzenwuchs möglich ist, wo aber eine kräftige Zersetzung der organischen Reste erfolgt.[1]) Die löslichen Humuserden in Verbindung mit Soda, die fast überall im Steppenboden vorkommt, entziehen den verwitterten Bodenteilen das Eisen und rufen dadurch die bleiche Färbung hervor.

Neben dem Vorkommen von Salzen und den Abscheidungen von Gips hebt Ramann[2]) die reichliche Ausscheidung von kohlensaurem Kalk, nicht selten in der Form von Lößkindeln in den spanischen Steppen hervor. er stellt jedoch gleicherzeit das vollständige Fehlen von typischem Löß in Spanien fest. Dagegen betont er, daß „alle Böden in ihrer feinstsandigen Struktur einen mehr oder weniger lößähnlichen Habitus haben und so gute Beispiele für die Tatsache sind, daß in ariden Gebieten bei der Gesteinsverwitterung überwiegend feinsandiges Material gebildet wird". Im Widerspruch hierzu steht die Schilderung Riklis,[3]) der meint, in Südostspanien typische Lößlandschaften gesehen zu haben. Er schildert diesen Löß als von hellgelblich-brauner Färbung und von feinmergeliger Beschaffenheit. Dem entgegen stehen die Aussagen Pencks,[4]) Willkomms[5]) und anderer[6]), die alle in Bezug auf das Fehlen von Löß in Spanien mit Ramann übereinstimmen.

Reyes Prosper macht bezüglich der Bodenbeschaffenheit auf die Unterscheidung von Calveros und Rubiales aufmerksam. Wenn Kalk-, Gips- oder Tonerden und Mergel von weißer oder hellgrauer Farbe vorherrschen, spricht man von Calveros; von Rubiales dort, wo rötliche Gipse, Tone oder eisenhaltige Mergel auftreten. Dieser Unterschied ist für die Entwicklung der Pflanzenwelt von Wichtigkeit; so bevorzugt das Espartogras (Macrochloa tenacissima) die Rubiales. Lygeum spartum dagegen die Calveros. Über das Verhalten des Esparto dem Salzgehalt gegenüber gehen die Meinungen der verschiedenen Autoren auseinander. Weiter unten wird es ausführlicher behandelt werden.

Gehrmann weist für das Campo de Dalias die Entstehung der fruchtbareren Rubiales aus den verwitterten Tonschiefern nach, während

---

[1]) Ramann, S. 538.

[2]) Zeitschr. d. Ges. f. Erdk. Berlin 1902.

[3]) Rikli: 1907 b, S. 109.

[4]) Zeitschr. d. Ges. f. Erdk. 1894, S. 140.

[5]) Willkomm: 1852, S. 91.

[6]) Siegert spricht z. B. von den „lößähnlichen" Gesteinen der Guadixformation, nicht von Löß selbst.

die nährstoffärmeren, hellfarbigen Blanquizares, die wohl den Calveros entsprechen, aus der Kalkverwitterung hervorgegangen sind. Aber nicht sämtliche Rubiales sind nach Gehrmann Verwitterungsprodukte der Tonschiefer, so z. B. nicht die roten oder rötlichen Böden des freien Feldes, welche nach der Austrocknung im Sommer ein staubartiges Aussehen haben, während die lehmigen und tonigen Böden dann verbacken und hart werden. Die staubig werdenden Rötelböden gehören zu den Rot- und Gelberden, welche für die subtropischen Trockengebiete charakteristisch sind. Sie sind weder von einheitlicher Herkunft, noch von einheitlicher Grundstruktur und werden nur ihrer Färbung wegen, die durch Eisenverbindungen hervorgerufen wird, unter einem Namen zusammengefaßt.[1])

Im Bereich der Flüsse finden sich häufig Schwemmlandböden von äußerst feiner, sandig-mergeliger Beschaffenheit, die bei künstlicher Bewässerung, wie in der Huerta von Murcia und im unteren Rio Dulce-Tal z. B., ein äußerst fruchtbares Kulturland ergeben. Außer solchen größeren Kulturbezirken finden sich aber auch auf anderen Böden, da, wo infolge starker Quellen, Bäche oder Schöpfbrunnen sich die Vorbedingungen für ausreichende örtliche künstliche Bewässerung finden, Kulturoasen in die Steppe eingestreut.

7. Pflanzendecke.

Aus den Ausführungen über die Bewässerungsverhältnisse, die klimatischen und Bodenverhältnisse geht hervor, daß es sich in Südostspanien in der Hauptsache um ein trocknes, nur zeitweilig nach außen entwässertes Gebiet handelt, also um eine Salzsteppe. Die Vegetation ist abhängig von Boden und Klima; die Steppe kann nur von Pflanzen besiedelt werden, die der Trockenheit Stand zu halten vermögen und die unempfindlich gegen die im Boden gelösten Salze sind. Hierher gehört die große Zahl der Xerophyten, die sich gegen die Trockenheit schützen entweder durch Herabsetzung der Verdunstung — durch Einrollen der Blätter, starke Behaarung, Entwicklung von Filz- und Wachsüberzügen usw. — oder durch Ausbildung wasserspeichernder Organe wie z. B. die Agaven und Opuntien. Auch die Zwiebel- und Knollengewächse sind infolge ihrer kurzen Vegetationszeit gut befähigt zum Überdauern einer längeren Trockenperiode; während der dem Wachstum ungünstigen Jahreszeit ziehen sie alle oberirdischen Organe ein, und bieten so dem schädlichen Einfluß der Trockenheit

---

[1]) Gehrmann: S. 182—83.

keine Angriffsfläche mehr. In dem hier behandelten Gebiet spielen sie jedoch keine große Rolle; nur der Asphodill drückt zur Zeit seiner Blüte der Steppe das ihm eigene Gepräge auf. — Pflanzen mit längerer Vegetationsperiode sind darauf angewiesen, jeden nur erreichbaren Tropfen Wasser für sich nutzbar zu machen; die Folge ist die Ausbildung langer, tiefgehender Wurzeln, wie wir sie bei vielen Gräsern finden; da die Gräser viel Wasser verbrauchen und dadurch den Boden austrocknen, vermögen nur wenige ausdauernde Pflanzen sich im Kampfe mit ihnen zu behaupten; so kommt es, daß die Steppe oft auf unendlich weiten Strecken nur mit Gras bestanden ist, abgesehen von einigen kurzlebigen Regenpflanzen.

Natürlich sind auch die Gräser des Salzsteppengebietes xerophytisch ausgebildet. Das hier verbreitetste Trockengras ist die Halfa. Hierunter wird kein bestimmtes Gras verstanden, sondern man faßt unter diesem Begriff mehrere Grasarten zusammen, die sich dadurch auszeichnen, daß sie polsterförmige Rasen aus hohen steifen Büscheln bilden, und deren zähe Blätter sich infolge ihrer Biegsamkeit und Festigkeit besonders gut zu Flechtarbeiten eignen. Das arabische Wort „Halfa“ deutet auf diese Eigenschaft hin.[1]) Die Hauptbedeutung der Halfa beruht heutzutage jedoch auf ihrer Verwendung zur Papierfabrikation. — Zwei Arten sind es vor allem, die als Halfa bezeichnet werden, Stipa tenacissima (Macrochloa tenac.), in Spanien auch Esparto genannt, und Lygeum spartum, mit der volkstümlichen Bezeichnung Albardin. Äußerlich ähneln sich Stipa und Lygeum sehr; sie unterscheiden sich durch ihre Ansprüche an den Boden; der Albardin gedeiht auf Salzboden, während die eigentliche Halfa salzfreien oder nur schwachsalzigen Boden bevorzugt. Nach Gehrmann ist das Espartogras Salz gegenüber gleichgültig, unbedingt nötig zu seiner Entwicklung ist dagegen Kalk; vom Albardin wird es überall da verdrängt, wo die stark kalkhaltigen Böden aufhören.[2]) Nach Warming-Gräbner gedeiht Lygeum spartum besonders an solchen Orten, welche im Übergangsgebiet zwischen Sand- und Lehmboden liegen. Unter den eigentlichen Halophyten führen Warming-Gräbner es nicht auf, während Willkomm es als eine der Leitpflanzen der mit Salzboden bedeckten, spanischen Litoralsteppe bezeichnet. — Wenn die Halfa auch vor allem eine Steppenpflanze ist, so ist es doch verkehrt, sie ausschließlich als solche aufzufassen. Im Gegenteil, sie vermag wie kaum eine

---

[1]) Wallraff: 1890, S. 5, Fußnote.
[2]) Gehrmann, S. 143.

andere Pflanze sich den verschiedensten Lebensbedingungen anzupassen. So finden wir sie am Rande des Meeres ebensogut wie in einer Höhe von 1800 m, z. B. in Nordafrika, und in lichten Wäldern so gut wie auf den Steppen. Auch in Bezug auf den Boden macht sie keinen besonderen Anspruch; lehmiger Boden allerdings sagt ihr nicht zu, überhaupt ist sie empfindlich gegen zu große Niederschlagsmengen, so daß ihrer Verbreitung im Waldgebiet bald eine Grenze gesetzt ist. — Nach Reyes Prosper wird in der Küstensteppe ein Areal von zirka 4000 qkm von Halfa bedeckt.

Einen anderen wichtigen Bestandteil der Trockenflora machen die Kleinsträucher aus,[1]) die bei starker Neigung zur Verholzung oft succulent ausgebildet sind. Zum besseren Schutz gegen die Verdunstung sind viele von ihnen dem Boden angepreßt und die Blätter zeigen erikoide Ausbildung.[2]) Gebiete, die vorzugsweise von Labiaten, besonders Thymusarten, besiedelt werden, werden von den Spaniern als „tomillares" bezeichnet. Diese tomillares entstehen gewöhnlich dadurch, daß Kulturland vernachlässigt oder der Wald vernichtet wird;[3]) die Regen spülen dann die Humusschicht fort und die anspruchsloseren Steppenpflanzen dringen in das vernachlässigte Gebiet vor und sind hinterher schwer zu vertreiben.

Auch unter den Halophyten überwiegen knorrige kleine Halbsträucher und succulent ausgebildete Pflanzen, die zum besseren Schutz gegen die Verdunstung oft noch mit einer Filz- oder Haarschicht überzogen sind. Die in Nordafrika und Zentralasien weit verbreitete Artemisia herba alba, die dem Landschaftsbild ein so charakteristisches Gepräge verleiht, daß man von ihr besiedelte Gebiete als Wermutsteppe eigens hervorhebt, scheint formationsbildend in der Litoralsteppe nicht aufzutreten, dagegen finden sich häufig Salicornien, Atriplex- und Salsolaarten; auch Chamaerops humulis tritt als Charakterpflanze auf Salzböden auf.[4])

Die meisten Pflanzen treten in den Trockengebieten Südostspaniens in so offener Formation auf, daß der Boden fast überall sichtbar ist.[5]) Manche Autoren würden deshalb die Bezeichnung „Wüste" oder „Wüstensteppe" für die Litoralsteppe vorziehen. Zur Regenzeit werden die sonst kahlen Stellen allerdings häufig von einjährigen

[1]) Rikli: 1907, S. 98.
[2]) a. a. O., 1907, S. 112.
[3]) Reyes Prosper: 1915, S. 217.
[4]) Gehrmann: Gutachten.
[5]) Rikli: 1907 b S. 95.

Arten besiedelt, die zur Zeit ihrer Blüte das sonst fahlfarbige, monotone Landschaftsbild durch ihre Farbenpracht beleben, die aber, da sie sehr schnell wieder verschwinden, nur von untergeordneter Bedeutung sind.

Die eigentliche Steppe ist baumfeindlich; kümmerliche Tamarisken sind fast die einzigen Vertreter des Baumwuchses in den Salzsteppen. Trotzdem ist es nötig, hier etwas näher auf die Baumvegetation einzugehen, da wir es innerhalb des Gebietes vielfach mit Übergangslandschaften, teilweise sogar mit Waldlandschaften zu tun haben. Da es sich auch in den vom Niederschlag bevorzugten Teilen doch immer um sehr trockene Gegenden handelt, stehen die Nadelhölzer an erster Stelle und zwar vorwiegend Pinusarten. Nach den Angaben von Pato y Quintana für die Provinz Murcia folgen sich, den Höhenstufen entsprechend, aufeinander: an den unteren Abhängen der Sierren Pinus Laricio und verstreute Bestände aus Quercus Ilex. Dann folgen Wälder aus Pinus halepensis und einzelne Bestände aus Wacholder. In den noch höheren Lagen überwiegen Wälder aus Pinus Pinaster, denen sich die höchstgelegenen Pinus silvestris-Wälder angliedern. Die Pinie, Pinus Pinea, soll nach Reyes Prosper in der Provinz Murcia vorkommen; Pato y Quintana erwähnt sie nicht, wohl aber Bürger[1]), der in der Nähe von Murcia eine mit Pinien gefüllte Schlucht beschreibt. Daß Pappeln nicht fehlen, ist schon aus der Namensbezeichnung für einzelne Örtlichkeiten, wie Fuente Alamo, zu entnehmen. So kommen auch noch andere Baumarten in dem Gebiete vor, z. B. Salixarten am Rande der Gewässer, wo sie in Gemeinschaft mit Ulmen und anderen feuchtigkeitsliebenden Pflanzen Ufergehölze bilden. Außerdem breitet sich in der Nähe der Gewässer das Rohr, Arundo Donax, oft üppig aus.

An weiteren Formationen sind noch die Garrigues und Macchien, in Spanien Monte bajo genannt, zu erwähnen. Unter Monte bajo versteht man[2]) „ein höheres, aus wirklichen Sträuchern und Kleinbäumen gebildetes Gehölz", das entweder für sich allein auftritt oder das Unterholz in lichten Wäldern bildet. Die Sträucher sind vorwiegend immergrün; Myrte, Buchsbaum, Oleander, wilder Ölbaum, Steineiche, Juniperusarten, Zwergpalme usw. gehören hierher. Auch eine Menge windender und kletternder Pflanzen kommt vor, die die Macchie oft fast undurchdringlich machen.

Die Garrigue kann man als Mittelglied zwischen Monte bajo und

---

1) Otto Bürger: S. 204.

2) Warming-Gräbner: 1918, S. 793.

Kleinstrauchsteppen auffassen.[1]) Flahault bezeichnet sie als eine Waldbodenvegetation, aber ohne Bäume.[2]) Auch von anderen Forschern wird angenommen, daß sie durch Waldzerstörung entsteht. Gebildet wird sie aus fuß- bis kniehohen Sträuchern, Halbsträuchern und Kräutern, denen gegenüber die Gräser zurücktreten. Die Vegetationsform ist sehr offen und der nur flach mit Boden bedeckte Fels tritt oft zutage. Die Zahl der verholzenden Arten nimmt zu mit steigender Temperatur und Trockenheit.[3])

Auf die Kulturformationen soll hier nicht weiter eingegangen werden, da sie im zweiten Teile eine ausführlichere Behandlung finden. Es sollen hier nur die Höhen- und Tiefenlinien ihrer Verbreitung angegeben werden und zwar nach den Angaben von Pato y Quintana für die Provinz Murcia, die wegen der Lage Murcias wohl als Mittelwerte für das ganze Gebiet angesprochen werden können. Gleichzeitig werden hier die bekannten Werte für die spontane Vegetation genannt.

Höhengrenzen:	Reis und Agrumen	bei	300 m
	Johannisbrotbaum	„	350 „
	Opuntia Ficus indica	„	500 „
	Dattelpalme	„	550 „
	Aprikose	„	700 „
	Wein	„	850 „
	Ölbaum und Ficus carica	„	1050 „
	Rosmarin und Juniperus com.	„	1300 „
Tiefengrenzen:	Juniperus communis	bei	700 m
	Juniperus Sabina	„	900 „

Für Esparto ist keine Höhengrenze angegeben; sie scheint in ungefähr 1200 m Höhe zu liegen; das Vorkommen wird zuletzt in 1100 m Höhe erwähnt.

Zum Schluß muß noch hingewiesen werden auf die Bezeichnung Heide, die sich bei manchen Autoren findet, für diese Gebiete aber kaum zutreffend sein dürfte, da die Heide einen nährstoffarmen Boden voraussetzt ganz anderer Zusammensetzung als die hier vorkommenden Böden, deren Sterilität auf der Wasserarmut und der damit zusammenhängenden geringen Aufgeschlossenheit beruht, nicht aber auf wirklicher Nährstoffarmut.

---

[1]) Warming-Gräbner: 1918, S. 787.
[2]) Warming-Gräbner: 1918, S. 802.
[3]) Warming-Gräbner: 1918, S. 787.

8. Der Mensch in der Landschaft.

Um das richtige Verständnis für eine Landschaft zu gewinnen, ist es nötig, sich die Frage vorzulegen: Wie hat der Mensch sich der Natur angepaßt und wie hat er sie verändert? Wichtig zur Beantwortung sind die Arbeiten von Brunhes und Quelle außer verschiedenen spanischen Arbeiten, die leider nicht zugängig waren; so war z. B. das wichtige Werk von Salazar „La agricultura en la Provincia de Murcia" nicht zu erlangen. Die Beantwortung der Frage kann deshalb nur in großen Zügen geschehen.

Als wichtigstes Moment tritt uns die Abhängigkeit des Menschen vom Wasser entgegen; sie äußert sich in dreifacher Hinsicht: in Bezug auf Wirtschaft, Siedlung und Verkehr.

A. Wirtschaft.

a) Landwirtschaft. Da ohne Bewässerung keine lohnende Kultur möglich ist, ist das Auftreten von Wasser von einschneidender Bedeutung; für wirklich ergiebige Kulturen muß noch ein zweiter Faktor hinzukommen, der fruchtbare Boden. Dieser findet sich im Landschaftsteil der tertiären Mergel, sofern sie nicht zu stark salzhaltig sind, und im Landschaftsteil der mit Schwemmland bedeckten Talböden. — Für die Bewässerung wichtige Landschaftsteile sind: Flüsse, Bäche, Quellen und ohne zu große Kosten erreichbare Grundwasseransammlungen.

Da das Wasser infolge des Klimas zu den Wechselformen gehört, hat der Mensch Anlagen geschaffen, durch die er Macht über die Verteilung des Wassers bekommt. Er sammelt das zur Regenzeit abkommende Wasser in Stauwerken und nimmt von da aus die Verteilung vor. Diese Stauwerke bestehen aus einer mächtigen Mauer, die im Gebirge ein Flußtal absperrt dort, wo die Felsbildungen der Anlage günstig sind. Von dem Stausee aus wird das Wasser, meistens in gemauerten Kanälen, oft viele Kilometer weit zu den Bewässerungsbezirken geleitet. Dort verzweigen sich die Kanäle netzartig, um das Wasser möglichst gleichmäßig über die anbaufähige Fläche zu verteilen. Die ältesten Anlagen solcher Stauwerke lassen sich auf die Römer zurückführen; vor allem aber waren es die Araber, die diese Anlagen immer weiter ausbauten und verbesserten. Ihre Unterhaltung verlangt jährlich die Aufbringung großer Summen. — Von mehr örtlicher Bedeutung sind die Schöpfwerke, deren wichtigste die Noria sind. Sie fördern das Wasser aus einem Brunnenschacht in die Höhe vermittels eines Hebewerkes, das durch einen Esel oder durch ein Maultier getrieben wird, ähnlich wie bei unseren Göpeln. Solche Noria kann man mitten in der einsamen Steppe antreffen, umgeben von einem kleinen bebauten Bezirk, zu dessen Bewässerung das zutage geförderte Wasser ausreicht. Aber auch in größeren Huertas findet man sie, um den aus den Kanälen bezogenen Wasservorrat zu ergänzen. Hin und wieder sieht man auch Wasserräder, zur Verwendung kommen, die das Wasser aus den Kanälen oder Flüssen schöpfen und es in eine Rinne gießen, die es den Kulturen zuführt. — In den ganz dürren Bezirken, wo die eben beschriebenen Bewässerungsanlagen zu kostspielig sein würden, hilft man sich dadurch, daß man die Felder mit niedrigen Dämmen aus undurchlässiger lehmiger Erde umzieht. Das Regenwasser wird dadurch zusammengehalten und kann allmählich in den Boden eindringen und das während der Regenzeit ausgesäte Korn mit der zu seiner Entwicklung nötigen Feuchtigkeit versorgen. Ungenügende Niederschläge haben bei dieser Art der Bewässerung natürlich immer Mißernten im Gefolge.

Wie die Schwierigkeit der Wasserbeschaffung und die Notwendigkeit einer gerechten Verteilung zur Schaffung besonderer Wassergesetze geführt hat, wird bei Brunhes[1]) ausführlich behandelt, ebenso wie die rechtlichen Wasserverteilungsverhältnisse — das Flußwasser stellt in den meisten Fällen einen Allgemeinbesitz dar, der an den Boden gebunden ist — einen Ansporn zum Graben von Brunnen geben, dessen Wasser Privatbesitz wird.

Campo Regadio[2]) und Campo Secano[3]) unterscheiden sich nicht nur durch die Bewässerung voneinander, auch in Bezug auf die Düngung besteht ein großer Unterschied. Bei Regenfeldbau wird fast nie Düngung angewandt, bei der Ungewißheit des Ernteertrages, der von der Witterung abhängig ist, würden die dafür angewendeten Kosten wahrscheinlich zu hoch werden. Die vorherrschende Wirtschaftsform ist die Dreifelderwirtschaft;[4]) Getreide und Hülsenfrüchte sind die wichtigsten Kulturpflanzen. Aber auch die Weinrebe, Feigen-, Mandel- und Johannisbrotbäume werden auf unbewässerten Böden angebaut. Im Süden gesellt sich diesen Pflanzen noch die Opuntia zu, deren süßliche Früchte der ärmeren Bevölkerung als Nahrungsmittel dienen. Die Trockenlandkultur beschränkt sich aber nicht auf das Steppenflach- und -hügelland, sondern sie findet sich auch in

---

[1]) Brunhes: 1902.

[2]) Kultur auf künstlich bewässertem Land.

[3]) Trockenfeldbau, der nur auf den Regen angewiesen ist.

[4]) Quelle: 1917, S. 84.

den Gebirgen, deren Rumpfflächen und Trockentäler streckenweise sich gut dafür eigenen. Die Erträge können aber natürlich nur in besonders günstigen Jahren reichlich sein, und ein starkes Schwanken des Ernteertrages bei einmaliger Ernte im Jahre charakterisiert die Kulturen des Campo Secano.

Beim Campo Regadio wird im allgemeinen künstliche Düngung angewandt, auch in jeder anderen Beziehung wird der Boden auf das sorgfältigste bearbeitet, wenn sich auch hier noch häufig der primitive Pflug findet, der auf dem Campo secano ausschließlich verwandt wird.[1]) Der Ernteertrag ist natürlich bedeutend höher. Nach Quelle gibt Weizen auf unbewässertem Land 6 bis 8 hl pro ha, auf bewässertem dagegen 25 bis 30 hl.[2]) Die hohen Kosten der Bewässerungskulturen machen sich also bezahlt; auch sind die Erträge nicht so großen Schwankungen unterworfen wie auf dem Campo secano, und meistens wird in einem Jahre mehrere Male hintereinander von demselben Stück Land geerntet. Die bewässerten Bezirke werden als Vegas oder Huertas bezeichnet; sie sind, wie gesagt, Gebiete intensivster Bearbeitung und Ausnutzung und zwar ist das Neben- und Nacheinander der verschiedenen Kulturen auf demselben Abschnitt ein Charakteristikum.

In der ausgedehntesten Huerta des behandelten Gebietes, der von Murcia, überwiegt der Getreidebau; Weizen und Mais stehen an erster Stelle. Die Getreidefelder werden zweimal jährlich unter Wasser gesetzt: vor der Aussaat und zur Zeit der Blüte. Gleichzeitig werden auf den Feldern Maulbeerbäume gezogen: die Seidenraupenzucht bildet eine Haupteinnahmequelle der Murcianer. Von Gemüsen kommen vor allem Saubohnen oder Kichererbsen, Salat und Kartoffeln in Betracht, in zweiter Linie Artischocken. Die Orangen-, Mandarinen- und Zitronenkultur tritt in den Hintergrund, weil der afrikanische Glutwind, der Leveche, auf die Agrumen besonders verderblich einwirkt. Nach Quelle[3]) liefern die Vegas von Murcia und Totana die meisten Orangen in der Provinz Murcia; trotz des Zurückstehens hinter den anderen Kulturen scheint ihr Anbau also doch eine große Rolle zu spielen. Die Dattelpalme findet sich bei Murcia nur vereinzelt; sie wird mehr der Blätter wegen, die in katholischen Ländern bei kirchlichen Feiern Verwendung finden, als ihrer Früchte wegen gezogen.[4])

---

[1]) Quelle: 1914, S. 32.

[2]) Quelle: 1917, S. 85.

[3]) 1917, S. 88.

[4]) Rikli: 1907, S. 130ff.

Bei Lorca überwiegen wieder durchaus die Getreidefelder; sie nehmen vier Fünftel der bewässerten Zone ein und werden je nach dem Regenreichtum jährlich drei oder viermal unter Wasser gesetzt. Fruchtbäume und Gemüsekulturen finden sich nur in der unmittelbaren Nähe der Stadt.[1])

Ein etwas anderes Bild zeigt die Huerta von Almeria, die den Übergang zu den andalusischen Vegas bildet. Hier treten neben Getreidefeldern und Agrumenkulturen die Weingelände stark in den Vordergrund.[2]) Der Wein wird in Terrassenkultur an den unteren Abhängen der sonst kahlen Berge angebaut. Auch sonst sind Terrassenkulturen im gebirgigen Terrain weit verbreitet.

Im Anschluß an die Landwirtschaft muß kurz auch die Viehzucht behandelt werden. Das Halten von Großvieh stößt in einem Lande von der Trockenheit der Küstensteppe auf große Schwierigkeiten; Kleinviehzucht herrscht hier daher absolut vor, an erster Stelle stehen die Schafe, an zweiter die Ziegen. Außerdem werden fast überall Maultiere und Esel gehalten, die als Zug- und Lasttiere unentbehrlich sind.[3])

b) Forstwirtschaft. Wenn uns in der Landwirtschaft eine Ausnutzung der natürlichen Verhältnisse des Landes mit positivem Ergebnis entgegentritt, also Steigerung der Ertragfähigkeit, so zeigt uns die Forstwirtschaft ein anderes Bild. Hier herrscht absoluter Raubbau. Erst seit den allerletzten Jahrzehnten wird versucht, hier eine Änderung zu schaffen, und stellenweise wird mit der Wiederaufforstung des entwaldeten Landes begonnen, auch wird starke Propaganda für private Baumanpflanzung gemacht, aber alle Bemühungen können nur einen verschwindend kleinen Bruchteil des Reichtums wiederherstellen, der einst hier geherrscht hat und der bei einer früher einsetzenden verständigen Forstwirtschaft dem Lande hätte erhalten bleiben können. Ein großer Teil der Wälder hat als Brennholz Verwendung gefunden, ein anderer ist als Grubenholz dem Bergbau zum Opfer gefallen.

c) Bergbau. Der Bergbau ist besonders für den murcianischen und almerianischen Teil der Küstensteppe von Bedeutung, wo sich die paläozoischen Schiefer, triassischen Kalke und jüngeren Eruptivgesteine stellenweise durch großen Erzreichtum auszeichnen. Die Wälder bildeten in früherer Zeit als Lieferanten von Grubenholz eine

---

[1]) Brunhes: 1902, S. 88.

[2]) Quelle: 1917, S. 89 und 1914, S. 42.

[3]) Quelle: 1917, S. 91.

wichtige Ergänzungsform. Auch Marmorindustrie und Salzgewinnung z. B. am Mar Menor, sind in diesem Zusammenhang zu nennen.[1])

p) Industrie. Die Industrie steht auf dem ganzen Gebiet auf einer sehr niedrigen Stufe; die Hauptursache dafür ist wohl in dem Mangel an Brennstoffen und ausnutzbaren Wasserkräften zu suchen. Mit Ausnahme der Hüttenindustrie in Mazarron, Cartagena und La Union finden sich fast nur Klein- und Hausbetriebe.[2]) Hierher gehören Öl- und Getreidemühlen, Weinkelter und die Herstellung von Gebrauchsartikeln aus Espartogras. Auch Textilindustrie findet sich an verschiedenen Orten, aber nirgends in so ausgedehntem Maße, daß die Erzeugnisse für den Export in Betracht kämen. Möglicherweise werden Seidenwaren aus Murcia exportiert, doch liegen dafür keine erreichbaren Angaben vor

e) Fischerei. Die Bewohner der Küste finden in der Seefischerei einen lohnenden Erwerb.

B. Siedlungen.

Ebenso wie die Wirtschaft sind natürlich auch die Siedlungen abhängig vom Wasser; größere Siedlungen können sich nur da entwickeln, wo Wasser in reichlichen Mengen vorhanden ist, und auch da noch sind die Menschen darauf angewiesen, ihr Wasser für den Hausgebrauch während der Regenzeit zu sammeln und es in tönernen Krügen für die regenlose Zeit aufzubewahren, wie es z. B. in Murcia geschieht. Eine Folge der durch die Wasserarmut bedingten schwierigen Lebenshaltung ist das Überwiegen von Kleinsiedlungen, wie Quelle es für Murcia und Almeria festgestellt hat. Die Einwohnerzahl pro Quadratkilometer wächst natürlich in den ertragreichen Gebieten; so heben sich das Bewässerungskulturland und die Bergbaubezirke durch ihre größere Volksdichte von dem nur geringen, oder gar keinen Ertrag gebenden Steppen- und Gebirgsland ab. In der Huerta von Murcia wohnen z. B. durchschnittlich 75 bis 100 Menschen auf einem Quadratkilometer und im Bergbaubezirk von La Union wird die Höchstzahl von 251 bis 350 erreicht, während im Westen der Provinz Murcia nur 1 bis 10 Einwohner auf den Quadratkilometer kommen. Also auch in dieser Beziehung ist das Küstensteppengebiet ein Land der starken Gegensätze. Es zeigt sich hierin nur ein Spiegelbild des inneren Baues der Landschaft, die höchst ertragreiche Gebiete in-

[1]) Quelle: 1917, S. 91.

[2]) Quelle: 1917, S. 93.

mitten des unergiebigen Steppenlandes aufweist, und ist bedingt durch das verstreute Auftreten von Wasser.

Der Wohntyp der Kleinsiedlungen herrscht auch in den dichter bevölkerten Strichen vor. So hat die Gemeinde Murcia beispielsweise 119 Siedlungsplätze, die mit Ausnahme der Stadt Murcia alle zu den Kleinsiedlungen gehören, der Bezirk Cartagena hat deren 70, Lorca 103. Diese Kleinsiedlungen bestehen entweder aus kleinen Dörfern oder aus einer Anzahl von Einzelgehöften, die sich um eine Quelle oder Wassergrube gruppieren. Wenn diese Siedlungen ausgesprochen landwirtschaftlichen Charakter haben, bezeichnet man sie als Caserios; sie finden sich überall da, wo Steppenland neu in Kultur genommen wird;[1]) ihre Einwohnerzahl schwankt zwischen 25 und 500. Es gibt aber auch noch kleinere Wohnplätze, die weniger als 25 Einwohner haben; hierher gehören z. B. die an den Landstraßen gelegenen Posadas und Ventas, das sind Wirtshäuser, die Unterkunft für Mensch und Tier bieten und oft mit einem Kaufladen verbunden sind.

Die Städte und größeren Dörfer bilden in den Trockengebieten ein geschlossenes Ganzes; im Campo regadio dagegen wird die zusammengedrängte Haufensiedlung meistens noch von einem unregelmäßigen Ring kleinerer Einzelsiedlungen umgeben.

Vielfach liegen die Siedlungen am Rande des Kulturlandes auf Steppenboden, um den Boden bestmöglich auszunutzen; betont wird diese Lage von Gehrmann in den Campos von Dalias und Nijar und von Rikli in der Huerta von Murcia: „Lange, staubige Straßenzüge verbinden die meist am Rande der Gartenlandschaft gelegenen Ortschaften".[2]) Im übrigen wird die Lage der Siedlungen außer durch die Abhängigkeit vom Wasser auch durch das Schutzbedürfnis bestimmt. In den Küstenstädten Adra und Almeria haben wir es mit Bergfuß- und Flußmündungslage zu tun, in Aguilas und Cartagena mit Bergfußküstenlage. Cartagena hat noch den Vorteil der direkten Berührung mit dem ebenen Hinterland, da die Bucht von Cartagena hier das Küstengebirge in seiner ganzen Breite durchbricht. — Die Lage von Lorca könnte man als Gebirgsfußlage vor einem Durchbruchstal bezeichnen, die von Murcia als Talerweiterungsflußlage. Es würde zu weit führen, auf die Lage der anderen Siedlungen einzugehen, auch fehlen zum größten Teil die dafür nötigen Grundlagen; es soll nur noch gesagt werden, daß anscheinend die Gebirgsfußlage im Anschluß an

---

[1]) Rikli: 1907, S. 77.

[2]) Rikli, Neuj. Blatt 1907, S. 40.

wasserführende Schichten häufig ist. Flußuferlage wird im allgemeinen gemieden der Unheil anrichtenden Überschwemmungen wegen, so z. B. im ganzen Sangoneratal und bei vielen Siedlungen links und rechts des Segura, des Moratalla, Argos und anderer Flüsse.

Die einzelnen Behausungen sind je nach der mutmaßlichen Dauer ihrer Benutzung mehr oder minder dauerhaft aufgeführt.[1]) Am primitivsten sind die Schilfhütten der Hirtenbevölkerung, die vor allem gegen Sonnenglut schützen sollen und beim Weiterziehen der Herde leicht neu aufgeführt werden können. Lehmhütten mit Dächern aus Halfagras dienen der ärmeren Bevölkerung als Wohnung, werden aber auch als vorübergehender Wohnsitz in der Huerta oder den Einzelgehöften (Cortijos) zur Zeit der Bewirtschaftung von den Wohlhabenderen benutzt. Die Häuser der Caserios, Posadas, Ventas und der größeren Dörfer und Städte sind aus Stein aufgeführt und mit einem flachen Dache versehen.

Wo der Landschaftsteil der dilluvialen und tertiären Ablagerungen[2]) sich findet, sind als ein besonderer Wohntyp Höhlenwohnungen zu nennen, die in dem anstehenden Kalk- und Sandstein ausgehauen werden. Meistens handelt es sich um Einzelsiedlungen, es kommt aber auch vor, daß den aus Stein erbauten Städten ganze Höhlenwohnungsbezirke für die ärmere Bevölkerung angegliedert sind, z. B. in Almeria.

C. Verkehr.

Der Verkehr steht in dem ganzen Gebiet dem Charakter des Landes entsprechend auf einer ziemlich niedrigen Stufe. Der Mensch benutzt die von der Natur vorgezeichneten Linien geringsten Widerstandes. Das wenig ausgebaute Eisenbahnnetz folgt vor allem den Flußtälern. So benutzt die Linie Albacete—Cieza—Murcia—Cartagena, die die Küstensteppe mit dem zentralen Hochlande verbindet, das enge, aber doch passierbare Durchbruchstal des Segura, wogegen die rechtwinklig dazu verlaufende Linie Alicante—Orihuela—Murcia—Lorca—Huercal Overa—Baza—Guadix—Granada die große andalusische Längsbruchfurche durchläuft; beide Strecken gehören zu den fruchtbarsten und daher auch gut besiedelten Teilen der Steppe. Ergänzt werden diese beiden wichtigsten Linien durch Zweigbahnen und Stichbahnen von der Küste aus ins Gebirge, besonders in den Bergbaubezirken. Schnellzüge fahren nur auf der Nord-Südbahn.[3]) DerVerkehr

---

[1]) Rikli: 1907, S. 76ff.

[2]) Quelle: 1914, S. 54.

[3]) Quelle: 1917, S. 95.

ist auf allen Linien wenig entwickelt, da die vielen unbewohnten Landschaftsteile und das Überwiegen der Agrarbevölkerung ein Bedürfnis nach reichlichem Fernverkehr nicht aufkommen lassen.

Eine um so größere Bedeutung kommt dagegen den Landstraßen zu, die die wichtigeren Siedlungen untereinander und mit der Bahn verbinden; sie folgen häufig den Ramblabetten und Trockentälern; doch ist es interessant zu sehen, daß die Hauptfahrstraßen gerade wie die Siedlungen sich in angemessener Entfernung von dem Überschwemmungsgebiet der Flüsse hinziehen, so beim Sangonera und Argos. In Bezug auf die Instandhaltung der Wege scheint zwischen den einzelnen Teilen des Gebietes ein Unterschied zu herrschen; Quelle gibt an,[1]) daß die Hauptlandstraßen Murcias sich fast ausnahmslos in gutem Zustande befinden, wogegen er den Zustand der Landstraßen Almerias als jeder Beschreibung spottend darstellt.[2]) Der Zustand der Wege zweiter und dritter Ordnung scheint überall gleich schlecht zu sein; hierher gehören z. B. die Saumpfade in den Gebirgen und während der Trockenheit auch die Ramblabetten, die somit eine wichtige Wechselform im Landschaftsbild darstellen. Die heftigen Regengüsse des Herbstes machen ihrer Verwendung als Verkehrswege ein Ende. Auch auf den übrigen Verkehrswegen rufen diese Güsse große Störungen hervor, indem sie die Brücken fortreißen, tiefe Rinnen auswaschen usw.

Die Hauptverkehrsmittel sind die zweirädrigen Lastwagen, der zweirädrige Personenwagen, Tartana genannt, und der Postwagen. Im Gebirge herrscht der Saumverkehr auf Eseln und Maultieren vor.

Der Seeverkehr ist für das Küstengebiet insofern wichtig, als er die Ausfuhr der Erzeugnisse nach anderen Ländern ermöglicht; so werden von Almeria Erze und Trauben, von Aguilas Eisenerze und Espartogras, aber auch landwirtschaftliche Erzeugnisse, unter denen Apfelsinen und Zitronen an erster Stelle stehen, exportiert.

Als Einfuhrartikel über die Südhäfen spielen nur Kohle und Koks eine bedeutende Rolle.

D. Wechselwirkung zwischen Mensch und Landschaft in früherer Zeit.

Im Vorhergehenden ist die Anpassung des Menschen an die Natur des Landes zur Jetztzeit behandelt worden; es ist aber auch wichtig, die Wechselwirkungen zwischen Mensch und Landschaft in früheren Zeiten zu verfolgen.[3])

---

[1]) Quelle: 1917, S. 95.

[2]) Quelle: 1914, S. 47.

[3]) Nach Willkomm 1855 u. 1896.

In Spanien sind diese Einflüsse verschiedenster Art gewesen. Die erste geschichtlich erwiesene Umgestaltung im Sinne einer Bereicherung der Landschaft durch den Menschen erfolgte durch die Araber, wahrscheinlich wird der Einfluß der Phönizier, Römer und Karthager wie auch der Goten aber in derselben Richtung gewirkt haben. In späteren Jahrhunderten spielte die Iberische Halbinsel eine große Rolle als Heimatland vieler Entdeckungsfahrer, die bei ihrer Rückkehr Samen und Pflanzen aus fernen Erdteilen mitbrachten und in ihrem eigenen Lande heimisch machten. Diesem Aufschwung in den Kulturmöglichkeiten folgte dann aber ein jäher Sturz, als Philipp III. die Mauren gesetzlich aus Spanien vertreiben ließ. Die Mauren waren als Nachfolger der Araber die Träger der Feld- und Gartenkultur; nach ihrer Vertreibung verfielen ihre Anlagen, was sich besonders stark in den Gebieten mit Bewässerungsbau bemerkbar machte, also auch im Bereiche der Litoralsteppe. Viele Gegenden sind dadurch bis auf den heutigen Tag verödet geblieben, andere sind erst allmählich auf die frühere Ertragfähigkeit zurückgebracht worden. -- Als zweiter das Land schädigender Faktor ist die Waldverwüstung zu nennen, zu deren Bekämpfung erst seit kurzem durch Einrichtung eines geordneten Forstwesens Versuche gemacht werden. — Der in der Hauptsache schädigende, andererseits aber auch die Pflanzenverbreitung fördernde Einfluß der Mesta kommt für die Küstensteppe weniger in Betracht als für andere Steppengebiete Spaniens, aber auch hier ist er nicht ganz auszuschalten.

Die Hauptkulturen des Steppengebietes sind, wie schon gesagt, Getreidebau und die Heranzucht von Südfrüchten, Wein und Öl, wozu in Alicante sich noch die Dattelpalmenzucht gesellt. Wenn diese Pflanzen auch heute im Landschaftsbild Südspaniens nichts Außergewöhnliches darstellen, so ist es doch interessant, in ihrem Vorkommen den Einfluß des Menschen auf die Landschaft feststellen zu können. So sind die Getreidearten, die als Kulturpflanzen in Steppengebieten ohne weiteres verständlich sind, von den Arabern durch Einführung neuer Arten vermehrt worden.[1]) Während Wein und Ölbaum zu den ursprünglichen Charakterpflanzen des Mittelmeergebietes gehören, sind Zitronen- und Orangenbäume, Dattelpalme und Johannisbrotbaum ebenfalls auf die Einführung durch die Araber zurückzuführen, Apfelsinenbäume dagegen sind erst nach der Entdeckung des Seeweges nach Indien nach Spanien gekommen. Die gerade im Küsten-

[1]) Willkomm: 1896, S. 325.

steppengebiet so weit verbreiteten Opuntien, die sowohl ihrer eßbaren Früchte wegen als auch als Heckenpflanzen angebaut werden, haben sich, trotzdem sie Fremdlinge sind, so gut eingebürgert, daß sie auch als verwilderte Pflanzen angetroffen werden. Diese Angaben ließen sich noch vermehren, würden aber zu weit ins pflanzengeographische Gebiet hinüberführen.

Es soll hier nur noch einmal auf die Beteiligung des Menschen an dem Entstehen und Vergehen der Steppennatur hingewiesen werden; denn wir haben in ganz Spanien, also auch im Küstensteppengebiet zweierlei Steppe zu unterscheiden; einmal die primär entstandene Steppe, die sich z. B. auf den salz- und gipshaltigen tertiären Ablagerungen entwickeln mußte, dann aber die sekundär entstandene Steppe, die eine Folge der Waldverwüstung in diesem regenarmen Gebiet ist, wodurch die Unmöglichkeit entstand, das Regenwasser richtig auszunutzen und auch der Humusbildung die Vorbedingungen entzogen wurden. Die Vegetationsspärlichkeit steigerte sich dabei oft bis zur Vegetationslosigkeit, so daß einige Sierren sich wie Wüstengebirge über die Steppenregion erheben. — Andererseits ist aber auch der Steppe durch sachgemäße Berieselung und Entsalzung viel Areal entrissen worden; in Zeiten wirtschaftlichen Rückganges, wo die Kulturen vernachlässigt werden, fallen diese Gebiete häufig wieder an die Steppe zurück. So besteht ein beständiger Kampf zwischen den beiden Hauptlandschaftsteilen des Steppengebietes: der eigentlichen Steppe und dem Kulturland, und in dem Sieg des einen oder des anderen Elementes spiegeln sich die wirtschaftlichen und politischen Verhältnisse wider.

B. Spezieller Teil.

1. Kartenmaterial und wichtigste Literatur.

Nachdem wir uns in großen Zügen mit dem Charakter des Landes bekannt gemacht haben, soll nunmehr eine landschaftskundliche Darstellung des Gebietes versucht werden und zwar auf Grund der vorhandenen Literatur. Untersucht wird das Gebiet, das sich von Adra bis Denia landeinwärts der Küste erstreckt und auf der Übersichtskarte Textfigur durch die gebrochene Linie abgegrenzt ist.

Über den murcianischen Teil orientiert uns die Arbeit des Spaniers Pato y Quintana aus dem Jahre 1909, der auch eine Karte beigegeben ist. Trotzdem sich zwischen Text und Karte manche Widersprüche ergeben, wie z. B. bei der Höhenangabe der Sierra Seca, die nach dem Text 1600 m, nach der Karte 2001 m hoch ist, und anderer Ungenauigkeiten mehr, auf die später noch eingegangen werden soll, kann man doch auf Grund dieser Arbeit unter Hinzuziehung anderer Autoren für das genannte Gebiet den Versuch einer landschaftskundlichen Gliederung in großen Zügen wagen.

Für die Provinzen Almeria und Alicante sind wir auf die sehr viel älteren Karten von Francisco Coello angewiesen. Da ein ausführlicher, für heutige Verhältnisse zuverlässiger, landschaftskundlich verwertbarer Text fehlt, so sind sie sehr viel schwerer zu bearbeiten; sie weisen auch der heutigen Forschung gegenüber manche Irrtümer auf: so stimmt z. B. der Übergang von der Karte von Almeria zur Karte von Murcia keineswegs. Die Karte von Alicante stammt aus dem Jahre 1859, die von Almeria aus dem Jahre 1855.

Wie unzureichend die Karten von Coello teilweise sind, tritt z. B. deutlich bei der Unterscheidung von Hügel- und Flachland hervor. So spricht Brunhes von der Ebene von Huercal-Overa; auf der Karte erweckt die Umgebung dieses Ortes trotz des Maßstabes 1 : 200000 absolut den Eindruck von Berg- oder mindestens von Hügelland. Daß die Lage mancher Orte falsch angegeben worden ist, zeigt sich deutlich, wenn man die auf 1 : 400000 verkleinerte Karte von Almeria in Verbindung mit der Karte von Murcia bringt: einmal verlaufen, wie schon gesagt, die Provinzialgrenzen auf beiden Karten vollständig verschieden, dann stimmt aber auch der Verlauf der Flußläufe nicht miteinander überein und einige grenznahe Orte, die auf beiden Karten verzeichnet sind, lassen sich nicht zur Deckung bringen. Der Grenzverlauf zwischen Murcia und Alicante zeigt größere Annäherung; von einem wirklichen Übereinstimmen kann man aber auch hier nicht sprechen. Die Geländezeichnung läßt auch auf der sehr viel neueren Karte von Murcia aus dem Jahre 1909 noch viel zu wünschen übrig, und aus dem Fehlen jeder Terrainzeichnung darf man nicht jederzeit auf Flachland schließen. So spricht Willkomm von einer Gipshügelkette bei Totana, ja, Pato y Quintana selbst erwähnt die allerdings unwichtigen Hügelketten, die sich vom Segura nach Totana hinziehen: auf der Karte fehlt jede diesbezügliche Eintragung, und ohne nähere Beschreibung würde man dort eine Ebene vermuten. Einzelne Berge wie z. B. der Arabi im Norden, sind durch keine Gebirgszeichnung

kenntlich gemacht, auf der Karte findet sich nur der Name; das Gleiche gilt für den Monteagudo bei Murcia. Es mag sein, daß Pato y Quintana nur absolute oder relative Höhen oberhalb einer gewissen Grenze auf seiner Karte verzeichnet und die genannten Höhen unterhalb dieser Grenzen bleiben: in einem Hinweis hätte aber darauf aufmerksam gemacht werden müssen.

Ein auffälliger Widerspruch zwischen Text und Karte findet sich in Bezug auf den Nogalte. Auf der Karte ist er als eine aus der Provinz Almeria kommende Rambla verzeichnet, die östlich von Puerto de Lumbreras im Sande verläuft, im Text dagegen wird gesagt, daß die Rambla von „Nogante" nach ihrer Vereinigung mit der Rambla von Villerda, die auf der Karte gar nicht verzeichnet ist, als Rambla von Viznaga ungefähr bei Totana in den Guadalentin einmündet. Diese Rambla von Viznaga findet sich auf der Karte, entspringt aber erst innerhalb des Campo von Lorca. Vielleicht hat der Druck versagt: das Einfließen verschiedener Ramblas nach dem nicht eingezeichneten Hauptramblabett läßt diese Deutung zu. Trotzdem ergibt sich aber die Folgerung daraus, daß auch diese Karte mit einer gewissen Vorsicht benutzt werden muß. Der Nogalte oder Nogante — nicht einmal in Bezug auf den Namen herrscht Übereinstimmung — scheint überhaupt ein Schmerzenskind der spanischen Karten zu sein: im Andree und Stieler fließt er bei Puerto Lumbreras in östlicher Richtung vorbei, hiermit stimmt die Angabe Willkomms überein (1855, S. 219), um nördlich von Punta Cope ins Meer zu münden. Nach einer Besprechung im Geographical Journal 1907 soll die Karte von Gillmann über das Almanzoratal im Maßstab 1 : 50 000 eine richtige Darstellung der Rambla von Nogalte geben. Sie war mir leider nicht zugänglich.

Auf die verkehrte Darstellung des murcianischen Gebirgslandes im Stieler und anderen Atlanten macht schon Quelle aufmerksam (1917, S. 76 Fußnote). Die neue Ausgabe des Stieler'schen Handatlas von 1922 stimmt auf den spanischen Blättern noch immer mit der alten überein und konnte deshalb nicht benutzt werden.

Eine wichtige Ergänzung zu den Karten von Almeria liefern die geologischen Karten von Cortazar (1875), Donayre (1877), Botella (1882), Monreal (1878), die alle im Boletin de la comision del mapa geologico de España erschienen sind. Der sie begleitende Text enthält außer einer genauen Besprechung der geologischen Beziehungen wichtige Hinweise auf die Bodennnatur und die Land- und forstwirtschaftlichen Verhältnisse. Für die Provinzen Murcia und Alicante waren keine das ganze Gebiet umfassende geologische Karten größeren Maßstabes zugängig; einen Anhalt in großen Zügen konnte die Carte internationale de l'Europe 1 : 1 500 000 geben; für die Eintragung in die der Arbeit beigegebenen Karten ist sie aber nicht benutzt worden, da sie zu manchen Spezialkarten im Widerspruch steht. Für einige ausgewählte kleinere Gebiete finden sich Karten in Spezialarbeiten, so z. B. bei Nickles, Cereceda u. a. Die geologischen Verhältnisse der für das Grenzgebiet in Betracht kommenden Provinz Valencia finden bei Botella eine kartographische Darstellung.

Wertvolle Angaben über die Natur besonders des alicantischen Teiles finden sich in Rikli: „Botanische Reisestudien von der Mittelmeerküste mit besonderer Berücksichtigung der Litoralsteppe". Außerdem sind natürlich für das ganze Gebiet von großer Bedeutung die verschiedenen Arbeiten von Willkomm, obwohl er einen großen Teil der Litoralsteppe nicht aus eigener Anschauung kennt. Einen außerordentlich wertvollen Beitrag zur Aufstellung von Landschaftstypen bilden die Darstellungen Gehrmanns in dem freundlichst zur Verfügung gestellten und durch mündliche Mitteilungen ergänzten Gutachten. Die neueste Arbeit über die Steppen von Dr. Eduardo Reyes Prosper „Las Estepas de España e su Vegetacion" gibt dagegen nur wenig Anhaltspunkte für eine landschaftskundliche Erfassung des Gebietes. Außer einer sehr ausführlichen Aufzählung und Beschreibung der Steppenpflanzen sowie ihrer Morphologie, Angabe einzelner Bodenanalysen vom landwirtschaftlichen Standpunkt aus und einer kurzen Darstellung des Steppenklimas beschränkt der Verfasser sich bei der Beschreibung der einzelnen Steppengebiete darauf, festzustellen, an welchen Örtlichkeiten sich Steppe findet und welcher geologischen Formation der Boden angehört; welcher Art die Steppe ist, wird nicht gesagt, nur hin und wieder gibt er an, welche Pflanzenarten er dort gefunden hat.

Der inspirierende Gedanke der Arbeit von Prosper ist, die Spanier für die Steppen zu interessieren und sie auf die wirtschaftlichen Ausnutzungsmöglichkeiten hinzuweisen. Wieviel einleuchtender hätte das geschehen können, wenn er die geographischen Faktoren nicht so sehr vernachlässigt hätte und landschaftskundlich vorgegangen wäre. Die Angabe einer geologischen Formation allein nützt nichts, wenn nicht dabei gesagt wird, welche Gesteinsarten in Betracht kommen und in welchem Stadium sich die Bodenbildung befindet. Zu einer richtigen Beurteilung der wirtschaftlichen Möglichkeiten muß dann auch noch die Angabe hinzukommen, ob es sich um Berg-, Hügel- oder Flachland handelt, und wie es um die Bewässerungsverhältnisse bestellt ist. In sehr vielen Fällen beschränkt Reyes Prosper sich sogar nur darauf, zu sagen, daß die Gegend sehr„ steppenhaft" sei. Angaben, ob es sich um Berg-, Hügel- oder Flachland handelt, finden sich höchst selten, jedenfalls in dem hier berücksichtigten Teil über die Litoralsteppe. Dagegen finden sich verschiedentlich Sätze wie folgender,[1]) den ich in der Übersetzung wiedergebe: „Eine andere interessante Excursion habe ich von Mula nach Pliego gemacht und von Pliego nach Alhama und Totana, wobei ich durch die göttliche Sierra de Espuña kam". Wodurch die Exkursion interessant war, wird nicht gesagt, was um so mehr zu bedauern ist, da es doch wichtig wäre, festzustellen, ob und bis zu welcher Höhe die Espuña dem Steppengebiet angehört; hierüber gehen die Meinungen bei den verschiedenen Autoren sehr auseinander. Auch über das Campo von Pliego ließe sich gewiß vieles sagen: Pato y Quintana erwähnt es in seiner Arbeit bei der Besprechung des Flusses Pliego ohne weitere Angaben über seine spontane Vegetation und Kulturfähigkeit. Es ist dies das einzige Campo, das er außer den Kulturcampos erwähnt. Da wäre es doch von Interesse, die Gründe zu wissen, weshalb auf dem Campo von Pliego keine Kultur getrieben wird, da die Bewässerungsverhältnisse dort nach der Karte zu urteilen trotz des mergeligen trockenen Bodens anscheinend recht günstige sind. Oder sollte hier eine Ungenauigkeit vorliegen und das Campo von Pliego doch bebaut werden, da Pato y Quintana als Definition des Begriffes „Campo" angibt, daß man unter Campos die weiten Täler und die mehr oder weniger geneigten Ebenen versteht, die den Hauptsitz der Agrarkultur bilden. Nach der Karte könnte man mehrere solcher Campos vermuten, die im Text aber keine Erwähnung finden. Vermutlich liegen hier die Hauptsteppengebiete. Im Gegensatz zu den Kulturgebieten, die Pato y Quintana ausführlich behandelt, auch unter Angabe der spontanen Vegetation, kommt das Wort „Steppe" in der ganzen Arbeit Pato y Quintanas nicht ein einziges Mal vor. Außer einzelnen Gebirgen, bei denen er die kärgliche Vegetation hervorhebt, und die somit wohl zum Steppengebiet zu rechnen sind, scheint er die eigentlichen Steppen aus seinen Betrachtungen auszuschließen.

Dies zeigt, wie wenig selbst Pato y Quintana, dessen Arbeit teilweise sehr brauchbare Grundlagen für eine landschaftskundliche Erfassung des Gebietes enthält, an eine landschaftskundliche Betrachtungsweise denkt. Er führt allerdings häufig an, daß eine Gegend rauh

---

[1]) Reyes Prosper 1915, S. 97.

oder öde ist, macht auch auf das Überwiegen von Esparto in einigen Landstrichen aufmerksam; daraus könnte man auf eine Steppe schließen; das eindeutige Vorhandensein von Steppe stellt er aber kein einziges Mal fest.

Bei den anderen Autoren, wie Willkomm und Rikli, die wie auch Reyes Prosper Botaniker sind, liegt die Schwierigkeit der Benutzung ihrer Arbeiten als Grundlage für eine landschaftskundliche Darstellung auf einem anderen Gebiete als bei dem Spanier, der den Wert auf das einzelne Vorkommen legt, wobei aber die großen einheitlichen Züge verloren gehen. Willkomm und Rikli versuchen beide, Unterabteilungen für das Steppengebiet aufzustellen. Da der Zweck ihrer Arbeiten ein ganz anderer ist, als der eines Geographen, kann es nicht verwunderlich sein, daß die Behandlung des Stoffes oft anders ausfällt, als der Landschaftskundler es wünscht. Sollten sich aber nicht beide Disziplinen vereinigen lassen dadurch, daß zuerst einmal festgestellt wird, auch von den Botanikern, was wirklich vorhanden ist, auch in welchem Ausmaß, und dann erst die Auswertung für die speziellen Zwecke einer jeden Disziplin erfolgt? Rikli verfährt im allgemeinen so. Daß seine Arbeit trotzdem viele Fragen über die Beschaffenheit der Litoralsteppe offenläßt, liegt daran, daß er nicht das ganze Gebiet durchforscht hat, sondern nur einer bestimmten Route gefolgt ist, auf der ihm aber fast alle Steppenelemente begegnet sind. Welchen Raum diese einzelnen Landschaftsteile nun aber im ganzen Steppengebiet einnehmen, bleibt natürlich unentschieden, ist, da der Zweck der Arbeit ein anderer war, aber auch nicht unbedingt zu erwarten.

Zu vermeiden wäre dagegen eine andere Schwierigkeit, die daraus entsteht, daß Worten eine andere Bedeutung unterlegt wird, als die, die sie für einen unvoreingenommenen Menschen haben. Es ist natürlich schwer, sich bei der Beschreibung einer Gegend vollständig frei von subjektivem Empfinden zu halten und das auch in die Worte zu legen; aber die Grenzen könnten doch etwas enger gezogen werden. Wenn man z. B. einen Ausdruck liest wie „kahl", so verbindet man damit die Vorstellung von Gegenden, die wirklich jeden Pflanzenwuchses entbehren, es sei denn, daß der Autor vorher eine andere Definition dieses Begriffes gegeben hätte. Wie wir uns die „Kahlheit" der Berge vorzustellen haben, geht aus einer Beschreibung Bürgers für die Umgebung von Alicante hervor: „Man muß sich nun vorstellen, daß rings in der Runde alles kahl ist. Man gewahrt in den Bergen..... eine schwarze Punktelung, welche niedrige, in kleinen Rasen oder Polstern wachsende Pflanzen hervorrufen" (S. 181). Der Ausdruck „kahl" soll also nicht gleichbedeutend mit vegetationslos sein, ebensowenig wie bei Rikli. Dieser scheint mit dem Begriff „kahl“ nur die Vorstellung von Baumlosigkeit zu verbinden, ohne die niedrigere Vegetation dabei in Betracht zu ziehen: er macht den Leser aber auf diese Einschränkung nicht aufmerksam, und wer seinen Reisebericht liest und sich die von ihm als kahl bezeichneten Gebiete als jeden Pflanzenwuchses bar vorstellt, erlebt eine Überraschung, wenn ihm auf Seite 44 des Neujahrsblattes plötzlich folgender Satz entgegentritt: „Um Seron ist das Land wieder absolut kahl, hügeliges, wüstenhaftes, mit Halfasteppe bedecktes Hochland“. Wenn die Halfasteppe auch immer eine mehr oder minder offene Formation darstellt, also wüstenhaften Charakter hat, so unterscheidet sie sich doch scharf von wirklich kahlen Gebieten. Auf Seite 42 spricht Rikli von den „wüstenhaften roten und kahlen Bergen“ in der Gegend von Librilla; etwas später erfährt man: „Große Ziegen- und Schafherden weiden auf diesen Felsenheiden“. Also auch hier trotz der Kahlheit anscheinend genug Gestrüpp, um größeren, allerdings genügsamen Herden Nahrung zu geben. Diese beiden Beispiele genügen wohl, um zu zeigen, wie wenig landschaftskundlich Reiseberichte abgefaßt werden, da Rikli im Verhältnis zu anderen, die mit noch viel unbestimmteren Ausdrücken und Beschreibungen operieren, besonders genau mit seinen Angaben ist. Wenn er z. B. in den „Botanischen Reisestudien“[1]) die Steppe zwischen Villajoyosa und dem Rio Monegro oder Castalla beschreibt, und dabei angibt, daß reichlich vier Fünftel des Landes aus nackter ausgetrockneter, mit Steinen und Felsblöcken untermischter Erde bestehen, während das restliche eine Fünftel von xerophytisch angepaßten Kleinsträuchern und Espartobüscheln eingenommen wird, so wissen wir, daß es sich geographisch gesprochen um die Durchdringung einer sehr offenen Zwergstrauchsteppe mit Halfasteppe handelt, also um ein Salzsteppengebiet.

Warum dagegen Rikli sich (S. 66) in Bezug auf die „Steppe“ von Cartagena in Widerspruch zu Willkomm setzt und dieses Gebiet als „Felsenheide“ bezeichnen will, ist nicht genau genug ausgeführt. Man muß allerdings auch hier wieder berücksichtigen, daß er vom Standpunkt des Botanikers ausgeht, nicht von dem des Geographen und Landschaftskundlers. Aber trotzdem könnte die Schilderung so abgefaßt sein, daß, ohne daß der Botaniker zu kurz kommt, auch der Geograph das Gebiet in seine Begriffseinstellung einordnen könnte.

---

[1]) Rikli: 1907, S. 62.

Die Aufzählung der Florenelemente allein genügt noch nicht, wenn z. B. dabei nicht gesagt wird, wie offen oder geschlossen die Formation ist, in der sie auftreten, und auf was für Böden sie vorkommen. Rikli selbst sieht in der Bodenbeschaffenheit ein wichtiges Merkmal, (S. 96), wenn er nach einem Zitat bei Warming-Gräbner (S. 807) sagt, daß sich Felsenheiden auf trocknem, flachgrundigem, humusarmem Boden bilden, wogegen die Steppen auf nährstoffreichen Böden entstehen, die aber der vorhandenen Feuchtigkeit wegen nicht genügend ausgenutzt werden können. In den Botanischen Reisestudien, in denen sich die Gegenüberstellung mit Willkomm findet, geht Rikli nur auf die Florenbestandteile ein, unter denen sich aber auch Steppenpflanzen finden; er führt sowohl ausgesprochene Halophyten als auch indifferentere Sträucher und Kräuter auf. Neben dürftigen Garrigues aus Chamaerops humilis, Daphne und Ginster nennt er als überall massenhaft zwischen dem Geröll auftretende Leitpflanzen Brachypodium ramosum und Thymus vulgaris; danach handelt es sich hier wahrscheinlich um eine Durchdringung von Hartgras- und Thymussteppe, die wohl zu den Kleinstrauchsteppen zu rechnen wäre. Pato y Quintana gibt für das Bergland zwischen Cap Tiñoso und Cap Palos, also für das fragliche Gebiet, verkümmerten Rosmarin und Thymian an, während Fischer von der „öden, kahlen Sierra von Cartagena“ spricht.[1]) „Kahl“ wird hier wiederum als gleichbedeutend mit baumlos aufzufassen sein, was durch die Angaben Riklis bestätigt wird. Das Vorkommen von Brachypodium ramosum kann örtlich sein, nämlich an dem von Rikli besuchten Gebiet der Bucht von Cartagena; es ist jedenfalls nicht als gewiß anzunehmen, daß Brachypodium überall mit Thymus vergesellschaftet ist. — Als Schlußergebnis dieser vier sich teilweise widersprechenden Angaben kann man demnach annehmen, daß es sich in dem Gebiet zwischen Cap Tiñoso und Cap Palos um eine sehr offene Zwergstrauchsteppe mit Thymus vulgaris als Leitpflanze handelt.

Auf Seite 71 gibt Rikli eine Schilderung der Flora der Vorhöhe der Sierra von Orihuela. Seiner Auffassung, hier von einer Felswüste zu sprechen, schließt man sich ohne weiteres an, da 95% der Oberfläche des Bodens von Geröll, Schutt und anstehendem Fels eingenommen werden; wenn hier trotzdem, wie Rikli angibt, noch Ziegenherden weiden, so erlaubt das nur einen Rückschluß auf die Genügsamkeit dieser Tiere, nicht wie vorher auf eine zu subjektive Auffassung des

---

[1]) Fischer: S. 67.

Wortes „kahl“ oder „Wüste“. Es mag sein, daß in dem vorher erwähnten Fall, also bei Librilla, die Verhältnisse ganz die gleichen waren; aus der Beschreibung geht es aber nicht hervor; die Angaben über die Umgebung von Librilla sind zu unbestimmt, zu wenig konkret, um dem Leser ein eindeutiges Bild dieses Gebietes zu geben.

Die Beispiele über die Unzulänglichkeiten in der Literatur ließen sich noch vermehren; vor allem stößt man auch bei allen anderen Autoren immer wieder auf die Tatsache, daß mit allgemeinen Begriffen operiert wird, statt daß landschaftskundlich eindeutige Beschreibungen geliefert werden. Die angeführten Beispiele genügen aber wohl, die Notwendigkeit einer konkreteren, nüchterneren Darstellung klarzulegen.

Wenn nun trotz der angeführten Mängel des zur Verfügung stehenden Materials der Versuch einer landschaftskundlichen Darstellung des Gebietes gemacht werden soll, so steht von vornherein fest, daß er nur stellenweise von Erfolg begleitet sein kann, und daß für große Strecken die Frage ihres Landschaftscharakters offen bleiben muß. Am besten werden wir unterrichtet über die Provinz Murcia und die von Gehrmann untersuchten Gebiete, das Campo de Dalias und das Campo de Nijar. Die genauere landschaftskundliche Untersuchung soll deshalb auf diese Gebiete beschränkt werden.

Auch eine Umgrenzung des Litoralsteppengebietes läßt sich nicht ohne weiteres vornehmen und kann sich erst im Laufe einer landschaftskundlichen Untersuchung ergeben, die auch die Nachbargebiete mit umfassen muß; denn auch für die Umgrenzung steht kein unbedingt zuverlässiges Kartenmaterial zur Verfügung. Es liegen vier Karten vor, auf denen die spanischen Steppengebiete eingetragen sind: zwei von Willkomm, eine von Reyes Prosper und eine von Brunhes. Die Karte von Brunhes deckt sich für das Litarolsteppengebiet im wesentlichen mit der neueren Willkommschen; ihre Bedeutung liegt in der Einteilung der Steppen nach verschiedenen Bewässerungstypen; für die Frage der Steppenumgrenzung kommt sie schon des sehr kleinen Maßstabes wegen nicht in Betracht.

Die ältere Karte von Willkomm aus dem Jahre 1852, auf der er nur die ausgeprägte Salzsteppe berücksichtigt,[1]) ist von ihm selbst überholt worden durch die neuere Karte aus dem Jahre 1896, auf der er die Grassteppengebiete, die sich auf nicht- oder nur wenig salzhaltigem Boden entwickeln, hinzunimmt. Er sagt dabei aber,[2]) daß auch auf

---

[1]) 1896, S. 73.
[2]) 1896, S. 72.

dieser neueren Karte Umfang und Größe der einzelnen Steppengebiete aus Mangel an Beobachtungen noch nicht genau festgestellt werden konnten. Teilweise steht diese Karte in Widerspruch mit dem Text, der z. B.[1]) die Zerrissenheit der Litoralsteppe und ihre Verflechtung mit anderen Steppengebieten hervorhebt.

Die Karte von Reyes Prosper (1915) läßt die Zerrissenheit und den Zusammenhang mit anderen Steppengebieten deutlich erkennen; im Text vermißt man aber den Hinweis darauf, weshalb die Grenzen gerade so verlaufen, wie er sie angibt. Er sagt nur, daß es sich in den von ihm behandelten Gebieten lediglich um Salzsteppe handelt. Wahrscheinlich haben wir es in den eingeschalteten, nicht steppenhaften Gebieten mit überlagerten Höhenstufen zu tun. Die landschaftskundliche Untersuchung wird dies feststellen müssen. Daß Prosper die von ihm angegebenen Grenzen der Steppe selbst für problematisch hält, kann daraus geschlossen werden, daß er am Ende der Kapitel über die einzelnen Teile der Steppe nie das Areal als festes angibt, sondern stets sagt „bis jetzt bekanntes Areal"; die Frage der Steppenumgrenzung hält auch er noch nicht für gelöst. Sie wird ja auch stets Schwankungen unterworfen bleiben, da einesteils in so trocknen Gebieten Wald- und Kulturland durch Raubbau oder Vernachlässigung zu Steppe werden kann, andernteils dürre Steppengebiete durch Bewässerung in fruchtbare Gefilde verwandelt werden können; diese würden aber immer nur eine Teillandschaft innerhalb des Steppengebietes ausmachen. Das Gebiet der Salzsteppe dagegen müßte sich feststellen lassen; denn diese wird durch Abflußlosigkeit, die im allgemeinen nur innerhalb sehr langer Zeiträume einer Wandlung unterworfen ist, bedingt.

Über die Steppennatur mancher Bezirke weichen die Meinungen der verschiedenen Autoren voneinander ab; so scheidet Reyes Prosper die Sierra des Cap Gata und das Küstengebirge in der Umgegend von Aguilas vom Steppengebiet aus; die Sierra des Cap de Gata, wie er ausdrücklich vermerkt bei der Kritik der Willkomm'schen Karte, wegen ihrer Zusammensetzung aus jungeruptivem Gestein.[2]) Willkomm dagegen läßt das Steppengebiet von Villajoyosa bis Almeria ununterbrochen ans Meer treten; bei der Sierra des Cap de Gata erwähnt er sogar salzhaltigen Boden, wie er ja auch als Verwitterungsprodukt jeden Gesteins gebildet werden kann, eine gewisse Abfluß-

---

1) 1896, S. 74.
2) 1915, S. 19.

losigkeit vorausgesetzt. Und um ein während des größten Teiles des Jahres abflußloses Gebiet handelt es sich. Andererseits rechnet Willkomm[1]) die westlichen, zwischen Sangonera und Segura gelegenen Teile Murcias nicht mit zur Steppe, wogegen diese nach Prosper sowohl dem Text, als auch der Karte zufolge, innerhalb des Steppengebietes fallen. Die Wahrheit liegt wohl in der Mitte zwischen beiden Darstellungen; dadurch würde sich eine Übereinstimmung mit Pato y Quintana ergeben, der die westmurcianischen Gebirge, die aber westlicher liegen als die Willkomm'sche Grenzlinie, als reich bewaldet angibt. Unklarer bleibt die Stellung der Sierra Espuña; nach Willkomm fällt sie außerhalb der Steppe,[2]) er gibt auch an,[3]) daß in ihren Tälern sich Wälder aus Pinus Laricio finden. Theobald Fischer[4]) dagegen bezeichnet sie als ein durchaus kahles, ödes Kalkgebirge. Reyes Prosper sagt nichts über ihre Beschaffenheit; bei der Aufzählung der einzelnen Pflanzenarten erwähnt er nur, daß Myrtus communis in der Sierra Espuña vorkommt, wie auch Thymus cephalotus, aber ob vereinzelt oder größere Bestände bildend, wird nicht gesagt. Landschaftskundlich lassen sich diese Angaben also nicht verwerten. Pato y Quintana spricht von dem rauhen, felsigen Boden der Espuña, der von tiefen Schluchten durchfurcht sei, über Bewaldung erfahren wir nichts, dagegen erwähnt er, daß sich in einer Höhe von 494 m bis 1198 m verstreut verschiedene Cortijos (Gehöfte) finden. Noch an anderer Stelle wird von Anfängen von Wiederaufforstung in der Sierra gesprochen.[5])

Da die Sierra Espuña zu beträchtlicher Höhe aufragt, zirka 1600 m. ist anzunehmen, daß sie in ihren oberen Lagen mehr Wasserdampf kondensiert als am Fuß, worauf sich auch wohl die Lage der Cortijos in der Höhe begründet. Entwässerung nach außen findet von einer gewissen Höhe ab also vermutlich statt, und wir haben es daher wohl mit einem mittelhohen Kalkgebirge zu tun mit Restwäldern in einzelnen Schluchten, umgeben von einer Steppenfußstufe. Gestützt wird diese Ansicht durch die Veröffentlichungen Quelles[6]) über die Messungen Codornius; danach nimmt die Regenmenge in der Sierra Espuña mit steigender Höhe zu — so stehen in 760 m Höhe 508,7 mm und in 1133 m Höhe 553,5 mm der geringeren Menge von 391,4 mm

---

[1]) 1896, S. 212.
[2]) 1896, S. 212.
[3]) 1896, S. 237.
[4]) Th. Fischer: 1893, S. 643.
[5]) Quelle: 1917, S. 89.
[6]) Meteorol. Zeitschrift 1916.

in 228 m Höhe entgegen.[1]) Auf dem höchsten Gipfel, dem Morron, sinkt die Regenmenge allerdings wieder auf 384,4 mm hinab. Die Messungen erstrecken sich aber erst über einen zu kurzen Zeitraum, um ein zuverlässiges Bild der Verhältnisse zu geben. Es ist selbstverständlich, daß die Zunahme der Regenmenge in den höher gelegenen Gebieten wegen der abnehmenden Temperatur eine größere Zunahme der Feuchtigkeit bedingt, als die Zahl der Regenmengen, für sich allein betrachtet, ausdrücken kann.

Über die Anfertigung der Karten (vergl. Tafel 5).

Ehe wir uns der landschaftskundlichen Darstellung zuwenden, soll nur kurz angedeutet werden, welche Gesichtspunkte bei der Anfertigung der der Arbeit beigegebenen Karten leitend waren.

Um ein Bild davon zu bekommen, wie die Landschaft aussieht und für welche Teile des Gebietes Angaben vorliegen, sind alle konkreten, landschaftskundlich verwertbaren Angaben auf mehrere Karten im Maßstabe 1 : 400 000 eingetragen worden. Die Karten 2 und 3 fassen die geologischen Verhältnisse zusammen; Karte 4 zeigt die Oberflächengestaltung und die Küstenausbildung; Karte 5 die vertikale Ausdehnung der einzelnen Räume, Karte 6 die Wasserverteilung im Gebiet und Karte 7 die Vegetations- und Kulturverhältnisse. Diese sechs Karten bilden die Grundlagen für die letzte Karte, die eine Zusammenfassung der Ergebnisse der Karten gibt (vergl. Karte 8 auf Tafel 5). Wenn die Klarheit der Karten einigermaßen gewahrt bleiben sollte, mußte auf die Darstellung der Einzelheiten der Vegetation, besonders in den Gebirgen, verzichtet werden. Bei den Mittelgebirgen ist das Merkmal der Entwaldung kartographisch verwertet worden. Die Eintragungen konnten nur schematisch geschehen; so sind die Campos z. B. nach der Größe der angegebenen Fläche eingezeichnet worden; wie ihre wirkliche Gestalt ist, ließ sich nicht ermitteln. Für die Lage der einzelnen Orte wird auf die Übersichtskarten verwiesen. Der westlichste Teil des Litoralsteppengebietes ist auf den landschaftskundlichen Karten nicht berücksichtigt worden; sie beschränken sich auf Murcia und die grenznahen Landschaften; soweit eine Einteilung für die kartographisch nicht dargestellten Gebietsteile aber möglich war, ist sie in den Text bei der Besprechung der Karten mit aufgenommen worden; für die Lage solcher Örtlichkeiten sei auf Über-

---

[1]) Die auf S. 34 der meteorol. Zeitschrift mitgeteilten Beobachtungen ergeben etwas abweichende Zahlen, aber doch ein ähnliches Bild wie die nach Flußgebieten eingeteilte Regentabelle.

sichtskarte auf Textfigur 1, S. 134 verwiesen, für Murcia und Westalicante auf die Übersichtskarte auf Tafel 5, Karte 1.

Im folgenden sollen die Räume, die sich aus den vorhergehenden Ausführungen ableiten lassen und die auf die Karten eingetragen worden sind, kurz aufgeführt werden:

I. Landräume.

a) Küstenräume. Die übliche Einteilung wäre in Küstensaum, Küstengebiet und Küstenland. Da sich der Einfluß des Meeres landeinwärts aber so gut wie gar nicht geltend macht, soll hier nur der Küstensaum behandelt werden, also der schmale Streifen Landes, der von den Wellen bearbeitet wird.

Es lassen sich sechs verschiedene Räume aufstellen (vergl. Karte 4 auf Tafel 5):

1. Die buchtenreiche, felsige Steilküste zwischen Kap Gata und Rio Alias.
2. Die ungegliederte Steilküste zwischen Agua Dulce und Almeria und zwischen Rio Alias und Rio Aguas.
3. Die felsige, verschieden stark gegliederte Steilküste nördlich von Villajoyosa.
4. Die sandige Flachküste mit Strandseen, Dünen und Haffbildung zwischen Adra und Agua Dulce (nordöstlich von Roquetas) und zwischen Cap Palos und Villajoyosa. Hierher gehört wahrscheinlich auch die Flachküste zwischen Rio Aguas und Almanzora, über deren Ausbildung keine genaueren Angaben zu finden waren.
5. Sandige Flachküste mit Dünen und Salzablagerungen, aber ohne Strandseen zwischen Almeria und Cap Gata.
6. Die Küste zwischen Almanzora und Cap Palos, an der felsige Steilküste, kleine Felsencaps und sandige Strandstrecken miteinander abwechseln.

b) Oberflächenräume. Nach den Oberflächenformen haben wir fünf Räume zu unterscheiden. (Vergl. hierzu ebenfalls Karte 4 auf Tafel 5.)

1. Unregelmäßig zerschnittene Massengebirge (in Süd-Almeria; für Murcia kommen sie nicht in Betracht).
2. Kettengebirge.
3. Abgerundetes Hügelland.
4. Wild zerrissenes Gebirgsland mit zackigen Gipfeln und Graten. — Da kaum Angaben über die Oberflächenformen der alicantinischen Steppen zu finden waren, sie der Gesteinsbeschaffenheit nach

aber wahrscheinlich in diese Kategorie gehören, sind sie auf der Karte als wild zerrissenes Gebirgsland eingetragen worden, aber mit einem durchbrochenen Umriß versehen.

5. Ebenen.
6. Zerschnittenes Land mit Höhenunterschieden unter 500 m, über dessen genauere Beschaffenheit die Literatur nichts aussagt.

c) Räume verschiedener vertikaler Ausdehnung (vergl. Karte 5 auf Tafel 5). Nach der Erhebung über den Meeresspiegel können wir vier Räume aufstellen:

1. Hügel- und Flachland bis zu 500 m Erhebung.
2. Hügel- und Flachland in mehr als 500 m Höhe.
3. Mittelgebirgsland bis zu 1500 m Höhe.
4. Hochgebirgsland von mehr als 1500 m Höhe.

Die Verteilung dieser vier Räume und der häufige Wechsel zwischen Flach- und Mittelgebirgsland, besonders in der Provinz Murcia, geht aus Karte 5 hervor.

Es erscheint zweckmäßig, hier auch die Höhen- und Tiefenlinien der Verbreitung der Vegetation anzuführen, wie sie aus den Darstellungen im allgemeinen Teil hervorgehen und in Figur 3 veranschaulicht werden.

m		
1300	Rosmarin und Junip. comm.	
1050	Ölbaum und Ficus carica	
900		Juniperus Sabina
850	Wein	
700	Aprikose	Juniperus communis
550	Dattelpalme	
500	Opuntia Ficus indica	
350	Johannisbrotbaum	
300	Reis und Agrumen	
0		

——— Höhengrenzen } der Vegetation.
········ Tiefengrenzen }

Figur 3.

d) Geologische Räume. Da die Angaben über die geographischen Verhältnisse für die einzelnen Teile des Gebietes sehr verschieden genau sind, war es nicht möglich, eine einheitliche Raumeinteilung durchzuführen. Die Räume sind daher nach drei verschiedenen Gesichtspunkten aufgestellt worden: nach Formationen, nach Gesteinen und nach Böden. (Vergl. hierzu die Karten 2 und 3 auf Tafel 5.)

In den Mittelgebirgen des Südens und in der Sierra Nevada herrschen archäische und paläozoische Schiefer vor, denen gegenüber die Kalke zurücktreten; die Gebirge Nord- und Westmurcias und die der Provinz Alicante dagegen sind aus Kalk aufgebaut. Die Sierra de Gador wird von Willkomm[1]) als Marmorgebirge bezeichnet, nach Gehrmanns Untersuchungen handelt es sich um Wechsellager von Tonschiefern und triassischen Kalken. Der geologischen Karte zufolge ist das Gebirge sowohl aus triassischen als auch aus archäischen Gesteinen aufgebaut. — Eruptivgesteine in geringem Ausmaße finden sich über den ganzen Süden des Gebietes verstreut; einen größeren Raum nehmen sie in der Sierra des Cap de Gata ein. — Für die Täler, Ebenen und Hügelgelände ist vielfach die Unterscheidung in mergelhaltige und mergelfreie Ablagerungen wichtig. Die mergelhaltigen scheinen zu überwiegen; so wird die große Ebene nördlich von Cartagena von mergelhaltigen Ablagerungen eingenommen, wie auch ein großer Teil der Ebenen Innermurcias und der bei weitem größte Teil der Ebenen und des Hügelgeländes Almerias. Im Sangoneratal, sowie nördlich und südlich der Sierra de las Estanicas und zwischen Sierra de los Filabres und Sierra Alhamilla scheinen mergelfreie Ablagerungen zu überwiegen. — Gips findet sich am häufigsten in den Gebieten mit Mergelboden, kommt aber auch zwischen den einzelnen Schiefern, Kalken und Eruptivgesteinen vor.

Es lassen sich folgende geologische Räume aufstellen:

1. Nach Formationen:
   paläozoische und archäische Schiefer;
   triassische Schiefer;
   Jurakalke;
   Kreidekalke;
   tertiäre Ablagerungen: Flysch, Nagelfluh, Mergel, Kalkkonglomerate, Sandsteine und Tone;
   postpliozäne Ablagerungen: Geröll, Schiefer, Kalk und Quarz;
   alluviale Ablagerungen; kalkige, sandige, tonige und schieferige.

[1]) Willkomm: 1847, Bd. 3, S. 61.

2. Nach Gesteinen:
   Glimmerschiefer und kristalline Marmore;
   Tonschiefer;
   Kalke;
   kalkig-tonige Nagelfluh.
   Eruptivgestein;
   Gips.
3. Nach Böden:
   stark salzhaltige Böden,
   stark mergelhaltige Böden,
   feinstsandige Lehmböden.

e) Pflanzenvereinsräume (vergl. Karte 7 auf Tafel 5). Ein großer Teil des Gebietes wird von Steppen verschiedenen Charakters eingenommen, Halophyten-, Gras- und Krautsteppe. Die Kleinstrauchsteppe wird nicht als besondere Gruppe aufgeführt, da sie meist als besondere Ausbildung der Halophytensteppe auftritt. Außerdem finden wir Hartlaubformationen wie Monte bajo und Macchien, spärliche Reste der in den Gebirgen ehemals weit verbreiteten Wälder und verschiedene Kulturformationen. Die Abgrenzung der einzelnen Räume gegeneinander stößt auf große Schwierigkeiten, da sie sich häufig mosaikartig durchdringen, auch oft nur durch die Höhenstufen in die Erscheinung treten. Von einer kartographischen Darstellung ist daher Abstand genommen worden. Die Höhen- und Tiefenlinien der Vegetation sind bei der vertikalen Gliederung aufgeführt worden.

II. Wasserräume.

Von ganz besonderer Bedeutung für das trockene Gebiet ist das Auftreten von Wasser, am wichtigsten sind die Flußbetten mit ihren oft breiten Überschwemmungstalsohlen; aber auch Grund- und Quellwasserräume spielen eine große Rolle; denn alle drei können als Grundlage für den Anbau von Kulturpflanzen dienen. Auch die Salzseen und das einem Strandsee gleichende Mar Menor müssen an dieser Stelle mitgenannt werden als Vorbedingung weiterer Erwerbsmöglichkeiten. (Fischerei und Salzgewinnung.) Zuletzt nennen wir die Schnee- und Eisräume der Hochgebirge, die von bedeutsamer Einwirkung auf die Kulturmöglichkeiten der tiefer liegenden Gebiete sind. In der Provinz Murcia kommen sie nicht vor. So ergibt sich eine Fünfteilung der Wasserräume:

1. Flußwasserräume
2. Grundwasserräume

3. Quellwasserräume
4. Salzseen
5. Schnee- und Eisräume.

Die Verteilung geht aus Karte 6 auf Tafel 5 hervor. Leider fehlen für einen großen Teil des Gebietes die nötigen Grundlagen. — Die Ausdehnung der einzelnen Räume ließ sich natürlich nur ganz andeutungsweise darstellen.

III. Klimatische Räume.

Für das hier behandelte Gebiet lassen sich in horizontaler Richtung zwei Klimaräume unterscheiden: die afrikanische und die mediterrane Region, die auf Karte 6, Tafel 4 in die Erscheinung treten. Folgender Schnitt zeigt die Höhenstufen, die auf S. 151 ff. ausführlich behandelt worden sind.

Figur 4. Schematische Darstellung der Höhenstufen.

Sonnige Lage		Schattige Lage
m 1500	Jährl. Regenmittel: nicht angegeben mittl. Jahrestemp.: unter 6°	
1050	Jährl. Regenmittel: 600--650 mm **Kalte Zone** mittl. Jahrestemp.: 6—10°	m 1000
700	Jährl. Regenmittel: 550—600 mm **Kalte gemäß. Zone** mittl. Jahrestemp.: 10—13°	600
150	Jährl. Regenmittel: nicht angegeben **Warme gemäß. Zone** mittl. Jahrestemp.: 13--16°	100
0	Jährl. Regenmittel: 385 mm **Semitropische Zone** mittl. Jahrestemp.: 17,8°	0

Da exakte klimatische Angaben nur spärlich vorhanden sind, ist auf die Angaben für Murcia zurückgegriffen worden, die der zentralen Lage wegen als Mittelwerte für das ganze Gebiet gelten können.

Die vielen unbeschriebenen Stellen der Karten lassen erkennen, daß für große Teile des Gebietes die nötigen Unterlagen fehlen. — Eine andere Schwierigkeit, die Ungenauigkeit im Gefolge haben muß, ergibt sich aus der schon früher besprochenen teilweisen Unzulänglichkeit des als Unterlage dienenden Kartenmaterials, die besonders deutlich ins Auge tritt in den Provinzgrenzen, die sich auf den verschiedenen Karten nicht zur Deckung bringen lassen. An diesen Stellen muß die Karte daher versagen.

Ebenso läßt sich die Einzeichnung der Höhe der Gebirge und Hügelketten nicht genau durchführen. Auf den Karten finden sich kaum Höhenangaben und im Text auch nur vereinzelt. Der Begriff „Erhebung von geringer Höhe" läßt sich nach dem subjektiven Empfinden sehr weit ausdehnen. Auch in der Schraffierung oder Farbengebung sind z. B. auf der Karte von Murcia keine Unterschiede gemacht worden. Auf der landschaftskundlichen Kartenskizze sind daher alle Gebirge, die nicht ausdrücklich als über 1500 m oder unter 500 m hervorgehoben sind, als mittelhohes Gebirgsland eingetragen worden. Die Erhebungen an der linken Seite des Segura zwischen Cieza und Archena treten daher nur als Hügel- oder Flachland in die Erscheinung und eine Abgrenzung gegen das Durchbruchsthal des Segura findet nicht statt. Der Talboden liegt bei Cieza etwa in 200 m Höhe und senkt sich von da bis Murcia auf 43 m Höhe; die Höhen am linken Ufer des Segura haben nach Süden einen steilen Abfall mit fast vertikalen Einschnitten, nach Norden dagegen erheben sie sich nur wenig über die Felder der Uferortschaften, wonach anzunehmen ist, daß es sich hier um eine Stufenlandschaft mit Höhenunterschieden von höchstens 200 m handelt.

Die größte Schwierigkeit setzt sich der Einzeichnung des Gebirgslandes von Alcoy entgegen, da hierfür nur die Coellosche Karte zur Verfügung steht. Das Problematische der Einzeichnung ist durch unterbrochene Umrißlinien zum Ausdruck gebracht worden.

2. Versuch einer landschaftskundlichen Darstellung.

A. Die Provinz Murcia.

Daß die Provinz Murcia zum größten Teil der Steppe angehört, geht aus Karte 8 auf Tafel 5 hervor; es erscheint daher zweckmäßig, eine Schilderung Willkomms über die Litoralsteppe voranzuschicken. „Je weiter man gen Osten vordringt," (von Granada kommend), „und je mehr man sich dem Meere nähert, desto mehr verschwindet die fruchtbare Ackerkrume und tritt der unwirtbare nackte Felsgrund über die Erdoberfläche hervor, bis die Gegend bei Almeria endlich einen entschieden afrikanischen Wüstencharakter annimmt.... Diese eher an Oberägypten als an Südeuropa erinnernde Physiognomie bewahrt das Land längs der Küste von Murcia... ...Man gewahrt in diesem ganzen Küstenstriche.... nichts als den harten braunen, roten oder blaugrauen, bloß mit höchst spärlich wachsenden, mißfarbigen Steppenpflanzen dünn bestreuten Felsboden oder kreideweiße, wellenförmige Gipsebenen, kreuzweis unter den Glutstrahlen der Sonne zersprungen, und gelbe Sandfluren, deren feinen heißen Flugsand der Wind in wirbelnden Wolken über das kahle staubige Land fortjagt... Kein saftiges Grün mindert das blendende Licht der Sonne, kein schattiger Baum rettet vor ihrer sengenden Glut, nur hier und da sproßt eine Gruppe hoher Palmen aus dem verbrannten Gestein. Bloß die Täler der Küstenflüsse machen eine Ausnahme und winden sich grünen Schlangen vergleichbar durch die kahlen dürren Gefilde." (1847, Bd. 3, S. 61, 62.)

Es fragt sich nun, bestehen trotz des vorherrschenden Steppencharakters Unterschiede, die das Aufstellen von Teillandschaften erfordern und wie fügen sich die Landschaftsteile aneinander? — Am zweckmäßigsten wäre es natürlich, die Provinz in ihrer ganzen Ausdehnung zu untersuchen und festzustellen, welche Typen aufeinander folgen, und welches die wichtigsten Formenbestandteile jedes Typs sind. Da für manche Teile des Gebietes aber die Unterlagen fehlen, erscheint dieser Weg nicht gangbar, und es soll darum so verfahren werden, daß zuerst untersucht wird, welche Typen sich im unkultivierten Flach- und Hügelland finden und ob sich ihr Verbreitungsgebiet feststellen läßt; dann, welchem Typ die Mittelgebirge angehören, und zum Schluß, welcher Art das Kulturland ist, das sich sowohl in den Gebirgen wie im Flachland findet. Das Hauptwerk über die murcianische Landwirtschaft (Salazar, La Agricultura en la Provincia de Murcia), das zur Zeit nicht erreichbar ist, würde die landschaftskundliche Einteilung wahrscheinlich wesentlich erleichtern.

Über das Flach- und Hügelland sagt Willkomm (1855, S. 153): „Der bei weitem größte Teil... des gesamten, zwischen dem Cabo de Gata und dem Cabo de Palos befindlichen Litorale ist eine nackte, mit Steppenpflanzen bedeckte Einöde, und dieselbe Beschaffenheit besitzen das Campo de Cartagena... sowie das im Innern von Murcia zwischen Totana, Alhama und Mula sich ausbreitende, ebenfalls tertiäre Flachland." Welche Landschaftstypen in diesem Steppenland zu finden sind, geht aus der Arbeit Riklis hervor (1907). Rikli geht in der Unterscheidung der einzelnen Steppenteile von der Bodenbeschaffenheit aus, die ihrerseits wieder eine charakteristische Vegetation hervorbringt; faßt man beide Einteilungen zusammen, so erhält man folgende vier Unterabteilungen:

1. Halophytensteppenflachland
2. Kleinstrauch- und Grassteppe auf Grusboden in Hügellandschaften und auf Hochflächen.
3. Grassandsteppenflachland
4. Kryptogamenfelssteppenbergland.

Die Halophytensteppe finden wir am ausgeprägtesten zwischen der Küste und den landeinwärts gelegenen Gebirgen; sie dringt in den Flußtälern aber auch weiter ins Gebirge vor. Hierher gehören z. B. Teile der Campos von Molina, Fortuna und Archena. Ein wichtiger Formenbestandteil dieser Steppe sind Salzhügel und die salzhaltigen Seen und Teiche, unter denen das Mar menor am größten ist. Die Pflanzen gehören in der Hauptsache dem succulenten Typus an; Salsolaceen und Salicornien spielen die Hauptrolle. Bäume sind selten; hin und wieder trifft man eine kümmerliche Tamariske.

Die Kleinstrauch- und Grassteppen auf Grus entwickeln sich auf Lockerböden, die sich infolge Zerfalls des anstehenden Gesteins gebildet haben, sie können also sowohl im Flachland als auch im Gebirge vorkommen. Der wenig oder gar nicht salzhaltige Boden besteht aus unverkittetem Gebirgsschutt. In den Zwischenräumen findet sich feinerer Grus von erdiger Beschaffenheit. Gewöhnlich besitzt der Gebirgsschutt nur so geringe Mächtigkeit, daß die anstehenden Gesteine als inselartig auftretende Felsköpfe zu Tage treten. Typisch ausgebildet findet sich die Kleinstrauchsteppe z. B. beim Hafen von Cartagena. Sie bildet eine sehr offene Formation mit kleinen, dem Boden häufig angepreßten, meist nur 10 bis 25 cm hohen knorrigen Sträuchern. Gräser, Knollen und Zwiebelpflanzen sind in nur wenig Arten vertreten; es ist bezeichnend, daß meistens keine bestimmte Pflanzenart in den Vordergrund tritt; höchstens kommen gelegentlich Asphodill oder Thymus vulgaris als Leitpflanzen vor. Die Blätter zeigen vielfach erikoide Ausbildung; als weiterer Schutz gegen Austrocknung ist das häufige Vorkommen von Filz- und Rutenpflanzen zu nennen. (Rikli, 1907, S. 112). — Das Halfagras tritt in einer sehr offenen Formation zu einzelnen Horsten zusammen; das Vorkommen solcher Halfasteppen wird für die Umgebung von Lorca erwähnt.

Die Grassandsteppen finden sich auf Lockerböden aus mehr oder minder feinem Flugsand, dem streckenweise mergelige Bestandteile beigemengt sind. Ist der Boden nicht salzhaltig und wird er ausreichend bewässert, so liefert er hervorragend fruchtbares Land, das stets gut bebaut ist (Rikli, S. 110); die salzhaltigen Bezirke sind vor allem mit Lygeum spartum bestanden, streckenweise auch mit Macrochloa tenacissima; doch macht diese letztere Art vor stark salzhaltigem Boden Halt.

Die Felsensteppe entwickelt sich überall auf anstehendem Gestein; für die horizontale Einteilung der Fußstufe spielt sie wahrscheinlich nur eine untergeordnete Rolle. Die Pflanzendecke ist noch offener als auf den Grussteppen und besteht vorwiegend aus Moosen, Algen und Flechten; die höheren Pflanzen treten nur als Chasmophyten auf. Die Zahl der pflanzlichen Individuen ist klein, der Artenreichtum dagegen sehr groß. (Rikli, 1907, S. 112).

In welcher Verbreitung diese von Rikli als „Wüstensteppe" (1907, S. 110) zusammengefaßten Formationen in der Provinz Murcia vorkommen, läßt sich nicht einwandfrei feststellen, auch nicht, ob die einzelnen Formationsbezirke groß genug sind, um ihnen die Stellung selbständiger Landschaftsteile zuzuweisen, oder ob es sich mehr um ein mosaikartiges Neben- und Durcheinander der einzelnen Formationen handelt. Rikli führt für diese Steppenabarten nur Ortsbeispiele an. — Bei Pato y Quintana finden wir folgende Angaben: (der Einfachheit halber werden Angaben, die sich auf die Art der Kulturen beziehen, gleich mit aufgeführt, wenn sie auch erst später ausgewertet werden. Eine kartographische Darstellung haben die Verhältnisse auf Karte 7 auf Tafel 5 gefunden).

Campos von Cieza und Calasparra: Esparto, Lygeum und Labiaten auf Mergeln und groben alluvialen Kieseln; keine Quellen. Getreidebau.

Campo zwischen Carche und Sierra Pila: üppiger Espartowuchs auf geneigtem Boden; Felder mit Safranzucht.

Campos am Segura zwischen Abaran und Villanueva: mergeliger trockener Boden, — keine Angaben über wildwachsende Pflanzen, Getreidebau.

Campillo von Moratalla: Esparto, Rosmarin usw. auf ebenem, quartärem Boden; Ölbaum, Wein, Getreide.

Campo von Moratalla: trockener Boden aus numulitischen Mergeln und alluvialen Erden; keine Angaben über wildwachsende Pflanzen; Getreidebau, teilweise künstlich bewässert für Wein- und Ölkulturen.

Campo del Cajitan: ebener mergeliger Boden, keine Quellen, keine Bäume; Getreidebau.

Campos von Archena, Ceuti u. a. Seguraortschaften: mergeliger, stellenweise salzhaltiger Boden; Vegetation baumarm; Getreidebau.

Campo von Yechar: mergeliger Boden mit Quellen; Ölbaum und Getreide.

Campo von Mula: mergeliger, trockener Boden mit wenig Quellen, von der Rambla Salada durchquert; wenig Bäume; Getreidebau.

Campo von Lorca: am rechten Abhang toniges Alluvium, ebenso am linken zwischen Puerto de Lumbreras und Lorca; von da an bis zur Huerta von Murcia mergeliger Boden, Böden teils gut, teils salzhaltig; ca. 15 000 ha bewässert.

Campo von Murcia: miocäne Mergel und alluviale Erden; Getreide- und Olivenkultur.

Huerta von Murcia: Üppigste Kulturen auf nivelliertem, diluvialem Boden, der künstlich bewässert wird. Dicht bevölkert: 570 Einwohner auf dem Quadratkilometer. 175 qkm groß.

Campo von Cartagena: Boden teils mergelig, teils alluvial, Höhe zwischen 0 und 350 m, wenig Quellen; üppiger Espartowuchs. Getreidebau und Obstkulturen, teils Regenbau, teils Grundwasserkulturen.

Campo de Mazarron: miozäne Mergel und Eruptivgestein; Getreidebau.

Campo von Béjar: feuchter Boden aus Numuliten-Mergeln, fast eben. Mittlere Höhe 1120 m. Wildwachsend dickstämmiger Quercus Ilex, Getreidebau.

Campo von Zacatin: feuchter Boden, hauptsächlich Numuliten-Mergel, stellenweise Alluvium und triassisches Gestein. Höhe 1126 bis 1300 m. Stark bevölkert. Wildwachsend Juniperus sabinoides. Getreidebau.

Campos von Caravaca: hauptsächlich miocäne Mergel: in der oberen Region kalt und sehr feucht. Höhe 630 bis 880 m. Viele Dörfer und Einzelsiedlungen. Auf bewässertem Boden Getreidebau, als Secano-Kultur, Wein.

Cañadas von Tarragoya: trocken, an verschiedenen Stellen steinig-kieseliges Alluvium. Höhe 940—1100 m. Wild wachsend Esparto und Rosmarin. Getreidebau.

Campo von Yecla: Boden aus erdigen Alluvionen, sorgfältig kultiviert, Höhe zwischen 600 und 700 m. Zusammentreffen verschiedener Ramblas, die nur bei heftigem Regen Wasser führen.

Campo von Jumilla: zum größten Teil alluvial, fast eben, mittlere Höhe unter 600 m. An verschiedenen Stellen eingesenkt, absorbiert das Regenwasser, fruchtbare, gutkultivierte Böden. Wein, Oliven, Getreide.

Campo südlich der Sierra del Buey: 500 bis 550 m hoch, übersät mit Bauernhäusern.

Diese Angaben werden ergänzt durch Reyes Prosper, der bei Totana salzhaltige Böden und Sümpfe mit Halophytenflora feststellt, zwischen

Alcantarilla und Puebla de Mula Passerina und Ononis viscosa (also Zwergsträucher) auf Hügeln und staubigen Ebenen mit salzsteppenartiger Flora. Willkomm erwähnt (1852, S. 87 und 88) außer der Gipshügelkette von Totana das Vorherrschen hellfarbiger Kalke, Mergel und Gipse zwischen Mula, Alcantarilla und Totana, sowie das Auftreten zahlreicher Salzquellen. Außerdem gibt er als Hauptverbreitungsgebiet der Espartoformation außer den Gegenden von Lorca, Mazarron und Cartagena die im Norden der Gebirge liegenden Plateaus an. Roßmäßler ergänzt zum Campo de Cartagena (1854, S. 186): „Ein bald ganz ebenes, bald wellenförmiges, aschgraues Flachland brachte nur eben so viel hervor, daß die hier jedenfalls bescheidenen Ansprüche des Landmannes nicht ganz enttäuscht wurden."

Betrachten wir diese Angaben, so ergibt sich, daß sie sehr verschieden genau gehalten sind. Häufig ist nur ein einziges Landschaftsmerkmal angegeben, so daß eine landschaftskundliche Begriffsbildung überhaupt unmöglich ist. Zur Bildung landschaftskundlicher Begriffe sind Pflanzendecke und Oberflächengestaltung unbedingt erforderlich; die Charakterisierung fällt um so genauer aus, je mehr andere Angaben, wie über Gesteine, Böden, Bewässerung usw. hinzukommen. —

Im Campo de Mula haben wir es anscheinend mit einer Fortsetzung des von Alicante herziehenden Halophytensteppenflach- und -hügellandes auf gipsigem Mergelboden zu tun, wahrscheinlich bis nach Totana hin. — Im Campo de Cartagena dagegen handelt es sich um Grassteppenflach- und -hügelland, ebenso wie im Campo zwischen Sierra Carche und Sierra Pila und stellenweise im Campo de Lorca. An andern Stellen dagegen scheint Kraut- oder Kleinstrauchsteppe vorzuherrschen, z. B. in der von Rikli (1907, S. 42) als Felsenheide bezeichneten Umgebung von Librilla. — In den Campos von Cieza und Calasparra, im Campillo von Moratalla und in den Cañadas von Tarragoya scheint sich eine Vermischung von Grassteppe und Kleinstrauchsteppe zu finden. — Für die andern Campos ist aus Mangel an Angaben keine Typenaufstellung möglich, soweit die ursprüngliche Natur des Landes in Betracht kommt; die Kulturlandschaftstypen sollen erst später berücksichtigt werden. Eine Einteilung im Großen können wir nach diesen Angaben vornehmen und einige Landschaftsteile, die vielleicht die Bedeutung von Teillandschaften haben, aufstellen. (Vergl. hierzu Karte 7, Tafel 5).

1. Halophytensteppenflach- und -hügelland
   a) im Campo von Molina und Fortuna bis ungefähr zur Linie Alcantarilla—Mula. Auf dem salzhaltigen Mergelboden sind

Succulente der vorherrschende Vegetationstyp. besonders Salsolaceen.

b) Das Gebiet von Totana, wo außer der Gipshügelkette salzhaltige Böden und Sümpfe mit Halophytenflora festgestellt worden sind.

2. Grassteppenflach- und -hügelland.
   a) im Campo zwischen Carche und Sierra Pila
   b) auf den Plateaus Mittelmurcias bis nach Lorca.
   c) im Campo von Cartagena
   d) zwischen Cieza, Calasparra und Moratalla. wo die Grassteppe vermischt mit Kleinstrauchsteppe auftritt.

Die Kryptogamenfelssteppe fällt außerhalb der Teillandschaft des Steppenflach- und -hügellandes, sie entwickelt sich vor allem auf den Sierren, bildet also einen Teil der mittelhohen Steppengebirge. Die Stellung der Kleinstrauchsteppe bleibt unklar; auf den Bergen findet sie sich sicher, z. B. am Hafen von Cartagena; vermutlich ist sie aber auch im Flach- und Hügelland vertreten, da der Grusboden ihr Hauptverbreitungsgebiet, auch auf Hochflächen und Hügellandschaften vorkommt. (Rikli S. 111).

Wo die nötigen Grundlagen fehlen, sind die Gebiete auf Karte 7 ohne Typenbezeichnung geblieben.

Ein Hauptcharakterzug des Gebietes ist, daß das Flach- und Hügelland immer wieder durch mittelhohe Gebirge unterbrochen wird.

Der Beschreibung der Gebirge soll die Angabe Willkomms (1855. S. 104) vorausgeschickt werden, daß die südlichsten Züge des östlichen Randgebirges, welche sämtlich aus metamorphisiertem Gestein bestehen, reich an Erzgängen sind. Auf der Karte sind diese daher alle den erzreichen Mittelgebirgen zugezählt worden, auch wenn dies bei der Einzelbeschreibung nicht noch wieder besonders hervorgehoben worden ist.

Nach Pato y Quintana sind die Küstensierren aus Glimmerschiefer und Marmor aufgebaut; ihre Gipfel sind steil und felsig. Willkomm vergleicht sie (1855, S. 106) mit einer schroffen, zackigen Mauer, die mit steilen, furchtbar zerklüfteten Felsen ins Meer hinabstürzt. Das ganze Gebiet ist trocken und nur spärlich mit Kleinsträuchern bewachsen. — Viele der Sierren Südmurcias lassen sich wegen der Abweichung zwischen Namengebung und Einzeichnung nur schwer identifizieren; brauchbare Angaben finden wir über den südlich der Segura sich hinziehenden Sierrenzug Carrascoy, Puerto de Cadena und Columbaris. Er besteht aus stark zerschnittenen Mergeln, die

Gipfel werden aus Sandsteinen und Kalk gebildet. Nach Süden verliert er sich allmählich im Campo de Cartagena, nach Norden hat er steile, felsige Abhänge. Der früher dichte Waldbestand ist vollkommen vernichtet.

Die Sierra Espuña besteht zum größten Teile aus Kalken und Numuliten-Mergeln; der felsige Boden ist von tiefen Schluchten durchfurcht. Zwischen 495 m und 1198 m finden sich vereinzelt Bauernhöfe. — Die Angaben über die anderen Sierren Mittelmurcias lassen immer wieder dasselbe Bild erkennen: steile, felsige, tertiäre Kalkgebirge, deren Kahlheit betont wird und in denen sich stellenweise bearbeitbare Böden finden. Eine Ausnahme macht die Sierra de Calasparra ò de los Molinos, für die das Vorkommen von Kiefern und Esparto erwähnt wird. Sie scheint den Übergang zu bilden zu den mit lichten Kiefernwäldern bedeckten Gebirgen Nordmurcias. Diese sind aus sehr hartem, dichtem Kreidekalk aufgebaut und haben gezahnte, schmale Gipfel. An den steilen, felsigen Abhängen wachsen Esparto und Pino Laricio. In der weiter südlich gelegenen Sierra Pila tritt die Kiefer dem Esparto gegenüber zurück, es finden sich auch viel felsige, kahle Stellen. — In Westmurcia scheinen wir es dagegen mit richtigen Waldgebirgen zu tun zu haben; Pato y Quintana berichtet über dichte Wälder aus Pinus Pinaster und Pinus silvestris. Die aus fast reinem Kalk bestehenden triassischen Gebirge sind reich an Höhlen, auch finden sich dort, wenn auch nicht zahlreiche, so doch sehr wasserreiche Quellen. Es lassen sich eine nördliche und eine südliche Gruppe unterscheiden, die durch breite Täler und Ebenen von einander getrennt sind.

Aus diesen Beschreibungen geht hervor, daß wir es mit drei Gruppen von Gebirgen in Murcia zu tun haben: im Westen finden wir Waldgebirge, im Norden Waldsteppengebirge, in Süd- und Mittelmurcia dagegen fehlt jeglicher Baumwuchs. Daß früher hier Wälder gewesen sind, wird in der Literatur zu wiederholten Malen betont; wir haben es also mit dem Typ der entwaldeten Mittelgebirge zu tun. Zwei Gruppen lassen sich unterscheiden:

1. die vorwiegend aus Kalk aufgebauten Mittelgebirge,
2. die aus paläozoischen, archäischen und triassischen Schiefern bestehenden, in denen als wichtige Zufallsform Erze auftreten.

Karte 3 auf Tafel 5 zeigt uns, daß die Schiefergebiete sich im Süden der Provinz finden.

Über den Charakter der einzelnen Höhenstufen gibt vor allem die Arbeit von Pato y Quintana Aufschluß. Leider sind keine Angaben darüber zu finden, ob und bis zu welcher Höhe in den Gebirgen Salzboden vorkommt; denn ob die Angabe Pato y Quintanas, daß sich in der zweiten Zone, also zwischen 100 und 700 m Meereshöhe, auf feuchtem Boden eine stark halophyle Flora entwickelt, auch für die Gebirge Geltung hat oder nur für das Flach- und Hügelland, bleibt unklar. Bei der immer wieder betonten Kahlheit der Gebirge Mittel- und Nordmurcias können die Höhenstufen nur sehr wenig in die Erscheinung treten, wichtig bleiben aber auch hier die Angaben für die den einzelnen Zonen sich angliedernden Kulturpflanzen und dann natürlich für die Wald tragenden Gebirge Nord- und Westmurcias.

Die erste Zone oder Fußstufe der Gebirge wird von Steppen eingenommen; diese tragen in den südlichen Lagen afrikanisches Gepräge; charakteristisch sind die Zwergstrauchsteppen mit Chamaerops humilis als Leitpflanze. — Die zweite Zone wird durch Kleinsträucher wie Rosmarin, Thymus, Pistaziaarten usw. gekennzeichnet, die als Monte bajo in den Wäldern aus Pinus Laricio auftreten. Auch Macrochloa tenacissima erreicht große Ausdehnung auf allen unkultivierten Campos und Sierren dieser Zone. — In der dritten Zone finden wir eine ähnliche Vegetation, nur scheint hier der Rosmarin vorzuherrschen, der häufig von Wacholder und Steineichen begleitet ist. Als Waldbäume treten Pino carrasco und Pinus Pinaster auf. — In der vierten Zone sind Erinacea pungens und Juniperus sabinoides neben Rosa canina, Ulexarten, Rosmarin und Wacholder zu nennen; die beiden letzteren Arten erreichen bei 1300 m ihre Höhengrenze. Waldbildend treten Pinus Pinaster und Pinus silvestris auf, an Bäumen finden sich außerdem Eichen. — Als Kulturpflanzen gliedern sich der ersten Zone an: Südfrüchte, Kernobst, Steinobst, Maulbeerbäume, Palmen, Wein, Ölbaum, Kichererbsen usw.; in der zweiten und dritten Zone Ölbaum, Wein, Getreide, Obstbäume; die Obstkultur ist in der dritten Zone allerdings von untergeordneter Bedeutung. In der vierten Zone wird nur noch Getreide angebaut.

Zum Schluß bleibt nun noch die K u l t u r l a n d s c h a f t zu besprechen. Ein Charakteristikum des Kulturlandes ist, daß es sich nicht über große zusammenhängende Gebiete ausbreitet, sondern sich in einzelnen kleineren und größeren Bezirken an den für die Kultur günstigen Stellen findet. Drei Arten von Kulturland sind zu unterscheiden: 1. das durch Flußwasser künstlich bewässerte Kulturland, 2. das Quell- und Grundwasserkulturland, 3. das Regenkulturland, das nur auf den sehr unregelmäßigen Regen angewiesen ist. Die beiden ersten Typen werden als Campo regadio dem nicht künstlich bewässerten dritten Typ, dem Campo secano gegenübergestellt. Karte 7 auf Tafel 5 zeigt ihre Verbreitung.

Am günstigsten sind die Verhältnisse im Flußwasserkulturland, da die Flüsse breite Flächen auf einmal bewässern können; je nach der Jahreszeit liefern sie dabei mehr oder minder reichliche Mengen Wasser. Solche Flußwasserkulturbezirke finden sich z. B. im Tal der Segura. wo von Cieza an ein Bewässerungsbezirk sich an den anderen reiht. wobei das bewässerte Land der Natur des Flußbettes folgend immer breiter wird, bis in der berühmten Huerta von Murcia ein im Mittel 7 km breites Bewässerungsnetz den fruchtbaren Schwemmlandboden mit der nötigen Feuchtigkeit versorgt. Weiter flußabwärts nimmt die Breite dann wieder ab. Auch der Sangonera liefert bei seinem Austritt aus dem Gebirge bei Lorca genügend Wasser für die Bewässerung beträchtlicher Ländereien. — Der Boden der Flußwasserkulturlandschaften wird vorwiegend aus sehr feinsandigen, lehmigen Ablagerungen gebildet.

Quell- und Grundwasserkulturen sind verbreitet im Campo von Cartagena (Quelle. 1917. S. 83). im Campo von Yechar und im Campo von Molina und Fortuna. Wenn man im allgemeinen von einer oasenartigen Verteilung der Kulturen im Steppengebiet sprechen muß. so gilt dies ganz besonders für die Quell- und Grundwasserkulturen; denn sie finden sich oft in nur ganz geringer Ausdehnung in der Nähe von Quellen oder Brunnen mitten in der öden Steppe. Die als Campo bezeichneten Gebiete sind also nicht immer Bezirke, in denen sich ein Acker an den andern reiht. sondern häufig finden sich auch innerhalb des Campo weite Strecken öder. ursprünglicher Steppe zwischen den einzelnen Kulturgefilden. Für die Flußwassercampos gilt dies natürlich nur in beschränktem Maße, da das ausgedehnte Bewässerungsnetz eine Zusammenlegung der Kulturen nicht nur möglich, sondern der großen Kosten wegen auch unbedingt erforderlich macht. — Der Boden der Quell- und Grundwasserkulturlandschaften besteht vorwiegend aus tertiären Mergeln. Natürlich finden sich auch Quellwasserkulturen in den Mittelgebirgen, besonders am „Saum der Gebirgszüge“. (Quelle 1917. S. 84). Ihrer geringen Ausdehnung wegen konnten sie auf der Karte nur andeutungsweise und zum geringen Teil eingezeichnet werden.

Regenkulturlandschaften finden sich fast immer in einem mehr oder minder breiten Gürtel um das künstlich bewässerte Kulturland herum. Ausschließlich Regenkulturland scheint im Campo von Cajitan vorhanden zu sein und in den nordmurcianischen Campos. Nach Quelle (1917. S. 84 u. 86) wird auch im größten Teil des Westens und Südens die Landwirtschaft ohne künstliche Bewässerung betrieben.

Auf Karte 7 auf Tafel 5 ist versucht worden, eine Unterscheidung der drei Typen durchzuführen. Damit soll aber nicht gesagt sein, daß jeder Typ nur für sich allein auftritt, es soll damit nur angedeutet werden, daß dieser Typ dort vorherrscht. So finden sich z. B. in der Huerta von Murcia außer den Flußbewässerungsanlagen viele Brunnen, die das Grundwasser ausnutzen; in solch trockenen Gegenden muß natürlich jeder erreichbare Tropfen Wasser verwertet werden.

Beim künstlich bewässerten Flußwasserkulturland handelt es sich in der Hauptsache um Flachland mit ganz schwacher Neigung, die die Verteilung des Wassers erleichtert, teilweise auch um Hügelland und die terrassierte Fußstufe der Gebirge. Die Kulturen an den Talhängen sind meistens auf die periodische Bewässerung durch Ramblas zur Regenzeit und auf Quellwasserversorgung angewiesen.

Die Hauptkulturen des Trockenlandes sind Getreide, Wein, Ölbaum und Mandeln; auf dem bewässerten Kulturland werden neben Weizen, Mais und Gemüsen vor allem Orangen- und andere Obstbäume angebaut. Der früher weit verbreitete Reisbau findet sich nach Quelle (1917, S. 88) nur noch in Calasparra und Moratalla, der Hanfbau nur noch im Bezirk Caravaca.

Nach der Art der Verteilung des Kulturlandes ergeben sich zwei Unterabteilungen:

1. das oasenartig in der Steppe verbreitete Kulturland, das Grund- und Quellwasserkulturen und Campo secano zusammenfaßt.

2. Das sich über größere zusammenhängende Bezirke hinziehende Flußwasserkulturland.

Auf Karte 8 auf Tafel 5 ist versucht worden, die die Steppenlandschaft zusammensetzenden Typen nach ihrer Verbreitung einzutragen; der Norden und Westen, für deren Ebenen weniger Material vorliegt, und deren Pflanzendecke einheitlicher gestaltet zu sein scheint, sind ohne Typeneinteilung geblieben. Die Verteilung von Ebenen und Gebirgen ergibt sich aus den voraufgehenden Karten: Mittel- und Südmurcia erscheinen am reichsten gegliedert.

Gewisse Gebiete der Provinz lassen sich zu natürlichen Landschaften zusammenfassen. (Vergl. hierzu Karte 8 auf Tafel 5.)

1. Das mittelhohe Jurakalkgebirgsland in Westmurcia. Die Ebenenentwicklung ist nur gering; Regen fällt im Verhältnis zu den übrigen Teilen der Provinz etwas reichlicher, womit wohl die Ausbildung von dichteren Wäldern zusammenhängt. In dem durchlässigen Kalk bilden sich vereinzelt wasserreiche Quellen und zahlreiche Höhlen. Pato y Quintana gibt folgende Beschreibung: „Diese Gruppe hat keinen sehr

ausgeprägten Gipfel, auch keine breiten Abhänge, die mehr oder weniger einförmig zu den anstoßenden Tälern niedersteigen; sie sind vielmehr aus Sierren, Lomas (Berglehnen) und Cerros von großer Höhe zusammengesetzt, die so miteinander verflochten sind, daß man auf den ersten Blick nicht die Wasserscheide zwischen Moratalla und Argos unterscheiden kann". Die Namengebung wie Los Gavilanes, La Corra del Estudiante usw. deutet auf die merkwürdigen Formen der Berge hin. —

Bewässerungskulturen treten an Bedeutung weit hinter dem Regenfeldbau zurück. Wie das Vorherrschen des Regenfeldbaus vermuten läßt, gehört dieser westliche Teil zu den am wenigsten bevölkerten Teilen der Provinz: es wohnen im Durchschnitt weniger als zehn Einwohner auf einem Quadratkilometer.

2. Das mittelhohe Kreidekalkgebirgsland in Nordmurcia. Die einzelnen Gebirgszüge mit gezahnten schmalen Gipfeln werden durch quartäre Regenbauebenen von einander getrennt. Die größere Dichtigkeit des Kalkes verhindert Höhlen- und stärkere Quellbildung; dazu kommt das völlige Fehlen von ständig fließenden Flüssen, so daß Bewässerungskulturen von einiger Bedeutung nicht betrieben werden können. Die Volksdichte ist ebenso gering wie in Westmurcia.

3. Das Steppenland in Mittel- und Südmurcia. Charakteristisch ist auch hier der Wechsel von Ebenen und mittelhohen Gebirgszügen. Die Gebirge entbehren aber jeglichen Baumwuchses. Sie lassen immer wieder dasselbe Bild erkennen: steile, kahle Felsgebirge, in denen sich vereinzelt bearbeitbare Böden finden. In ihnen werden wir das Hauptverbreitungsgebiet der Kryptogamenfelssteppe zu suchen haben: genannt werden außerdem für einzelne Teile Esparto, Chamaerops humilis und verschiedene Kleinsträucher.

In den Schiefergebieten, die sich in der Nähe der Küste finden und die stellenweise von Eruptivgestein durchbrochen werden, treten als wichtige Zufallsform Erze auf, die bestimmend auf das Verhältnis Natur zu Mensch und Mensch zu Natur eingewirkt haben. Ihnen müssen die weiter landeinwärts gelegenen, an Bodenschätzen armen Kalkmittelgebirge gegenübergestellt werden.

Das Steppenflach- und -hügelland läßt vier Typen erkennen; die Örtlichkeiten, wo ihr Vorkommen sicher festgestellt worden ist, sind weiter oben genannt worden; hier sollen sie in ihrer Bedeutung für die Landschaft noch einmal kurz charakterisiert werden.

a) Grassteppenflach- und -hügelland.

Diese ziemlich offene Formation entwickelt sich auf lockeren Grus- und Sandböden und ist zweifellos im ganzen Gebiet sehr verbreitet.

Das Espartogras liefert einen wichtigen Handelsartikel und wird zur Herstellung aller möglichen Gebrauchsgegenstände verwandt.

b) Halophytensteppenflach- und -hügelland.

Salzhaltige, oft auch gipsige Mergel bilden den Boden; stellenweise treten Gipshügel und Salzsümpfe ergänzend auf. Für die Vegetation sind Sukkulente, besonders Salsolaceen charakteristisch.

c) Krautsteppenflach- und -hügelland.

Unter den Kräutern überwiegen die Labiaten; reine Krautsteppe tritt anscheinend selten auf, meistens vergesellschaftet sie sich mit Grassteppe; auf der Karte hat sie ihrer geringen Verbreitung wegen keine Berücksichtigung gefunden.

d) Das Kulturflachland.

1. Campo Regadio.

Dieses zieht sich entweder in zusammenhängenden, größeren Bezirken längs der Flußläufe hin oder es entwickelt sich in kleinerem Ausmaß da, wo Quell- oder Grundwasser Bewässerung möglich machen. Ein sorgfältig bearbeiteter und nivellierter Boden neben größtmöglicher Ausnutzung der Fläche durch mehrere Fruchtfolgen in einem Jahre ist für die Huertas charakteristisch. Die Siedlungen werden außerhalb oder am Rande der Kulturflächen angelegt.

2. Campo Secano.

Trockenkulturen, die nur auf die Bewässerung durch Regen angewiesen sind, finden sich auf gutem Boden in dem ganzen Steppengebiet verstreut. Die Erträge sind sehr wechselnd; auch in den besten Jahren stehen sie weit hinter denen des bewässerten Landes zurück. Die sehr geringe Bevölkerungsdichte in Gebieten mit überwiegender Trockenkultur steht hiermit im Zusammenhang.

Dieses ganze süd- und mittelmurcianische Steppenland, das einen Teil der Litoralsteppe bildet, zeigt wie im Landschaftsbild so auch in der Bevölkerungsdichte außerordentlich starke Gegensätze. Wir finden Gebiete mit weniger als 10 Einwohnern auf dem Quadratkilometer. Dichte Bevölkerung findet sich einmal in den Gebieten mit künstlicher Bewässerung, wie z. B. in der Huerta von Murcia, dann aber auch in den Bergbaubezirken im östlichen Teil der Küstensierra. Bei der Lage der Städte fällt auf, daß sie fast immer die Flußufer meiden und sich erst außerhalb der Überschwemmungsgefahrzone entwickeln.

Karte 8 (Tafel 5) läßt erkennen, daß die Litoralsteppe sich sowohl nach Alicante als auch nach Almeria hinein fortsetzt; in Alicante verliert sie sich im Bergland der Halbinsel von Alcoy; in Almeria zieht sie sich südwärts längs der Küste und wird im Norden vom Mittelgebirgsland der Sierra de las Estancias begrenzt, dem sich weiter nordwärts das Kalkhochgebirgsland der Sierra de Maria anschließt.

B. Das Campo de Dalias und das Campo de Nijar.

Konnte die landschaftskundliche Darstellung der Provinz Murcia sich nur auf Literatur stützen, so sind die Vorbedingungen für die Darstellung der Campos von Dalias und Nijar ungleich günstiger; denn außer der allgemeineren Literatur steht uns hier ein von zahlreichen Lichtbildern begleitetes ungedrucktes Gutachten über die „Bodenverhältnisse im Küstengebiet der Provinz Almeria und ihre wirtschaftliche Bedeutung" von Gehrmann zur Verfügung. Mündliche Mitteilungen von Herrn Regierungsrat Gehrmann lieferten eine wertvolle Ergänzung zu den geschriebenen Ausführungen und die Bilder vor allem erwiesen sich als eine nicht zu unterschätzende Hilfe. Die Angaben Gehrmanns, die jüngsten Untersuchungen des Gebietes sind so eingehend, daß es uns möglich ist, eine lückenlose Folge von Landschaftstypen für die beiden Campos aufzustellen.

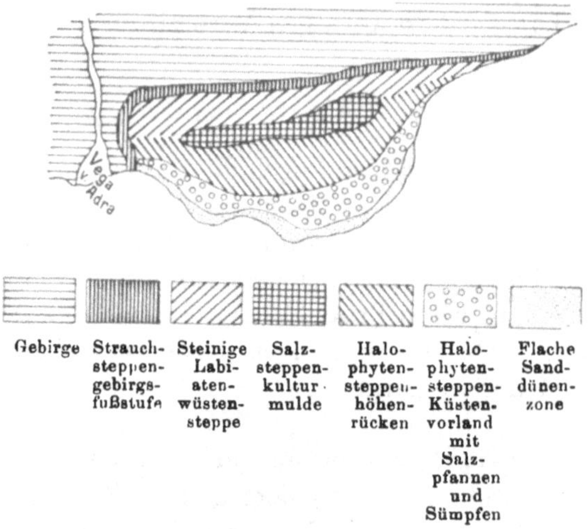

Fig. 5. Campo de Dalias. Ungefähre Abgrenzung der Teilgebiete nach Angaben v. Reg.-Rat Dr. Gehrmann.

I. Das Campo de Dalias (vergl. Textfigur 5).

Das Campo de Dalias steht in engem Zusammenhang mit dem Hochgebirge der Sierra de Gador, der es südlich vorgelagert ist und aus dessen Abschwemmungsprodukten es aufgebaut ist. Es lassen sich sechs Teile unterscheiden.

a) Der Gebirgshang mit den ausstreichenden Barrancas und Ramblatälern besteht aus stark verworfenen Kalk- und Tonschieferschichten mit quellig auftretendem Grundwasser in den mit

Geröll bedeckten Ramblabetten. Quellen und Pfützen werden von Binsen und Oleandergebüsch umgeben, lokal werden sie zu Bewässerungskulturen benutzt. Unter der spontanen Vegetation dominiert Retamagebüsch, aber nach den Abbildungen[1]) in so offener Formation, daß man es nicht als Monte bajo ansprechen kann, sondern höchstens als eine sehr offene Strauchsteppe. Man gewinnt absolut den Eindruck, daß wir es in der Sierra de Gador mit einem Wüstengebirge zu tun haben. Schon in diesem nördlichen Teil des Campos lassen sich die Verwitterungsprodukte des Gebirgsmaterials erkennen, die aber erst weiter südlich größere Bedeutung erlangen: die sehr nährstoffarmen Blanquizares als Verwitterungsprodukt des Kalkes und die fruchtbareren Rubiales als Verwitterungsprodukt der Tonschiefer. Beide Bodenarten kommen natürlich häufig gemischt vor. Die Gerölle sind mit Kalkkrusten überzogen.

b) Nach Süden zu schließt sich ein mächtiger, nach der Küste zu sich senkender Erhebungsschild an, der aus Geröllschottern und feineren Verwitterungsprodukten des Gebirges aufgebaut ist. „Die Oberfläche besteht aus glatten, flachen oder durch Abwaschung und Sonnenbestrahlung abgerundeten Steinkappen, auf denen der größte Teil der Niederschläge in den spontanen Einschnitten des Gebietes, welche man als cañas oder cañuelas bezeichnet, sofort abgeleitet wird, so daß diese Einschnitte bis zu einem gewissen Grade der Ableitung der Niederschläge ihre Entstehung und Bodenansammlung verdanken". Diese Steinplatten sind absolut steril; Vegetation findet sich nur in den Spalten und Vertiefungen, in denen ein wenig Erde sich ansammelt. Unter dieser Steinkappe, deren Mächtigkeit zwischen einigen Zentimetern und mehreren Metern schwankt, finden sich häufig helle, allerdings sehr nährstoffarme Feinböden vom Charakter der Blanquizares, die nach Sprengung der Oberschicht in Kultur genommen werden können. Wirklicher oberflächlicher Bodenabsatz findet sich nur in den Ramblas und sonstigen Bodeneinschnitten; zur Hauptsache besteht aber auch der Ramblaboden aus Schottern und Geröll. In der Vegetation treten Kleinsträucher, besonders Labiaten in sehr offener Formation hervor, streckenweise auch Esparto, z. B. im Bezirk Agua dulce. — An Kulturunternehmen finden sich „kleine, äußerst dürftige und mit Steinen durchsetzte Secano-Felder". Die Erträge reichen aber nicht für den Lebensunterhalt der Pächter aus; ihre Haupteinnahmequelle besteht in der Schaf- und Bienenzucht, dem Transport von

[1] vergl. hierzu Abbild. 1 u. 2 auf Tafel 6.

Magnesitknollen aus dem Gebirge nach Almeria und dem Einsammeln von Esparto im höheren Gebirge. — In den Cañada-Ablagerungen werden von größeren Höfen Almeria-Trauben und Orangekulturen betrieben, in dem Cortijo de la Reserva mit künstlicher Bewässerung durch einen Quellstrom aus dem Gebirge.

c) Nach Süden zu streicht dieser Erhebungsschild zu einer flachen Mulde aus, die wichtige Kulturböden enthält. Durch steinige Lastraschichten, die sich von dem vorgelagerten Höhenrücken her in die Senke hineinschieben, wird sie in mehrere Teile zerlegt. Der östliche Teil ist am wenigsten kultiviert, weil hier der Boden am salzhaltigsten und sehr humusarm ist. Die Böden sind steinlos und einige Meter tief, von lehmartiger Beschaffenheit. Das Salz blüht in mehr oder minder scharf umschriebenen Stellen aus und findet sich sowohl im steinigen Secano als auch in den tieferen Böden. Im Secano werden sie von der Kultur umgangen, auf den tieferen Böden werden sie mit in Kultur genommen und durch die abkommenden Ramblas ausgewaschen. In Jahren, in denen die Ramblas nur schwach oder gar nicht abkommen, unterbleibt der Anbau. — Weiter westlich werden die Böden besser; die typische Kleinwirtschaft des östlichen Teils macht einer Einteilung in größere Höfe Platz. Die Ertragsfähigkeit des Bodens wird gesteigert durch künstliche Bewässerung aus einer Quelle in Dalias und durch Grundwasser. Die Normalfrucht ist Weizen, die Nachfrucht gewöhnlich Mais; auch Traubengärten und Obstanlagen sind nicht selten. Höfe und Häuser liegen im ganzen Gebiet der Mulde im Steinigen, am Rand der tiefen Böden, um kein Kulturland zu verlieren. — Über die spontane Vegetation der Mulde erfahren wir, daß sie im Osten von spärlichen Steppen- und Salzkräutern bedeckt ist.

In dieser Tiefenmulde haben wir es anscheinend mit einem abflußlosen Gebiet zu tun, also mit Salzsteppe; denn bei reichlich abkommenden Ramblas wird der Boden meterhoch mit Wasser bedeckt, da es durch einen vorgelagerten Höhenrücken gestaut wird; die in den Erhebungsschild einschneidenden Ramblas lagern ihre Sedimente in der Mulde ab. Die Ablagerungen werden vermehrt durch Einwehungen von staubartigen Verwitterungsprodukten und organischen Zerfallstoffen. Das gestaute Wasser bleibt auch jetzt noch zeitweise lange stehen; so soll die Cañada del Puerco vor zirka 70 Jahren zwei Jahre lang ein haushoher See gewesen sein. — Die Trockenlegung des Bodens ist nach Gehrmann wohl meistens durch Mangel an Zufluß zustande gekommen, also nicht durch Entwässerung nach außen.

d) Der südlich der Senke gelegene Höhenrücken, Las Marinas

genannt, ist aus Konglomeraten zusammengesetzt; die Steinigkeit, von deren oberflächlicher Bedeutung uns Abb. 1 auf Tafel 7 einen Begriff gibt, hält auch in den tieferen Lagen an, so daß auch nach Lösung des an der Oberfläche liegenden verkitteten Materials der Boden höchstens für sehr anspruchslose Secano-Kulturen in Betracht kommt. Solche Bodenöffnungen finden sich vor allem in den Bodensenkungen und Mulden des Höhenrückens. Die zwischen dem Geröll liegenden erdigen Bestandteile haben Rubiales-Charakter; die Oberschichten sind salzhaltig. — Das Regenwasser sammelt sich in rinnenartigen Vertiefungen und wird, wenn irgend möglich, in den dort angelegten Zisternen aufgesammelt. Außerdem finden sich in den Marinas Brunnenanlagen, die trinkbares Grundwasser schöpfen, das auf einer Tonschicht unter dem Rücken läuft. — Wie das ganze Vorland, so ist auch dieser Höhenrücken — vielleicht sogar in verstärktem Maße — heftigen Meerwinden ausgesetzt, die die Verdunstung vergrößern und den Feuchtigkeitsgehalt sowohl des Bodens wie der Luft beträchtlich herabsetzen. — Außer einem kümmerlichen Secano von Mais, Gerste und Kichererbsen finden sich vereinzelte Anpflanzungen von Bäumen nur in nächster Umgebung der Häuser, wo sie künstlich bewässert werden, oder in Bodensenkungen mit reichlicherem Bodenabsatz.

e) Dem Höhenrücken schließt sich südlich das „eigentliche, mit salzigen Ablagerungen getränkte oder gar Salzpfannen enthaltende Küstenvorland" an, das durch eine mehr oder minder breite Zone flacher, sandiger, spärlich bewachsener Dünen zum Meere hin abgeschlossen wird. — Streckenweise ist das Vorland versumpft; es bilden sich lagunenartige Brackwasseransammlungen, die von einer typischen Sumpfflora aus Rohrkolben. Schilf, Binsen usw. umgeben sind und von zahlreichem Wassergeflügel bevölkert werden. In der Richtung auf Adra, also in westlicher Richtung, nehmen diese Sumpfbildungen an Ausdehnung zu. — Im Westen ist die Strandformation äußerst öde und nur sehr spärlich von Kleinsträuchern bewachsen. Balerma z. B. liegt „als eine trostlose, zum Teil verfallene Häusermasse inmitten der kahlen Sanddünen". Der Boden ist jedoch nicht unfruchtbar, wofür die Gemüse-, besonders Tomatenkulturen auf den Dünen einen Beweis liefern. Durch Rohrzäune werden sie vor zu starker Windschädigung geschützt. — Im Osten, südlich Roquetas, ist der Boden stärker bewachsen; neben holzigen Dünenpflanzen tritt eine typische Salzflora hervor, die sich in der Hauptsache aus Salsolaceen zusammensetzt. — Zwischen der Dünenzone und dem Höhenrücken der Marinas befindet sich hier im Osten eine Mulde, die teils mit „einer feinkörnigen, aber mit Salzausblühungen überzogenen Erdkrume“ bedeckt ist, teils mit Salzwasseransammlungen, die zur Anlage von Salinen geführt haben, und deren Ufer stark sumpfig sind. — Hauptvertreter der Pflanzenwelt sind auch hier Salzkräuter, besonders Salsola Kali, in offener Formation.

f) Als letzter Teil des Vorlandes bleibt die Adra-Vega zu behandeln. Diese wird durch die alte Mündung des Rio Grande gebildet und ist an beiden Seiten durch Sierraausläufer begrenzt, so daß sie wie in ein Felsenbett eingesenkt erscheint. Der Rio Grande ist während des größten Teiles des Jahres trocken; im Frühjahr führt er einige verzweigte Wasserrinnen. Seine Sedimente lagert er außerhalb des Felsenbettes in Gestalt eines Deltas ab. Teilweise ist dieses Alluvial versumpft, da der entgegenwirkende Flutstrom ein Stagnieren des Flußwassers veranlaßt. Um die Sumpfbildung herabzusetzen, hat man vom linken Flußufer einen Durchstich geschaffen, der stark abkommende Wassermengen dem Meere zuführt.[1]) — Der Boden der Vega besteht aus humus- und nährstoffreichen, feinen Schwemmböden, von denen aber — der Versumpfung halber — nur ungefähr die Hälfte kultiviert wird. Dieser Teil wird auf das Intensivste bearbeitet; vor allem fallen die weiten Zuckerrohrfelder und die Gemüsekulturen, denen als Nachkultur häufig Mais folgt, ins Auge. Auch Yuccas, Bananen und Bataten gedeihen in dem hier herrschenden subtropischen Klima. Nach der neuen Strommündung zu nehmen die Kulturen ab, die Sumpfbildung zu.

Adra selbst erstreckt sich am Rande der Vega, in der Ebene und auf den unteren Hängen der Sierra. Die Sierra ist außerordentlich öde und steril, ganz verstreut findet man einige Capparissträucher und Feigengebüsch auf der aus verkitteten Konglomeraten bestehenden Oberfläche der Berge. Das trockne Flußbett oberhalb der Vega ist schotterreich und wird von Schilf, Pappeln und anderen Ufergehölzen umsäumt.

Versuchen wir eine landschaftskundliche Einteilung des untersuchten Gebietes, so ergibt sich, daß sich für das Flachland vom Gebirge herabkommend eine Typenfolge aufstellen läßt. Wir finden:

1. Strauchsteppengebirgsfußstufe mit lokal verbreiteten Grundwasserkulturen in den mit Geröll bedeckten Ramblabetten.

---

[1]) Abb. 2 auf Tafel 7 zeigt die Wasserführung im neuen Flußbett Mitte Juni. Die Breite des fast ausgetrockneten Flußbettes läßt auf die ungeheuren Wassermengen schließen, die zur Regenzeit dem Meere zugeführt werden.

2. Steinige Labiatenwüstensteppe mit spärlicher Vegetation in Bodenspalten zwischen den sterilen Steinplatten, mit äußerst dürftigen Secanokulturen und lokalen Bewässerungskulturen in aufgeschlossenen Geländeeinschnitten.
3. Salzsteppenkulturmulde mit tieferen, aber ziemlich humusarmen Böden; steinige Querriegel zerlegen die Mulde in mehrere Teile, deren Fruchtbarkeit von West nach Ost abnimmt. Siedlungen liegen am Rand der Mulde im Steinigen.
4. Halophytensteppenhöhenrücken aus verkitteten Konglomeraten mit verstreutem kümmerlichem Secano.
5. Halophytensteppenküstenvorland mit Salzpfannen und lagunenartigen Brackwasseransammlungen und Sümpfen, die in westlicher Richtung zunehmen.
6. Flache, spärlich bewachsene Sanddünenzone von wechselnder Breite.
7. Die sich westlich an das Vorland anschließende, aber durch einen Sierraausläufer getrennte Vega von Adra gehört zum Typ der subtropischen Flußwasserkulturlandschaften auf feinem, nährstoffreichem Schwemmboden. Sie wird auf beiden Seiten von kahlen, sterilen Sierraausläufern begrenzt; das im westlichen Teil intensiv bebaute Deltaschwemmland ist im östlichen Teil teilweise stark versumpft. Der Rio Grande wird von Ufergehölzen umsäumt und liegt, als Wechselform, einen großen Teil des Jahres trocken, während er nach heftigen Regen und zur Zeit der Schneeschmelze große Wassermassen herabführt.

II. Das Campo de Nijar (vergl. Textfigur 6 auf S. 206).

Das Campo de Nijar zeigt im Allgemeinen große Übereinstimmung mit dem Campo de Dalias; es ist ein aus steinigen Schichten und den Geröllsedimenten der Sierra Alhamilla aufgebauter Schotterschild mit dem Unterschiede, daß sich im Südosten ein richtiger Gebirgszug vorlagert, so daß die auch hier auftretende Tiefenmulde der Vereinigung der Abflüsse beider Gebirge ihre Entstehung verdankt. Da das Campo de Dalias ausführlicher besprochen worden ist, sollen hier nur kurz die Unterschiede festgestellt werden und die Aufeinanderfolge der einzelnen Teillandschaften aufgeführt werden.

Die oberflächlichen, vom Gebirge kommenden Gesteinsschichten bedecken das Campo de Nijar nicht so gleichmäßig wie das Campo de Dalias; häufig treten sie nur in Nestern oder Horsten auf; die übrige Oberfläche des Campo wird von einer geröllreichen, mehr oder weniger sandigen Erdkrume bedeckt. Die Gesteinsschichten werden also häufig durch aufgelagerte Schwemm- und Verwitterungsböden verdeckt. Nach Süden zu ist das Gelände stärker zerrissen und besteht streckenweise aus Hügelkuppen, die von plattigem Schutt bedeckt sind. Unter der Schuttdecke sowohl der Hügel als auch der ebenen Terrains liegt ein äußerst nährstoffarmer Boden von sandig-kalkiger Beschaffenheit, der mehr oder minder große Ablagerungen kreideweißen, erdigen

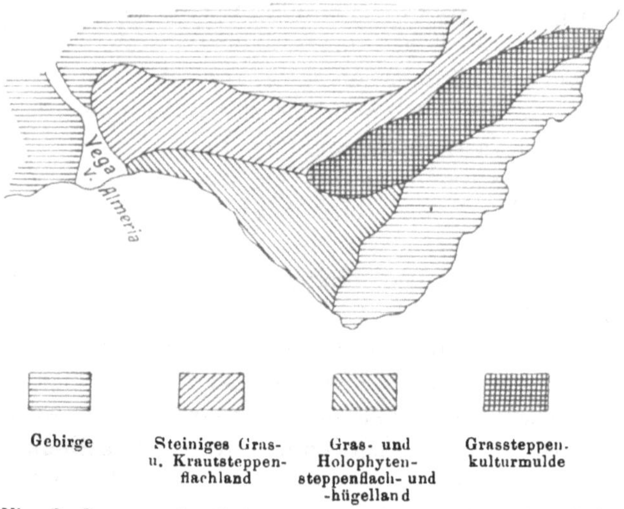

Fig. 6. Campo de Nijar. Ungefähre Verteilung der Teilgebiete nach Angaben von Reg.-Rat Dr. Gehrmann.

Gipses enthält. Ein großer Teil der Böden, besonders der gipshaltigen, enthält viel Kochsalz. Der Salzgehalt der Böden tritt äußerlich in die Erscheinung durch das Auftreten von Chamaerops humilis und das Zunehmen der Esparto- resp. Albardinbestände. — Analog der Tiefenmulde im Campo de Dalias zeigt auch dieses Campo eine solche Senke, die sich zwischen den Gebirgen im Osten hinzieht. Im Gegensatz zu den im Campo de Dalias häufigen Grundwasserkulturen überwiegen hier die Secanokulturen. Quelliges Auftreten von Grundwasser in den Ramblabetten kommt auch hier vor; so sehen wir auf Abb. 1 auf Tafel 8 das Auftreten von Vegetation im Anschluß an Quellwasseransammlung. Aufschlußreich ist auch ein anderes, hier nicht wiedergegebenes Bild: eine weidende Schafherde zeigt, daß das uns auf den ersten Blick ganz steril anmutende Ramblabett doch nicht ganz des Pflanzenwuchses und der Feuchtigkeit entbehrt; denn sicher halten sich die Tiere nicht nur des Schattengenusses halber in der Nähe der zerklüfteten Wände auf, sondern weil sich dort im Anschluß an Quell- oder Grundwasser eine, wenn auch nur spärliche Vegetation entwickelt hat.

Folgende Landschaftsteile lassen sich in diesem Steppenflach- und -hügelland unterscheiden:

1. Im Norden, anschließend an die Ausläufer des Gebirges Grassteppe vermischt mit Krautsteppe und steinigem Flachland; das Ungeschlossene der Pflanzendecke zeigt Abb. 2 auf Tafel 8.
2. Im Südwesten und Süden Grassteppe vermischt mit Halophytensteppe auf jung gehobenen marinen Sedimenten mit Chamaerops als Charakterpflanze. Die Oberflächenform zeigt Wechsel zwischen Ebenen und Hügeln.
3. Im Osten Tiefenmulde mit Feinböden und Secanokultur; vom Gebirge her sich vorschiebende Steinböden tragen Esparto; die Siedelungen liegen vorwiegend an den Gebirgshängen und im Steinigen.
4. Flache Strand- und Dünenzone.
5. Ähnlich wie beim Campo de Dalias schließt sich auch dem Campo de Nijar eine Flußwasserkulturlandschaft an, die Vega von Almeria. Der Übergang vom Campo zur Vega wird durch ein schotterreiches, steiniges Gebirgsvorland gebildet, über dessen Vegetation nichts gesagt wird. Die vom Rio Andarax gebildete und bewässerte Schwemmlandebene, die in breiter Zunge in das Meer vordringt, schließt sich an. Nach Norden zu verschmälert sich die Mulde zwischen den kahlen, trockenen Gebirgszügen.

   Drei Landschaftsteile treten besonders hervor:

   Felder auf dem Vegaflachland;

   Obstgärten und Traubenkulturen in den Gebirgseinschnitten und kleinen Barrancos;

   kahle, trockene Gebirgshänge, die zur Anlage von Siedlungen benutzt werden.

C. Zusammenfassendes Ergebnis der Untersuchung.

Stellen wir uns nun die Frage, wie weit es uns gelungen ist, aus dem Studium der speziellen Literatur über die eben behandelten drei Teilgebiete und dem der allgemeinen Literatur über Südostspanien eine landschaftliche Gliederung vorzunehmen, so ergibt sich, daß wir uns im subtropischen Winterregengebiet befinden, in dem Hartlaubgehölze und subtropische, sommertrockene Steppen als klimatischer Pflanzengürtel der Fußstufe auftreten. Charakteristisch für diesen Teil ist der Wechsel von Steppengebirgsland, das teilweise bis zur Höhenwüste aufragt, und Steppenflachland, das streckenweise in

Salzsteppenflachland übergeht. Im Nordwesten finden wir an Stelle der Steppengebirge Waldsteppengebirge und Gariguesberglandschaften; in Westmurcia kommen sogar Waldgebirge vor. Die Ebenenentwicklung nimmt längs der Küste von Südwest nach Nordost zu, das Streichen der Ketten ist überwiegend von WSW nach ONO. Die verschieden hohe Vertikalentwicklung macht sich in der verschiedenartigen Ausbildung der Fußstufe bemerkbar, indem das Aufragen bis zur Schneestufe die Wasserverhältnisse der Fußstufe günstig beeinflußt. — Die Aufstellung einzelner Gürtel in vertikaler Richtung stößt auf große Schwierigkeiten, da als Anhaltspunkte nur die wenigen Restwälder dienen können. — Die Höhengrenzen der einzelnen Restwälder liegen verschieden hoch, je nachdem, ob wir es mit sonnigen, geschützten Lagen oder mit schattigen, exponierten zu tun haben. Beziehen wir die Verhältnisse in der Provinz Almeria in unsere Betrachtungen ein, da dadurch das Bild klarer wird, so macht sich ein Abfallen der Höhengrenzen von Süden nach Norden bemerkbar, ein Schnitt von der Sierra Nevada nach Nordalmeria würde folgendes Bild der ursprünglichen Verhältnisse ergeben:

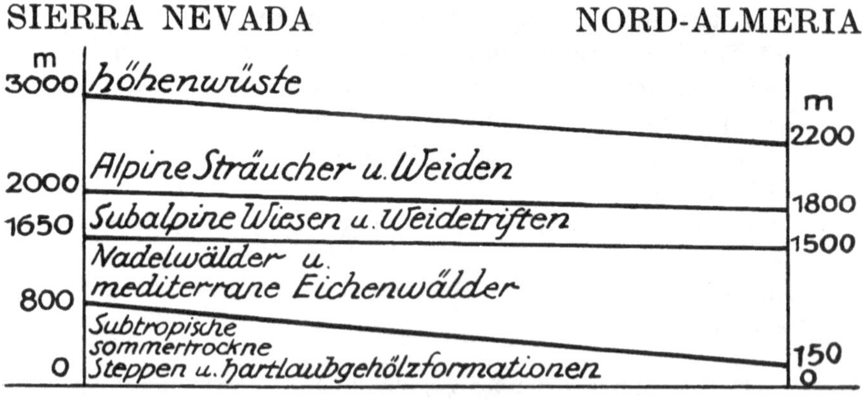

Figur 7.

Wie sich aus der Tabelle ergibt, weichen die klimatischen Verhältnisse im Süden und im Norden des andalusischen Faltenlandes ziemlich weit von einander ab; die Fußstufe des Südens erlaubt den Anbau tropischer Nutzpflanzen wie Zuckerrohr und Bataten, während der Norden nur subtropische Gewächse zur Entwicklung bringt.

Das speziell behandelte Gebiet wird charakterisiert durch einen steten Wechsel von Ebenen und Gebirgszügen, deren Fußstufe von Steppen eingenommen wird. Einige Gebietsteile lassen sich zu natürlichen Landschaften zusammenfassen.

1. Das westmurcianische mittelhohe, feuchtere Jurakalkwaldgebirgsland mit geringer Ebenenentwicklung und Vorherrschen von Regenbau.
2. Die nordmurcianischen mittelhohen, trockneren Kreidekalkwaldsteppengebirge im Wechsel mit quartären Regenbauebenen.
3. Ein Ausschnitt aus der Litoralsteppe. Hierzu gehören sowohl die Steppengebiete in Murcia wie auch das Campo de Nijar. Die Litoralsteppe wird hier gekennzeichnet durch den ständigen Wechsel von Ebenen und mittelhohen Gebirgszügen. Die entwaldeten Mittelgebirge stellen fast ausnahmslos Raublandschaften dar, in denen sich an besonders geeigneten Stellen kleinere Bezirke Kulturlandes finden. Durch das Vorkommen von Bodenschätzen sind die paläozoischen und triassischen Gebiete vor den anderen ausgezeichnet.

Das Steppenflach- und -hügelland läßt vier Typen erkennen: (Vergl. hierzu Karte 8 auf Tafel 5.)

a) Grassteppenflach- und -hügelland,
b) Halophytensteppenflach- und -hügelland.
c) Mischsteppenflach- und -hügelland.
d) Kulturflachland. Für dieses lassen sich wiederum zwei Unterabteilungen aufstellen:
   1. Das in größeren Zusammenhängen auftretende Kulturland, bei dem das Campo regadio vorherrscht.
   2. Das oasenartig in der Steppe verbreitete Kulturland, bei dem das Campo secano vorherrscht.

Das mosaikartige Ineinandergreifen der einzelnen Landschaftselemente scheint auch für andere Teile des Gebietes charakteristisch zu sein, so daß die Grassteppe z. B. teilweise die Bedeutung einer Teillandschaft hat, teilweise dagegen als Bestandteil einer Mischsteppe auftritt. Die Mischsteppe hat auf der Karte keine Berücksichtigung gefunden, da die Angaben sich auf zu kleine Bezirke beziehen.

Die das Steppenflach- und -hügelland unterbrechenden Gebirge fallen alle unter den Begriff der Raublandschaft. Zwei Gruppen lassen sich unterscheiden:

a) Die erzreichen Schiefermittelgebirge in der Nähe der Küste, die stellenweise von Eruptivgestein durchbrochen werden.
b) Die weiter landeinwärts gelegenen Kalkmittelgebirge.

Ihrer Erhebung, die nicht über 1500 m hinausreicht, entsprechend erreichen sie den Gürtel der subalpinen Wiesen- und Weidetriften nicht mehr. Die Zugehörigkeit zum Waldgürtel macht sich nur äußerst selten bemerkbar, völliges Fehlen von Baumwuchs wird als Hauptkennzeichen angegeben. Kryptogamenfelssteppe scheint weit verbreitet zu sein, doch treten auch Kleinstrauchsteppe, Grassteppe, Macchien und Monte bajo auf. Im Anschluß an Quellen finden sich Kulturanlagen.

4. Das dem Hochgebirge der Sierra de Gador im Süden vorgelagerte Steppenflachland des Campo de Dalias bildet eine natürliche Landschaft für sich, da es mit der eigentlichen Litoralsteppe in keinem direkten Zusammenhang steht. Daß es sich aber aus denselben Landschaftselementen aufbaut, und daß sich eine Einteilung in Teillandschaften durchführen läßt, ergibt sich aus den Ausführungen auf Seite 200 bis 205.

Am klarsten wird das Bild in den von Gehrmann behandelten Gebieten, wozu neben dem Gutachten die mündlichen Mitteilungen wesentlich beigetragen haben; er gibt uns Aufschluß über die Oberflächenformen, die Vegetation, die Wasserverhältnisse, die Bodenbildung; zuerst in allgemeinen großen Zügen, dann zeigt er auch die lokalen Abweichungen, so daß sich z. B. innerhalb der Steppenflachlandschaften des Campo de Dalias und des Campo de Nijar verschiedene Teillandschaften aufstellen lassen. Für das Verständnis der Eigenart des Landes ist das von großer Wichtigkeit, auch für das der Wechselbeziehung zwischen Natur und Mensch: so ergibt sich die Lage der Gehöfte in einer Reihe zu beiden Seiten der Tiefenmulde des Campo de Nijar als eine Folge der zusammentreffenden landschaftlichen Erscheinungen. Auch der Übergang von Kleinwirtschaft zu größerem Besitz in der Tiefenmulde des Campo de Dalias wird bei Gehrmann auf Grund der landschaftlichen Faktoren ohne weiteres verständlich.

Wie wir gesehen haben, lassen sich auch aus den Angaben anderer Forscher Landschaften und Landschaftsteile aufstellen. Wir können sie in den meisten Fällen aber nicht, wie bei Gehrmann, zu einem organischen Ganzen zusammenfügen, weil die in einem bestimmten Gebiet vorkommenden Landschaftsteile isoliert dastehen, sich auch häufig gar nicht lokalisieren lassen. Wir wissen nicht, wie sie sich aneinander anschließen, welchen Raum sie dem Ganzen gegenüber einnehmen, welche Bedeutung sie haben. Gerade die Aufeinanderfolge der einzelnen Typen ist aber von großer Wichtigkeit; denn der Gegensatz oder die Angleichung an benachbarte Landschaftsteile macht die Bedeutung eines Gebietes aus. Erst wenn wir die Aufeinanderfolge der einzelnen Teillandschaften vor uns sehen, wird sich z. B. auch entscheiden lassen, ob wir es mit Vorzugs- oder Rückzugsgebieten zu tun haben. Die weiter vorn aufgestellten Unterabteilungen können eben dieses Mangels wegen landschaftskundlich nicht genügend ausgewertet werden. Häufig ist auch nur ein einziges Landschaftsmerkmal angegeben, so daß eine landschaftskundliche Begriffsbildung überhaupt unmöglich ist. Zur Bildung landschaftskundlicher Begriffe sind Pflanzendecke und Oberflächengestaltung unbedingt erforderlich; die Charakterisierung fällt um so genauer aus, je mehr andere Angaben, wie über Gesteine, Böden und Bewässerung usw. zusammenkommen. Da diese in sehr vielen Fällen fehlen, bleibt die genaue Umgrenzung der eigentlichen Salzsteppe, also des abflußlosen Gebietes, auch jetzt noch unklar; festgestellt und bewiesen ist sie nur von Gehrmann in der Tiefenmulde des Campo de Dalias.

Am meisten erschwert wird die Untersuchung aber dadurch, daß, wie schon früher betont, zu viel Wert auf das einzelne Vorkommen bestimmter Pflanzenspezies gelegt wird. Die großen Formationen, die den Charakter der Landschaft bedingen, werden dadurch der Beachtung des Lesers entzogen und in ihrer Bedeutung vermindert. Der Eindruck, der nach der Durchsicht der vielen Arbeiten zurückbleibt, ist der eines vielsteinigen Mosaiks, das sich aber nur stellenweise richtig zusammensetzen läßt und bei dem deshalb die wirkliche Gestalt unklar bleibt, wenn sie sich auch ahnen läßt.

Literaturverzeichnis.

Angot, A.: Régime des Pluies de la Péninsule Iberique, Annales du Bureau central météorologique. Paris 1893, Bd. 1.

Annales de Géographie 1910 (La transhumance en Espagne).

Botella, F. de: Reseña fisica y geologica de la region S. O. de la provincia de Almeria. Boletin de la comision del Mapa geologico de España, T. 9. Madrid 1882.

Brunhes, J.: L'Irrigation dans la Péninsule Iberique, Paris 1902.

Bürger, Otto: Spaniens Riviera und die Balearen. Leipzig 1924.

Cavailles, H.: La Question Forrestière en Espagne. Annales de Géographie. Paris 1905.

Cerecedam, Juan Dantin: Una Excursion por los alrededores de El Salobral (Albacete). Boletin de la Real Sociedad española de Historia natural. T. 11. Madrid 1911.

Cortazar, Daniel de: Reseña fisica y geologica de la region norte de la provincia de Almeria. Boletin de la Comision del Mapa geologico de España. 1875.

Cortazar, Daniel de y Manuel Pato: Descripcion fisica, geologica y agricologica de la Provincia de Valencia. Memorias de la Comision del Mapa geologico de España. Madrid 1882.

Chodat, R.: Excursions botaniques en Espagne et au Portugal.

Donayre, F. M.: Datos para una reseña fisica y geologica de la region S. E. de la provincia de Almeria. Boletin de la Comision del Mapa geologico de España 1877.

Douvillé, R.: Espagne. Heidelberg 1911.

Fischer, Theobald: Landeskunde der Iberischen Halbinsel (Länderkunde von Europa, herausgeg. von A. Kirchhoff) 1893.

—, Versuch einer wissenschaftlichen Geographie der Iberischen Halbinsel. Pet. Mitt. Bd. 40.

—, Mittelmeerbilder.

—, Der Ölbaum. Pet. Mitt. 1904, Erg. Heft Nr. 31.

—, Die Dattelpalme, ihre Pflege und Frucht. Pet. Mitt. 1881. Erg.-Heft.

—, Über das Mittelmeerklima. Pet. Mitt. Erg.-Heft Nr. 58, 1879.

Gehrmann, K.: Die Bodenverhältnisse im Küstengebiet der Provinz Almeria und ihre wirtschaftliche Bedeutung. (Gutachten).

Gradmann, R.: Wüste und Steppe. Hettners Geogr. Zeitschr. 1910.

Hann: Klimatologie, Bd. 3, 1911.

Hellmann: Die Regenverhältnisse der Iberischen Halbinsel. Zeitschr. d. Ges. für Erdkunde. Berlin 1888.

Hielscher, K.: Das unbekannte Spanien. Berlin 1922.

Linnaea: Bd. 10. 1855.

Mallada: Memorias del Instituto Geologico de España. Bd. 7. Madrid 1911.

Monreal, Luis N.: Apuntes fisico — geologicos referentes a la Zona central de la provincia de Almeria. Boletin de la comision del Mapa geologico de España. T. 5. Madrid 1878.

Nickles, René: Recherches géologiques sur les terrains sécondaires et tertiaires de la province d'Alicante et du sud de la province de Valence. Lille 1891.

Passarge, L:. Aus dem heutigen Spanien und Portugal. Leipzig 1884.

Passarge, S.: Die Grundlagen der Landschaftskunde. Hamburg 1919—1920

—, Landschaftskunde. Hamburg 1920.

—, Vergleichende Landschaftskunde. Berlin 1921—1924.

—, Die Landschaftsgürtel der Erde. Breslau 1923.

Pato y Quintana, M.: Descripcion fisica de la provincia de Murcia. Bol. del instituto geologico. Madrid 1909.

Penck: Das Klima Spaniens während der jüngeren Tertiär- und Diluvialperiode. Zeitschr. d. Ges. für Erdkunde. Berlin 1894.

Philippson: Europa. Leipzig u. Wien 1906.

—, Mittelmeerländer. Leipzig u. Berlin 1914.

Präsent, H.: Anthropogeogr. Studien in Spanien. Pet. Mitt. 1917 u. 1918.

Prosper, E. Reyes: Las Estepas de España y su Vegetacion. Madrid 1915.

Prudent, F.: La Cartographie de l'Espagne. Ann. de Géogr. 1904.

Quelle, O.: Beiträge zur Landschaftskunde von Ostgranada. Hamburg 1914.
—, Anthropogeographische Studien aus Spanien. Mitt. d. Geogr. Ges. in Hamburg 1917.
Ramann: Bodenkunde.
—, Über das Vorkommen klimatischer Bodenzonen in Spanien. Zeitschr. d. Ges. f. Erdkunde. Berlin 1902.
Réclus, E.: Nouvelle Géographie universelle 1876.
Regel, F.: Landeskunde der Iberischen Halbinsel. Göschen 1905.
Rein, J.: Beiträge zur Kenntnis der spanischen Sierra Nevada. Abh. der K. K. Geogr. Ges. in Wien, Bd. 1. 1899.
—, Geographische und naturwissenschaftliche Abhandlungen über Spanien. Bd. 1. Leipzig 1892.
Rikli, M.: Kultur- und Naturbilder von der spanischen Riviera. Neujahrsblatt Zürich 1907 (a).
—, Botanische Reisestudien von der spanischen Mittelmeerküste unter besonderer Berücksichtigung der Litoralsteppe. Zürich 1907 (b)
—, Spanien. Vegetationsbilder. Herausgegeb. von Karsten u. Schenck. Jena 1907.
Rosenstein, A.: Die Temperaturverhältnisse von Mittel- und Südspanien. Archiv der Deutschen Seewarte. Bd. 34. 1911.
Roßmäßler, E.: Reiseerinnerungen aus Spanien. Leipzig 1854.
Rühl: Über die Grundlagen der Landeskunde von Spanien. 1910.
Scobel: Geogr. Handbuch. Bielefeld und Leipzig 1909.
Siret, Louis: Les Provinces Espagnoles de Murcia et d'Almeria. Bull. de la soc. royale de géographie. T. 14. Antwerpen 1890.
Suess, Eduard: Antlitz der Erde. Wien u. Leipzig 1908 u. 1909.
Vidal, D. Luis Mariano y D. R. Sanchez Lozano: Estudio de Hidrologia subterranea en Villena. Bol. de la com. del mapa geol. de España. T. 30. Madrid 1909.
Warming-Gräbner: Lehrbuch der ökologischen Pflanzengeographie. Berlin 1918.
Willkomm, M.: Grundzüge der Pflanzenverbreitung auf der Iberischen Halbinsel. Leipzig 1896.
—, Zwei Jahre in Spanien und Portugal. Dresden u. Leipzig 1847.
—, Die Halbinsel der Pyrenäen. Leipzig 1855.
—, Die Pyrenäische Halbinsel. Leipzig u. Prag 1886.
—, Die Strand- und Steppengebiete der Iberischen Halbinsel. 1852.
—, Über die Veränderung, welche die Zusammensetzung und Physiognomie der iberischen Halbinsel durch den Einfluß der Menschen während des Mittelalters und der neueren Zeit erlitten hat. Linnaea, Bd. 10. 1855.
Wallraff, W.: Geographische Verbreitung, Geschichte und kommerzielle Bedeutung der Halfa. Bonn 1890 (Diss.).

Nachwort

von **S. Passarge.**

Auf einer Bahnfahrt von Albacete nach Cartagena und von dort zurück nach Murcia und nach Alicante erscheint dem Reisenden Südostspanien dem Landschaftscharakter nach als ein recht einheitliches, aus Gebirgszügen und Ebenen zusammengesetztes Land.

In der Mancha dehnen sich heutzutage weite Weinfelder aus; hier und dort liegen einsame Farmen. Bei Albacete vollzieht sich ein auffallender Wechsel im Landschaftsbild. In das anfangs mit niedrigen Ketten und Tafeln beginnende Bergland schneidet sich das Tal, dem die Bahnlinie folgt, schnell ein. Aber so malerisch auch die Formen der Berge sein mögen, die Pflanzendecke ist eine kümmerliche Hartlaubbusch- und Zwergstrauchsteppe. Oft ist das Land wüstenhaft kahl. Augenscheinlich liegt eine Raublandschaft vor, d. h der Mensch hat unter Ausgraben der Wurzeln die ursprüngliche Hartlaub- und Zwergstrauchsteppe in eine Wüste verwandelt.

Dann und wann öffnen sich Blicke wie z. B. auf die dunkelgrüne Sohle des Segura-Tales mit seinen künstlich bewässerten Reisfeldern. Ihr frisches Grün sticht malerisch ab von den weißen, roten, violetten Gipsmergeln der nackten Steppe. Allein außer diesen echten Oasen erblickt man allenthalben die deutlichsten Anzeichen des Regenfeldbaues — auf der Sohle von Trockentälern, auf Flachhängen, auf Tafelflächen. Allen diesen Feldern, die dem Getreidebau gewidmet sind, ist das eine gemeinsam: sie bilden eine völlig ebene Fläche, die von handhohen Erdwällen eingefaßt wird. Man will das Abfließen des Regenwassers verhindern; es soll möglichst viel Feuchtigkeit vom Boden aufgesogen werden. So sind denn die Talsohlen, die Flachhänge auf das Sorgfältigste terrassiert, und selbst die Grate schmaler Rücken zwischen Schluchten hat man durch Abtragung eingeebnet und so bebaubar gemacht.

Die Bucht von Murcia, dessen dunkelgrüne, aus Fruchtbäumen, Getreide-, Kartoffel-, Tomaten- und Gemüsefeldern bestehende Oase den größten Teil der Ebene einnimmt, wird von Wüstengebirgen umgeben, auf denen die Zwergsträucher ganz spärlich stehen. Aber die Berge westlich der Stadt überragen nicht nur mit zerrissenen malerischen Formen die Oase, sie tragen auch in ihren obersten Teilen einen lichten, trockenen Nadelwald, der von kahlen Felskämmen noch überragt wird.

Die Ebene N. von Cartagena ist eine einförmige Kulturebene mit Wein- und Getreidefeldern. Erst die mit Hartlaub- und Zwergstrauchsteppe bedeckten Felsberge, die so malerisch die Bucht der genannten Stadt einrahmen, machen das Landschaftsbild wieder interessanter.

Betrachtet man das ganze Gebiet von landschaftskundlichem Gesichtspunkte aus, so ist es ein Zwergstrauchsteppen-Kettengebirgsland, das durch Raubwirtschaft künstlich in eine Wüste umgewandelt worden ist. Auch die Höhenwaldstufe dürfte stark eingeschränkt worden sein. Oasentäler und Kulturlandebenen, Anpflanzungen auf Talsohlen und Hängen, z. T. mit Terrassen, tragen wesentlich dazu bei, Abwechslung in die an sich öde Wüstenlandschaft zu bringen.

Mag der Botaniker auch nach den Pflanzenarten mancherlei besondere Pflanzenvereine unterscheiden, landschaftskundlich darf man alle Abarten unter dem Namen „Zwergstrauchsteppe bis -wüste" zusammenfassen.

Beiträge zur Landschaftskunde der westlichen Lombardei mit landeskundlichen Ergänzungen,

mit 10 Textfiguren

von

Dr. Konrad Frenzel, Dresden.

Inhalt.

Einleitung
- a) Vorbemerkung ... 223
- b) Begrenzung des Untersuchungsgebietes ... 224
- c) Entstehung der Arbeit ... 225
- d) Ziel der Arbeit ... 225

Kap. 1: Allgemeiner Teil
- a) Lage des Arbeitsgebietes und Stellung in den Landschaftsgürteln 226
- b) Allgemeine Verhältnisse der Oberflächenformen und des Untergrundes ... 227
- c) Höhen ... 228
- d) Klima ... 228
- e) Bewässerungsverhältnisse ... 231
- f) Pflanzendecke ... 232
- g) Aufstellung von Landschaften ... 233

Kap. II: Besonderer Teil
- A. Die Landschaften der westlichen Lombardei
  - I. Die Landschaft des Comer Sees ... 233
    - a) Begrenzung, Oberflächenformen ... 233
    - b) Klima ... 238
    - c) Bewässerung ... 239
    - d) Pflanzendecke und Böden ... 241
      - 1. Die Kulturebene der Addamündung ... 242
        - α) Der horizontale Deltafächer ... 244
        - β) Kulturland-Schuttkegel ... 245
        - γ) Inselberge ... 246
      - 2. Die Laubwaldgebirgshänge der Umrandung des nördlichen Comosees ... 246
        - α) Kulturland-Schuttfächer ... 247
        - β) Kastanienwald- und Weinbauhänge ... 248
        - γ) Das Vorgebirge von Piona ... 250
        - δ) Gestrüpp- und Mattenstufe ... 250
      - 3. Die Kultur-Hartlaubfelsenhänge der Umrandung des südlichen Comosees ... 250
        - α) Die Fußstufe der mittelmeerischen Vorläufer ... 252
        - β) Die Laubwaldstufe ... 254
      - 4. Das Bergland der Alta Brianza ... 255
        - α) Das Kultur-Hügelland von Bellagio ... 257
        - β) Kultur-Talsohlen ... 257
        - γ) Der Südabfall ... 258
        - δ) Die Laubwaldstufe ... 258
        - ε) Abflußlose Talmulden ... 259
  - II. Die Niedere Brianza ... 260
    - 1. Die Gebirgsvorlandsenke ... 260
      - α) Der Kultur-Schuttfächer des Lambro ... 262

β) Die Uferwiesen-Ebenen 262
γ) Das Hügelland 263
δ) Die Wiesen- und Bruchebene 264
2. Das Kultur-Hügelland der Brianza 264
α) Der Laubwald-Gebirgszug des Mte Crocione 268
β) Das Mischkultur-Endmoränenhügelland 269
Typen:
aa) Gebüsch-Kerbschluchten 269
bb) Gebüsch-Cañons 270
cc) Böschungssohlentäler mit Laubwaldhängen 270
dd) Kultur-Längsstufen 271
ee) Kultur-Becken 273
ff) Siedelungs- und Wald-Buckelhügel 273
gg) Kultur-Zwischentalrücken 275
γ) Die Ferretto-Mischwald-Platten 276
aa) Die Mischwaldplatten 277
bb) Die Plattenränder 277
cc) Die Ferretto-Ackerbauplatte nordöstlich von Monza . 278
III. Das Poflachland
a) Teillandschaften 278
b) Klima 279
c) Pflanzenwelt 279
1. Die Kultur-Platte nördlich des Pos 280
1'. Die trockene Kulturebene ohne künstliche Bewässerung 280
α) Die Baumpflanzungsebene 282
β) Die Strauchheideebenen 286
γ) Die Maschinenkultursiedelungen 286
2'. Die feuchte, künstlich bewässerte Kulturebene 287
1. Abschnitt: Die Landschaftsteile der bewässerten Ebene
aa) Die Fontanilen 289
bb) Die natürlichen, fließenden Gewässer 291
cc) Die künstlichen Wasserläufe 292
dd) Die Kulturen 294
[a] mit flächenhafter Dauerbewässerung 294
[b] mit gelegentlicher Furchenbewässerung .. 296
[c] Trockenkulturen 296
ee) Die Siedelungen 296
[a] Siedelungslage 297
[b] Siedelungsform 297
ff) Die Straßen 299
2. Abschnitt: Die Anordnung der Landschaftsteiltypen in der bewässerten Ebene
α) Die Zone der Dauerbewässerungskulturen 300
β) Die Zone der Trockenkulturen 302
3'. Das Hügelland von San Colombano al Lambro 303
Die Stadtlandschaft von Mailand-Monza (Hinweis) 304

2. Die Sumpfwaldflutsohlentäler des Pos, Tessins u. Addas 304
α) Die Flutsohlen ... 306
β) Die Längsstufen ... 308
γ) Der Steilabfall ... 309
3. Die Aufschüttungsabdachung südlich des Pos ... 309
aa) Uferwaldflußbetten ... 310
bb) Maulbeerbaumfelder und -gärten ... 310
cc) Baumwassergräben ... 311
dd) Siedelungen ... 311
ee) Verkehrswege ... 312
d) Landschaftskrankheiten ... 313
IV. Das Randhügelland des Appennins
a) Begrenzung ... 314
b) Oberflächenformen ... 314
c) Klima, Gewässer, Pflanzenkleid ... 315
Typen von Landschaftsteilen ... 316
aa) Breite Kultur-Hochsohlentäler ... 316
bb) Schmale Hochsohlentäler ... 317
cc) Kerbtäler ... 317
dd) Hügelrücken und Tafelhügel ... 317
ee) Kultur-Zwischentalrücken ... 318
B. Die Stadtlandschaften ... 319
a) Formbestandteile des Stadtkernes ... 319
1. Kirchen ... 319
2. Paläste ... 320
3. Wohnhäuser mit Gartenhöfen ... 320
4. Wohnhäuser ohne Gartenhöfe ... 321
5. Massenwohnhäuser mit Stockwerksgalerien ... 321
6. Winkelwohnhäuser ... 322
7. Geschäftshäuser ... 322
8. Landhäuser ... 322
9. Straßen und Plätze ... 322
b) Der Kranz der Vorstädte ... 323
c) Grünflächen ... 324
I. Das Stadt- und Maschinenkulturgebiet von Mailand-Monza ... 325
1. Die Stadtlandschaft von Mailand
a) Begrenzung und Lage ... 326
b) Plan der Stadtlandschaft ... 327
c) Gliederung nach dem vertikalen Aufbau:
α) Der Stadtkern innerhalb des Naviglio Interno
aa) Die City ... 329
bb) Bezirke mit Innenpark- und Gartenhofwohnhäusern ... 331
cc) Bezirke mit 3—5stöckigen Wohnhäusern ohne Gartenhöfe ... 331
dd) Elendsbezirke ... 332
ee) Bezirke mit Großwohnhäusern und Häuserblockgärten ... 332

ff) Schankstätten 333
gg) Grünflächen 333
hh) Verkehr 333
ii) Wohndichte 334
β) Der Zwischenwallgürtel 334
aa) Wohnhäuser mit Gartenhöfen 334
bb) Großwohnhaus- und Villenbezirke 334
cc) Alte Wohnhäuser ohne Gartenhöfe 335
dd) Moderne Vorstadt-Großwohnhäuser 335
ee) Grünflächen 335
γ) Der Vorstadtgürtel 336
aa) Kerne des Vorstadtgürtels 336
bb) Planmäßig angelegte Vorstädte 337
[a] Großwohnhaus-Bezirke 338
[b] Ein- und Zweifamilienhaus-Bezirke 338
[c] Massenwohnhaus- und Landwirtschaftshausbezirke 338
[d] Zwecksiedelungen 338
[e] Industriebezirke 339
[f] Grünflächen 339
cc) Verteilung der Bevölkerung nach Klassen 340
dd) Schrebergärten 340
2. Die Stadtlandschaft von Monza 341
a) Lage 341
b) Aufbau 341
α) Der Stadtkern 341
β) Die Vorstädte 342
γ) Grünflächen 342
3. Das Industriegebiet zwischen Mailand und Monza 342
II. Die Stadtlandschaften von Como und Lecco 343
1. Das Stadtlandschaftsbecken von Como 345
α) Die Innenstadt 345
β) Die Grünflächen 346
γ) Die Vorstädte 346
2. Das Becken von Lecco 347
III. Die Flußübergangsstädte Pavia und Lodi 348
1. Die Stadtlandschaft von Pavia 349
α) Die Innenstadt 349
β) Die Vorstädte 351
2. Die Stadtlandschaft von Lodi 352
IV. Die Appenninenrandstadt Voghera 352
Kap. III: Wechselbeziehungen der einzelnen Landschaften zueinander und ihre Einwirkung auf die Wirtschaft
a) Grundsätzliches 354
b) Die Anordnung der Landschaften in der westlichen Lombardei .. 354
c) Die Verkehrslage der einzelnen Landschaften 355
1. im Rahmen des europäischen Verkehrs 355
2. im Rahmen des inneren Verkehrs 358

α) Mailand 358
β) Die Landschaft des Comosees 360
γ) Das Moränenhügelland der Niederen Brianza 361
δ) Das Poflachland
aa) Die Platte nördlich des Pos 361
bb) Die Flutsohlen 363
cc) Die Abdachung südlich des Pos 363
ε) Das Randhügelland des Appennins 363
Kap. IV: Die individuellen Eigentümlichkeiten und Zufallsformen, ihre Beziehungen zur Wirtschaft, und die nicht im Zusammenhang mit der Landschaft stehenden Wirtschaftszweige
A. Grundsätzliches 364
B. Die Wechselbeziehungen der Landschaften
a) Die Landschaft des Comosees 364
b) Die Niedere Brianza 365
c) Das Poflachland
α) Die Platte nördlich des Pos 366
β) Die Flutsohlen 368
γ) Die Abdachung südlich des Pos 368
d) Das Randhügelland des Appennins 369
C. Ergänzungsgebiete 369
Schlußbetrachtung 370
Literaturverzeichnis 371

Verzeichnis der Figuren.

Fig. 1. Die westliche Lombardei (Übersichtskarte) 234
„ 2. Landschaftskundliche Karte der westlichen Lombardei 236/237
„ 3. Profil in Nordsüdrichtung durch die westliche Lombardei 236
„ 4. Die Kulturebene der Addamündung 243
„ 5. Profil des Westhanges der Umrandung des nördlichen Comosees, bei Dongo 247
„ 6. Das Lambrotal bei Barni 256
„ 7. Die Flutsohle des Pos bei Corteolona 307
„ 8. Mailand (Plan) 330
„ 9. Como (Plan) 344
„ 10. Pavia (Plan) 350

Einleitung.

a) Vorbemerkung.

Das wirtschaftliche Schwergewicht Italiens liegt im Norden. Ohne die Oberitalienische Tiefebene wäre Halbinselitalien ein wirtschaftlich wenig wichtiges Gebilde. Innerhalb des Potieflandes nimmt wiederum das westlombardische Gebiet zwischen Langen- und Comer See einerseits und den Appeninen andrerseits eine überragende Stellung ein. Im Netz der internationalen Verbindungen liegt in der westlichen Lombardei einer der wichtigsten Knotenpunkte, in dem nicht weniger als sechs westöstlich oder nordsüdlich gerichtete Linien zusammenlaufen oder sich kreuzen. Das westliche Mittel- und Nordeuropa werden über Mailand mit den drei Nordsüdsträngen Halbinselitaliens verbunden, und die Verkehrslinie zwischen Südwesteuropa und dem Balkan durchquert Lombardei und Poebene in deren Längsrichtung, sie berührt Mailand. Die wichtigsten Zentren der italienischen Industrie liegen im Norden, an ihrer Spitze steht Mailand, und nirgends im ganzen Lande findet man nach Boden, Bewässerung und Ausdehnung so wertvolle Feldbaugebiete wie in der Oberitalienischen Tiefebene. Auch geistig und politisch nahm und nimmt Oberitalien, mit der Lombardei und Mailand an der Spitze, während des Mittelalters und in der Neuzeit eine sehr wichtige und zeitweilig führende Stellung ein.

Alljährlich strömen Zehntausende von Reisenden aus den nördlich der Alpen gelegenen Ländern nach Halbinselitalien. Sie kehren oft befriedigt und beglückt, oft auch bitter enttäuscht aus dem Lande zurück, in dem die wirkliche Gegenwart ihren romantischen Träumen nur zu häufig ein jähes Ende bereitete. Alljährlich erscheinen zahlreiche Reiseberichte aus Italien. Die Oberitalienische Tiefebene aber ist das Stiefkind der Reisenden und Schriftsteller. In rascher Eisenbahnfahrt wird sie auf kürzestem Wege durchquert, kaum daß in einigen Städten flüchtig Halt gemacht wird. Übersättigt an Eindrücken kehren die Reisenden dann aus dem Süden zurück und sind auf der Heimreise nicht mehr imstande und gewillt, das Potiefland auch nur einigermaßen zu würdigen. Spricht doch sogar Voigt in seinem botanischen Führer[1]) von einer „Ebene, deren winterliche

---

[1]) A. Voigt: Die Riviera S. 1.

Trostlosigkeit nicht einmal durch Nadelwälder gemildert wird, wie sie im Norden einige Abwechslung in die Landschaft bringen." Er meint dabei die westliche Lombardei, in der man allerdings auf der Hauptstrecke Como—Mailand—Voghera—Genua keinen Nadelwald zu Gesicht bekommt. Auch die Italiener haben bis vor kurzem die lombardische Ebene ziemlich vernachlässigt[1]), und erst in jüngster Zeit wird vom Geographischen Seminar der Universität Pavia eine eingehende, erdkundliche Bearbeitung der Lombardei vorgenommen.[2])

So kommt es, daß es eine eingehende Beschreibung der westlichen Lombardei nicht gibt, und daß auch unter den Italienreisenden über dieses Gebiet und über das Potiefland allgemein eine erhebliche Unkenntnis herrscht.

Die lombardische Ebene ist eine alte Kulturlandschaft, die schon lange vor der römischen Eroberung von ihren Bewohnern bebaut worden war und unter den Römern für lange Zeit zu bedeutender Blüte gelangte. Schon damals war Mailand die Königin der Städte, und zeitweilig wählte es der kaiserliche Hof zur Residenz. Der Mensch hat, nach vorangegangener Anpassung an das Land, gelernt, dieses zu beherrschen, er hat durch seine Werke das Bild und den Wert der Landschaft grundlegend umgestaltet, so daß die ursprünglichen, natürlichen Verhältnisse fast nirgends mehr zu finden sind. Bei einer landschaftskundlichen Untersuchung der westlichen Lombardei ist es infolge dieser Umgestaltung äußerst schwierig und oft unmöglich, das Landschaftskundliche vom Landeskundlichen zu trennen, d. h. die rein natürlichen Bedingungen der Landschaft und ihre Wechselbeziehungen zum Menschen zu trennen von dem, was Zufallsformen, Weltlage, geschichtlicher Verlauf und geschichtliche Abhängigkeit, Rasse und Begabung des Menschen in dem betreffenden Erdraum verursacht oder abgeändert haben. Diesen Verhältnissen entsprechend wurde der Titel der Arbeit gewählt.

b) Begrenzung des Untersuchungsgebietes.

Das Untersuchungsgebiet dieser Arbeit umfaßt etwa die italienischen Provinzen Como (mit Ausnahme des Circondario Varese), Mailand und Pavia (ohne die Circondari Bobbio und Mortara). Im Norden schließt es den Comer See und die ihn umgebenden Höhen ein, ohne jedoch in seine Nebentäler einzugreifen (Fig. 1). Vom Südende des Comoarmes

[1]) Eine Ausnahme bildet aber z. B. Arrigo Lorenzi.

[2]) Mitteilung des Seminardirektors, des Herrn Prof. Baratta. Die erste Veröffentlichung dieser Art ist die von Moro: fontanili.

strebt die Westgrenze des Arbeitsgebietes in südwestlicher Richtung auf Gallarate und den Tessin zu, folgt ihm bis Pavia, überschreitet den Strom und verläuft in südwestlicher Richtung auf den Po zu, dem sie bis zur Curone-Mündung folgt. Der Curone bildet die Westgrenze bis ins Appenninenhügelland hinein. Die Ostgrenze des Arbeitsgebietes läuft vom Ostzipfel des Lario (Comer Sees) am Adda entlang bis zu dessen Mündung in den Po. Diesem folgt sie stromaufwärts bis zur Versa-Mündung und läuft an diesem Flusse in südlicher Richtung bis Montù-Beccaria entlang. Die Südgrenze bildet eine willkürliche Linie von Montù-Beccaria über Oliva-Gessi, Nazzano nach Volpedo am Curone.

c) Entstehung der Arbeit.

Die Arbeit fußt zum größten Teile auf eigenen Beobachtungen, die ich von Mailand aus im Gelände anstellte. Nachdem Herr Professor Passarge[1]) auf zwei gemeinsamen Ausflügen in die Poebene mir das Ziel für meine Arbeit gesteckt hatte, besuchte ich vom September bis Dezember 1924 planmäßig die einzelnen Gebiete der westlichen Lombardei. Infolge der örtlichen, auf Fremdenverkehr gar nicht eingestellten Verhältnisse des lombardischen Poflachlandes und wegen der Ungunst der Witterung war es mir nicht möglich, alle Teile der westlichen Lombardei gleichmäßig zu besuchen. Am eingehendsten wurde das Gebiet vom Alpenrand bis in die Höhe von Mailand bereist, ferner der Nordteil des Comer Sees, die Umgebung von Pavia, der Nordrand des Appennins und ein Teil seines Vorlandes bis zum Po. Hingegen wurde die Alta Brianza nur kurz besucht, ebenso der Zipfel zwischen Adda und Po, südlich von Lodi.

Als Hilfsmittel und als Grundlage für die nicht im Gelände untersuchten Gebiete kommen in erster Linie (außer der am Schlusse angeführten Literatur) die amtlichen italienischen Karten in Frage, besonders die tavolette 1 : 25 000. Wo diese vergriffen oder aus anderen Gründen nicht erhältlich waren, dient die Carta topografica del Regno, 1 : 100 000, als Unterlage.

d) Ziel der Arbeit.

Das Ziel der vorliegenden Arbeit ist, den Versuch zu wagen, einen landschaftskundlichen Querschnitt in nordsüdlicher Richtung vom Fuße der Alpen durch das Poflachland bis zum Rand der Appenninen

[1]) Ich möchte nicht verfehlen, Herrn Professor Passarge auch an dieser Stelle meinen wärmsten Dank für wertvolle Förderung auszusprechen.

zu legen. Es handelt sich darum, den landschaftlichen Charakter möglichst genau festzulegen. Oberflächenformen, Klima, Boden- und Bewässerungsverhältnisse und die durch diese vier Faktoren bedingte natürliche bezw. Kultur-Pflanzendecke werden beschrieben. Die Werke des Menschen finden insoweit Berücksichtigung, als sie von der Landschaft abhängig sind und soweit sie im Landschaftsbild in Erscheinung treten.

In einem kurzen Anhang soll zusammenfassend auf die Wechselbeziehungen zwischen Landschaft und Mensch, sowie auf die der einzelnen Landschaften untereinander hingewiesen werden.

Kap. I. Allgemeiner Teil.

a) Lage des Arbeitsgebietes und Stellung in den Landschaftsgürteln.

Die westliche Lombardei umfaßt einen schmalen, nordsüdlich gerichteten Ausschnitt aus der Oberitalienischen Tiefebene; sie wird vom 45. und 46. nördlichen Breitenkreis und vom 9. Längenkreis östlich von Greenwich geschnitten, und der untersuchte Teil bedeckt mit fast 7000 qkm eine Fläche, die nicht ganz der Hälfte des Freistaates Sachsen entspricht.

Die Poebene ist ein Übergangsraum. Topographisch verbindet sie Halbinselitalien mit Festlandseuropa. Sie gehört zu den subtropischgemäßigten Übergangsgebieten[1]) zwischen dem Mittel- und demHeißen Gürtel und bildet klimatisch die Brücke zwischen dem sommerwarmen, winterkalten kontinentalen Mittelklima der Alpen und Süd- und Mitteldeutschlands und dem warmen, sommertrockenen Winterregenklima des Mittelmeergebietes. In Bezug auf die klimatischen Pflanzenvereine steht die Oberitalienische Tiefebene, die zu den subtropisch gemäßigten binnenländischen Waldgebieten gehört, zwischen dem mitteleuropäischen gemäßigten Mischwaldgebiet und den subtropischen Hartlaubgebieten[2]), (wobei von den Hochgebirgswüsten der Alpen abgesehen worden ist). Auf die große Verschiedenheit der Poebene von Halbinselitalien ist von Th. Fischer, Deecke und anderen oft hingewiesen worden.

An diesen Verhältnissen hat die westliche Lombardei in hohem Maße Anteil. Infolge grundsätzlich gleichliegender Verhältnisse vermag daher

---

[1]) Passarge: Vgl. L. III, Karte, und Gr. L. II, S. 52.

[2]) Passarge: Vgl. L. III S. 90 und Gr. L. II, S. 131.

die Darstellung eines Querschnittes durch die Potalung unter Berücksichtigung der verschiedenen und somit abändernden, örtlichen Bedingungen eine Vorstellung von einem größeren Teile der oberitalienischen Tiefebene zu geben. Damit erhält auch die scheinbar willkürliche Abgrenzung des Arbeitsgebietes ihre Berechtigung.

b) Allgemeine Verhältnisse der Oberflächenformen und des Untergrundes.

Mannigfaltig sind Bodenformen und Untergrundverhältnisse in der westlichen Lombardei. Im nördlichen Teil der Umrandung des Comosees stehen kristalline Schiefer an, im südlichen, bis zum jähen Abfall der Alpen, verschiedene mesozoische Kalke. Die Erhebungsformen in der südlichen Zone zeichnen sich gegenüber denen der nördlichen durch größere Schroffheit aus. Südlich der Alpen — nur durch eine schmale Vorlandsenke von ihnen getrennt — liegt das große, im Wesentlichen aus Endmoränen der diluvialen Tessin- und Adda-Gletschersysteme aufgebaute, lebhafte Hügelland der niederen Brianza („Brianza" schlechthin genannt im Gegensatz zur hohen Brianza, „Alta Brianza", dem zwischen den beiden Zipfeln des Comosees liegenden Teile der Kalkalpen.) Im nördlichen Teile der Brianza stehen noch tertiäre und Oberkreidekonglomerate und -kalke an und treten im Landschaftsbild in Erscheinung. Im Süden schließt sich an die Brianza die weite Ebene des Poflachlandes an, in deren nördlichem Teil noch einige Geländeschwellen anzutreffen sind, während im Süden sanft eingesenkte, flache Muldentäler keine orographische Gliederung mehr zu schaffen vermögen. Nördlich der Linie Magenta—Rho—Monza—Cassano d'Adda liegen grobe, durchlässige Aufschüttungen über feinen, tonig-sandigen, wenig durchlässigen. Letztere treten südlich von oben genannter Linie zutage und reichen bis zum Potal im engeren Sinne. Die von den genannten beiden (diluvialen) Ablagerungen gebildete Ebene, die nach den breiten Flutsohlen des Pos, Tessins und Addas steil abfällt, wird im Folgenden als nördliche Aufschüttungsplatte bezeichnet. Sie ist leicht nach Südosten geneigt, und damit ist den Tälern die Richtung vorgezeichnet. Im südöstlichen Teile der Platte erhebt sich der Hügel von S. Colombano al Lambro, und südlich von der breiten Flutsohle des Pos mit ihren alluvialen Ablagerungen steigt die von den Appenninenflüssen aufgeschüttete (diluviale) Ebene sanft bis zum Fuße des Vogheresischen Appennins an. Dieser bildet in seinem Nordrande ein stark zerschnittenes Hügelland, das sich durch ausgeprägte Zwischentalrücken auszeichnet und sich im Gebiete des Vogheresischen Appennins vorwiegend aus tertiären Sanden und Mergeln aufbaut.

c) Höhen.

Die absoluten Höhen erreichen in der Umgebung des Comosees im Norden 2600 m (Mte Legnone), im Südosten 2400 m (Grigna), doch bewegen sich die Höhen der meisten Erhebungen zwischen 1200 und 2000 m. Der Spiegel des Comosees liegt dagegen nur 200 m hoch. Die Brianzahügel haben 200—500 m Höhe, während die Aufschüttungsplatte bei Busto Arsizio (NW) 224 m, bei Monza (N) 162 m, bei Mailand 122 m, Pavia (S) 80 m, Lodi (O) 80 m, Codogno (SO) 58 m hoch liegt. Die Hügel von S. Colombano erreichen wieder 145 m Meereshöhe; der Pospiegel liegt an der Addamündung knapp 40 m hoch. Das Appenninenhügelland weist Höhen zwischen 300 und 500 m auf, während die ihm vorgelagerte Aufschüttungsabdachung an seinem Fuß in etwa 70 m Meereshöhe liegt. Im Süden des Hügellandes (außerhalb des Arbeitsgebietes), bei Varzi und Bobbio, werden absolute Höhen von 900—1600 m erreicht.

d) Klima.

Das Klima der westlichen Lombardei ist, wie das der westlichen Oberitalienischen Tiefebene überhaupt, kontinental. Heiße Sommer und kalte Winter zeichnen es aus. Auch die nördliche Randzone des Appennins macht keine Ausnahme[1]). Nur im Gebiete des Comosees erfährt das kontinentale Klima eine geringe Milderung. Die kleine Tabelle einiger Klimawerte läßt dies erkennen. (Tabelle 1). Der Frühling beginnt in der Ebene kalt und endet lau; die Zeit der Frühlings-Tag- und Nachtgleiche ist durch häufige Temperaturwechsel bei heftigen Winden aus verschiedenen Richtungen und hoher relativer Feuchtigkeit und durch häufige Regen ausgezeichnet. Der Sommer ist meist heiter, oft fällt wochenlang kein Regen. Andererseits entladen sich gerade im Sommer zahlreiche schwere Gewitter, oft mit verheerenden Hagelschauern verbunden, über der Ebene, auch sind plötzliche Temperaturstürze nicht selten. Der Herbst ähnelt dem Frühjahr, doch ist er stetiger. Er beginnt feuchtheiß und endet kalt. Er ist die Jahreszeit der größten Bewölkung, der größten Regendichte und -menge.[2]) Der ziemlich heitere Winter ist empfindlich kalt. Über den tiefgelegenen Teilen des Landes lagert eine kalte Luftschicht, so daß die höher gelegenen Orte, besonders die des Alpenrandes, höhere Temperaturen

[1]) Diese und die folgenden Angaben nach Roster.

[2]) Knorz: Regenverhältnisse, S. 35.

Tabelle 1. Klimawerte einiger Orte der westl. Lombardei (nach Roster).

Beobachtungsort	Höhe in m	Mittl. Temp. des Jahr.	Mittl. Temp. des Jan.	Mittl. Temp. des Juli	Mittl. Schw.	Absolute Temp.-Extreme min.	Absolute Temp.-Extreme max.	Niederschläge im Jahr Menge in mm	Niederschläge im Jahr Tage	Schnee Tage	Monate mit weniger als 50 mm[1])
Bellagio (Seegebiet)	220	13.5	+3.8	23.1	19.3	— 5.0	34.0	—	—	—	—
Como (Alpenrand und See)	212	11.6	+1.1	22.3	21.2	—12.8	33.7	1318	110	2	0
Varese (Alpenrand)	862	10.0	+1.7	19.8	18.1	—	—	—	—	—	1 (I)
Monza (nördliche Ebene)	185	12.1	—0.1	25.2	25.3	— 7.6	33.4	—	—	—	0
Mailand (mittlere Ebene)	147	12.8	+0.8	24.3	23.5	—13.7	38.3	1006	104	9.1	0
Vigevano	115	12.6	+0.7	23.8	23.1	—14.4	34.5	807	87	7	1 (I)
Pavia (südliche Ebene)	97	12.9	+0.6	24.5	23.9	—14.0	35.8	757	100	6.5	1 (VII)
Lodi (südliche Ebene)	85	13.2	+1.2	24.8	23.6	— 9.0	36.0	828	74	9	1 (I)
Alessandria[2])	97	12.1	—0.6	23.7	24.3	—17.7	37.1	649	82	6.1	4 (I, II, VII, VIII)
Piacenza[2])	71	13.4	—0.2	24.1	24.3	—18.5	35.5	767	89	7.1	2 (VII, VIII)

[1]) Die römischen Ziffern geben die Monate an. Diese Angaben nach „Osservazioni Pluviometriche." Sie stammen aus verschiedenen Perioden. [2]) Alessandria und Piacenza, die außerhalb des Arbeitsgebietes liegen, sollen als Ersatz für die fehlenden Angaben des Gebietes südlich vom Po dienen.

als die Ebene aufweisen. Der Winter ist in Oberitalien die trockenste Jahreszeit[1]). Im Spätherbst und Winter hüllen häufig dichte Nebel die Ebene ein. Die Linien gleicher Wärme im Januar laufen dem Alpenrand ungefähr parallel[2]). Das Kältezentrum liegt etwa innerhalb der Linie Gallarate—Mailand—Monza—Lodi im Norden und der Polinie im Süden (0 bis —1°). Die „Klimaoase“ zwischen Langen- und Comosee hat +3° Januarmittel. Auch die Juli-Isothermen laufen dem Alpenrand parallel. Das Wärmezentrum (25 bis 26° Juli-Mittel) des Potieflandes reicht von Osten her innerhalb der Linie Cremona—Lodi —Mailand—Monza—Verona in die westliche Lombardei hinein. Im Gebiet des Comosees stößt die 23°-Isotherme weit in die kühleren Alpen vor.

Die jährlichen Niederschläge[3]) sind im Norden am größten und nehmen nach Süden ab. Im Comersee-Gebiet fallen 1400—2000 mm, in der Brianza 12—1400. In der Ebene erhält das Mailändische noch 1000 bis 1200 mm, die Zone südlich von Binasco aber nur 800 bis 1000 mm. Südlich vom Po fallen bis weit in den Appennin hinein weniger als 800 mm, und erst in der Gegend von Bobbio wird dieser Jahresbetrag wieder erreicht.

Die Verteilung der Niederschläge ist im Norden anders als im Süden. Das Alpengebiet erhält die meisten Niederschläge im Sommer und Herbst. Die beiden Maxima fallen auf Oktober und August, der trockenste Monat ist der Januar. Nach Süden zu rücken die beiden Maxima immer weiter auseinander, auf Mai-Juni und Oktober, und ein ausgeprägtes Nebenminimum (August-September) tritt neben das Hauptminimum im Januar. Südlich des Pos, besonders im Appennin bei Rivanazzano und Varzi, sind die regenreichsten Monate April, Mai und Oktober, und der trockenste Monat fällt nicht mehr auf den Januar, sondern auf Juli-August. Damit dürfte die Überleitung zum sommerdürren Herbst-Winterregenklima der Riviera gegeben sein.

Im Winter fallen die Niederschläge häufig in Form von Schnee. Nicht nur Alpen und Appenninen tragen ungefähr von Oktober bis April ein Schneekleid, auch die Poebene ist oft in eine, manchmal sehr lange andauernde, Schneedecke gehüllt (so 1858 von Januar bis Ende

---

1) Knorz: S. 27.

2) Roster: S. 164, Tafel X.

3) Anfossi gibt in seinen Untersuchungen über die Regenverhältnisse der Lombardei und Liguriens (letztere für das Gebiet südl. vom Po) sehr eingehende Darstellungen mit reichen Beigaben an Karten, Diagrammen und Tabellen. Ihm sind obige Angaben entnommen.

März 80 cm Schnee)[1]. Auffällig sind die plötzlichen, heftigen Schneefälle, (in einer Nacht im Januar 1924 über 40 cm. am 14./15.Januar 1926 über 39 cm Schnee)[2].

Die Wintertrockenheit im nördlichen Teil des Arbeitsgebietes beruht nach Knorz[3]) darauf. daß die regenbringenden Südwestwinde ihre Feuchtigkeit nicht über den Ligurischen Appennin bringen können. Die Frühlingsregen sind konvektiv. Der Taufall ist bedeutend, und es ist anzunehmen. daß er in der sommerlichen Trockenheit besonders in den unbewässerten Teilen der Ebene für den Pflanzenwuchs eine nicht unerhebliche Rolle spielt.

Örtliche Eigenheiten des Klimas sollen bei den betreffenden Landschaften angeführt werden.

e) Bewässerungsverhältnisse.

Die Entwässerung der westlichen Lombardei erfolgt durch den Po zum Adriatischen Meere. Bezüglich des Gewässernetzes unterscheidet sich das niederschlagsarme Gebiet südlich vom Po wesentlich von dem regenreicheren nördlichen. das zudem in den Alpen- und Alpenvorlandseen ausgiebige Wasserspeicher besitzt. Stehende Gewässer sind der Comer See mit seinen Anhängseln, den Seen von Garlate und Lainate. und der See del Segrino, sämtlich in den Alpen gelegene Gebirgsfußseen[4]), und die in der Senke zwischen Alpen und Brianza liegenden Gebirgsvorlandseen von Pusiano-Alserio und von Annone. Comersee und der See von Pusiano werden vom Adda bezw. vom Lambro durchflossen und dienen diesen Flüssen als Regler. Diese und Tessin, Olona und Sèveso sind die wichtigsten fließenden Gewässer der westlichen Lombardei nördlich vom Po. Sie folgen in südöstlicher Richtung der Neigung der Ebene. Am Südende der durchlässigen groben Ablagerungen der Aufschüttungsplatte tritt eine große Anzahl natürlicher und künstlicher Quellen zutage. die Fontanili. Sie speisen ein Netz von Bewässerungsgräben. Dem gleichen Zwecke dient eine Gruppe z. T. schiffbarer. großer Kanäle. die ihr Wasser vom Tessin bezw. Adda beziehen. Die Bewässerungsgräben bilden südlich der Fontanilenzone ein unentwirrbares, dichtes Netz. so daß es — außer bei Lambro und Olona — kaum möglich ist. den Lauf der Flüsse nach der Karte einwandfrei zu verfolgen.

---

[1]) Th. Fischer: Klima der Mittelmeergebiete, S. 16.

[2]) „Secolo", 16. I. 1926.

[3]) Knorz: Regenverhältnisse, S. 27.

[4]) Passarge: Gr. L. I. S. 82.

Aus dem Appennin fließen dem Po an größeren Gewässern nur der Curone, die Stàffora und die Versa zu, und auch diese versiegen im Sommer beim Austritt in die Aufschüttungsebene fast völlig. Stehende Gewässer befinden sich im Abschnitt südlich des Pos nicht.

f) Pflanzendecke.

Klima und Boden und mit ihnen die Bewässerung bedingen die Pflanzendecke. Diese ist demgemäß örtlich verschieden. Dabei bilden die Kulturpflanzen keine Ausnahme. Die rationelle Wirtschaft bedeutet im Gegenteil eine erhöhte Anpassung an die oben genannten Faktoren. Denn wenn es dem Menschen auch möglich ist, durch Schutzvorrichtungen die Wirkungen des Klimas, durch Düngung den Boden, durch künstliche Be- oder Entwässerung die Wasserverhältnisse des Bodens in bestimmtem Sinne zu beeinflussen, so wird doch gerade die auf Spezialkulturen hinstrebende rationelle Wirtschaft in der Wahl der Anbaupflanzen und beim Fruchtwechsel auf die natürlichen Bedingungen des Landes weitestgehende Rücksicht nehmen.

Das Poflachland ist ein Gebiet intensivsten Anbaues, seine Pflanzenwelt ist vom Menschen weitgehend umgewandelt worden und zeigt nur noch wenig von den ursprünglichen Verhältnissen.[1]) Ganz allgemein ist die Pflanzendecke im Poflachland die gleiche wie nördlich der Alpen. Jedoch trifft man Vorläufer der Subtropen an, besonders solche, welche der Frostwinter nicht zugrunde richtet, wie den Maulbeer- und den Feigenbaum. Die große sommerliche Hitze und die ausreichende Feuchtigkeit ermöglichen ferner den Anbau von Mais und Reis. Eine Sonderstellung nimmt das Gebiet des Comersees ein, in dessen südlichem Teil die mittelmeerischen Pflanzenvorläufer heute das Landschaftsbild bestimmend beeinflussen.

Außer der Verdrängung der natürlichen Vegetation durch die Kulturpflanzen hat das Pflanzenkleid der Lombardei auch in jüngerer Zeit eine erhebliche Umwandlung dadurch erfahren, daß man von der vielseitigen Wirtschaftsweise, die man zur Erzielung des geschlossenen Wirtschaftsstaates und zur Vermeidung der Zölle bis zur Vereinigung Italiens um die Mitte des 19. Jahrhunderts angestrebt hatte, nunmehr zur Ausbildung von Spezialkulturen schritt. So dürfte der Rückgang der Ölbaum- und Agrumenkulturen in der nördlichen Lombardei mit auf dieses Spezialisierungs- und Rentabilitätsbestreben zurückzuführen sein.[2])

---

[1]) Th. Fischer: Halbinselland, S. 460.

[2]) Lorenzi: S. 283.

g) Aufstellung von Landschaften.

Oberflächengestalt und Pflanzendecke ermöglichen die Aufstellung einer Anzahl von Landschaften, die sich ihrerseits in Teillandschaften und Landschaftsteile zergliedern lassen. Die westliche Lombardei setzt sich im Bereiche des Untersuchungsgebietes aus folgenden Landschaften zusammen:

Gebiet des Comersees, Hügelland der Brianza, Poflachland, Hügelland des Vogheresischen Appennins. Als besondere Landschaft soll die Stadtlandschaft von Mailand behandelt werden (Fig. 2 u. 3).

Kap. II. Besonderer Teil.

A. Die Landschaften der westlichen Lombardei.

I. Die Landschaft des Comer Sees.

a) Begrenzung, Oberflächenformen.

Die Landschaft des Comer Sees umfaßt den See und die zu ihm abfallenden Berghänge, sowie die Alta Brianza bis zum Alpenrand einschließlich ihres südöstlichen Ausläufers, des Monte Barro.

Der lambdaförmige Comer See erfüllt ein sehr tiefes, glazial ausgeräumtes, nordsüdlich gerichtetes, die orobischen (im Westen) von den Bergamasker Alpen trennendes Quergrabensystem der Südalpen. Der Spiegel des Sees liegt 199 m über dem Meere und nimmt eine Fläche von 146 qkm ein. Auf der Linie Como—Gera beträgt seine Länge etwa 50 km, der Arm von Lecco (Bellagio—Lecco) mißt 19 km Länge. Die Breite des Spiegels schwankt zwischen 650 m (im Como-Arm nördlich von Laglio) und 4400 m (unmittelbar nördlich von Bellagio). Die größte Tiefe erreicht der See im Como-Arm im Norden von Nesso mit 410 m, nur wenig nördlich von seiner schmalsten Stelle.[1]) Der Nordteil des Lario liegt in der Zone der kristallinen Schiefer (Glimmerschiefer, ganz im Norden Gneis), während seine beiden Süd-Zipfel (südlich von Acquaseria—Bellano) zum Gebiete der südlichen Kalkalpen gehören. Die Berghänge fallen überall sehr steil zum See ab, dessen tiefes, trogförmiges Becken nach der Ansicht mancher Forscher[2]) vom diluvialen Addagletscher ausgehobelt worden ist.

[1]) Guida d'Italia II, S. 229.

[2]) Penck-Brückner, S. 804/805.

Fig. 1. Die westliche Lombardei (Übersichtskarte).
Größe der Orte nach Stielers Handatlas 1925.

Zwei besonders im nördlichen Teil auffallende Hangstufen in Höhenlagen um 600 m und um 1000 m begleiten den See auf beiden Seiten. Die obere Stufe erreicht oft Kilometerbreite. Hinter ihr steigen die Hänge steil zu den Gipfeln an. Die westöstlich gerichteten, in das Seebecken ausmündenden Seitentäler sind zumeist trogförmige Hängetäler, an deren Talhängen die oben erwähnten Hangstufen ebenfalls zu erkennen sind. Ihr nach Süden blickender Hang ist häufig wesentlich sanfter als der gegenüberliegende.

Diesen Vorzeitformen schließen sich die Mündungsschluchten (orrido) der Hängetäler und die in den See vorgeschobenen Schuttfächer als augenfälligste Gegenwartsformen an. Auch die am Nordende des Sees in diesen einmündenden Flüsse Adda und Mera haben sehr bedeutende Mündungsfächer aufgeschüttet.

Infolge ihrer Weite verdienen die offenen Trogtäler Valmadrera (westlich von Lecco) und das von Menaggio nach Porlezza (am Luganer See) führende Tal Erwähnung, die während der Eiszeit Zweigen des Addagletschersystems als Betten dienten und dementsprechend ausgeräumt worden sind. Kurze Gehängeschluchten sind außerordentlich häufig. Die Täler, deren Dichte ziemlich groß ist, liegen gefügt oder frei gefügt nebeneinander. Zwei oberflächlich abflußlose Becken sind in der westlichen Alta Brianza zu vermerken.

Besonders im Nordosten und Südosten erreichen die Erhebungen große Höhen, die umsomehr in Erscheinung treten, als der Seespiegel nur 199 m hoch liegt. Es ergeben sich für den Monte Legnone (2610 m) eine relative Aufragung von über 2400, für die Grignagruppe (2410) eine solche von über 2200 m. Aber auch die übrigen Höhen — mit Ausnahme des Vorgebirges von Bellagio und einiger Berge bei Como — überschreiten sämtlich die 1200 m-Grenze. Gerade die außerordentlichen Höhenunterschiede, die in wirksamem Gegensatz zu der Schmalheit des Sees stehen, bewirken den großartigen Eindruck der Comosee-Landschaft.

Ketten und Gebirgsstöcke mit Kantenspitzen, Giebelspitzen, schiefen Kegeln, und in weiterer Entfernung vom See Gratwandgipfeln sind die auffälligsten Erhebungsformen. Da die diluviale Vereisung in der Gegend von Como bis 800 m, im Norden noch höher hinaufreichte, ist ihre abschleifende Wirkung auch an den gerundeten Bergformen bemerkbar, namentlich an den niedrigen Bergen bei Como. Die Erhebungsformen der nördlichen Glimmerschieferzone sind ruhiger als die des Kalkalpengebietes. Es fehlen im Norden — mit Ausnahme der hohen, nicht mehr zur unmittelbaren Umgebung des Sees gehörenden

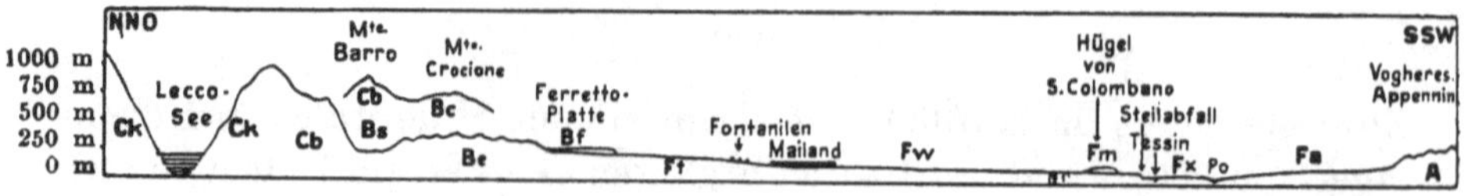

Fig. 3. Profil in Nordsüdrichtung durch die westliche Lombardei, von Lierna nach Voghera.

Erklärung der Buchstaben für Figur 2 und 3.

C: Landschaft des Comer Sees.

z Kulturebene der Addamündung.
l Laubwaldgebirgshänge der Umrandung des nördlichen Comosees.
k Kultur-Hartlaubfelsenhänge der Umrandung des südlichen Comosees.
b Bergland der Alta Brianza.

B: Die Niedere Brianza.

s Gebirgsvorlandsenke.
e Mischkultur-Endmoränenhügelland.
c Übergangsteillandschaft des Mte Crocione.
f Übergangsteillandschaften der Ferretto-Mischwaldplatten.

F: Das Poflachland.

t Trockene Kulturebene ohne künstliche Bewässerung.
h Strauchheide-Ebenen.
w feuchte, künstlich bewässerte Ebene.
t[1] Zone der Trockenkulturen im Süden.
m Hügelland von San Colombano.
} Kulturplatte nördlich vom Po.
x Sumpfwaldflutsohlentäler von Po, Tessin und Adda.
a Aufschüttungsabdachung südlich vom Po.

A: Randhügelland des Appennins.

Die schwarzen Vielecke in Figur 2 bedeuten Stadtlandschaften und Maschinenkulturinseln.

Die Linie r—r in Figur 2 bezeichnet die ungefähre Südgrenze des Hauptverbreitungsgebietes der Winterrieselwiesen.

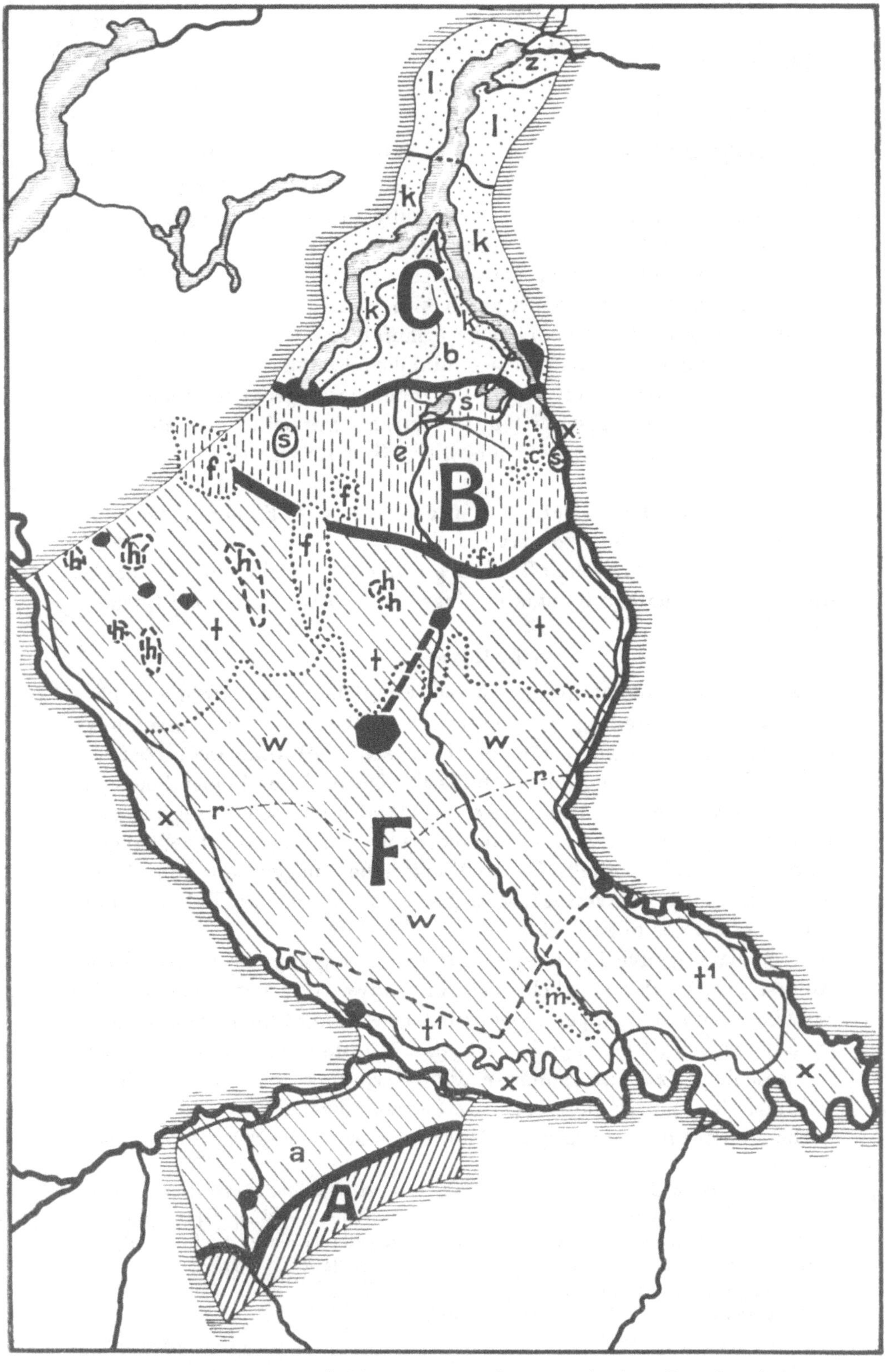

Fig. 2. Landschaftskundliche Karte der westlichen Lombardei.

Jede Schraffur bezeichnet eine Landschaft.

Gratwandgipfel des Pizzo Martello-Gebietes zwischen Mezzola See und Tessin-Moisa — die steil abstürzenden Felshänge und die örtlichen Hangstufen. die bei der Abtragung infolge der verschiedenen Widerstandsfähigkeit der schiefgestellten Kalkschichten entstehen. Stark geschwungene. steile. aber nicht schroffe Bergrücken findet man im nördlichen Teile der inneren Alta Brianza.

Mit Ausnahme der Grignazüge verlaufen die Gebirgsketten senkrecht zur Längsachse des Comosees. und ihre Seeabhänge bilden Sporndreiecke. Die Erosion der Nebentalsysteme hat verschiedentlich Endteile dieser Züge abgeschnitten. die nun als kuppelförmige Berge in der Nachbarschaft des Sees liegen. wie z. B. der Sasso-Pelo bei Gravedona.

Mehrere Vorgebirge. deren wichtigste das von Bellagio, das von Piona und der Rücken von Avedo bei Lenno sind. ragen in den See hinein, und im nördlichen Teile des Como-Armes liegt bei Ossuccio die etwa einen halben Kilometer lange und relativ 40 m hohe Buckelinsel Comacina.

b) Klima.

Das Comosee-Gebiet nimmt in der westlichen Lombardei eine klimatische Sonderstellung ein. Trotz örtlicher, meist auf Aussetzung gegen Sonne und Wind beruhender Unterschiede[1]) kann man das Seegebiet als klimatische Einheit auffassen. Obwohl der Comer See sich einer klimatischen Berühmtheit erfreut und hohe Bedeutung für den Fremdenverkehr besitzt. sind die vorhandenen Klimabeobachtungen verhältnismäßig spärlich. Lange Wertereihen liegen nur von Como vor. Beobachtungen von kürzerer Dauer sind ferner in Bellagio und der Villa Carlotta angestellt worden.

Über die Regenverhältnisse wurde schon eingangs berichtet. Nach Anfossi[2]) erhält der nördliche Teil. bis südwestlich von Bellagio, mit 1400 bis 1600 mm geringere Niederschläge als die südliche. dem Alpenrand näher gelegene Zone mit 1600 bis 2000 mm. Die Hauptmenge der Niederschläge fällt im Sommer und Herbst (August bis Oktober), während der Winter die trockenste Jahreszeit ist.

Die wohltätige. regulierende Wirkung der Wassermasse des Sees

---

[1]) So hat z. B. Bellano nördliche, Varenna südliche Exposition. Über die vermutlich erheblichen klimatischen Unterschiede beider Orte sagt ein italienisches Sprichwort: „Gehe, wer die Qualen der Hölle versuchen will, im Sommer nach Varenna und im Winter nach Bellano". (Übersetzung aus Amoretti, Viaggio, S. 178).

[2]) Anfossi: Lombardia, Karte und Tabellen.

wird ersichtlich, wenn man die mittleren Januartemperaturen von Mailand und Monza als der Vertreterinnen der Poebene mit denen einiger Orte des Lario[1]) vergleicht[2]). Mailand: +0,8; Monza: —0,1; Como: +1,1; Bellagio: +3,8; Villa Carlotta: +3,2; Chiavenna: +1.8. Mit den Wintertemperaturen der Riviera sind die des Lario allerdings nicht zu vergleichen, und selbst in Bellagio werden Fröste bis zu —5° verzeichnet. Immerhin ist der Winterschlaf der Pflanzen auf wenige Wochen beschränkt[3]). Im Sommer werden dagegen erhebliche Temperaturen erreicht (vgl. Tabelle 1), und mancherorts mag, wenn man die Reflexion der Sonnenstrahlen durch den Seespiegel bedenkt, das oben angeführte Sprichwort seine Berechtigung haben (S. 238). Der Frühling als Zeit der Blüte großer Teile der Pflanzenwelt ist kurz. 1924 beschränkte er sich auf eine bis zwei Wochen im Mai. Um so länger sind der Spätsommer und Herbst, die zu den angenehmsten Jahreszeiten am Comer See gehören. Lokalerscheinungen sind die Berg- und Talbrisen. Die Breva weht vom Vormittag bis zum Abend aus Süden, der Tivano während der Nacht von Norden her talabwärts[4]). Im Winter und Frühling weht häufig der Nordföhn. Er schafft heiteren Himmel und bringt für das Gebiet des Südabfalles der Alpen keine Nachteile[5]).

c) **Bewässerung.**

Die zahlreichen, dem See zufließenden Gewässer sind im Allgemeinen Dauerbäche bezw. -flüsse, doch fehlen Regen- und Schneeschmelzbäche nicht. Als winter- und frühlingstrockener Sommer-Herbstbach wird der aus einer Höhle hervortretende Fiumelatte bezeichnet[6]). Zahlreich sind, oft mehrere 100 m hoch, schmale Wasserfälle. Meistens haben die Gewässer klares Wasser, und nur vom Fiumalatte (Milchfluß), der in einem 300 m hohen Wasserfall in den See mündet, wird berichtet[6]), daß sein Wasser vom Schaum milchweiß sei. Das Wasser des Comer Sees ist grünlich und außerordentlich klar, so daß man das Steuer der Dampfschiffe sehen kann[7]). Der Zufluß zum Seebecken erfolgt von allen Seiten, so daß im Süden des Armes von Como die

---

[1]) Lario von Larius, römischer Name für Comer See.

[2]) Roster: S. 609.

[3]) Hörstel: S. 31.

[4]) Geilinger: Grignagruppe, S. 28.

[5]) ebenda.

[6]) Amoretti: S. 179 und Guida d'It. II. S. 243.

[7]) Beobachtung bei Lenno.

Tabelle 2. Die Höhenstufen im Grigna-Gebiet und in den Südalpen allgemein.

Menschl. Siedlungen	Höhenstufe	Grenzen i. Grignagebiet	Pflanzen und Pflanzenvereine im Grignagebiet (nach Geilinger)	Höhengrenzen in den Südalpen (nach Nissen)
	Matten und Zwerggesträuch („Alpine Region“)	Untere Grenze 1950 bis 1900 m	obere Lagen: Fels-, Geröll-, Felsschuttflur untere Lagen: Krummholzkiefer, Alpenrose, Zwergwachholder, Sauergrastrockenwiesen, Schneetälchenrasen	Schneeregion Moose und Flechten Grasdecke Gestrüpp, Alpenrose 2100 m Edeltanne, Lärche
Alphütten (periodisch bewohnt)	Nadelwald („subalpine Region“)	1950 bis 1650 m	Lärche, Alpenerle, Krummholzkiefer, Zwergwachholder, Alpenrose, Sauergrastrockenwiesen, Sauergrasfrischwiesen, Fels- und Geröllfluren, Schneetälchenrasen 1760 m Süßgrastrockenwiesen	1900 m Fichte, Krummholzkiefer, Arve, Kiefer 1800 m Birke 1600 m Buche, Ahorn
Alphütten (periodisch bewohnt)	Laubwald: Buchenwald („Montane Region“)	1650 bis 1050 m	Buche, Alpenrosengebüsch, Geißblatt, Alpenerlengebüsch (auf Kahlschlägen), Süßgrastrockenwiesen, Fels- und Geröllfluren 1270 m Kümmerfeldbau	1500 m Eibe 1400 m Ulme, Hainbuche, Stechpalme, Eberesche, Esche, Buchsbaum
Dauersiedlungen	Laubwald: Kastanienwald („Submontane Region“)	1050 bis 400 m	1250 m Süßgrasfettwiesen Kastanie (kalkfliehend), Hopfenbuche, Rebe, Mais, Weizen, Kartoffel, Gemüse, Nußbaum, Obst, (Pfirsich, Aprikose, Pflaume), Feige, Grauerlenwälder, Haselbuschwälder, Weidengebüsche, Süßgrasfettwiesen 810 m Maulbeerbaum 650 m Rentabilität der Rebe	1200 m Steineiche, Getreide 1100 m Haselnuß 950 m Kastanie, Walnuß
Dauersiedlungen	Fußstufe („Mediterrane Ausstrahlungen“)	400 bis 200 m	400 m Ölbaum, Lorbeer (kalkliebend), Maulbeerbaum, Rebe, Getreide, Obst, Feige 200 m Zitronen, Orangen	700 m Weiß- und Zitterpappel, Maulbeerbaum, Weinstock, Großzügige Baumzucht 500 m Ölbaum 200 m Zitronen, Pomeranzen, Johannisbrotbaum, Immergrüne Eiche

Bemerkungen zur Tabelle der Höhenstufen im Grignagebiet (nach Geilinger).

Süßgrasfettwiesen sind regelmäßig gedüngte Wiesen mit Vorherrschen von trisetum flavescens (Goldhafer) in den Lagen über 900 m, von Arrhenatherum elatius (Raygras) in tieferen Lagen (S. 236ff).

Sauergrasfrischwiesen bedecken frischen, nicht gedüngten Boden, besonders Nordhalden. Carex refracta herrscht vor (S. 225ff.).

Trockenwiesen stehen auf trockenem, ungedüngtem Boden.

Süßgrastrockenwiesen treten in tieferen Lagen auf, namentlich an O-, S- und W-Abhängen. Bromus erectus herrscht vor. Diese Wiesen erreichen bis 1 m Höhe (S. 208ff).

Sauergrastrockenwiesen unter Vorherrschen von carex sempervirens lösen die Süßgrastrockenwiesen nach der Höhe zu ab (S. 218).

Schneetälchenrasen sind üppige, hochstaudenflurähnliche Rasen, die sich in besonders und dauernd feuchten Vertiefungen (Mulden, Dolinen), in denen auch Nährstoffe zusammengeschwemmt sind, finden (S. 232). Sie sind eine Unterform der Frischwiesen.

Bäche nordwärts dem abflußlosen Seearm zuströmen. Auch der Arm von Lecco erhält durch die Valmadrera einen Zufluß von Süden her aus der Vorlandseensenke. Ein Firnfleck[1]) auf der Grigna ist die einzige Spur einer gegenwärtigen Vergletscherung der Umgebung des Comer Sees im Bereiche des Arbeitsgebietes.

d) Pflanzendecke und Böden.

Für die Pflanzendecke sind Boden, Höhe und Exposition maßgebend. In dieser Beziehung lassen sich im Comer Seegebiet zwei Zonen unterscheiden. Das nördliche Glimmerschiefergebiet hat Lehm mit Gesteinsbrocken als Verwitterungsboden und ist durch Kastanienhochwald charakterisiert. Die umgebenden Hänge der beiden Südzipfel bestehen aus Kalken und Dolomiten. Auf ihrem steinigen Kalkboden ist der Ölbaum die Charakterpflanze.

Die Höhengrenzen der einzelnen Pflanzen und Pflanzenvereine hat für den Ostrand des Zweiges von Lecco (Grignagruppe) Geilinger[2]) durch genaue Studien festgelegt. Da seine Angaben die einzigen genauen und zuverlässigen mir zur Verfügung stehenden sind, sollen seine Ergebnisse in Form einer Tabelle angeführt und zu den von Nissen[3]) aufgestellten Höhengrenzen in den Südalpen in Beziehung gesetzt werden. (Vergl. Tabelle 2.)

[1]) Tornquist: Führer, S. 82.

[2]) Geilinger: Grignagruppe, S. 167ff und 268ff.

[3]) Nissen: Ital. Landeskunde II[1], S. 169

Das Kalkalpengebiet ist waldarm, reicher ist die Glimmerschieferzone. Die nach forstwirtschaftlichen Begriffen als Raubbau zu bezeichnende, planlose Abholzung (kein Kahlschlag, sondern je nach Bedarf wird ein geeigneter Baum herausgeschlagen, keine Aufforstung, sondern natürlicher Nachwuchs) hat auch im Gebiet des Comer Sees ihre Wirkung gehabt, wenn man auch von einer Raublandschaft hier nicht in dem weitgehenden Sinne sprechen darf, wie z. B. beim Appennin, da ja große Teile des entwaldeten Gebietes in herrliches Gartenkulturgelände umgewandelt worden sind. Ehe die römischen Gärtner die Hartlaubgehölzpflanzungen anlegten, dürften Buchen- und Kastanienwald die Hänge und Berge weithin bedeckt haben.

Nach Simroth fehlt die Krummholzstufe.

Die Landschaft des Comer Sees setzt sich aus folgenden Teillandschaften zusammen: Kulturebene des Addas, Laubwald-Gebirgshänge der Umrandung des nördlichen Comer Sees; Kultur-Hartlaub-Felsenhänge der Umrandung des südlichen Comer Sees; Bergland der Alta Brianza; Stadtlandschaftsbecken von Como und Lecco (vgl. Fig. 3).

1. Die Kulturebene der Addamündung.

Am Nordende des Comer Sees liegt die mit 201 bis 202 m absoluter Höhe sich nur wenig über den Seespiegel erhebende „Spanische Ebene"[1]), eine Gebirgsfußebene, die im Nordosten von den unvermittelt steil 1500 bis 1800 m relativ ansteigenden, südwestlichen Ausläufern der Berninakette, deren bewaldete Zwischentalrücken sich kulissenartig voreinander schieben, begrenzt wird. Als Ostgrenze soll der Austritt des Addas aus dem Veltlintal angenommen werden. Die Süd- und Südostgrenze bilden die Bergamasker Alpen mit der Gruppe des Monte Legnone (2610 m) und Legnoncino (1714 m), zweier steiler Kantenspitzen, deren hohe Gipfel das Landschaftsbild weithin beherrschen, und im Westen grenzt die Spanische Ebene an den Lario und die Mera.

Oberflächenformen, Böden.

Die Spanische Ebene bildet annähernd ein Parallelogramm mit 5 km Seitenlänge in westöstlicher und 3 km in südwest-nordöstlicher Richtung. Ihre Entstehung verdankt sie dem vom Stilfser Joch durch das Veltlin heranströmenden Hauptzufluß des Comer Sees, dem Adda, welcher bei seinem Eintritt in das Seebecken einen großen Deltafächer

---

[1]) Piano di Spagna, so genannt in Erinnerung an die im Anfang des 17. Jahrh. im Fort Fuentes liegende spanische Besatzung.

aufgeschüttet und diesen soweit nach Westen vorgeschoben hat, daß durch ihn das nördlichste Ende des Comer Sees, der heutige Lago di Mezzola, abgetrennt worden, und nur eine schmale, als Mera bezeichnete Verbindungsrinne zwischen beiden Seen bestehen geblieben ist. Heute ist der Addastrom an seiner Mündung reguliert und fließt zwischen hohen Dämmen schnurgerade durch seine Aufschüttungen westwärts dem See zu. Doch kann man noch heute nach Regengüssen

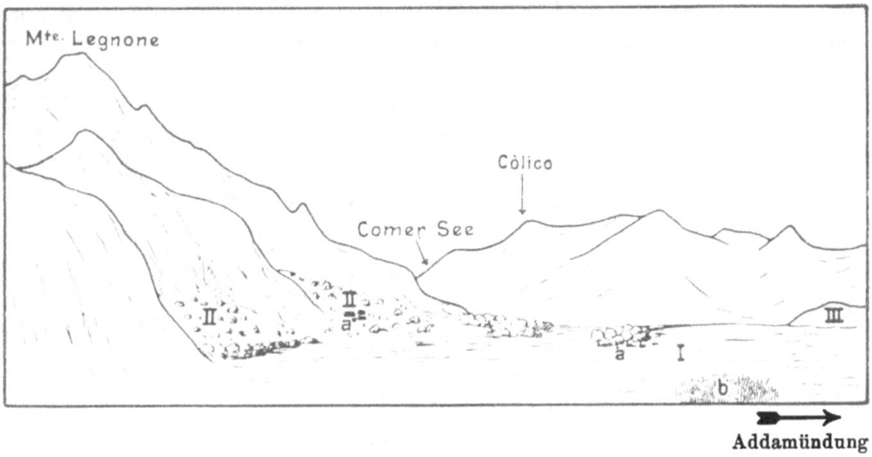

Fig. 4 Die Kulturebene der Addamündung
(von der Straßengabelung Chiavenna—Sondrio aus gesehen).

Erläuterung:

I Der horizontale Kulturland-Deltafächer.
a) Platanengebüsch b) Maisfeld.
II Die Kulturland-Schuttkegel mit Kastanienwald.
a) Geschlossene Siedlung (Chiaro).
III Aufschüttungs-Inselberg Montecchio Nord mit Kastaniengebüsch und Grastrift.

und bei Hochwasser der Seen das ehemalige, jetzt verlassene Mündungsdelta nördlich von der über die Mera führenden Straße gut erkennen. Die Spanische Ebene kann als völlig horizontal bezeichnet werden. Die verlassenen Bettfurchen der ehemaligen Deltaarme sind die einzigen Vertiefungen. Als Inselberge ragen die Felsbuckel Montecchio Nord, Montecchio Süd und Fuentes aus den Aufschüttungen empor. Wo aus den umgebenden Bergen Täler — meist Gefällsschluchten — in die Ebene ausmünden, besitzen sie gewaltige Schuttkegel, (die bis 8 km Länge messen und bis zu 500 m absoluter Höhe hinaufreichen).

Über die Art des Aufschüttungsbodens der Ebene ist mir nichts Näheres bekannt. Aufschlüsse fehlen[1]). Taramelli[2]) kartiert „grobe Anschwemmungen". Im Mailänder Naturhistorischen Museum ist Torf aus der Ebene von Còlico ausgestellt. Der Oberboden ist braune, lehmige Ackererde.

Verkehrslage.

Ein auf dem Felsenbuckel Fuentes liegendes Fort zeigt die wichtige Lage der verkehrsfreundlichen Ebene als Durchgangs- und Vereinigungsgebiet zweier Alpenstraßen nach Chiavenna und Sondrio, welche nicht weniger als fünf Paßstraßen sammeln.

Landschaftskrankheit.

Es wird berichtet, daß die spanische Besatzung in Fuentes im 17. Jahrhundert entsetzlich unter der Malaria gelitten habe[3]). Trotz der vorgeschrittenen Trockenlegung der Spanischen Ebene soll diese Landschaftskrankheit heute noch dort herrschen[4]).

Als Landschaftsteile der Zuschüttungsebene können der horizontale Deltafächer, ferner Kulturland-Schuttkegel und Inselberge betrachtet werden (Fig. 4).

α) Der horizontale Deltafächer.

Der Deltafächer weist folgende wesentliche Formbestandteile auf: Schilftümpel, Ufersumpfweiden, Laubgehölze, Kulturparkflächen mit Baumwassergräben, Einzelsiedlungen, Dammstraßen.

Die Schilftümpel liegen allenthalben in den Vertiefungen der ehemaligen Deltaarme. Die Ufersumpfweiden grenzen an die Seen und die sie verbindende Mera. Sie sind mit niedrigem Gras bewachsen, jedem Hochwasser der Seen ausgesetzt und dienen Rinderherden als Weiden. Nur wenige Laubbäume stehen auf ihnen. Laubgehölze treten fleckenhaft auf und besitzen nur sehr geringe Ausdehnung. Sie finden sich namentlich im südöstlichen Teile der Ebene. Meist setzen sie sich aus Platanen zusammen, doch fehlen Pappeln, Weiden und Robinien nicht völlig in ihnen. Den größten Teil der Ebene nehmen die Kulturparkflächen ein. Maisfelder und Wiesen, die z. T. von Entwässerungsgräben umgrenzt werden, sind fast die einzigen Kulturen. An den Rändern der einen halben bis einen Meter breiten Entwässe-

---

[1]) Oktober 1924.

[2]) Taramelli: Tre Laghi, Karte.

[3]) Leonhardi: S. 2/3.

[4]) Hörstel: S. 96.

rungsgräben stehen Weiden und Pappeln, Platanen und Robinien (Baumwassergräben).

Nur wenige Gebäude gibt es in der eigentlichen Ebene. Zum größten Teil sind es Stallungen für das weidende Vieh, und nur an der Mera-Brücke befinden sich etliche Wohnhäuser. Diese sind langgestreckte, einstöckige Hausteinhäuser mit flachem Satteldach aus halbzylindrischen Dachziegeln, und mit hölzernen Außentreppen und -galerien in Stockwerkshöhe (Stockwerksgalerien).

Als Verkehrswege dienen breite, geschotterte Dammstraßen, die, bis zu 2 m über die Ebene erhaben, diese durchziehen. Auch der Schienenweg nördlich des Addas verläuft auf einem Damm.

β) Kulturland-Schuttkegel.

Die Schuttkegel der Seitentäler sind mit Kastanienwald und Kulturgärten bedeckt, in denen die Siedelungen liegen. Als weiterer Formbestandteil kommen die Geröllbetten der die Kegel aufschüttenden Bäche hinzu.

Die Geröllbetten erreichen bisweilen (z. B. bei Villàtico) erhebliche Tiefe und Breite (20 bis 40 m), und durch hohe Böschungsausmauerungen (bis über 6 m Höhe) sucht man die verheerenden Wirkungen der Hochwässer der im Herbste recht dürftigen (1 m Breite) Bäche vorzubeugen. Die zwischen den Geröllbetten liegenden, sanft ansteigenden Teile der Schuttkegel sind in den tieferen Lagen mit Mais- und Weinfeldern und -gärten bedeckt. In den mit Mauern aus Glimmerschieferblöcken umgebenen Gärten stehen Maulbeer- und Obstbäume (namentlich Nuß- und Birnbäume). Nach der Höhe zu grenzen diese Kulturflächen unscharf an Laubwald. Östlich von Còlico ist es Kastanien-, Birken-, Pappel-, Robinienbuschwald, der in höheren Lagen in lichten Kastanienhochwald mit Rasenboden und ohne Unterholz übergeht.

Im Bereiche der Baumfelder und -gärten liegen geschlossene Siedelungen, im Kastanienwald ausgedehnte Streusiedelungen. Der wichtigste geschlossene Wohnplatz ist der Hafenort Còlico an der östlichen Uferstraße des Sees und an der Eisenbahnlinie. Am Hafenplatz liegen Fischer- und Schifferhäuser, an der Hauptstraße Wirtschaftshöfe und Läden. Die größte selbständige Gebäudegruppe wird von einer Papierfabrik gebildet. Fast durchweg handelt es sich um einstöckige Flachsatteldachhäuser, die in geschlossener Bauweise stehen und ihre Langseite der Straße zukehren. Die Wirtschaftshöfe sind meist vierseitig geschlossen, und eine durch das Wohnhaus führende Tordurchfahrt verbindet sie mit der Straße. Hölzerne Außentreppen an der Hofseite führen nach dem Oberstock. Die Speicherräume sind halboffen (d. h. ohne Vorderwand) gebaut. Dagegen haben die Einzelhäuser im Kastanienwald meistens kein Obergeschoß. Sie sind Flachgiebeldachhäuser mit steinernen Außentreppen und besitzen manchmal auch einen kleinen offenen Speicher. In ziemlich weiten (200 bis 500 m) Abständen stehen sie im Walde versteckt. In ihrer Nähe wird etwas Mais und Wein gebaut. Man findet diese Häuschen bis an den Fuß des steilen Felshanges.

Außer der gepflasterten Seeuferstraße sind die Verkehrswege teils bloße Pfade, teils von Gartenmauern eingefaßte, mit Glimmerschieferplatten belegte, etwa 2 m breite Stufenwege. Einfache Drahtseilbahnanlagen dienen dem Taltransport von Holz.

γ) Inselberge.

Die keulenförmigen Inselberge Fuentes, Montecchio Nord und Montecchio Süd ragen um 55 bis 130 m aus den Aufschüttungen des Mündungsfächers empor. Sie bestehen, wie die nahen Berge, aus Glimmerschiefer und sind vielleicht beim Einbruch des Comerseegrabens nicht völlig mit in die Tiefe geglitten. Als dann die Zuschüttung des Seebeckens von Norden her einsetzte, wurden die aus dem Wasser herausragenden Felsinseln mit dem umliegenden festen Lande verbunden und zu Aufschüttungs-Inselbergen umgewandelt.

Sie sind mit schütterem Kastanienbusch und Grastrift bewachsen, aus denen an vielen Stellen der nackte Fels hervortritt. Am Südfuß von Montecchio Nord und auch am Süd- und Osthang von Montecchio Süd liegen einige Häuser. Dort wird auch etwas Weinbau getrieben. Ob die ehemalige Befestigung auf Fuentes noch militärische Bedeutung besitzt, entzieht sich meiner Kenntnis.

2. Die Laubwald-Gebirgshänge der Umrandung des nördlichen Comosees.

Das Gebiet der Laubwald-Gebirgshänge des nördlichen Comer Sees umfaßt die aus Glimmerschiefern aufgebaute Umrandung des Sees nördlich der Linie Acquaseria—Bellano. Der Verwitterungsboden ist lehmig.

Kulturland-Schuttfächer, Kastanienwald- und Weinbauhänge, das Vorgebirge von Piona und die Matten- und Gestrüppstufe sind die wichtigsten Landschaftsteile (Fig. 5).

α) Kulturland-Schuttfächer:

Die Schuttfächer — die bedeutenderen sind die von Gera, Domaso, Dongo-Gravedona, Dèrvio und Bellano — erreichen oft erhebliche Ausdehnung, besonders dann, wenn mehrere von ihnen zusammengewachsen sind, wie die von Dongo und Gravedona, die eine mehr als kilometerbreite und 3½ km lange, Piano di Livio genannte Schuttfächerabdachung bilden. Ihre wesentlichen Formbestandteile sind

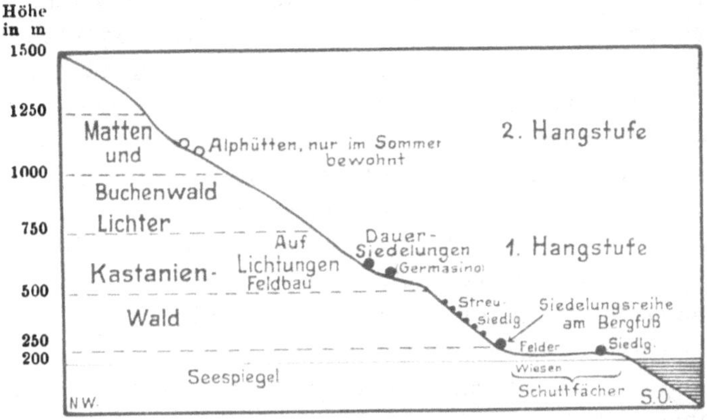

Fig. 5. Profil des Westhanges der Umrandung des nördlichen Comosees bei Dongo. (Doppelte Überhöhung).

Bachbetten, Uferwiesen, Laubgehölze, Kulturflächen, Schuttfächersiedlungen und Straßen. Die Bachbetten sind — wenigstens bei den größeren und durch Siedelungen fließenden Bächen — mit Mauern eingefaßt. Bis kurz vor ihrer Mündung schneiden sie sich noch in ihre Aufschüttungen ein. Auch die Mündung ist oft in Stein gefaßt.

Die Uferwiesen gleichen im Wesentlichen denen der Spanischen Ebene, nur sind sie nicht immer sumpfig. Stellenweise trennt sie ein schmaler Sandstrand vom See. Auch sie dienen als Viehweide.

Örtlich — so an der Landungsbrücke von Dèrvio — trifft man kleine Robiniengehölze an. Die Kulturflächen setzen sich vorwiegend aus Obst- und Maulbeerbaumwiesen und -gärten zusammen. Sie bedecken die nicht von Siedelungen eingenommenen Flächen zwischen Uferwiesen und Bergfuß. Fleckenhaft werden auch Mais und Wein angebaut. Die Gärten sind vielfach mit Mauern umgeben. Nur an wenigen Stellen hat man größere Parks angelegt, über deren hohe Mauern Zedern und einige Zypressen ragen (Gravedona, Dèrvio).

Die Siedelungen liegen mit Ausnahme weniger Einzelhäuser am Seitenrand der Schuttfächer sicher vor Überschwemmungen (Dèrvio, Dongo, Gravedona). Der Schuttfächerrandlage entsprechend steigen sie stufenförmig, allmählich, nach dem Bergfuß zu an. Ein- und zweistöckige, niedrige, fensterarme, aus mit Mörtel verputzten Steinen erbaute Häuser mit flachgeneigten Giebel- oder Walmdächern und hölzernen Außentreppen, an denen sich oft Wein emporrankt, sowie zwei- bis vierstöckige Häuser, die in geschlossener Reihe stehen und nach der engen Gasse zu bisweilen Bogengänge besitzen, sind die Regel. Sie schließen meist enge Höfe ein. Die schmalen, z. T. treppenförmigen Straßen haben Geröllpflaster. Am Bergfuß der Schuttfächerabdachung von Dongo-Gravedona zieht sich eine dichte, z. T. geschlossene Häuserreihe hin, deren Bewohner Wein- und Gartenbau in den mit hohen Mauern umgebenen Gärten betreiben. Die aus den Mündungsschluchten der Hängetäler austretenden, rasch fließenden Bäche werden oft zum Treiben von Maschinen benutzt. Die betreffenden Anlagen (Papierfabriken, Eisenwerke) befinden sich unmittelbar am Ausgang der Mündungsschlucht. Nur wenige schloßartige Villen zieren das Gestade des Sees.

Breite, geschotterte Straßen, auf der Ostseite auch der Bahndamm, durchziehen die Schuttfächer in der Längsrichtung des Sees meist ohne erhabenen Damm.

Für den Menschen sind die Schuttfächer als Siedelungs- und Gartenbauland sehr wichtig.[1])

β) Die Kastanienwald- und Weinbauhänge.

Die Kastanienwald- und Weinbauhänge nehmen die größte Fläche der nördlichen Umrandung des Comer Sees ein. Bedeckt doch der Kastanienwald von den Schuttfächern, oder, wo diese fehlen, auch vom Seespiegel ab, die Hänge aufwärts bis zu 800 und 1000 m Höhe!

Ostwestlich verlaufende, trogförmige Hängetäler mit Mündungsschluchten, Gefällskerbtäler und Wasserrisse, die seewärts gerichteten Sporndreiecke der Zwischentalrücken, die Kuppel des Sasso Pelo (siehe Seite 238) und das keulenförmige, niedrige Vorgebirge von Piona sind charakteristische Formen in dieser Zone. Die in etwa 600 m und 1000 m Höhe verlaufenden Hangstufen, die hier besonders deutlich ausgeprägt sind, wurden schon früher erwähnt (Seite 235).

---

[1]) Bemerkenswert ist, daß die Schuttfächerreihe von Sorico bis Dongo im Mittelalter eine selbständige Republik (Tre Pievi) gebildet hat, die politisch sehr aktiv war (vgl. Rebuschini).

Die wichtigsten Bestandteile dieses Landschaftsteiles sind der Kastanienhochwald, die Weinberge, die Hangstufensiedelungen und die Straßen.

Der lichte Kastanienhochwald, dessen Boden häufig mit kurzem Rasen bewachsen ist, wird stellenweise, besonders auf den Hangstufen, von Graslichtungen unterbrochen. An allzusteilen und felsigen Stellen macht der Wald einer Kastaniengebüsch-Felsentrift Platz. Auf den nach Süden und Südosten bezw. Südwesten gerichteten Hängen wird in der näheren Umgebung des Sees Weinbau getrieben. Hier stehen auf unzähligen künstlichen Stufen Reihen von Weinstöcken, oft mit Obst- und Maulbeerbäumen untermischt, und dazwischen sind Gemüsebeete angelegt. Hohe Mauern friedigen die Wein- und Obstgärten ein. Wo Hangstufen die Böschung mildern, sind, besonders in der Umgebung der Siedelungen, auch kleine Felder angelegt worden.

Inmitten der Weinberge liegen Weinberg-Streusiedelungen, die an dem stufenförmigen Aufbau teilnehmen, und deren meist weißgetünchte Häuser freundlich aus dem Grün hervorleuchten.

Geschlossene Hangstufensiedelungen liegen auf Längsstufen und auf meist mit Feldern bestellten Lichtungen im Kastanienwald. Ihrer Anlage sind der sanftere Nordabhang der Nebentäler des Sees[1]) und die 600 m-Stufe günstig. Die Form der geschlossenen Siedelungen paßt sich der Längserstreckung des Tales an. Die Bauweise beider Siedelungstypen ist offen. Nahe beieinanderstehende, ein- und zweistöckige Häuser mit Außengalerien und z. T. flachen, z. T. auffallend steilen Satteldächern setzen die Orte zusammen, deren Friedhöfe weit abseits vom Dorf liegen.

Außer den geschlossenen Ortschaften sind auch Häusergruppen und Einzelhäuser als Hangstufensiedelungen anzutreffen, und auf weithin sichtbaren Felsvorsprüngen liegen mitunter Kapellen. Einzelhäuser und Gruppen von Häusern liegen auf Uferfelsleisten und, treppenförmig aufsteigend, an sanfteren Uferhangböschungen dort, wo der Kastanienwald bis an den Spiegel des Sees reicht (südlich von Masso).

Von hohen Mauern eingefaßte und unterstützte Straßen steigen in großen Windungen an den steilen Hängen von den Schuttfächern auf die besiedelten Längsstufen empor und meiden die Talböden. Meistens aber bilden gepflasterte und treppenartige, oder ungepflasterte, etwa 1 bis $1^1/_4$ m breite Maultierstraßen die Verkehrswege. Am Ostufer führen die Bergfußstraße und Eisenbahn durch zahlreiche Tunnel. Drahtseilbahnanlagen dienen dem Taltransport von gefälltem Holz.

[1]) Siehe S. 235.

γ) Das Vorgebirge von Piona.

Das keulenförmige, felsige Vorgebirge von Piona, das den stillen See von Piona vom Lario abteilt, erreicht noch nicht 450 m absolute Höhe. Es ist in seinen höchsten und den nach Norden gerichteten Teilen mit Kastanienbuschwald und Lichtungswiesen, an den übrigen Seiten mit Wiesen, Weinbergen und kleinen Feldern bedeckt, in denen auch Obst- und Maulbeerbäume stehen. An einigen Stellen sind hohe, alte Kastaniengruppen erhalten. Das Dorf Olgiasca ist eine Hügelrandsiedelung mit engen, kurzen Stufengassen und ineinandergeschachtelten, niedrigen Häusern und Höfchen, die stufig sich am Hang emporziehen. Ein Marmorvorkommen wird an der Ostseite abgebaut. Der schmale Steinbruch leuchtet hell aus dem dunklen Grün hervor. und am Ufer des Sees liegt auch das Haus für die erste Bearbeitung des gebrochenen Marmorsteines.

δ) Gestrüpp- und Mattenstufe.

Nach der Höhe geht der lichte Kastanienhochwald in Kastanien- und Buchengebüsch über, noch höher oben schließt sich die Gestrüpp- und Mattenstufe an, deren Pflanzendecke oft von Fels- und Schuttflächen unterbrochen wird[1]). Die in dieser Stufe liegenden zahlreichen Einzelhäuser scheinen periodisch bewohnte, der Weidewirtschaft dienende Alphütten zu sein. Den Hintergrund der Seelandschaft bilden die Kantenspitzen und Gratwandgipfel der weiter zurück- und außerhalb des Untersuchungsgebietes liegenden Gebirgsketten.

3. Die Kultur-Hartlaubfelsenhänge der Umrandung des südlichen Comosees.

Das Kulturhartlaubgebiet umfaßt die beiden Arme des Comosees, den von Como und den von Lecco, und ihre Ränder. Die Becken von Como und Lecco, die zwar der Vegetation nach zum Kultur-Hartlaubgebiet gehören, haben durch die Stadtanlage eine solche Umwandlung erfahren, daß sie als Stadtlandschaftsbecken gesondert behandelt werden sollen.

Große Lebhaftigkeit der Formen zeichnet das Landschaftsbild aus. Äußerst schroffe Abstürze, nackte Felswände, Kantenspitzen, Gehängeschluchten und Hängetäler mit Mündungsschluchten und Stufen-

[1]) Über genaue Höhengrenzen und das Auftreten von Nadelwald ist mir nichts bekannt. Die italienische Karte 1 : 25000 verzeichnet „Lärche oder Tanne" nur am Nordwesthang des Mte Legnone in kleinem, etwa 900 m hoch liegendem Bestande.

mündungen wechseln ab mit massigen Berg- und Felsformen und mit grasbedeckten, kühn geschwungenen Schultergipfelrücken mit steil, aber nicht schroff ansteigenden, gestuften Hängen. Besondere Wildheit der großartigen Formen zeigt der Arm von Lecco.

Zwei Vorgebirge, das von Bellagio und das südlich von Lenno, die nur 100—200 m über den Seespiegel emporragen, sind besondere Formen. Während das erstere offenbar von jeher mit dem festen Lande (der Alta Brianza) verbunden war, scheint das Vorgebirge von Lenno eine ehemalige Insel zu sein, die durch die Schuttkegel zweier, nördlich und südlich von ihr in den See einmündenden Bäche an das westliche Ufer des Comer Sees angeschlossen worden ist. Kleine Dolinen,[1]) Höhlen[2]) und vermutlich auch andere Karsterscheinungen im Kalkgebirge, ferner Moränenwälle sind Kleinformen dieser Landschaft.

Ein Grund für die Vielgestalt der Oberflächenformen ist der wechselnde Gesteinsuntergrund mit seinen verschiedenen Verwitterungsformen. So entstehen bei der Verwitterung des namentlich bei Menaggio sowie am West- und Ostufer des Armes von Lecco anstehenden Hauptdolomites zackige Felsformen, während der Raibler Dolomit zur Entstehung massiver Formen neigt.[3])

Über den Verwitterungsboden — im Allgemeinen darf lockerer, flachgründiger Kalkboden angenommen werden — gibt Taramelli[4]) an, daß der mit wenigen Unterbrechungen an den Rändern des ganzen Leccosees und zwischen Menaggio und Mezzegro anstehende Hauptdolomit leicht zu feinem, stets kantigem Schutt verwittert und gräuliche Farbe besitzt.

Inmitten der wilden Oberflächenformen hat der Mensch unter der Gunst des Ortsklimas eine Kulturlandschaft geschaffen, deren überwältigende Schönheit durch die vielgestaltete, großartige Gebirgsumgebung noch erhöht wird. Das Gebiet des südlichen Comer Sees ist durch die Vorläufer der Mittelmeerflora („mediterrane Ausstrahlungen", Geilinger), besonders durch Hartlaubgewächse, gekennzeichnet. Der Ölbaum darf als Charakterpflanze bezeichnet werden. Jedoch ist die Mittelmeerflora hier keine Heimat-, sondern eine Fremdform. Die römischen Gärtner haben das südliche Seegebiet, das ur-

---

[1]) Geilinger: (S. 234f) und Tornquist (Führer S. 82) haben Dolinen in der Grignagruppe gefunden.

[2]) Amoretti: Viaggio, an vielen Stellen.

[3]) Taramelli: Carta geol. S. 49f.

[4]) ebenda.

sprünglich bis zum Seeufer mit sommergrünem Laubwald bedeckt gewesen sein mag, zur Kultur-Hartlaublandschaft gemacht.[1])

Geilingers Studien im Grignagebiet ermöglichen die Aufstellung von Landschaftsteilen nach Höhenstufen (vgl. Tabelle 2, S. 240). Danach kommen außer in der Grignagruppe die Stufe des Nadelwaldes und die Matten- und Zwergstrauchstufe nicht in Betracht, da die Höhen im übrigen Teil des südlichen Comoseerandes 1500 m nicht erreichen. Auch Simroth[2]) bringt einige Angaben über die Pflanzendecke des Comer Seegebietes. Er hat bei Porlezza im Tal nach Menaggio in 400 m Höhe Reste von Nadelwald gefunden und weist auf ein Höherrücken der Standortsgrenze hin.

Landschaftsteile sind: Die Fußstufe der mittelmeerischen Vorläufer, die Laubwaldstufe.

α) Fußstufe der mittelmeerischen Vorläufer.

Die Fußstufe der mittelmeerischen Vorläufer, der z. B. die Vorgebirge von Bellagio und Lenno vollständig angehören, reicht bis 400 m Meereshöhe hinauf. Sie läßt sich wieder in Landschaftsteile zweiter Ordnung zerlegen: Kulturlandschuttfächer, Uferleisten, Stufenkulturhänge und Gebüschfelsentrifthänge.

Die Kulturland-Schuttfächer, als deren bedeutendster neben Varenna, Lierna, Abbadia der von Menaggio zu nennen ist, setzen sich im wesentlichen aus den Uferparks, den Nutzgartenflächen und den Siedelungen zusammen. Dazu kommen noch die Verkehrswege. Bei den Schuttfächern des Zweiges von Lecco treten an die Stelle der Uferparks teilweise Uferwiesen.

In den Uferparks, die oft zu Fremdenhöfen gehören, stehen Zypressen, Zedern, großblütige Magnolien, Palmen, Kakteen, Aloe und andere Vertreter südlicher Vegetation. Die Nutzgärten sind mit hohen Mauern umgeben, so daß dem Wanderer ihr Anblick versagt bleibt. Weinfelder und Nutzbeete mit zahlreichen Obstbäumen, zwischen denen auch einige Zypressen stehen, sind auf dem kalkreichen Aufschüttungsboden angelegt worden. Auch Orangen- und Zitronenbäume wachsen an begünstigten Stellen, doch bedürfen sie im Winter einer schützenden Bedachung.

Die Schuttfächersiedelungen, besonders jene im „Zweige"[3]) von

---

[1]) Nissen: II_1, S. 168.

[2]) Simroth, S. 6.

[3]) ital. Ramo di Como, mehrfach in der Literatur gebraucht für den westlichen Seearm.

Como, dienen vorwiegend dem Fremdenverkehr. Ein gedrängter Kern von ziemlich niedrigen, meist einstöckigen Häusern wird gewöhnlich von einem Kranze hoher, drei- und vierstöckiger, weißer, kastenförmiger Hotel- und Villenbauten mit flachen Walmdächern eingerahmt. Die Siedelungen liegen hart am Ufer und meiden seine Nähe nicht, wie im nördlichen Teil des Comer Sees. Die Straßen gleichen jenen der Schuttfächer im Kastanienwaldgebiet. Auch die Ebene von Cernobbio gehört zum Typ der Schuttfächer.

Die das Auge am meisten anziehenden Landschaftsteile sind die Uferleisten, niedrige Felsvorsprünge oder schmale Schwemmlandleisten, auf denen jene sich unmittelbar aus dem Wasser erhebenden weißen Marmorvillen und -paläste liegen, in deren üppigen Parks Pflanzen aus allen Erdteilen zu finden sind[1]), und von deren Pracht jede Reisebeschreibung jener Gegend spricht.

Wo die Böschung es einigermaßen erlaubt oder ein ausmündendes Tal Gelegenheit bietet und wo etwas Verwitterungserde vorhanden ist, sind die Hänge mit Stufenkulturen bedeckt. Auf den zahllosen künstlichen Stufen der Weinberge stehen zwischen den Rebstöcken Reihen graugrüner Ölbäume, denen der lockere Kalkboden zusagt, ferner Feigen-, Obst- und Maulbeerbäume. Örtlich trifft man auch kleine Getreidefeldstreifen (Weizen und Mais) an. Weinberghäuser stehen auf den Stufen, und auf größeren Vorsprüngen liegen terrassenförmig übereinander und gedrängt gebaute Dörfer.

Die Zahl der Ölbäume ist im Laufe der geschichtlichen Jahrhunderte erheblich zurückgegangen. Es ist auch erklärlich, daß die bezüglich der Temperatur immerhin anspruchsvollen[2]) Ölbäume am Comer See — das bedeutet an ihrer Polargrenze — gegen Kälteeinfälle und Schädlinge besonders empfindlich sind. Namentlich in früheren Jahrhunderten müssen erhebliche Schäden unter den Ölbaumpflanzungen entstanden sein. Amoretti berichtet von schweren Kälteschäden 1494 und 1709, und führt den Rückgang der Olivenkulturen außerdem auf die Einführung der lohnenderen Maulbeerbaumzucht zurück. Jedoch war 1801 (dank der Bemühungen der Società Patriottica) die Olivenzucht wieder in Ausdehnung begriffen.[3]) Auch hat von 1870 bis 1921 die Ölbaumkultur in der Lombardei (für Prov. Como [1870: 1792 ha[4]):] fehlen für 1921 die Einzeldaten) an Fläche zugenommen. Schädigungen

[1]) So auch die Villa Carlotta in Cadenabbia.
[2]) Theob. Fischer: Ölbaum, S. 28f. und S. 51.
[3]) Amoretti: S. 153/154.
[4]) Annuario Statist. It.

der Pflanzungen durch die Menschen durch Abbrennen der zwischen den Bäumen stehenden Getreidestoppeln (wie z. B. in Kalabrien[1])) oder durch Herabschlagen der Früchte (wie an der Riviera[2])) kommen in den gepflegten Gärten am Comer See allerdings nicht vor. Nicht entfernt aber können sich die Olivenpflanzungen des Comosees bezüglich der Ausdehnung und dem Anteil an der Bodenfläche mit denen der Riviera di Levante oder gar mit dem Ölbaumgartenland Toskanas messen.

Die steil abstürzenden Felsen, auf denen ein Anbau völlig unmöglich ist, sind mit Gebüschfelsentrift aus Buchen und Kastanien bewachsen.

Wie Strandleisten ziehen sich am West- und Ostufer des Sees die vielfach durch Tunnel führenden Straßen und die Eisenbahnlinie hin, und sie überschreiten auf großen Brücken die für gewöhnlich kleinen, aber zur Zeit der Schneeschmelze und nach Wolkenbrüchen reißenden Gewässer. Am Comer und besonders am Leccosee liegen zahlreiche Kalksteinbrüche, deren wertvolles Baumaterial zu Wasser in die verschiedenen Teile der Lombardei verfrachtet wird.

β) Laubwaldstufe.

Die Hänge mit Stufenkulturen und Gebüschfelsentrift setzen sich nach oben in die Laubwaldstufe fort. Auch hier bedecken die Weinberge noch große Flächen, doch fehlt der Ölbaum völlig. Die kalkfliehende Kastanie ist durch die Buche ersetzt, wenn nicht über dem Kalk Moränenschutt lagert. An den Abhängen liegt, teils zerstreut, teils wie Nester am Hange zusammengeballt, eine Anzahl von Dörfern. Das Buchen- und Kastaniengebüsch geht in höheren Lagen in 1 bis 1½ m hohes Buchengestrüpp über. Große Teile der Hänge und Rücken sind jedoch mit niedrigem Gras bewachsen. In der Gestrüppzone liegen außer Almhütten keine Siedelungen.

Im Vergleich mit dem Arm von Como hat der Seearm von Lecco in geringerem Maße Umwandlungen durch den Menschen erfahren. Während die künstliche Mittelmeerflora am Comoarm die Landschaft charakterisiert, ist sie am Leccosee nur durch einzelne Gruppen von Zypressen, Ölbäumen usw. vertreten. Auch sind die Ufer des Leccosees infolge allzugroßer Steilheit auf weitere Strecken hin frei von Siedelungen.

---

[1]) Mitteilung Herrn Dr. Kanter's in Hamburg.

[2]) Hörstel: S. 34—36.

Farben. Überwältigend ist die Farbenpracht in der Comosee-Landschaft. Anfang Oktober 1924 waren bei sonnigem, etwas dunstigem Wetter mittags allein acht Abstufungen von Grün vertreten. Zu dem Schwärzlichgrün der Zypressen, dem Dunkelgrün der Zedern und dem Blaugrün der Tannen standen im Gegensatz das Silbergraugrün der Weinstöcke und die gelbgrünen Buchenkronen. Leuchtend rot hing der wilde Wein von den Mauern. Rötliches Buchengestrüpp stand in den höheren Lagen, und staubig-gelbgrüne Grasflächen bedeckten die oberen Bergabhänge. Allenthalben sprangen die blaugrauen oder gelblich-rötlichen Kalk- und Dolomitklippen hervor. Weiße Villen und Schlösser mit roten Dächern, gelbliche Dorfhäuser unterbrachen die grünen Farbtöne der Parks und Nutzpflanzungen, und über dem tiefdunkelgrünen See und seiner bunten Umgebung wölbte sich der kobaltblaue Himmel.

4. Das Bergland der Alta Brianza.

Das Bergland der Alta Brianza umfaßt den dreieckigen Ausschnitt aus den südlichen Kalkalpen, der zwischen den beiden Armen des Comosees liegt und im Süden bis zum Steilabfall der Alpen reicht. Im Südosten soll der Monte Barro mit einbezogen werden. Das Bergland wird durch die Talgräben des Lambro, des Valbrona und des Valmadrera (die beiden letzteren sind offen) gegliedert.

Das Gelände ist im Norden (Bellagio—Limonta) nur mäßig gewellt. In dem westlich vom Lambrotal und Valbrona gelegenen Teile herrschen dagegen stark geschwungene, relativ hohe, schmale, doch nicht scharfe, meist westöstlich verlaufende Bergrücken vor, und im Südosten sind die Bergformen sehr schroff; hier ragen die Corni di Canzo, ein Doppelhorn von 1373 m Höhe, und der Gratwandgipfel des Morigallo empor. Die höchste Erhebung ist der geschwungene Gipfelrücken des Monte San Primo im Nordwesten, mit 1686 m.

Im Norden stehen Korallenkalke und schwarze Mergel des Rhät an, im Westen Liaskalke, im Osten und Südosten der leicht zu bizarren Formen verwitternde Hauptdolomit[1]). In den Tälern ist Moränenschutt weit verbreitet.

Die Täler, besonders die Trogtäler des Valbrona, Lambro und Valmadrera, sind glazial ausgebildet, und in die Haupttäler, deren Anfänge mehrfach Zirkusform haben, münden zahlreiche kurze Gefällsschluchten und Hängetälchen.

---

[1]) Taramelli: Carta geol., S. 48ff.

Die Entwässerung der Alta Brianza erfolgt radial. Der Lambro als wichtigster Fluß führt sein Wasser südwärts dem Po zu; ihm steht der nördlich gerichtete Perlo am nächsten, der bei Bellagio in den Comer See mündet.

Die Talmulden des Piano del Tivano und Piano di Nesso (beide liegen südlich vom Monte S. Primo) nehmen den oberen Teil von zwei in

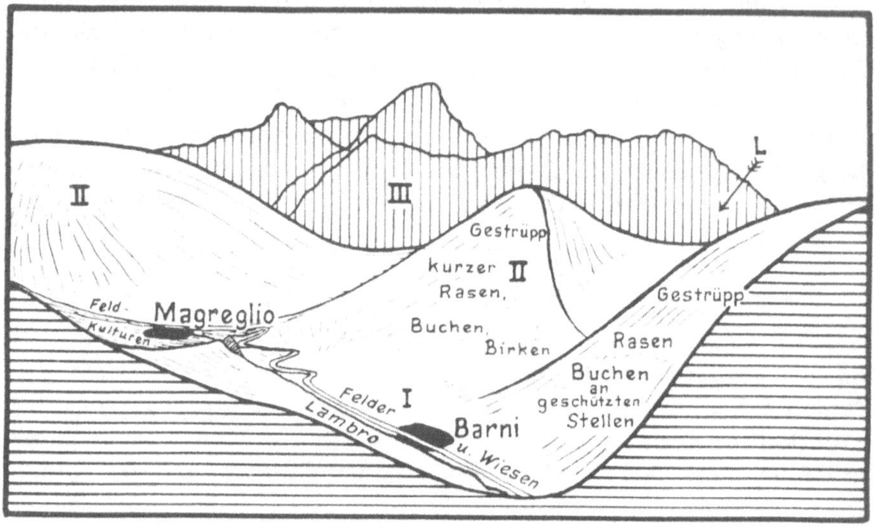

Fig. 6. Das Lambrotal bei Barni (schematisiert nach einer Skizze).
I Die Sohle des Lambrotales.
II Die stark geschwungenen, doch nicht steilen Bergrücken der Alta Brianza.
III Die Grignagruppe jenseits des Lecco-Sees (L).

den Comer See ausmündenden, vom See ausgehend neu zerschluchteten Trogtälern ein und sind auffälligerweise oberflächlich abflußlos. (Beschreibung S. 259).

Der kleine See von Segrino, — außer unbedeutenden Teichen das einzige stehende Gewässer des Gebietes — liegt in einem offenen Tale, das vom Lambrotal in Nord-Süd-Richtung nach der Vorseenebene führt. Ein Quellmoor befindet sich nördlich vom Piano di Nesso.

Karsterscheinungen, wie Höhlen, Schlundlöcher, wohl auch pulsierende Quellen treten verschiedentlich auf.[1])

Das Kulturhügelland von Bellagio, die Kulturtalsohlen, die abflußlosen Talmulden, die Südabdachung und die Laubwald-Höhenstufe sind die wichtigsten Landschaftsteile der Alta Brianza (Fig. 6).

[1]) Amoretti: Viaggio, an verschiedenen Stellen, z. B. S. 243.

α) Das Kultur-Hügelland von Bellagio.

Das Kulturhügelland von Bellagio reicht von der Punta Spartivento (der Nordspitze von Bellagio) bis nach Civenna, wobei der westlich des Perlo-Baches liegende bergige Teil ausgeschlossen bleibt. Die nördliche Spitze bis zur Villa Giulia (1 km südlich von Villa Serbelloni) gehört ganz der Fußstufe des Kultur-Hartlaubgebietes an und erreicht noch nicht 300 m absolute Höhe. Prächtige Villen und Parks mit subtropischen Fremdpflanzen, Weinberge, Olivenhaine, Zitronen- und Orangenpflanzungen mit Winterschutzvorrichtungen bedecken den soweit als irgendmöglich ausgenutzten Boden. Daran schließt sich in südlicher Richtung ein bis 650 und 700 m Höhe ansteigendes Gebiet mit Wein-, Garten- und Getreidebau, mit Wiesen und spärlichem Buchen- und Kastaniengebüsch an. Hier liegen teils geschlossene, teils zerstreute Siedlungen,[1]) und zahlreiche Straßen durchziehen das Hügelland, das besonders im Osten unzugänglich steil zum See abfällt. Das Kultur-Hügelland von Bellagio kann als Übergangsraum vom Kultur-Hartlaubgebiet zur Alta Brianza bezeichnet werden.

β) Kultur-Talsohlen.

Im ganzen übrigen Teile der Alta Brianza ist der Anbau auf die Sohlen und untersten Teile der Hänge der größeren und tiefeingeschnittenen Täler beschränkt. (Lambrotal, Valbrona, Valmadrera, Tal von Rezzago). Besonders intensiv ist der Wein- und Maisbau (neben anderen Feldfrüchten) im Lambrotal bei Asso-Canzo, wo von Osten her die Valbrona einmündet. Auf der 400 bis 450 m hohen Hochsohle des Tales und auf den nach Süden blickenden Hängen bis zu 700 m Höhe werden Weinbau, Garten- und Ackerbau, Obst- und Maulbeerbaumkultur zum Teil flächenhaft, zum Teil auf künstlichen Hangstufen, getrieben. Hier liegen auch die Siedelungen. Teils sind diese geschlossen, teils liegen die Höfe einzeln oder in Gruppen auseinandergezogen an den Straßen. Die ein- und zweistöckigen Flachgiebeldachhäuser, die oft einen kleinen Hof umschließen, von dem aus man auf hölzernen Außentreppen in die Stockwerke gelangt, sind vielfach weißgetüncht, kahl und schmucklos, ohne Blumen oder Gardinen in den Fenstern. Die Speicherräume sind meist offen (Luftspeicher). Enge, aber nicht schmutzige Gassen durchziehen die Orte. Unterhalb von Asso fällt eine 2 km lange und einen halben Kilometer breite Wiesenhorizontalsohle im Lambrotal auf, in die sich der Fluß, während er sie fast gradlinig

---

[1]) Blatt Bellagio 1 : 25000.

durchfließt, noch einschneidet[1]). Ganz ähnlich liegen die Verhältnisse in der Valbrona, der Valmadrera und dem Tal von Rezzago.

γ) Der Südabfall.

Eine besondere Stellung nimmt der Südabfall der Alta Brianza ein. Eine ununterbrochene Reihe nahe beieinander gelegener, ansehnlicher Dörfer zieht sich am Fuße des Abfalls von Como bis zum Monte Barro entlang, und es ist anzunehmen und nach der Karte offenbar, daß die am Südabhang dieser 922 m hohen Giebelspitze herrschenden Verhältnisse sich auch im übrigen Teile des Alpenrandes finden. An den weniger steilen Hängen sind Stufen für Wein- und Gartenbau angelegt worden, und in den von niedrigen Kalksteinmauern eingefaßten Gärten liegen winzige Maisfelder und Gemüsebeete, stehen Weinstöcke, Feigen-, Obst- und Maulbeerbäume. Bis in etwa 400 m Höhe trifft man auf Gruppen alter, knorriger, silbergrauer Ölbäume, und an den Gartenmauern sind hohe Rohrpflanzungen angelegt worden. Die weißen, stufenförmig angelegten Siedelungen des Alpenrandes, die weithin aus dem dunklen Kleid der Pflanzendecke hervorleuchten, sind fast ausnahmslos geschlossen. Parks sind in ihnen selten. Die Straßen führen am Fuße der Siedelungsreihe entlang.

δ) Laubwaldstufe.

Nach oben schließt sich in der Alta Brianza an die Kulturen, bisweilen (an den Nordhängen) weit in diese eingreifend, die Laubwaldstufe an. Hier finden sich die Zirkustalanfänge, und Blockschuttströme sind nicht selten. Aber kein dichtes Kleid hohen Laubwaldes wie einst, sondern kurzer Rasen, der in größerer Ausdehnung von Gestrüppflächen und stellenweise von Laubgehölzen unterbrochen wird, überzieht meist die Abhänge der Berge, und nur örtlich, so namentlich auf den Como benachbarten Höhen nahe dem Südabfall, findet man größere Flächen mit dichterem Buchen- und Kastaniengebüsch bewachsen. Vermutlich wird auch in den tieferen Lagen die kalkfliehende Kastanie durch dieBuche ersetzt (wie am Monte S. Primo), wenn nicht Moränenaufschüttungen die Ansiedlung der ersteren begünstigen, wie bei Brunate. Vielfach reicht am Nordabhang der westöstlich streichenden Ketten das Buchengestrüpp bis an den Kamm hinauf, während der Südabhang mit kurzem Gras bewachsen ist. Einzelne riesige, alte Bäume dienen hier und da (so eine Buche bei Barni) als Merkmale und Richtungsweiser der Umgegend, und in den Talzirken finden sich

[1]) Karte 1 : 25000.

öfters örtlich beschränkte Bestände von Hochwald, in denen Buchen und Fichten untermischt stehen. Bis zu den Berggipfeln hinauf trifft man steinerne Alphütten an, und auf den Wiesenhängen weiden Schafe und Rinder. Auf der Höhe sind (z. B. auf dem S. Primo) einfache Zisternen in den braunen Boden gegraben, in denen sich das Regenwasser sammelt.

Die großen Straßen verlaufen in den Haupttälern. Auf die Höhen hinauf führen nur steinige, steile Maultierwege und ausgetretene Fußpfade.

ε) Abflußlose Talmulden.

Die abflußlosen Talmulden von Tivano und Nesso liegen in der Laubwaldstufe. Sie sind ovale, je etwa drei Viertel Kilometer lange und einen halben Kilometer breite, geschlossene Mulden in 950 bis 1000 m Meereshöhe, die auf drei Seiten von sanften, aber zu erheblichen Höhen (1200 bis 1500 m absolut) ansteigenden Berghängen umgeben werden. Von mehreren Seiten münden Täler in die Mulden. Nach der Karte ist das Becken von Nesso mit niedrigen Steilrändern umgeben, während diese beim Becken von Tivano fehlen. Nach der vierten Seite „dämmt ein deutlicher Moränenwall das Tal des Beckens von Tivano gegen den See hin ab."[1]) Das so abgegrenzte Becken ist durch die von mehreren Seiten zuströmenden Bäche zugeschüttet worden, in deren Aufschüttungsboden (Kalk-, kein erratisches Material) ein kleines, jüngeres Talsystem mit Längsstufen eingeschnitten ist. Dieses endet in einem Schlundloch[2]), oberflächlich ist das Becken abflußlos. Außen vor den Moränenwällen liegen kleine sumpfige Ebenen mit Tümpeln und Moränenhaufen, es sind kleine Zungenbecken[1]). Dort setzt die lebhafte Zerschluchtung („Neuzerschneidung vom glazial oder tektonisch übertieften Seetal"[1])) ein.

Der Boden der Becken ist mit „Wiese" bedeckt, die ein „prächtiges Weideland"[1]) bietet. Auf den umgebenden Hängen stehen Buchengestrüpp und (nach dem See zu) Kastaniengebüsch.[3])

---

[1]) Diese und die folgenden Angaben hat mir Herr Dr. Waldbaur in Mailand, der den Piano del Tivano 1913 besucht hat, nach seinen damaligen Aufzeichnungen freundlicherweise brieflich mitgeteilt.

[2]) Amoretti Viaggio, S. 242. Buco di Nicolina. Nach Amoretti verstopft sich dieses Schlundloch leicht, und der Pian del Tivano wird zum Sumpf oder See. Auch berichtet er von weiteren Schlundlöchern in der Alta Brianza. (S. 243).

[3]) auch Karte 1 : 25000.

Die Zuflüsse zu den Becken scheinen periodisch wasserführend zu sein; denn im Oktober 1913 war das kleine Talsystem der Ebene trocken. Auf den Beckensohlenrändern befinden sich Gebäude, wohl Ställe und zeitweilig bewohnte Alphütten. Zu den Talmulden dürfte wohl auch ein von Amoretti (S. 243/44) erwähntes, aber auf der Karte nicht verzeichnetes Torflager bei Villeso (in der Höhe des Pian del Tivano) zu rechnen sein.

II. Die Niedere Brianza.

Unter „Brianza" schlechthin wird im Gegensatz zur Alta Brianza das Endmoränenhügelland südlich des Comer Sees verstanden, das seine Aufschüttung hauptsächlich dem diluvialen Addagletschersystem verdankt. Im Norden wird die Brianza von den Alpen, im Osten vom Adda, im Westen von der Olona, im Süden durch eine Linie (Somma Lombardo-) Gallarate-Vedano-Appiano-Carate Brianza-Arcore-Paderno d'Adda begrenzt. Sie bedeckt einen gegen 15 km breiten, in westöstlicher Richtung am Alpenrand entlang verlaufenden Streifen. Ohne scharfe Grenze schließt sich im Westen außerhalb des Arbeitsbezirkes das Aufschüttungsgebiet des diluvialen Tessingletschersystems an, in welchem ähnliche Verhältnisse vorliegen wie in der Brianza.

Die durch Oberflächenform und Pflanzenkleid wohl abgegrenzte Landschaft der Brianza läßt sich in zwei Teillandschaften zerlegen: die Gebirgsvorlandsenke und das Kulturhügelland.

1. Die Gebirgsvorlandsenke.

Die Vorlandsenke zieht sich in 4 bis 6 km Breite am Südfuß der Alpen zwischen Como und Lecco entlang. Sie wird von mehreren, z. T. miteinander zusammenhängenden Zungenbecken des Addagletschersystems gebildet. Deren größtes ist das Becken, in dem die Seen von Pusiano und Alserio und der von Annone liegen. Kleinere Zungenbecken befinden sich südlich von Como und südsüdwestlich von Brivio am Adda.[1])

Für die zuerst genannte Seensenke ist anzunehmen, daß die Seen von Pusiano und Alserio früher zusammengehangen und — nach Nissen[2]) und Amoretti[3]) — den von Plinius erwähnten See Eupilis

---

[1]) Penck-Brückner: III, S. 786, Karte.

[2]) Nissen: I, S. 186.

[3]) Amoretti: Viaggio, S. 234.

gebildet haben. Die Zuschüttung des Sees, besonders durch den ihn durchfließenden Lambro, der an seiner Mündung einen großen, auf manchen Karten[1]) Piano Eupili genannten Schuttfächer gebildet hat, und die Verlandung durch Randschilf haben den Eupilis-See geteilt und die Flächen der entstandenen Seen verkleinert. Nach grober Schätzung bedecken die Seen von Pusiano und Annone je 4 bis 5 qkm, und der Alserio-See 1 bis 1½ qkm. Ihre Spiegel liegen mit 226 (Annone) und 258 m (Pusiano-Alserio) höher als der des Comer Sees; andererseits aber sind die Seen der Vorlandsenke nur 10 bis 20 m tief und haben sanft abgedachte Böden. Im See von Pusiano liegt die kleine Zypresseninsel (Isola dei Cipressi).

Die Seen erhalten von allen Seiten kleine und kurze Zuflüsse, und nur der Lambro, der aus dem Nordteil der Alta Brianza kommt und das Becken durchströmt, bringt große Wassermengen. Pusiano- und Alseriosee werden durch ihn entwässert, während der See von Annone in nordöstlicher Richtung durch die Valmadrera zum Lecco-Arm des Comer Sees abfließt.

Das zwischen den Seen liegende Gelände ist im Gebiet des Alserio- und Pusianosees völlig eben und nur wenige Meter über den Seespiegel erhaben. Zwischen Pusiano- und Annone-See aber befindet sich ein sanft gewelltes und gebuckeltes Hügelland von 30 bis 50 m relativer Höhe, das an den Seerändern besonders ausgeprägt ist. Zwischen dem Hügelland und der Bahn Molteno—Oggionno (die zwischen Pusiano- und Annone-See als Südrand der Vorlandsenke zu betrachten ist) liegt das Land wieder fast völlig eben da.

Die Erhebungen des Hügellandes bestehen aus mittel- und oberkretazischen Kalken und Konglomeraten[2]). Dort ist der Oberboden hellbraun, locker und sandig. In der Ebene zwischen Alserio- und Pusianosee kartiert Taramelli[3]) unmittelbar am Nordostufer des Alseriosees Torf, nach Erba-Incino zu Moräne. Die ebenen Flächen nördlich der Bahn Molteno—Oggionno sind ebenfalls als „Torf" kartiert. Dort fand ich südöstlich von Cascina Oggionno am Graben del Pascolo im Walde unter einer 30 cm mächtigen, tiefschwarzen Humusschicht hellgrauen bis weißlichen, groben Sand, dessen Liegendes bei 2 m Tiefe noch nicht erreicht war.

Der Pflanzenwuchs ist ganz dem Boden angepaßt, und es ergeben sich als Landschaftsteile: Der Kultur-Schuttfächer des Lambro, die

[1]) Z. B. 1 : 25000, Bl. Erba-Incino.

[2]) Taramelli, Tre Laghi, Karte.

[3]) Carta geol., Karte.

Uferwiesenebenen, das Kulturhügelland zwischen Pusiano- und Annone-See und die Wiesen- und Bruchebene nördlich der Bahn von Molteno—Oggiono.

α) Der Kultur-Schuttfächer des Lambro.

Der Lambroschuttfächer dacht sich sanft von 286 m bei Arcellasco auf 276 m, 1½ km weiter südlich, ab. Seine Formbestandteile sind der Deichfluß, die Anbauflächen, die Talausgangs- und Bergfußsiedelungen und die Straßen.

Zwischen hohen Deichen fließt der Lambro in südsüdöstlicher und dann südöstlicher Richtung schnurgerade zum Pusiano See. Nach dem Verlauf der Isohypsen ist er aber auch ein natürlicher Dammfluß und scheint in einem Delta die tieferen Teile seines Schuttfächers durchflossen zu haben. Die Kulturflächen bestehen aus Getreidefeldern (Mais usw.), Weinäckern und -gärten und wenigen Wiesen. Weinäcker sind Kulturflächen, auf denen dichte Reihen von Weinstöcken stehen. Zwischen ihnen (aber nicht als Stützen) wachsen, wie in den Getreidefeldern und Wiesen, zahlreiche, meist in Reihen angeordnete Maulbeerbäume (Maulbeerbaumweinäcker, Maulbeerbaumfelder). Nur im südlichen Teile sind die Anbauflächen zusammenhängend, während sie weiter nördlich nur zwischen die Siedlungsgruppen eingeschaltet erscheinen. Die Siedelungen sind mit Ausnahme einiger in der Nähe der Eisenbahn liegender, nach Süden vorgeschobener Gebäude auf den Talausgang und Bergfuß beschränkt und bilden eine unregelmäßige, lockere, lückenhafte Zusammenballung mit mehreren Kernen, in denen geschlossene Bauweise herrscht.

Der Schuttfächer hat günstige Verkehrslage an der Kreuzung der von Mailand durch das Lambrotal (Vallassina, nach Asso, genannt) nach Bellagio führenden Straße (Strada della Valassina) mit der Gebirgsfußstraße Como—Lecco. Auch die Eisenbahn betritt von hier aus die Alta Brianza. Es bietet sich an dieser Stelle überhaupt die einzige Möglichkeit, bequem in dieses Bergland einzudringen. Mit Como steht der Schuttfächer von Erba auch durch eine Dampfstraßenbahn, welche die Reihe der Gebirgsfußsiedelungen berührt, in Verbindung. Zweifellos ist er der für den Menschen wertvollste Landschaftsteil der Vorlandseensenke.

β) Die Uferwiesen-Ebenen.

Die Uferwiesenebenen sind besonders westlich und nördlich des Alseriosees und in der Nähe der Lambromündung, sowie zwischen dem See von Pusiano und dem von Alserio entwickelt. An der Grenze zwischen ihr und dem Lambroschuttfächer tritt eine ziemlich dichte Reihe kleiner Quellen zutage, deren Wasser in Bächen den Seen zuströmt. Vermutlich handelt es sich um ursprüngliche Schnittquellen,[1]) die am ursprünglichen Endrande der durchlässigen Aufschüttungen des Lambroschuttfächers als des Wasserträgers zutagetreten. Eine große Doppelfontanile[2]) entspringt 500 m nördlich der Lambromündung und wird unter dem Fluß hindurch nach Ponte Nuovo geleitet.[3]) Nach der Karte zu urteilen ist die gesamte Seeuferebene bis auf wenige Stellen mit feuchten Wiesen bedeckt, die von einem System geradliniger Entwässerungsgräben durchzogen werden. Gruppen und einzelne Reihen von Laubbäumen stehen in den Wiesen. Eine Mühle und eine Gebäudegruppe, die am Übergang der Valassina-Straße und der Eisenbahn über den Abfluß des Alseriosees liegt, sind die einzigen Siedelungen. Straßen und Eisenbahnen verlaufen auf Dämmen.

γ) Das Hügelland.

Das Hügelland zwischen dem Pusiano- und dem Annone-See besteht aus sanften, langgestreckten Höhenzügen mit einzelnen Buckeln. Feldbau-Höhenrücken und mit Siedelungen bedeckte Buckel am Seeufer sind die wesentlichen Formbestandteile. Getreidefelder, vereinzelt auch Weinäcker und Wiesen bilden die Kulturflächen. In ihnen stehen hier und da Reihen von Maulbeerbäumen. Nicht nur die Hügelrücken, sondern auch diejenigen Buckel, auf denen kleine Siedelungen liegen. tragen Felder. Nach den Seerändern zu gehen diese in Wiesen über, und an den Ufern stehen auf weite Erstreckung hin Reihen von Weidenbäumen. Vereinzelte kleine Bestände von Robinienbusch finden sich auf einigen Hügelböschungen.

Die auf buckelförmigen Erhebungen liegenden Seeufer-Siedelungen sind gedrängt gebaute Dörfer mit zum Teil verhältnismäßig steilen. mitunter auch gestuften, mit faustgroßem Geröll gepflasterten Straßen. Ihre Flachgiebeldachhäuser kehren der Straße ihre Langseite zu. Oft haben sie Luftspeicher, hölzerne Außentreppen und Stockwerksgalerien[4]). Ihre Mauern sind braungelb, manchmal auch weiß getüncht. Einzelne Parks mit Zedern, Zypressen, Kastanien und Platanen schmücken die Siedelungen. Die wenigen, das Hügelland durchziehenden Straßen sind geschottert und bevorzugen die Abhänge der Hügel.

---

[1]) Passarge: Gr. L. III, S. 223.

[2]) Näheres über Fontanilen siehe S. 289.

[3]) Wahrscheinlich liegt der Spiegel des Lambro über dem der Fontanile.

[4]) siehe S. 245.

δ) Die Wiesen- und Bruchebene.

Die Wiesen- und Bruchebene nördlich von Molteno nimmt das ganze Torfgebiet zwischen den Seen von Pusiano und Annone, dem nördlichen Hügelland und dem südlichen eigentlichen Brianzahügelland ein. Nur ganz vereinzelt erheben sich niedrige Buckel aus der sonst ganz horizontalen Fläche. Wesentliche Formbestandteile sind der Bruchwald, die Weideflächen, die Einzelhöfe. Zwar besitzen die Brüche nur geringe Ausdehnung, doch sind sie mit den Weideflächen vergesellschaftet, so daß eine Parklandschaft mit anscheinend regellos durcheinander wachsenden Kastanien, Platanen, Pappeln, Robinien, Haselnußsträuchern, Erlen, Weiden, Eichen usw. entsteht. Die Laubgehölze haben dichtes Unterholz und erreichen ansehnliche Höhe (über 10 m). An trockenen Stellen wächst kurzes Gras auf dem Boden. Entwässerungsgräben mit trägem Wasser durchziehen das sumpfige Gelände, und auch die ausgedehnten Weidewiesen werden von Gräben umzogen, an denen die oben erwähnten Baumarten, besonders aber Platanen, wachsen. Die Wiesen bilden ausgedehnte Rechtecke (500×100 m) und dienen wahrscheinlich einem in der Ebene liegenden Gestüt als Weide. Von den Hügeln kommen mitunter kleine, rasche Bäche in die Ebene herab, deren klares Wasser sich sehr von dem dunklen, trägen der Entwässerungsgräben unterscheidet. An trockenen Stellen wird Maisbau getrieben. Dann sind die Felder meist mit in Reihen oder regellos gepflanzten Maulbeerbäumen durchsetzt und leiten zu dem weiter oben erwähnten Ackerbau-Hügelland über. In diesen Übergangsflächen liegen weit verstreut auch einzelne Güter, manchmal 50 bis 100 m abseits von der Straße. Eingezäunte Obstbaum- und Gemüsegärten, in denen auch der Maulbeerbaum nicht fehlt, umgeben die Gebäude. Bisweilen sind Wohnhaus und Stall oder Speicher unter einem Dach vereint, auch findet man manchmal die Ränder des flachgeneigten Ziegelgiebeldaches durch große Steine beschwert und befestigt. Hölzerne Stockwerksgalerien führen an den Langseiten der weißgetünchten Häuser entlang, hölzerne Außentreppen bilden die Aufgänge. Die Speicher sind meist halb offen. Wo Straßen das Sumpfgebiet queren, führen sie teils auf Dämmen hin, teils werden sie von breiten Straßengräben begleitet.

Der Torf wird nirgends abgebaut.

2. Das Kultur-Hügelland der Brianza.

Im Süden schließt sich an die Gebirgsvorlandsenke das Hügelland der Brianza an, das die außerordentliche Lebhaftigkeit seiner Formen der durch Aufragungen von älterem Gestein beeinflußten glazialen Aufschüttung verdankt. Kretazische Konglomerate und mergelige Kalke, tertiäre Nummulitenkalke mit Brekzien und Konglomeraten, präglaziale Konglomerate, die in ihren tieferen Teilen zementiert sind und als „ceppo" in der ganzen Lombardei als Baustein[1]) geschätzt werden, sind die im nordöstlichen Teil der Brianza anstehenden Gesteine[2]). Westlich von Como treten sehr grobe oligozäne Konglomerate auf. Das aus allen diesen Gesteinen aufgebaute hügelige Gelände, das die diluvialen Gletscher bei ihrem Vordringen antrafen, bedingte bei der Moränenaufschüttung die Unregelmäßigkeiten der Linienführung,[3]) die sich heute vorfinden. Immerhin lassen sich mehrere junge Endmoränenzüge erkennen,[4]) nämlich der Bogen südlich von Como und westlich von Cantù, der von Erba-Besana-Missaglia, und der von Brivio. Wenig südlich von diesen Endmoränenzügen verläuft die Südgrenze des Hügellandes.

Wie bereits angedeutet, sind die Oberflächenformen sehr bewegt. Nicht die Mannigfaltigkeit der Formen, sondern das bunte Durcheinander verhältnismäßig weniger Typen, ihre Unübersichtlichkeit für den Reisenden, machen das Landschaftsbild reizvoll. Mit Ausnahme des in nordsüdlicher Richtung in Fortsetzung des Monte Barro verlaufenden, ziemlich scharfen Kammes, der in der flachen Giebelspitze des Monte Crocione 879 m Höhe erreicht, ist die vorherrschende Erhebungsform der Buckel. Meist sitzen die Buckel auf langgezogenen Hügelrücken auf und erheben sich selten um mehr als 30 bis 50 m relativ. Fünfhundert Meter absolute Höhe werden nur im Norden, südöstlich von Como, erreicht; im Übrigen dacht sich das Hügelland von 400 bis 350 m in der Höhe von Cantù und nördlich davon, zu 350 bis 230 m weiter südlich, in streckenweise deutlich ausgeprägten, westöstlich verlaufenden Stufen ab. Wie bei den Buckeln sind auch sonst die relativen Höhenunterschiede gering und überschreiten nur sehr selten 100 m.

Verschieden gestaltete Tal- und Beckensysteme bilden die Hohlformen. Die Talanfänge sind häufig (besonders südlich von Cantù) tief eingeschnittene Kerbschluchten. Beim Durchbruch durch das harte, anstehende Gestein bilden die Gewässer stellenweise Cañons (so bei Brenna, ferner das Lambrotal nördlich und südlich von Carate).

---

[1]) Th. Fischer: Halbinselland, S. 360.

[2]) Taramelli, Carta geol. S. 31ff.

[3]) Taramelli: Tre Laghi, S. 98.

[4]) Karten von Taramelli: Tre Laghi, und von Penck-Brückner (s. o.).

Dabei scheint es sich angesichts der in einigen Fällen dürftigen Wasserläufe und der verhältnismäßig großen Cañons um Vorzeitformen zu handeln (so westlich von Brenna). Böschungssohlentäler (Sèvesotal bei Cucciago) fehlen nicht, und die größeren Flüsse (Lambro, Sèveso) durchfließen je nach dem Anstehenden nacheinander verschiedene Talformen. Ausgeprägte und breite Längsstufen sind sehr häufig und besitzen hohe Wichtigkeit für den Anbau. Sie sind sowohl untereinander als auch mit den westöstlich verlaufenden, oben erwähnten Geländestufen in- und übereinandergefügt. Besonders im südlichen Teil charakterisieren zahlreiche, im Allgemeinen nordsüdlich verlaufende, gut herausmodellierte, ebene, oft in gleicher Höhe liegende Zwischentalrücken das Landschaftsbild.

Die abwechselungsreichen Gruppenformen, die durch die Vereinigung obiger Grundformen entstehen können, sind im Becken nördlich von Besana sehr typisch entwickelt: Dieses wird von zahlreichen, auf sanften Höhenzügen aufsitzenden Buckeln umgrenzt, und solche Buckel erheben sich auch auf dem Boden des ovalen, etwa 5 km in Westost- und 4 km in Nordsüdrichtung messenden, ungefähr 50 m eingesenkten Beckens, das seinerseits von einem Talsystem unter Stufenbildung zerfurcht und nach Westen zum Lambrotal geöffnet wird. In der Mitte, bei Renate, befindet sich ein Torflager[1]). Andere, ähnliche Becken liegen z. B. südwestlich von Bernate und südlich von Brivio.

Die Entwässerung der Brianza erfolgt durch den Lambro, den Sèveso und die Molgora. Demgegenüber nimmt der in der Höhe der Brianza einen tiefen Cañon durchfließende Adda nur einen sehr geringen Teil des der Brianza entstammenden Wassers auf. Sèveso und Molgora sind im Gegensatz zum Lambro in der Brianza beheimatet. Diese Hauptflüsse bilden mit zahlreichen kleinen Nebenflüssen ein sehr verästeltes Bewässerungsnetz. Westlich vom Lambro haben die größeren Gewässer fast ausschließlich nordsüdliche Richtung, bis auf einige westöstlich gerichtete Bäche im Norden. Zwischen Lambro und Molgora aber erfolgt die Entwässerung radial, wobei die nach Norden fließenden Bäche von nordwestlich, südwestlich und südöstlich gerichteten Sammelflüssen aufgenommen und in die Nordsüdrichtung umgeleitet werden.

Die Taldichte ist im Allgemeinen im Norden und Osten größer als im Westen und Süden. Außer den namentlich angeführten sind die

[1]) kartiert bei Taramelli, Carta geol.

Gewässer meist klein, doch scheinen sie zum größten Teil dauernd Wasser zu führen.

Die Böden sind in der Hauptsache glaziale Aufschüttungsböden. Taramelli[1]) gibt an, daß sie u. a. Gneis- und Serpentingeschiebe enthalten. Die großen Gneisblöcke seien jedoch vom Menschen fast gänzlich zu Bauzwecken entfernt worden. In einem Aufschluß nördlich von Besana liegen faust- bis kindskopfgroße, vorwiegend kristalline Geschiebe in braunen, sandig-lehmigen, ungeschichteten, lockeren Massen. Mehr örtlich treten die braunen, lehmigen Verwitterungsböden der anstehenden Konglomerate auf, und an den Cañonwänden stehen diese selbst an. Östlich von Tradate, westlich von Sèveso, südöstlich von Cantù, nordöstlich von Monza kommt Ferretto in ausgedehnten Flächen vor. Dieses erschien mir bei Monza und östlich von Tradate als Rotlehm (im Oberboden), westlich von Appiano als roter lehmiger Kies, westlich von Sèveso als rostbrauner und gelber Sandboden. Nach Moro[2]) verdankt dieser durch Eisenoxyd rotgefärbte Ton seine Entstehung dem Entkalkungsvorgang granitischer Geröllablagerungen. Dabei ist der Prozeß um so weiter vorgeschritten, je älter die betreffenden Ablagerungen sind. Oft verdeckt das Ferretto die groben Gerölle und stellt eine wasserundurchlässige Schicht her. Es erreicht eine Mächtigkeit bis zu einigen Dekametern. Taramelli[3]) bezeichnet das Ferretto als ockerfarbige Erde, die durch Entkalkung und Kaolinisierung pliozän-präglazialer und vielleicht auch altglazialer Aufschüttungen entstanden ist.

Orographisch sind die Ferrettoflächen sanft nach Süden abgedachte, von auffallend zahlreichen Tälern in Nordsüdrichtung durchzogene Platten, die im Süden zur völligen Ebene überleiten und zum Teil in diese eingreifen. Für den Anbau sind diese Flächen wenig geschätzt. Wenn die Felder bestellt sind, tritt die rötliche Farbe des Ferrettobodens im Landschaftsbild in Erscheinung, so z. B. nordöstlich von Monza. (Es besteht dann Ähnlichkeit mit den Kulturflächen im Rotliegenden Mitteldeutschlands.)

Spezielle Klimaangaben bestehen für die Brianza nicht, doch dürften die für das Poflachland geltenden Werte auch der Brianza gerecht werden. Wahrscheinlich leidet sie weniger unter anhaltenden Herbst- und Winternebeln, doch sind feuchtkalte Abendnebel in den Niederungen nach schönen Herbsttagen häufig. Im Sommer trocknet der

---

1) Tre Laghi, S. 99.

2) Moro: Fontanili, S. 10.

3) Tre Laghi: S. 84.

Boden ziemlich tiefgehend aus[1]). Die natürliche und die Kulturpflanzendecke sind mitteleuropäisch mit mediterranen Vorläufern. Neben Weizen, Hafer, unseren Obstsorten und Wein, sowie neben Kiefer, Eiche, Erle, Pappel, Robinie, wachsen Mais-, Maulbeer- und Feigenbäume. Der Ölbaum gedeiht hingegen infolge der langen und kalten Winter nicht, und Orangen- oder Zitronenbäumchen werden nur in Töpfen gezogen und stehen im Winter im Gewächshaus. Immerhin bringen auch sie einige Früchte. Das Brianzahügelland wird als Vorzugsgebiet für Obst- und Weinbau bezeichnet[2]), und seine Lage am Südfuße der Alpen, sowie die bewegten Oberflächenformen, die einen flächenhaften Feldbau oft erschweren, sind der Obstbaumzucht in der Tat überaus günstig. Höhenstufen kommen nur für den Monte Crocione in Frage. Beim Anbau scheint künstliche Bewässerung nicht oder nur in verschwindend geringem Maße angewandt zu werden.

Infolge der Lebhaftigkeit der Oberfläche und der Gleichartigkeit der Pflanzendecke stößt der Versuch einer Gliederung in Teillandschaften auf Schwierigkeiten. Der Kern der Brianza, d. h. die Moränenbögen und die Becken, soll deshalb unter der zusammenfassenden Bezeichnung: Mischkultur-Endmoränen-Hügelland als Ganzes betrachtet werden; dazu treten der Laubwald-Gebirgsrücken des Monte Crocione als Übergangsteillandschaft zur Alta Brianza und die Ferretto-Mischwaldplatten als Überleitung zur unbewässerten Ebene. Diese Gebiete sind Teillandschaften zweiter Ordnung innerhalb der großen Teillandschaft des Hügellandes der Niederen Brianza.

α) Der Laubwaldgebirgszug des Monte Crocione.

Die Übergangs-Teillandschaft des Monte Crocione besteht aus einem etwa 7 km langen, im Fuße 4 km breiten, im Norden scharfen und nordsüdlich verlaufenden, im Süden breiter werdenden und nordwest-südöstlich gerichteten, relativ 600 m hohen Kamm mit mehreren flachen Giebelspitzen, deren höchste (Monte Crocione) 879 m Meereshöhe erreicht. Dieser aus Oberkreidekalk aufgebaute Zug besitzt in seinem südlichen Teile eine Abzweigung nach Westen (Cologna), und im Südwesten einen Ausläufer in dem absolut 500 m hohen, südöstlich gerichteten, welligen, gerundeten Kamm von Montevecchia.

Von beiden Seiten greifen zahlreiche, senkrecht zur Kammrichtung verlaufende Kerbtäler in den Gebirgskamm des Monte Crocione ein

---

[1]) Lorenzi, S. 288.

[2]) ebenda.

und sind im Begriffe, ihn durch rückschreitende Erosion in einzelne Teile zu zerlegen. An den Talhängen sind vielfach Längsstufen ausgebildet, und auch die Abhänge des Bergzuges sind gestuft. Die kleinen Bäche der Kerbtäler fließen teils dem Adda, teils der Bevera und der Molgora zu. Auf der West- und Ostseite des Kammes liegen niedrigere und kürzere, dem Hauptzuge gleichgerichtete und durch Längstäler von ihm getrennte Höhenzüge.

Die im Norden steilen (etwa 25° Neigung), im südlichen Teile sanfteren Abhänge des Bergrückens sind vom Kamm bis zu 300 m Höhe herab (an Nordhängen) mit hohem und ziemlich dichtem Kastanienwald bedeckt, und auf dem Gipfel des Monte Crocione selbst wächst Nadelwald[1]). An anderen, besonders an den nach Süden gerichteten Abhängen, wird bis zu 600 m Höhe Weinbau, vermutlich auf künstlichen Stufen in Obst- und Maulbeerbaumgärten, getrieben. Im nördlichen Teile auf größeren Hangstufen in durchschnittlich 600 m Höhe, im südlichen Teile auf dem verbreiterten niedrigeren Kamm selbst, liegen geschlossene Dörfer, im Süden auch zerstreute Gebäudegruppen. An besonders auffälligen Punkten stehen mehrfach Kapellen, die ebenso wie die Wohnsiedelungen mit ihren weißgetünchten Häusern im Landschaftsbilde auffallen. Keine Straße überquert den Kamm, der, da er parallel zur Hauptverkehrsrichtung (N.-S.) liegt und eine breite vom Verkehr benutzte Stufe ihn vom Addcañon trennt, kein Hindernis bildet.

β) Das Mischkultur-Endmoränenhügelland.

Das Moränenhügelland bildet die eigentliche Brianza. Die Oberflächenformen sind oben (S. 265) näher besprochen worden. Als häufigste und wichtigste Typen von Landschaftsteilen lassen sich anführen an Hohlformen: Buschwaldkerbtäler, Cañons mit Buschwaldhängen, Wiesensohlentäler mit Laubwaldhängen, Kultur-Längsstufen und Kulturbecken; an Erhebungen: Kulturbuckelhügel, Waldbuckelhügel, Kultur-Zwischentalrücken.

aa) Die Kerbschluchten, die in die Längsstufenplatten der größeren Talgräben eingerissen sind, und die man auf der Fahrt von Mailand nach Como über Saronno vor und hinter Caslino gut beobachten kann, sind gänzlich mit Robiniengebüsch, an dessen Stelle manchmal Kastanienbusch tritt, bewachsen. Südlich von Cantù sind diese Kerbtäler in größerem Maßstab entwickelt. Sie erreichen bisweilen erhebliche Tiefe (bei Caslino schätzungsweise 10 m).

---

[1]) Beobachtung von östlich von Airuno aus; anscheinend Fichten.

bb) Die Cañons sind besonders schön bei Brenna ausgebildet, doch nehmen auch die Täler des Lambro und Sèveso auf kurze Strecken Cañonform an. Bei Brenna (östlich von Cantù) durchfließt ein kleiner Bach ein etwa 100 m breites und 40 bis 50 m tiefes Tal mit senkrecht abstürzenden Nagelfluhwänden mit Schuttböschung. Auf dieser und auf der die Nagelfluh überlagernden Lehmschicht wächst dichter Kastanien- und Robinienbusch mit einzelnen Gruppen von Kiefern. Brombeer- und Himbeergesträuch ist im Unterholz reichlich vertreten. Obwohl die den Cañon querende Straße einmündende Seitentälchen benutzt, hat sie 7 bis 12° Neigung[1]). Ähnlich liegen die Verhältnisse bei den Cañons des Lambro und Sèveso, die bei 50 bis 200 m Breite 50 bis 60 m eingetieft sind, und auf deren Sohle neben dem Fluß die Straße und die Eisenbahngeleise oft nur schwer Platz finden, so daß sich stellenweise Tunnelbauten nötig machen, so z. B. östlich von Maccherio, wo außerdem eine hohe Eisenbahnbrücke den Lambrocañon in westöstlicher Richtung überquert.

Die eindrucksvollsten Cañons haben wohl die beiden Begrenzungsflüsse der Brianza, die Olona bei Tradate und vor allem der Adda bei Paderno, dessen beide Talwände dort 80 m tief fast senkrecht abstürzen, und dessen Bett an derselben Stelle zahlreiche und große Stromschnellen aufweist[2]).

cc) Böschungssohlentäler mit Talauen und Laubwaldhängen sind sehr verbreitet und in allen Größen vertreten. Sumpfige Wiesen und Gebüsche, oder trockene Maulbeerbaumwiesen und — seltener — -felder bedecken ihre mehr oder minder breiten Flut- oder Hochsohlen, die von Erlen- oder Weidenbächen bzw. -flüssen pendelnd durchflossen werden. Unter den Feldkulturen steht der Maisbau im Vordergrunde. Mühlen und andere die Wasserkraft ausnutzende Betriebe liegen an den Bachläufen oder an abgeleiteten Mühlgräben. Auffallend ist, daß die Mühlen je mehrere große (4 bis 5 m im Durchmesser), meist mittel- und unterschlächtige Eisenräder an den Außenmauern der Gebäude besitzen. Für jeden Mahlgang ist nämlich ein besonderes Rad vorhanden[3]). In der lehmigen Talaue liegen häufig auch Ziegeleien; ferner Papierfabriken. Letztere fallen vor allem durch die mit trocknenden Pappen behängten Gerüste, die beträchtliche Rasenflächen inAnspruch nehmen, auf.

---

[1]) Blatt Cantù 1 : 25000.

[2]) Th. Fischer (Halbinselland, S. 360) vergleicht die Adda-Stromschnellen bei Hochwasser mit dem Rheinfall.

[3]) Simroth.

Die meist recht steilen Hänge der Täler, die häufig durch Schuttböschungen mit der Horizontalsohle verbunden sind (Böschungssohlental), bedeckt dichter Robinien-, Ulmen-, Eichen- und Kastanienbuschwald. Gelegentlich erweitern sich die Täler zu Muldentälern mit sanften Stufenhängen (Lambrotal bei Inverigo). Dann stehen dichte Baumreihen auf der Wiesensohle am Wasser, und auf den Stufenhängen wird Obst- und Maisbau getrieben. Auch hier stehen nur selten Häusergruppen auf der Talsohle.

Eine Sonderform sind trockene Horizontalsohlentäler, wie ich ein solches östlich von Brenna sah. Dort wird auf der drei Viertel Kilometer breiten Sohle, die kein Wasserlauf zerschneidet, in kleinen Parzellen lebhafter Feldbau mit dem Spaten, ohne Pflug, getrieben, wobei Mais anscheinend die Hauptkultur bildet. In den Feldern stehen Reihen von Maulbeerbäumen. Einige Einzelgehöfte liegen am Fuße der teils gestuften und bebauten, teils steil abfallenden und mit Robinien-, Eichen- und Ulmenbusch bewachsenen Hänge.

dd) Die Kultur-Längsstufen, die im südlichen Teile der Brianza Tafelform annehmen, gehören zu den landwirtschaftlich wichtigsten Teilen dieser Landschaft, nicht aber zu ihren reizvollsten. Gut entwickelt sind sie u. a. nördlich von Cucciago, (westlich von Cantù); und südöstlich von Cantù, bei Mariano, besitzen sie Tafelcharakter. Es handelt sich um mehr oder minder weite, ebene Kulturflächen mit sehr geringer Zertalung. Jedoch sind örtlich, (so in der weiteren Umgebung von Caslino) die Feldwege- und Straßen auffallend eingeschnitten[1]). Mais- und Weizenfelder sind neben Wiesen die Hauptkulturen. In ihnen allen stehen dichte Reihen von Maulbeerbäumen, die hier wie in der ganzen westlichen Lombardei etwas über mannshoch werden, so daß ihre kugeligen Kronen zwar jede Aussicht verdecken, aber dem Menschen keinen genügenden Schatten bieten. Im Juni werden die Blätter der Maulbeerbäume gerupft, und in ihrer Kahlheit stehen diese dann in einem merkwürdigen Gegensatz zu dem übrigen, in kräftigem Grün strotzenden Pflanzenwuchs. Im Juli ist ihnen aber bereits ein neues Laubkleid gewachsen. Die Anordnung der Maulbeerbäume ist entweder reihenförmig oder unregelmäßig. Regional überwiegt meist das eine oder das andere System, doch läßt sich eine Regel dafür nicht aufstellen.

Auch die Maisfelder haben verschiedene Erscheinungsformen. Im Juni kann man gleichzeitig blühenden, mannshohen Mais neben

---

[1]) Karte 1 : 25000.

jungen, kaum fußhohen Maispflänzchen sehen, die als zweite Saat an Stelle einer bereits geernteten Vorfrucht angebaut worden sind. Die Aussaat des Maises erfolgt in der Zeit von April bis Juni. Die zuletzt angepflanzten, frühreifen Sorten (Cinquantino, Quarantino), die meist als zweite Frucht auf dem Felde angebaut werden, reifen dann bis Anfang November, während die Maisernte der erstgebauten Sorten bereits im September einsetzt. Dabei werden die Kolben herausgebrochen und das Stroh noch stehen gelassen oder umgetreten. Nach einigen Wochen reißt man die Maisstengel aus und stellt sie zum Trocknen in Bündeln um die Maulbeerbäume herum, ehe man sie als Brennmaterial einfährt. Die goldgelben oder weißen Kolben aber werden zum Nachtrocknen in Bündeln an die Hauswände in die Sonne gehängt, und nicht selten sieht man schon von ferne die goldroten Wandflächen aus den weißen Gebäudegruppen hervorleuchten. Gegenüber dem Mais treten alle anderen Kulturen zurück, und nur Weizenbau und Wiesen scheinen ihm hinsichtlich der Fläche gleich- bezw. nahezukommen. Die Felder auf den tafelförmigen Längsstufen sind größer als die bisher erwähnten und werden mit dem Pflug umgestürzt.

Neben den Maulbeerbäumen treten örtlich auch Feigenbäume in den Feldern auf, und das dunkle, fette Grün ihres Laubkleides sticht besonders im Frühsommer kräftig von dem hellen Blattgrün der übrigen Pflanzen ab. Im Spätherbst fallen die Feigenbäume dadurch auf, daß sie ihre Blätter länger als viele andere Bäume und bis weit in die Zeit der Winterfröste hinein behalten. Als Feldbäume erreichen sie 3 bis 6 m Höhe.

In der Nähe der Siedelungen wird in bescheidenem Ausmaße auch Wein als Feldfrucht auf Weinäckern (in der auf Seite 262 beschriebenen Weise) angebaut[1]). Obst- und Gemüsebau wird auf den Längsstufen nur in unmittelbarer Umgebung der Siedelungen getrieben.

Die Siedelungen im Innern der Längsstufentafeln sind meistens Einzelhöfe, während die geschlossenen Ortschaften die innere oder äußere Randlage bevorzugen.

Die Einzelhöfe heißen Cascine. Sie bestehen aus einem oder mehreren, bis zweistöckigen Ziegelgebäuden mit flachen Giebeldächern aus

[1]) Die Maulbeerbaumfelder mit Weingirlanden, wie sie z. B. im Etschtale und in der Emilia häufig sind, und die man in der Literatur bei Erwähnung des Weinfeldbaus in Oberitalien regelmäßig angeführt findet, kommen in der westlichen Lombardei nur örtlich in ganz verschwindender Ausdehnung vor. Nach Lorenzi (S. 289) sind sie auf holzarme Gebiete beschränkt.

halbzylindrischen Ziegeln. Meistens sind sie weiß getüncht. Speicher-, Stall- und Wohnräume sind unter einem Dach vereinigt. Bei Teilen des Hauses fehlt gewissermaßen die Vorderwand, so daß bis zur halben Haustiefe oder gar bis zur Rückwand ein einseitig („halb") offener Speicherraum entsteht. Fehlt auch die Rück- oder Seitenwand oder beide, so entstehen fast gänzlich und ganz offene Lagerräume, die Luft hat ungehinderten Zutritt. Die beiden letzten Formen seien „offene Luftspeicher." die erste „halboffener Luftspeicher" genannt. Endlich findet man in einigen Fällen Speicher, bei denen eine oder mehrere Mauern aus Backstein-Gitterwerk bestehen. Offene Räume zu ebener Erde bieten bei der Verrichtung häuslicher Arbeiten angenehmen Schatten im Sommer und ein trockenes Dach bei Regen. Sind Nebengebäude vorhanden, so dienen sie meistens Speicher- und Stallungszwecken. Fensterarmut und Schmucklosigkeit sind Kennzeichen dieser Cascine, und nur selten rankt sich an Wänden oder Speicherpfeilern eine Hecke empor. Von Unsauberkeit kann man jedoch nicht sprechen. Eine Hecke mit Gattertor schließt häufig das ganze Gut oder wenigstens einen Teil davon ein.

Die Cascine stehen in ziemlich weiten Abständen (einen halben bis einen Kilometer) voneinander entfernt. Blickt man über die grünen Ebenen, die infolge der Maulbeerbaumkulturen manchmal an ein Gebiet mit lichtem Laubwald erinnern, so sieht man allenthalben die roten Ziegeldächer und die weißen oder hellbraunen Mauern der Einzelhöfe aus ihnen hervorleuchten. Die geschlossenen Stufenrandsiedelungen sind den Siedlungen auf den Zwischentalrücken sehr ähnlich und sollen dort beschrieben werden[1]).

ee) Die Kulturbecken erscheinen als Parklandschaft mit Laubwald und Wiesen, aus der sich buckelförmige Kultur- und Siedlungshügel erheben. Die Oberflächenformen wurden auf Seite 266 beschrieben. Die tief gelegenen Teile der Becken sind mit feuchter Wiese bedeckt, deren Abteilungen durch Reihen von Maulbeerbäumen, silbergraugrünen Weiden und schlanken Pappeln begrenzt werden. Felder und Siedelungen fehlen den niederen Teilen der Becken fast gänzlich.

ff) Die Getreide- und Obstkulturen liegen auf den Hängen der Buckelhügel, deren beinahe ebene Gipfelflächen von Einzel- und geschlossenen Siedelungen gekrönt werden. Indessen gibt es auch Hügel, die, besonders auf der Nordseite, Nadel- und Laubgehölze und Gebüsch tragen.

---

[1]) Vgl. S. 275.

Die Kulturen — Mais und Weizen sind wieder die Hauptfrüchte — bedecken die natürlichen und künstlichen Hangstufen der Buckel[1]). Meist wird Gartenbau getrieben, Handarbeit herrscht bei der Bestellung vor, und das Land ist in sehr kleine Teile aufgeteilt. Die Kulturflächen machen besonders im Frühling und Sommer den Eindruck strotzender Fruchtbarkeit. Mais-, Weizen-, Hafer-, Kartoffeläcker und Wiesenstreifen sind mit Maulbeer-, Obst- und Nußbäumen durchsetzt. Gebüsche dunkler Feigenbäume stehen mitunter in der Nähe kleiner Feldhütten (Capanna), in denen die Landleute ihre Geräte verwahren, und die als Stall für die auf den Feldern umherlaufenden Hühner, vorübergehend als Speicher für Feldfrüchte, als Trockenwand für Maiskolben usw. dienen. Eine Capanna ist etwa doppelt so groß wie die Laube eines deutschen Schrebergartens und besteht meist aus Holz, das gelegentlich durch Ziegelpfeiler unterstützt wird. Ein ziemlich steiles Strohdach bedeckt das Häuschen, das oft nicht einmal verschließbar ist. Die Capanna ist in der westlichen Lombardei überall dort anzutreffen, wo Kleinaufteilung des verpachteten Landes stattfindet und die Wohnung der Bebauer weit vom Felde entfernt liegt (Brianza, Trockenebene, Appennin bei Varzi). In unmittelbarer Nachbarschaft der Feldhütten stehen von Bohnen überwucherte, etwa 2 m hohe Gerüste und Rohrgebüsche. Zwischen die übrigen Kulturen sind kleine Weinpflanzungen eingeschaltet, auch Weidenbäume und Pappeln sind zahlreich vertreten, so daß kein Fleckchen Land ungenutzt bleibt.

Häufig ziehen sich von den Gipfeln der Buckel schöne, mit weißen Mauern umgebene Parks an den Hängen hinab. Darin sind die dem Gipfel zunächst gelegenen Teile in der Regel reine Zierparks, während die Hänge mit Nutzgärten bedeckt sind, in denen besonders Wein gebaut wird. Die sorgfältig gepflegten Gipfelparks sind landschaftlich tonangebend. Ihre hohen, ausladenden Zedern, ihre schlanken, spindelförmigen Zypressen und ihre schirmförmigen Pinien, die zwischen Fichten, Eichen, Ulmen, Kastanien und Nußbäumen an den bevorzugten Stellen der Parks stehen, sind weit im Lande sichtbar. An geschützten Stellen wachsen Palmen, und in Töpfen gehaltene Orangen- und Zitronenbäumchen werden den Sommer über als Zierde in den Park gestellt.

Inmitten solcher Anlagen stehen auf der höchsten Stelle des Hügels weiße, architektonisch oft schöne Schlösser und schloßartige Villen. Diese gehören zum großen Teil reichen Herrschaften, deren Groß-

[1]) Lorenzi (S. 288) sieht die Zweckbestimmung der künstlichen Hangstufen in dem Schutze des Erdreiches vor Abspülung.

grundbesitz in der ertragreichen, aber gesundheitlich weniger zuträglichen und landschaftlich weniger schönen Bewässerungsebene südlich von Mailand liegt[1]). Ihren Besitzern dienen die Brianzaschlösser nur als Sommer- und Frühherbstaufenthaltsorte und bleiben während der übrigen Zeit des Jahres unbenutzt.

Die größeren oder kleineren geschlossenen Siedelungen, welche die Gipfel der Hügel krönen, sind ebenfalls weithin sichtbar, da die Häuser meist weiß getüncht sind. Zum Teil bestehen die Siedelungen aus Villen mit Parks, zum Teil aus halb städtischen, unharmonisch wirkenden Wohnhäusern, zum größten Teil aber aus den schlichten, einstöckigen, weiß oder gelbbraun getünchten Häusern der Landleute und Handwerker. Tordurchfahrten führen durch die der Straße zugekehrte Langseite der Wohnhäuser in die engen Höfe, die meist allseitig von Wohn- und mit Luftspeichern versehenen Wirtschaftsgebäuden umgeben sind. Die Dachform ist durchgehend das flache Giebel- oder Walmdach aus halbzylindrischen Ziegeln. An den hölzernen Außentreppen und Stockwerksgalerien der Häuser rankt sich manchmal als einziger Schmuck Wein empor, denn Vorhänge, Gardinen, Blumen vor den Fenstern fehlen, und man kann sich des Eindruckes der Kahlheit und der Ungemütlichkeit der Häuser nicht erwehren.

Die Straßen sind nur in den Villen und den neuen, städtisch gebauten Bezirken breit. Sie werden nach dem alten Kern der Siedlung zu schmäler und sind mit faustgroßem, sehr holperigem Geröll gepflastert.

Die teils hochstämmigen, teils buschartigen, stets mit dichtem Unterholz versehenen Waldbestände, die auf den nicht besiedelten oder mit Feldern und Wiesen bebauten Hügeln stehen, werden von Kiefern, Eichen, Kastanien, Robinien, auch von Eschen und Ahorn gebildet. Ein Grund für die Erhaltung solcher Waldbestände ist nach Lorenzi[2]) der Bedarf an Stangen für die Weinstöcke.

gg) Die Kultur-Zwischentalrücken vereinigen die Eigenschaften der Längsstufen mit denen der Buckelhügel. Ein Musterbeispiel für sie ist der sanfte und breite Rücken von Cantù: Lebhafte Feldkultur und Gartenbau werden auf den flachgeböschten, z. T. gestuften Hängen getrieben. Um den geschlossenen Kern der weithin sichtbaren Rückensiedlung legt sich ein breiter Kranz von zerstreut liegenden Gebäuden und Häusergruppen. unter denen sich viele Villen mit größeren

---

[1]) Jacini: S. 189.

[2]) Lorenzi: S. 289.

oder kleineren Parks befinden. In der Mitte des Siedelungskernes liegt ein großer Marktplatz (Piazza), auf dem alle Hauptstraßen zusammenlaufen. Mitunter ist in diesen Siedlungen eine alte Burg vorhanden. Straßen und Häuser gleichen denen der Buckelsiedlungen. Hier wie dort und wie in jedem größeren Orte der Brianza überragen eine oder mehrere hohe, weiße Kirchen mit schlankem Glockenturm die Häuser. In allen Kirchdörfern hat man zu Ehren der Gefallenen des Weltkrieges Baumalleen angelegt, deren den einzelnen Kriegern geweihte Eichen zwar zur Zeit noch jung und klein sind, die sich aber in Zukunft auch im Landschaftsbild bemerkbar machen werden.

Weitab von der geschlossenen Ortschaft aber liegt gewöhnlich der mit hohen, weißen Mauern umgebene Friedhof, dessen Front vielfach mit schönen Zypressen feierlich geschmückt ist, oder zu dem eine Zypressenallee führt, besonders dann, wenn mit dem Friedhof ein Sanktuarium verbunden ist.

Auf den Zwischentalrücken liegen die größten dörflichen Siedelungen, während die Buckelsiedelungen im allgemeinen klein sind. Hingegen ist der Einzelhof die am meisten verbreitete Siedelungsform. Die großen Siedelungen sind mehrfach der Sitz zahlreicher Industrieanlagen (so Cantù), die jedoch infolge der in ihnen überwiegenden Handarbeit mit Ausnahme der Seidenspinnereien und Papierfabriken nur wenig im Siedlungsbild auffallen.

Die Fruchtbarkeit und der landschaftliche Reiz des Kulturhügellandes der Brianza sind berühmt. Kein Italiener vergißt bei der Bearbeitung des Hügellandes die Bemerkung „amena“ (lieblich) hinzuzufügen[1]). Auch wird die Brianza mitunter der „Garten der Lombardei“ genannt[2]).

γ) Die Ferretto-Mischwaldplatten.

Die Ferrettoflächen von Tradate, Sèveso und Cantù sind ziemlich ausgedehnte Platten von schätzungsweise 20 bis 40 qkm Größe, die sich 10 bis 50 m über ihre Umgebung erheben und außer an ihrer Nordseite durch zum Teil gestufte Steilabhänge begrenzt werden.

Die Platten und ihre Ränder werden von zahlreichen, nicht sehr tiefen Hochsohlen- und Längsstufen-Kerbtälern zerschnitten. Hochsohlentäler trifft man bei Sèveso, Kerbtäler und enge Schluchten bei

---

[1]) Moro, Taramelli, u. a.

[2]) Le Cento Città, Heft „Brianza“.

Tradate an. Bei Cantù finden sich Übergänge zwischen beiden Talformen. Meistens ist das Talgefüge frei, nur an den Süd- und Osträndern nähern sich die Täler einander soweit, daß man sie als freigefügt bezeichnen kann. Ihre klaren Bäche sind fast sämtlich im Gebiet der wasserundurchlässigen Ferrettoplatten beheimatet. Auf der Platte von Sèveso liegen mehrere, wahrscheinlich künstliche, Teiche.

Als Landschaftsteile können die Mischwaldplatten und die Siedelungs-Plattenränder aufgestellt werden.

aa) Die Mischwaldplatten.

Zum größten Teile bedeckt Mischwald die Ferrettoflächen. Hochstämmige Kiefern, Eichen, Pappeln, Kastanien und dichtes Unterholz von Robinien, Haselnuß, Weißdorn bilden den Wald. Bis auf das dichte Robinienunterholz erinnern die Mischwälder der Ferrettoplatten lebhaft an die der mitteldeutschen „Heiden" (im Sinne von Hochwald). Sie führen den Namen groane und werden auch boscaccio (schlechter Wald) und brughera genannt).

Der hochstämmige Wald ist meistens ziemlich licht. An seinen Rändern und auf zahlreichen Lichtungen wuchern Adlerfarn und Heidekraut, Blumen und Gräser im Verein mit Brombeer- und Himbeersträuchern, Preißel- und Heidelbeergesträuch. Örtlich wird der Wald regelmäßig bewirtschaftet, so westlich von Sèveso. Dort sind Schneisen und Schonungen angelegt und manche Waldbezirke durch häßliche Drahtgitter abgesperrt worden. Nach Moro setzte die Waldbewirtschaftung, besonders die Anpflanzung von Pinus silvestris, gegen Ende des 18. Jahrhunderts ein[1]).

Nur sehr wenige Siedelungen und kleine Flächen bebauten Landes liegen in den Groanen. Bis vor nicht allzulanger Zeit scheint das Innere der Ferrettoschwellen bis auf Ziegeleien, die den Rotlehm benutzen, völlig unbewohnt gewesen zu sein; aber jetzt wird von den Rändern her das Waldland in Ackerland umgewandelt, und einzelne Höfe schieben sich nach dem Innern vor. Bei Tradate findet man mitten in der Groane einige solcher Waldhöfe, in deren Umgebung Maisfelder und Weinäcker angelegt werden und Obstzüchtung versucht wird.

bb) Die Plattenränder.

Am Fuße der Ferrettoplattenränder sind enge Reihen großer geschlossener Siedelungen entstanden. Vermutlich machen die aus dem

[1]) Moro: S. 5.

Ferrettogebiet ausströmenden Gewässer den Plattenfuß gegenüber der trockenen, unbewässerten Ebene zu einem wesentlichen Landschaftsteil hinsichtlich der Anlage von Siedelungen. Mit ihren Parks und mit Einzelhöfen greifen die Randsiedelungen auf die Mischwald-Platten hinauf.

cc) Die Ferretto-Ackerbauplatte nordöstlich von Monza.

Das Ferrettogebiet nordöstlich von Monza unterscheidet sich wesentlich von den drei vorgenannten. Zwar wird es nach Westen, Süden und Osten durch eine wenig ausgeprägte Stufe abgegrenzt, zwar wird es ebenfalls von zahlreichen flachen Mulden- und untiefen Kerbtälern zerschnitten, aber es ist in hohem Maße dem Ackerbau dienstbar gemacht worden. Wald und Heide sind nur noch an wenigen Stellen anzutreffen und besitzen geringe Ausdehnung nördlich von Arcore, doch weisen verschiedene Ortsnamen auf das frühere Vorhandensein von Wald hin, wo heute Feldbau getrieben wird (z. B. Casa Boscaccio).

Im heutigen Bebauungszustand des Gebietes wiegen Maulbeerbaumfelder und -wiesen vor. Weinäcker sind selten und bedecken nur kleine Flächen. Sehr verbreitet sind Einzelhöfe und Gehöftgruppen, aber auch geschlossene Siedelungen sind vorhanden. In seinem südlichen Teile gleicht dieses Gebiet der unbewässerten Ebene, im Norden leitet es zum Brianzahügelland über. Zahlreiche Ziegeleien nutzen den Rotlehm aus.

III. Das Poflachland.

a) Teillandschaften.

Zwischen den Hügeln des Moränenvorlandes am Südfuße der Alpen und den nördlichen Randhöhen des Appennins liegt das weite, tiefe Flachland des Pos. Der im Gebiet der westlichen Lombardei zwischen Tessin und Adda liegende Ausschnitt mißt etwa 55 km in Nordsüd- und 40 bis 50 km in Ostwestrichtung. Er gliedert sich in drei Abschnitte, die einander parallele, westöstlich gerichtete Streifen bilden: die Aufschüttungsplatte nördlich des Pos, die Flutsohle des Pos (von der die das Arbeitsgebiet seitlich begrenzenden Flutsohlen von Tessin und Adda nicht getrennt werden können) und die Aufschüttungsebene südlich des Pos. Diese Abschnitte sind Teillandschaften innerhalb des großen Poflachlandes.

Zu diesen Teillandschaften treten noch die Stadtlandschaften von Mailand, Monza, Lodi, Pavia und Voghera. Mailand kann infolge seiner erheblichen Ausdehnung Anspruch auf den Rang einer eigenen Landschaft erheben. Die übrigen Städte hingegen werden als Teillandschaften zweiter Ordnung angesehen. Sie sollen jedoch aus dem regionalen Zusammenhang herausgenommen werden und erfahren im Abschnitte „Stadtlandschaften" (S. 319 ff.) gemeinsame Behandlung mit der Stadtlandschaft Mailand.

b) Klima.

Klimatisch bildet das Gebiet eine Einheit (vgl. auch S. 228). Die Verteilung der Niederschläge zeigt im Norden starke Annäherung an die Sommer-Herbstregen der Alpen, während im Süden Frühlings-Herbstmaxima und ein deutliches sommerliches Nebenminimum entwickelt sind. Jacini weist hingegen für das ganze Gebiet wiederholt darauf hin[1]), daß, trotzdem die Regenhöhe mit 800 bis 1100 mm für europäische Verhältnisse erheblich ist, doch sommerliche Dürren regelmäßig eintreten, und die Art des Anbaues, sowie die Auswahl der Feldfrüchte sich dieser Tatsache anpassen müssen. Zum großen Teil gehen die sommerlichen Niederschläge in wolkenbruchartigen Gewitterregen nieder. Auch Moro[2]) weist auf die ungünstige Verteilung der Niederschläge hinsichtlich des Ackerbaues hin. Im Sommer, wenn das Gelingen der Ernte gänzlich vom Wasser abhänge, falle oft wochenlang kein Tropfen, während im Spätsommer und Herbst, wenn Reis- und Maisernte trockenes Wetter erforderten, wochenlange Sprühregen (pioggerella) herrschten. Wohltätig seien aber die Frühjahrsregen. Nach Fischer[3]) reicht die jährliche Regenmenge für den Anbau aus, so daß die künstliche Bewässerung nicht unbedingt nötig ist. Der kontinentale Charakter des Klimas ist auch an dem langen Winterschlaf der Pflanzenwelt zu erkennen. So ist z. B. die bei Temperaturen von $<7^0$ aussetzende Vegetation des Weizens im Mailändischen vom 9. November bis 15. März unterbrochen.[3])

c) Pflanzenwelt.

Die Pflanzenwelt ist im Wesentlichen die gleiche wie im Moränenhügelland, nur tritt der Obstbau in der Ebene zugunsten von Wiesen und flächenhaftem Feldbau sehr zurück. Die Reihe der subtropischen Vorläufer wird durch den Reis um einen wichtigen Vertreter vermehrt.

---

1) Jacini: S. 14 ff.
2) Moro: Fontanili, S. 22.
3) Th. Fischer: Klima der Mittelmeerländer, S. 13/14.

1. Die Kultur-Platte nördlich des Pos.

Die Platte nördlich des Pos zeichnet sich aus durch Gleichartigkeit der Erscheinungsformen auf weite Erstreckung hin. In orographischer Hinsicht wird sie allein durch den verhältnismäßig kleinen Hügel von S. Colombano wirklich belebt. Aber auch dieser fällt, von Nordwesten gesehen, kaum im Landschaftsbilde auf.

Die Platte setzen vier Teillandschaften zweiter Ordnung zusammen: die trockene Kulturebene ohne künstliche Bewässerung, im Norden; die feuchte Kulturebene mit künstlicher Bewässerung, im Süden; das Hügelland von S. Colombano, im Südosten; die Stadtlandschaften von Monza, Lodi und Pavia.

Die Stadtlandschaft von Mailand liegt inmitten der Aufschüttungsplatte an der Grenze zwischen unbewässerter und bewässerter Ebene.

1'. Die trockene Kulturebene ohne künstliche Bewässerung.[1])

Das Kultur-Hügelland der Niederen Brianza grenzt im Süden an eine trockene Kulturebene ohne künstliche Bewässerung und stößt mit den Ferretto-Mischwaldplatten und der Ferretto-Ackerbauplatte mehrere Kilometer weit in diese vor.

Im Süden wird die trockene Kulturebene ohne künstliche Bewässerung ungefähr durch die Zone der Fontanilen abgegrenzt, die etwa von Magenta über Rho, Sesto S. Giovanni, Melzo nach Cassano d'Adda verläuft und den Übergang von der trockenen, unbewässerten, nördlichen zur künstlich und natürlich reich bewässerten, südlichen Kulturebene bildet. Die Fontanilenzone ist bereits zum wasserreichen Südteil der Aufschüttungsplatte zu rechnen.

Die trockene, nördliche Zone mißt etwa 17 km Breite (in Nordsüdrichtung) und reicht ohne Unterbrechung vom Tessin bis zum Adda. Bis auf ausklingende Terrassen, die von der Brianza her in das Gebiet hereinreichen (so der Park von Monza und die Ferrettoplatten, namentlich die von Sèveso), sind sanfte Bodenschwellen von wenigen Metern relativer Höhe die einzigen Erhebungen in dem sanft nach Südosten geneigten Gelände.

---

[1]) Jacini rechnet (nach Bernhard, S. 18/19) diese Zone noch zu der „Region des Hügellandes und der Hochebene" und läßt die „Tiefebene" erst südlich der Linie Boffalora sopra Ticino — Cassano d'Adda beginnen. Auch Moro (S. 11) unterscheidet „alta pianura" (Hochebene) und „bassa pianura" (Tiefebene) und nimmt, da er eine scharfe, natürliche Grenze nicht aufstellen kann, ausdrücklich rein willkürlich die 200 m Isohypse als Trennungslinie an.

Höhenlage einiger Orte der unbewässerten Ebene (in m)

	Gallarate 238		N		
W		Busto Arsizio 223	Saronno 212	Trezzo 187	O
			Monza 156		
		Rho 158	Sesto S. Giovanni 137		
		Cuggiono 156		Cassano d'Adda 133	
			S		

Die größeren Gewässer sind im Gebiete der trockenen Ebene noch eingeschnitten, wie z. B. die Olona, die südwestlich von Tradate in einem 50 m tiefen und 250 m breiten Cañon fließt, doch sind die Täler, besonders in dem südlichen Teile der Zone, vielfach auch nur breite, flache Mulden, so z. B. das Sèvesotal südwestlich von Desio.

Der Boden besteht aus wasserdurchlässigen, groben Aufschüttungen, ist steinig-sandig und enthält Bänke groben Gerölls. Fischer hält ihn für umgelagerten und eingeebneten Moränenschutt,[1]) Taramelli für Ablagerungen der Gletscherschmelzwässer und umgewandelte alte Moräne[2]). In einer großen Schottergrube, 3 km südlich von Busto Arsizio, fand ich über 10 m mächtige, faust- bis kopfgroße, gerundete Schotter meist kristallinen Materials in völlig horizontaler Wechsellagerung mit dünnen Erdschichten aufgeschlossen, ohne daß das Liegende erreicht zu sein schien.

Die Gewässer haben südliche und südsüdöstliche Richtung. Sie sind sämtlich Fremdlinge in dieser Zone, die selbst keinen Wasserlauf hervorbringt, und deren lockerer Aufschüttungsboden manchen kleinen, von Norden her einströmenden Bach versiegen läßt.

Die meist von Robinienbuschufern begleiteten Gewässer sind grabenartig — künstlich oder natürlich — mehrere Meter tief eingeschnitten. Ihr ursprünglich klares Wasser ist unterhalb der Industriesiedlungen schmutzig und übelriechend.

Das Gefälle der Flüsse ist örtlich verschieden. Während Lambro und Olona ziemlich rasch fließen, schieben sich andere, kleine Gewässer träge dahin.

Künstliche Bewässerung fehlt im Allgemeinen in der Trockenebene. Seit dem Bau des Villoresi-Kanals (1892) sind jedoch Versuche in dieser Hinsicht angestellt worden. Dieser ist neben Olona, Sèveso und Lambro das weitaus wichtigste Gewässer der trockenen Ebene. Er wird bei Somma Lombardo vom Tessin abgeleitet, fließt in südlichem

---

[1]) Halbinselland, S. 360.

[2]) Carta geol. S. 36/37.

Bogen nach Osten, unweit südlich von Monza vorüber und mündet bei Gropello in den Adda. Die nordsüdlich gerichteten Flüsse quert er teils durch Überführung, teils durch Untertunnelung. Als reiner Bewässerungskanal, ohne Schiffahrt, von dem zahlreiche Verteilungszweige nach Süden abgeleitet werden, nimmt er an Breite mit zunehmender Länge immer mehr ab. Östlich von Castano Primo schätzte ich seine Breite auf über 15 m, westlich von Monza nur noch auf 8—10 m. Seine Ufer werden von etwa 3 m hohen Dämmen gebildet, die streckenweise mit Robinienbusch bewachsen sind. Zur Zeit der Reinigung der Bewässerungsgräben (Frühjahr und Herbst) liegen der Kanal und die von ihm gespeisten Verteilungsgräben für einige Wochen trocken. Der Villoresi soll u. a. den landschaftlichen Wert der Trockenzone erhöhen. Nach Bernhard[1]) ist der bisherige Erfolg sehr gering. Etwas günstiger urteilt Soresi.[2])

Landschaftsteile der unbewässerten Kulturebene sind: Baumpflanzungsebene, Strauchheide-Ebene, stadtartige Maschinenkultursiedelungen.[3])

α) Die Baumpflanzungsebene.

Die Baumpflanzungen nehmen den weitaus größten Teil der unbewässerten Ebene ein und umgeben die übrigen Landschaftsteile vollständig. Ihre wesentlichen Bestandteile sind: Maulbeerbaumfelder, baumlose Nutzwiesen, Uferbuschflüsse und -bäche, Siedlungen, Straßen.

Die Maulbeerbaumfelder.

Für die Kulturen in der Trockenebene ist mehr als in allen anderen Teilen der westlichen Lombardei der Maulbeerbaum charakteristisch. Er findet hier den ihm zusagenden, lockeren Boden, er ist der Sommerdürre gewachsen und steht in Abständen von wenigen Metern (6 bis 8) in Reihen oder ungeordnet in den Feldern und Wiesen. Die Maulbeerbaumfelder bedecken Hunderte von Quadratkilometern, und tagelang kann der Reisende zwischen ihnen wandern. Die durch solche Kulturen gekennzeichneten Landflächen machen einen überaus ein-

---

[1]) Bernhard: Wasserwirtschaft, S. 23.

[2]) Soresi: La marcita lombarda, S. 95.

[3]) Man kann im Zweifel sein, ob der Baumpflanzungs- und der Strauchheide-Ebene der Rang von Landschaftsteilen zuzusprechen sei, da sie sich durch Pflanzenkleid, nicht aber durch Oberflächenform unterscheiden. Ihre große Ausdehnung rechtfertigt jedoch obige Klassifizierung.

tönigen und ermüdenden Eindruck auf den Fremden, um so mehr als die etwas über mannshohen Maulbeerbäume mit ihren kugeligen Kronen, deren Rutenäste vielfach von einem Stammstumpf ausstrahlen, jeden Ausblick über die Ebene hindern. Blickt man aber von einem erhöhten Standpunkte aus über die Maulbeerbaumfelder, so glaubt man über einem lichten Laubwaldgebiet zu stehen. Es läßt sich leicht vorstellen, welchen merkwürdigen Anblick die Maulbeerbäume im Juni und Juli bieten, wenn ihr Laub zwecks Fütterung der Seidenraupen gerupft worden ist und die kahlen Rutenäste in die Luft starren. Neuerdings baut man den Maulbeerbaum auch in dichten Strauchreihen auf Wiesen[1]) an, da diese Art der Anpflanzung früher einen Ertrag an Futterblättern liefert als die Baumpflanzung. Zwischen und unter den Maulbeerbäumen werden Weizen, Mais, Hirse, daneben Wein, Kohl und vermutlich auch andere Gemüse- und Getreidesorten gebaut, und in geringem Maße kleine Wiesen angelegt. Zwar wird der Ertrag der unter dem Schatten derMaulbeerbäume liegenden Felder etwas herabgemindert, aber dieser Verlust wird durch den Gewinn bei der Seidenraupenzucht bei weitem aufgewogen. „L'ombra del gelso è l'ombra d'oro" (Der Schatten des Maulbeerbaumes ist goldener Schatten), sagt ein lombardisches Sprichwort[2]). Auch Anpflanzungen von Schilf, d. h. Reihen und Gruppen bis 3 und 4 m hohen Rohres, das bei der Seidenraupenzucht verwendet wird, trifft man sehr häufig an. Während Wein im Osten nur örtlich angebaut wird, bedecken Weinäcker im Westen, besonders bei Busto, ausgedehnte Flächen.

Das bei weitem vorherrschende Produkt dieser Gegend ist indessen der Weizen,[3]) dessen Anbau sehr oft durch Pachtvertrag bedingt ist. Dieser schreibt dem Pächter vor, drei Fünftel bis zwei Drittel des gepachteten Landes mit Weizen zu bebauen. Auf den übrigen zwei Fünfteln oder einem Drittel der Pachtfläche wächst dann zum größten Teil Mais.

Das Ackerland im Gebiete der unbewässerten Ebene ist in sehr kleine Parzellen aufgeteilt, die zum großen Teil von den Grundbesitzern direkt oder durch Oberpächter an die Bebauer vermietet werden. Mit Ausnahme des westlichen Ober-Mailändischen[4]) wird im Gebiet

---

[1]) Sog. Maulbeerwiesen (vgl. Internat. Agrartechn. Rdsch. 1916, S. 35 bis 37.) Ich selbst habe solche Maulbeerstrauchwiesen übrigens nie angetroffen.

[2]) Jacini: S. 190.

[3]) ders. S. 192.

[4]) ders. S. 187.

der Trockenebene der Boden mit dem Spaten umgegraben, obwohl die Bearbeitung mit dem Pfluge möglich wäre. Jacini weist darauf hin, daß ein solches Verfahren nur in einem Lande mit sehr dichter Bevölkerung möglich sei. Der Erfolg einer so sorgfältigen Bearbeitungsweise zeigt sich in der großen Ertragfähigkeit des Bodens. „Maulbeerbaum und Spaten, dies sind die zwei mächtigen Faktoren der Produktion dieser Gegend."[1])

Innerhalb der kleinen Felder stehen, ein wenig abseits von der Straße in geringen Abständen voneinander über die ganze Trockenebene verteilt, hölzerne oder aus Ziegeln erbaute Capannen, (Feldhütten), die überall dort zu finden sind, wo der Kleinpächter und Bearbeiter des Feldes weit von diesem entfernt in geschlossenen Siedlungen wohnt. Sie haben oft auffallend steile Dächer aus Stroh oder Ziegeln. Vor diesen Vorratshäuschen, die einen etwas festeren Eindruck machen als jene im Brianza-Hügelland, hat man meistens Tennen angelegt, auf denen Körnerfrüchte gedroschen und dann an der Sonne getrocknet werden. Um die Feldhütten herum stehen Obstbaumgruppen, Weinstöcke und Heuschober.

Örtlich treten zwischen den Maulbeerfeldern kleine Robiniengehölze auf.

Die Maulbeerbaumfeldkulturen erleiden nördlich von Rho eine Unterbrechung. Dort breiten sich auf einer mehrere Quadratkilometer großen Fläche an Stelle der Baumfelder W i e s e n aus, die von schmalen, vom Villoresikanal gespeisten Wassergräben durchzogen werden. Auch die Maulbeerbäume verschwinden, und nur Gruppen hoher Pappeln erheben sich aus der Wiesenebene, so daß der Blick frei über diese schweifen kann. Diese Lokalform liegt nahe am Südrande der Trockenzone, ist jedoch noch ganz von unbewässerten Maulbeerbaumfeldern umgeben. Sie kann aber als Vorläufer der bewässerten Ebene angesehen werden.[2])

Es wurde bereits ausgeführt, daß die grabenartig eingeschnittenen Betten der fließenden G e w ä s s e r Buschufer (meist Robiniengebüsch) aufweisen, und daß auch die künstlich aufgeworfenen Uferdämme des Villoresi-Kanals streckenweise mit Laubgebüsch bewachsen sind.

Die S i e d e l u n g e n im Gebiete der Baumkulturen sind meist geschlossen und erreichen beträchtliche Größe. Es liegen nicht nur eine ganze Anzahl Städte, wie Monza, Saronno usw. in dieser Zone, auch

---

[1]) ders. S. 191.

[2]) Ob sich außer dieser noch weitere offene Flächen in der Nähe des Südrandes der Trockenebene befinden, entzieht sich meiner Kenntnis.

die Dorfsiedelungen sind geschlossen und groß und tragen vielfach den Charakter von Landstädtchen. Orte mit 5000 bis 10 000 Einwohnern sind keine Seltenheit. (Dèsio, Castano Primo u. a.). Geschlossene, große Siedlungskerne überwiegen — z. B. im Gegensatz zur Brianza — über Einzelsiedlungen und Ausbauten der Kerne. Das Beispiel für einen häufig wiederkehrenden Siedlungstyp ist Mùggio (westlich von Monza): Ein schmaler Gürtel umzäunter Gemüsegärten umgibt das Dorf. In der Mitte des letzteren liegt ein rechteckiger Dorfplatz, von dem aus nach verschiedenen Richtungen hin 4 bis 8 m breite, mit Geröll holperig gepflasterte Straßen ausgehen, deren Häuserfronten einander nicht parallel laufen, sondern durch Ausbuchtungen und Knicke plötzliche Verengungen und Erweiterungen der Straße hervorrufen. Die grau und gelbbraun getünchten Häuser sind ein- oder zweistöckig und haben flache, mit Ziegeln gedeckte Giebel- oder Walmdächer. Ihre Fenster liegen weit auseinander und können durch Holzläden oder rotbraune Vorhänge gegen die Sonne abgeblendet werden. Manchmal sind die Erdgeschoßfenster vergittert. Durch eine Tordurchfahrt in der Langseite des an der Straße liegenden Gebäudes gelangt man in den gewöhnlich engen, allseitig von Gebäuden umschlossenen Hof, der meist Wirtschaftszwecken dient. Luftspeicher, Außentreppen, Stockwerksgalerien sind häufig. In manchen Fällen umgeben einfache Bogengänge auf einer oder mehreren Seiten den Hof, in dem gelegentlich auch einige Maulbeerbäume stehen. Die meist blendend weiß gehaltene, hohe Kirche überragt alle anderen Gebäude. In den Orten der Trockenebene wird viel Handwerk betrieben, auch Fabrikbetriebe, vorwiegend Möbeltischlereien, sind häufig. Die Werkstätten dehnen sich bis auf die Straße aus, und am Rande der Ortschaften sieht man bisweilen haushohe Stapel von Brettern und Balken lagern. Oft liegen am Rande der Dörfer als besonders auffällige Bauten die langen, einstöckigen Gebäude von Seidenspinnereien.

Einzelhöfe und Gehöftgruppen fehlen jedoch nicht gänzlich, und in der Nähe von Monza — ebenso wie in der Umgebung der Maschinenkultur-Siedlungen — erreichen sie ziemliche Verbreitung. Sie unterscheiden sich von den Gehöften der geschlossenen Dörfer namentlich durch ihre oft riesigen Höfe, an denen zahlreiche Wohn- und Wirtschaftshäuser stehen.

In der Nähe der geschlossenen Ortschaften liegen bisweilen — besonders in dem Abschnitte südlich der Brianza — Villen und Schlösser mit schönen Parks, z. T. in französischem Stil. Häufig machen diese Anlagen und Baulichkeiten allerdings den Eindruck einer verschwundenen Herrlichkeit.

β) Die Strauchheide-Ebenen.

An vielen Stellen (so westlich und östlich von Gallarate, südlich und nordöstlich von Busto Arsizio, südwestlich von Saronno, östlich von Rho, Reste nördlich von Gorgonzola) werden die Maulbeerbaumfelder von ebenen Heideflächen unterbrochen. Es sind dies ziemlich ausgedehnte (bei Busto Arsizio z. B. schätzungsweise über 3 qkm große) Gebiete mit hüft- bis mannshohem, dichtem Robiniengebüsch, in denen kleine Bestände von Kiefernhochwald und Robinienbuschwald vorkommen, welche offenbar Reste einst größerer Wälder sind.

Mannshohes Gras macht das Robiniendickicht noch undurchdringlicher. Solche Heiden entstehen nach Taramelli[1]) an den Stellen, wo der Humusboden über den Schottern weggespült worden ist. Westlich von Gallarate werden mehrere Quadratkilometer baumlosen Graslandes, das von Heidefläche eingeschlossen ist, als Flugplatz benutzt. Die Heiden sind siedelungs- und ackerbaufeindlich und unbewohnt.

γ) Die Maschinenkultursiedlungen.

Gallarate, Busto Arsizio, Legnano, Saronno und Monza sind Inseln intensiver Maschinenkultur im Gebiete der Baumpflanzungen. Um gedrängte Siedlungskerne herum, die teils den dörflichen Siedlungen teils den später zu behandelnden Stadtlandschaften ähneln, legen sich breite Ringe von Fabrikbauten und Arbeitersiedlungen in offener Bauweise, deren Industriegelände von Maulbeerbaumfeldern unterbrochen wird, welche nach dem Stadtkern zu immer dürftiger und kleiner werden. Metallindustrie, Maschinen- und Wagenbau, Elektromechanik sind neben Baumwollindustrie, Seidenspinnerei und -weberei die wichtigsten Industriezweige. Elektrische Triebkraft wird weitgehend benutzt. Der Beiname „italienisches Manchester", den Busto Arsizio führt[2]), deutet auf die Bedeutung dieses wichtigsten Industriegebietes hin. Bemerkenswert ist, daß die Industriesiedlungen auf die Trockenebene beschränkt sind.

Verkehrswege.

Die Straßen der Trockenebene sind in guter Verfassung und verlaufen zu ebener Erde. Seit 1923/24 wird außerdem ein Netz moderner, zementierter, sehr breiter Autostraßen geschaffen, die zunächst Mailand mit den Seen verbinden. Sie sind schnurgerade, überwinden jede Unebenheit des Geländes durch Einschnitt oder Damm und werden

---

[1]) Taramelli, carta geol. S. 33/34.

[2]) Karminski.

von anderen Straßen mit Hilfe von Überführungen aus Eisenbeton über- oder unterquert.

2'. Die feuchte, künstlich bewässerte Kulturebene.

Die feuchte, künstlich bewässerte Ebene erstreckt sich von der Zone der Fontanilen bis zu dem Steilabfall, der die nördliche Platte von der Flutsohle des Pos bezw. Tessins trennt. Zwischen Tessin und Adda und den oben genannten Grenzen bildet sie ungefähr ein Parallelogramm mit 40 km Höhe (nordsüdliche Luftlinie) und 45 km Grundlinie (Westost-Erstreckung).

Die Platte ist auch in ihrem südlichen Teile leicht nach Südosten geneigt, besitzt jedoch hier ein wesentlich geringeres Gefälle als weiter nördlich.

Höhenlage einiger Orte der bewässerten Ebene (in m)

N

Mailand 122 Melzo 118

Abbiategrasso 120 Melegnano 88

W Binasco 101 Lodi 80 O

Pavia 77 Hügel von S. Colombano 144 Casalpusterlengo 61

Corteolona 71

S

In dieses fast völlig ebene Gelände bringen selbst die größeren Flüsse, wie Lambro und Olona, die noch in scharf abgegrenzten und im Landschaftsbild auffallenden, kilometerbreiten, aber nur wenige Meter tiefen Muldentälern mit sanften Hängen in südsüdöstlicher Richtung fließen, nur unvollkommene Gliederung. Erst in der Nähe des südlichen Steilabfalls nehmen die Täler ausgeprägtere Formen an.

Die einzige Erhebung im Südteile der Platte ist der Hügel von S. Colombano (relativ 70 m hoch). Freilich haben die Oberflächenformen der Bewässerungsebene durch den Menschen eine weitgehende, auf Planierung gerichtete Umgestaltung erfahren, und Moro[1]) z. B. nimmt an, daß eine ganze Anzahl von natürlichen Bodenschwellen und -senken im Laufe der Jahrhunderte durch Menschenhand eingeebnet worden sei. Auch Taramelli[2]) spricht von einer Anzahl Erhebungen nördlich und nordwestlich von Pavia, die der Arbeit des Menschen zum größten Teil zum Opfer gefallen sind. Der Boden besteht aus mächtigen

---

1) Moro: Fontanili, S. 24.

2) Taramelli: Carta geol. S. 38.

„schlammigen und sandigen“ Aufschüttungen mit wenigen kiesigen Bänken“[1]). Der Oberboden ist im allgemeinen feiner Lehm. Nördlich von Pavia kommen an einigen Stellen sandige, unfruchtbare, zusammengewehte Binnenlandsdünen vor[2]), die aber, wie oben erwähnt, heute zumeist verschwunden sind, und von denen allenfalls noch sandiger, unfruchtbarer Boden zeugt.

Der Südteil der Platte ist schon von Natur aus, besonders aber durch Menschenhand außerordentlich reichlich bewässert. Eine große Anzahl von Quellen (Fontanilen) spendet reichlich Wasser, mehrere größere und zahlreiche kleinere Flüsse durchströmen das Land, und außerdem leiten einige große Kanäle Wasser aus Tessin und Adda dem Süden der Platte zu. Oft ist es sogar unmöglich, den natürlichen Lauf der Gewässer durch das Netz der Zehntausende künstlicher Wassergräben hindurch zu verfolgen, und in manchen Fällen lösen sich Flüsse gänzlich in Bewässerungsgräben auf, ohne je wieder unter ihrem alten Namen zu erscheinen.

Auch die Pflanzendecke ist durch den Menschen gänzlich verändert worden. Ursprünglich mögen wildreiche Laubwaldungen, besonders Eichenwälder, daneben wohl auch Buchen-, Eschen- und Birkenwälder und sumpfige Niederungen das Land bedeckt haben. So bezog das ganze römische Italien seine Schweine aus dem an Eicheln reichen Polande[3]). Jedoch waren — immer nach Jacini — auch vor neunzehnhundert Jahren bereits große Teile des Landes in Kultur genommen. Die Äcker, „wo die Weinrebe die Pappel umrankte, oder der Weizen, die Gerste, der Roggen, die Bohne, die Hirse, die Rübe und der Lein abwechselnd wuchsen“ (Dreifelderwirtschaft), waren von Reihen von Weiden, Ulmen und Eichbäumen umrahmt. Mitunter fand man eine bewässerte Wiese, und Sümpfe waren häufig.[4])

Von wildreichem Walde in der südwestlichen Lombardei zeugt auch ein Landsknechtslied, das von der Schlacht bei Pavia 1525 berichtet, daß sie in einem Tiergarten (dem damals bis Pavia reichenden Park der Certosa di Pavia [5])) stattgefunden habe[6]). Rückschläge im Ackerbau und Vordringen der Wälder erfolgten je nach den politischen Zuständen des Landes. Die höchste landwirtschaftliche Erschließung

---

[1]) Moro: Fontanili, S. 11, und Taramelli: Carta Geol. S. 37.

[2]) ebenda.

[3]) Jacini: S. 28 nach Strabo, und Nissen II_1, S. 56.

[4]) Jacini: S. 35.

[5]) A. v. Hoffmann: S. 69.

[6]) Dresdner Anzeiger, 24. II. 1925.

setzte aber mit dem Bau eines ausgedehnten Systems guter Straßen unter Maria Theresia ein.

Heute ist dieser Teil der Poebene durch die Winterrieselwiesen und die Reisfelder charakterisiert. Im nördlichstenTeil der bewässerten Ebene herrschen die an die Fontanilen gebundenen Winterrieselwiesen vor, weiter südlich treten diese gegenüber den Reisfeldern zurück, und der südlichste Teil, nahe dem Steilabfall, kann als Zone des Trockenbaues angesprochen werden. Feste Grenzen zwischen diesen drei Zonen bestehen jedoch nicht. Scharf abgegrenzt hingegen ist das Hügelland bei S. Colombano mit seinen Maulbeerbaumfeldern.

Für die ineinander übergehenden drei Zonen der Bewässerungsebene lassen sich zusammensetzende Bestandteile aufstellen, die ihnen allgemein sind, die aber dadurch, daß in der einen oder der anderen Zone diese oder jene Bestandteils-Type vorherrscht, bestimmend auf den Charakter des Landschaftsbildes einwirken. Diese Landschaftsteil-Typen sollen zuerst behandelt werden.

1. Abschnitt: Die Landschaftsteile der bewässerten Ebene.

aa) Die Fontanilen.

Die Fontanilen (fontanile oder risorgive) sind Quellteiche meist künstlicher Entstehung, die in großer Zahl in einem Landstreifen zwischen den Linien Cuggiono—Magenta—Rho—Sesto S. Giovanni — Monza—Melzo—Cassano d'Adda im Norden und Abbiategrasso—Locate Triulzi—Paullo im Süden auftreten. Ihr Wasser stammt entweder aus den Seen[1]) oder von den Niederschlägen[2]). Die Fontanilen besitzen kanalförmige, rechteckige, keulenförmige oder unregelmäßige, stets längliche Gestalt und erreichen oft mehrere hundert Meter Länge. Je nach der Höhe des Grundwasserspiegels und dem Austritt des Wassers sind die Fontanilen von künstlichen, mehrere Meter hohen und oft mit dichtem Robiniengebüsch bewachsenen Dämmen umgeben oder nicht. Das Wasser tritt entweder — in seltenen Fällen[3]) — unmittelbar an die Oberfläche, oder es wird durch eiserne oder hölzerne Röhren aus einer nur wenige Meter betragenden Tiefe ans Tageslicht geleitet.

Im Landschaftsbilde fallen die mit Robiniengebüschdämmen versehenen Fontanilen besonders auf.

---

[1]) Jacini: S. 136.

[2]) Th. Fischer: Halbinselland.

[3]) Z. B. bei der großen Fontanile S. Alessandro, 4 km südl. von Monza, wo das Wasser unter dem Damm über einer kiesigen Lehmschicht hervortritt.

Die Häufigkeit der Risorgiven ist in den einzelnen Gegenden verschieden. So befinden sich auf dem Blatte Mailand-Ost der Karte 1 : 25000 nicht weniger als 140 Quellteiche, auf Blatt Magenta 60, Melzo 65 usw.[1]) In der Nähe von Melzo kommen sogar 8 bis 9 Quellteiche auf 1 qkm[1]). Die Fontanilen besitzen geradlinige Abzugskanäle (Fontanilengräben), die das aus der Erde strömende Wasser, dessen Spiegel zunächst mehrere Meter unter dem Niveau des umgebenden Ackerlandes liegt, oft viele Kilometer weit auf weiter südlich gelegene, in tieferer Lage befindliche Felder leiten.

Ihrer Entstehung nach sind die Fontanilen ursprüngliche Schnittquellen, die am Südrande der groben Aufschüttungen der Trockenzone, die über den lehmig-tonigen Ablagerungen der Bewässerungsebene liegen, zutage treten. Bei der Anlage einer Fontanile wird bis auf den Grundwasserspiegel und noch etwas tiefer gegraben, und mit Hilfe eines langen Abzugskanales das Wasser auf die Felder geleitet. Nachdem man die Stellen stärksten Hervorquellens des Wassers durch Beobachtung festgestellt hat, faßt man diese „Quellaugen" durch senkrechte Röhren, um das austretende Wasser rein zu erhalten (Moro). Die Höhe des Grundwasserspiegels der Fontanilen, bezogen auf die Erdoberfläche, nimmt mit abnehmender absoluter Höhe des Geländes zu. So liegt der Grundwasserspiegel bei Lentate sul Sèveso in 81 m Tiefe,[2]) in Gallarate bei 4,8 m, in Monza bei 5,15, Mailand bei 3,40, Bellinzago bei 1,05 m.

Die Wasserführung der Fontanilen ist nicht selten recht erheblich. So gibt es Quellteiche, die 2000 bis 4000 qm Oberfläche haben und 80 bis 140 l in der Sekunde liefern.

Im Allgemeinen spenden die Fontanilen im Sommer mehr Wasser als im Winter. Wasserführung und Spiegelhöhe werden aber von den Niederschlägen und auch von der künstlichen Bewässerung oberhalb der Quellen stark beeinflußt. So steigen bei Magenta Grundwässer, deren Spiegel für gewöhnlich 3—5 m unter der Oberfläche liegt, während der sommerlichen Berieselung des nördlich von ihnen gelegenen durchlässigen Geländes durch den Villoresi-Kanal an die Oberfläche und setzen weite Flächen unter Wasser, so daß mit Hilfe von Entwässerungsgräben diesem Übel wieder abgeholfen werden muß.

Über die Temperatur des Fontanilenwassers liegen erst wenige Beobachtungen vor. Jedoch ergeben die bisherigen Messungen erstens

[1]) Moro: Fontanili, S. 19. — Ein Kartenblatt 1 : 25000 stellt in der Breite von Mailand eine Fläche von reichlich 90 qkm (genauer 90,1875) dar.

[2]) Moro: Fontanili, S. 14/15.

eine große Beständigkeit der Temperatur des Wassers, zweitens die auffällige Tatsache, daß das Fontanilenwasser im Winter absolut wärmer ist als im Sommer. Z. B.

Fontanile Galli bei Robecco[1])

1897 Tag	Temperatur der Quelle	Monatsmittel von Vigèvano als der nächsten Wetterstation
6. Januar	15.1°C	+ 0.7° C
6. März	15.4°	—
20. Juli	12.6°	+23.8°
20. November	15.4°	—

Damit wird der hohe Wert des Fontanilenwassers für die Landwirtschaft klar. Während die Ebene in Schnee und Eis gehüllt ist, dauert auf den von den Fontanilen berieselten Wiesen die Vegetation fort, so daß der letzte Schnitt im November, der erste im März vorgenommen werden kann. Andererseits ist allerdings in den warmen Fontanilen eine Ursache für die häufigen Winternebel in der Tiefebene zu suchen, jedoch wird dieser Nachteil durch den gewaltigen Nutzen, den diese nie versagenden Quellen stiften, bei weitem wettgemacht.

bb) Die natürlichen, fließenden Gewässer.

Soweit die natürlichen Wasserläufe sich verfolgen lassen, sind sie von Uferwald- und Uferbaumreihen eingefaßt, die sich namentlich aus Weiden, Pappeln und Erlen zusammensetzen. Im Allgemeinen verlieren die Flüsse, während sie die durchlässigen Aufschüttungen der Brianza und der Trockenebene durchfließen, an Wasser. Nach ihrem Eintritt in den wasserreichen Südteil der Aufschüttungsplatte mit der Fontanilenzone erhalten sie einen großen Teil des verloren gegangenen Wassers zurück[2]). Die Breite und Wasserführung der Wasserläufe wechselt außerdem noch, je nachdem ob diese gerade große Wassermengen an die Kanäle abgegeben oder ob sie solche aufgenommen haben. Größere Flüsse fließen gewunden in breiten, flachen Muldentälern mit völlig ebenen Horizontalsohlen dahin (Lambro, Olona). Die Sohlen selbst sind wiederum von Wassergräben durchzogen. Das Gefälle ist gering. Von Überschwemmungen der Flüsse ist mir nichts bekannt. Bei dem Ausbau des Bewässerungsnetzes, wie er heute besteht, sind sie unwahrscheinlich.

---

[1]) Moro: S. 101.

[2]) Moro, S. 183.

cc) Die künstlichen Wasserläufe.

Der weitaus größte Teil der fließenden Gewässer im südlichen Teile der Platte ist künstlich. Es sind Schiffahrts- und Bewässerungskanäle zu unterscheiden. Die Schiffahrtskanäle dienen in der Regel gleichzeitig der künstlichen Bewässerung, während auf den reinen Bewässerungskanälen keine Schiffahrt stattfindet.

Sie alle fließen zwischen hohen Dämmen und werden über und unter anderen Wasserläufen hinweggeleitet bezw. unterführt. Bei den Schiffahrtskanälen läuft auf einem oder beiden Dämmen eine Straße entlang, die von den stromaufwärts treidelnden Pferden benutzt wird. Auf hohen, geschwungenen Brücken werden die Wasserstraßen von den Landstraßen überquert.

Schiffahrts- und Bewässerungskanäle zugleich sind der Naviglio Grande, der Kanal della Martesana und der von Pavia. Ferner besteht schon seit langem der Plan, durch einen großen, von Mailand nach Lodi zum Adda führenden Schiffahrtskanal in Verbindung mit einer Addaregulierung einen direkten Binnenschiffahrtsweg von der Hauptstadt der Lombardei nach dem Adriatischen Meere zu schaffen.

Der Naviglio Grande läuft von Castelletto am Tessin diesem parallel bis Abbiategrasso. Er teilt sich dort und fließt als Naviglio Grande nach Mailand und als Kanal von Bereguardo nach diesem Orte weiter. Seine anfangs sehr große Wasserführung wird infolge der Anzapfungen mit zunehmendem Laufe immer geringer. Er wurde 1177—1272 erbaut.[1])

Vom Adda wird der Kanal della Martesana (erbaut 1457) abgeleitet. Er beginnt bei Trezzo und mündet in den Hafen von Mailand. Der Kanal von Pavia, der aus dem 19. Jahrh. stammt, nimmt in Mailand das Wasser beider Kanäle und das des Sèveso auf und bringt es zum Tessin, in den er nahe unterhalb von Pavia mündet. In den einzelnen Kanälen ist die Strömung verschieden stark. So fließt der Naviglio Grande bei Magenta reißend schnell, während der Martesana-Kanal bei seinem Eintritt in den Stadtgraben Mailands träge dahinschleicht. Größere Höhenunterschiede werden durch Schleusen überwunden. Namentlich die Schleusen des Pavia-Kanals zeichnen sich durch große Hubhöhe aus[2]) und werden z. T. zur Elektrizitätsgewinnung ausgenutzt. Die Tragfähigkeit der Kanalkähne (barche)

---

[1]) Soresi: marcita lombarda, S. 76ff.

[2]) Ich schätzte bei Mirabello 6—8 m.

ist nur gering (auf dem Kanal della Martesana 27 t, dem Kanal von Pavia 45 t, und dem Naviglio Grande 41 t im Durchschnitt[1])).

Von den nur Bewässerungszwecken dienenden Kanälen seien der älteste Bewässerungskanal der Lombardei, die sog. Vettabbia (12. Jahrh.), die die Abwässer von Mailand auf Rieselwiesen leitet, und ferner die Muzza (12. Jahrh.), die bei Cassano vom Adda abgeleitet wird und diesem Strome wieder zufließt, genannt.

Neben diesen großen Kanälen gibt es eine Unmenge kleinerer und kleinster Gräben, die zu einem scheinbar unentwirrbaren, in Wahrheit aber wohldurchdachten und geordneten Bewässerungsnetz ineinandergefügt sind.

Größere Kanäle werden durch Längsaufteilung oder Seitenanzapfung in kleinere zerlegt, diese durch regelnde Schützen auf die Felder geleitet. Dann werden die vom Felde abfließenden Wassermengen wieder gesammelt und in tiefer gelegenen Gebieten von neuem auf die Felder gebracht. Die Gräben kreuzen einander und werden auf Kanalbrücken übereinander hinweg oder durch Röhren unter einander und unter den Straßen hindurch geführt. Westlich von S. Angelo Lodigiano fließt das Wasser der Gräben sogar auf Dämmen über dem Niveau der Umgebung. Die Geschwindigkeit der Grabenströmung ist, je nach den örtlichen Gefällsverhältnissen, größer oder kleiner.

Auch an den Ufern der Bewässerungskanäle stehen in der Regel Reihen von Laubbäumen, vorwiegend Pappeln, Weiden und Erlen (Baumwassergräben).

Zur Verringerung des Schattens und zur Gewinnung von Holz sind bei den Pappeln (aber auch bei Eichen) die unteren Äste entfernt worden, so daß nur noch ein kleiner Wipfel erhalten geblieben ist (Wipfelpappel, Wipfeleiche).

Das Bewässerungsnetz überzieht mit dichten, im allgemeinen rechteckigen Maschen die weite Ebene, und es berührt den Reisenden recht eigenartig, aber doch angenehm, wenn er zwischen dichten, schattigen Baumreihen, durch welche allenthalben der sonst so stechende Sonnenschein hindurchflutet, einherschreitet und zu beiden Seiten in den Gräben das klare Wasser leise plätschernd oder gänzlich lautlos dahineilen sieht, wenn er allerorten auf Über- oder Unterführungen, auf Schützen, Kanalteilungen stößt, und man kann sich

---

[1]) Annuario Storico - Statistico del Comune di Milano 1920/21. Baumaterialien, Hölzer, Industrieprodukte und landwirtschaftliche Erzeugnisse stellen den Hauptanteil an den beförderten Waren.

der Bewunderung für diese bis zum Äußersten durchgeführte Dienstbarmachung der Natur nicht erwehren.

Nur im Frühjahr und Herbst liegt das Grabennetz einige Wochen lang trocken, denn da werden die Gräben gereinigt und der in ihnen abgelagerte, übelriechende Faulschlamm als Dünger auf die Felder geschafft, nachdem zuvor die in den Gräben lebenden Fische gefangen worden sind. Allein die Instandhaltung des Bewässerungsnetzes erfordert viele Mühe und erzieht eine an große Arbeit und Aufmerksamkeit gewöhnte Landbevölkerung.

dd) Die Kulturen

Es sind zu unterscheiden:

[a] Kulturen mit flächenhafter Dauerbewässerung.

[b] Kulturen mit gelegentlicher Furchenbewässerung.

[c]. Trockenkulturen.

[a] Kulturen mit flächenhafter Dauerbewässerung. Hierher gehören: Das Reisfeld[1]) und die Winterrieselwiese (prato a marcita).

Das Reisfeld. Das Reisfeld ist eine rechteckige, völlig ebene, durch halbmeterhohe und ebenso breite Dämme in Abteilungen geteilte, von etwas höheren, mit Baumreihen bepflanzten Dämmen umgebene Fläche von verschiedener Größe, stets aber größer als ca. 50 qm. Es erscheint im Landschaftsbild im Frühjahr als seichter Teich mit braunem Grund, im Frühsommer als überschwemmte, grünende Wiese mit Wasserlachen, im Spätsommer als hellbraune, dichte, über meterhohe Sumpfwiese mit wild durcheinanderhängenden, schweren Rispen, und nach der Ernte als gelbbraunes, halbmeterhohes Stoppelfeld, im Spätherbst endlich als schwarzblauer bis schwärzlichgrüner Sturzacker. Nur sehr selten trifft man in den Reisfeldern ein paar alte Maulbeerbäume an. Das Wasser steht auf den Reisfeldern 15—20 cm hoch, doch stagniert es nicht, sondern fließt langsam zu und ab, auch ist es — und darauf wird sogar großer Wert gelegt — durch lange Zuleitung bereits etwas angewärmt.

---

[1]) In dieser Arbeit wird nur die landschaftliche Erscheinungsform der Kulturen beschrieben. Über Grundlagen und Handhabung der Bewässerungskulturen Oberitaliens im Allgemeinen unterrichtet H. Bernhard, Landbauliche Wasserwirtschaft Italiens; über den Reisbau: E. Husmann, Die Reiskultur in Italien; — Über die Wässerwiesen geben Moro (La zona dei fontanili) und Soresi (La marcita lombarda) eingehende Darstellungen.

Je nach den Grundwasserverhältnissen gibt es dauernde Reisfeldflächen und solche, die in den regelmäßigen Fruchtwechsel einbezogen sind. Erstere sind indessen im Verschwinden begriffen, da sie sich namentlich in natürlichen Sumpfgebieten finden, stagnierendes Wasser den Reispflanzen aber unzuträglich ist[1]). Aber auch die in den Fruchtwechsel einbezogenen Reisbauflächen sind anscheinend dieser Kultur dauernd vorbehalten, denn sie finden sich auf den amtlichen Karten eingezeichnet.

Neuerdings werden in den Reisfeldern mit Erfolg Karpfen gezüchtet[2]).

Die Winterrieselwiesen. Reisfeld und Winterrieselwiesen sind hinsichtlich der Bewässerung Ergänzungs-Wechselformen; denn wurden die Reisfelder den Sommer über bewässert, so versteht man unter einer Winterwässerwiese (prato a marcita) ,,eine Wiese, über deren Oberfläche man vom Herbst bis zum Frühling eine dünne Schicht von Wasser langsam und kontinuierlich laufen läßt, das infolge seiner Eigenwärme und Bewegung nicht gefriert und dem Gras dauernd Nahrungsstoffe zuführt, so daß dieses geradezu wunderbar gedeiht.“[3]) Dieses Ziel kann durch verschiedene Berieselungssysteme erreicht werden[4]). Im Landschaftsbild erscheinen die Winterwässerwiesen als mehr oder minder ausgedehnte, bis etwa 300×500 m große, rechteckige, kaum merklich gestufte Flächen, die auf allen Seiten, besonders aber auf den beiden parallel zur Stufung verlaufenden, von Baumwassergräben umzogen sind. Von dem höher gelegenen der beiden Parallelgräben aus erfolgt nun die Berieselung durch eine Anzahl senkrecht zur Stufung verlaufender Gräben. Das Wasser steht auf den einzelnen Wiesenstufen so hoch, daß nur die Spitzen der im Winter handhohen Grashalme hervorragen. Eine ganz gleichmäßige Verteilung des Wassers habe ich jedoch nie gesehen, sondern es gab stets Stellen, die tiefer unter Wasser standen als andere, und solche, die aus der Wasserfläche hervorragten. Auch in den Winterrieselwiesen stehen nur ausnahmsweise einige Maulbeerbäume. Für die Berieselung der Wiesen wird vor allem das warme Fontanilenwasser benutzt. Die Folge dieser überaus günstigen Verhältnisse sind außerordentlich hohe Heu-Erträge. 6—8 Grasschnitte im Jahr und milcherzeugende Stallgrünfütterung des Rindviehs während des

[1]) Koernicke-Werner: Handbuch; und Maurizio.
[2]) Supino: Karpfenzucht usw. S. 1176.
[3]) Übersetzung aus Moro, Fontanili, S. 104.
[4]) Über diese vgl. Moro S. 173ff und Soresi, S. 30ff.

ganzen Winters sind Zeugnisse von den Segnungen der warmen, flächenhaften, winterlichen Bewässerung. Doch erfordert auch die Winterwässerwiese, ebenso wie das Reisfeld, außerordentlich viel Arbeit und Sorgfalt.

[b] Kulturen mit gelegentlicher Furchenbewässerung. Bei einer ganzen Anzahl von Anbaupflanzen, so vornehmlich bei Mais, Flachs u. a.[1]), werden die Felder während verschiedener Wachstumsabschnitte vorübergehend berieselt, wobei das Wasser in Furchen über das Feld geleitet wird. Auch hier umgeben Baumwassergräben und -reihen die Felder. In den Kulturflächen selbst stehen häufig Reihen von Maulbeerbäumen, doch erreichen sie nicht entfernt die Dichte, in der sie in der unbewässerten Ebene stehen.

Außer Feldkulturen mit gelegentlicher Furchenberieselung gibt es noch Sommerrieselwiesen, jedoch ist mir über sie nichts Näheres bekannt.

[c] Trockenkulturen. Zu den Trockenkulturen, die ohne künstliche Bewässerung bleiben, gehören vor allen Dingen die Weinäcker, auf denen in langen Reihen Weinstöcke stehen, ferner werden Weizen, Gemüse und auch Mais in Trockenpflanzungen gebaut. In allen diesen Feldern stehen regellos oder in Reihen zahlreiche Maulbeerbäume in ziemlicher Dichte. Baumwassergräben umziehen auch diese unbewässerten Feldflächen, und an den allenthalben an den Grabenrändern angebrachten Schützen erkennt man, daß wenigstens die Möglichkeit zur künstlichen Bewässerung gegeben ist.

In diese Gruppe gehören auch große, von Baumgräben und -reihen umgebene Wiesen von etwa 200×350 m Seitenlänge (z. B. östlich von Lambrate), bei denen ich keine Anzeichen künstlicher Bewässerung entdecken konnte.

An Talabhängen und Wegeinschnitten treten kleine Bestände von Robinienbuschwald auf.

ee) Die Siedelungen.

Betrachtet man die zahlreichen Siedelungen der bewässerten Ebene unter den Gesichtspunkten Siedelungslage und Siedelungsform, so erhält man etwa die weiter unten angeführten Typen. Diese Ordnung der Siedelungstypen kann aber schon deshalb keinen Anspruch auf restlose Vollständigkeit machen, weil mir die persönliche Kenntnis des südlich von Lodi zwischen Adda und Po liegenden Landzipfels fehlt.

---

[1]) Bernhard: S. 22.

[a] Man kann der Lage nach unterscheiden:

Flußübergangssiedelungen. Diese sind oft ehemalige oder heutige Befestigungen und erreichen meist bedeutende Größe, wie z. B. Pavia, Lodi, Abbiategrasso, Pizzighettone u. a. m. Sind Längsstufen vorhanden, so liegen sie gern auf deren oberstem Rande und aus diesem Grunde abseits vom Fluß (Abbiategrasso).

Plattenrand- und Spornsiedelungen, die auf der Platte an ihrem Süd- und Südwestrande, sowie auf den schmalen Sporen der Platte, welche zwischen je zwei Ausbuchtungen der Flutsohle des Pos stehen geblieben sind, liegen. Gute Beispiele sind Costa dei Nòbili für Spornlage und Chignolo Po (östlich von Corteolona) für Plattenrandlage (vgl. Fig. 7).

Kanalsiedelungen, die besonders an den alten Schiffahrtskanälen anzutreffen sind (z. B. am Naviglio Grande).

Talsohlensiedelungen, wie Wassermühlen und Einzelhöfe auf den Talsohlen.

Zwischentalschwellen-Siedelungen.

Zwischentalschwellen sind die zwischen den flachen Muldentälern liegenden, in der Regel viele Kilometer breiten aber nur wenige Meter hohen Teile der Aufschüttungsplatte. Bei den im Innern dieser Schwellen liegenden Wohnsitzen kann man nach ihrer Lage zu den Verkehrswegen wieder Straßenkreuzungssiedelungen, Straßensiedelungen und solche Wohnplätze unterscheiden, die abseits der Straße inmitten der Feldflächen liegen. Haben die beiden erstgenannten Siedelungsarten oftmals beträchtliche Größe, so gehören zu den Feldsiedelungen fast ausschließlich Einzelgehöfte.

[b] Der Form nach sollen nur geschlossene und Einzelsiedlungen unterschieden werden. Beide Formen kommen in jeder Lage vor, doch sind Talsohlen-, und Feldlage fast ausschließlich den Einzelsiedlungen vorbehalten.

Die geschlossene Siedelung. Typisch für alle geschlossenen Siedelungen ist die geschlossene Bauweise der Häuserzeilen. Unter den geschlossenen ländlichen Wohnsitzen sind wohl am häufigsten die Haufendörfer, die oft solche Größe erreichen, daß sie den Eindruck von Landstädten erwecken (z. B. Binasco). Sehr weit verbreitet ist auch die Form des Straßendorfes, dessen Doppelzeile bei gewöhnlicher Straßenlage in einer Richtung, bei Straßenkreuzungslage (z. B. Belgiojoso) in mehreren Richtungen lang ausgezogen ist. Zu länglichen Haufendörfern ausgewachsene Straßendörfer sind nicht selten, jedoch ist bei ihnen die breite, lange Hauptstraße gegenüber den engeren kurzen Seitengassen noch stark betont. Auch die Plattenrand- und Spornsiedelungen gehören meist in diese Formengruppe. Endlich sind die Kanalsiedelungen ein- oder zweizeilige Straßendörfer (Corsico, Gaggiano usw.).

Als Beispiel für die geschlossene Siedelung diene das Haufendorf Quinto Romano westlich von Mailand. Die Schilderung der Straßen und Gehöfte gilt auch für die Straßendörfer, nur entbehren diese manchmal den Dorfplatz, auch sind ihre Straßen geradliniger.

Eingezäunte Gemüse- und Obstgärten umgeben das Dorf, das, von außen gesehen, zwischen den Kronen höherer und niedrigerer Laubbäume fast verschwindet. In der Mitte des Dorfes liegt der viereckige, große, saubere Dorfplatz, an ihm die wenigen Verkaufsläden des Ortes. Einige Maulbeerbäume wachsen auf dem Platze. Von ihm aus führen nach verschiedenen Seiten 3—6 m breite Straßen, die, wie der Platz, holperiges Pflaster von faustgroßem Geröll haben. An ihnen stehen geschlossen aneinandergereiht einstöckige, hellbraun getünchte Flachgiebeldachhäuser, die ihre Langseite der Straße zukehren. Weite Tordurchfahrten führen in geräumige Höfe, die teils allseitig von Wohn-, Stall- und Luftspeicher-Gebäuden umschlossen werden, teils an einen Garten angrenzen. Alle Gebäude werden von der Kirche überragt. Für sie ist in der westlichen Lombardei der viereckige stumpfe Turm mit der großen Laterne typisch, in der man das Räderwerk des Glockenstuhles sieht. Weit draußen, abseits vom Dorfe, liegt der Friedhof.

Dorfwaschhäuser — d. h. überdachte, steinerne Waschplätze an einem gemeinsamen großen oder an mehreren kleinen, zementierten Wasserbecken — stehen oft am Dorfeingang am Graben oder Bach.

Eine ebenso imposante wie geschichtlich interessante Erscheinung sind die mächtigen, massigen, aus rotem Backstein erbauten, quadratischen oder rechteckigen Kastelle, die in der bewässerten Ebene fast keinem größeren Dorfe fehlen. Oft sind diese Kastelle, deren doppelt gezackte Zinnen stolz in die Luft ragen, noch bewohnt, von einigen anderen sind allerdings nur noch die Ruinen vorhanden. Ich selbst sah solche Kastelle in Binasco, Vidigulfo, S. Angelo Lodigiano, Spessa, Belgiojoso, Miradolo, Copiano, Lacchiarella, Siziano (Ruine), Lardirago, Filighera (Ruine), Tolcinasco.

Die Einzelsiedelung. Für die Einzelhöfe diene als Muster das Gut Il Persichetto südlich von Mailand:

In der Mitte (oder am Rande) einer großen, offenen, von Weiden- und Pappelgräben und -reihen eingehegten Wiese steht das aus mehreren rechtwinklig zueinander stehenden Gebäuden zusammengesetzte Gut. An einer Seite liegt ein ummauerter Gemüsegarten mit Obst und Maulbeerbäumen. Die einstöckigen, mit flachen Satteldächern aus Ziegeln gedeckten Häuser umschließen einen weiten Hof mit einer großen Tenne in der Mitte, der zementierten „aja", die zum Trocknen von Mais- und Reiskörnern benutzt wird. Die Speicher sind offene oder halboffene Luftspeicher. Gelegentlich ist das Hauptgebäude eins der oben erwähnten ehemaligen Kastelle.

Diese Gutsform findet man auch in den Gehöftgruppen und in den äußeren Teilen der geschlossenen Siedelungen.

Mühlen stehen zwischen Baumpflanzungen und Gemüsegärten an Flüssen und Kanälen, von denen bisweilen Mühlgräben abgeleitet werden. Der Antrieb der großen eisernen Mühlräder ist — soweit ich gesehen habe — unterschlächtig.

Die zahlreichen Ziegeleien fallen durch Schornstein und ausgedehnte Trockenanlagen auf. Sie gleichen fast völlig den Ziegeleien in Mitteldeutschland. Der Lehm für die Ziegel wird — wahrscheinlich infolge des hohen Grundwasserspiegels — nicht in tiefen Gruben sondern flächenhaft flach abgebaut, und infolgedessen liegen in der näheren Umgebung der Ziegeleien alle oder einige Felder etwa 1 m unter dem Niveau ihrer Umgebung.[1])

Zu erwähnen sind noch die Kultsiedelungen: Abteien und Karthausen mit z. T. prächtigen Bauten. Die schönste ist zweifellos die Certosa di Pavia. Chiaravalle Milanese und Morimondo (bei Abbiategrasso) sind Beispiele für Abteien.

Meist geben die Kultsiedlungen Anlaß zur Entstehung oder Förderung von Wohnortschaften.

Heiligenbilder sind sehr häufig. Sie stehen an den Landstraßen und sind an den Häusern der Dörfer angebracht. Jedoch erfreuen sie sich bei der Bevölkerung durchaus nicht jener Ehrfurcht wie z. B. die Heiligenbilder in der sächsischen Wendei.

ff) Die Straßen sind sehr oft geschotterte Dammstraßen, die auf einer oder auf beiden Seiten von mehr oder weniger breiten Baumwassergräben begleitet werden. Auf den Dammböschungen wächst in der Regel Gras (Baumgrabendammstraßen). Mitunter steht

---

[1]) Die Vermutung, daß solche infolge Lehmgewinnung eingetiefte Feldflächen für den Reisbau bevorzugt werden, bestätigt sich nicht, obwohl gelegentlich die Vertiefungsflächen auch für Reisfelder benutzt werden. Im Gegenteil ist das stehende, kalte Grundwasser der Lehmgruben dem Reis höchst unzuträglich.

zwischen Graben und Straße dichter, hoher Robinienbusch, so daß von der Straße her der Eindruck erweckt wird, als befinde man sich in einem Buschwald, während doch in 7—10 m Entfernung die offenen Reisfelder und Wiesen liegen.

Auch ungeschotterte Fahr- und Fußwege werden oft von Gräben begleitet. Aber auch wenn diese fehlen, stehen häufig Weiden- und Pappelreihen, auch Robinienbusch zu beiden Seiten der Verkehrswege (Baum- und Buschstraßen). Graben- und baumlose Straßen und solche zu ebener Erde fehlen ebenfalls nicht. Die Eisenbahngeleise liegen in der Regel auf hohen Dämmen.

2. Abschnitt. Die Anordnung der Landschaftsteiltypen in der bewässerten Ebene.

Wie erwähnt[1]), herrschen im Nordteile der bewässerten Ebene die Kulturen mit flächenhafter Dauerbewässerung, im Süden die Trockenkulturen oder die mit gelegentlicher Furchenbewässerung vor (Fig. 2).

α) Die Zone der Dauerbewässerungs-Kulturen reicht von der Fontanilenzone bis zu einer Linie Bereguardo-Corteolona-Sant' Angelo Lodigiano. Beide Grenzen sind jedoch unscharf und gezahnt, und die Übergänge zu den Nachbarzonen sehr allmählich. Die breiten Zwischentalplatten sind reizvolle Parklandschaften, in denen Baumwassergräben mit Weiden und Wipfelpappeln und Robiniengebüschgräben anmutige Horizontlinien bilden. Zwischen ihnen liegen Winterrieselwiesen und große Reisfelder, große Trockenwiesen und Maulbeerbaum-, Mais- und Gemüsefelder und werden von den Gräben mit Wasser versorgt. Im Norden zeigen Buschdämme die Fontanilen an. Bis zu einer Linie Abbiategrasso-Locate Triulzi-Paullo im Süden sind die Winterrieselwiesen außerordentlich verbreitet[2]). Sie nehmen dort 10—30% der Anbaufläche ein und erreichen unmittelbar südlich von Mailand, in Vigentino und Chiaravalle, mit mehr als 30% der Anbaufläche ihren höchsten Anteil an dem landwirtschaftlich genutzten Areal.

Innerhalb eines von der Linie Abbiategrasso—Chiaravalle Milanese —Melegnano—Landriano—Binasco—Abbiategrasso umgrenzten Gebietes besitzt, nach den amtlichen Karten[3]) zu urteilen, die Kultur des Reises ihre größte Verbreitung in der westlichen Lombardei. Die Nordgrenze des Reisbaues überhaupt ist ungefähr durch die Punkte: Abbiate-

---

[1]) Vgl. S. 289.

[2]) Moro: Fontanili, Karte S. 152.

[3]) 1 : 25000 und 1 : 100000.

grasso, Cusago, Chiaravalle, Melzo bezeichnet, und nur einige Vorläufer greifen nordwestlich von Magenta weiter nach Norden vor oder reichen in die tiefe südliche Ausbiegung des Reisbaugebietes um Mailand hinein. Im Allgemeinen darf man sagen, daß die Nordgrenze des Reisbaues in der westlichen Lombardei zurückweicht. So berichtet noch Husmann von wesentlichen Anbauflächen nordwestlich von Gallarate, von denen heute nichts mehr vorhanden ist. Überhaupt geht in der Lombardei der Reisbau stetig zurück. Husmann[1]) berichtet von einem besonders starken Rückgang um $^2/_5$ in der Provinz Pavia während der Jahre 1870—83. Seit Husmanns letzten Angaben ist der Reisbau der Fläche nach in der Lombardei wieder um etwa $^1/_4$ zurückgegangen[2]). Um die Bewohner des Landes vor den vielfach umstrittenen, nachteiligen Wirkungen des Reisbaus zu schützen, müssen seit 1866 die Reiskulturen von Mailand einen Mindestabstand von 5 km haben. Bei Orten von über 15000 Einwohnern muß der Abstand 2000 m betragen, bei solchen mit 6—15000 Einwohnern 500 m, und so in absteigendem Maße bis zu Wohnsitzen mit 30—300 Einwohnern, von denen die Reisbauflächen mindestens 30 m entfernt sein müssen[3]).

Unter den Siedelungen überwiegen die verstreuten Einzelhöfe und Gehöftgruppen in Feld-, Straßen- und Straßenkreuzungslage bei weitem über die geschlossenen großen Orte. Letztere sind dagegen in der Übergangszone zur nicht bewässerten, nördlichen Ebene noch ziemlich häufig.

Größere Siedelungen liegen ferner an den strahlig von Mailand aus die Bewässerungsebene durchziehenden Straßen (z. B. Paullo, Melegnano, Locate Triulzi, Còrsico), und eine auffallende westöstlich gerichtete Reihe größerer Siedelungen verläuft in der Höhe von Binasco nach Lodi Vecchio.

Ziegeleien sind allgemein verbreitet. An Flüssen, Kanälen und Fontanilengräben liegen zahlreiche Mühlen und andere die Wasserkraft ausnützende Anlagen.

Gewöhnlich werden die meist auf Dämmen verlaufenden Verkehrswege von Baumgräben eingefaßt. Nur stellenweise laufen sie zu ebener Erde. Sie folgen nicht den Muldentälern, sondern liegen auf den Zwischentalschwellen.

Auf den sanften Hängen und den breiten Horizontalsohlen der Talmulden hat man, soweit ich gesehen habe, von Baumwassergräben

---

[1]) Husmann: Reiskultur, Tabellen S. 227 ff.

[2]) Annuario Statistico Italiano 1919—21.

[3]) Maurizio: S. 189.

und Wasserrinnen durchzogene Rieselwiesen angelegt, und an den Flußufern stehen Baumreihen mit Erlen, Weiden und Wipfelpappeln.

Die ästhetische Wirkung dieses Landschaftsbildes ist sehr günstig. Wenn auch der gezackte, von Weiden und Wipfelpappeln gebildete Horizont, über den ab und zu ein viereckiger, flachgedeckter Glockenturm ragt, sehr eng ist, so wirken doch das satte Grün der üppigen Kulturen, die lichte Dämmerung zwischen den dichten Baumreihen, das überall rieselnde und rauschende Wasser im Verein mit der Lichtfülle der Sonne an dem im Sommer meist wolkenlosen Himmel äußerst angenehm auf den Besucher. Um so trauriger ist das Bild im Winter, wenn die Bäume laublos, die Felder umgestürzt oder unter Wasser gesetzt daliegen, wenn eine Schnee- oder Reifdecke alles überzieht, und die auf sommerliche Wärme berechneten offenen Speicher wie Ironie wirken.

β) Die im Süden sich anschließende Zone der Trockenkulturen reicht bis zum Steilabfall der Aufschüttungsplatte. Winterwässerwiesen und Reisfelder fehlen zwar nicht vollständig, aber sie sind nicht mehr tonangebend. Dafür treten die Trocken- und gelegentlichen Berieselungskulturen in den Vordergrund, besonders Mais- und Wiesenkultur, und in bedeutend höherem Maße als bisher der Weinbau. Die von Baumreihen umgrenzten Felder erreichen z. T. ganz erhebliche Ausdehnung (z. B. bei St. Angelo Lodigiano 500×400 m). Auffällig sind etwa meterhohe und sehr lange Mieten auf dem freien Felde. Die Täler gleichen mit ihren Uferbuschflüssen denen der Reisbauzone, haben aber deutlich ausgeprägte Längsstufen, und die Strömung ihrer Gewässer ist sehr gering.

Unter den Wohnplätzen besitzen die geschlossenen Ortschaften das Übergewicht, doch gibt es auch zahlreiche Einzelsiedelungen. Besonders fallen die großen Wohnzentren im Südostzipfel, dem Lodigiano, auf (Codogno, Casalpusterlengo). Sie liegen oft an Flußübergängen, wie Malèo, Castiglione, S. Colombano, S. Angelo Lodigiano, aber auch Plattenrand- und Spornlage sind ziemlich häufig (Corteolona, S. Cristina e Bissone, Chignolo Po, Fig. 7).

An den Einzelsiedelungen haben, außer sehr ausgedehnten Gehöften, Mühlen und Ziegeleien einen großen Anteil. Kastelle stehen häufig in den Dörfern oder auch allein.

Eine Eigentümlichkeit der südlichen Bewässerungsebene sind Gartenzäune aus Maisstengeln.

Die Verkehrswege verlaufen meist zu ebener Erde, treten aber bei Überquerung der breiten Täler als Dammstraßen in Erscheinung. Die Eisenbahnlinien verlaufen meistens auf Dämmen.

Sowohl die nördliche wie die südliche Zone der Bewässerungsebene gehört zu den intensivsten Viehzuchtgebieten Italiens, und in der Höhe von Mailand, wie auch südlich von Lodi, spielt die Milchverarbeitung eine hervorragende Rolle (vergl. auch S. 367).

3'. Das Hügelland von San Colombano al Lambro.

Das Hügelland von S. Colombano erhebt sich um 70 bis 75 m aus der umgebenden Ebene und erreicht 144 m Meereshöhe. Es erstreckt sich etwa 8 km weit von Nordwest nach Südost und ist kaum 2 km breit. Man kann das Hügelland in einen östlichen, hügeligen und in einen westlichen ebeneren Abschnitt teilen. Nach Süden und Osten und im östlichen Teile, vermutlich auch nach Nordosten, fällt das Hügelland ziemlich steil ab, hingegen ist seine Abdachung nach Norden und Nordwesten so gering, daß es von S. Angelo aus nur als sanfte Geländewelle erscheint. Zahlreiche kleine Kerbtäler schneiden sich in die steilen Ränder ein und reichen teilweise bis weit ins Innere hinein. Im nordwestlichen Abschnitte teilen sie den nach Südwesten blickenden Abhang des Hügellandes in mehrere gleich hohe, oben ebene, nach Südwesten steil abfallende Zwischentalrücken auf. Der geologische Bau des Hügels stimmt mit dem des nahen Appennins überein, auch finden sich zwischen beiden (bei Portalbera) weitere Reste von Schichten entsprechender Formationen anstehend.[1])

Der Untergrund besteht im Südosten aus pliozänen Mergeln[2]) und im Nordwesten aus altdiluvialen Sanden. Im Oberboden sind beide umgestaltet und durch des Menschen Arbeit vermischt. Ein gelblicher, sandiger Boden bildet die Ackerkrume.

Eine Anzahl Dauerquellen entspringt wahrscheinlich an der Schichtgrenze zwischen Sanden und Mergeln. Westlich von Miradolo in einem kurzen, tiefen Tal und bei Ca' de Rho treten je eine Mineralquelle auf.

Das Hügelland ist fast gänzlich mit Feldern bebaut, und nur in den Tälern trägt der nach Nordwesten blickende Abhang teilweise Robiniengebüsch. Neben Maulbeerbaum-Maisfeldern trifft man namentlich Weinmischfelder, Erbsenbeetflächen und einige Wiesen an. Alle Kulturen sind ausschließlich Trockenkulturen. Die Weinmischfelder bestehen aus Reihen von Maulbeerbäumen, von denen einige als Spalier für Weinstöcke dienen. Zwischen den Reihen wächst Getreide.

---

[1]) Theob. Fischer (Halbinselland, S. 357) folgert, daß das Hügelland durch den Po vom Appennin abgeschnitten worden sei. Nach Taramelli (Prov. Pavia, S. 57) ist die Herausmodellierung alten Addaläufen zu verdanken.

[2]) Taramelli: Prov. Pavia, S. 57ff.

Die Erbsenbeetflächen aber sind in unzählige schmale und kurze (4×1 m) Beete mit tiefen Zwischenfurchen aufgeteilt. An den Abhängen werden im Stufenbau Wein und Obst gezüchtet und dazwischen Feldfrüchte gebaut. Hohe Wipfelpappeln, Robinien, Wipfeleichen, Platanen und Maulbeerbäume stehen an den zu ebener Erde verlaufenden Straßen.

Die auf dem Hügellande liegenden Siedelungen sind ausschließlich Einzelgehöfte und -häuser. Meistens handelt es sich um Wirtschaftshöfe, doch haben die Mineralquellen Anlaß zur Anlage eines Kurortes mit einer Anzahl zerstreuter Villen und Kurhäuser am südwestlichen Rande des nordwestlichen Abschnittes des Hügellandes gegeben (Terme di Miradolo). Dagegen liegen am Hügelfuß einige größere, geschlossene Siedelungen. Zwei Straßen queren scheinbar mühelos den Hügelrücken und benutzen Täler zum Aufstieg.

Die Stadtlandschaft von Mailand-Monza.

Sie ist eine selbständige Landschaft im Grenzgebiet zwischen trockener und bewässerter Ebene. Im Abschnitt „Stadtlandschaften" soll näher auf sie eingegangen werden.

2. Die Sumpfwaldflutsohlentäler des Pos, Tessins und Addas.

Die Längsachse und tiefste Einsenkung des Poflachlandes ist das Potal im engeren Sinne, das im Gebiete der westlichen Lombardei durchgehend als Flutsohlental ausgebildet ist. Es liegt dem Nordrande des Appennins etwa siebenmal näher als dem Südabfalle der Alpen und biegt, nachdem es in ostnordöstlicher Richtung in die westliche Lombardei eingetreten ist, an der Mündung des Tessins, südöstlich von Pavia, in eine ostsüdöstliche Richtung um. Auch die linken Nebenflüsse des Pos, Tessin und Adda, die Grenzflüsse des Arbeitsgebietes, fließen auf weiten Strecken in Flutsohlen.

So durchströmt der Tessin nach seinem Austritt aus dem Langensee bis Somma Lombardo in südsüdöstlicher Richtung einen etwa 250 m breiten und fast 100 m tiefen, längsgestuften Cañon, dessen Sohle ganz vom Fluß eingenommen wird. Unterhalb von Somma aber wird das Tal breiter, und es bildet sich eine Flutsohle aus, auf der das klare, grünliche Wasser des Flusses vielfach verästelt in einem breiten, insel- und bankreichen, blendendweißen Schotterbett rasch dahinströmt, während zu beiden Seiten dichte und hohe Ufersumpfwälder den Fluß begleiten. Auf der Flutsohle im Ufersumpfwald entspringen — besonders in verlassenen Flußarmen — zahlreiche Quellen, die sich zu weiteren Armen vereinigen. In einiger Entfernung vom Wasser steigen die Talhänge in mindestens zwei deutlich ausgebildeten Stufen zur Platte an. Westlich von Magenta ist das Tal des Tessins 3 ½ km breit. Davon nimmt die Sumpfwaldflutsohle fast 1 ½ km ein. Am gleichen Orte liegt die nur wenig über den Flußspiegel erhabene Flutsohle 117 m hoch, die erste Längsstufe 121 bis 123 m, die zweite 130 m, der obere Plattenrand 145 m. Die Randabhänge der Stufen sind ziemlich steil, und besonders fällt der von der Aufschüttungsplatte zur zweiten Stufe abstürzende Hang im Landschaftsbilde auf. Je mehr sich der Tessin dem Po nähert, desto breiter werden Flutsohle und Flußbett, desto gewundener und verästelter die Stromrinne und desto feiner das mitgeführte Ablagerungsmaterial des Flusses. Deiche begleiten seine Ufer. Die Steilabfälle der Aufschüttungsplatte bleiben jedoch bestehen, bis sie in die des Po-Tales übergehen, beziehungsweise sich mit ihnen schneiden, wie bei Cava Manara.

Ähnlich ist die Entwicklung des Adda-Tales, das vom Leccosee bis Trezzo in südsüdöstlicher, von da bis Lodi in südlicher Richtung verläuft und von Lodi bis zu seiner Mündung in den Po südöstliche und ostsüdöstliche Richtung einschlägt. Die Ausbildung eines zusammenhängenden Flutsohlentales beginnt erst zwischen Brembomündung und Cassano d' Adda. Noch bei dem erstgenannten Punkte fließt der Adda in einem teils weiteren, teils sehr engen Längsstufen-Cañon von 50 m Tiefe. Wenig nördlich von Cassano bildet sich eine ähnliche breite Sumpfwaldflutsohle mit Stromverästelungen aus wie beim Tessin. Als Vorläufer der zusammenhängenden Flutsohle können die sumpfigen Niederungen östlich von Airuno und die südlich von Brivio angesehen werden, die zwar ziemlich breite Sohlen besitzen (bei Airuno 1 ½ km, bei Brivio über einem halben Kilometer), aber auf beiden Seiten von Steilabhängen aus anstehendem Gestein (Kalken und Konglomeraten) eingefaßt werden . Die oberen Längsstufen von Tessin und Adda werden benutzt, um Bewässerungs- und Schiffahrtskanäle von ihren Abzapfungsorten allmählich auf die Platte hinaufzuführen (Naviglio Grande, Nav. della Martesana, Muzza u. a.).

Das Flutsohlental des Pos ist wesentlich größer als die beiden erwähnten. Langsam fließt der unterhalb der Tessinmündung etwa einen halben Kilometer breite Strom in großen Windungen ostwärts. Er teilt sich nicht in verschiedene Arme, doch liegen zahlreiche Sandbänke in seinem Bett. Erhebliche Flußbettverlegungen haben in vergangener Zeit stattgefunden und finden noch heute statt, teils durch die Naturgewalten, teils durch den Menschen veranlaßt. Tote Arme, stehengebliebene Teiche sind häufig. Die Ufer sind niedrige Steilufer von 1½ bis 3 m Höhe, vor denen bei niedrigem Wasserstand ein weißer Sandstrand mit vereinzelten Grasbüscheln liegt. Ein breiter Laubwaldstreifen, gelegentlich Sumpfwald, der auf der Nordseite größere Ausdehnung erlangt als auf der südlichen, begleitet die Ufer. Im Süden steigt abgesehen von den erwähnten Steilufern die Ebene allmählich zum Appenninenfuße an, während im Norden die Flutsohle sich kilometerweit bis zu einer zweiten, relativ 10 bis 20 m hohen, steilen Stufe ausdehnt, der Grenze der Platte[1]). Auf der Flutsohle sind die alten Mäander des Pos im Landschaftsbild insofern deutlich ausgeprägt, als der Plattensteilrand in großen Bögen verläuft und an seinem Fuße bogenförmige Reisfelder oder Sümpfe liegen, in denen z. T. schmale Wasserläufe rinnen oder tote Arme stagnieren. Das Niveau der alten Mäander ist dann niedriger als das der Inseln, die zwischen ihnen und dem Pobette liegen. Auf weite Strecken begleiten in einigen hundert Metern Entfernung auf diesen Inseln mehr oder minder hohe Deiche das Flußbett. Die Stufenränder, besonders aber der Steilabfall der Platte, werden von einer Anzahl kleiner Bäche in Kerbtälern zerschnitten, und auch die größeren, von der Platte herabkommenden Flüsse (Olona, Lambro) haben vor ihrem Austritt auf die Flutsohle tiefe Kerben eingefurcht. Die Mündungen der Seitenflüsse in den Po sind häufig verschleppt.

Die Böden sind, bis auf eine tertiäre Klippe im Po bei S. Cipriano, alluviale, sandige und kiesige, hauptsächlich aber feinsandige Aufschüttungen. Beim Tessin[2]) liegen grobe, quarzreiche Sande im eigentlichen Bett, während im Überflutungsgebiet feine, glimmerreiche Sande lagern. Außerdem tritt noch ein feiner quarzarmer, goldhaltiger Sand auf. Der Sand des Pobettes ist fast weiß, die Ablagerungen auf der Flutsohle bräunlich.

Teile der Flutsohlen-Landschaft sind die Flutsohlen, die Längsstufen und der Steilabfall der Aufschüttungsplatte (Fig. 7).

α) Die Flutsohlen:

Flußbett, Altwässer, Teiche, Ufersumpfwälder und -gebüsche und Längsstufenwälder sind die natürlichen Formbestandteile der Flutsohlen. Dazu treten von toten Armen umschlossene Inseln und als

---

[1]) Einen weiteren (diluvialen) Stufenrand würde nach Taramelli (Prov. Pavia, S. 75) der Südabfall des Hügellandes von S. Colombano bilden.

[2]) Taramelli: Prov. Pavia, S. 78.

Werke des Menschen Kulturen und Siedelungen auf diesen Inseln, endlich Dämme und Brücken.

Das Flußbett des Pos ist offensichtlich nicht tief, Tessin und Adda hingegen dürften ansehnliche Wasserstände aufweisen. Ufersumpfwälder, Uferwälder und -büsche nehmen erhebliche Flächen ein und

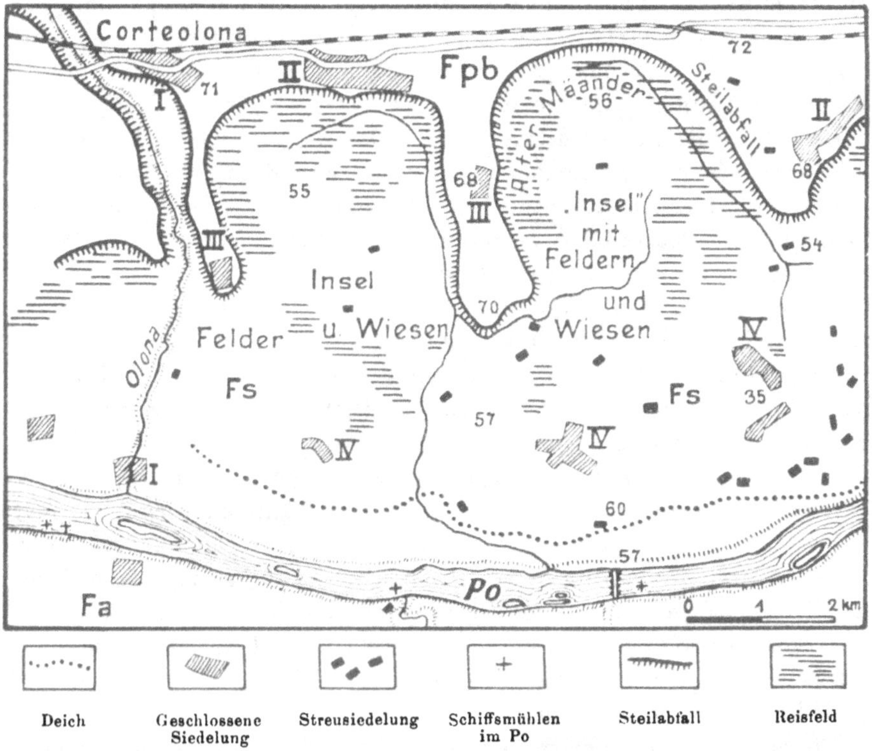

Fpb = Bewässerte Südzone der Aufschüttungsplatte.
Fs = Flutsohlen. Fa = Aufschüttungsabdachung.
Siedelungslage:
I = Flußübergangslage, II = Plattenrandlage,
III = Spornlage, IV = Lage auf Inseln der Flutsohle.
Arabische Ziffern = Meereshöhe.

Fig. 7. Die Flutsohle des Pos bei Corteolona.

reichen meist bis zu den Deichen oder den nächsthöheren Längsstufen, gelegentlich, so südlich von Belgiojoso, sogar bis zum Steilabfall der Platte. Sie bestehen vorwiegend aus dichten Beständen von Weiden und Pappeln mit Unterholzdickichten. Bei S. Cipriano erreicht der Uferwaldgürtel mit über 2 km seine größte Breite im Arbeitsgebiet.

Die wesentlichsten Kulturen auf den durch Deiche geschützten höher gelegenen Inseln sind Maulbeerbaumwiesen und -weinfelder. sowie -maisfelder. die zum Teil von Baumwassergräben durchzogen werden. Auf der unteren Längsstufe des Tessintales überwiegen Rieselwiesen mit Baumgräben. Die tief gelegenen, ehemaligen Umlaufbetten am Fuße des Plattenrandes werden häufig, besonders augenfällig bei Corteolona, von Reisfeldern oder feuchten Niederungswiesen eingenommen, die entweder ganz baumlos sind, oder — seltener — von Baumgräben umgeben oder durchzogen werden (Fig. 7).

Die Flutsohle ist verhältnismäßig siedelungsfeindlich. Die ziemlich spärlichen Siedelungen liegen auf den von toten Mäandern umschlossenen Inseln und haben unter den Stromverlegungen viel zu leiden. So sind in den letzten 250 Jahren allein im Gebiete der Provinz Pavia zweiundzwanzig Dörfer durch Überschwemmungen zerstört und nur zum Teil wieder aufgebaut worden[1]). Außerdem geschieht es nicht selten, daß durch Strombettverlegungen Ortsteile oder ganze Dörfer in umgekehrte Lage zum Po kommen. So geriet bei einem Hochwasser im Jahre 1824 Mezzana Rabattone nördlich von Voghera vom Südufer auf das Nordufer.

Die meisten Siedelungen liegen hinter einem Flußdeich, und besonders gefährdete Orte sind allseitig von Dämmen umgeben. Nur einzelne Häuser liegen außerhalb des Dammes. Die Dörfer unterscheiden sich offenbar nicht wesentlich von denen des südlichen Teiles der Platte; nur scheint vielfach der Dorfplatz zu fehlen[2]). Geschlossene und Einzelsiedelungen halten sich bezüglich der Häufigkeit ungefähr die Wage. Ziegeleien sind sehr verbreitet. Im Po selbst liegen an verschiedenen Stellen Schiffsmühlen.

Die Straßen sind zumeist Dammstraßen. Infolge der Stromverlegungen gibt es nur wenige feste Stein- und Eisenbrücken; meistens dienen Schiffsbrücken als Flußübergänge (z. B. an der Tessinmündung, ferner bei Portalbera).

β) Die Längsstufen.

Auf den höheren Längsstufen des Tessins werden Rieselwiesenkultur und etwas Maisbau getrieben. Auch hier bestimmen die Baumreihen weitgehend das Landschaftsbild. Wie erwähnt, dienen diese

[1]) Taramelli: Prov. Pavia, S. 75.

[2]) Aus der Anschauung ist mir Spessa bekannt (südlich von Belgiojoso). Es macht einen sehr dürftigen Eindruck, hat alte, einstöckige, sehr niedrige Flachgiebeldachhäuser und eine ärmliche, hochtürmige Kirche. Ein kleines Backsteinkastell ist das Herrschaftshaus eines großen Gutes.

Längsstufen den Kanälen zum Aufstieg auf die Platte. Einzelne Gehöfte und Hausgruppen, kleine Bootswerften, Schutzhäuser für Lastkähne usw. liegen oft höchst malerisch zwischen Laubgebüsch dicht an den Kanälen. Für die Siedelungen an den Flußübergängen sind die Längsstufen wichtig. Pavia und Lodi, besonders ersteres, verdanken ihrer Lage an Flußübergängen und auf Längsstufen ihr Aufblühen im Mittelalter[1]).

γ) Der Steilabfall.

Der Steilabfall der Platte, der stellenweise gestuft ist und von frei gefügten Tälchen gefurcht wird, trägt fast überall ein ziemlich dichtes Kleid von Robinienwald. Am Addahang bei Brivio beteiligt sich auch die Kastanie an der Zusammensetzung des Hangwaldes, und bei Porto d'Adda stehen am Talhange zahlreiche Zypressen, die ein äußerst reizvolles und eigenartiges Landschaftsbild hervorrufen. Am östlichen Steilabfall des Tessintales, an dem entlang der Naviglio Grande verläuft, hat man mehrfach riesige Kiesgruben angelegt (so bei Bernate sopra Ticino), deren Material auf dem Kanal verfrachtet wird.

Blickt man vom Rande der Aufschüttungsplatte über die Flutsohlenlandschaft, besonders auf die des Pos. so hat man den Eindruck von einer Niederung mit dichten, üppigen Laubwaldungen.

3. Die Aufschüttungsabdachung südlich vom Po.

Ganz allmählich steigt südlich des Pos das Gelände zum Fuß des Appennins an. Eine Stufung ist nicht zu bemerken, und die einzige orographische Gliederung wird durch einige breite, aber nur wenige Meter tiefe Flußbetten verursacht. Die Neigung der Ebene nach Norden ist sehr gering (z. B. liegt das Südufer des Pos an der Tessinmündung 61 m hoch, während 10 km weiter südlich, an der Via Emilia, die Ebene erst 75 m Höhe erreicht hat). Die Grenze gegen den Appennin bildet ziemlich genau eine Bergfußstraße, die alte Via Emilia, und nur bei Voghera greift die Ebene durch den sanft nach Norden abgedachten Schuttfächer der Stàffora bis nach Rivanazzano in das Hügelland ein.

Der Boden dieser Teillandschaft besteht aus Aufschüttungen der Appenninflüsse. Doch kommt in ihm auch alpines Material vor, das auf eine ehemalige südlichere Lage des Pos hindeutet[2]). Bis weit

---

[1]) Vgl. S. 349.

[2]) Taramelli: Prov. Pavia, S. 67. T. bedauert auch das Fehlen von Bodenuntersuchungen.

(1—6 km) in die Ebene hinein lagern alluviale Po-Sedimente und bestärken obigen Rückschluß.

Weiter südlich kartiert Taramelli jungdiluviale, oberflächlich veränderte, kiesig-sandige, in der Tiefe sandig-lehmige Ablagerungen. Der Oberboden ist lehmig-sandig, nur in den Betten der Appenninflüsse liegen gröbere Ablagerungen.

Die Bewässerung ist ziemlich dürftig. Jn der diluvialen Aufschüttungszone sind einige Quellen beheimatet, deren Wasser teils auf die Felder, teils in die Dörfer geleitet wird. Eine Anzahl Bäche, die von den Randhügeln des Appennins kommen und vermutlich zum Teil sommertrocken sind, zum Teil aber Mühlen treiben und somit wohl dauernd Wasser führen, durchfließt die Ebene. Einige von ihnen erreichen den Po (Stàffora, Curone), andere werden vorher durch Ableitungen auf die Felder erschöpft. Die größeren, aus dem inneren Bergland des Bobbiesischen Appennins kommenden Flüsse (Torrenti) besitzen bei ihrem Austritt auf die Ebene sehr breite Betten, die in der Nähe der Mündung aber auffallend schmal und grabenartig werden (z. B. die Stàffora). Im Sommer liegen auch diese großen Flußbetten bis auf einige Tümpel oder ein dürftiges Rinnsal trocken. Dafür fluten aber im Spätherbst und Frühling gewaltige, flächenhaft ihr Bett ausfüllende und sehr transportkräftige Wassermassen dem Po entgegen. Das Grundwasser wird in der Nähe des Gebirges durch tiefe Windebrunnen an die Oberfläche befördert.

Bestandteile der Teillandschaft der Aufschüttungsabdachung sind die Uferwaldflußbetten, die Maulbeerbaumfelder und -gärten, die Baumwassergräben, die Siedelungen und Verkehrswege.

aa) Die Uferwälder der sommertrockenen, steilrandigen Flußbetten erreichen stellenweise die Breite von über 1 km. Sie sind meist ziemlich dicht und sehr hoch und setzen sich hauptsächlich aus alten Pappeln, Robinien und Platanen zusammen. Im übrigen fehlt der Wald, abgesehen von einigen Baumgruppen und kleinen Gebüschen und dem oben (S. 306) erwähnten Uferwaldstreifen des Pos, vollständig, denn das Land ist gänzlich mit

bb) Maulbeerbaumfeldern und -gärten bedeckt. Für die Felder hat man häufig künstliche Bewässerung vorgesehen, und Baumwassergräben bilden im Allgemeinen die Feldgrenzen. Als Hauptkultur ist zwischen Curone- und Versabach (bei Stradella) der Wein zu nennen, ihm stehen zur Seite Mais und Weizen. Andere Getreidearten, Krautfelder, Trockenwiesen treten demgegenüber zurück. Die Rebe wird in dichten Reihen an bohnengerüstähnlichen

Staketen gezogen, zwischen denen, wie in allen anderen Kulturen auch, lichte Reihen von Maulbeerbäumen stehen. Sehr häufig werden die Felder durch fast mannshohe Hecken von wilden Rosen, Robinien und Hopfen eingehegt. Die Feldgröße schwankt; sie ist größer als in der unbewässerten Ebene, kleiner als in der Bewässerungsebene der Platte nördlich des Pos. In der Nähe der Siedelungen, besonders um Einzelgehöfte herum und in einem das Dorf umgebenden Kranze, trifft man Obst- und Gemüsegärten an. Sie scheinen in hohem Maße künstlich bewässert zu werden. In ihnen werden zwischen und unter Obst- und Maulbeerbäumen Gemüse und Mais gebaut und an Spalieren Wein und Hopfen gezogen.

cc) An den Baumwassergräben, die in recht weitmaschigem Netz besonders den westlichen Teil der Ebene durchziehen, stehen meist Weiden, Pappeln (seltener Wipfelpappeln) und Robiniengebüsch. Die Gräben sind selten breiter als 1 m, und der Umfang der künstlichen Bewässerung südlich des Pos ist mit dem auf der nördlichen Platte nicht zu vergleichen. Nach dem Bau des seit langem geplanten Emilianischen Kanals, der von Po und Tanaro abgeleitet werden und zwischen den Flüssen Curone und Versa eine Fläche von 6700 ha ausgiebig bewässern soll, dürften sich die Anbauverhältnisse in diesem Teile der westlichen Lombardei wesentlich verschieben.

dd) Die Siedelungen sind teils große, geschlossene und gedrängt gebaute, stadtartige Siedelungen mitten in der Ebene, teils sind sie Straßendörfer, teils Kastellsiedelungen am Bergfuße. Neben den geschlossenen sind aber auch Einzelsiedelungen sehr verbreitet. Für die großen geschlossenen Wohnplätze ist die Lage an Flußübergängen (Voghera, Pontecurone, Castelnuovo Scrivia, Casèi Gerola, Stradella), vor Talausgängen am Bergfusse (Casteggio, Broni) und im Engpaß zwischen Po und Appennin (Stradella, Castel San Giovanni) charakteristisch. Alle diese Siedelungen weisen in Ruinen oder in Straßenzügen Spuren von Verteidigungsanlagen auf. Ihnen gemeinsam (außer Pontecurone) ist der große Platz in der Mitte des Ortes. Ihre Verteidigungs- und Straßenanlage ist teils ringförmig (Voghera, Castelnuovo, Casèi Gerola), teils rechtwinklig, und an das römische Castrum erinnernd (Pontecurone, Broni, Stradella, Castel S. Giovanni).

Meist setzen sich die Siedelungen aus schlichten, 1 bis 2 stöckigen, oft sehr niedrigen, flachgiebeligen Häusern zusammen, die aus Ziegeln erbaut und mit Mörtel verputzt sind. An den im Allgemeinen engen und mit holprigem Geröll gepflasterten Straßen liegen die Gehöfte der Ackerbürger, in der Regel allseitig von Gebäuden umschlossene, viereckige Höfe, die nicht selten von Weinrankennetzen überspannt werden und so in einem angenehmen Halbschatten liegen. Die Speicher sind halb und ganz offene Luftspeicher.

Die meisten der stadtartigen Siedelungen am Appenninenfuße, so Broni, Stradella u. a., stehen, nach dem Straßenleben zu urteilen, in lebhaftem Handelsverkehr mit ihrer landwirtschaftlichen Umgebung.

In der Nähe des Pos liegt eine Reihe durch Deiche geschützter Dörfer, die sich zum großen Teil an Straßen bezw. Deichstraßen entlangziehen und den Eindruck zusammengesetzter Straßendörfer machen, wie z. B. Corana und Cervesina nördlich von Voghera. Aber auch inmitten der Ebene findet man hin und wieder solche Straßensiedelungen.

Die Einzelhöfe haben verschiedene Gestalt. Sehr häufig sind es einzelne Gebäude (Einheitshäuser mit Wohnhaus, Stall und Speicher unter einem Dach), mitunter aber auch Hausgruppen. Sie sind ein- bis zweistöckig, haben ein flaches Ziegelwalmdach und meist sehr große Luftspeicher. Manchmal beschatten Weinlauben das Erdgeschoß des Wohnhauses. Die Einzelhöfe liegen ½ bis 1 km von einander entfernt über die Ebene verstreut, doch fallen sie trotz dieser verhältnismäßigen Dichte im Landschaftsbild infolge der die Aussicht behindernden Bäume nur aus der Vogelschau auf.

ee) Die Verkehrswege bestehen meistens in geschotterten, ziemlich breiten, im Sommer ungemein staubigen Landstraßen, an denen nur ganz selten eine einsame Eberesche oder Pappel steht. Kilometerweit laufen die Straßen völlig geradlinig zwischen den Feldhecken dahin. Sie liegen für gewöhnlich zu ebener Erde, und nur an Flußübergängen werden sie zu Dammstraßen. Die heute noch wie schon zu römischer Zeit wichtigsten Straßen sind die von Casteggio nach Pavia führende und die Bergfußstraße, die Via Emilia. Beide haben lebhaften Fahrverkehr und werden von Dampfstraßenbahnen benutzt. Außerdem durchziehen Eisenbahnlinien (besonders die Hauptlinie Mailand—Genua) zum Teil auf Dämmen die verkehrsfreundliche und als schmales Durchgangsgebiet für den Westostverkehr südlich des Pos wichtige Ebene. Die Flußbetten werden durch große Brücken überquert, die in keinem Verhältnis zu ihren sommerlichen Rinnsalen stehen, aber beredte Zeugen für die Gewalt der Herbst- und Frühlingshochwässer sind.

Aus der Vogelschau macht auch diese Landschaft den Eindruck einer an lichtem Laubwald reichen Ebene. Die von Süden nach

Norden laufenden Stromrinnen erscheinen als weiße Streifen und vereinigen sich im Norden mit dem breiten weißen Band des Pobettes.

d) Landschaftskrankheiten.

Malaria. Das Poflachland, besonders aber die Bewässerungsebene und die Flutsohlen, deren feuchte Niederungen der Anopheles-Mücke willkommen sind, leiden erheblich unter der Malaria als Landschaftskrankheit. Allerdings soll diese — nach Aussage einigermaßen zuständiger Bewohner — nicht nur infolge der Bekämpfung durch die Regierung mit Hilfe von Chinin, sondern namentlich infolge der Bewässerungsregulierung und nach dem Kriege infolge der Besserung der wirtschaftlichen und damit körperlichen Lage der Landbewohner bedeutend zurückgegangen sein.

Pèllagra. Eine zweite Landschaftskrankheit ist die Pèllagra, an der Oberitalien (Piemont, Lombardei, Venetien) mit jährlich etwa 4000 Todesfällen leidet[1]). Die Krankheit beginnt mit Hautveränderungen und -entzündungen (pelle agra = faltige Haut), geht in Magen- und Darmstörungen über, greift das Rückenmark an und endet mit Irrsinn und Siechtum. Bis 1913 nahm man als Grund die einseitige Ernährung mit zum Teil verdorbenem Mais an (Vitaminmangeltheorie von Funck)[1]). Seit 1909[2]) angestellte Untersuchungen ergaben jedoch eine strenge Bindung der Pèllagra an Orte, wo „beständig Wasser getrunken wird, das aus Tonböden entspringt oder über Tonböden fließt und daselbst stagniert.“ Die Ursache für die Krankheit ist Kieselsäure in kolloidaler Lösung, die in diesem Wasser entsteht und in den menschlichen Organismus gelangt, wo sie schädigend wirkt. Auch die Pèllagra könnte somit als spezifische Landschaftskrankheit des Poflachlandes angesprochen werden. Freilich ist man heute von der Annahme, daß das beschriebene Trinkwasser die ausschlaggebende Krankheitsursache sei, wieder abgekommen[3]). Für die westliche Lombardei dürften gegebenenfalls die tonig-sandigen Böden der Aufschüttungsplatte nördlich des Pos als Pèllagragebiet in Frage kommen, jedoch liegen mir keine neueren statistischen Unterlagen dafür vor. Nach Jacini[4]) war in den vierziger Jahren des vorigen Jahrhunderts in der westlichen Lombardei die Provinz Mailand am stärksten betroffen.

---

[1]) Maurizio: S. 170ff.

[2]) Bemerkung Nr. 91 in Internat. Agrartechn. Rundschau 1914, S. 197.

[3]) Prof. Passarge.

[4]) Jacini: S. 54.

ihr folgte Como und an letzter Stelle Pavia. Es ist aber zu bedenken, daß ein großer Teil der Provinz Pavia im kalkreichen Appennin und auf seinem Vorlande liegt. wo nach der obigen Theorie eine Pèllagragefahr nicht besteht.

IV. Das Randhügelland des Appennins.

a) Begrenzung.

Wenn auch das Randhügelland des Appennins hier als selbständige Landschaft aufgeführt wird. so soll doch wenigstens darauf hingewiesen werden, daß es dies in Wahrheit nicht ist. Denn ohne scharfe Grenze geht es nach Süden in das Bergland von Varzi über. Man sollte daher das Randhügelland eher als Teillandschaft des vogheresischen Appenninenberglandes bezeichnen.

Die Nordgrenze der Hügelzone. die im Verein mit dem Bergland von Varzi die langgestreckten. hohen. inneren. südwest-nordöstlich verlaufenden Ketten des Bobbiesischen Appennins von der Poebene trennt, bildet die Via Emilia, die. mit Ausnahme der Gegend von Voghera, unmittelbar am Bergfuß entlang führt. Im Westen bildet der Curone, im Osten die Versa die Abgrenzung des zu untersuchenden Ausschnittes des Hügellandes. Im Süden soll eine Linie Volpedo — Nazzano — Oliva-Gessi - Montù Beccaria die Grenze bilden. Diese willkürliche Abgrenzung deckt sich ungefähr mit der Südgrenze der Sand- und Konglomeratschichten des Messinians (oberes Miozän[1])).

b) Oberflächenformen.

Blickt man von der Poebene auf den Vogheresisch-Bobbiesischen Appennin, so erscheint er als ein von zahlreichen hintereinander liegenden, in südwestlicher Richtung verlaufenden, parallelen Rücken gebildetes Gebirge. Den höheren Ketten. die 900 bis 1600 m erreichen. ist ein Hügelland von 150 bis 400 m Meereshöhe vorgelagert. Dieses Hügelland wird von nordwestlich gerichteten. breiten Hochsohlentälern zerschnitten, die von den weiter im Innern des Appennins beheimateten Flüssen geschaffen worden sind und ausgeprägte Längsstufen haben (Curone. Stàffora. Versa). Außerdem haben kleinere Flüsse und Bäche, die zum Teil im Hügelland entspringen, tiefe Kerb- und Hochsohlentäler eingeschnitten. Dazu kommen noch zahl-

---

[1]) Taramelli: Prov. Pavia, Karte (auch für die folgenden geologischen Angaben).

reiche Seitentäler und Schluchten. Im Osten (östlich von Casteggio) sind schmale Zwischentalrücken herausmodelliert worden, aus denen durch die Seitentäler bereits wieder einzelne Berge herausgearbeitet werden. Im Westen, wo außer den gipsführenden Sanden und Konglomeraten des Messinians in höherem Maße altdiluviale Sande und Mergel (am Außenrand), ferner miozäne blaue Mergel (Tortoniano), sandige und brecciöse Mergel (Elveziano), gebleichte Mergel und sandige Kalke (Langhiano) und eozäne, mergelige Kalke (bei Oliva Gessi) auftreten, sind die Zwischentalrücken nicht so schön ausgebildet. Hier treten als Talanfänge mehrfach Calanche auf.

Diese Calanche[1]) sind einzelne oder Systeme von tief eingerissenen Kerbschluchten, deren obere, beinahe senkrechte Wände jäh den mehr oder minder steilen, mit Rasen oder schütterem Gesträuch bewachsenen Hang unterbrechen. Die Hänge der Calanche sind wiederum durch enggefügte, wasserlose und nicht tiefe Schluchten mit scharfen Zwischenrücken gegliedert. In einem schmalen, sandigen Bett fließt der Bach, schneidet sich in die heruntergebrochenen Schuttmassen ein, schafft sie fort und unterwühlt die steilen Seitenhänge. Heftige Herbstregen nach dörrenden Sommern unterstützen die Ausbildung der Calanche. Südlich von Torrazza Coste treten diese in größerer Zahl auf, und besonders groß und zirkusartig ausgebildet sind sie südöstlich von Rivanazzano. Hier liegen sie am wenig steilen Osthang des Stàfforatales, und riesige ausgeräumte Schuttmassen sind kegelförmig über der Talsohle aufgehäuft. Frane (Erdschlipfe) scheinen im Untersuchungsgebiet nicht vorzukommen.

c) Klima, Gewässer, Pflanzenkleid.

Über das Klima liegen fast gar keine örtlichen Beobachtungen vor. Vermutlich unterscheidet es sich wenig von dem des Poflachlandes. An der winterlichen Schneedecke des inneren Appennins haben die Hügel ebenfalls für längere Zeit Anteil. Bezüglich der Niederschläge ist eine ausgesprochene Trockenzeit im Sommer zu verzeichnen. So erhält die Station Sàlice Terme bei Rivanazzano (Beobachtungsperiode 1891—1915) in den Monaten Juli, August, September je unter 50 mm Niederschläge[2]). Äußerst heftige Sommer-

---

[1]) Ich habe diese Calanche nur von ferne gesehen. Die Beschreibung beruht auf dem Besuch der großen Calanche von Sassuolo. Die italienische amtliche Karte 1 : 25000 hat jedoch für die Calanche eine bestimmte Signatur, die auch bei Nazzano Anwendung gefunden hat.

[2]) Aus „Osservazioni“.

gewitter mit Wolkenbrüchen und Hagel kommen nach der Aussage der Bewohner häufig vor.

Das Netz der fließenden Gewässer ist ziemlich dicht. doch ist zu vermuten und bei etlichen Bächen sicher, daß sie zum großen Teil sommertrocken sind. Nach der Karte kommen Gehängequellen häufig vor, doch ist nicht zu ersehen, ob sie dauernd sind. Im ganzen Gebiet treten zahlreiche Mineralquellen zutage, und bei Rivanazzano ist auch eine Petroleumquelle erbohrt worden.

Wo das ursprüngliche Waldkleid nicht durch Kulturen ersetzt ist, findet man an Stelle des geraubten Hochwaldes schüttere Buschsteppe, die vorwiegend von Kastanien gebildet wird (Raublandschaft). An Kulturgewächsen stehen Wein, Mais und Weizen an erster Stelle.

Typen von Landschaftsteilen.

Obwohl der östliche Teil der Hügelzone sich vom westlichen in Bezug auf die Ausprägung der Formen, Lage der Siedelungen und Verhältnis zwischen kultiviertem und nicht kultiviertem Lande unterscheidet, möchte ich nicht den Versuch unternehmen. Teillandschaften aufzustellen und zwar um so weniger, als ich nur die Gegend von Nazzano und die südlich von Stradella selbst besucht habe. Die Karte 1 : 25000 gibt aber nicht genügend Anhaltspunkte in dem lebhaft zerschnittenen Gebiet. Ich beschränke mich deshalb auf die Darstellung der wichtigsten Typen von Landschaftsteilen.

aa) Breite Kultur-Hochsohlentäler der aus dem Innern kommenden Flüsse (Stàffora, Curone, Scuropasso, Versa, Schizzola). Ihre Formbestandteile sind: Breites Schotterbett, Kulturhochsohle, plattenförmige Kulturlängsstufen, Längsstufensiedelungen, Talausgangssiedelungen, Talstraßen.

Diese Täler sind fast böschungslose Hochsohlen-Längsstufentäler mit breiten, steilrandigen Schotterflußbetten und mäßig steilen Hängen. Auf der Hochsohle wird Wein-, Mais- und Obstbau teils auf Feldern, teils in Gärten getrieben. Vereinzelt stehen Maulbeerbaumreihen in den Feldern. Robiniengebüsche und Pappelgruppen bringen Abwechselung in die Kulturflächen der Sohle. An der Ausmündung eines solchen Tales in die Po-Ebene liegt gewöhnlich eine große geschlossene Siedelung (z. B. Rivanazzano. Volpedo). Innerhalb der Hügelzone liegen die Siedelungen, die dort meist aus kleinen, offenen Häusergruppen bestehen, auf den Längsstufen. Die Hauptverkehrswege, breite, geschotterte Straßen, führen auf der Hochsohle teils als Dammstraßen, meist aber zu ebener Erde. im Tale entlang. Auf großen Brücken, welche für die Herbst- und Frühlingshochwässer berechnet sind. werden die Flüsse überquert. Die kurzen Seitentäler sind mehr oder minder tiefe Schluchten, und manchmal bilden Calanche ihren Talanfang. Östlich von Casteggio sind die Seitentäler als größere Kerbtäler ausgebildet. Calanche fehlen dort, jedoch sind kurze Wasserrisse in den Talhängen vorhanden.

bb) Schmale Hochsohlentäler der im Hügelland beheimateten Flüsse (Verzate San Zeno). Als Formbestandteile kommen für sie in Frage: das steilwandige schmale Flußbett. die Kulturhochsohle. die Weinberghänge. die Talausgangssiedelungen, die Hochsohlensiedelungen und die Talstraßen.

Die schmale Rinne des Baches ist in die horizontale, meist zusammenhängende. böschungslose Hochsohle eingeschnitten. Auf dieser werden vor allem Weinbau. Wiesen-, Obst- und Maulbeerbaumkultur getrieben. Auch Sohlenleisten und Sohlenhalbmonde (auf zusammenhängenden Strecken der Hochsohle) werden von diesen Kulturen eingenommen. An die Hochsohle schließt sich unmittelbar. ohne Übergangsböschung, der Kulturhang an, der bis auf wenige Stellen mit Weinbergen bedeckt ist. Nur an ganz ungünstig gelegenen Hängen werden die Kulturen durch spärliches Kastaniengestrüpp unterbrochen. An den Ausmündungen auch dieser Täler in die Ebene liegen Talausgangssiedelungen. Nur gelegentlich trifft man kleine Ortschaften auf Hochsohlenleisten an. Wassermühlen sind häufig. Die Straßen benutzen zu Anfang die Talsohlen. um die Höhe des Hügellandes zu erklimmen.

cc) Die Kerbtäler, meist westöstlich gerichtete Nebentäler der vorgenannten. jedoch auch südnördlich verlaufende selbständige Täler, sind den unter „schmale Hochsohlentäler" angeführten sehr ähnlich und besonders im östlichen Teile ausgeprägt. Auch ihre Hänge sind meist ganz mit Weinpflanzungen. die durch Robinienhecken abgegrenzt werden, bedeckt. Sind diese Weinpflanzungen frisch umgestürzt, so fällt der weiße Boden im Landschaftsbilde auf. Nur stellenweise, ohne daß eine bestimmte Exposition maßgebend wäre, nimmt das Kastaniengestrüpp größere Flächen ein. Kleine Talausgangssiedelungen liegen sowohl am Austritt der Kerbtäler in die Ebene. als auch an ihrer Ausmündung in die Haupttäler. Talsiedelungen fehlen völlig, und auch die Straßen meiden die Kerbtäler.

dd) Hügelrücken und Tafelhügel. Im Westen (westlich der Stàffora) erheben sich zwischen den Tälern starkgewellte, doch nicht steile, in nordnordwestlicher Richtung gestreckte und nach Süden zu höher ansteigende Hügel, die zum Teil im Süden und Osten mit Brüchen enden, und auf welche ungefähr 50 m hohe Kuppen und Tafelhügel aufgesetzt sind. An den Rändern sind die Hügelrücken zerschluchtet, doch ist die Dichte der Schluchten gering. Spärlicher Busch (Kastanien, Eichen, Weißdorn u. a.) bedeckt zum großen Teil diese Erhebungen. Auch kleine Siedelungen liegen auf ihnen. Eine größere Ortschaft bedeckt den Tafelhügel Monticelli. Die Straßen meiden die Rücken und benutzen die Sohlentäler.

ee) Kultur-Zwischentalrücken. Ganz besonders in dem östlichen, stark zerschnittenen Teile der Hügelzone sind die schmalen Kulturzwischentalrücken entwickelt. Sie erheben sich ziemlich steil bis zu 100 m über die Talböden und besitzen eine schmale Rückenfläche, auf der hier und da ein kleiner Buckel aufsitzt. Wie erwähnt, sind ihre Abhänge bis auf kleine Kastaniengestrüppbestände mit Stufenweinbergen bedeckt. Auf den Zwischentalrücken wird vorwiegend Mais- und Obstgartenbau getrieben. Außerdem sind diese horizontalen Flächen die einzigen Stellen, wo größere Siedelungen angelegt werden können. Diese sind lange, fast stets geschlossen und gedrängt gebaute Straßendörfer mit ein- bis zweistöckigen, flachgiebeligen, grauen Häusern aus Kalkstein, die mit der Langseite zur Straße stehen, so daß man durch eine Tordurchfahrt in den nicht immer vorhandenen, von allen Seiten durch Gebäude eingeschlossenen Wirtschaftshof gelangt. Obst- und Gemüsegärten umgeben die Dörfer, manchmal auch die einzelnen Häuser. Auf den Buckeln, die den Zwischentalrücken aufsitzen, liegen oft weithin sichtbare Schlösser und Burgen, wie die Rocca Ticozzi bei Stradella oder das Schloß von Montù dei Gabbi südsüdöstlich von Broni, deren graue, fensterarme Gebäude hier und da von kleinen Parks umgeben werden.

Die Verkehrswege, geschotterte Straßen, benutzen die Zwischentalrücken. Die östliche Zone ist die dichter besiedelte. Dies tritt auf einer von mir konstruierten Karte der absoluten Bevölkerungsverteilung[1]) deutlich hervor. Nicht nur an Zahl sondern auch an Größe der Siedelungen nimmt der Ostteil des Hügellandes gegenüber dem Westen eine überlegene Stellung ein.

Zu erwähnen ist noch die Heilquelle des Kurortes Salice Terme.

---

[1]) Die später gesondert veröffentlicht werden wird.

B. Die Stadtlandschaften.

Die wichtigeren Städte in der westlichen Lombardei, nämlich Como und Lecco, Mailand und Monza, Pavia und Lodi, endlich Voghera[1]) liegen zumeist in Grenzräumen zwischen den Landschaften und Teillandschaften.

Trotz großer Verschiedenheit der Lage und Bedeutung weisen diese Städte doch so viele gemeinsame Züge auf, daß eine allgemeine Behandlung möglich ist. Nach dieser sollen die für die einzelnen Städte spezifischen Verhältnisse skizziert werden.

Auf den ersten Blick fallen die Gegensätze zwischen dem umwallten Kern und dem Vorstadtgürtel auf. Enge, holperige Straßen und Gassen mit gedrängt gebauten, oft in- und übereinander geschachtelten Häusern verschiedener Höhe (meist zwei- bis fünfstöckig), dazwischen prächtige Paläste und Kirchen zeichnen die Stadtkerne aus. Meist durchziehen einige radiale, breitere Hauptstraßen die Innenstadt. Niemals fehlt der geräumige Hauptplatz, dessen Bedeutung als Marktplatz nur in den abgelegeneren Städten (Voghera, Pavia) erhalten ist, während er in den Groß- und Fremdenverkehrsstädten (Mailand, Como) ausschließlich der Zierde und dem Verkehr dient. Im inneren Kern liegen auch oft dicht neben schönen Palästen die Elendsbezirke.

a) Formbestandteile des Stadtkernes.

Als Formbestandteile, die den Stadtkern zusammensetzen können, darf man aufstellen: Kirchen, Paläste, Hofgartenhäuser, Wohnhäuser ohne Hofgärten, kastenartige Massenwohnhäuser mit Stockwerksgalerien, niedrige, verwinkelte, düstere, alte Wohnhäuser der Elendsbezirke, Geschäftshäuser, und in verschwindendem Maße Landhäuser.

1. Kirchen.

Die Kirchen sind sehr zahlreich, fallen aber weder im Stadtbild, noch im Straßenbild so auf, wie es die Kirchen der deutschen Städte tun. In vielen Fällen besitzen die westlombardischen Stadtkirchen keinen Turm und sind — nur durch ihre hohen Fassaden und Portale und durch die häufige Verkleidung mit schwarzen oder roten Behangtüchern auffallend — geschlossen in den Straßenzug eingebaut. Nur

[1]) Mit Ausnahme von Lodi sind mir diese Städte persönlich bekannt. Für Lodi dienen die Karte 1 : 25000, Guida d'Italia des Touring Club Italiano und Karminski als Quellen.

selten liegen sie auf freien Plätzen. Es kommt auch vor, daß ehemalige Kirchen zu weltlichen Zwecken, etwa Kohlenlagern, benutzt werden (so in Pavia). Um so mehr beeinflussen Prachtbauten, wie der Mailänder oder Comoer Dom oder die Kathedralen von Pavia und Voghera das Stadt- und Straßenbild.

2. Paläste.

Unter den Palästen stehen an erster Stelle die Kastelle, die außer in Como, Lecco und Monza in den genannten Städten anzutreffen sind. Es handelt sich dabei um massige, rote Backsteinbauten von rechteckigem Grundriß, mit Ecktürmen und zum Teil überdachten Zinnenmauern. Die Zinnen sind doppelzackig. Ein breiter Graben umgibt das Kastell, in dessen Innerem meist ein mehr oder minder gepflegter Garten sich befindet. Diese Kastelle gehören demselben Typ an, wie diejenigen in den Dörfern der bewässerten Ebene.

Die eigentlichen, nicht zu militärischen Zwecken angelegten und mitten im Häusermeer stehenden Paläste zeichnen sich zunächst durch ihre Fassade aus. So betont v. Böhn[1]) den Drang der reichen Mailänder Bürger, schöne Fassaden zu bauen. Besonders eindrucksvoll sind die Riesenpaläste, in deren Fassaden die horizontale Linie stark betont ist. Hinter den Palästen, manchmal auch von ihnen und ihren Nebengebäuden umschlossen, liegen in der Regel kleinere oder größere, sehr gepflegte Parks mit wundervollen Zedern, Palmen und Laubbäumen, besonders großblütigen Magnolien, und mit Rasen- und Blumenflächen. Nicht nur Privatpaläste, sondern auch öffentliche palastartige Gebäude haben solche Innenparks.

3. Wohnhäuser mit Gartenhöfen.

Von den Palästen mit Innen- und Rückseitenparks ist es nur ein Schritt zu den Wohnhäusern mit Gartenhöfen. Stendhal rühmt diese viereckigen, von Säulenhallen (Bogengängen) umgebenen Hofanlagen über die Maßen und nennt z. B. Mailand die Stadt, die von allen Europas die schönsten Innenhöfe habe[2]). Die gleichen Garten- und Säulenhöfe wie in Mailand findet man auch in Como, Pavia und in geringerem Maße in Voghera und Monza. Von Lecco und Lodi ist mir über sie nichts bekannt. Die Gartenhöfe können die verschiedenste Größe haben. Von winzigen Parks mit einer oder mehreren hohen Zedern, mit einem Springbrunnen in der Mitte

[1]) Max von Böhn (nach Stendhal) S. 1.

[2]) Stendhal: S. 14.

von Blumenbeeten, gibt es alle Abstufungen bis zu einem einfachen Stück Rasen. Der ganze Sinn der Bewohner ist auf die Innenseite ihrer Häuser gerichtet. die nach außen oft kahl und unscheinbar mit geschlossenen Fensterläden daliegen, und ein Blick vom Mailänder Dom zeigt die außerordentliche Verbreitung dieser Gartenhöfe, denn aus dem Häusermeer ragen überall die Wipfel und Spitzen der Laubbäume und Zedern empor. Die Innengärten und -parks stehen mit der Straße durch eine Durchfahrt in Verbindung, die tagsüber durch ein manchmal kunstvoll gearbeitetes Eisengitter, nachts durch ein schweres Holztor geschlossen ist.

4. Wohnhäuser ohne Gartenhöfe.

An die Stelle der Hofgärten treten in vielen Fällen enge, düstere Höfe ohne Zieranlagen und ohne Bogengänge. Dann ist der Eindruck ein recht unfreundlicher, doch ist gerade in der inneren Stadt dieser Haustyp sehr verbreitet. Auch hier führen Tordurchfahrten in die Höfe der drei- bis fünfstöckigen Häuser, deren braune oder graue Außenseite meist kahl ist. Die mit hölzernen Läden versehenen Fenster ziert nur in den allerseltensten Fällen Blumenschmuck. Große Verbreitung besitzen kleine Balkone. die im Grunde nur nach außen führende und durch meist verzierte Geländer geschützte Türen sind, welche ebenfalls durch Holzläden gegen die Sonne abgeblendet werden können. Zu ebener Erde befinden sich in diesen Häusern oft kleine Geschäfte und Werkstätten. beide sind im Sommer offen und ihr Bereich dehnt sich bis auf die Straße oder den Bürgersteig hinaus. Bei den mit halbzylindrischen Ziegeln gedeckten, flachen Walmdächern ist die große Zahl der Schornsteine auffällig. Erst in jüngster Zeit, und offenbar unter dem Drucke der Wohnungsnot, kommen in Mailand Mansardendächer auf, die an Stelle der Flachwalmdächer gesetzt werden und so die Anlage eines neuen Wohnstockwerkes ermöglichen.

5. Massenwohnhäuser mit Stockwerksgalerien.

Einen eigenartigen Typ bilden die kastenartigen Massenwohnhäuser mit Stockwerksgalerien. Sie gehören zum Teil bereits zu den Elends-Wohnhäusern und sind in den entsprechenden Bezirken anzutreffen. Diese Häuser bestehen aus einem drei-bis fünfstöckigen, gelb oder weiß getünchten, kastenförmigen Unterbau und sind mit einem flachen Ziegelgiebeldach gedeckt. An den Langseiten laufen in der Höhe der Stockwerke eiserne und betonierte lange Balkone

(Stockwerksgalerien) mit Eisengeländer entlang. Mit diesen stehen die Wohnräume durch Türen in Verbindung, so daß die Galerien gewissermaßen gemeinsame Außenvorräume bilden. Mitunter sind auch die Haustreppen außen an dem Gebäude angebracht. Es ist erstaunlich, welche Menge von Menschen in diesen schmucklosen, oft häßlichen Häusern wohnt. Die Wohnungszustände in ihnen sollen auch bedauerlich sein, und von der verhältnismäßig großen Sauberkeit, die die drei erstgenannten Gebäudetypen auszeichnete, ist hier nichts mehr zu finden. Die Galeriegeländer werden auch als Wäschetrockenplätze benutzt. Fensterblumenschmuck und Gardinen sind unbekannt, aber im Sommer blenden leuchtend rotbraune Vorhänge die Innenräume gegen die Sonne ab.

6. Winkelwohnhäuser.

Gleichwertig im negativen Sinne stehen neben diesen Massenwohnungen die alten, zum Teil verfallenden, niedrigen und winkeligen Wohnhäuser mit niedriger Haustür und dunklem Flur und mit kleinen, im Erdgeschoß meist durch Holzläden geschlossenen und oft durch Eisengitter gesicherten Fenstern. Diese Häuser sind in den übelsten Stadtbezirken anzutreffen.

7. Geschäftshäuser.

Besonders in Mailand gibt es im Stadtinnern zahlreiche große Geschäfts-, Waren- und Hotelgebäude, die an Größe und im Stil den entsprechenden mitteleuropäischen Instituten gleichen.

8. Landhäuser.

Auch innerhalb der alten Umwallungsmauer trifft man vereinzelt noch Landhäuser inmitten von Nutz- und Obstgärten an, nämlich dann, wenn die Stadt infolge Wachstumsstockung die Umwallung des 16. Jahrhunderts nicht ausgefüllt hat. Diese Landhäuser gehören dann dem Dorfwohnhaustyp der Umgebung der Stadt an.

Zwischen den angeführten Haustypen gibt es zahlreiche Übergänge. Immerhin kann man wohl Bezirke aufstellen, in denen der eine oder der andere Typ charakterisierend gehäuft ist.

9. Straßen und Plätze.

Die Straßen sind im Stadtinnern zumeist eng und winkelig. Sie sind mit faustgroßem Geröll gepflastert und haben in der Mitte zwei, an den Seiten je einen Granitplattenstreifen, von denen die beiden inneren in Wagenspurweite angelegt sind, die beiden anderen aber dem Fußverkehr dienen. Diese alten Straßenanlagen sind freilich nicht geeignet, den Großstadtlärm zu verringern, und bei Regen sind sie ungemein schmutzig. Jedoch ist es erstaunlich, wie reibungslos der Verkehr durch diese engen Gassen flutet[1]). Die Hauptstraßen und neuangelegten Durchbruchstraßen sind wenigstens in Mailand mit Granitplatten oder Asphalt gepflastert und mit erhöhten Bürgersteigen versehen, in den kleineren Städten unterscheiden sie sich jedoch nur durch ihre größere Breite von den Nebengassen. Besonders in den kleinen Städten überdachen häufig Laubengänge die Fußgängerbahnen.

Die Plätze sind oft sehr geräumig und außerordentlich schön, sei es, daß Paläste sie einschließen, sei es, daß alte, malerische Wohnhäuser und Laubengänge an mehreren Seiten ihnen den Stempel der Altertümlichkeit aufdrücken.

In den italienischen Städten ist der Wohnwert[2]) eines Hauses nicht wie in mitteleuropäischen Städten an die Breite der Straße gebunden, sondern an die Ausgestaltung des Hofes. Im Gegenteil, eine Gasse bietet im Sommer mehr willkommenen Schatten als eine breite Straße!

Es ergeben sich für den Stadtkern als Landschaftsteile: breite Geschäftshauptstraßen, Palaststraßen, Wohnhausstraßen oder -gassen mit Gartenhöfen, Wohn- und Geschäftsstraßen und -gassen ohne Gartenhöfe, Wohn- und Kramladengassen mit Massenwohnhäusern, Winkelgassen mit alten Elendswohnhäusern, Plätze usw.

Die Umwallung des Stadtkernes ist meistens in Anlagen umgewandelt worden. Teilweise ist der Graben noch erhalten und mit Wasser gefüllt, wie in Mailand. In anderen Städten stehen noch große Teile der Mauer, z. B. in Como.

b) Der Kranz der Vorstädte.

Der Kranz der Vorstädte ist mancherorts nur lückenhaft entwickelt, besonders dann, wenn die Städte ihre alte, meist aus dem 16. und 17. Jahrhundert stammende Umwallung noch nicht ausgefüllt haben, wie Pavia, Lodi und Voghera. In solchen Fällen bilden sich Ansätze zu Vorstädten am Austritt der großen Landstraßen aus

[1]) Diese sind allerdings in neuester Zeit z. T. als Einbahnstraßen erklärt worden (Sommer 1926).

[2]) Vgl. Biehl und Schwieker.

der Stadt und zwischen Stadtkern und Bahnhof aus und werden zu Kernen der weiteren Vorstadtbildung.

Die Vorstadtstraßen sind im Allgemeinen breiter als die des Stadtinneren, die Haustypen freundlicher und moderner. In den Vorstädten liegen die Fabriken, da aber andererseits die Landwirtschaftshäuser in diesen Ausdehnungsgebieten der Städte zum Teil noch erhalten sind, ist an der Peripherie ein buntes Gemisch von Stadt und Land, Maschinenkultur und Ackerbau entstanden.

Die modernen Wohnhaustypen ähneln den mitteleuropäischen Großwohnhäusern (z. B. denen von Hamburg) sehr, nur haben sie flach geneigte Dächer, und häufig sind anspruchslose Hofgärten anzutreffen. Auch hier führen große Torbogen durch das Vorderhaus in den Hof oder Gartenhof. Auch Villen, die von kleinen, gepflegten Gärten umgeben sind, und moderne Ein- und Zweifamilienhäuser sezten die Vorstädte mit zusammen. Neben den modernen Wohnhaustypen findet man in den Vorstädten, namentlich an ihren Kernen vor den alten Stadttoren, auch die alten des Stadtkernes vertreten. Besonders häufig sind die Massenwohnhäuser mit Stockwerksgalerien, die zum Teil dadurch bereits Anpassung an ländliche Hausformen zeigen, daß ein Teil des Hauses als Luftspeicher gebaut ist. Weitgehend wird der Charakter der Vorstädte durch die Fabriksiedelungen bestimmt.

Die Kirchen, die auch hier häufig sind, stehen meist frei, haben Glockentürme und fallen im Vorstadtbild auf. Gewisse Vorstadtteile dienen militärischen oder kulturellen Zwecken, wie Kasernen, Universitätsviertel und Krankenhausviertel („Zwecksiedelungen").

Die meist breiten Straßen sind asphaltiert oder geschottert oder mit Granitplatten belegt. Auch Geröllpflasterungen mit Plattengeleisen fehlen nicht.

c) Grünflächen.

Die Städte der westlichen Lombardei sind im Allgemeinen arm an Grünflächen. Wohl hat jede von ihnen ihren Giardino pubblico oder Park, doch stehen diese manchmal winzigen Anlagen mit Ausnahme des Monzaer Parks in keinem Verhältnis zu der Einwohnerzahl der Stadt. Bis zu einem gewissen Grade wird allerdings dieser Mangel durch die zahlreichen privaten Innengärten und Parks, sowie durch die besonders in den Vorstädten häufigen Baumstraßen ausgeglichen, doch bleibt nach wie vor für die ärmeren Klassen der Bevölkerung, in deren Wohnvierteln oft gar keine Grünflächen liegen, ein empfindlicher Mangel bestehen. Auffällig ist, daß allen Städten der Gürtel der Schrebergärten, der in Deutschland den Übergang zwischen Land und Stadt bildet, und der für die physische und psychische Gesundheit namentlich der Arbeiterklassen von höchster Bedeutung ist, vollständig fehlt. Der Mangel an Grünflächen nimmt dadurch nur um so schärfere Formen an. Die Friedhöfe liegen außerhalb der Stadt und meist auch außerhalb des Vorstadtgürtels.

Verschieden starke Ausprägung, Häufung und Anordnung der beschriebenen Typen kennzeichnen und unterscheiden die einzelnen Städte.

I. Das Stadt- und Maschinenkultur-Gebiet von Mailand-Monza.

Zwischen Mailand und dem etwa 15 km davon entfernten Monza liegen zahlreiche große Industriesiedelungen, als deren wichtigste Sesto S. Giovanni zu nennen ist. Zwar ist die bauliche Verbindung zwischen den einzelnen Anlagen und besonders zwischen den Städten Mailand und Monza noch lose; aber andererseits erfordern der enge Güter- und Menschenaustausch zwischen der lombardischen Hauptstadt und Monza, das mit ersterer schon 1922 täglich durch nicht weniger als 90 Zugpaare der Eisenbahn und elektrischen Schnellbahn, und außer der großen Chaussee noch durch eine zementierte Spezialautostraße neuester Bauart verbunden war, und das lebhafte Aufblühen der Monzaer Industrie[1]) eine enger an Mailand angeschlossene Behandlung Monzas. Mailand und Monza bilden mit dem zwischen ihnen liegenden Gebietsstreifen einen Siedelungsblock, der im Grenzraume zwischen der nördlichen unbewässerten Trockenzone und dem wasserreichen südlichen Gebiete der Aufschüttungsplatte nördlich vom Po liegt. Der nördliche Hauptbestandteil des Blockes, Monza, gehört ganz der Trockenzone an, während Mailand, wenigstens in seiner heutigen Ausdehnung, bis weit in das Bewässerungsgebiet hineinreicht.

Der Mailand-Monzaer Siedelungsblock setzt sich zusammen aus der Stadtlandschaft von Mailand, der von Monza und dem Streifen des Industriegebietes zwischen beiden Städten.

---

[1]) Guida d'Italia II, S. 150.

1. Die Stadtlandschaft von Mailand.

a) Begrenzung und Lage.

Unter der Stadtlandschaft von Mailand ist nicht das Gebiet der Gemeinde Mailand (Comune di Milano) zu verstehen, denn diese umfaßt nach der Eingemeindung am Ende des Jahres 1923 in ihrer Gesamtfläche von 182 qkm[1]) nur rund 32 qkm städtisch bebauten Geländes[2]), während die übrige Fläche sich nur im Norden Mailands durch dichtere Anhäufung von dörflichen und industriellen Siedelungen von ihrer landwirtschaftlichen Umgebung unterscheidet. Als Stadtlandschaft wird vielmehr nur das städtisch dichtbebaute Gebiet. die „zona urbana"[2]), angesehen.

Mailand liegt im Grenzraume zwischen der trockenen, unbewässerten Ebene im Norden und der feuchten, reichlich bewässerten Ebene im Süden der Platte und zwar innerhalb des Fontanilengürtels. Dieser erleidet jedoch bei Mailand eine auffällige Ausbuchtung nach Süden, dergestalt, daß nördlich von der Stadt keine oder nur sehr wenige Quellteiche zu finden sind, während sie nordwestlich bei Rho und nordöstlich bei Monza augenfällig gehäuft auftreten. Auch westlich von Mailand bleiben die Fontanilen in einiger Entfernung von der Stadt, während man sie im Süden und Osten dicht vor ihren Toren antrifft[3]). Ob diese Verhältnisse auf tiefer liegenden Grundwasserspiegel im Gebiete Mailands zurückzuführen sind, so daß die Stadt gewissermaßen auf einer in das feuchte Gebiet hineinragenden Zunge der Trockenebene angelegt ist, wird sich nur nach Prüfung eingehender Grundwasserspiegelmessungen näher feststellen lassen.

Bei Mailand nähern sich einander die Flüsse Lambro und Olona bis auf 7 km, um sich weiter südlich wieder voneinander zu entfernen. In die Olona mündet hier der Sèveso, und sein Wasser wird zur Speisung des inneren Stadtgrabens benutzt. Mailand liegt auf einer nur wenige Meter ansteigenden Zwischentalschwelle zwischen Olona und Lambro. Während die Reisbauflächen sich in der gesetzlichen Entfernung von 7—8 km vom Stadtkerne halten und einen im Norden offenen, konzentrischen Halbkreis um die Peripherie des Stadtgebietes beschreiben, grenzen westlich, südlich, östlich und in verschwindendem Maße auch nördlich Rieselwiesen unmittelbar an die Stadthäuser, ja, wie erwähnt (S. 300), erreichen sie unmittelbar südlich

---

[1]) Corriere della Sera, 22. XI. 1923.

[2]) Annuario Storico-statistico del Comune di Milano, 1918.

[3]) Vgl. Moro: Fontanili, Karte S. 23.

von der Stadtzone in dem zur Gemeinde Mailand gehörenden Chiaravalle und Vigentino mit 33 und 31 Prozent[1]) den höchsten Anteil an der landwirtschaftlich genutzten Fläche unter den Gemeinden der ganzen Lombardei.

b) Plan der Stadtlandschaft.

Der Grundplan Mailands ist einfach. Drei fast konzentrische Ringe werden von radial ausstrahlenden Straßenzügen geschnitten. Um diese drei Ringe — ehemalige Befestigungslinien — legt sich ein vierter, äußerster, der von einem noch nicht vollendeten, modernen Baumstraßenzug gebildet wird (Fig. 8).

Der innerste, nur noch in Straßenzügen erhaltene Festungsring geht auf die Zeit Friedrich Rotbarts vor der „Zerstörung" Mailands 1162[2]) zurück. Zwar ist von den Befestigungen nichts erhalten, aber Straßennamen, wie S. Giovanni sul Muro, S. Maria alla Porta, auch Monte Napoleone, und auffällige Parallelismen, Knicke und Bögen in der Führung mancher Straßen der inneren Stadt deuten auf die Lage der verschwundenen Mauern hin. Von der Piazza Cairoli verlief die Befestigung durch die heutigen Straßen: S. Giovanni sul Muro, Corso di Porta Magenta, Via Bern. Luini, Capuccio, San Vito, Disciplino, Barellai, Via Larga, nahe am Schloß und Erzbischofspalast vorüber durch Via S. Bernardino, Verziere, Via Durini, Monte Napoleone, Monte di Pietà, dell' Orso, Cusani zurück zur Piazza Cairoli. Den Mittelpunkt bildet die Piazza Cordusio, an der einst die Curia Ducis (Corte del Duca, Name!)[3]) gestanden hat, während der Domplatz nahe am Südostrande des Ringes liegt. Innerhalb dieser ältesten erkennbaren Linie (über die Lage des römischen Castrums bestehen nur Vermutungen) bilden die Straßen und Gassen ein enges, scheinbar planloses Gewirr. Interessant ist aber die Gabelung mehrerer von der Stadtmitte ausgehender Hauptstraßen unmittelbar außerhalb dieses innersten Stadtringes. Wesentlich leichter ist die nächste Befestigungslinie zu erkennen, die z. T. dem Wiederaufbau Mailands nach dem Frieden von Konstanz 1183 entspricht[4]). Sie wird im Norden und Süden durch den sogenannten Naviglio Interno (innerer Schiffgraben) bezeichnet, der den Kanal della Martesana und den Sèveso mit den Kanälen Grande und di Pavia verbindet; die West-

---

[1]) Moro: S. 112.

[2]) Ann. Stor.-Stat. d. Com. di Milano.

[3]) Verga: Storia della Vita Milanese, S. 16.

[4]) Guida d'Italia II, S. 11.

seite bezeichnen die Straßen de Amicis, Carducci und Pontaccio, zwischen die sich an der Stelle des heutigen Kastells der Sforza bereits zur Zeit der Visconti ein Kastell einschob. Die Straßen in dem Gürtel zwischen beiden Befestigungsringen laufen im Allgemeinen entweder radial oder parallel zum Inneren Graben. Bei der dritten Befestigungslinie, die aus der Zeit der spanischen Herrschaft (16./17. Jahrhundert) stammt und den Namen Circonvallazione oder Mura Spagnuoli trägt, macht sich das Bestreben bemerkbar, im Stadtgrundriß vom Kreis zum Quadrat überzugehen. Die Ost- und Südseite stehen beinahe rechtwinklig aufeinander. Zum Teil sind die Befestigungsmauern noch erhalten (besonders an der Südseite), zumeist aber in breite, erhöhte, mit Anlagen versehene Straßen, die sogenannten Bastioni[1]), umgewandelt worden. Nur im Nordwesten ist die Festungslinie außer in den Straßenzügen Via Boccaccio und Via Legnano nicht mehr zu erkennen. Mit Hilfe einer tiefen Einbuchtung wurde an dieser Seite das Kastell in die Außenmauer einbezogen. Auch innerhalb dieses Mauergürtels verlaufen die Straßen in der Hauptsache radial oder konzentrisch. Der vierte Hauptstraßenzug läuft dem dritten ungefähr parallel, vermeidet aber nach Möglichkeit Biegungen und Knicke und nähert sich dem Quadrat schon beträchtlich. Er besteht aus sehr breiten, mit Anlagen versehenen „Viali" (großen Straßen) und führt vielfach durch noch unbebautes Gelände. Wie beim Hausbau in Mailand sehr häufig Aufschüttungen vorgenommen werden, so verläuft auch dieser Straßenzug für weite Strecken auf einem Damm. Im Bereiche dieses Straßengürtels, der vorwiegend, d. h. mit Ausnahme der ehemaligen, nun einbezogenen Dörfer (wie Loreto, Fontana) und Vorstadtansätze, ein rechtwinkliges, radial und konzentrisch angelegtes Netz gerader Straßen umfaßt, liegt schon eine große Anzahl von Bewässerungsgräben. Der Anlage Mailands entsprechend ist auch der Verkehr radial und konzentrisch gerichtet. So führen fast sämtliche Straßenbahnlinien von der Peripherie in das Zentrum und enden dort, und eine Doppellinie verkehrt auf der Circonvallazione rund um die Stadt. Nur 2 oder 3 Straßenbahnlinien durchqueren die Stadtringe auf Sehnen.

Wie die Straßen Mailand ringförmig umgeben, so bilden die Eisen-

---

[1]) Die Bastioni tragen die Namen der ihnen benachbarten Tore, z. B. Bastioni di Porta Genova, di Porta Romana, di Pta. Ludovica uff. Leider werden diese schönen und bezeichnenden Straßennamen nun verschwinden, die Bastioni in „Viali" umgetauft und nach italienischen Siegen im Weltkriege benannt werden.

bahnen ein großes Trapez um die Stadt herum Kein Geleise der Eisen- oder Fernstraßenbahnen dringt in das innerhalb der Circonvallazione gelegene Stadtgebiet ein.

Nach außen setzen sich die sternstrahlig aus dem Mailänder Zentrum an die Umwallung gelangenden Straßen meist in derselben Richtung und oft schnurgerade verlaufend fort.

Im Gegensatz zu vielen anderen oberitalienischen Städten hat Mailand sämtliche Befestigungsgürtel — auch den spanischen — ausgefüllt und ist nach allen Seiten hin weit darüber hinausgewachsen. Freilich wird sich im Folgenden zeigen, daß die Bebauung des Gürtels zwischen Innengraben und Circonvallazione durchaus nicht so dicht ist, wie man nach den Stadtplänen annimmt. Die Vorstädte bilden einen geschlossenen Ring um Mailand herum und senden da, wo sie am ältesten sind, ihre Fühler weit an dem von ihnen ausgehenden Überlandstraßenstrahl entlang in das Land hinaus. Auch ganz moderne Siedelungen, wie das Journalistendorf und die ,,Stadt der Institute", sind weit vor der Stadt angelegt worden und stehen erst durch lückenhaft bebautes Gelände mit dem Häusergros in Verbindung. Die Hauptwachstumsrichtung Mailands ist die nördliche. Dort wächst die Stadt in voller Breite flächenhaft, während sie im Süden nur nach Südosten und Südwesten an den Straßen nach Abbiategrasso und Lodi Vorstadtzipfel weiter vorgestreckt hat. Vermutlich hängt die nördliche Wachstumsrichtung auch mit dem verschiedenen Wert und der Eignung des Bodens zu Bau- oder landwirtschaftlichen Zwecken im Norden (nach der Trockenebene zu) und im Süden (in die bewässerte Ebene hinein) zusammen.

c) Die Gliederung der Stadtlandschaft von Mailand nach ihrem vertikalen Aufbau (Fig. 8).

α) Der Stadtkern innerhalb des Naviglio Interno.

aa) Die City.

Wie in den Großstädten allgemein, bildet sich auch in Mailand in der innersten Stadt ein Bezirk heraus, in dem die Zahl der Dauerbewohner immer geringer wird, und in welchem an die Stelle der Wohnhäuser großartige Bank- und Geschäfts- sowie Warenpaläste und riesige Verwaltungsgebäude treten. Man kann jedoch in Mailand nicht von einem geschlossenen Bezirk sprechen, weil nur einige Hauptstraßen und Plätze von diesem Vorgange betroffen werden, zwischen und hinter denen aber Wohnhäuser stehen. Am charakteristischsten

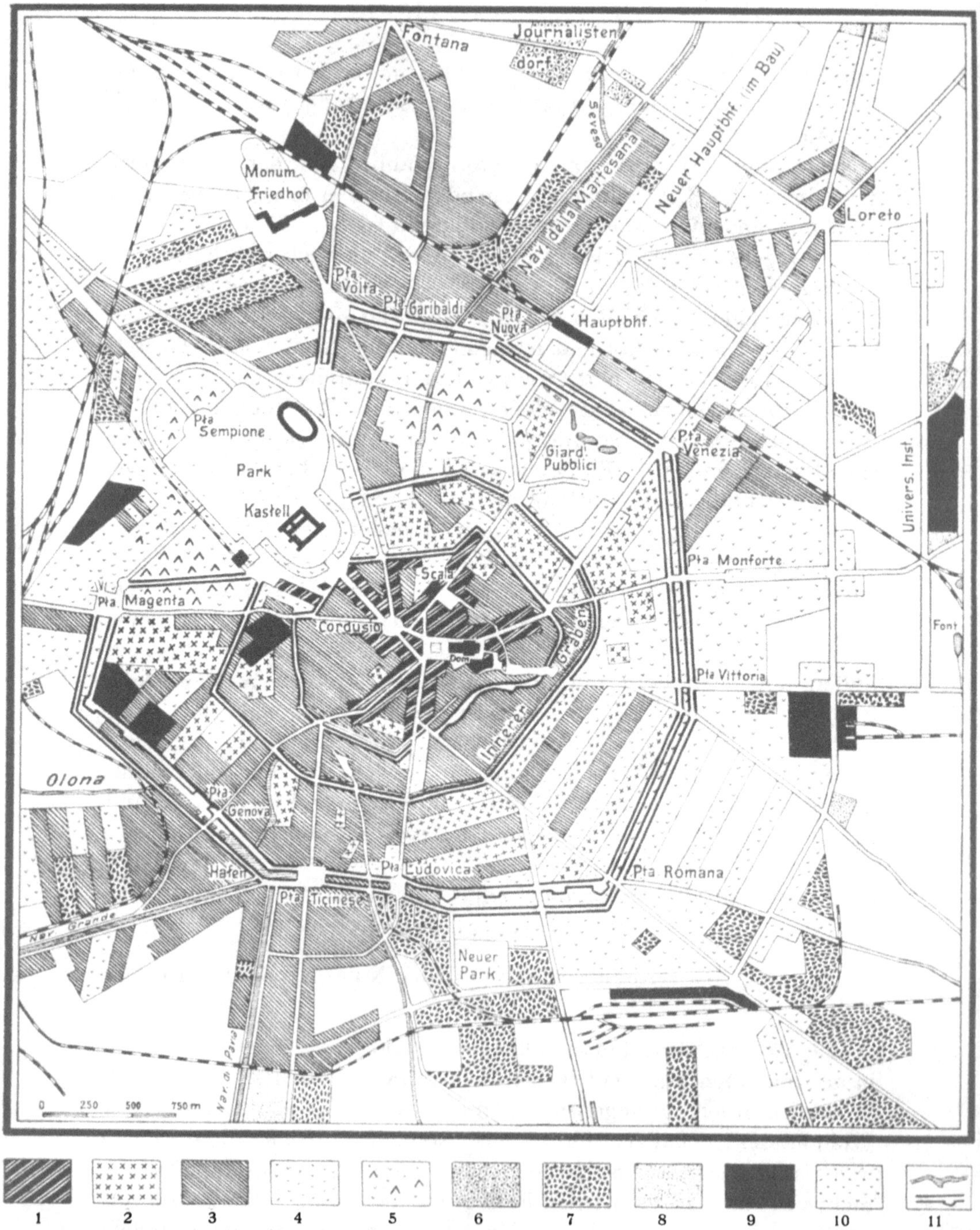

1 Geschäfts- und Kontorhäuser. 2 Wohnhäuser und Paläste mit Innenparks und Hofgärten. 3 Alte, 2—5 stöckige Wohnhäuser und alte, niedrige, verwinkelte Wohnhäuser. 4 Moderne Großwohnhäuser und Vorstadtwohnhäuser mit und ohne Häuserblockgärten. 5 Desgl. untermischt mit Villen. 6 Ein- und Zweifamilienhäuser in Gärten. 7 Industrieanlagen. 8 Landwirtschaftshäuser. 9 Zwecksiedelungen (Hospitale, Kasernen usw.). 10 Grünflächen. 11 Wasser, Befestigungsgürtel.

Fig. 8. Mailand.

ist die City zwischen Domplatz, der Piazza Cordusio und Piazza della Scala ausgebildet, aber auch an den von diesen Plätzen ausstrahlenden Hauptstraßen (Via Dante, Manzoni, Torino, Meravigli, Broletto, Corso Vittioro Emanuele) stehen, soweit sie innerhalb der ersten Umwallung liegen, in der Mehrzahl Geschäftshäuser. Die Geschäftsstraßen sind die breitesten und mit Asphalt oder Granitplatten bestgepflasterten Straßen der Innenstadt, doch haben sie ihre Breite oft erst nach dem Abbruch alter, enger, winkeliger Straßen erhalten. Zu den Geschäftsstraßen, die fast gänzlich unbewohnt sind, zählt namentlich die Galleria Vittorio Emanuele, ein mit Glas überdecktes und mit Fliesen gepflastertes Straßenkreuz, der Stolz, Treffpunkt und „salone" der Mailänder.

bb) Bezirke mit Innenpark- und Gartenhofwohnhäusern.

Auch innerhalb des Naviglio Interno gibt es zahlreiche Paläste und Wohnhäuser, die kleine Hofgärten oder bisweilen auch ganz ansehnliche Parks besitzen. Besonders reich an solchen Anlagen ist die Gegend nahe am Stadtgraben nordöstlich vom Domplatz. Schöne Fassaden haben die Paläste der Via Manzoni, des Corso Venezia und der Via Monte di Pietà. Erstere haben auch die größten Parkanlagen. Bescheidener sind die Gartenhöfe und die Gebäude in den Straßen, die zwischen der Via Mte. Napoleone und dem Stadtgraben liegen, z. B. Via della Spiga, Via Gesù usf., doch machen gerade diese ziemlich engen Straßen mit dem schlichten Äußeren und den überaus schönen Bogenhallen und Gärten im Innern, nach denen man durch das eiserne Gitter der Tordurchfahrt hindurchsehen kann, einen vornehmen und höchst sauberen, angenehmen Eindruck. Diese Straßen liegen fast gänzlich abseits von dem ohrenbetäubenden Lärm der City, und wollte man den Wohnwert der Straßen der Innenstadt schätzen, so müßten diese Wohnhaus- und Palaststraßen an erster Stelle stehen. Südlich und westlich vom Domplatz treten die Paläste und Wohnhäuser mit Innenparks und Gartenhöfen nur örtlich auf, so an der Piazza Borromeo, der Via Amadei und einigen anderen Punkten.

cc) Bezirke mit 3—5-stöckigen Wohnhäusern ohne Gartenhöfe.

Der Typ der 3—5 stöckigen Wohnhäuser mit kahlem Äußeren, düsterem Inneren und mit engen, dunklen Höfen ist der am meisten in der Innenstadt verbreitete. Er ist mit Ausnahme der unter aa) und bb) genannten Straßen überall zu finden, und besonders charakteristisch für diesen Typ sind der Bezirk zwischen der Bibliothek Ambrosiana und der Kirche S. Ambrogio und der südlich vom Domplatz bei Via Larga, Via Chiaravalle und Tre Alberghi usw., aber auch unmittelbar östlich von dem Domplatz und der Piazza della Scala, kurz, in den Sektoren zwischen den radialen Hauptstraßen. Die Straßen sind hier eng, winkelig, meist mit Geröll gepflastert und oft schmutzig. Mitunter werden die düsteren, dunkelbraunen Häuser durch gelbbraun getünchte, etwas freundlichere unterbrochen, die einen Übergang zu den Massenwohnhäusern mit Stockwerksgalerien bilden. Im Erdgeschoß der Häuser befinden sich oft kleine Läden und Werkstätten, die besonders im Sonnner, wenn die Auslagen bis auf die Straße hinaus gebaut werden und die Schaufenster fehlen, oft einen höhlenartigen Eindruck machen. Jedoch auch in den Bezirken, in denen dieser Haustyp vorherrscht, stehen vereinzelt palastartige Wohnhäuser mit Innengärten.

dd) Elendsbezirke.

Besonders in der Nähe der Porta Ticinese und westlich vom Domplatz stehen in der Mehrzahl alte, z. T. niedrige, verwinkelte Wohnhäuser und Massenwohnhäuser mit Stockwerksgalerien an engen, sehr schmutzigen Gassen. Der Stadtteil bei Porta Ticinese verdient bereits, Elendsbezirk genannt zu werden, denn es ist erschütternd, auch nur von außen die Wohnungsverhältnisse in dieser Gegend, die zudem noch den Ruf des Verbrecherviertels genießt, zu sehen. Eine kaum glaubliche Menge von Menschen wohnt in den wenig sauberen Häusern, auf deren Stockwerksgalerien allenthalben Wäsche getrocknet wird, und es wird erzählt, daß vielköpfige Familien oft nur ein Zimmer zur Verfügung hätten. Auch völlig fensterlose Räume, in denen dauernd Licht gebrannt werden muß, die aber dennoch zu Wohnzwecken benutzt werden, sollen nicht selten sein.

ee) Bezirke mit Großwohnhäusern und Häuserblockgärten.

Einen völligen Gegensatz zu den alten Elendsbezirken bilden die Stadtteile, in denen 4—6stöckige, große und geräumige, moderne Wohnhäuser stehen, die am ehesten mit den Hamburger „Großwohnhäusern“[1]) zu vergleichen sind. Innerhalb des Naviglio Interno ist dieser Typus allerdings nur da vertreten, wo er von den weiter auswärts gelegenen Stadtteilen hereinreicht, so in der Nähe des Kastells (Foro Bonaparte, Piazza Castello). Hier stehen die Großwohnhäuser in ausgedehnten Gebäudevierecken, in deren Innerem eine zwar durch Grundstücksmauern untergeteilte, im Ganzen aber

[1]) Schwieker: Hamburg.

doch zusammenhängende Grünfläche mit Bäumen, Blumenbeeten und Rasen liegt (Häuserblockgärten). Die Straßen dieses Bezirks sind breit und mit Anlagen versehen und haben Asphalt- oder Steinplattenpflaster.

ff) Schankstätten.

Ein Charakteristikum des Straßenbildes von ganz Mailand, in erhöhtem Maße aber der Innenstadt, sind die Schankstätten. Oft liegt eine ganze Anzahl von Kaffeehäusern, Restaurationen, Bars, Likörstuben und Speisehäusern eng beieinander. Die Tatsache, daß innerhalb des Innengrabens auf einem Gebiet von etwa 5 qkm sich nicht weniger als 1029 Alkoholschankstätten befinden[1]), spricht für sich, läßt aber verstehen, daß bei der Beschreibung des Mailänder Stadtbildes die Schankstätten aufgeführt werden müssen, um so mehr, als sie sich nicht gleichmäßig über den Stadtkern verteilen, sondern sich auf die City, die Bezirke mit hohen Wohnhäusern ohne Hofgärten und die Elendsbezirke beschränken, während die übrigen Viertel fast gänzlich frei von ihnen sind.

gg) Grünflächen.

Öffentliche Grünflächen fehlen innerhalb des Naviglio Interno fast völlig. Nur auf den größeren Plätzen, wie Domplatz, Piazza Cordusio, Cairoli. Vetra usw. sind Rasen- und Blumenbeete angelegt worden, und die Via Cairoli, sowie der Foro Bonaparte tragen Baumschmuck.

Auch sichtbare Industrieanlagen fehlen im Stadtkern.

hh) Verkehr.

Der Verkehr flutet am Morgen und Nachmittag in das Stadtherz hinein, am Mittag und frühen Abend wieder hinaus. Nie sind tagsüber die Straßen leer, im Gegenteil, meistens, und besonders am Nachmittag und Abend, wälzt sich trotz des sehr lebhaften Straßenbahn-, Wagen -und Autoverkehrs ein teils geschäftig hastender, teils gemächlich müßiggehender Menschenstrom durch die Straßen, so vor allem durch die Via Dante, Manzoni und den Corso Vittorio Emanuele. Das dichteste Gewühl herrscht jedoch in der Galleria Vittorio Emanuele.

---

[1]) Ann. Stor. Stat. di Milano, 1921. Die Berechnung: auf je 95 Einwohner 1 Schankstätte, ergibt eine falsche Vorstellung, da infolge Citybildung im Stadtkern Entvölkerung eingetreten ist.

ii) Wohndichte.

In der Mailänder Innenstadt innerhalb des Grabens ist die Personenzahl, die auf einen Wohnungsraum entfällt, von ganz Mailand am geringsten[1]) (1 Person je Raum). Die vorher angeführte Citybildung läßt aber auch diese Tatsache in einem anderen Lichte erscheinen. Denn es ist wohl möglich, daß bei einem günstigen Durchschnitt bestimmte Stadtteile doch überlastet sind, weil andererseits die Riesenhäuser der City und die Paläste völlig oder fast menschenleer sind.

β) Der Zwischenwallgürtel.

Unter dem Zwischenwallgürtel soll das ½—¾ km breite, zwischen dem Innengraben und der Circonvallazione gelegene Stadtgebiet verstanden werden.

Ganz allgemein unterscheidet sich der Zwischenwallgürtel von dem Stadtkerne durch die weitere Bauweise. Breite Straßen und verhältnismäßig zahlreiche und große öffentliche und private Grünflächen zeichnen diese zweite Zone aus. Dabei ist die Grenze gegen die enge Innenstadt oft so scharf, daß man sie auch ohne den Graben leicht festlegen könnte. Reine Geschäftsviertel und Elendsbezirke fehlen, dafür treten, immer im Vergleich zur Innenstadt, Villenbezirke und Stadtteile mit modernen Vorstadt-Großwohnhäusern hinzu.

Im Nordwesten liegt, der ersten wie der zweiten Zone gemeinsam angehörend, das mächtige, rote, zinnengekrönte Backsteinviereck des Sforza-Kastells.

aa) Wohnhäuser mit Gartenhöfen. In dem Zwischenwallgürtel sind die Wohnhäuser mit Innenparks und Gartenhöfen außerordentlich verbreitet. Sie sind überall anzutreffen, doch kann man eine besondere Häufung im Nordosten (beiderseits der Giardini Pubblici) und im Südosten bei der Porta Romana feststellen[2]). Breite, reinliche Straßen und äußerlich schlichte, saubere Häuser zeichnen diese Bezirke aus.

bb) Großwohnhaus- und Villenbezirke. Auch die Großwohnhäuser mit den Häuserblockgärten sind hier ziemlich verbreitet, so südwestlich und nordöstlich vom Kastell (Via Boccaccio und Via Moscova usw.) und westlich der Giardini Pubblici (Via Principe Umberto). Sie sind z. T. untermischt mit Villen, ein- und zweistöckigen, oft sehr schönen Gebäuden, die inmitten größerer oder kleinerer Gärten stehen

[1]) La Città di Milano, 1922, Heft 4.

[2]) Vgl. Karte 1 : 25000, Blätter Milano Est und Ovest.

und die südwestlich und nordöstlich des Kastells (Via Boccaccio) und westlich der Giardini Pubblici (Via Manin, Moscova und Principe Umberto, Via Goito) bezirkbildend gehäuft auftreten.

cc) Alte Wohnhäuser ohne Gartenhöfe. Wenn auch die 3—5 stöckigen, alten Wohnhäuser ohne Gartenhöfe im Zwischenwallgürtel recht häufig sind und im Süden bei der Porta Ticinese und am Hafen, sowie im Südwesten in der Nähe der Porta Genova größere Bezirke bilden, so tragen doch schon die Straßen, die hier wesentlich breiter als in der Innenstadt sind, dazu bei, daß die betreffenden Stadtbezirke keinen so düsteren Eindruck machen wie die ihnen entsprechenden im Stadtinnern. Untermischt treten auch Häuser mit Stockwerksgalerien auf. Örtlich trifft man die 3—5 stöckigen, alten Wohnhäuser auch im Norden und Nordwesten (Porta Nuova und Porta Volta) in der Nähe der spanischen Umwallung an.

dd) Moderne Vorstadt-Großwohnhäuser. Stellenweise sind innerhalb der Circonvallazione, und zwar in unmittelbarer Nähe der südlichen Bastioni, ganz moderne, große Vorstadtwohnhäuser vertreten. Diese erst nach dem Kriege erbauten, 3—5 stöckigen Häuser haben ein freundliches, schlichtes Äußeres, sind mit hellgrauem Mörtel verputzt und besitzen vielfach Balkone. Ihr Ziegeldach hat flache Sattelform. Auch das Innere dieser Häuser ist hell und freundlich.

ee) Grünflächen. Wie schon erwähnt, ist der Zwischenwallgürtel reich an öffentlichen und privaten Grünflächen. Die privaten Innenparks wurden bereits angeführt; unter den öffentlichen Anlagen stehen die Giardini Pubblici im Norden an erster Stelle. Sie bedecken eine Fläche von 18 ha und bestehen aus sehr mannigfaltigen Baum-, Strauch- und Blumenpflanzungen. Kleine Teiche und Bäche, Springbrunnen und ein bescheidener zoologischer Garten sind in ihnen angelegt worden und bieten im Verein mit Wirtschaften und Tanzböden Erwachsenen wie Kindern Belustigung. Außer diesem Parke sind die Anlagen der Bastioni und einige kleinere Grünflächen, wie die der Via Parini (westlich von den Giardini) und die Anlagen des Kastells, soweit sie in die Umwallung fallen, zu nennen.

In höherem Maße als in der inneren Stadt findet man im Zwischenwallgürtel Hospitale, Waisenhäuser, Gefängnisanstalten und ähnliche Einrichtungen. Große und auffällige Industrieanlagen fehlen, abgesehen vom Schlachthofe, auch hier.

Wie in der Innenstadt, so zieht sich die vornehmere Bevölkerung auch hier in den nördlichen und östlichen Stadtteilen zusammen, jedoch tritt in der Zwischenwallzone auch der westliche. zwischen Porta Magenta und innerer Umwallung liegende Bezirk als bevorzugtes Wohngebiet für die wohlhabenderen Klassen auf, während der Süden und Südwesten der ärmeren Bevölkerung überlassen wird.

γ) Der Vorstadtgürtel.

In ihrem ganzen Umfange wird die spanische Umwallung durch einen meist breiten Gürtel von Vorstädten eingeschlossen. An den verschiedenen Seiten der Stadt haben diese nach Ausdehnung und Eigenart ein gänzlich verschiedenes Gesicht, und sie stellen wohl den am buntesten zusammengesetzten Stadtring dar. In den Vorstädten macht sich die nördliche und nordöstliche Wachstumsneigung Mailands besonders bemerkbar, denn während im Norden und Nordosten die Vorstädte sich allenthalben bis über 1 km breit vor die Circonvallazione lagern. schrumpft ihr Gürtel im Südwesten stellenweise bis auf wenige Häuserreihen zusammen.

Deutlich heben sich auf dem Kartenbild. und nach der Bauart der Häuser und Breite der Straßen auch in der Natur. die Kerne des Vorstadtgürtels heraus. Diese sind entweder die unmittelbar vor den Toren an den Überlandstraßen liegenden Ursprungsstellen der Vorstadtbildung (wie vor der Porta Ticinese. Nuova, Porta Volta und Porta Magenta). oder sie werden von ehemaligen Dörfern und Dorfteilen gebildet (wie Loreto. Fontana, Bullona. S. Cristoforo). Im ersteren Falle schließen sich die Vorstadtkerne unmittelbar an die spanische Umwallung an. im letzteren aber liegt zwischen ihnen und der Circonvallazione ein Gebiet. das planmäßig mit neueren Vorstadthäusern bebaut worden ist. Die strenge Planmäßigkeit ist ganz allgemein das Kennzeichen des Mailänder Vorstadtgürtels, und die erwähnten Kerne liegen wie Fremdkörper in ihm. Trotz der planmäßigen Anlage und Jugend der Vorstädte ist das Bild, das sich dem vom Lande Kommenden beim Eintritt in das bebaute Stadtgebiet darbietet, in den allermeisten Fällen recht unerfreulich. denn zu der Regelmäßigkeit des Grundplanes steht in krassem Gegensatz die Uneinheitlichkeit der Gebäudetypen. Nur in den Stadtteilen. deren Bebauung erst nach dem Kriege in Angriff genommen worden ist, findet man schöne und zueinander passende Hausformen, stößt allerdings dabei leicht auf den Fehler allzugroßer Einförmigkeit.

aa) Kerne des Vorstadtgürtels. In den unregelmäßig angelegten Kernen des Vorstadtgürtels — mögen sie auf ehemalige Dörfer oder auf Ausbauten vor den Stadttoren zurückzuführen sein —

herrscht bestimmend der Typus der 3—5 stöckigen Wohnhäuser ohne Gartenhof vor, und das kahle, unfreundliche Äußere dieser Gebäude überträgt sich auf das Straßenbild. Die Straßen sind zudem in diesen Kernen nicht durchgehend breit, sondern wie in den Dörfern zweigen von einer breiten Hauptstraße enge Nebenstraßen und Gassen ab. Meistens haben sie Geröllpflaster. Sehr häufig trifft man auch die Massenwohnhäuser mit Stockwerksgalerien und — in Anpassung an die ländliche Umgebung — mit Luftspeichern an.

Endlich findet man in größerer Anzahl besonders in den auf Dörfer zurückgehenden Vorstadtkernen niedrige, Landwirtschaftszwecken dienende Häuser, die denen der umliegenden ländlichen Siedelungen gleichen, und mitunter, so vor Porta Magenta und Porta Vigentina (westlich von Porta Romana), auch ganze Gehöfte. Sie treten naturgemäß immer häufiger auf, je weiter man sich von der Stadt entfernt. Oft befinden sich diese Landwirtschaftshäuser aber im Zustande des Verfalls, so daß sie nur selten (wie z. B. südlich der Porta Vigentina) einen schönen Anblick bieten. Allmählich werden die alten Wohnhäuser durch moderne ersetzt.

In diesen alten Vorstadtkernen spielt sich das Tagesleben zum großen Teil auf der Straße ab, und ganz wie auf den Dörfern haben die kahlen, gänzlich schmucklosen Häuser im Sommer keine Holztüren in den Hauseingängen, sondern braunrote Vorhänge ersetzen diese, so daß, da unmittelbar hinter der Haustür vielfach das Schlafzimmer liegt, die Bewohner fast im Freien schlafen (z. B. in Bettolina). Fabrikanlagen liegen manchmal inmitten der Vorstadtkerne (z. B. bei Porta Nuova) und gestalten das unschöne, bunt zusammengwürfelte Bild noch häßlicher. Entsprechend ihrer Anlage an den von der Stadt ausstrahlenden Landstraßen haben die Vorstadtkerne mehrfach eine in der Hauptstraßenrichtung langausgestreckte Form und spitzen sich schließlich zu Zeilensiedelungen aus.

bb) Planmäßig angelegte Vorstädte. Einen wesentlich erfreulicheren Anblick bieten die planmäßig angelegten Vorstädte, die gewissermaßen die Lücken zwischen den Kernausstrahlungen an den Hauptstraßen ausfüllen. Sie schließen sich zum Teil eng an die Kerne an (wie bei Porta Nuova), oder — dieses ist bei den neuesten Siedelungen der Fall — sie bilden selbständige, einer gemeinsamen kurzen, intensiven Bauperiode entstammende, räumlich und architektonisch selbständige Vorstadtbezirke (z. B. südwestlich der Porta Magenta). Breite und meist schnurgerade Straßen mit Schotterung oder Asphaltpflaster und mit Bürgersteigen, sowie bedeutende Sauberkeit sind Charakteristika für diese Stadtteile. Je nach dem Alter herrschen in diesen Vorstädten diese oder jene Haustypen vor.

[a] Am meisten verbreitet sind die 3—5 stöckigen Großwohnhäuser mit Häuserblockgärten, und je nach der Gegend sind die Häuser prunkvoll oder schlicht, sind die Häuserblockgärten üppig mit Palmen, großblütigen Magnolien, Zedern und Caco-Bäumen bepflanzt, oder sie sind bescheidene Gärtchen mit einem Stück Rasen und einigen Blumenbeeten. Im allgemeinen machen diese Großwohnhäuser einen recht hygienischen und freundlichen Eindruck, sie sind reich an großen Fenstern und Balkonen, und somit an Licht und Luft, auch haben die Wohnungen eine erträgliche Größe.

Prunkvolle Großwohnhäuser findet man in großer Zahl in der näheren Umgebung des Parks (Via Boccaccio, Porta Sempione), während die schlichten Typen nordöstlich vom Hauptbahnhof, ferner vor den Toren Venezia, Monforte, Vittoria, Romana, also im ganzen Nordosten, Osten und Süden anzutreffen sind. In den letztgenannten Bezirken sind die Großwohnhäuser gelegentlich mit den alten, düsteren 3—5 stöckigen Wohnhäusern vergesellschaftet, und andererseits treten westlich, nördlich und südwestlich des Parkes, bei Via Venti Settembre und Corso Sempione, teils zwischen den Großwohnhäusern, teils sogar bezirkbildend, schöne Villen auf, die von gepflegten, kleinen Parks umgeben sind.

[b] Ein- und Zweifamilienhäuser baute man 1924 südsüdwestlich der Porta Magenta. Es sind schlichte, freundliche, meist einstöckige Häuser mit flachen Walmdächern, die inmitten kleiner Zier- und Nutzgärten stehen und einer bis zwei Familien Wohnraum bieten. Eine Sonderform dieser Villenbezirke ist das Journalistendorf östlich von Fontana. Dort sind die Häuser außerordentlich klein, stehen in winzigen Nutzgärtchen, und bilden eine etwa ½ qkm große Vorstadt, die nur in ganz loser Verbindung mit dem Gros des Häusermeeres steht. Eine ähnliche junge Siedlung von Kleinwohnhäusern in Zwerggärten befindet sich westlich von Lambrate in unmittelbarer Nachbarschaft der weiter unten zu behandelnden Stadt der Institute.

[c] Auch in den planmäßig angelegten Vorstädten fehlen Massenwohnhäuser mit Stockwerksgalerien nicht, und je weiter das Vorstadtgebiet in das freie Land hinausrückt, desto häufiger werden eingestreute Landwirtschaftshäuser. Dabei kommt es am äußeren Rande des Vorstadtgürtels oft zu unerfreulichen Durchmischungen beider Typen.

[d] Zu den planmäßig angelegten Vorstädten gehören ferner die

Zwecksiedelungen. Ihnen sind Militärsiedelungen, wie die Kasernen von Cagnola, die Hospitalanlagen bei Fontana und besonders die Città degli Studî westlich von Lambrate, ein geschlossener, ausschließlich mit (meist medizinischen) Universitätsinstituten bebauter Bezirk, zuzurechnen.

Auch die umfangreichen Bauten der verschiedenen Güterbahnhöfe mit ihrem Zubehör fallen unter die Zwecksiedelungen. Ganz besonders wichtige, und im Stadtbilde auffallende, planmäßige Zwecksiedelungen aber sind die zusammenhängenden, großen

[e] Industriebezirke nördlich und westlich vom Hauptbahnhof, ferner an der Straße nach Lodi, vor Porta Romana, in der Umgebung des neuen Parks, nordwestlich von Porta Volta, in größerer Entfernung bei Rogoredo und nordöstlich von Loreto. Die Industriegebäude greifen im allgemeinen der Vorstadtbildung voraus, und man trifft sie in der Nähe der Eisenbahnlinien weit in das offene Land vorgeschoben an.

[f] Grünflächen. Der Vorstadtgürtel ist verhältnismäßig reich an Grünflächen. Gehören doch zwei von den drei größeren Parks der Stadt Mailand ihrer Zone an, nämlich der „Parco“ beim Kastell und der „Nuovo Parco“ an der Südgrenze des bebauten Gebietes. Während der alte Park — ein ehemaliger Exerzierplatz und infolgedessen ganz rechtwinklig angelegt — mit seinen alten Bäumen, und Rasenflächen einen sehr erfreulichen Eindruck macht, ist der Neue Park, dessen junge Anlagen sich in unmittelbarer Nachbarschaft großer Fabriken, darunter einer Gasanstalt, befinden, um so weniger geeignet, als „Lunge der Großstadt“ wohltätige Dienste zu leisten. Und gerade die in seiner Nähe wohnende ärmere Bevölkerung, die in ungünstigen Wohnungsverhältnissen lebt, hat ausgedehnte Grünflächen dringend nötig. Außer den großen Parks sind nur die Baumreihen, die man beinahe auf allen großen Straßen im Bereiche der Vorstädte antrifft, und einige Rabatten und Rasenrundbeete auf öffentlichen Plätzen zu nennen. Auch der Monumentalfriedhof im Nordwesten der Stadt, der im Bereiche des Vorstadtgürtels liegt, kann als Grünfläche angesehen werden. Wie er einst, der italienischen Sitte gemäß, außerhalb der Stadt lag, so befindet sich der heute vorwiegend benutzte Friedho f 7 km nordwestlich vom Domplatze, in Musocco. Ein ähnliches Wan dern kann man beim Exerzierplatz („Piazza d'Armi“) feststellen. Einst lag er an der Stelle des heutigen Parkes, dann wurde er zum heutigen Meßplatz verlegt, und gegenwärtig befindet er sich im Westen weit außerhalb des Stadtgebietes.

cc) Verteilung der Bevölkerung nach Klassen.

Es war darauf hingewiesen worden, daß in der Innenstadt die nördlichen und nordöstlichen Teile von der wohlhabenderen Klasse, der Süden und Westen aber von der ärmeren Bevölkerung bewohnt werden. Während im Zwischenwallgürtel diese Verhältnisse noch bestehen bleiben, aber bereits eine Verschiebung des Gebietes der oberen Klasse nach Westen einsetzt, zeigt sich, daß im Vorstadtgürtel die „besseren“ Stadtteile vorwiegend im Westen (vom Park bis südwestlich der Piazza Magenta und bei Porta Sempione), örtlich auch im Osten (bei Porta Monforte) liegen, während besonders der Norden und Süden von den mittleren und ärmeren Bevölkerungsschichten bewohnt werden. Der Vorstadtgürtel entsendet täglich Zehntausende von Angestellten und Arbeitern in die Innenstadt; mit großer Regelmäßigkeit pulsiert der Menschenstrom morgens und abends stadtwärts und landwärts. Im Sommer aber bieten gerade die Vorstädte ein Bild heiteren Italienertums, wenn in lauen Nächten nach heißen Tagen die Hausbewohner zum großen Teil auf der Straße vor ihren Häusern sitzen und plaudern und musizieren.

dd) Schrebergärten.

Der Kranz der Schrebergärten, den wir bei den mitteleuropäischen Großstädten sich um die Vorstadtzone schließen zu sehen gewöhnt sind, fehlt bei Mailand vollkommen. Es scheint darin ein bezeichnender Charakterzug des lombardischen Stadtbewohners zu liegen. Es erweckt den Anschein, als habe dieser die Fühlung mit dem Boden seiner Heimat verloren. Auch sieht er bei seiner Arbeit auf den augenblicklichen Nutzen und Gewinn. Er kennt nicht das Gefühl der Freude am Keimen und Reifen und über mühsam erzielte Erfolge im Kleinen. Man geht wohl auch nicht fehl mit der Vermutung, daß der lombardische Städter, der sich den größten Teil des Tages außerhalb seiner Wohnung aufhält, nicht das Bedürfnis nach einem Gegengewicht gegen die Mietskaserne und die Sehnsucht, auf beinahe oder ganz eigenem Lande zu schaffen, kennt, die den deutschen Schrebergärtner weit mehr als der geringe materielle Gewinn zu der Gartenarbeit nach Feierabend anregen. Hinzu kommt, daß Mailand in landwirtschaftlicher Umgebung mit Großgrundbesitz liegt und, obwohl Großstadt, während des Krieges nicht im entferntesten so große Hungersnot erlitten hat wie die deutschen Großstädte, und daß deshalb ein wichtiger Anreiz zum Kleingartenbau gefehlt hat.

2. Die Stadtlandschaft von Monza.

In Vergleich zu Mailand ist Monza (mit 35 000 Einwohnern) nur eine kleine Stadt, aber die Industrie verleiht dieser alten langobardischen Residenz eine über die Grenzen Oberitaliens hinausgehende Bedeutung.

a) Lage.

Monza liegt am Lambro, der hier durch künstliche oder natürliche Gabelung eine ziemlich große Insel bildet. Wichtig für die Entwicklung Monzas scheint die Lage innerhalb der Trockenebene zu sein, d. h. in einem Gebiete, in welchem die allzu zahlreiche Bevölkerung neben dem Ackerbau auch Handwerk und Industrie betreibt. Auch die Nachbarschaft der Brianza mit ihren landwirtschaftlichen und handwerklichen Erzeugnissen ist zweifellos von Einfluß.

b) Aufbau.

Trotz der großen Industrieanlagen kann man Monza nicht mit einer der verrußten, betriebsamen Städte vergleichen, die wir in den deutschen Industriebezirken kennen (im Ruhrgebiet, aber auch Freital im Plauenschen Grund bei Dresden). In der Stadt Monza selbst spürt man wenig von dem industriellen Leben; ganz im Gegenteil ist Monzas Inneres durchaus nicht häßlich zu nennen. Die Stadt gehört zu den Orten, um deren altes, gedrängt gebautes Zentrum sich ein Kranz zunächst geschlossener, in weiterer Entfernung aber zerstreuter Wohn- und Industriegebäude legt (wie z. B. auch bei Busto Arsizio). Ein ringförmiger Straßenzug, der eine Fläche von rund einem halben Quadratkilometer einschließt, läßt einen ehemaligen Befestigungsring vermuten, besonders da er im Osten sich eng an den östlichen Arm des Lambro anschließt und so die oben erwähnte Insel mit einbezieht. Obwohl innerhalb des Ringes noch unbebaute Flächen vorhanden sind[1]), ist die Stadt nach allen Seiten hin über ihn hinausgewachsen. Die Hauptrichtung ihres Wachstums ist die südliche, ihr steht die nordwestliche wenig nach. Auch im Osten, jenseits des Lambro, schreitet die Vorstadtbildung rüstig fort, und nur im Norden stößt sie auf sehr eng gezogene Grenzen, weil dort der große Park von Monza liegt.

α) Der Stadtkern.

Der Plan des Stadtkernes ist sehr unregelmäßig. Ein nordsüdlicher und ein ostwestlicher Straßenzug kreuzen sich in ihm, verlaufen

[1]) nach Karte 1 : 25000, Bl. Monza.

jedoch in gewundenen Linien und treten infolge ihrer ständig wechselnden Breite kaum als Hauptstraßen in Erscheinung. Drei Plätze (der zentral gelegene Domplatz, die Piazza Roma, an der das ehemalige Rathaus (das Arengario) steht, im nördlichen, und ein dritter geräumiger Platz im südwestlichen Teile der Stadt) dienen teils Marktzwecken, teils als Versammlungsort der Händler und Müßiggänger. An den Haupt- und einigen Nebenstraßen stehen zwei- bis vierstöckige Wohnhäuser mit Gartenhöfen und solche ohne Grünanlagen, untermischt mit alten und neueren, hoflosen Wohngebäuden und bilden das Gros der Häuser in der Innenstadt. Häufig findet man, daß die Stockwerke etwa einen Meter über das Erdgeschoß vorspringen.

β) Die Vorstädte.

Die Vorstädte von Monza besitzen zum größten Teil Längserstreckung an den Hauptlandstraßen (nach Mailand, nach Seregno-Como, Lecco und Trezzo). Zwischen diesen Kernen liegen regellos in Streulage Villen, Gehöfte oder Fabriken.

Die Südvorstadt in der Nähe der Straße nach Mailand ist der eigentliche Sitz der Monzaer Industrie. Zahlreiche große Fabrikanlagen liegen zwischen Reihen von Wohnhäusern halb städtischer, halb ländlicher Bauart. Ganz anders ist der Charakter der nördlichen Vorstadt. Hier findet man, abgesehen von dem Kern in der Nähe des Stadtringes, wo gedrängt gebaute, hohe Wohnhäuser stehen, Villen in kleinen Parks, die besonders in der Nähe des Königsschlosses am Park außerordentlich gepflegt sind und auf die Wohlhabenheit ihrer Bewohner hinweisen. Auch in den östlichen und nordöstlichen Vorstädten scheinen Villen und Landhäuser über die Industriegebäude zu überwiegen.

γ) Grünflächen.

Während die innere Stadt vollständig und die Vorstädte fast gänzlich der öffentlichen Grünflächen ermangeln, erstreckt sich im Norden der Stadt der etwa 6 qkm große, alte Park, der, abgesehen von der in letzter Zeit angelegten großen Autorennbahn, vorwiegend aus Laubwald besteht und ein Wirtschaftsgut mit kleinen Maisfeldern und Wiesen einschließt.

3. Das Industriegebiet zwischen Mailand und Monza.

Auch der Anblick des Industriegebietes, das sich in schmalem Streifen zwischen Mailand und Monza erstreckt, ist ein anderer als der, den man dem Namen nach erwarten sollte. Es handelt sich nicht um einen geschlossenen Bezirk, in dem ein Schornstein neben dem anderen emporragt, über dem eine ewige Rauchschicht lagert, sondern es ist ein Ackerbaugebiet, in dem sehr zahlreiche Fabriken stehen, die sich aber nur zwischen Greco Milanese und Sesto S. Giovanni zu einem ausgedehnteren, geschlossenen Industriegelände anhäufen. Elektrotechnische Werke, Wagenfabriken, Eisengießereien, chemische Werke, Webereien sind Vertreter der wichtigsten Industriezweige, die in diesem etwa 2 km breiten, an der Eisenbahn und der Landstraße Mailand — Monza sich hinziehenden Landstreifen gepflegt werden (Fig. 2).

Zwischen den großen Fabrikhallen, die zum großen Teil einen jungen Eindruck machen, liegen Streifen von Maulbeerbaumfeldern und -wiesen mit Feldhütten. Die Kulturen sind die gleichen wie die der Trockenebene, welcher das Industriegebiet zum größten Teile angehört. Geschlossene und einzelne ländliche Siedelungen sind ebenfalls vorhanden und haben zwischen Sesto und Monza das Übergewicht über die Fabrikanlagen, während im südlichen Teile das Umgekehrte der Fall ist.

Alltäglich strömen mit der elektrischen Schnellbahn, die auf der Chaussee das ganze Gebiet durchfährt, oder auf Zweirädern oder mit der Eisenbahn Tausende von Arbeitern aus Mailand zu ihrer Arbeitsstätte im Industriegebiet und kehren am Abend wieder in die Stadt zurück.

Man darf vermuten, daß bei dem derzeitigen Aufblühen der italienischen Industrie auch das zwischen Mailand und Monza liegende Industriegebiet sich rasch ausbreiten wird, um so mehr, als die an Fabrikanlagen reichen Ausläufer beider Städte einander entgegenwachsen, und daß in nicht allzuferner Zeit ein wirklich geschlossenes Industriegebiet entstehen wird.

Gegenüber dem Siedelungsblock von Mailand—Monza treten die übrigen Stadtlandschaften an Bedeutung erheblich zurück.

II. Die Stadtlandschaften von Como und Lecco.

Como und Lecco haben in ihrer Lage manches Gemeinsame, und es ist eine vergleichende Behandlung beider Städte wohl möglich, um so mehr, als bei ihnen die fördernde Bedeutung der Verkehrslage für eine Siedlung deutlich zum Ausdruck kommt (siehe S. 360). Ist doch Como heute eine Stadt mit 35 bis 40 000 Einwohnern und Hauptsitz der Seidenfabrikation, ein Ort mit schönen Bauwerken und lebhaftem Fremdenverkehr, während Lecco mit 13 000 Einwohnern

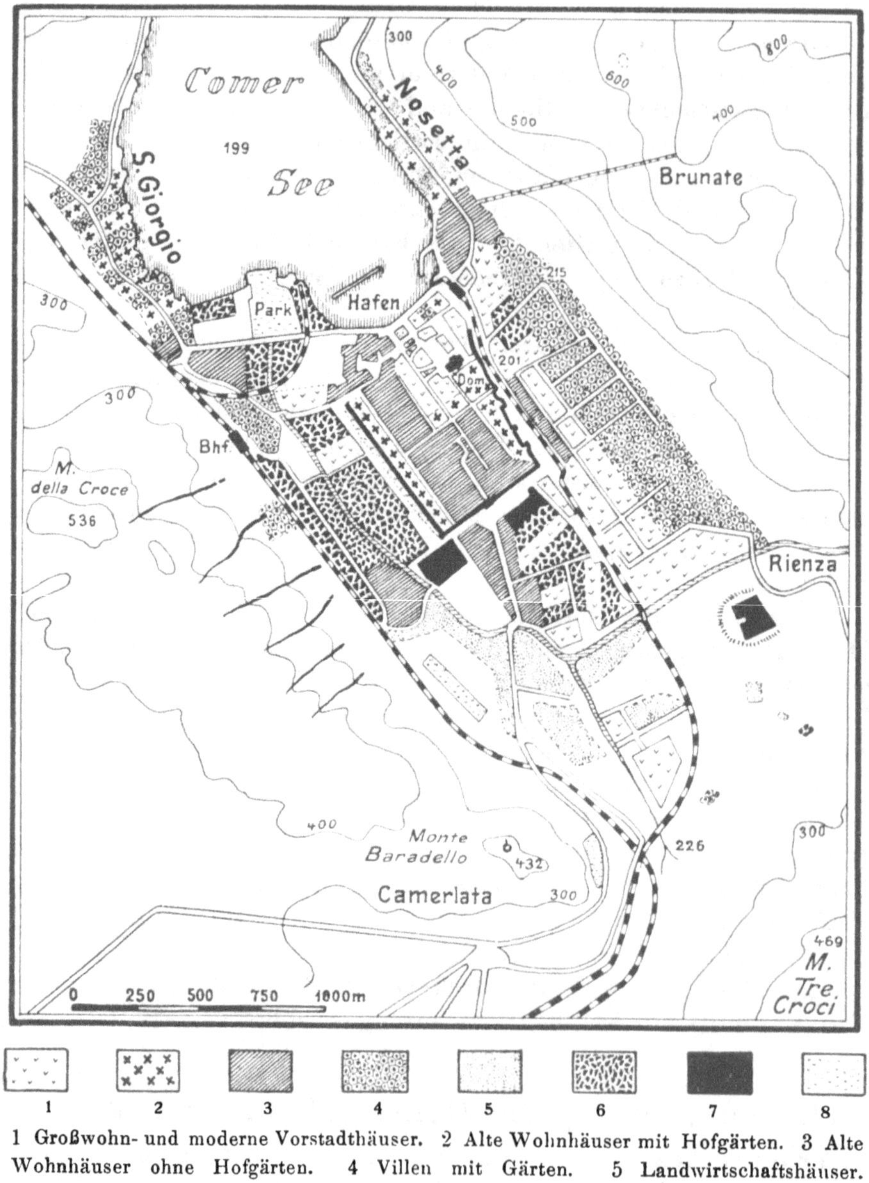

1 Großwohn- und moderne Vorstadthäuser. 2 Alte Wohnhäuser mit Hofgärten. 3 Alte Wohnhäuser ohne Hofgärten. 4 Villen mit Gärten. 5 Landwirtschaftshäuser. 6 Industrieanlagen. 7 Zwecksiedelungen. 8 Grünflächen.

Fig. 9. Como.

trotz seiner ausgedehnten Industrie erheblich zurücksteht; und obwohl die landschaftliche Lage von Lecco bedeutend reizvoller ist als die ihrer größeren Schwesterstadt, weist dieses dennoch keinen bemerkenswerten Fremdenverkehr auf.

1. Das Stadtlandschaftsbecken von Como.

Betrachten wir nun die beiden Städte einzeln, so finden wir in Anlage und Aufbau Verschiedenheiten. Como liegt am Südende des Como-Armes in einem etwa 2 km langen und 1,5 km breiten nordwest-südöstlich gerichteten Becken mit breiter Horizontalsohle, das im Nordwesten vom Comer See, im Nordosten und Südwesten von ziemlich steilen, relativ um 200 bis 800 m aufsteigenden Kalkbergen, im Südosten durch relativ 100 bis 200 m hohe Hügel begrenzt wird. Der bequemste Ausgang nach Süden führt am Fuße des Monte Baradello in einem etwa 100 m tiefen, nicht sehr engen Tale entlang und wurde von der auf dem genannten Berg liegenden Burg leicht beherrscht.

Como (Fig. 9) besteht aus einer rechteckigen Innenstadt, die mit Ausnahme der Seeseite überall von einem dichten Vorstadtkranze umgeben wird und sich in ihrer Längserstreckung der des natürlichen Beckens anpaßt. Im Südosten sind die Vorstädte im Begriff, die Sohle des Beckens gänzlich auszufüllen, während sie sich an den beiden Seiten des Sees fühlerartig am Bergfuße vorstrecken und den Seezipfel einrahmen.

α) Die Innenstadt.

Gemäß der in Anlehnung an das römische Castrum rechteckigen Umwallung, deren Mauern noch zum größten Teil erhalten sind, ist auch der Straßenplan der Innenstadt streng rechtwinkelig gehalten. Meist schnurgerade (nur südwestlich vom Dom gebogene), in der Regel auffallend enge Straßen und Gassen durchziehen in nordwestlicher und nordöstlicher Richtung die Häusermasse; jedoch wird die Enge der Straßen oft durch seitliche Laubengänge, in denen sich der Fußverkehr abspielt, gemildert. Einige größere freie Plätze liegen in der Nähe des Hafens. Die Bauweise der Häuser ist im allgemeinen geschlossen, und nur am Hafen (Lungo Lario) trifft man prunkvolle Großvillen in kleinen Parks an. Für die übrige Stadt sind zwei- bis vierstöckige Wohnhäuser, aus Ziegeln und zum Teil mit Fachwerk erbaut, mit engen Höfen, die zum Teil von Stockwerksgalerien umgeben sind, und große Wohnhäuser mit Gartenhöfen oder Hintergärten charakteristisch. Letztere trifft man namentlich in der Nähe der Stadtmauer an, die dann den Hintergrund für die häufig außerordentlich schönen Gärten bildet.

Aber auch an der Hauptstraße, dem Corso Vittorio Emanuele, sind Wohnhäuser und etliche Paläste mit Innengärten anzutreffen. In der Nordwestecke der Stadt, bei der Piazza Volta, besteht ein kleiner Bezirk ganz aus zwei- und dreistöckigen, freundlichen, hellbraungetünchten Häusern mit flachen Walmdächern, die in geschlossener Bauweise meist ohne Bogengänge den weiten Platz einsäumen und durch ihre Unregelmäßigkeit in Höhe und Stellung zu den malerischsten Ansichten der Innenstadt gehören. In allen Straßen befinden sich im Erdgeschoß der Häuser kleine Läden, jedoch kann man nur bei den in der Nähe des Hafens liegenden Plätzen und Straßen (besonders beim Corso Vittorio Emanuele) von einem sehr bescheidenen Geschäftsviertel sprechen.

β) Die Grünflächen.

Auf der Grenze zwischen Innenstadt und Vorstädten liegen die öffentlichen Grünflächen: an der Westseite des Hafens befindet sich der Giardino Pubblico, ein kleiner, sehr gepflegter Park, und auch an der Außenseite der östlichen und südlichen Stadtmauer trifft man auf bescheidene Anlagen, während in dem Graben vor der Westmauer Baumschulen und Gemüsegärten angelegt worden sind.

γ) Die Vorstädte.

Kerne der Vorstadtbildung findet man im Südwesten bei Sant'Abbondio, im Nordosten an der „Nordbahn“ und vor allen Dingen vor dem Südost-Tor der inneren Stadt. Hier stehen an zwei Straßen, die sich nach kurzer Strecke vereinigen und nach der Talwasserscheide am Fuße des Baradello führen, in gedrängter, geschlossener Bauweise zwei bis vier Stock hohe Wohnhäuser von ganz verschiedener Höhe mit Wohnhöfen. Erst südöstlich von der Kirche San Rocco wird die Bauweise offen, und die mit Platanen bepflanzte, ausgezeichnete breite Straße wird von zweistöckigen Wirtschaftshöfen begleitet. Zwischen der Südwestmauer und den Berghängen, an deren Fuße die Linie Mailand—S. Gotthard entlangführt, liegen — in Bahnnähe — zahlreiche Fabriken, und nur in der Nähe des Personenbahnhofes, nahe an dem See, trifft man Villen mit kleinen Parks an. Östlich des oben erwähnten großen Vorstadtkerns im Südosten der Innenstadt ist die ganze Sohle des Beckens lückenhaft mit zerstreut liegenden Fabriken, Landhäusern mit ummauerten Gärten, Gehöften bebaut.

An der Nordostseite Comos endlich ist über dem häßlichen, aus alten hohen Wohnhäusern und Lagerplätzen bestehenden Vorstadtkern unmittelbar vor der Mauer, am sanfteren Fuß des Steilhanges von Brunate ein reizendes Villenviertel mit Gartenhäusern, gelegentlich auch geschlossener Bauweise, und mit zum Teil schon recht steilen Straßen entstanden. Die beiden fühlerartig am Seeufer sich entlang ziehenden Vorstädte Nosetta und S. Giorgio setzen sich aus älteren Wohnhäusern, zum Teil mit Gartenhöfen, ferner aus Landhäusern, vor allem aber aus Villen mit schönen Parks und Gärten zusammen, die teilweise an das Ufer des Sees grenzen, und leiten nach der Fußstufe der Kultur-Hartlaublandschaft des Comer Sees, welcher das Becken von Como bereits angehört, über. Auch Wohn- und Wirtschaftsgebäude von Weinbaugütern trifft man in diesen Vororten an.

Wo sich über den Vorstädten die steilen Berghänge erheben, wie im Nordosten und Südwesten, sind diese in ihren unteren Teilen mit Wiesen-, Maulbeerbaum- und Weinkulturstufen, in höheren Lagen aber mit Kastaniengebüsch bedeckt.

2. Das Becken von Lecco.

Die Lage Leccos in seinem, von hohen Gebirgsstöcken umgebenen rhombusförmigen Becken ist anders als die von Como. Füllte dieses die horizontale Beckensohle beinahe vollständig aus, so ist dies bei Lecco nicht der Fall. Der Kessel, in welchem Lecco liegt, ist nach dem Leccosee offen und findet in der Valmadrera und dem Addatal seine Fortsetzung. Sein Boden ist von Osten nach Westen ziemlich stark geneigt und bildet für die drei den Kessel durchfließenden Bäche die Hochsohle. Diese Bäche, der Gerenzone und der Caldone im Norden und der Bione im Süden, haben bedeutende Schuttfächer in den Leccosee hinausgeschoben, die sich zu einer 1,5 km langen Schuttfächerabdachung vereinigt haben. Auf dieser Schuttfächerabdachung, und besonders auf den Seiten der Schuttfächer des Gerenzone und Caldone zwischen beiden Bächen liegt die Stadt Lecco. Sie ist jedoch nicht die einzige Siedelung im ganzen Becken, sondern unmittelbar an die Stadt schließt sich, in nördlicher Richtung dem Tal des Gerenzone folgend, eine ununterbrochene Reihe von großen dörflichen Siedelungen — zusammen mit mehreren industriellen Werken (Seidenwebereien und metallurgischen Anlagen) in der Nähe Leccos — an bis zu den steil aufsteigenden Gebirgszügen hin. Von dem Nordhang des Monte Barro aus sieht man das Becken von Lecco übersät mit großen und kleinen geschlossenen Siedelungen und Einzelhöfen, und aus dem

Grün der Pflanzungen heben sich die weißen Häuser höchst reizvoll heraus.

Wenn auch Lecco, nach Amoretti,[1]) einst stark befestigt gewesen ist, so läßt sich nach dem heutigen Straßenplan eine Spur ehemaliger Befestigungen nicht mehr auffinden. Trotzdem lassen sich sehr wohl Innenstadt und Vorstadtgürtel unterscheiden. Die zwischen Gerenzone und Caldonemündung liegende Innenstadt meidet die unmittelbare Nähe des Sees, und der breite Strandstreifen wird von Ladeplätzen und öffentlichen Anlagen ausgefüllt. Den Kern Leccos bilden geschlossen bebaute, ziemlich enge Gassen und wenig breitere Geschäftshauptstraßen mit niedrigen, ein- bis dreistöckigen, grau, gelb oder weiß getünchten Wohnhäusern ohne Gartenhöfe. Die Hauptstraßenrichtungen in dem unregelmäßigen Stadtplan sind in Anlehnung an die Seeuferstraße und die Hauptachse des Beckens von Lecco die nordwest-südöstliche und südsüdwest-nordnordöstliche. Unter den Vorstädten ist die südöstliche am bedeutendsten. Hier befinden sich zahlreiche Industrieanlagen, in erster Linie metallurgische Werke, von großer Ausdehnung. Zwischen ihnen stehen aber schlichte Landhäuser mit bescheidenen Gärten, und an einigen Straßen trifft man auch Wirtschaftshöfe an. Im Nordosten des Stadtkernes liegt die Bahnhofsvorstadt, welche die Verbindung mit der oben erwähnten Reihe dörflicher Siedelungen herstellt. Am Außenrand der Vorstädte wird, wie im ganzen Becken, Getreide- und Maulbeerbaumkultur auf künstlichen Stufen getrieben. Den westlichen Brückenkopf bildet eine Reihe kleiner Landhäuser am Addaufer.[2])

III. Die Flußübergangsstädte Pavia und Lodi.

Wie Como und Lecco einander in manchen Beziehungen der Lage entsprachen, so weisen auch Pavia und Lodi in dieser Hinsicht gemeinsame Züge auf, aber wie jene besitzen sie ebenfalls ihre individuellen Eigenheiten. Beide Städte liegen an Flußübergängen auf Längsstufen am Steilrande des wasserreichen Teiles der Aufschüttungsplatte des nördlichen Poflachlandes im Gebiete der Trockenkulturen (vgl. Fig. 2). Pavia liegt am Tessin, Lodi am Adda.

---

[1]) Amoretti, Viaggio S. 182. Nach Guida d'It. II, S. 244 war z. B. die Addabrücke durch Turm und Zugbrücke befestigt.

[2]) Bei Philippi, Umgebung von Lecco, findet man am Schlusse der Arbeit eine ganz kurze Schilderung der Bebauungs- und Vegetationsverhältnisse auch eines Teiles des Beckens von Lecco in Abhängigkeit vom Gesteinsuntergrund.

1. Die Stadtlandschaft von Pavia.

Aus dem Rande der Aufschüttungsplatte schneiden die Bäche Navigliaccio und Vernavola eine Zwischentalplatte von etwa 4 km Breite heraus. Auf dieser Zwischentalplatte, deren Steilabfall gegen den Tessin durch Längsstufen gemildert wird, liegt Pavia (Fig. 10).

α) Die Innenstadt.

Obwohl alle Reste der römischen Siedelung verschwunden sind, deutet der rechteckige Straßenplan im Stadtinnern noch auf das Castrum hin. Die heutige Umwallung, deren Mauern und Gräben zum großen Teil noch erhalten sind, stammt aus der Zeit der spanischen Herrschaft (16. Jahrhundert) und schließt, grob genommen, ein rechtwinkeliges Dreieck ein mit der Hypotenuse im Nordosten, bei welchem der Tessin die größere Kathete bildet. Es hat aber den Anschein, als ob in dem Straßenzug: Viale Vittorio Veneto—Piazza Castello— ?[1]) - Via Anfiteatro—Via Porta Nuova—Porta Nuova, die Nord- und Ostgrenze der vorspanischen Befestigung zu erkennen seien[2]). Außerhalb dieser Grenze weicht nämlich der Straßenplan unvermittelt von der Rechtwinkeligkeit ab, und auch die Gebäudegruppierung ist anders als in der innersten Stadt. Pavia gehört zu den lombardischen Städten, die zwar an einigen Stellen über ihren Befestigungsgürtel hinausgewachsen sind, ihn aber bei weitem noch nicht ausgefüllt haben. Die Hauptstraßenrichtungen sind die südsüdwestliche und die ostsüdöstliche.

Im Stadtinnern stehen an den wenigen breiteren Geschäfts-Hauptstraßen (Straßenkreuz Corso Vittorio Emanuele und Via Cavour) und an zahlreichen engen Wohngassen eine große Anzahl von Palästen und Gartenhöfen, unter denen das als Kaserne benutzte Backsteinkastell an der Nordmauer die erste Stelle einnimmt. Einige der Paläste haben als Eigentümlichkeit hohe, viereckige, schmucklose, aus rotem Backstein errichtete „Adelstürme", die einst sehr zahlreich gewesen sein sollen, so daß Pavia den Namen „Città delle cento torri"[3]) trug. Zahlreich sind auch die zwei- bis vierstöckigen Wohnhäuser mit Gartenhöfen, wenn auch die überwiegende Mehrheit diesen Innenschmuck entbehrt. Während diese Haustypen auf dem hochgelegenen Teile des Randes des Aufschüttungsplatte liegen, erstreckt sich in un-

---

[1]) An dieser Stelle ist der Verlauf nicht klar.

[2]) A. v. Hoffmann: S. 69.

[3]) Baedeker: Oberitalien, S. 197.

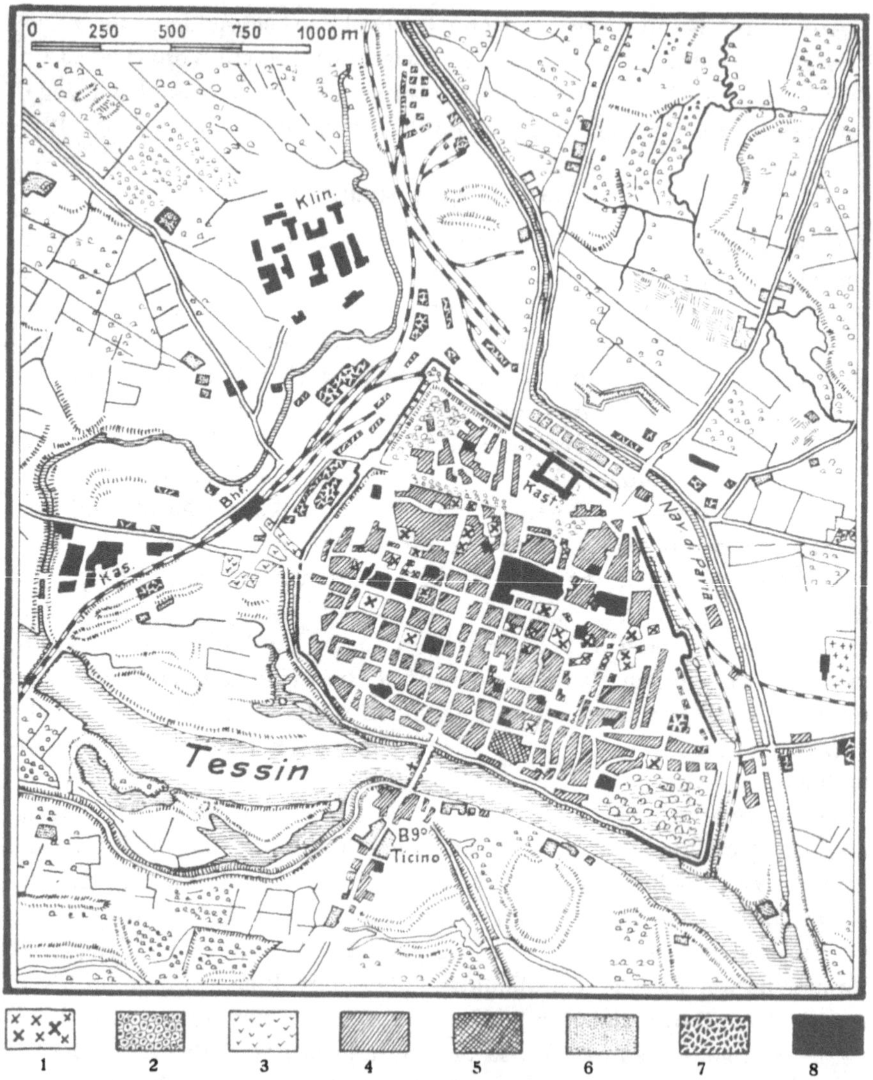

1 Private Paläste und Wohnhäuser mit Gartenhöfen. 2 Villen der Vorstädte. 3 Neuere Wohnhäuser ohne Gartenhöfe. 4 Ältere Wohnhäuser ohne Gartenhöfe und alte, niedrige, verwinkelte Häuser. 5 Elendsbezirk. 6 Landwirtschaftshäuser. 7 Industrieanlagen. 8 Zwecksiedelungen.

Fig. 10. Pavia.

mittelbarer Nähe des Tessins ein Bezirk mit ärmlichen, engen, winkeligen, ein- bis zweistöckigen Häusern, deren Armseligkeit und Unsauberkeit östlich von der Tessinbrücke die Bezeichnung „Elendsbezirk" rechtfertigen.

Weitere Stadtviertel ähnlicher Art, nur nicht in so ärmlicher Verfassung, findet man im Norden und Nordosten, in jenem Teile der Innenstadt, der vermutlich außerhalb der vorspanischen Umwallung lag und hier eine Vorstadt gebildet haben mag. In diesem Bezirke und zwar im Nordwesten, befinden sich auch — noch innerhalb der spanischen Mauer — Nutzgartenflächen mit etlichen Landhäusern. Im Osten liegen einige Fabriken in dieser mutmaßlichen früheren Außenzone, und in neuester Zeit (1924) baut man längs der Nordostmauer eine Reihe schöner Ein- und Zweifamilienvillen mit kleinen Vorgärten.

Die Grünflächen liegen, abgesehen von Rundbeeten auf einigen Plätzen der innersten Stadt, in der vorspanischen Vorstadtzone. Nicht nur sind die Befestigungsalleen mit alten Laubbäumen bepflanzt, auch der Botanische Garten, die Anlagen des Kastellplatzes und die Gärten der Schießstände in der Südostecke der Stadtmauer befinden sich hier. Nach dem Kriege hat man auf dem Südwall am Tessin entlang eine Krieger-Ehrenallee angelegt.

β) Die Vorstädte.

Pavia besitzt außer Borgo Ticino auf dem rechten Tessinufer keine geschlossenen Wohnvorstädte. Zwar ist in der Nähe des Bahnhofs eine Anhäufung von Massenwohnhäusern und modernen Geschäftswohnhäusern entstanden, aber sonst findet man vor den Toren der Stadt nur Ansätze zur Vorstadtbildung, die im Norden und Osten vorwiegend aus mehr landwirtschaftlichen Zwecken dienenden Häusern und einigen Fabriken bestehen. Im Osten schließt sich daran ein Gebiet mit weitverstreut liegenden Villen, Industrieanlagen, Universitätsinstituten und ländlichen Häusern. Hingegen trifft man im Nordwesten und Westen der Stadt ziemlich ausgedehnte Bezirke, die nur von Fabrikanlagen (Maschinenfabriken, Gießereien u. a. m.), Kasernen und anderen militärischen Gebäuden, und von Krankenhäusern mit medizinischen Universitätsinstituten gebildet werden, an. Die Vorstadt Borgo Ticino, mit der Pavia durch den schönen Ponte Coperto, eine überdeckte, steinerne Pfeilerbrücke, verbunden ist, hat stark landwirtschaftliches Gepräge, ähnelt aber sonst den Armenvierteln der Innenstadt.

2. Die Stadtlandschaft von Lodi.

Lodi, das an der Kreuzung der Straßen Mailand—Cremona und Pavia—Brescia. sowie am Addaübergang der letzteren liegt, ist auf einem Sporn der Aufschüttungsplatte, an einer besonders schmalen Stelle der Flutsohle des Addas, wo mit Hilfe von Längsstufen eine Anlage direkt am Fluß möglich ist, erbaut worden, und es braucht infolgedessen nicht, wie seine Umgebung (besonders östlich des Addas) gegen Überschwemmungen eingedeicht zu werden.

Im Innern der fünfeckigen, unregelmäßigen Umwallung, die noch nicht völlig ausgefüllt zu sein scheint, besteht ein ziemlich regelmäßiger Grundplan, in welchem die vorwiegend nordwestlich und nordöstlich gerichteten Straßen einander rechtwinklig schneiden. In der Mitte des Hauptstraßenkreuzes liegt ein großer, freier Platz.

An der westlichen Innenseite des offenbar teilweise noch erhaltenen Mauergürtels liegt das Kastell. Die Straßen scheinen nicht übermäßig eng zu sein, und es ist anzunehmen, daß sich die Gebäude von denen Pavias nicht erheblich unterscheiden.

Die Vorstädte bilden keinen geschlossenen Ring. Nur vor den Stadttoren an den Überlandstraßen und am jenseitigen Brückenkopf sind Ansätze zu ihnen vorhanden. Die Vorstädte haben vorwiegend ländlichen Charakter, und nur in der Nähe des Bahnhofes, im Süden und Südwesten der Stadt, bedecken Industrieanlagen größere zusammenhängende Flächen.

Grünflächen fehlen in Lodi anscheinend vollkommen.

Weite Wiesen und Felder mit auffallend großen Einzelhöfen liegen in der Umgebung der Stadt.

IV. Die Appenninenrandstadt Voghera.

Sehr verschieden von dem der bisher behandelten Städte ist das Aussehen von Voghera, das vorwiegend landstädtischen Charakter trägt. Es liegt im Grenzraum zwischen dem Appenninenhügelland und der Aufschüttungsebene südlich vom Po, auf der linken Seite des großen, sanft abgedachten Schuttfächers der Stàffora, von deren Bett die Stadt durch einen etwa 500 m breiten, flachen, natürlichen Uferdamm getrennt ist.

Voghera wird von einer elliptischen, allerdings nur noch an einer Stelle erhaltenen Umwallung eingeschlossen, zu der im Innern mehrere Straßenzüge parallel verlaufen. Von dem zentralgelegenen Domplatze strahlen nach allen Seiten Gassen aus. Es ist jedoch auffällig, daß die Via Emilia beim Durchqueren der Stadt den Domplatz im Bogen umgeht, ohne ihn zu berühren, und daß auch die nordsüdliche Hauptstraße der Stadt, die ebenfalls an größere Landstraßen anschließt, die Mitte der Stadt meidet. Beide Straßenzüge benutzen zur Umgehung den innersten konzentrischen Straßenring.

Bis auf einen Zipfel im Südwesten hat die Stadt die elliptische Umwallung vollständig ausgefüllt. Ihr Kern weist neben engen Straßen eine sehr gedrängte Bauweise auf, aber es ist auffällig, wie viele Häuser auch im Innern der Stadt Wirtschaftsgehöfte sind. Sie sind ein- bis dreistöckig und haben große, Landwirtschaftszwecken dienende Höfe, zu denen von der Straße her große Durchgangstore führen. Die größere Anzahl der Stadthäuser gehört aber dem reinen Wohnhaustyp an, und in einigen Fällen findet man auch Gartenhöfe. In der Nähe des Zentrums kann die Via Emilia als Geschäftsstraße bezeichnet werden.

Um die Befestigungsanlagen, die heute durch einen breiten, zum Teil mit Bäumen bepflanzten Straßenzug dargestellt werden, und in deren Ring das massige, rote Backsteinkastell steht, legt sich kein Vorstadtkranz. Nur an den beiden Ausgängen der Via Emilia und in der nächsten Umgebung des Bahnhofes sind Anhäufungen von Häusern entstanden. So liegen im Nordosten, zwischen Stadt und Stàffora, und im Norden jenseits der Eisenbahn, geschlossene Reihen von Wirtschaftshöfen und Handwerkerhäusern. Im Westen und Süden aber wird die Vorstadtbildung, abgesehen von Kasernen, Krankenhaus und ähnlichen Bauten, durch kleine Land- und Gartenhäuser, die in offener Bauweise stehen, sowie von Villen (an der Straße nach Rivanazzano im Süden) bestritten. Im Gebiet der Vorstädte liegt am Bahnhofe auch der bescheidene öffentliche Park, außer einigen Baumstraßen die einzige Grünfläche der Stadt.

Zwischen dem Bett der Stàffora und der Stadt liegen große Nutzgartenflächen, und im Südwesten und Nordwesten dehnen sich in einem einen halben Kilometer breiten Streifen Wiesen aus, die anscheinend zum Teil künstlich bewässert werden.

Kap. III. Wechselbeziehungen der einzelnen Landschaften zueinander und ihre Einwirkung auf die Wirtschaft.

a) Grundsätzliches.

Es ist nicht möglich, bei der Beschreibung einer so hochstehenden Kulturlandschaft, wie sie die Lombardei darstellt, die Beziehungen zwischen Landschaft und Mensch auszuschalten, und zwar im vorliegenden Falle um so weniger, als große Teile des behandelten Gebietes, nämlich die bewässerte, südliche Zone der Aufschüttungsplatte nördlich vom Po, sowie die Stadtlandschaften im höchsten Maße Schöpfungen des Menschen sind. Immerhin wurde in der Beschreibung das Hauptgewicht auf die räumliche Erscheinung gelegt, und wenn auch Gunst oder Ungunst der Lage einzelner Teillandschaften kurz erörtert, individuelle Eigenschaften und Zufallsformen der einen oder der anderen Landschaft bisweilen erwähnt wurden, so erfolgten solche Erörterungen doch nur im Rahmen der betreffenden Landschaft. In diesen beschließenden Abschnitten soll über die einzelne Landschaft hinausgegriffen werden; diese wird in Beziehung zu ihrer engeren und weiteren Umgebung gesetzt, ihre individuellen Eigenschaften und Zufallsformen sollen zum Teil wiederholend hervorgehoben und weiter soll beobachtet werden, wie der Mensch sie sich zunutze gemacht hat[1]). Es darf aber nicht vergessen werden, daß es sich bei dem Untersuchungsgebiet um einen aus dem geschlossenen Landschaftsgebiet der Potalung und seinen nördlichen und südlichen Nachbarlandschaften herausgeschnittenen Streifen handelt, der in sich nur stellenweise (Comer See, Stadtlandschaften) einigermaßen geschlossen ist.

b) Die Anordnung der Landschaften in der westlichen Lombardei.

Wenn man von der Landschaft des Comer Sees absieht, die nicht mehr zum Landschaftsgebiet des Poflachlandes sondern zu dem der Südalpen gehört, so kann man für die Landschaften und Teillandschaften erster Ordnung in der westlichen Lombardei Anordnung in westöstlich verlaufenden, den Gebirgsrändern parallelen Streifen fest-

[1]) Es handelt sich um einen Versuch und nicht um erschöpfende Darlegung dieser Verhältnisse, um so mehr, als die mir über diese Fragen vorliegenden Quellen sehr lückenhaft sind.

stellen. Die Grenzen zwischen den einzelnen Landschaften und Teillandschaften sind nur selten scharf (wie am Steilabfall zwischen der Aufschüttungsplatte und der Flutsohle des Pos) und verlaufen nicht geradlinig, sondern die verschiedenen Zonen sind meist miteinander verzahnt (so z. B. das Moränenhügelland der Brianza durch die Ferretto-Mischwaldplatten mit der unbewässerten Ebene, und diese wiederum im Bereiche der Fontanilenzone mit dem bewässerten Südteile der Aufschüttungsplatte).

c) Die Verkehrslage der einzelnen Landschaften.

Zwei Betrachtungsweisen sind zu unterscheiden: Die Verkehrslage der einzelnen Landschaften untereinander und die im Rahmen des europäischen Verkehrs. Bei der letzteren Betrachtungsweise erscheint die westliche Lombardei als Einheit. Sie sei zuerst behandelt, da gegenüber dem Weltverkehr der Lokalverkehr völlig in den Hintergrund tritt.

1. Die Verkehrslage im Rahmen des europäischen Verkehrs.

Die Verkehrsverhältnisse der westlichen Lombardei stehen in höchstem Maße unter der Vorherrschaft und dem Einflusse ihrer Hauptstadt Mailand. Wie vom Pole eines Magneten die Kraftlinien nach allen Seiten ausstrahlen, so hält Mailand den Verkehr der Oberitalienischen Tiefebene zwischen Etsch und Tessin in seinem Bann. Nirgends strömen in der Poebene so zahlreiche Haupteisenbahnlinien, nirgends so viele Landstraßen zusammen wie in Mailand.

Die Verkehrslage der lombardischen Hauptstadt ist aber auch überaus günstig. Mailand zieht erheblichen Nutzen aus der großen Verkehrsfreundlichkeit der Ebene zwischen Tessin und Adda, die zwar nicht unbegrenzte, aber doch mannigfaltige Entwicklungsmöglichkeiten für Massenbewegungen in allen Richtungen bietet, und es verdankt seine gewaltige Entwicklung seiner Lage am Verknotungspunkt der großen westöstlich verlaufenden Verkehrsader der nördlichen Poebene mit einer großen Anzahl im wesentlichen nordsüdlich gerichteter, meist von jenseits der Alpen kommender Straßen. Günstig gelegene Alpenpässe und bequeme Passierbarkeit des Appennins (beim Paß Giovi) sind Hauptfaktoren der Verkehrslage Mailands.

Die Weststoststraße, die von Turin kommend bei Magenta die westliche Lombardei betritt, führt über Rho nach Mailand und von hier weiter über Gorgonzola—Cassano d'Adda ins Brescianische und weiter nach Osten. Sie verläuft in der westlichen Lombardei unmittelbar nördlich der Fontanilenzone und benutzt so die günstigsten Flußübergangsstellen. denn wie erwähnt. fließen namentlich die größeren Gewässer im Gebiete der Trockenebene noch in zum Teil recht tiefen Cañons und — dies ist besonders für die Benutzung von Furten wichtig — in einer einzigen Rinne, die. obwohl der Fluß oberhalb der Fontanilenzone erhebliche Wassermengen abgegeben hat. doch noch beträchtliche Tiefe besitzt. In der Höhe der Fontanilenzone aber bilden sich mit der Flutsohle zahlreiche Schotterbänke in der Stromrinne aus. und die seichten Verästelungen des Stromes mit ihren flachen Uferböschungen erleichtern die Durchquerung des Flusses an dieser Stelle. an der auch die Steilhänge des Flußbettes bereits verschwunden oder durch Längsstufen wesentlich gemildert sind, bedeutend[1]). Andererseits haben im nördlichen Teile der Fontanilenzone die Flüsse noch nicht wieder das in der Trockenzone verlorene Wasser zurückerhalten und demgemäß einen verhältnismäßig niedrigen Wasserstand. Auch besitzen die zum Teil sumpfigen Uferwälder, die ebenfalls verkehrsbehindernd wirken, in dieser Zone noch nicht die außerordentliche Breite wie weiter südlich. da die Längsstufen noch ziemlich nahe an das Flußbett herantreten.

Mit dieser Westoststraße, die nach Süden ausbiegt um Mailand zu berühren, kreuzen sich die südnördlich gerichteten Straßen derart, daß sie in Mailand ein Strahlenbündel bilden. Aus südlichen Richtungen treffen in Mailand zusammen die Straßen von (Casale Monferrato) — Abbiategrasso. (Genua und Allessandria—Tortona) — Pavia. und von (Piacenza und Cremona) — Lodi. Nach nördlichen Richtungen strahlen von Mailand aus die Straßen nach Rho—Gallarate—(Sesto Calende—Domodossola—Simplon). Bollate—Tradate—(Varese—Lugano—Gotthard), Sèveso—Como—(Lugano—Gotthard), Monza—Lecco—Còlico (Chiavenna—Splügen und Maloja oder Còlico — Veltlin—Berninapaß und Stilfser Joch) und endlich Gorgonzola—Vaprio d'Adda (Bergamo). Den nach Süden führenden Straßen entsprechen heute auch Eisenbahnlinien. während die Nordstraßen zwar innerhalb der westlichen Lombardei sämtlich von Eisenbahnen begleitet werden. als Alpenpaßlinien aber nur für den Simplon. Gotthard über Como und für den Berninapaß ausgebaut sind.

Vom Comer See aus führten — nach Nissen[2]) — bereits Römerstraßen über Splügen. Septimer und Julier. und der Comer See war

[1]) Moro: S. 184.
[2]) Nissen II_1, S. 184f.

für den großen Verkehr damals erheblich wichtiger als der abseits gelegene Langensee, dessen Paßtäler (Val d'Ossola [Simplon] und Valle Leventina [Gotthard]) erst ziemlich spät unterworfen wurden. Außerdem bot der Comer See in seiner ganzen Länge eine sehr bequeme Wasserstraße. Die westliche Lombardei lag also schon damals in einem Brennpunkte des Alpenverkehrs zwischen Germanien und Italien. Ferner sind (nach Rebuschini) die ältesten römischen Straßen in der westlichen Lombardei die von Cremona über Lodi Vecchio nach Mailand führende und die, welche bei Casteggio von der Via Emilia abzweigt und über Pavia nach Mailand führt.

Ob die gleiche Verkehrslage für die Entstehung Mailands so ausschlaggebend gewesen ist, wie später für ihr Aufblühen, kann zweifelhaft erscheinen, denn bereits als Hauptstadt der Insubrer ragte es — nach Nissen[1]) — „in dem städtelosen, verkehrsarmen Lande" hervor. Eingehende prähistorische Studien werden die Beziehungen der vermutlich mit Heide und Mischwald bedeckten, und wohl zuerst besiedelten, trockenen Ebene zu der mit Eichwäldern und Sümpfen bedeckten südlichen Zone aufzudecken versuchen müssen, um Anhaltspunkte für die Entstehung und vorrömische Bedeutung Mailands, das ja auf der Grenze zwischen beiden Zonen liegt, zu finden[2]).

Mailand macht die westliche Lombardei zum Eingangsgebiet für den Waren- und Menschenzustrom von den nördlich der Alpen gelegenen Ländern her. In ihm und an seinen Zufahrtsstraßen blühen im Gebiete der unbewässerten Ebene kleinere Industrieorte auf, und an der wichtigsten Hauptstrecke zwischen Mailand und Monza ist das weiter oben beschriebene Industriegebiet in der Entwicklung begriffen.

Die Eingangslage ist für Mailand noch in einer anderen Hinsicht von erheblichem Vorteil geworden. Es erhielt und erhält dauernd und in höherem Maße als andere italienische Städte Zustrom von Menschen, kräftigen Elementen aus den Alpen und den nördlich davon gelegenen Ländern. Nicht Mangel an Intelligenz zeichnet nämlich die gern und mühelos Handel treibende italienische Stadtbevölkerung aus, sondern in vielen Fällen Mangel an Ausdauer, besonders im Gegensatz zu der

---

[1]) Nissen, II_1, S. 181.

[2]) Montelius hat ein Verzeichnis vorgeschichtlicher Funde in Italien veröffentlicht („Vorklassische Chronologie"). Die spärlichen Funde aus der westlichen Lombardei (nur für Kupfer- und Bronzezeit) lassen keine Urteilsbildung zu. Die Veröffentlichung von Brizio gibt zwar Schilderungen der Kulturzustände in den einzelnen Zeitaltern, verzichtet aber auf nähere Ortsangaben.

schwer arbeitenden Landbevölkerung. An Posten, die große Zuverlässigkeit, Gründlichkeit und Geduld erfordern, stehen deshalb in vielen Fällen Ausländer. Die Mailänder Banken und Handelshäuser beschäftigen eine überaus große Zahl von schweizer, deutschen und anderen nördlichen Nationen angehörenden Angestellten, aber auch in wissenschaftlichen Anstalten und Ingenieurbüros werden Deutsche Engländer, Norweger usw. häufig eingestellt. Auch eine Reihe von Unternehmungen größten Stils verdeckt unter betont italienischen Namen ihre auswärtige Abstammung. Die Bedeutung des von Norden kommenden Menschenstroms für den wirtschaftlich-geistigen Aufschwung Mailands scheint mir nicht unterschätzt werden zu dürfen.

Mailand, als Vertreterin der westlichen Lombardei, hat aber Durchgangslage für den Verkehr zwischen den nördlich der Alpen gelegenen Ländern und Halbinselitalien. Besonders gilt dies von dem ungeheueren Menschenstrom, der alljährlich im Frühjahr und Frühherbst aus dem Norden nach dem „eigentlichen“ d. h. mittleren und südlichen Italien reist.

Gegenüber Mailand erscheinen hinsichtlich des Weltverkehrs alle übrigen Landschaften der westlichen Lombardei nur als Durchgangsgebiete. Infolge eigenartiger Verhältnisse und seiner geschichtlichen Bedeutung soll später nur der Durchgangslage des Comer Sees näher gedacht werden. Durch Ablenkung des Hauptverkehrs über Como nach dem Gotthard (statt wie im Altertum und Mittelalter über den Comer See nach den Alpenpässen) ist die ehemals so bequeme und beliebte Wasserstraße des Lario stillgelegt worden.

Mailand aber ist infolge der Gunst seiner Weltverkehrslage und der beherrschenden Stellung innerhalb der westlichen Lombardei (auf die im Folgenden noch eingegangen werden wird) zu einer Weltstadt geworden, die mit fast einer Million Einwohnern nicht nur die Hauptstadt der Lombardei, sondern die wirtschaftliche und geistige Hauptstadt Italiens darstellt, neben der das „ewige Rom“ mehr als Verwaltungshauptstadt und Trägerin des unsterblichen Namens steht, und die im geistigen, politischen und wirtschaftlichen Leben Italiens von jeher eine mächtige, ihrer Macht bewußte Rolle gespielt hat und noch spielt.

2. Die Verkehrslage im Rahmen des inneren Verkehrs.

α) Mailand.

Im inneren Verkehr nimmt Mailand eine überragende Stellung als Aus- und Eingangsgebiet ein. Im Herzen der westlichen Lombardei wird es zum Sammelpunkt der Erzeugnisse dieser Landschaft, und zwar wird es hierin durch seine Grenzlage zwischen trockener und bewässerter Zone wieder ungemein begünstigt, indem es ohne Überwindung größerer Entfernungen sowohl die landwirtschaftlichen und besonders Molkereierzeugnisse der reisbauenden bewässerten, wie auch die industriellen und Ackerbauprodukte der weizen-, wein- und maisbauenden, besonders aber Maulbeerbaumkultur und Seidenraupenzucht treibenden. unbewässerten Ebene und der unfernen Brianza sammeln kann.

Überdies ist Mailand mit seiner näheren Umgebung durch einen ungemein günstig angelegten und dichten Strahlenstern von privaten Dampf- und elektrischen Fernstraßenbahnen und Autobuslinien verbunden, deren Anlage in dem ebenen Gelände kaum auf Schwierigkeiten stieß. So gingen im Dezember 1924[1]) von Mailand nach allen Seiten nicht weniger als 18 Fernstraßenbahn- und 17 Autobuslinien aus. Eine Isochronenkarte für die kürzeste Verbindung der Orte in Mailands Umgebung mit der Hauptstadt selbst würde verblüffend günstige Ergebnisse erzielen.

Auch bildet Mailand den Knotenpunkt der westlombardischen Kunstwasserstraßen und steht dadurch sowohl mit dem Po, als auch mit dem Langen- und dem Comer See in Verbindung. Die drei Kanäle, Grande, della Martesana und di Pavia, vermögen zwar nur verhältnismäßig kleine Barken zu tragen (della Martesana 27 t, di Pavia 45 t, Grande 41 t mittlere Tragfähigkeit), aber in dem kleinen Hafen von Mailand herrscht doch meist reges Leben. Erhöhte Bedeutung wird das Kanalnetz für Mailand vermutlich dann erhalten, wenn die Wasserstraße Mailand—Venedig, deren Bau auf Drängen der Militärbehörde[2]) am Ausgange des Weltkrieges in Angriff genommen worden ist, fertiggestellt sein wird. Für Mailand wird sich dabei eine neue Kanalverbindung nach Lodi und eine bedeutende Regulierung der Addastromrinne von Lodi bis Pizzighettone ergeben. Die — zum Teil wohl auf der Fantasie der Kartographen beruhenden — geplanten Anlagen des neuen Hafens im Südosten der Stadt erfüllen auch die großzügigsten Ansprüche.

Über die Verkehrslage und -verhältnisse der verschiedenen Landschaften der westlichen Lombardei, die, wie erwähnt, alle mit Mailand in mehr oder minder enger Lieferungs- oder Empfangsbeziehung stehen, sei im Folgenden Näheres mitgeteilt.

---

[1]) Orario Generale.

[2]) Karminski: S. 22.

β) Die Landschaft des Comosees.

Die Verkehrslage des Comoseebeckens als eines Durchgangsgebietes war früher überaus günstig und wichtig, werden doch die Alpenpässe Julier, Septimer, Splügen und Berninapaß und Stilfser Joch von der Lombardei aus auf dem Wege über den See erreicht. Als bequeme Wasserstraße ersparte dieser die Anlage von Landstraßen, und die Berg- und Talbrisen dürften den Schiffsverkehr unterstützt haben. So wurde die Ostuferstraße erst im Anfange des 19. Jahrhunderts, die Westuferstraße noch später angelegt. Besonders verkehrswichtige Punkte sind die Spanische Ebene, in der sich die Merastraße und die Veltlinstraße vereinigen, ferner das Becken von Como und, in weitaus geringerem Maße, das von Lecco. Gerade auf der verschieden günstigen Verkehrslage beruht zum großen Teil die Überlegenheit Comos über Lecco.

Beide Städte liegen an der Südgrenze der Kalkalpen in tiefen Becken an den beiden Südzipfeln des Comosees. Während aber Como eine bequeme Ausgangsstraße nach dem nahen Moränenhügelland besitzt, die nach Überwindung einer relativen Höhe von nur 80 m am Fuße des Baradello allmählich in das Sèvesotal hinabsteigen und diesem geradewegs bis Mailand folgen kann, wird Lecco durch den Gebirgszug des Monte Barro einerseits, durch die dem Resegone westlich vorgelagerten steilen Kalkberge andererseits von der Brianza und dem lombardischen Flachlande getrennt, während seine einzigen südlichen Auswege, das Addatal im Süden und die Valmadrera im Westen, durch die Seen von Garlate und von Annone gesperrt werden; ganz abgesehen davon, daß Lecco auf dem östlichen Ufer des Sees liegt und erst nach Überschreitung des über hundert Meter breiten Addastromes eine Verbindung nach der westlombardischen Ebene möglich ist. Die natürliche Straße von Lecco nach Süden führt außerdem im Addatal entlang in das politisch und wirtschaftlich weniger wichtige Bergamasker Gebiet[1]), wahrlich kein Umstand, der das Aufblühen einer Stadt bedingt. Der Verkehr von den Alpenpässen herab wird also den Arm von Como benutzt haben. Zudem weist, wie erwähnt, der Lago di Lecco infolge der Schroffheit seiner Abhänge keine so starke Besiedelung auf wie der Arm von Como, so daß Como auch als Umschlagestation der näheren Umgebung Lecco überlegen ist. Die zum Teil eingleisige, am Ostufer des Sees von Lecco nach Còlico—Chiavenna und Còlico — Sondrio — Tirano—Berninapaß—St. Moritz führende Eisen-

[1]) s. a. A. v. Hoffmann.

bahn ist keine Alpenbahn großen Stils, sondern erschließt nur Bergell, Mera-Ebene und Veltlin von der Poebene aus. Von beiden Städten aus führt außer der Seestraße noch eine zweite, Landstraße, nach Nordwesten (von Como aus) bezw. Nordosten (von Lecco aus) in die Alpen hinein. Während aber die von Como ausgehende Alpenstraße nach dem Luganer See, Lugano und dem St. Gotthard führt, gelangt man von Lecco aus nach Nordosten über eine Talwasserscheide in die Valsassina, ein vorwiegend Landwirtschaft treibendes, immerhin ziemlich dicht besiedeltes, breites, nordsüdlich gerichtetes, glazial ausgeräumtes Alpental, das aber nur wieder zum Comer See (bei Bellano) zurückführt. Die Verkehrslage entscheidet also in jeder Beziehung zu Ungunsten Leccos.

γ) Das Moränenhügelland der Niederen Brianza.

Das Hügelland der Brianza kann zwar für den Nordsüdverkehr als freundlich bezeichnet werden, stellt jedoch dem Westostverkehr mit seinen zahlreichen, ziemlich tiefen und steilrandigen Nordsüdtälern erhebliche Schwierigkeiten entgegen. Dementsprechend durchziehen zwar die großen nordsüdlichen Durchgangsstraßen von Mailand zum Comer See mit Leichtigkeit die Brianza mit Hilfe deren Täler und breiten Zwischentalrücken, aber die westöstlich gerichteten Hauptlinien umgehen das Hügelland im Norden (durch die Alpenvorlandsenke) oder im Süden (durch die Trockenebene). Die weniger bedeutenden, die Brianza westöstlich durchquerenden Straßen aber verlaufen in zahlreichen Biegungen.

δ) Das Poflachland.

aa) Die Platte nördlich des Pos.

Die Platte nördlich vom Po und zwar sowohl die unbewässerte wie die bewässerte Zone, steht mit dem im Grenzgebiet der beiden Abschnitte liegenden Mailand in regem Waren- und Erzeugungsaustausch. Dem Verkehr, der infolge der Anziehungskraft der Hauptstadt im Wesentlichen sternstrahlig nach und von Mailand aus verläuft, ist sie freundlich, um so mehr, als bei dieser Anordnung der Straßen die hinderlichen, steilwandigen Täler des nördlichen, und die breiten Flutsohlen des südlichen Abschnittes ausgeschaltet werden. Über den Verlauf der einzigen großen Westoststraße ist bereits berichtet worden (S. 355 f.). Die Trockenebene ist nicht in dem Maße Durchgangsland wie Brianza und Comoseegebiet. In ihr liegen einige wichtige Sammelpunkte des modernen Verkehrs, und gerade die Maschinenkultursiedelungen (Gallarate, Busto Arsizio, und besonders Monza, wo die Gotthardlinie und die Lecco-Veltlinstrecke sich vereinigen, und das den westlombardischen Empfangs- und Ausgangsbahnhof für den transalpinen Verkehr bildet.) gehören zu den Zielen und Ausgangspunkten des Warenverkehrs. Freilich sind sie in den Schatten gestellt durch die Nähe Mailands, des Herzens der Lombardei, dessen Nachbarschaft sie aber andererseits auch ihr Aufblühen mit verdanken, insofern sie aus dem Verkehrsstern, der Mailand mit der Welt verbindet, ihrerseits Nutzen ziehen.

In der südlichen, bewässerten Zone der Platte sind vor allem die Flußübergangsstädte Lodi und Pavia als Verkehrssammelpunkte zu nennen, während die Ebene selbst entsprechend ihrer dünnen Besiedelung nur von wenigen Verkehrsadern durchzogen ist. Lodi und Pavia befinden sich im Gebiete vorwiegender Trockenkulturen am Rande der Platte und benutzen Stellen größter Schmalheit der Flutsohle des Tessins bezw. Addas, wo der durch Längsstufen gemilderte Steilabfall bis dicht an das Strombett heranreicht. Sie liegen somit unmittelbar am Wasser, so daß beide Städte aus der allerdings beschränkten Schiffbarkeit ihres Stromes Nutzen ziehen können. Während Lodi[1]), das erst 1158 von Friedrich I. anstelle des 7 km weiter westlich gelegenen Lodi Vecchio, des Laus Pompeia der Römer, das von den Mailändern dem Kaiser zum Trotz zweimal zerstört worden war, gegründet wurde, den Addaübergang zwischen dem alten Venetien und der Lombardei sperrte, verdankte Pavia die Bedeutung[2]), die es namentlich unter den Ostgoten und Langobarden besessen hat, weniger dem Tessin selbst als vielmehr dem Poübergang, der sich südlich von der Stadt an der bei Casteggio von der Via Emilia abzweigenden Straße Casteggio—Pavia—Mailand befindet. Die Bedeutung dieses Poüberganges bestand u. a. darin, daß hier die letzte Möglichkeit bestand, Po und Tessin getrennt zu überschreiten.

Mit ihrer landwirtschaftlichen Umgebung stehen Lodi und Pavia in Austauschbeziehung, und eine Anzahl von Fernstraßenbahn- und Kraftwagenlinien vermitteln Güter- und Personenverkehr. Überdies ist Pavia Vereinigungspunkt für einige Eisenbahnnebenlinien mit der Hauptstrecke Mailand—Genua. Die Lage an großen Verkehrslinien hat Pavia und Lodi zu Sitzen einiger Industrien (Eisengießereien, Textilindustrie) gemacht.

---

[1]) Lage und Bedeutung des alten und neuen Lodi, vgl. A. v. Hoffmann S. 65/66.

[2]) A. v. Hoffmann, S. 67—70. H. weist an verschiedenen Beispielen die Bedeutung dieses Poüberganges im Altertum und frühen Mittelalter nach.

bb) Die Flutsohlen.

Die Flutsohlen des Pos, Tessins und Addas bilden für den Verkehr infolge ihrer breiten Sümpfe, Stromverästelungen bezw. -rinnen erhebliche Hindernisse. Große, lange Eisenbahn- und Straßenbrücken überqueren an verschiedenen Stellen die Gewässer und Sümpfe, und mancherorts hat man Schiffsbrücken gebaut, um den gelegentlichen Stromverlegungen leichter Rechnung tragen zu können.

cc) Die Abdachung südlich des Pos.

Die Aufschüttungsabdachung südlich vom Po zwischen Tortona und Castel S. Giovanni besitzt als Durchgangsgebiet für den Westostverkehr im Süden der Poebene erhebliche Wichtigkeit, tritt doch hier der Appennin sc nahe (bis auf 3 km) an die breite Flutsohle des nach Aufnahme des Tessins sehr wasserreichen Poflusses heran, daß der Verkehr im Engpaß von Stradella leicht gesperrt werden kann. Die strategische Bedeutung des Gebietes ist auch in verschiedenen Kriegen, zuletzt 1859 (Gefecht bei Montebello), hervorgetreten. Der Engpaß sperrt nicht nur den westöstlich gerichteten Verkehr südlich des Pos, sondern auch die Straße, die von Mailand aus unter Umgehung von Piacenza und unter Vermeidung der wasserreichen Nordsüdtäler der nördlichen Platte den Südteil der Poebene und mit der Via Emilia das Innere Italiens zu erreichen sucht.

Die wasserärmeren, sommertrockenen Winterregenflüsse, die aus dem Appennin herauskommen, bieten nämlich, da ihre Dammflußbetten fast gar nicht in die Ebene eingeschnitten und von keiner Sumpfwaldflutsohle begleitet sind, dem Landverkehr geringere Schwierigkeiten. Immerhin werden sie wegen der Frühlingshochwässer von großen und festen Brücken überquert.

Bemerkenswert ist die Lage Vogheras am Austritt der aus dem Trebbiatale über den Pènice-Paß kommenden, den Vogheresischen Apennin erschließenden Stàfforatalstraße in die Ebene, und am Übergang der Via Emilia über das breite sommertrockene Kiesbett der Stàffora. Voghera schützt auch die Abzweigung der Straße nach Mailand von Casteggio aus, sowie die Enge von Stradella. Auch die Eisenbahnlinien Genua—Mailand und Alessandria—Piacenza kreuzen sich bei Voghera.

ε) Das Randhügelland des Appennins.

Die stark und schroff zertalte Landschaft steht dem Verkehr feindlich gegenüber, und nur da, wo breite Haupttäler, wie das der Stàffora es durchschneiden, wird es von großen Straßen, die zum Teil Paßstraßen sind, durchzogen. Im übrigen meidet der Verkehr das Gebiet.

Kap. IV. Die individuellen Eigentümlichkeiten und Zufallsformen[1]), ihre Beziehungen zur Wirtschaft und die nicht im Zusammenhang mit der Landschaft stehenden Wirtschaftszweige.

A. Grundsätzliches.

Individuelle Eigentümlichkeiten, wie Wasserverhältnisse, Oberflächenformen und Böden, sowie Zufallsformen, wie Bodenschätze, bestimmen den Wert oder Unwert einer Landschaft für den Menschen und seine Wirtschaft in hohem Maße. Neben die natürlich bedingten oder ermöglichten Wirtschaftszweige treten aber in den Kulturlandschaften häufig Industrien, die unabhängig von den natürlichen Bedingungen sind. Die Aufgabe dieses Schlußkapitels ist es, diese Verhältnisse für die Landschaften der westlichen Lombardei kurz darzulegen.

B. Die Wechselbeziehungen der Landschaften.

a) Die Landschaft des Comosees.

Das Gebiet des Comosees ist zwar eine ziemlich vielseitige Landschaft, die durch glückliche Vereinigung zahlreicher individueller und zufälliger Erscheinungen dem Menschen die verschiedensten Erwerbs- und Lebensmöglichkeiten bietet, aber die geringe, räumliche Entfaltungsmöglichkeit der Kulturen und Industrien infolge der Oberflächenformen bewirkt, daß das Comosee-Gebiet kein wirklich sehr wertvolles Wirtschaftsgebiet wird. Eine wichtige individuelle Eigentümlichkeit ist die reizvolle Schönheit der Seelandschaft, die im Verein mit der klimatischen Begünstigung den Comosee zu einem Fremdenverkehrsgebiet ersten Ranges macht. Weiter sind hier die Schuttfächer und die Kulturebene der Addamündung zu nennen, welche dadurch, daß sie Platz zu größeren, geschlossenen Siedelungen und zu flächenhaftem Feldbau bieten, für den Menschen zu wesentlichen Landschaftsteilen werden. Eine wertvolle Nutzform ist ferner der Fischreichtum des Sees.

Von ganz bedeutender Einwirkung auf die menschliche Wirtschaft sind die Gesteinsböden. Es wurde bereits auf die Verschiedenheit der Kulturen auf dem Kalkboden des Südens (Öl-

[1]) Vgl. Passarge, Vgl. L., H. 1.

baum usw.) und dem Glimmerschieferboden des Nordens (Edelkastanie usw.), auf Weinbau- und Maulbeerbaumkulturen in der Laubwaldstufe, sowie auf die Viehzucht in der Mattenregion beider Zonen hingewiesen. Die ausgedehnten Kastanienwälder bieten nun der Bevölkerung im Herbst Gelegenheit zum Sammeln der Früchte. Auch Holz für Brenn-, Nutz- und Köhlereizwecke wird hier gewonnen und teils an Ort und Stelle verbraucht, teils nach dem See geschafft, wo es z. T. in Papierfabriken verarbeitet wird. Der Kalkstein der südlichen Zone wird vielfach abgebaut und als wertvoller Baustein verfrachtet, er hat sogar zur Ausbildung einer Steinmetzenschule geführt, die unter dem Namen Comacini infolge ihrer Kunstfertigkeit im Mittelalter weit über die Grenzen der Lombardei hinaus berühmt war[1]). Individuelle Eigentümlichkeiten der Comoseelandschaft sind auch die Mündungsschluchten der Seitentäler, deren in starkem Gefälle herabstürzende Bäche zu Wasserkraftanlagen (Elektrizitätsgewinnung, Fabriken) ausgenutzt werden.

Auch rein zufällige Formen sind für die Kultur im Comosee-Gebiet von Bedeutung. So haben Erzvorkommen (Kupfer, Eisen, Silber) nicht nur einen einst bedeutenderen, heute aber sehr bescheidenen Bergbau (westlich von Menaggio und nordöstlich von Lecco) ermöglicht, sondern auch die Anlage einiger Eisenwerke, für die zudem der Holzreichtum der Umgebung zweifellos förderlich gewesen ist, hervorgerufen (Gießereien in Dongo und im Becken von Lecco, Eisenhammer in der Valmadrera). Auch einige Mineralquellen in der Nähe des Alpenrandes werden ausgenutzt.

An den räumlich und bezüglich des Verkehrs mit der Außenwelt günstig gelegenen Stellen sind — scheinbar unabhängig von den übrigen landschaftlichen Bedingungen — unter Einfluß von außen her neue Wirtschaftszweige, besonders maschinenkultureller Art, entstanden, wie die an den verschiedenartigsten Industrien reichen Stadtlandschaftsbecken von Como und Lecco zeigen.

b) Die Niedere Brianza.

Kann man die Landschaft des Comosees im allgemeinen als ziemlich vielseitig bezeichnen, so läßt sich dies von dem Endmoränengebiet der Niederen Brianza nicht in dem gleichen Maße behaupten. Ihr fehlen die Zufallsformen, und ihre wirtschaftlich bedeutsamen, individuellen Eigentümlichkeiten sind auch weniger zahlreich. Andererseits haben die kulturfähigen Flächen viel größere Ausdehnung als

---

[1]) A. v. Hoffmann: S. 79/80.

im Gebiete des Comosees, so daß der wirtschaftliche Wert der Brianza erheblich ist. Über den flächenhaften Feldbau, der in Form von Gartenbau betrieben wird, den Wein- und Obstbau und die Maulbeerbaumkultur ist im beschreibenden Teil schon ausführlich berichtet worden. Daneben wird Viehzucht mit Hilfe von Stallfütterung getrieben, und nur in der sumpfigen Gebirgsvorlandsenke erreicht der Weidebetrieb größeres Ausmaß. Auf dem Kastanienwald-Gebirgszug des Monte Crocione und den Ferretto-Mischwaldplatten wird Sammelwirtschaft getrieben und das Holz der zuletzt genannten Gebiete forstwirtschaftlich ausgenutzt. An den Gebirgsvorlandseen zieht man Nutzen aus ihrem Fischreichtum. Ein lebhafter Fremdenverkehr im Frühling und Spätsommer, der freilich den des Comoees bei weitem nicht erreicht, wird durch die Lieblichkeit der Landschaft hervorgerufen, leidet aber unter der sommerlichen Hitze.

Nicht nur hinsichtlich ihrer landswirtchaftlichen Erzeugnisse, sondern auch bezüglich einiger Spezialindustrien genießt die Brianza einen guten Ruf. Zahlreiche Seidenspinnereien verarbeiten die Produkte der überaus lebhaften Seidenraupenzucht, die wiederum auf der den günstigen Boden ausnutzenden Maulbeerbaumkultur beruht, aber es haben auch eine Anzahl nicht oder nicht mehr bodenständiger Industrien ihren Sitz in einigen größeren Siedelungen der Brianza. Vielleicht hängt das früher weithin berühmte Hufnagelschmiedehandwerk (in Cantù, Figino Serenza) ursprünglich mit den Eisenerzfunden in der Umgebung des Comosees zusammen. und auch die Papierherstellung sowie die Möbelfabrikation lassen sich aus dem verhältnismäßigen Holzreichtum der Brianza erklären. Die seit dem 18. Jahrhundert in Cantù und Rovellasca betriebene Luxusmöbelherstellung, deren Ruhm (mobili di Cantù) bis weit über die Grenzen Italiens hinausreichen soll[1]), haben, wie auch andere Industriezweige, kaum noch Verbindung mit der Landschaft. Vorort für die Industrien ist Cantù.

c) Das Poflachland.

α) Die Platte nördlich des Pos.

Trotz erheblicher Verschiedenheiten zwischen den einzelnen Teilen des Poflachlandes ist allen die Einförmigkeit und große räumliche Ausdehnung der für die Kultur mehr oder minder wertvollen Erscheinungen gemeinsam.

---

[1]) Le Vie d'Italia e dell'America Latina, 1926.

In der Trockenebene nutzt man, abgesehen von dem flächenhaft, zumeist in Gartenkultur betriebenen Feldbau auf Weizen, Mais und (bei Gallarate und Busto Arsizio) Wein, im Verein mit einer überaus intensiven Maulbeerbaumzucht, die Holzvorräte, die sich in den Hochwaldbeständen der Strauchheide-Ebenen, sowie in den Wäldern der nahen Ferrettoplatten befinden, für Möbeltischlerei aus, die in den Ortschaften zwischen Monza und Gallarate ziemlich verbreitet ist und sich zum Teil zur Kunstmöbelfabrikation entwickelt hat, wofür sie ihr Rohmaterial nunmehr von auswärts beziehen muß. Die Strauchheiden selbst dienen besonders dort, wo sie als Grasflächen ausgebildet sind, großen Schafherden als Weiden.

Auf den natürlichen Verhältnissen des Landes beruht außer der oben erwähnten Holzverarbeitung die Seidenindustrie, welche in dieser Zone der stärksten Verbreitung des Maulbeerbaumes bedeutende Ausdehnung erreicht; endlich finden die Schotterlager des Untergrundes zur Betonherstellung Verwendung, und die noch erhebliche Wasserkraft der Flüsse (z. B. des Lambro und der Olona) wird von vielen Fabriken ausgenutzt. Außerordentlich zahlreich sind die nicht bodenständigen Industrien. Die industriellen Siedelungsgruppen von Busto Arsizio und Monza geben Zeugnis davon.

Der künstlich bewässerte Südteil der Aufschüttungsplatte ist zwar ebenfalls arm an Zufallsformen und weist auch bezüglich seiner individuellen Eigentümlichkeiten große Einförmigkeit auf, aber die wenigen nützlichen Eigenschaften der Landschaft besitzen eine günstige Anordnung: der Mensch hat sie in zäher Arbeit geschickt ausgenutzt, und so ist ein landwirtschaftlich äußerst wertvolles Gebiet entstanden. Der fruchtbare Lehmboden und die Fontanilenzone sind die grundlegenden individuellen Eigentümlichkeiten, die im Verein mit dem günstigen Klima, das lange, sehr heiße Sommer bringt, den Reichtum der reisbauenden Bewässerungsebene bedingen. Die Temperaturverhältnisse der Fontanilen (vergl. S. 289) ermöglichen zudem die ertragreiche Winterrieselkultur.

Schädliche Räume der Landschaft, wie sumpfige Niederungen und sandige Dünen, haben anfänglich nicht gefehlt, aber der Mensch hat sie beseitigt und zum Teil in ihm nützliche Formen verwandelt. So sind auf dem sandigen Boden der ehemaligen Dünen Weinäcker angelegt worden. Als Folge des intensiven Wiesenbaues hat sich eine sehr lebhafte Viehzucht (besonders Rinder und Schweine) mit Stallfütterung und Herbstweidebetrieb entwickelt, an die sich wiederum eine weit über die Grenzen Italiens hinaus berühmte Milchwirtschaft.

(Parmesankäse. der im Laudensischen hergestellt wird; Gorgonzola) anschließt.

Gegenüber diesen wichtigsten Nutzungsformen treten die wenigen Zufallserscheinungen, wie die Mineralquellen im Hügelland von S. Colombano, die dort ein kleineres Heilbad (Terme di Miradolo) haben entstehen lassen, völlig in den Hintergrund.

In den Städten der Bewässerungsebene, die als Zentren landwirtschaftlicher Bezirke mit ihrer Umgebung in lebhafter Sammel- und Austauschbeziehung stehen,[1]) haben sich Industrien gebildet, welche die Erzeugnisse des Landes verarbeiten (Reisbearbeitung. Nudelherstellung, Flachsverarbeitung, Gerberei) und der Landwirtschaft Geräte liefern. Daneben haben sich in ihnen in bescheidenem Maße völlig fremde Industrien niedergelassen (z. B. Eisengießereien).

Eine Sonderstellung nimmt im Rahmen der Aufschüttungsplatte das Maschinenkulturgebiet von Mailand ein. in dem die nicht bodenständigen Industriezweige überwiegen.

β) Die Flutsohlen.

So wertlos, wie die Flutsohlen des Pos, Tessins und Addas mit ihren Ufersumpfwäldern auf den ersten Blick erscheinen mögen. sind sie nicht. Außer den Feld- und Wiesenkulturen auf den Inseln zwischen den alten Mäandern und auf den Längsstufen und abgesehen von den Reisfeldern in den ehemaligen Flußschlingen, knüpft gerade an den Holzreichtum der ausgedehnten Laubgehölzniederungen eine, wenn auch bescheidene so doch immerhin bemerkenswerte Holzindustrie an. Ferner wird die Triebkraft des Stromes durch Schiffsmühlen ausgenützt. Als Zufallsform sind die weißen Quarzgerölle im Bett des mittleren Tessinlaufes (in der Höhe von Magenta) zu nennen, die gesammelt werden und vermutlich zur Glasfabrikation dienen.

γ) Die Abdachung südlich des Pos.

In der Ebene zwischen Po und Appennin ist die Einförmigkeit der natürlichen Bedingungen noch größer als in allen bisher behandelten Gebieten der westlichen Lombardei. Im Vergleich zu der auf Mais, Wein und Weizen betriebenen Landwirtschaft nebst Maulbeerbaumkultur spielen Viehzucht mit Stallfütterung und Imkerei untergeordnete Rollen. Einige geringe Nutzungsmöglichkeiten bestehen noch in

[1]) So sind z. B. die Märkte in Pavia äußerst lehrreich, zeigen die innigen Beziehungen der Stadt zu ihrer Umgebung und geben an Lebhaftigkeit und Buntheit dem durch Menzels Bild berühmten Markt in Verona nichts nach.

der Bearbeitung des Holzes der Uferwälder der Flüsse und der Ausbeutung etlicher Kiesgruben. Als Industrien kommen im Wesentlichen nur Seidenraupenzucht und Seidenverarbeitung in Frage, und nur in dem mit der Umgebung Handel treibenden Voghera, das zugleich Eingangsplatz für den Vogheresischen Appennin ist, bestehen einige weitere Industriezweige (wie Hutfabrikation, Brauerei).

d) Das Randhügelland des Appennins.

Wie das Bodenrelief, so sind auch die wirtschaftlichen Nutzungsmöglichkeiten im Randhügellande abwechselungsreicher als im Poflachlande, aber ihre räumlichen Entwicklungsmöglichkeiten sind wesentlich geringer. Feldbau in größerem Maßstabe erlauben im Osten die Steilhänge der schmalen Zwischentalrücken nicht, dagegen sind im Westen, im breiten Stàfforatal und stellenweise auf Längsstufen an seinen Abhängen Getreidefelder angelegt worden. Bodenbeschaffenheit und -form machen aber den Osten besonders zum Weinbau geeignet, der hier im Verein mit Obst- und Maulbeerzucht intensiv betrieben wird. Mit der Maulbeerbaumkultur ist Seidenraupenzucht verbunden. Der anstehende Kalkstein wird gebrochen und in einigen Kalkwerken verarbeitet. Zufallsformen sind die Mineralwasser- und Erdölquellen in der Nähe von Rivanazzano. Dort treten jodhaltige Wässer in solcher Verbreitung auf, daß es in der Umgebung von Nazzano sehr schwierig sein soll, Trinkwasser zu erhalten.[1]) Während die Mineralwasserquellen zur Entstehung größerer Kurorte (so z. B. Salice Terme, südlich von Rivanazzano) geführt haben, dürfte das Petroleumvorkommen kaum wirtschaftliche Bedeutung besitzen.

C. Ergänzungsgebiete.

Man darf sagen, daß alle Landschaften der westlichen Lombardei (vielleicht unter Ausschluß der Teillandschaft der Flutsohlen) zu Mailand im Verhältnis von Ergänzungsräumen stehen. In erster Linie bringen sie die Erzeugnisse ihres Ackerbaues und ihrer Viehzucht der ewig hungrigen Dreiviertelmillionenstadt dar und empfangen dafür Geräte und durch Mailands Vermittlung fremde Erzeugnisse; es findet aber auch ein regelmäßiger Menschenaustausch zwischen der lombardischen Hauptstadt und der Gebirgsumrandung (Comoseegebiet, Brianza, Vogheresischer Appennin) statt. In weitaus höherem Maße

[1]) Mitteilung des Herrn Marchese Rovereto auf Nazzano.

als in Deutschland reisen breite Schichten der Mailänder Bevölkerung im Sommer und Herbst mehrere Wochen oder Monate lang zwecks Erholung in die genannten Gebiete, so daß scherzhaft von einer chiusura estiva (sommerlichen Schließung) Mailands gesprochen wird.

Weitere Ergänzungsbeziehungen bestehen zwischen der Landschaft des Comosees und der bewässerten südlichen Zone der Aufschüttungsplatte. Wenn im Frühjahr der Schnee auf den Alpenmatten geschmolzen ist, ziehen große Schafherden aus dem Laudensischen (Gebiet von Lodi) und Mailändischen nordwärts ins Gebirge der Umgebung des Comer Sees zur Sommerweide. Sie kehren im Herbste in die Tiefebene zurück. Umgekehrt steigen im Frühjahr zahlreiche Bergbewohner in die Ebene hinab, um sich bei den zahlreiches Personal erfordernden Arbeiten in den Reisfeldern als „mondatori delle risaie" den Sommer über ihr Brot zu verdienen und soviel zu ersparen, daß sie während des Winters in ihrer Gebirgsheimat leben können.[1]

Schlußbetrachtung.

Betrachtet man zusammenfassend die in vorliegender Arbeit dargestellten Verhältnisse unter dem Gesichtspunkte des Wertes der Landschaft für den Menschen, so kommt man zu dem Ergebnis, daß *nicht* eine *Vielheit* natürlich bedingter oder zufälliger Nutzungsformen, sondern die überaus *günstige Anordnung* weniger nützlicher, individueller Eigentümlichkeiten (Böden und Fontanilen), verbunden mit zum Teil klimatisch bedingten Wechsel- und Ergänzungsformen (Almwirtschaft, Winterwässerwiesen, Sommerberieselung der Reisfelder) bei günstigem Klima, ferner die zähe Arbeit fleißiger Menschen, aber auch die überaus günstige Verkehrslage die westliche Lombardei zu einem Gebiete höchster Kultur sich haben entwickeln lassen, dergestalt, daß sie schon 1576 in einer Weltbeschreibung[2]) für das beste Herzogtum der ganzen Christenheit geachtet wurde.

---

[1]) Vgl. Husmann, S. 97—100.

[2]) Nissen II_1, S. 178.

Literaturverzeichnis.

Almagià, R.: Bergstürze und verwandte Erscheinungen in der italienischen Halbinsel. Zeitschr. Ges. f. Erdk. Berlin 1910.

Amoretti, Carlo: Viaggio da Milano ai tre laghi Maggiore, di Lugano e di Como. Milano 1801.

Anfossi, G.: La pioggia nella regione ligure. Firenze 1911 (Memorie Geografiche).

—, Le pioggie della Lombardia. Firenze 1914 (Memorie Geografiche).

Annuario Statistico Italiano 1878, 1887/88, 1900, 1914, 1920/21.

Annuario Storico-Statistico del Comune di Milano 1919, 1920/21.

Baedeker: Oberitalien. 18. Aufl. 1911.

Bernhard, Hans: Die landbauliche Wasserwirtschaft Italiens. Bern 1919.

Bianchi, Fr.: Sulla distribuzione della popolazione nella provincia di Como. Rivista Geografica Italiana 1907.

Böhn, M. v.: Italien.

Burger, J.: Die Landwirtschaft in Oberitalien. 1851.

Brill, O.: Die Fruchthaine in Italien. 1909.

Braun, G.: Beiträge zur Morphologie des nördlichen Appennin. Zeitschr. Ges. f. Erdk. Berlin 1907.

Brizio, E.: Epoca preistorica, in: Storia politica d'Italia scritta da una società di professori. 1895ff.

Biehl: Bremen. 1923.

Cantù, Cesare: Storia della città e della diocesi di Como. Firenze 1856.

Carta Idrografica del Regno d'Italia: Relazioni. Band: Lombardia. Roma 1876.

Censimento generale del bestiame del 19 marzo 1908. Roma 1910.

Censimento generale della popolazione del Regno d'Italia del 10 giugnio 1911. Roma.

La Città di Milano. Jahrgang XXXVIII, Nr. 4, 5.

Deecke, W.: Italien. Berlin 1899.

Dünckelberg: Kulturtechnische Reiseskizzen aus Oberitalien. Landwirtsch. Jahrb. 1881.

Eheberg, Th.: Agrarische Zustände in Italien. 1886.

Ercolani, G.: La malaria e le risaie in Italia. Milano 1905.

Fischer, Teobaldo: La penisola italiana. Torino 1902.

Fischer, Theobald: Das Halbinselland Italien. 1901.

—, Das Klima der Mittelmeerländer. Peterm. Mitt. Ergänz.-Heft 58. 1879.

—, Der Ölbaum. Peterm. Mitt. Ergänz.-Heft 147. 1904.

Fuchs, Theodor: Die Mediterranflora in ihrer Abhängigkeit von der Bodenunterlage. Sitz.-Ber. Kais. Ak. d. Wiss.; math.-naturwiss. Klasse, Nr. 76 S. 240.

Geilinger, Gottlieb: Die Grignagruppe am Comer See, eine pflanzengeographische Studie. Dresden 1908.

Greim, Georg: Italien. Breslau 1920.

Hann: Handbuch der Klimatologie.

Hehn, Viktor: Italien. Berlin 1900.

Hörstel, W.: Die oberitalienischen Seen. (Monogr. z. Erdk., Velh. u. Klasing) 1925.
Hofmann, Albert von: Das Land Italien und seine Geschichte. 1921.
Husmann, Emil: Die Reiskultur in Italien. Bonn 1895.
Jacini, Stephan: Grundbesitz und Landvolk in der Lombardie, nach der 3. ital. Orig. Aufl. übersetzt von Dr. Peter Franco. Mailand, Verona, Wien, 1857.
Karminski, Friedrich: Die Lombardei; politisch-geographische, sowie wirtschaftsstatistische und topographische Übersichten. Wien 1917.
Knorz, Ernst: Studien über die Regenverhältnisse in Italien. Wetzlar 1918
Koernicke und Werner: Handbuch des Getreidebaus II. Bonn 1885.
Leonhard, R.: Die landwirtschaftlichen Zustände in Italien. 1915.
Leonhardi, G.: Der Comer See und seine Umgebungen. 1862.
Lorenzi, Arrigo: Studî sui tipi antropogeografici della pianura padana. Rivista Geogr. It. Jahrg. XXI.
Maulbeerwiesen; Über Anlage von ... Internat. Agrartechn. Rundschau. 1916.
Maurizio, A.: Die Nahrungsmittel aus Getreide, II. Band. 1919.
Milano, Osservazioni meteorologiche fatte nel R. Osservatorio di Brera in Milano 1903—1922.
Moltcke, M. v.: Reise durch das obere und mittlere Italien. 1833.
Montelius, Oskar: Die vorklassische Chronologie Italiens. 1912.
Moro, M.: La zona dei fontanili in Lombardia e le marcite. „La Geografia", Jahrg. XII, 1924. (Novara).
Nissen: Italische Landeskunde. Berlin 1883 und 1902.
Noè, H.: Italienisches Seenbuch. 1874.
Orario Generale Ufficiale. Dicembre 1924. Torino.
Osservazioni pluviometriche, raccolte a tutto l'anno 1915, vol. II°, fasc. II°. Roma 1922.
Passarge, S.: Die Grundlagen der Landschaftskunde. (Abkürzung Gr. L.). 1919—1920.
Passarge, S.: Vergleichende Landschaftskunde (Abkürzung Vgl. L.).
Heft I: Aufgaben und Methoden. 1922.
Heft III: Die Mittelgürtel. 1922.
Heft IV: Der heiße Gürtel, I. 1924.
Pellagra: Die .... in Italien. Referat in Intern. Agrartechn. Rdsch. 1914.
Penck, A. und Brückner: Die Alpen im Eiszeitalter, Band III. 1909.
Philippi, E.: Geologie der Umgebung von Lecco und des Resegone-Massivs. Zeitschr. d. Dtsch. Geol. Ges. Bd. XLV, 1897.
Philippson, A.: Das Mittelmeergebiet. 3. Aufl. 1914.
Rebuschini, Gaspare: Storia del Lago di Como e principalmente della parte superiore di esso, detta Le Tre Pievi. Bergamo 1855.
Schwieker, Hamburg. 1925.
Simroth, H.: Natur- und Kulturgeschichtliches aus Oberitalien und Sardinien. 1907.
Skalweit: Agrarpolitik. 1924.
Soresi, G.: La marcita lombarda. Milano 1914.
Strabo: Geographie, Buch V. übersetzt von K. Kärcher. Stuttgart 1831.

Supino, F.: Die Karpfenzucht in den italienischen Reisfeldern. Intern. Agr. Rdsch. 1913.

Stendhal, Henry Beyle de .....: Reise in Italien. Ausg. 1922.

Taramelli, Torquato: Carta geologica della Lombardia. Milano 1890.

—, Descrizione geologica della provincia di Pavia. Novara 1916.

— , I tre laghi, studio geologico-orografico. Milano 1903.

Tornquist, A.: Geologischer Führer durch Ober-Italien. Berlin 1902.

Tortori, Alfredo: L'Italia geografica, commerciale ed industriale. Leipzig 1924.

Touring Club Italiano; Guida d'Italia: Piemonte, Lombardia, Canton Ticino. Milano 1923.

Touring Club Italiano; Annuario 1923 und 1926.

Verga, Ettore: Storia della vita milanese. Milano 1909.

Le Vie d'Italia e dell'America Latina. Milano 1926.

Voigt, A.: Die Riviera, 1914, (Juncks Naturführer).

Grundzüge der wirtschaftsgeographischen Entwicklung und Gliederung Haïtis

von

Dr. **Rudolf Lütgens,** Hamburg

Mit 11 Textfiguren.

Inhalt.

Einleitung 377
I. Kapitel: Bodenbau und Gestaltung 378
1. Horizontale und vertikale Gliederung 378
2. Innerer Aufbau, Bodenschätze, Bodenbewertung 380
II. Kapitel: Klima und Gewässer 383
1. Luftdruck, Winde und Temperatur 383
2. Niederschlagsverhältnisse 385
3. Klimatische Krankheiten 386
4. Flüsse und Seen 386
5. Orogr.-klimat. Gliederung 387
III. Kapitel: Tier- und Pflanzenwelt 388
1. Tierwelt 388
2. Natürliche Pflanzenvereine 388
3. Wildwachsende Nutzpflanzen 390
IV. Kapitel: Natürliche Landschaften 390
V. Kapitel: Bevölkerung 391
1. Zahl und Verteilung 391
2. Rassen und Kultur 392
VI. Kapitel. Die wirtschaftsgeographische Entwicklung und Gliederung 393
1. Die wirtschaftliche Entwicklung 393
2. Die Grundlagen des gegenwärtigen Wirtschaftslebens 395
a) Landwirtschaft 395
b) Holzverwertung 396
c) Mineralproduktion 397
d) Gewerbe und Industrie 397
e) Handel 398
f) Verkehr 398
VII. Kapitel. Zusammenfassung, Ausblick 401

Textfiguren.

1. Orographische Gliederung 379
2. Tektonisch-geolog. Skizze 381
3. Bodenschätze und wirtsch.-wertlose Gebiete 382
4. Mittlere monatliche Regenhöhen 384
5. Niederschläge 385
6. Orographisch-klimat. Gliederung 387
7. Natürliche Pflanzenvereine 389
8. Verbreitung der Nutzhölzer 389
9. Natürliche Landschaften 391
10. Landwirtschaftl. Gliederung 395
11. Verkehrseinrichtungen 399

Einleitung.

In einer früheren Veröffentlichung[1]) wurden das Wesen und die Aufgaben der „Wirtschaftsgeographie" untersucht und dann Forderungen für eine „Spezielle Wirtschaftsgeographie" aufgestellt. Die Ausführungen des ersten Teiles sind inzwischen verschiedentlich, u. a. von E. Friedrich[2]) und K. Sapper,[3]) übernommen. Ein Teilfrage der Speziellen Wirtschaftsgeographie — die Umformung einer bestimmten Naturlandschaft durch den wirtschaftenden Menschen — wurde an einem methodischen Beispiel entwickelt[4]). Gewissermaßen als Fortsetzung früherer Gedanken soll nun nachfolgend der Versuch gemacht werden, die wirtschaftsgeographische Gliederung eines Gebietes auf landschaftskundlicher Grundlage zu bestimmen. Gewählt wurde die mir durch einen längeren Aufenthalt bekannte Republik Haïti. Ein Hauptgrund war ferner, daß hier in großen Teilen des Landes eine primitive Naturalwirtschaft vorherrscht, die noch vielfach keine stärkeren kulturellen Einflüsse zeigt. Zurzeit erfolgt allerdings unter der Einwirkung der Nordamerikaner die Umbildung, so daß eine Darstellung der jetzigen Zustände gerade einen wichtigen Wendepunkt in der Entwicklung erfaßt. Andererseits ergibt sich leider ein Mangel. Zusammenhängend mit dem allgemein niedrigen kulturellen und wirtschaftlichen Stand der Republik ist unsere Kenntnis über manche Ercheinungen noch sehr unvollkommen. Eine gründliche geologische Kenntnis des Landes ist nicht vorhanden. Vor allem fehlen aber bestimmte Angaben über Zahl und Gliederung der Bevölkerung. Das ist ein Mangel, dem vorläufig überhaupt noch nicht abzuhelfen ist. Deshalb können diese Ausführungen nur als Grundzüge, als erster Versuch zu einer wirtschaftsgeographischen Darstellung bezeichnet werden. Immerhin, auch in dieser Form und Kürze dürften sie doch

---

[1]) Mitt. d. Geogr. Ges. Hamburg XXXIII, 1921.

[2]) Allg. u. Spez. Wirtschaftsgeogr.aphie. III. Aufl. 1926. S. 1.

[3]) Allg. Wirtschafts- und Verkehrsgeographie. 1925. S. 1ff.

[4]) Die wirtschaftsgeographische Entwicklung des La Plategebietes, Weltwirtschaftl. Archiv 1921.

mancherlei Aufschlüsse über dieses sehr wenig untersuchte und deshalb wissenschaftlich unbekannte Land geben, da sie vieles an Ort und Stelle gesammelte Material in den kartographischen Darstellungen zum ersten Mal bringen, und dadurch gleichfalls ihre Begründung finden.[1])

I. Kapitel. Bodenbau und Gestaltung.

1. Horizontale und vertikale Gestaltung.

Die charakteristische Form der westlichen Republik der Insel Haïti läßt durch die beiden langen und schmalen Nordwest- und Südwesthalbinseln die Berührung von Meer und Land eine äußerst innige werden. Keine zehn Prozent der Fläche sind weiter als 50 km vom Meere entfernt, und der größteAbstand beträgt an der dominikanischen Grenze nördlich von Banica rund 80 km. Auch der Verlauf der Küstenlinie ist sehr unregelmäßig, so daß zahlreiche kleine und größere Buchten Hafenplätzen günstige Bedingungen schaffen. Allerdings ist die Küste auch teilweise sehr unrein, und die vielen Riffe und Klippen erfordern deshalb große Vorsicht. Von den größeren Inseln sperrt Gonave den Golf von Port-au-Prince, der von Nordwest durch den Kanal von St. Marc, von Westen durch den von Leogane erreicht wird. Im allgemeinen ist der Küstenverlauf durch die neuen Vermessungen der amerikanischen Marine jetzt gut festgelegt.

Haïti gleich Aïti, heißt rauhes, gebirgiges Land. Von welcher Seite auch immer das Schiff sich naht, hohe Gebirge hinter meist nur schmalen Küstenebenen oder unvermittelt zum Meere abfallend bilden den charakteristischen Anblick. Die lange Südkette gipfelt in dem Morne de la Selle an der dominikanischen Grenze mit über 2500 m (2700 m dürfte zu hoch sein), senkt sich dann, um noch einmal in dem Morne de la Hotte über 2000 m anzusteigen. Als Gegenstück streicht die Nord- oder Hauptkette aus dem Innern Domingos als Fortsetzung des Cibaomassivs, vielfach aufgelöst und verbreitert in mehreren Zügen gen Westnordwesten, um in der Hochfläche von Bombadopolis steil abzubrechen. Ihr zieht parallel südlich ein besonders stark aufgelöster Zug, der mehrfach durch Abzweigungen mit der Hauptkette in Verbindung tritt und mit diesen und der Hauptkette die große innere

[1]) Für die Sammlung der Unterlagen bin ich z. T. deutschen Landsleuten in Haiti und auch in Hamburg zu herzlichem Dank verpflichtet. Besondere Unterstützung verdanke ich aber dem besten Kenner des Landes L. Gentil Tippenhauer (siehe auch Mitt. Geogr. Ges. Hbg. XXXII, S. 45ff.).

Hochebene von Hinche umschließt. Ein einheitlicher Name fehlt diesen Ketten, da der früher einmal von Tippenhauer vorgeschlagene Name „Kanalgebirge“ sich nicht eingebürgert hat und auch wenig begründet erscheint. Der beste zusammenfassende Name ist vielleicht Artibonitgebirgsland, nach dem, diese Gebiete entwässernden

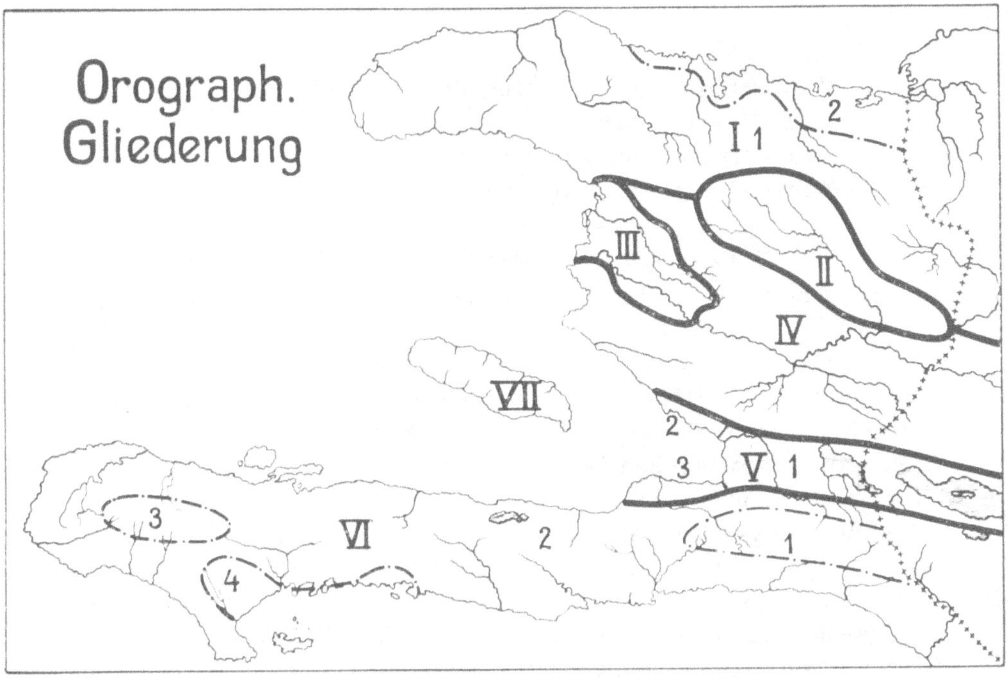

Fig. 1.

größten Fluß des Landes. Nördlich des Artibonitunterlaufes zieht sich die Estèreebene hin, während südlich an das Artibonitgebirge die lange schmale Cul-de-sac oder Port-au-Princeebene grenzt. Kleinere Tiefebenen und niedriges Hügelland finden sich noch an der Nordküste bei Fort Liberté und Cap Haïti, sowie im Süden bei Aux Cayes. Besonders aufgezählt werden muß die Mittelgebirgsinsel Gonave.

Für die orographische Gliederung (Textkarte 1) ergeben sich demnach als Hauptteile:

I. Cibaogebirgsland
   1. Cibaokämme und Hochflächen
   2. Nordküstentiefland und niedriges Hügelland

II. Hochebene von Hinche

III. Estèretiefland
IV. Artibonitgebirgsland
V. Tiefland von Port-au-Prince
1. Cul-de-Sactiefland
2. Küstentiefland von Arcahaie
3. Küstentiefland von Leogane
VI. Südliches Gebirgsland
1. La Sellehochgebirge
2. Mittelgebirgsketten und Hügelland der mittleren Halbinsel
3. La Hottehochgebirge
4. Küstentiefland von Aux Cayes
VII. Mittelgebirgsinsel Gonave

2. Innerer Aufbau, Bodenschätze und Boden.

Von dem Kern des alten Antillenkontinents sind in dem Cibaogebirgsland Reste erhalten. Alte Eruptivgesteine, dann Sandsteine und Tonschiefer bilden das innere Gerüst. Im wesentlichen besteht aber Haïti aus OSO—WNW streichenden jungtertiären Kalk- und Mergelkalkzügen. Sie sind vielfach durch Brüche begrenzt und unterliegen in der geologischen Gegenwart in verschiedenen Gebieten einer stärkeren Hebung. Strandterrassen und Kliffbildungen sind daher auffällig häufig. Mit der Umformung durch Bruch ging ein Aufdringen vulkanischer Massen, besonders von Basalten, zusammen so daß aus-, gedehntere vulkanische Zonen — zum Teil wie bei der „Plattform" im Nordwesten aus jüngster Vergangenheit — sich in allen Teilen des Landes finden. Von den größeren Ebenen sind die von Hinche ein durch tertiäre Meeressedimente aufgefülltes, nachträglich gehobenes Einbruchsbecken, die von Port-au-Prince ein gewaltiger Grabenbruch, der mit der Oberfläche des Enriquillosees sogar 34 m unter dem Meeresspiegel liegt. Die Küstenebenen sind überwiegend Alluvionen. Ausführliche Erläuterungen zur Textkarte 2 finden sich an anderer Stelle.[1])

Von wirtschaftsgeographischer Bedeutung sind zunächst die mit dem inneren Bau zusammenhängenden Erdbeben. Sie sind einmal an den Küsten, besonders der Nordküste, dann aber im Gebiet des Grabenbruchs von Port-au-Prince häufig. In historischer Zeit waren die schwersten Beben in Haïti das vom Jahre 1770, das Port-au-Prince, und das vom Jahre 1842, das Cap Haïti völlig zerstörte.

[1]) Mitt. d. Geogr. Hamburg, Bd. XXXII, 1919.

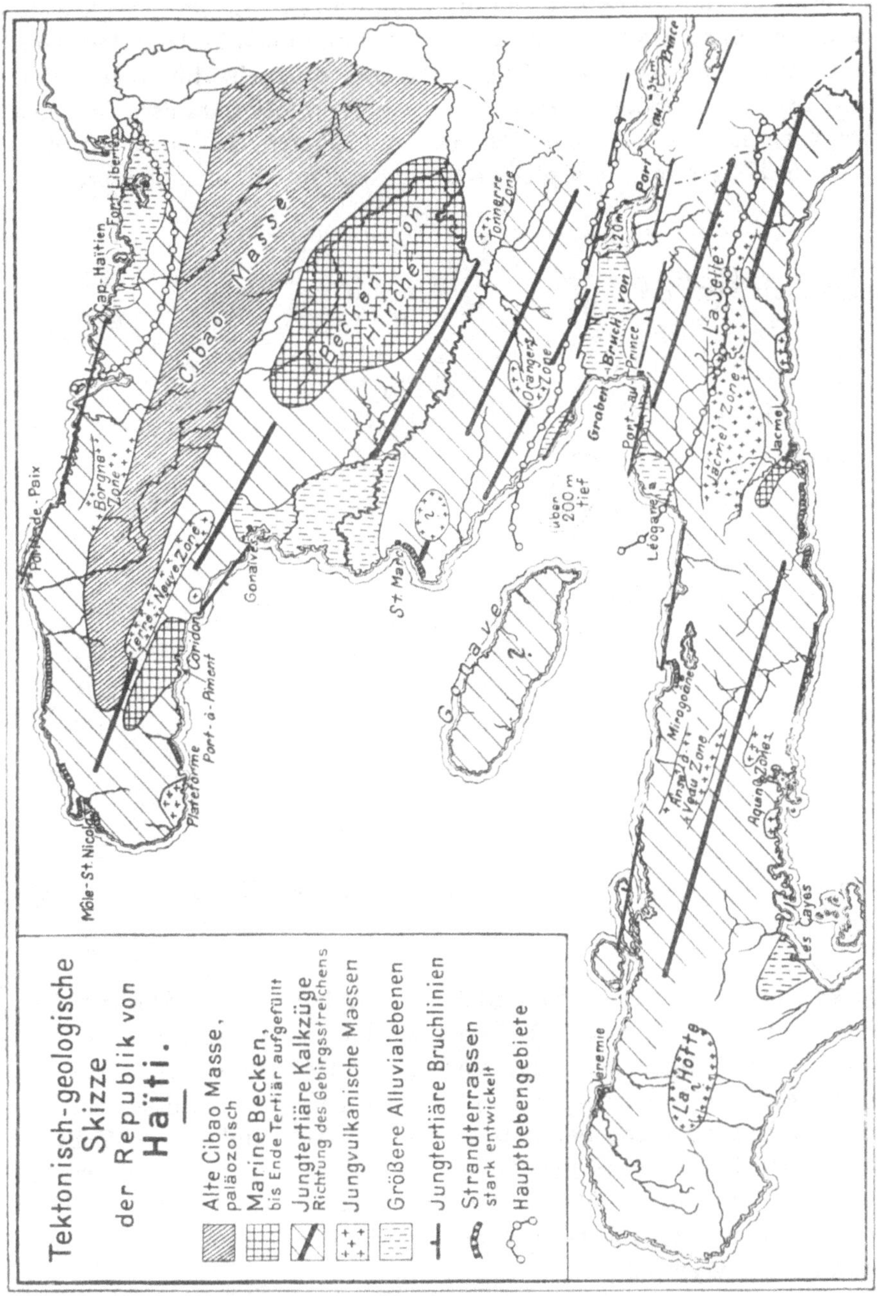
Tektonisch-geologische Skizze der Republik von Haïti.
Alte Cibao Masse, paläozoisch
Marine Becken, bis Ende Tertiär aufgefüllt
Jungtertiäre Kalkzüge Richtung des Gebirgsstreichens
Jungvulkanische Massen
Größere Alluvialebenen
Jungtertiäre Bruchlinien
Strandterrassen stark entwickelt
Hauptbebengebiete
Cibao Masse
Becken von Hinche
Borgne Zone
Terre Neuve Zone
Tonnerre Zone
Oranger Zone
Graben Bruch von Port-au-Prince
La Selle
Jacmel Zone
Jacmel
Léogane
über 200 m tief
120 m
Gonave
Gonaives
St Marc
Port-de-Paix
Cap-Haïtien
Fort Liberté
Môle-St. Nicolas
Plateforme
Port-à-Piment
Coridon
Miragoane
Anse à Veau Zone
Aquin Zone
Les Cayes
Jérémie
La Hotte

Fig. 2.

Weiter ist die Verteilung der Bodenschätze zu berücksichtigen. Die Erforschung Haïtis ist in dieser Beziehung noch in den allerersten Anfängen. Immerhin sind einige Angaben möglich, die zeigen, daß Haïti mancherlei Schätze birgt. Geringe Goldvorkommnisse sind aus dem Cibaomassiv und der Gegend von Jacmel bekannt. Kupfer, Silber und Eisen birgt das gleiche Gebirge. Ein sicherlich abbauwürdi-

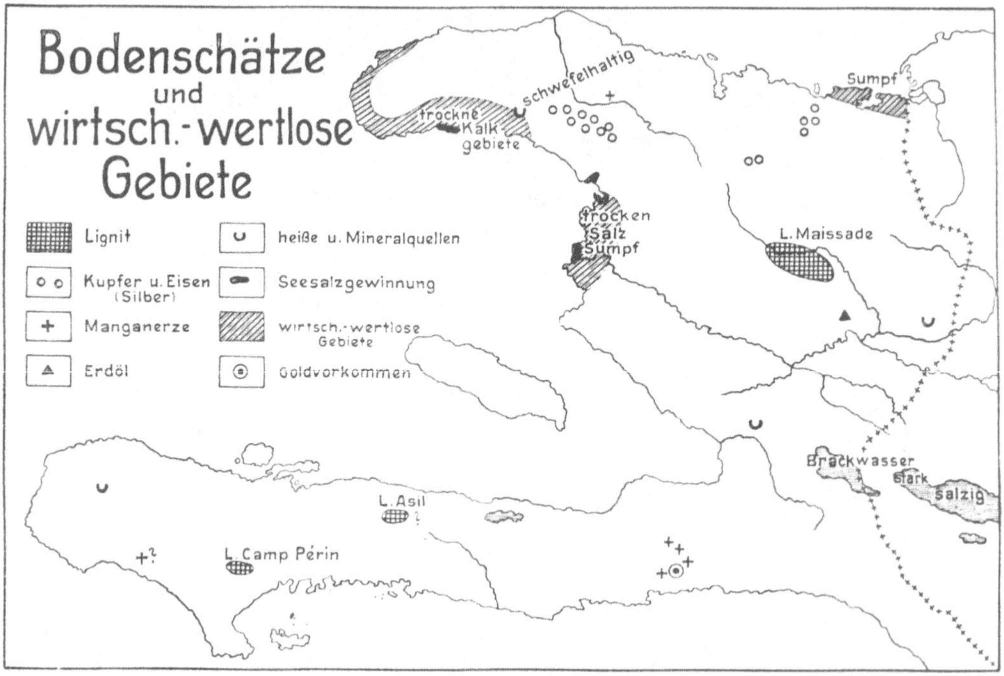

Fig. 3.

ges Vorkommen von Kupfer und Eisen, ähnlich dem in Südostkuba, findet sich bei Terreneuve.[1]) Weiter sind noch Manganerzlager entdeckt. Braunkohlenlager birgt vor allem das Becken von Hinche, Erdöle fehlen nicht, wenngleich abbauwürdige Vorkommnisse mangels Bohrungen noch nicht bekannt geworden sind, und heiße Mineralquellen wurden schon in der Kolonialzeit stark benutzt. Das Mineral Kochsalz wird als Seesalz in Salinen besonders in den trockeneren Gebieten von der „Plattform“ bis zur Artibonitmündung u. a. gewonnen. (Textkarte 3).

[1]) a. a. O., S. 53ff.

Die für die Pflanzendecke in Betracht kommenden oberflächlichen Bodenverhältnisse sind bisher nicht untersucht. Jedenfalls kann eine kartographische Festlegung noch nicht erfolgen. Im großen Überblick ist folgendes zu sagen. Die größte Verbreitung besitzen Korallenkalk- und Mergelkalkböden, die in den regenreicheren Gebieten beide oberflächlich stark verwittert und mit tonigen Beimengungen angereichert sind. Wo die Pflanzenbedeckung von Natur gering oder durch den Menschen verwüstet ist, tritt in den höheren oder den trockeneren Teilen vielfach der Kalkfels zu Tage, an den niederen und flacheren Hängen und in den Tälern ist dagegen der lockere, oft stark mergelige und tonige Verwitterungsboden in größerer Mächtigkeit angehäuft. Dieser zeichnet sich hier durch große Fruchtbarkeit aus und trägt ohne künstliche Düngung, die man nicht kennt, jahrelang. Die Cibaomasse taucht westwärts unter Kalke unter, in der Mitte und im Osten sind die alten Eruptivgesteine und Schiefer tiefgründig verwittert und mit üppiger Vegetation bedeckt, Größere Verbreitung haben dann weiter die tertiären, marinen Beckenauffüllungen, die aus Tonen und Sanden mit Kalkgeröllen gemischt bestehen. Im Becken von Hinche ist dieser Boden stark wasserdurchlässig und ermangelt wohl deshalb des Baumwuchses. Anbau findet sich auf ihm nur im geringen Umfang, scheint aber ertragreich. Weit verbreitet ist dann noch der Alluvialboden der Küstenebenen. Soweit er nicht sumpfig ist, ist er bei genügender Bewässerung äußerst fruchtbar. Von geringer Bedeutung ist zurzeit noch der oberflächlich stark lateritisierte, jungvulkanische Boden, da er mehr in den Höhenzonen vorkommt.

II. Kapitel. Klima und Gewässer.

1. Luftdruck, Winde und Temperatur.

Der Luftdruck weist die typischen, tropischen Verhältnisse auf; geringe örtliche Unterschiede, gleichmäßiger Gang. Infolgedessen sind auch die Winde regelmäßig. Vorherrschend ist der Passat, der nur in den Küstengebieten durch Land und Seewinde häufig überdeckt wird, und im Winter an der Südküste auch Südwinden Platz macht. Von großer Bedeutung sind die gegen Ende des Sommers am häufigsten Orkane. Zum Glück führen die Orkanbahnen im allgemeinen nördlich vorbei. Es macht sich dann in Haïti nur Barometerfall mit auffrischenden Winden und Regenfall bemerkbar. Wenn die Orkane aber Haïti berühren, sind die Verheerungen, wie z. B. am 12. August 1915, gewaltig. Der Sturmwarnungsdienst im Westindischen Mittelmeer sucht jetzt mit viel Erfolg wenigstens das Moment der Überraschung auszuschalten. Lokalere Böen, die immerhin noch genug Schäden bringen, sind aus der Artibonitebene bekannt.

Das bei einer Jahresschwankung von nur 3 bis 4° im Mittel über 27° C warme Meereswasser des Westindischen Gebietes wirkt stark

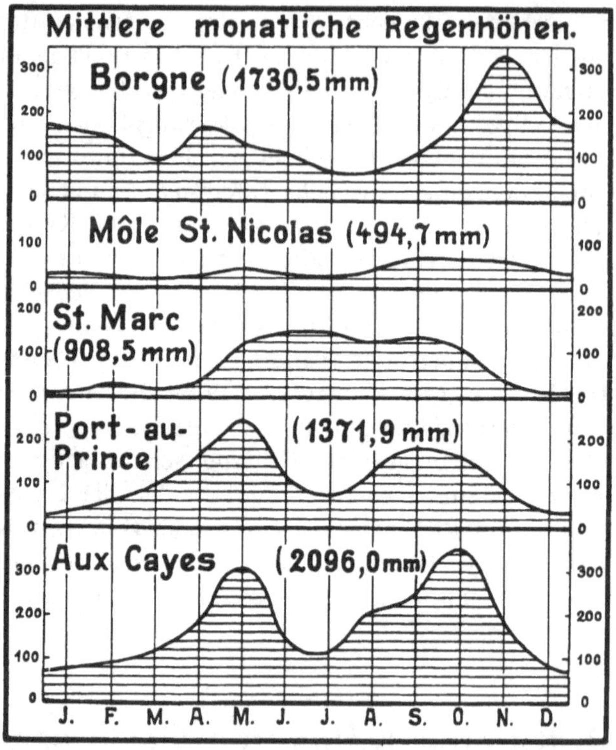

Fig. 4.

beeinflussend auf die Lufttemperatur. Port-au-Prince hat als Beispiel als kältestes Monatsmittel 24,4, als wärmstes 27, 8 und als Jahresmittel 26,1°. Auch die Tagesschwankungen sind im Mittel gering (10°) und ebenso die Extremwerte. Nur die gelegentlichen „Norder" im Winter lassen das Thermometer im nördlichen Teil auf 10 bis 12° sinken und bringen gleichzeitig Regen. Aus einzelnen Höhenbeobachtungen und Vergleichen mit Südkuba und Jamaica dürfen wir in Haïti in 500 m Höhe mit 22 bis 23, in 1000 m mit etwa 20° Mitteltemperatur und der Höhenlage entsprechend größeren Tagesschwankungen rechnen.

2. Niederschläge.

Stark wechselnd und sehr verschieden sind nun aber die gerade in Haïti sehr wichtigen Niederschläge. Der Passat bringt nur dort, wo er zum Aufsteigen gezwungen wird (Nordküste) starke Niederschläge (Beispiel Borgne). Sonst sind die an und für sich selteneren Winde aus südlichen Richtungen besonders an der Südküste (Aux Cayes) Regenbringer, und ganz allgemein häuft sich der Niederschlag vor

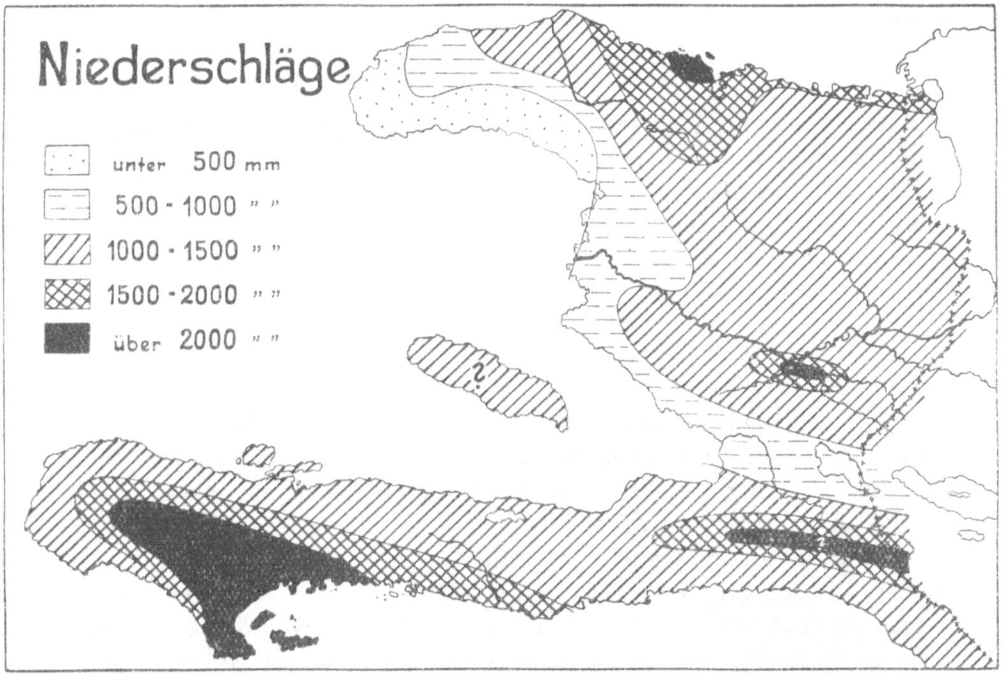

Fig. 5.

und nach der Sommersonnenwende (Textfigur 4). Ganz trockene Monate sind selten. Zuletzt war in Süd-Haïti der Dezember 1916 und Januar 1917 ohne Regen. Die Folgen waren sehr schwerwiegend. Es kommen aber weit längere, völlige Trockenzeiten im Nordwesten vor. Die Niederschläge fallen in kurzen, starken Güssen — in Jacmel am 17. Mai 1917 420 mm — häufig mit Gewittern verknüpft, so daß die Zahl der Regentage selbst klein ist. Hagel ist bereits in wenigen hundert Metern verhältnismäßig häufig. Im Meeresniveau fiel zuletzt am 16. Mai 1918 in Petit Goâve Hagel. Die Verteilung der Niederschlagsmengen wird nun durch die gebirgige Natur des Landes einschneidend beeinflußt. Die Lage in Luv oder Lee der jeweiligen Regenwinde erklärt die großen Unterschiede. Môle St. Nicolas ist das schärfste Beispiel für die Regenschattenlage. Nur die auffällige, sehr große Regenhöhe von Mirebalais im Innern ist schwer deutbar, da Vergleichsstationen fehlen. Die Karte 5 zeigt als ersten Versuch der Darstellung der Niederschlagsverteilung größere Gebiete von unter 500 mm bis zu solchen von 2000 bis 2500 mm. Für die Insel Gonave ist nur ein Analogieschluß aus Boden und Pflanzenwelt möglich gewesen.

3. Klimatische Krankheiten.

Klimakrankheiten schwerer Art fehlen in Haïti ganz. Leichte Fieber befallen meist den Neuankömmling, verlaufen aber harmlos. Dysenterie tritt nur gelegentlich als Folge der Unvorsicht auf. Blattern, Aussatz usw. sind selten. Jedenfalls kann es der Europäer ohne gesundheitliche Schädigungen jahrzehntelang aushalten und auch jederzeit in den Bergen Erquickung finden.

4. Flüsse und Seen.

Die Oberflächengestaltung erlaubt mit Ausnahme des Artibonit zwar zahlreiche, aber nur kurze und meist gefällsreiche Flüsse, die für die Gewinnung elektrischer Kraft vielfach geeignet wären. Bei der Natur der Platzregen fließt das Wasser, vorübergehend die Flüsse stark anschwellend, schnell ab, während sonst im allgemeinen die Wasserführung gering ist. Kartographisch müßte man mit fortschreitender Kenntnis des Landes die dauernd fließenden von den zeitweise aussetzenden Flüssen unterscheiden, wirtschaftsgeographisch auch noch berücksichtigen, ob dauernd oder zeitweise schiffbar, flößbar, ausnutzbar für Kraftanlagen usw. Besonders zu beachten sind die in ebenen Gebieten häufig Überschwemmungen verursachenden „Ravinen", wie z. B. die Ravine du Sud bei Aux Cayes und bemerkenswert ist ferner, daß die einfachen Landwege vielfach die Bette der Ravinen oder der Bachschluchten benutzen. Selbst die wichtige „Straße" von Leogane nach Jacmel führte bisher an hundert mal durch das Wasser und war, nach Regenfällen ganz unpassierbar. Auch Vermurung richtet oft großen Schaden an.

Größere Binnenseen, die noch dazu brackig sind, finden sich in der Cul-de-sac-Ebene, der eine mit seinem Spiegel 34 m unter dem Meeresniveau liegend. Lagunen sind in den Küstenebenen vorhanden.

5. Orographisch-klimatische Gliederung.

Eine orographisch-klimatische Gliederung Haïtis muß neben der Höhenlage, die zugleich die Temperaturverhältnisse bestimmt, und den Oberflächenformen in erster Linie die Niederschlagsverteilung charakterisieren. Danach ergibt sich auf Grund der bisherigen Aus-

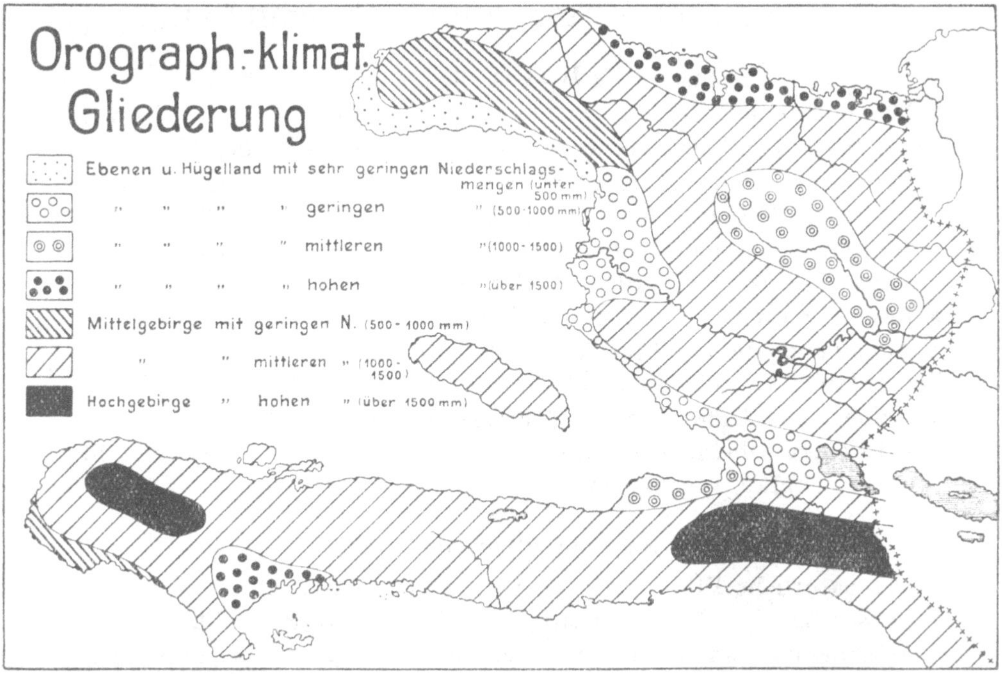

Fig. 6.

führungen die in Karte 6 zur Darstellung gebrachte Gliederung für Haïti.

1. Ebenen und Hügelland mit sehr geringen Niederschlagsmengen .... unter 500 mm
2. Ebenen und Hügelland mit geringen Niederschlagsmengen.......................... 500—1000 mm
3. Ebenen und Hügelland mit mittleren Niederschlagsmengen .... 1000—1500 mm
4. Ebenen und Hügelland mit hohen Niederschlagsmengen .... über 1500 mm

5. Mittelgebirge mit geringen Niederschlagsmengen	500—1000 mm
6. Mittelgebirge mit mittleren Niederschlagsmengen	1000—1500 mm
7. Hochgebirge mit hohen Niederschlagsmengen	über 1500 mm

III. Kapitel. Tier- und Pflanzenwelt.

1. Tierwelt.

Die natürliche, bei der Entdeckung vorgefundene Tierwelt war artenarm und enthielt auch keine größeren Tiere, die für den Menschen wirtschaftlich bedeutsam waren oder werden konnten. Auch Schädlinge, wie z. B. Giftschlangen. fehlen bis auf kleinste, überall in heißen Gegenden vorhandene Lebewesen. Später wurden die europäischen Haustiere, Rind, Pferd und Esel mit ihren Kreuzungen, ferner Schweine, Ziegen, Hunde, Hühner heimisch. Sie finden sich jetzt überall ,wenn auch die Großtiere nur in verhältnismäßig geringen Mengen. Die anfangs zahlreichen Rinderbestände sind den Kriegen und Revolutionen zum Opfer gefallen. Der Fischreichtum der angrenzenden Meeresräume scheint groß zu sein, die Ausbeutung wird aber nur in geringem Umfange betrieben.

2. Natürliche Pflanzenvereine.

Das natürliche Pflanzenkleid ist im wesentlichen ein Produkt des Klimas und der Bodenverhältnisse. Die orographisch-klimatische Gliederung ist deshalb die Grundlage für die geographische Verteilung der natürlichen Pflanzenvereine in Haïti, die über den größten Teil des Landes noch in ursprünglicher Form erhalten geblieben sind. Ausnahmen werden später besprochen. Die vorhandenen regenarmen Gebiete in geringerer Meereshöhe weisen Trockenformationen auf. die sehr feuchte Nordküste als Gegensatz den tropischen Regenwald. Im allgemeinen überwiegt aber als Folge der Höhenlage oder der geringeren Niederschläge der lichte Bergwald, der in den Hochgebirgen durch den Wald der kühleren Zonen abgelöst wird. Die große Ebene von Hinche — im Lande meist „Savanne" genannt — weist nur an den tief eingeschnittenen Bachbetten Galeriewald auf, ist sonst Gras- und Krautsteppe. Mangrovensümpfe — mangles — umsäumen weite Küstenstrecken. Die Gliederung zeigt im übrigen Textkarte 7.

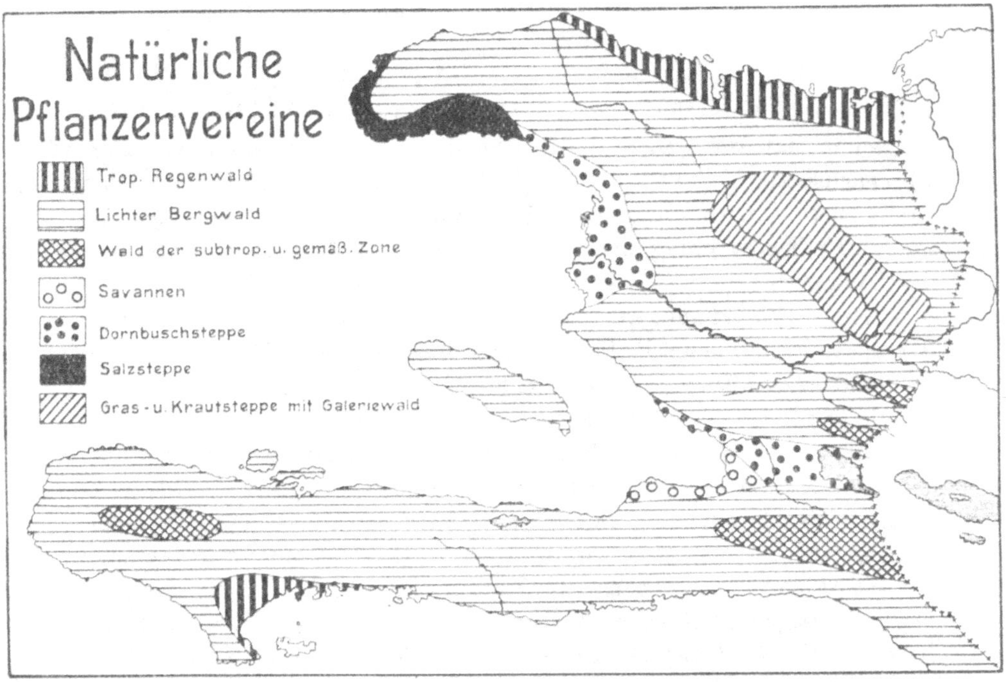
Natürliche Pflanzenvereine
Trop. Regenwald
Lichter Bergwald
Wald der subtrop. u. gemäß. Zone
Savannen
Dornbuschsteppe
Salzsteppe
Gras- u. Krautsteppe mit Galeriewald

Fig. 7.

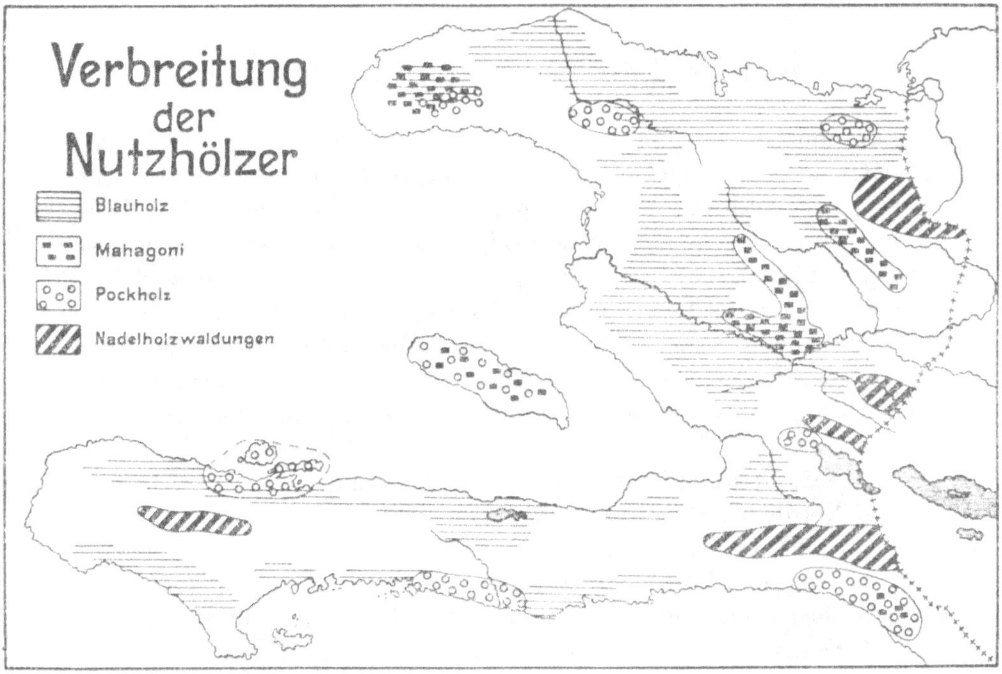
Verbreitung der Nutzhölzer
Blauholz
Mahagoni
Pockholz
Nadelholzwaldungen

Fig. 8.

3. Wildwachsende Nutzpflanzen.

Die geringe Veränderung des natürlichen Pflanzenkleides durch den Menschen hat zur Folge, daß bis in die Gegenwart auch wertvolle wildwachsende Nutzpflanzen — hauptsächlich Hölzer — vorhanden sind. Diese Nutzholzvorkommnisse sind im wesentlichen an die mäßig mit Niederschlag bedachten Gebiete des lichten Bergwaldes und der Savannen gebunden. Nur die Nadelholzwaldungen finden sich auf den höheren Bergzügen. Auffällig ist dabei, daß die Nadelholzwälder auf den meist vorhandenen Kalkböden erst in etwa 1000 m Höhe auftreten, während auf vulkanischen Böden sich bereits ab 500 m größere Bestände finden der wenigstens fanden. Textkarte 8 zeigt die Verbreitung der wichtigsten Hölzer. Gelb- oder Fustikholz ist seltener geworden; Gummipflanzen spielen keine Rolle. Die in den Mangrovesümpfen vorhandenen Rindenschätze werden bisher wenig verwertet. Dagegen wird die vielfach, wenn auch stark zerstreut vorkommende Zwergpalme (Chamaerops) als „Latanier"palme für Fasergewinnung benutzt. Angebaut fand sie sich nur auf der Hochfläche von La Bombarde. Auch Kokospalmen fehlen in den Küstengebieten nicht, ohne aber große Bedeutung zu erlangen.

IV. Kapitel. Die natürlichen Landschaften.

Bau und Oberflächengestaltung, Klima und Pflanzenwelt sind die bestimmenden Hauptfaktoren für eine landschaftskundliche Gliederung. Die bisherigen Betrachtungen gestatten nunmehr diese Gliederung in natürliche Landschaften für Haïti in den Grundzügen festzulegen. Systematisch und wie später gezeigt werden wird auch aus praktischen, wirtschaftlichen Gründen trennt man am besten die Ebenen einschließlich des niedrigen Hügellandes von den Mittelgebirgen und Hochgebirgen. Die Unterteilung erfolgt weiter nach der Lage mit besonderer Berücksichtigung der Niederschlagsverhältnisse und Vegetation (Textkarte 9).

I. Ebenen (einschließlich niedriges Hügelland).
1. Nördliches Regenwaldschwemmland.
2. Salzsteppengebiet der Nordwesthalbinsel.
3. Gras- und Krautsteppenbecken von Hinche.
4. Dornbusch- und Sumpfschwemmland des Estère und Artibonit.
5. Dornbuschküstenebene von Arcahaie.

6. Dornbuschgrabenbruch Cul-de-Sac.
7. Savannenschwemmland von Leogane.
8. Regenwaldschwemmland von Aux Cayes.

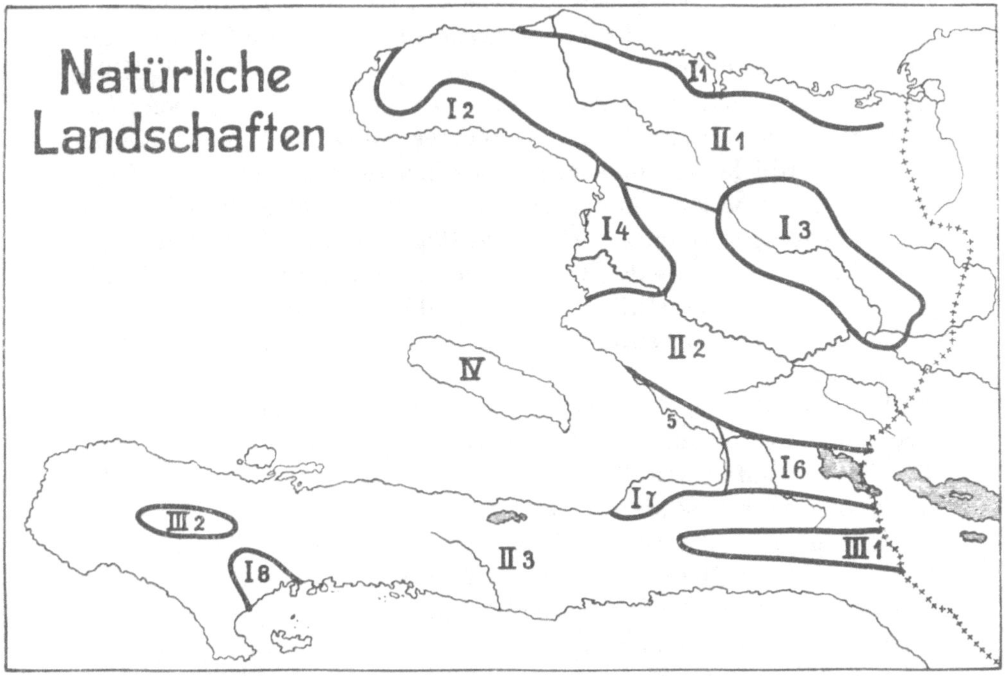

Fig. 9.

II. Lichtwaldmittelgebirge.
   1. Cibaogebirge.
   2. Artibonitgebirge.
   3. Südgebirge.

III. Nadelwaldhochgebirge.
   1. La Sellegebirge.
   2. La Hottegebirge.

IV. Lichtwald- Mittelgebirgsinsel Gonave.

V. Kapitel. Die Bevölkerung.

1. Zahl und Verteilung.

Es ist sehr bedauerlich, daß halbwegs zuverlässige Angaben über die Bevölkerung ganz fehlen. Zahl, Verteilung und Gliederung der Bewohner Haïtis können nur gefühlsmäßig geschätzt werden. So gab

z. B. um das Jahr 1915 die Regierung die Bevölkerungszahl auf 2,5Millionen, die Kirche, auf Grund der sehr sorgfältig geführten Kirchenregister berechnet, auf noch nicht 2 Millionen an. Eine in der ganzen Durchführung sehr wenig einwandfreie Zählung soll im Jahr 1919 nur 1,63 Millionen ermittelt haben, während die Regierung für das Jahr 1923 wieder auf über 2 Millionen schätzt. Nehmen wir etwa $1^3/_4$ Millionen als wahrscheinlichen Wert, so ergibt sich eine Dichte, von rund 60 Einwohnern auf den Quadratkilometer. Reisen im Lande zeigen, daß die nördliche Küstenebene, das Cibaogebirge, die Cul-de-Sac-, Arcahaie-, Leoganeebenen und fast die ganze Südwesthalbinsel relativ dicht, alle übrigen Gebiete verhältnismäßig dünn bevölkert sind. Letzteres gilt besonders von den Trockengebieten im Nordwesten und auch von dem Becken von Hinche, sowie von der Insel Gonave.

Etwa ein Viertel bis ein Drittel der Gesamtzahl wohnt in den größeren Ortschaften, die große Mehrheit verteilt sich in kleineren Siedlungen, oft auch Einzelsiedlungen über das Land. Die größeren Orte mit städtischem Charakter liegen ausnahmslos an der Küste. Die Küstenstreifen, soweit sie nicht wüstensteppenhaft, sumpfig, oder infolge Riffbildung stark verkehrsfeindlich sind, haben also das Mittel stark über treffende Dichte. Über 100000 Einwohner hat Port-au-Prince, 25 bis 30000 Cap Haïti, 15 bis 20000 Aux Cayes(o), Jacmel (u), 5 bis 10000 Port-de-Paix (u), Gonaives, (o), St. Marc (o), Jérémie (o).[1] Nennenswert sind dann noch der Vorort von Port-au-Prince Petionville, ferner Aquin, Miragoâne Petit Goâve. Leogane, Mirebalais. Môle St. Nicolas, Fort Liberté.

2. Rassen und Kultur.

Die historische Entwicklung hat nach der schnellen und restlosen Vertilgung der indianischen Urbevölkerung in etwa dreißig Jahren mit der Aufnahme der Plantagenwirtschaft die Einführung der Negersklaven zur Folge gehabt. Im Gegensatz zu Santo Domingo, wo die Spanier im wesentlichen Viehzucht trieben, nur wenige Negersklaven brauchten und mit diesen die einheitliche Mulattenbevölkerung erzeugten, waren in Haïti die Weißen — anfangs die Spanier, dann die Franzosen — stets nur in geringer Zahl vorhanden. Nach Vertreibung der Franzosen saßen nur in größeren Orten, besonders an der Küste Mulatten, über neun Zehntel der Bevölkerung waren Neger. Seither sind die europäischen Kaufleute und Syrer, jetzt auch nordamerika-

[1]) o = oberer Annäherungswert, u = unterer Annäherungswert.

nische Beamte und Soldaten hinzugekommen, zählen aber schließlich doch nur nach Tausenden, Man kann also mit Recht von einer Negerrepublik reden.

Einheitlich ist auch die Konfession, insofern, als die einheimische Bevölkerung allgemein römisch-katholisch ist. Französische Priester — vielfach elsaß-lothringischer Abstammung — waren jahrzehntelang fast die einzigen Kulturträger. Allzu tief ist aber das religiöse Empfinden der großen Masse nicht, zumal da bis weit in die Mitte des 19. Jahrhunderts heidnische Sitten und Gebräuche auf dem Lande weit verbreitet waren. (Voudouxkult). Die mit den häufigen Revolutionen, früher auch dem Systemwechsel, verknüpften Unruhen haben die kulturelle und die wirtschaftliche Entwicklung stark gehemmt. Die Eignung des freien Negers für selbständige, zielbewußte Arbeit hat sich auch als sehr gering erwiesen. Mit der Besetzung ist eine „Beruhigung" eingetreten, die in mancher Beziehung mit der Zeit für die Weiterentwicklung viel verspricht. Es wird darüber später noch einiges zu sagen sein.

V. Kapitel. Die wirtschaftsgeographische Entwicklung und Gliederung.

1. Die wirtschaftliche Entwicklung.

Die wirtschaftliche Betätigung war nach Art und Umfang im Laufe der Zeiten starken Veränderungen unterworfen. Der kaum über intensive Sammelwirtschaft und primitiven Hackbau hinausgehenden Wirtschaftsstufe der indianischen Urbevölkerung zur Zeit von Kolumbus folgte die lediglich auf Edelschätze gerichtete Ausbeutungswirtschaft der Entdecker. Als man dann etwas verstärkt zum Zuckerrohrbau, zur Viehzucht und zur Farbholzgewinnung übergehen wollte, fehlten die Arbeitskräfte. Die Spanier wandten sich deshalb hauptsächlich dem für sie günstigeren Osten zu. Der Westen, das Gebiet der späteren Republik Haïti wurde mehr und mehr sich selbst überlassen. So konnten sich hier erst die Freibeuter — Seeräubergesellschaften aus Angehörigen aller Nationen — und dann die Franzosen festsetzen, die um die Mitte des 17. Jahrhunderts Kolonien gründeten. Während die Flibustier noch Dörrfleisch von den verwilderten Rinderherde ausgeführt hatten, warfen sich die Franzosen mit Hilfe des durch Negereinfuhr im großen beschafften Arbeitermaterials dem Plantagenbau zu. Zuckerrohr und Indigo, daneben Tabak, Kakao, Baumwolle und später besonders Kaffee waren die Hauptkulturen. Es ist ein Beweis für die Gunst der Natur Haïtis, daß die Franzosen ihren Anteil bald zu hoher Blüte brachten. In den letzten Jahren der französischen Herrschaft um 1790 war Haïti zweifellos die „blühendste Tropenkolonie der Welt".[1]) Hunderte Zuckerfabriken existierten, der größte Teil des Kaffees für den ganzen Weltverbrauch wurde hier gewonnen, und besonders auch der Indigo brachte Unsummen in das Land. Der Wert der Ausfuhr stieg auf 300 und mehr Millionen Goldmark (bei dem damaligen hohen Goldwerte!). Dabei wurde das Land nicht etwa ausgesogen, sondern ihm auch viel gegeben. Die Kulturen gingen bis hoch in die Berge hinauf. In den trockenen Gebieten fanden sich umfangreiche Bewässerungsanlagen, so z. B. in der Cul-de Sac das Bassin géneral. Gute Straßen durchzogen das Land. Bei Môle St. Nicolas finden sich Überbleibsel einer gepflasterten Landstraße, und die Reste der Badeanlagen der heißen Quellen von Boynes sind auch noch vorhanden.

Die Franzosen waren natürlich stark in der Minderheit. Selbst zusammen mit ihren Mischlingen, den Mulatten, machten sie keine 10 Prozent der Bevölkerung aus, die auf 600000 geschätzt wurde. Alles andere waren Neger.

Unter Einfluß der französischen Revolution erhielt die französische Kolonie Selbstverwaltung, und nun kam eine ewige Folge von Aufständen der Neger und Farbigen einerseits, der Weißen andererseits gegen einander und gegen Frankreich. Napoleon versuchte noch einmal die wichtige Kolonie zu halten und sandte 1802 ein Heer von 12000 Mann mit 60 Kriegsschiffen; ein Beweis für den Wert Haïtis. Bei mangelndem Nachschub wurde das Heer aber allmählich aufgerieben. Schließlich siegten die Neger, töteten oder vertrieben die Franzosen und erklärten sich endgültig unabhängig. Seit 1859 blieb Haïti, das gelegentlich auch Kaiser- oder Königreich war, Republik mit einem Präsidenten auf nominell sieben Jahre an der Spitze. Die auch seither sich immer wiederholenden Revolutionen haben die wirtschaftliche Lage des Staates höchst ungünstig beeinflußt, einen äußerst starken Rückschlag und eine Rückkehr zu den einfachsten Wirtschaftsmethoden gebracht. Die im Juli 1915 erfolgte Besetzung Haïtis durch die Union leitet erst jetzt wieder langsam eine neue wirtschaftliche Epoche ein.

---

[1]) Handelmann, H.: Geschichte der Insel Hayti II. Aufl. Kiel 1860.

2. Die Grundlagen des gegenwärtigen Wirtschaftslebens.

a) Die Grundlage der haïtianischen Wirtschaft ist die Landwirtschaft und die Ausnutzung der wildwachsenden Pflanzen. Ihre Produktion ist an die natürlichen Verhältnisse gebunden. Die Karten der orographischen-klimatischen Gliederung, der natürlichen Pflanzenvereine, der Nutzhölzer und besonders der natürlichen Landschaften

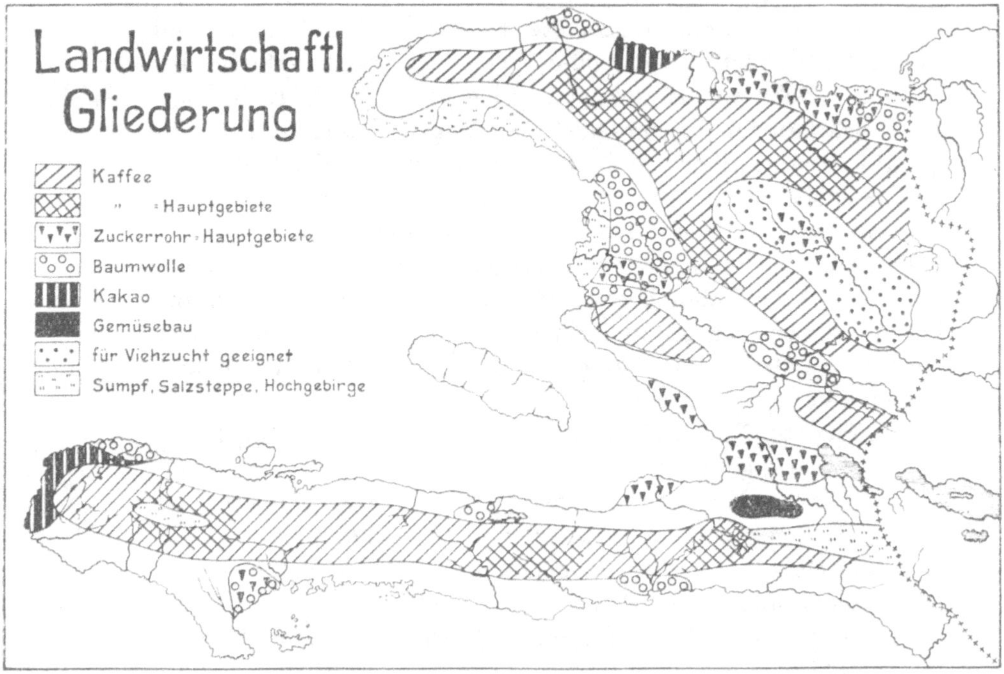

Fig. 10.

ergeben die geographischen Bedingtheiten für die landwirtschaftliche Ausnutzung insbesondere den Anbau für Ausfuhrerzeugnisse. Viehzucht ist sehr gering und lediglich extensiv und beschränkt sich fast ganz auf Viehhaltung für Eigenbedarf und Verkauf in mäßigem Umfang für die Städte (Schweine, Ziegen, Hühner). Es muß deshalb noch Einfuhr von Schlachtvieh (besonders aus Domingo) erfolgen.

Die Eignung der Ebenen ist sehr verschieden und es zeigt sich infolgedessen eine stark wechselnde Verbreitung der einzelnen Kulturen. Die feuchten Alluvialebenen dienen hauptsächlich dem Zuckerrohranbau, in geringem Umfange auch dem Kakao und Tabakanbau, Baumwolle findet sich auch in den feuchten Ebenen, aber ihr Hauptgebiet, wo sie vorherrscht, sind die trockneren Gebiete von Gonaives südwärts zur Artibonitebene. Der Kaffee wird nur in den hügeligen und bergigen Gegenden in Höhenlagen zwischen etwa 300 und 1000 m gewonnen. Er ist für den Außenhandel das wertvollste Produkt (S. 398). Völlig unausgenutzt für Anbauzwecke sind die Sumpfgebiete bei Fort Liberté und der Estère- und Artibonitmündung sowie das Trockengebiet der Nordwesthalbinsel (Textkarte 3). Die Hauptanbaugebiete der wichtigsten Kulturen gibt die Textkarte 10. Fast überall finden sich ferner Bananen, kleine Bataten-Maniok-, Bohnen-, Hirsefelder, gelegentlich auch Erdnüsse, Mais, an Fruchtbäumen in den mittleren Lagen Orangen. Ein Sondergebiet ist südöstlich von Port-au-Prince, wo auf der Höhenstufe von etwa 800 bis 1500 m europäische Gemüse und Obst für Port-au-Prince als Hauptabnehmer mit Erfolg gebaut werden.

Es wäre aber falsch, anzunehmen, daß die verschiedenen Gebiete auf der Karte 10 mit den betreffenden Kulturen stark ausgenutzt sind. Der Anteil der ausgenutzten Flächen ist überhaupt gering. Es ist mehr die relative Bedeutung festgelegt. Im ganzen sind nach dem Wirtschaftswert für die Hauptkulturen also zu unterscheiden:

1. feuchte Niederungsgebiete (für Zuckerrohr und Kakao besonders geeignet).
2. trockene Niederungsgebiete (Hauptbaumwollgebiete).
3. niedriges bis mittelhohes Bergland (Kaffeegebiete).
4. Mittelgebirgshöhen (Gemüseanbau bei Port-au-Prince).
5. Gras- und Krautsteppen (Viehzucht).
6. Nichtausnutzbare Sumpf-, Salzsteppen- und Hochgebirgsgebiete.

b) Die Holzverwertung hat in Haïti eine große Bedeutung da das Land dank der Waldbedeckung größerer Teile und dem Vorkommen wertvoller Hölzer (Karte 7) nennenswerte Mengen für den Welthandel liefert. Allerdings sind die leicht zugänglichen Bestände bei fehlendem Waldschutz stark gelichtet, und es hat deshalb in den allerletzten Jahren die Ausfuhr nachgelassen, aber es sind immer noch reiche Bestände vorhanden. Bedeutung haben z. Z. besonders das Campêche- oder Blauholz, das auch in den niederen Lagen und trockeneren Gebieten vorkommt, und das sehr harte Pock- oder Gayacholz (Kegelkugeln). Mahagoni wird noch wenig gewonnen. Die Nadelhölzer der Bergregionen dienen wie zahlreiche andere Hölzer dem Eigenbedarf. Leider wird vielfach sehr starker Raubbau getrieben, da nur in Reichhöhe Kienspäne herausgeschlagen werden, wodurch der Baum vernichtet wird. An die Verwertung der Schätze der Insel Gonave ist man neuerdings herangegangen. Für die Bevölkerung ist die Holzgewinnung immer nur Nebenerwerb.

c) Die Mineralproduktion hatte bisher kaum Bedeutung. Eine Ausnahme bildete die Seesalzgewinnung, hauptsächlich im Regenschattengebiet der Nordwesthalbinsel (Karte 3), und ferner im Beginn der Kolonisationszeit die Goldwäsche. Auch die Mineralquellen, so die berühmten Quellen in Boynes, spielten schon im 18. Jahrhundert eine große Rolle. In Boynes sind sieben Schwefelquellen vom 48 bis 52° C, die von den Bewohnern der Umgegend noch jetzt benutzt werden. An den Kupfer- und Eisenvorkommnissen von Terreneuve hatte man in den letzten Vorkriegsjahren zu arbeiten begonnen. Tippenhauers Untersuchungen hatten sie mit 7 bis 10, gelegentlich bis 20 Prozent Kupfer als abbauwürdig befunden. Die Arbeiter-, Verkehrs- und Geldbeschaffungsschwierigkeiten waren aber noch zu groß gewesen. Jetzt hat man unter dem tatkräftigen M. E. Roumain den Abbau wieder in Angriff genommen.[1]) Alle anderen Vorkommnisse, insbesondere auch die Braunkohlenlager bei Maissade, werden zurzeit nicht bearbeitet, und an Bohrungen auf Öl, für das an mehreren Stellen starke Anzeichen vorhanden sind, ist man nur im benachbarten Domingo herangegangen. Die gesamte Mineralproduktion spielt demnach bisher nur eine geringe Rolle im Wirtschaftsleben.

d) Auch Gewerbe und Industrie sind nach Sachlage bedeutungslos. Die als Sklaven für die Plantagen eingeführten Neger haben Handwerk und Gewerbe kaum ausgeübt. Flechten einfacher Matten, Herstellung von Besen und einfachstem Hausgerät war das Höchste, da von Anbeginn alle Gebrauchsgegenstände eingeführt wurden. Auch für industrielle Betätigung, soweit sie nicht die Aufbereitung pflanzlicher Erzeugnisse betrifft, war kein Platz. Die Zuckerfabriken der Kolonialzeit sind vernichtet. Jetzt findet man nur bei Port-au-Prince zwei größere Anlagen. Dagegen sind neuerdings seit Zunahme des Baumwollenanbaus zahlreiche Entkörnungs- und Preßanlagen geschaffen, und ebenso wird der Kaffee maschinell aufbereitet. Auch kleinere Anlagen für Blauholzextraktherstellung arbeiten. Das alles sind also bodenständige Betriebe. Weiter existieren in einigen größeren Städten Elektrizitäts- und Wasserwerke, Eisfabriken, Reparaturwerkstätten, Cigarrettenfabriken, Gerbereien, Sattlereien usw., fast alles aber erst

[1]) Eigentümer des Untergrundes ist stets der Staat, der die Ausbeutung gegen Zahlungen an den Staat und den Grundbesitzer Bergbauunternehmern vergibt.

in den Anfängen. Dagegen ist das Kleingewerbe seit dem Kriege in starkem Aufschwung begriffen.

e) Der *Handel* hatte bei der Naturalwirtschaft Haïtis als *Binnenhandel* nur sehr geringen Umfang, als *Außenhandel* war er dagegen verhältnismäßig stark.

Die Hauptausfuhrartikel waren im Etatsjahr 1925 in Millionen Gourdes bei einem Gesamtwert von rund 97 Millionen:

1. Kaffee	77,00	Millionen
2. Baumwolle	9,96	,,
3. Hölzer und Holzextrakte	3,73	,,
4. Zucker	1,88	,,
5. Kakao	0,92	,,
6. Sonstiges .... rund	3,00	,,

Die alte Bedeutung Frankreichs kommt noch immer in der Tatsache zum Ausdruck, daß über 60 Prozent der Ausfuhr nach Frankreich geht, während als Lieferant die Union mit 75 bis 80 Prozent an weitaus erster Stelle steht. Deutschland ist langsam wieder im Begriff, seine alte Stellung zurückzuerlangen. Hier wird hoffentlich der zu erwartende Abschluß des Handelsvertrages mit Meistbegünstigung gute Wirkung ausüben. Der Deutsche ist in Haïti nicht ungern gesehen, und Haïti, das unter dem Zwange der Union gegen Deutschland vorging, hat bald die Zwangsmaßnahmen zurückgenommen und die beschlagnehmten Güter zurückerstattet.

Nicht nur die Ausfuhr, sondern auch die dem Werte nach ebenso große Einfuhr an Industrieerzeugnissen und Lebensmitteln beschäftigt einen größeren Teil der Bevölkerung und erklärt so die — verglichen mit Domingo — zahlreichen und verhältnismäßig großen Hafenplätze. Hier saßen deshalb auch die Europäer und Syrer und fanden sich die meisten Mulatten. Hier war bisher Französisch die Verkehrssprache, während jenseits des Weichbildes ausschließlich „créole“ gesprochen wurde.[1])

f) Der *Verkehr* und die Verkehrseinrichtungen entsprachen dem Handel. Die *natürliche Verkehrseignung* ist für den *Binnenverkehr* sehr ungünstig. Die wenn auch nicht hohen, bewaldeten *Gebirge* erschweren den *Verkehr*. *Sümpfe* verhinderten eine gradlinige Verbindung St. Marcs mit Gonaives, die *Trockenregionen*

---

[1]) Jetzt wird langsam das Englische in den Haupthafenstädten sich durchsetzen.

den Anschluß der ganzen Nordwesthalbinsel und die Alluvialebenen sind in der Regenzeit kaum passierbar. Auch die kurzen aber starken Regengüsse waren für Straßenanlagen ein Hindernis. So waren wirklich gute Überlandstraßen aus diesen Gründen, weiter aus Mangel an

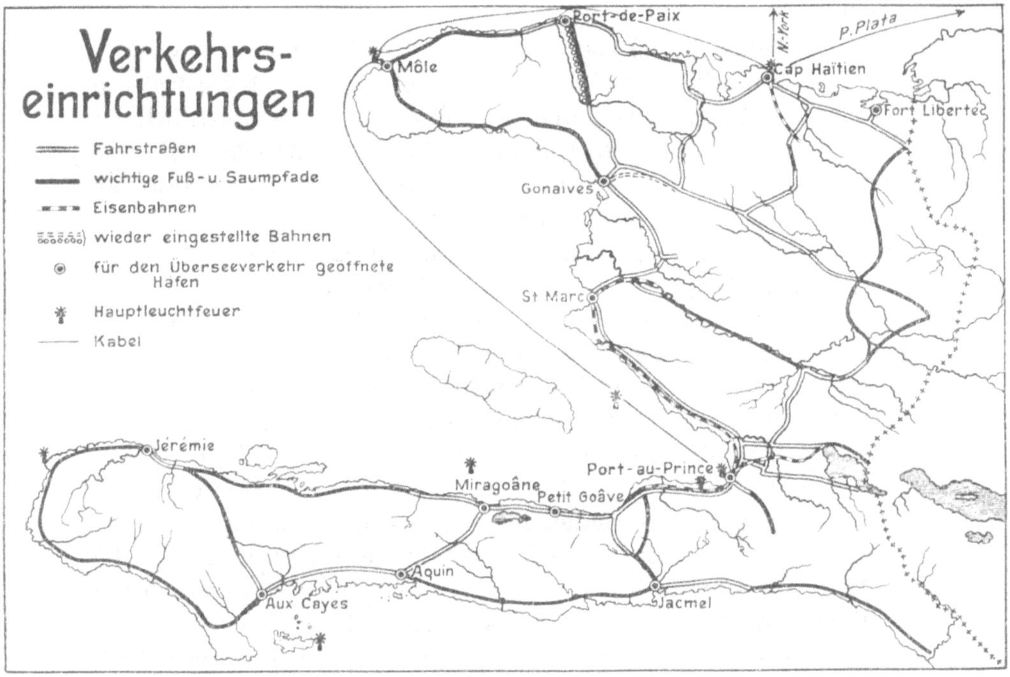

Fig. 11.

Bedarf, bis zur Besetzung durch die Nordamerikaner überhaupt nicht vorhanden (vergl. S. 402). Auch an den Bahnbau, zu dem außerdem das Geld fehlte, ging man nur zögernd heran. Drei kurze Strecken gingen von Port-au-Prince aus: zu den Cul-de-Sac-Seen, nach Leogane (beide Bahnen mit deutscher Beteiligung gebaut) und nach St. Marc, also alle durch Zuckerrohrgebiete. Je eine kurze Strecke war von Cap nach Grande Rivière, von Gonaives nach Ennery vorhanden, und eine Drahtseilbahn führte von Port-de-Paix zum Bassin Bleu. Sie diente vor allem der Blauholzzufuhr. Die beiden letzteren Strecken hat man dann wieder entfernt, die Bahn von St. Marc aber weiter bis Verettes gebaut. Mit dem Erscheinen der Nordamerikaner trat aber in Bezug auf den Straßenbau ein großer Umschwung ein; aus natürlichen, leicht einzusehenden Gründen. Zur „Beruhigung" des Waldgebirgslandes auch außerhalb des Geschützbereichs der Kriegsschiffe mußten Straßen gebaut werden, und sie wurden oder werden gebaut. Die Karte 11 zeigt Näheres. Man kann jetzt in kürzester Zeit im Auto von Aux Cayes im Süden Cap Haïti im Norden erreichen. Die bereits früher vorhandenen Landtelegraphen sind ausgebaut, Funkstationen hinzugekommen.

Wie der Außenhandel war naturgemäß auch der Außenverkehr immer schon stark entwickelt. Wenn auch vielfach Klippen — besonders im Golf von Gonave und bei Aux Cayes — die Schiffahrt erschwerten, so boten ihr doch andererseits die zahlreichen, zum Teil wunderbaren Häfen großeVorteile. Buchten wie die von Cap Haïti, Môle St. Nicolas, Gonaives, Jacmel suchen ihresgleichen. Wirklich ungünstig ist von größeren Anlaufplätzen nur Jérémie. Allerdings sind die Hafeneinrichtungen überall sehr primitiv, verfallen oder fehlen ganz. Dagegen sind eine Anzahl größerer und wichtiger Leuchtfeuer vorhanden. Im ganzen sind 13 Häfen dem europäischen Handel geöffnet. An Bedeutung steht von ihnen Port-au-Prince weitaus an erster Stelle. Rund 40 Prozent des Außenhandels gehen über Port-au-Prince. Mit je acht bis zehn Prozent sind dann Cap Haïtien, Aux Cayes, Jacmel, Petit Goâve, mit je 5 bis 7 Prozent Gonaïves und St. Marc beteiligt. Auf die übrigen Häfen entfallen nur sehr geringe Anteile. Es ist jedoch zu bemerken, daß diese, für das Frühjahr 1924/25 geltenden Zahlen von Jahr zu Jahr stark schwanken. Die Ursachen waren bisher gelegentliche Unruhen, sind aber in besonderem häufig klimatischer Art. Geringe Regenfälle und Dürren verursachen ebenso wie Überfluß an Niederschlägen, verbunden mit Überschwemmungen und Vermurungen in erster Linie die Schwankungen. Auch die Verteilung der Einfuhr- und Ausfuhrzahlen, gesondert betrachtet, ist bemerkenswert. Der große Gesamtanteil von Port-au-Prince ist vor allem der Einfuhr (58 Prozent) der europäischen Bedarfsartikel zu verdanken, während der Ausfuhranteil nur 22 Prozent ausmacht. Dagegen kommt den übrigen wichtigeren Häfen eine Hauptbedeutung für die Ausfuhr ihres landwirtschaftlichen Hinterlandes zu. Hier ist der Unterschied mit je 12 bis 14 Prozent gegen Port-au-Prince nicht so groß.

Von regelmäßigen Linien laufen Dampfer deutscher, amerikanischer, englischer, französischer und holländischer Flagge die Haupthäfen an und vermitteln die Verbindung mit Nordamerika, Europa und den übrigen Inseln Westindiens. Die deutschen Linien sind neben der Hamburg-Amerika-Linie, die vor dem Krieg zusammen mit der von ihr aufgekauften nach New York laufenden Atlaslinie den Hauptanteil am Seeverkehr hatte, die Hornlinie. Abfahrten von Hamburg vierzehntägig und dreiwöchentlich. Die haïtianische Flotte ist ganz unbedeutend und kommt fast nur für den Zwischenverkehr zu den Vertragshäfen in Betracht. Blauholz wird auch mit Seglern verschifft.

Der gesamte Schiffsverkehr ohne Segler betrug in den Vertragshäfen im Jahre 1924/25 912 000 Tonnen ein- sowie ausgehend. Der Flagge nach stand die Union mit fast 500000 Tonnen an der Spitze. Es folgten Holland (116000). England (82000), Frankreich (78000), Deutschland (52000).

An Kabelverbindungen führt ein amerikanisches Kabel vom Cap nach New York und ein französisches von Puerto Plata in Domingo über Môle nach Port-au-Prince.

VII. Kapitel. Zusammenfassung, Ausblick.

Es ist die Aufgabe der Wirtschaftsgeographie, einmal die Wirkung des Raumes und seiner Naturgegebenheiten auf den wirtschaftenden Menschen und dann die Rückwirkung des wirtschaftenden Menschen auf den Erdraum zu untersuchen.

Die Ausführungen über die Natur Haïtis zeigen, daß auf dieser tropischen Gebirgsinsel von den Faktoren der obigen Wechselwirkung der Raum der bestimmende ist, während der wirtschaftende Mensch bisher nur vorübergehend seinerseits beeinflussend wirkte. In der Vorkolonialzeit war die Wirtschaft völlig eingestellt auf die natürlichen Verhältnisse. Die Natur bot den anspruchslosen Bewohnern überreich ihre Gaben und zwang sie nirgends zu schwerer Arbeit. Ein Einfluß des Menschen auf den Raum — im Raumbild sich äußernd — kommt wohl nur im geringen Maße in Betracht.

Eine Änderung trat erst mit der Koloniegründung der Franzosen ein. Alle Berichte aus der Kolonialzeit beweisen den gewaltigen wirtschaftlichen Aufschwung. Jetzt erst kommen die natürlichen Vorzüge der Insel voll zur Geltung. Der fruchtbare Boden, das günstige Klima des größten Teiles des Landes, der Reichtum der Pflanzenwelt waren die Grundlagen der Entwicklung. Der Mensch griff aber energisch fördernd ein. Weite Flächen wurden urbar gemacht, durch Staubecken und künstliche Bewässerungsanlagen wurde für bessere Ausnutzung des Wassers gesorgt und durch Straßenbau die Abfuhr der Erzeugnisse ermöglicht. Zugleich sorgte der herrschende Weiße — wenn auch dem Geiste der Zeit entsprechend mit meist brutalem Druck — für die Zurverfügungstellung und Verwertung geeigneter, schwarzer Arbeitskräfte. Infolgedessen prägte nunmehr der wirtschaftende Mensch dem Raum seinen Chrarakter auf. Er formte die Naturlandschaft zur Wirtschaftslandschaft um. „Überall sieht man die Natur unter der Hand des Pflanzers sich biegen (!), Ströme und Bäche fließen sanft, wo man ohnlängst nur Wälder sah. Der ungleiche Boden ist durch die Wasserwaage geebnet und widersetzt sich ihrem Lauf nicht mehr. Aus durch die Kunst gebildeten Kanälen verteilt es sich über die Oberfläche der Erde, und lassen ein flüssiges Gold in die Pflanzen dringen, um die Arbeit des fleißigen Pflanzers zu belohnen, der Felsen sprengt, sich einen Weg zu bahnen, oder der einen Hügel abträgt, um sich unter Tausenden von Kaffeebäumen eine Wohnung zu errichten. Auf allen Seiten sind Städte, Flecken, Dörfer entstanden. — Die Ebenen sind mit Zucker- und Indigofabriken angefüllt, Berge und Täler aber mit Kaffee, Baumwolle und Kakao bepflanzt usw.“[1])

Der Umschwung, der mit der Revolution eintrat, gibt nun ein zweifaches Beispiel von allgemeiner Bedeutung. Es haben die freien, schwarzen Bewohner der reichen und schönen Insel sich als unfähig erwiesen, die Schätze, die das Land ihnen bot, zu verwerten; sie haben aber darüber hinaus — und das ist der Unterschied gegen Liberia, wo sie nur nichts geschaffen haben — hier, wo eine blühende Wirtschaft vorhanden war, diese völlig vernichtet. Wenn jemand an die Entwicklungsfähigkeit des Negers aus sich selbst heraus glauben sollte, so muß ihn Haïti zweifeln machen. Es hat aber andererseits die Natur in dem Wechselspiel sich dem Neger gegenüber als die stärkere erwiesen, und die frühere Entwicklung zum guten Teil rückgängig gemacht, so daß weite Gebiete den Charakter der Wirtschaftslandschaft wieder verloren haben. Die Zuckerfabriken und Pflanzungen wurden zerstört; die Bewässerungsanlagen und Straßen verfielen, und die ursprüngliche Vegetation eroberte ihr Gebiet zurück. Die ganze Bewirtschaftung des Landes, — von den Hafenorten und ihrer nächsten Nachbarschaft abgesehen — paßte sich wieder ganz den natürlichen Verhältnissen an. Vereinzelt in den Waldgebirgen und Ebenen, selten in kleinen Ortschaften siedelt der Großteil der Bevölkerung. Jeder „habitant“ hat bei seiner Hütte ein paar Bananenstauden, baut etwas Zuckerrohr, Bohnen, Knollenfrüchte und hält einige Hühner oder ein Schwein. Daneben sucht er einige ungepflegte

---

[1]) Übersicht der politischen Lage und des Handelszustandes von St. Domingo. Aus dem Französischen des Abts. Raynal. Leipzig 1788. S. 109.

Kaffeesträucher ab, um mit dem Erlös, den er bisher Tagereisen weit selbst trug oder mit seinem Esel beförderte, im Hafen seine geringen Bedürfnisse zu befriedigen. Darüber hinaus wird wenig getan. Die Ausnutzung der wirtschaftlichen Möglichkeiten ist jedenfalls ganz ungenügend, wenngleich natürlich einsichtige Köpfe immer vorhanden waren und weiter strebten. Die unruhigen politischen Verhältnisse — in dem „Livre Bleu d'Haïti 1919" heißt es für 1804—1915 lakonisch: „Resumé: 2 Empereurs, 1 Roi, 14 Présidents" — erstickten jeden Fortschritt im Keime.

Ein neuer, entscheidender Wendepunkt für die wirtschaftsgeographische Entwicklung ist nun die Besetzung des Landes durch die Nordamerikaner im Jahre 1915 und die Unterzeichnung eines Schutzvertrages gegen Ende desselben Jahres. Mit allen Mitteln der „Maschinenkultur" wird nunmehr an die Ausnützung der wirtschaftsgeographischen Möglichkeiten herangetreten werden. Wenn auch nicht mit den Methoden der alten Kolonialvölker, wohl aber auf dem Umwege der Anerziehung von Bedürfnissen, der Verteuerung der Existenz, der Verdrängung aus den günstigen Stellen wird der Neger zu größerer und vor allem rationellerer Arbeitsleistung gezwungen werden. Straßen sind und werden schon im größten Maßstabe gebaut. Pflanzungen werden angelegt, bodenständige Fabriken gebaut, verbesserte Verwertungsmöglichkeiten geschaffen.

Haïti ist zunächst auf die Landwirtschaft angewiesen. Seine nächste Zukunft nach Herstellung der Verkehrswege unter gleichzeitiger rationeller Verwertung der Nutzholzschätze scheint in der Verbesserung und Vermehrung des Kaffeeanbaues und der Anlage weiterer Baumwollkulturen zu liegen. Dagegen verspricht das Zuckerrohr bei der Überproduktion und der Konkurrenz Kubas nicht viel Erfolg, während Kakao und Tabak ähnlich wie in Domingo noch in größerem Umfange Absatz finden würden. Auch Viehzucht, besonders im Grassteppengebiet von Hinche, empfiehlt sich. Weiter sind die alten Bewässerungsanlagen wieder herzustellen und neue zu errichten. Fruchtanbau — Ananas, Bananen, Orangen — wird jetzt schon versucht. Wahrscheinlich würde der Bananenanbau auch in den trockenen Gebieten mit künstlicher Bewässerung bei dem vielfachen Vorhandensein vulkanischen Bodens ähnlich wie auf den Kanarischen Inseln eine hervorragende Qualität ermöglichen.

Jamaica — gleichfalls mit 97 Prozent Neger- und Mulattenbevölkerung unter weißer Herrschaft — ist ein gutes Beispiel für die Bedeutung und die Wirtschaftshöhe einer wesentlich auf den tropischen

Früchteanbau und tropische Kleinwirtschaft eingestellten westindischen Insel.

Und noch in anderer Beziehung kann Jamaica als Vorbild dienen. Der Genuß der herrlichen tropischen Inselnatur ist in Jamaica durch Tausende Kilometer guter Automobilstraßen, durch erstklassige Gaststätten und vorzügliche Verbindungsmöglichkeiten — besonders auch mit den Passagier- und Fruchtdampfern — erleichtert. Jamaica ist seit langem eines der beliebtesten Reise- und Erholungsziele für alljährlich Zehntausende Nordamerikaner. Haïti ist ebenso schön, liegt noch günstiger für die Oststaaten der Union und gehört zudem zum Machtbereiche der Union. Haïti könnte nach Schaffung der nötigen Einrichtungen als Turistenland und zum Aufenthalt während der ungünstigen Jahreszeit an der Ostküste Nordamerikas neben Jamaica, wenn es sein müßte auch im Wettbewerb mit Jamaica, bestehen und auch dadurch wirtschaftlich sehr gewinnen.

Die zielbewußte Arbeit des amerikanischen Imperialismus mit hauptsächlich wirtschaftlichen Mitteln, aber auch im Bedarfsfall vor Gewalt nicht zurückschreckend, ist jetzt zur Genüge bekannt.[1]) Der Erfolg wird in einigen Jahren sich sicher einstellen und das reich von der Natur ausgestattete Haïti wieder zu einem wirtschaftlich wichtigen Land machen, und zwar um so schneller, je besser der wirtschaftende Mensch die wirtschaftsgeographischen Grundlagen zu erkennen und zu verwerten versteht.

---

[1]) Llorens, E. L.: Monroismus-Panamerikanismus, Hamburg 1918. Drascher, W.: Das Vordringen der Ver. Staaten im westindischen Mittelmeergebiet, Hamburg 1918.

Die gegenwärtigen wirtschaftlichen und sozialen Zustände in den mexikanischen Staaten Chiapas und Tabasco

von

Dr. **Franz Termer,** Würzburg

Die physische Geographie lehrt. daß die südlich des Isthmus von Tehuantepec gelegenen Teile Mexikos auf Grund ihrer Bodengestaltung der mittelamerikanischen Landbrücke angehören. Und während der spanischen Kolonialzeit haben diese Landesteile politisch zum Generalkapitanat Guatemala in engen Beziehungen gestanden, bis sie sich in der Zeit der jungen mexikanischen Republik dieser im ersten Viertel des 19. Jahrhunderts einverleibten. Die Staaten Chiapas, Tabasco. Campeche und Yukatan. die sich mit dem Territorium Quintana Roo heute in das transisthmische Mexiko teilen, sind auch in der Gegenwart Anhängsel der Republik geblieben, wenn sie auch politisch in sie eingegliedert wurden. Der Mexikaner im Zentrum oder Norden des Landes sieht in diesen Staaten entlegene Gebiete, um die er sich kaum weiter kümmert. Dazu tragen mit die Verkehrsverhältnisse zwischen den isthmischen Staaten Chiapas und Tabasco und dem Hauptkörper Mexikos bei, die gegenwärtig noch immer auf die einzige Bahnlinie von der guatemaltekischen Grenze am Suchiate-Fluß nach Veracruz oder den Seeverkehr an der atlantischen Golfküste beschränkt sind, so daß es immer noch berechtigt ist, von einer Abgeschlossenheit des transisthmischen Mexiko gegen das Hauptland zu sprechen.

So hat sich denn auch das wirtschaftliche, soziale und politische Leben hier anders entwickelt als weiter im Norden. Es haftet ihm ein eigener Charakter an, der in manchen Erscheinungen mittelamerikanisches, in andern mexikanisches Gepräge zeigt. Im Folgenden sollen nun auf Grund eigener Reisen in den Staaten Chiapas und Tabasco diese Verhältnisse in der Gegenwart geschildert werden, wie sie sich dem Durchreisenden vor Augen stellen. Dabei sei aber darauf hingewiesen, daß die Halbinsel Yukatan hier nicht berücksichtigt werden soll, da sie in den letzten Zeiten ein eigenes gesellschaftliches und politisches Leben begonnen hat, das einer eigenen Darstellung bedarf.

Chiapas und Tabasco sind Länder der Agrikultur und Viehzucht. Sie bestimmen den Wirtschaftsbetrieb in beiden Staaten. Der landwirtschaftlichen Ausnutzung günstig sind die küstennahen Gebirgsabhänge der Sierra Madre in Chiapas, längs derer sich eine Zone des Kaffeebaues erstreckt. Ihr Gegenstück tragen die nach dem Tiefland gekehrten feuchten Abdachungen der nordchiapanekischen Gebirge. Nur ist die erste der beiden Zonen schon dadurch im Vorteil, daß sie verkehrsgeographisch vorteilhafter zu der nahen Eisenbahnlinie nach dem Isthmus und den Häfen der Südsee liegt, wogegen die nördliche Zone erst über einen breiten Streifen Tieflandes hinweg mit der Golfküste an der atlantischen Seite in Verbindung steht und außerdem dieses Tiefland territorial einem anderen Staate, Tabasco, eignet. Die zentralen Teile von Chiapas, die zwischen jenen Zonen eingeschlossen sind, werden von Hochländern und Gebirgszügen eingenommen, in denen die vorherrschende Kalkformation keine guten Böden für den Anbau von Feldfrüchten besitzt. Nur wo breite Mulden und Senken, wie die ungefähr 40 km breite Senke des Chiapas- oder Grijalva-Flusses, oder die Mulde von Comitán und breitere Flußtäler in der Mergelzone des nördlichen Chiapas (Tal des Jataté-Flusses bei Ocosingo) eingesenkt sind, bieten sich bessere Voraussetzungen für die Landwirtschaft. Der Boden der warmen, der Sierra Madre im Norden parallel vorgelagerten Chiapas-Senke ist fruchtbar, namentlich in den Teilen, die dem stets Wasser führenden stattlichen Fluß benachbart sind, so daß der Mais dort drei Mal im Jahre gesät und geerntet werden kann. (Erste Saat vom 25. bis 31. Mai; erste Ernte im August. Zweite Saat im August; zweite Ernte im Oktober; dritte Saat Ende Oktober, dritte Ernte im Dezember). Dazu besteht in diesem Gebiet die Möglichkeit künstlicher Bewässerung, die noch nirgends nennenswert in Angriff genommen, viel größere Teile dieser Senke der Landwirtschaft erschließen dürfte. Anfänge sind damit erst in der Umgegend von Comitán gemacht worden.

Tabasco, ein heißes, von zahlreichen Flüssen durchzogenes fruchtbares Alluvialland, hat gute Böden aufzuweisen, besitzt aber schon ein zu tropisches Klima, als daß ein erfolgreicher Anbau altweltlicher Feldfrüchte möglich wäre. Dafür bietet es aber ausgezeichnete Voraussetzungen für die tropische Landwirtschaft, namentlich im Bananen-, Mais- und Zuckerrohranbau, also Arten des Anbaues, die im Großbetrieb rentabel werden.

Wenn man heute jene Gegenden durchreist, so bemerkt man, daß ihre landwirtschaftlichen Möglichkeiten bei weitem noch nicht ausgeschöpft sind und daß hier in Zukunft noch viel mehr Menschen vom Boden ernährt werden können, als es bis jetzt der Fall ist. Erhebliche Strecken liegen brach (Chiapas-Senke, Gegend von Ocosingo, Tabasco), so daß gegenwärtig nur die genannten Kaffeezonen die landwirtschaftlich produzierenden sind. Die Gründe dafür sind hauptsächlich in den schwierigen, noch zu erörternden Verkehrsverhältnissen zu suchen oder beruhen auf der politischen Entwicklung, die letzthin hier Platz gegriffen hat. Die Sierra Madre an der pazifischen Seite ist ein schwer passierbares, hohes, wildes Gebirge, ihr Küstenvorland, die Landschaft Soconusco, eine sonnendurchglühte, trockene Dornstrauchsteppe ohne brauchbare Häfen, und nach Norden bilden die quer zur Verkehrsrichtung gelegenen Kalkgebirge mehrere parallel hintereinander angeordnete Hindernisse, die mühsam zu überwinden sind. In Tabasco fehlen solche Hindernisse, im Gegenteil bieten die schiffbaren Flüsse gute Verkehrswege nach der Golfküste. So sind denn auch hier die politischen Zustände die der landwirtschaftlichen Entwicklung entgegen arbeitenden Ursachen.

So wurde und wird denn auch jetzt noch die Wirtschaft in beiden Staaten durch die Viehzucht bestimmt. Die Viehzüchtereien, Haciendas, nehmen die größte genutzte Bodenfläche ein. Ihre Hauptgebiete liegen in Zentralchiapas und Tabasco, wo in der hügeligen Kalklandschaft oder in den weiten ebenen Savannen Terrain genug für den extensivenBetrieb vorhanden ist. Aber auch an der pazifischen Küste lagen früher bedeutende Haciendas. Im Durchschnitt besaßen Haciendas mittlerer Größe etwa 800 bis 1000 Stück Rindvieh und Pferde, die zum Teil nach dem benachbarten Guatemala ausgeführt wurden. Auch die Maultierzucht stand in Blüte und lieferte gesuchte Tiere nach dem nördlichen Mexiko und nach Guatemala. Die Erträgnisse aus der Viehzucht waren so gut, daß Chiapas und Tabasco zu den reichen Staaten des Landes zählten. Da suchten die Revolutionen auch diese Gebiete heim, später zwar als im nördlichen Mexiko, dafür aber um so nachhaltiger und verheerender. Die Viehzucht hatte sich zu ihrer Blüte nur entwickeln können, weil das Land in Großgrundbesitzt aufgeteilt war, der allein das weite Terrain für diese Wirtschaft erwerben konnte. Aber gerade deswegen fanden die sozialistischen Agrarreformer genügenden Anlaß, ihre Reformideen über die Aufteilung des Landes im Kleinbesitz durchzuführen. Es war ein Gebiet, wie geschaffen zur Ausführung der Devise „Land und Freiheit“ (Tierra y Libertad). Wie immer in solchen Fällen wußte die aufgepeitschte, leicht entflammbare, urteilslose Masse des niederen Mischlingsvolks zunächst nichts Besseres, als das Vorhandene zu zerstören. Der augenblickliche Machtrausch wirkt sich bei diesen Leuten nur triebhaft aus, die schlechten Triebe toben sich aus und nehmen jede klare Überlegung über Wert oder Unwert der Handlungen. So wurde denn auch in diesen Staaten ganze Arbeit verrichtet. Banden zogen plündernd, sengend und brennend von einer Hacienda zur anderen. Mancher Besitzer, der mit seiner Familie nicht mehr rechtzeitig hatte entfliehen können. fand ein gewaltsames. manchmal nur zu grausames Ende. Die Anführer, Rotten aus entlaufenen Gutsarbeitern und abenteuerndem Gesindel, setzten sich auf den Gütern fest, schossen das vorhandene Vieh ab aus Requisitionsgründen oder reiner Zerstörungswut und ließen bei ihrem Abzug als Zeichen ihrer Anwesenheit geplünderte und zerstörte Herrenhäuser zurück. Ihnen folgten die Regierungstruppen. die nicht besser hausten und überall reinen Tisch machten. wo noch etwas zu holen war. Einige Jahre danach erfolgte die Gegenrevolution unter der Partei von Huerta, deren Anführer in Chiapas Alberto Pineda war. Neues Bandenunwesen war die Folge. und was sich an Besitz noch in den entlegeneren Landesteilen erhalten hatte, fiel damals der Vernichtung anheim. So wurde denn in wenigen Jahren der reiche Viehbestand so gut wie ganz vernichtet; besonders Tabasco hatte fast alles Vieh verloren. In den Savannen zwischen El Salto de Agua und Palenque, wo früher 25 Haciendas lagen, finden sich heute nur noch drei. Alle anderen wurden dem Erdboden gleichgemacht und bezeugen nur mehr durch ihre traurigen Ruinen den einstigen Wohlstand. Völlig unbeschadet ist nur eine Hacienda in der unmittelbaren Nähe von Palenque geblieben, die einem Deutschamerikaner gehört. Reist man heute durch jene Gegenden. so sieht man allenthalben die Spuren dieser Ereignisse. Neben der Armut der am Ort verbliebenen Bevölkerung ehemaliger Arbeiterfamilien fällt namentlich der Viehmangel auf. So ganz besonders, wenn man etwa von Guatemala entweder auf der Eisenbahnlinie an der pazifischen Küste oder zu Land vom nordwestlichen Teil dieser Republik nach Chiapas hineinkommt. Die weiten Grasfluren liegen verlassen, nur vereinzelt grasen ein paar Rinder und Pferde. Niedrigwüchsiges Gestrüpp hat inzwischen von den Weiden Platz gegriffen. das jetzt einen beliebten Zufluchtsort für das verwilderte Vieh bildet. Dieses sogenannte „Ganado cimarron“ und vor allem die Stiere sind gefährliche Tiere, die den Menschen anfallen und, da sie zugleich wertlos sind. von jedem abgeschossen werden können, der ihnen begegnet.

In den letzten Jahren hat man langsam mit dem Wiederaufbau begonnen, der sich aber in bescheidenen Grenzen hält. Die Unsicherheit der politischen Lage ist immer noch zu groß, als daß die Besitzer es wagten, ihr gerettetes Kapital schon jetzt wieder in die Unternehmungen hineinzustecken. Die Gesetze der Reformpartei wollen jeden Großgrundbesitz zerschlagen. Aber er allein vermag nur in Chiapas und Tabasco die Viehwirtschaft rentabel zu gestalten. Heute bewirtschaftet man daher seinen Besitz nur mit wenig Vieh, um sein

Recht auf den Grund und Boden geltend machen zu können. Mehrfach sind die Herrenhäuser wieder aufgebaut worden, so besonders in der Umgebung von Comitán bis an die guatemaltekische Grenze, während in der Chiapas-Senke noch fast alles in Trümmern liegt. Eine ruinierte Hacienda macht sich von weitem schon dadurch bemerkbar, daß dichter Busch um sie herum emporgewuchert ist. Aus diesem lugen versteckt hier und dort elende Hütten hervor, in denen heruntergekommene Familien ehemaliger Arbeiter, die wieder zurückkehrten, ihr Leben in Schmutz und Krankheit fristen. Die Mehrzahl allerdings war selbst in die Banden eingetreten oder hatte sich geflüchtet. Daher ist denn auch der Arbeitermangel groß, so daß aus diesem Grunde ebenfalls eine Einschränkung des Betriebes erfolgen muß, wenn man wieder wirtschaften will. Das fiel mir namentlich im Norden von Comitán auf, wo ebenfalls wiederaufgebaut wird. So knüpft denn der Wiederbeginn der Viehzucht in Chiapas an die zentralen Landschaften mit dem Zentrum um Comitán an und erstreckt sich von dort nach Norden bis zur Hacienda Vergel und Chiptic, nach Osten bis zur guatemaltekischen Grenze und nach Süden zu bis an die Chiapas-Senlke. Einige weitere Haciendas fand ich auch noch im Süden der Senke zwischen Chicomucelo und Cuxhú. Von Ocosingo an nach Norden und in Tabasco liegt die Viehzucht noch brach. Dort sind nur wenige Besitzer, namentlich Ausländer wieder, an die Arbeit gegangen, haben sich aber bisher auf das Notwendigste beschränkt. Wenn man den breiten stattlichen Usumacinta-Fluß von Tenosique abwärts fährt, so sieht man verödete Ufer mit weiten verlasssenen Weiden, dazwischen einige größere Bananenhaine. Die stattlichen Haciendas liegen, umgeben von den Arbeiterhäusern, still, leblos da; die Arbeiter sitzen untätig vor ihren Hütten, von Vieh ist nichts zu bemerken. In dieser Hinsicht machte auf mich Tabasco einen noch viel traurigeren Eindruck als Chiapas.

Es sei noch kurz zweier Wirtschaftszweige Erwähnung getan, die in ausländischen Händen liegen, der Ölgewinnung und der Waldwirtschaft. Die Erbohrung von Öl in Tabasco im Bereich der Tertiärzone in ungefähr 3000 Fuß Tiefe (El Salto de Agua) gehört der jüngsten Zeit an und hatte bei El Salto de Agua und Palenque zur Anlage von Brunnen geführt. Großzügig hatten die Amerikaner sogleich mit dem Bau guter Wege begonnen (von Palenque zum Flußhafen Montecristo am Usumacinta; Umgegend von El Salto de Agua) und den Flußverkehr auf dem Usumacinta und den Nebenflüssen des Grijalva (Tulijá) belebt, Motorboote brachten das gewonnene Öl zum Flußhafen. Frontera de Tabasco, damit es von dort nach den Staaten verschifft wurde. Die Ölgesellschaften ließen dann durch mehrere Geologen das Gelände bis nach Chiapas hinein auf Ölvorkommen untersuchen, ohne daß bei der üblichen Geheimniskrämerei dieser Unternehmungen etwas über den Erfolg der Expedition verlautbart wäre. Nach meinen Erfahrungen dürften die Untersuchungen bei Yajalon und Bachajon Erfolg gehabt haben. Es ist aber bisher dort nicht zur Anlage von Brunnen gekommen. Vielmehr fand ich, als ich im Frühjahr 1926 diese Gegenden bereiste, die Anlagen bei El Salto de Agua und Palenque im Abbruch begriffen. Die Rohre waren schon herausgezogen, und man war eben dabei, die Bohrtürme niederzulegen. Angeblich waren die Brunnen nicht mehr ergiebig genug. Doch dürften eher die gesetzlichen Bestimmungen der Regierung über die Ausbeutung der Ölfelder durch Ausländer und die Abgabenpolitik dabei mitgesprochen haben. So ist denn auch dieser wichtige Wirtschaftszweig in Tabasco zum Erliegen gekommen. Der rasche Aufschwung, der sich an die Ölgewinnung anknüpfte, den unbedeutenden Ort El Salto de Agua zu einem lebhaften Umschlagsplatz machte und auch den Hafenverkehr in Frontera de Tabasco belebt hatte, ist schnell wieder zum Stillstand gekommen. Die Wegeanlagen verfallen, der Handel stockt, der Verkehr hat abgenommen, und nur dadurch, daß El Salto am Ende bezw. Anfang der Flußschiffahrt auf dem Tulijá liegt, hat es sich eine Bedeutung als Umschlagsplatz für den Kaffee der nordchiapanekischen Plantagen bewahrt. Palenque dagegen ist völlig vereinsamt und verödet, seitdem die Ölgesellschaft sich von dort zurückgezogen hat.

Die Waldwirtschaft spielt nur in Tabasco eine bedeutende Rolle, braucht aber viel Anlagekapital, das nur ausländische, man darf sagen nordamerikanische, Unternehmer in genügendem Maße besitzen. Aber auch hier ist die Ausbeute verhältnismäßig gering, wenn man die riesigen Schätze bedenkt, die die Urwälder des östlichen Tabasco noch bergen. Was an Holz den Usumacinta hinabgeflößt wird, stammt zum überwiegenden Teil aus Guatemala. Tabasco birgt seine Hauptschätze an Mahagoni- und Zedernhölzern in den Küstenwäldern zwischen Frontera de Tabasco und Campeche und zwischen Frontera und Puerto Mexico. Auch die Gegend am Uspanapan-Fluß ist reich an vorzüglichen Qualitäten. Das westliche Petén wird aber noch kaum nennenswert ausgebeutet. Vorläufig erstreckt sich die Ausbeute noch auf den Osten, wo der Abtransport des Holzes über Britisch Honduras leichter und billiger ist als über Tabasco. In der allerjüngsten Zeit beginnen amerikanische Firmen, die das Monopol in der Waldwirtschaft auf dem Isthmus von Tehuantepec und in Mittelamerika in Händen haben, mit

Vorstößen in das Innere des Staates Campeche von der Küste aus. Das Holz wird von Frontera, Carmen (oder auch Laguna genannt), Campeche oder Puerto Mexico direkt nach den Staaten verschifft und gelangt von dort erst nach Europa, während die direkten Verladungen nach europäischen Häfen, wie sie vor dem Weltkriege von deutschen Schiffen in Carmen nach Hamburg und Bremen vorgenommen wurden, nach dem Kriege ganz aufgehört haben. Dieser hat auch den Amerikanern die Machtstellung im Holzhandel Mittelamerikas verschafft.

Zu einem sehr wichtigen Zweig der Waldwirtschaft ist neuerdings das Einsammeln des Milchsaftes vom Chicozapote-Baum geworden, aus dem der Chicle gewonnen wird. Aus diesem wird dann in den Staaten der massenhaft verbrauchte Kaugummi hergestellt. Das Rohmaterial wird die westlichen Flüsse des Petén zum Usumacinta hinabgebracht (namentlich auf dem San Pedro-Flusse) und über Carmen verschifft. Die Ausbeutung liegt ganz in nordamerikanischen Händen und kommt daher für die Eigenwirtschaft in Tabasco nicht in Betracht.

So geben denn die Fremden gegenwärtig allein den Anlaß zu einem nennenswerten wirtschaftlichen Verkehr in Tabasco, während in Chiapas neben den Fremden das einheimische Element in der Wirtschaft viel stärker zur Geltung kommt. Immerhin werden die Einheimischen noch zu sehr durch die unsichere Lage, durch die radikalen Tendenzen der Reformer gerade in den Hauptwirtschaftszweigen zur Zurückhaltung veranlaßt. Sie scheuen sich, ihr Kapital in den Neuaufbau hineinzustecken, um nachher vielleicht enteignet zu werden. Besser ist es mit dem einheimischen Gewerbe bestellt. In Chiapas betreibt es die Herstellung eines Zuckerbranntweins (Zentrum Comitán), die Anfertigung von Hüten und Tonwaren. Aber die Mengen der hergestellten Waren halten sich in bescheidenen Grenzen und daher auch die Einnahmen.

Die Veränderungen im Wirtschaftsleben zeigen sich äußerlich vielfach in einer Veränderung des Landschaftsbildes und im Siedlungswesen. Oft habe ich beobachten können, wie das Kulturland wieder durch den Monte, d. h. niedriges Gestrüppdickicht oder durch jungen Wald zurückgedrängt wurde. Alte Rodungen waren schon wieder ganz von dichtem Wald eingenommen worden. In Nordchiapas sind manche Orte, die einst eine gewisse Bedeutung besessen hatten (Ocosingo, Chilón, Tumbalá) zu kleinen unbedeutenden Dörfern herabgesunken. In ihrer Mitte zieren den Hauptplatz noch malerische Ruinen einst ansehnlicher Kirchen, die doch heute inmitten der ärmlichen Häuser das Bild trostlos gestalten.[1]) Dafür sind andere Orte aufgekommen wie Yajalón und El Salto de Agua, die ihren Aufschwung dem Kaffeebau oder der Ölgewinnung verdanken. Vor dreißig Jahren war Yajalón noch ein Dorf, das nur von Chol-Indianern, einem Zweig der Mayaindianer, bewohnt wurde. Dann ließen sich dort Ladinos nieder. Aber erst vor zehn bis fünfzehn Jahren gewann der Ort erhöhte Bedeutung durch die Kaffeeproduktion seiner Umgebung, an der auch deutsche Plantagen beteiligt waren. Als nach dem Weltkriege die amerikanischen Ölgeologen dorthin kamen, verbreitete sich das Gerücht, daß in der Nähe Öl gefunden wäre und daß bald auch in dieser Gegend seine Gewinnung in Angriff genommen würde. Das lockte viele an, die sich im Orte niederließen, so daß in den Jahren 1923 und 1924 allein dreißig bis vierzig neue Häuser erbaut wurden. Ähnlich liegen die Verhältnisse in El Salto de Agua. In den fünfziger Jahren des letzten Jahrhunderts war es noch reines Indianerdorf (Choles). Da kamen die Pocken und andere infektiöse Krankheiten, die unter den Eingeborenen furchtbar aufräumten. Einige Jahre später siedelten sich Ladinos an, und kurz vor dem Weltkrieg begann durch den Einzug der Petroleumkompagnie reges Leben. In dieser Zeit versprach man sich viel für die Zukunft von dem Bau einer Eisenbahn nach dem Isthmus als Anschluß an das Eisenbahnnetz des übrigen Mexikos. Doch da kam die Revolution und damit die Aufgabe aller schönen Pläne für die Erschließung von Nordchiapas.

Im Anschluß hieran mögen die heutigen Verhältnisse in Chiapas und Tabasco erörtert werden. Sie sind gegenüber denen, die ich in Mittelamerika kennen lernte, noch recht im Rückstand. Der Landverkehr leidet unter den schlechten Wegen, für deren Verbesserung durch die Wirren noch keine Zeit gewesen ist. So ist denn der Personen- und Lastenverkehr immer noch auf Maultier und Pferd angewiesen, während der Transport von Lasten durch indianische Träger, wie er noch in Mittelamerika anzutreffen ist, in Chiapas wenig, in Tabasco fast gar nicht mehr in Erscheinung tritt. Infolgedessen blüht

[1]) Ocosingo, Chilón, Tumbalá, auch Bachajón waren im 17. Jahrhundert bedeutende Dörfer, in denen Mestizen und Indianer wohnten und von denen aus die Erforschung des östlichen Chiapas ihren Anfang nahm. Von den dortigen Klöstern ging die Mission der umwohnenden Mayaindianer aus. Aber schon damals waren die Indianer wegen ihrer Unbotmäßigkeit und Grausamkeit bekannt und gefürchtet. Mehrfach wird von Indianeraufständen berichtet, die bisweilen zur Niedermetzelung der gesamten Mischlingsbevölkerung von Chilón, Ocosingo und Bachajón führten. Vgl. darüber P. Fray, Francisco Ximenes).

denn nach wie vor das Geschäft der Maultierbesitzer, Arrieros, die Trupps von Tieren (tropa oder patacho) vermieten oder selbst mit ihren Tieren den Warentransport ausüben. Ihr Verdienst ist gut, und viele Arrieros in Chiapas sind reiche Leute geworden, die sich viele Angestellte halten können. Man findet sie namentlich in Comitán. Nach dieser Stadt müssen die Tropas aus Nordchiapas oder von der pazifischen Küste den Rohzucker (Panela) zur Branntweinbrennerei bringen. Nach Nordchiapas gehen die Tiere von Comitán aus zunächst ohne Last bis in die Kaffezone bei Yajalón, Mumunil usw., nehmen dort Kaffeeladungen auf und bringen diese bis zum Flußhafen El Salto de Agua. Auf dem Rückweg laden sie Rohzucker, der aus Tabasco stammt. Für jedes Maultier von Yajalón bis El Salto de Agua erhält der Arriero 12 bis fünfzehn Pesos Gold (6 bis 7,70 Dollar), und da die Tropas oft vierzig und mehr Tiere umfassen, hat er eine Einnahme von 500 bis 600 Pesos Gold (250 bis 300 Dollar). Rechnet man die Unkosten für die Verpflegung der Tiere und die begleitenden Treiber — gewöhnlich ein Treiber für fünf Tiere — und deren Verdienst, so kann man den Reingewinn auf rund 200 Dollar annehmen. Dazu kommt aber noch der Rücktransport von Rohzucker, der etwa nochmals den gleichen Gewinn einbringt, so daß sich als Reingewinn schließlich rund 400 Dollar ergeben. Die Dauer eines solchen Hin- und Rücktransportes von und nach Comitán beträgt etwa vier Wochen. Im Jahre werden im Durchschnitt drei derartige Transporte nach Nordchiapas ausgeführt. In der Zwischenzeit gehen die Tropas an die pazifische Küste nach Tapachula oder nach Tuxtla Gutierrez und San Cristobal, um Stückgüter zu transportieren.

Die Wege in den Gebirgen sind steinige Saumpfade und manchmal geradezu gefährlich zu nennen, da sie über glatte, schräg geneigte Kalkplatten (Lajas) hinwegführen. In der tertiären Mergelzone des nördlichen Chiapas weichen sie in der feuchten Jahreszeit zu Morästen auf und sind nach schweren Regenfällen unbenutzbar. In der Umgebung der Hauptstadt Tuxtla Gutierrez ist vor kurzer Zeit eine Verbesserung des Wegenetzes eingeleitet worden, so daß dort schon einige Automobile verkehren können. In der Umgebung von Comitán sind die Wege ebenfalls in der Trockenzeit gut und können dann mit Autos bis in die Nähe der guatemaltekischen Grenze bei Ojo de Agua oder bis nach Tuxtla Gutierrez und San Cristobal befahren werden. Doch steckt dieser Verkehr noch ganz in den Anfängen. Nach Comitán waren bei meiner Anwesenheit im Februar 1926 gerade die ersten vier Kraftwagen gekommen, die im Besitz reicher Privatleute waren.

In Tabasco sind die Landwege, die ich gesehen habe, schlecht, trotzdem das Gelände eben ist und daher keine Schwierigkeiten dem Ausbau des Wegenetzes bereitet. Als einziger guter Weg ist mir nur der von Palenque nach Montecristo begegnet, der aber vor kurzer Zeit erst von der Aguila-Kompagnie angelegt wurde und dem Verkehr der schweren Motortraktoren zu dienen hatte, die Baumaterial und Ölfässer nach oder von den Ölbrunnen bei Palenque zu schaffen hatten. Er war aber jetzt schon im Verfall begriffen, da nach Aufgabe des Brunnens niemand mehr etwas für die Wegehaltung getan hat. Von Natur aus ist Tabasco mit Flüssen gut ausgestattet, die auch in der Trockenzeit wasserreich mit mäßigem Gefäll in den Golf von Mexiko münden. Sie sind schiffbar und daher gute natürliche Verkehrswege. So werden denn heute auch der Grijalva, Usumacinta, San Pedro Martir und Tulijá dazu benutzt, in das Landesinnere von der Küste her zu gelangen oder die Produkte des Innern an die Küste zu schaffen. Auf ihnen allen ist heute Motorbootverkehr im Gange, auf dem Grijalva (bis Villa Hermosa) und Usumacinta (bis Tenosique) auch Dampferverkehr. Auf dem Tulijá gelangen Motorboote bis El Salto de Agua, wo Wasserfälle der weiteren Schiffahrt ein Ende setzen. Auf dem Usumacinta habe ich sogar seetüchtige Segelschiffe mit Motorausrüstung getroffen, die von Veracruz kommend den Fluß bis Montecristo in der Trockenzeit hinaufgelangten. Auf den kleineren Nebenflüssen ist noch immer der Verkehr mit Einbäumen (canoas) üblich, die Chicleballen aus dem Petén an den Usumacinta bringen. Auf der Laufstrecke des Grijalva durch die Chiapas-Senke war früher ebenfalls Bootsverkehr im Gange, hat aber jetzt mit der Vereinsamung dieses Gebietes zu bestehen aufgehört.

Die Frequenz des Verkehrs fand ich in Chiapas lebhafter als in Tabasco. Während mir in Zentral- und Nordchiapas allenthalben größere und kleinere Maultiertrupps und zahlreiche einheimische Reisende begegneten, machte auf mich das Verkehrsleben in Tabasco einen verödeten Eindruck. Alles spricht dort für einen Rückgang des Verkehrs in allerjüngster Zeit. Die früher regelmäßig mehrmals im Monat auf dem Usumacinta unterhaltene Flußdampferverbindung von Frontera de Tabasco und Carmen nach Tenosique ist gegenwärtig auf eine einmalige zusammengeschrumpft, die im Monat unregelmäßig erfolgt. Sie scheint dem Personenverkehr zu genügen. Auch der Lastenverkehr war zu meiner Zeit nur schwach entwickelt und beschränkte sich auf Chicle und etwas Farbholz flußabwärts, auf Stückgüter flußaufwärts. Lebhafter fand ich den Verkehr von Frontera de Tabasco nach Villahermosa (auch San Juan Bautista genannt), den neben dem einzigen noch verkehrenden Heckraddampfer Motorbarken bewerkstelligten.

Die Verbindungen von Chiapas nach dem übrigen Mexico werden durch die Bahnlinie von Tapachula nach San Gerónimo auf dem Isthmus nach Veracruz aufrecht erhalten, sind regelmäßig und neuerdings durch Einführung von Pullmanwagen wesentlich bequemer geworden. Tabasco dagegen steht mit Veracruz oder Puerto Mexico nur auf dem Seeweg in Verbindung. Zweimal im Monat laufen Dampfschiffe der mexikanischen Nationallinie die Häfen von Puerto Mexico, Frontera de Tabasco, Carmen und weiter an der yukatekischen Küste an, verkehren aber unregelmäßig. In der Zwischenzeit gibt es nur die Möglichkeit mit Motorseglern über den Golf nach Puerto Mexico oder Veracruz zu gelangen, von der aber wegen der Gebrechlichkeit der Fahrzeuge und der Gefahr schwerer Nordstürme nur ungern Gebrauch gemacht wird. Bahnverbindung mit dem Isthmus besitzt Tabasco bis jetzt noch nicht. Alle Projekte, die schon weit gediehen waren, kamen wegen politischer Umtriebe nie zustande.

Die sozialen Zustände in beiden Staaten werden in der Hauptsache durch das Mischlingselement, daneben von den Eingeborenen bestimmt während die Fremden nur eine untergeordnete Rolle spielen. Die Indianer haben sich in größerer Zahl nur noch in den abgelegeneren Teilen von Chiapas erhalten, namentlich in wenig zugänglichen Gebirgen des nördlichen und zentralen Chiapas. Sie gehören zu den Mayavölkern der Tzeltales, Tzotziles, Tojolabales, Choles u. a. mit besonderen Dialekten begabten Stämmen an, von denen heute die Tzeltales und Choles am zahlreichsten sein dürften. Die Urwälder des östlichen Chiapas bergen auch noch die Reste des primitivsten Mayastammes, der Lacandones, die scheu in den Wäldern umherstreifen und die Jagd noch mit Pfeil und Bogen ausüben. Sie sind aber heute auf wenige Individuen zusammengeschrumpft. Zahlenmäßig ist natürlich über die Volksstärke aller dieser Stämme nichts Zuverlässiges bekannt. Immerhin mag hier erwähnt sein, daß die im Umkreis um das Tzeltalgebiet wohnenden Mischlinge (in Chilón .Yajalón und Ocosingo) die Zahl dieses Stammes auf 5000 Seelen schätzen. Sie wohnen meist in kleinen Gemeinwesen oder in Einzelsiedelungen um das Dorf Bachajón herum in den waldigen, unzugänglichen Gebirgen. In Bachajón selbst sind Indianer ansässig. Es wohnt dort nur ein Ladino, der der erste Bürgermeister ist. Die Tzeltales sind rohe, räuberische Gesellen, die in den letzten Revolutionen, als keine Regierungsmacht sie niederhielt, verwildert sind und gegenwärtig wieder häufiger Raubüberfälle, namentlich auf reisende Händler, unternehmen und so ihrer schon aus der alten Zeit bekannten Raublust alle Ehre machen. Eine Anzahl der Indianer auch der anderen Stämme verdingt sich zu Saisonarbeiten auf die Kaffeepflanzungen in den beiden Kaffeezonen, viele bleiben aber auch in ihren Hütten (ranchos) und leben vom Ertrag ihrer Maisfelder. Wer von Guatemala nach Chiapas hineinkommt, wird durch das völlige Fehlen indianischer Trachten überrascht, wie sie im Gegensatz dazu in Guatemala noch oft im Gebrauch sind. Der Aufsaugungsprozeß, der sich in diesem Moment zugunsten der spanischen oder besser gesagt der modernen Mischmaschzivilisation ausdrückt, ist in Chiapas weiter fortgeschritten als in Guatemale. In der Senke von Chiapas habe ich überhaupt nichts mehr von rassereinen Indianern angetroffen. Und in dem Dorfe Chicomucelo, wo Karl Sapper noch in den neunziger Jahren des vergangenen Jahrhunderts eine eigene Indianersprache, den Mayadialekt des Chicomucelteco, vorfand, konnte ich heute nur noch drei Individuen, alle über 70 Jahre alt, auftreiben, die diesen Dialekt noch reden konnten. Von indianischen Bräuchen ist nichts mehr vorhanden, auch die Maskentänze, wie sie in Guatemala noch vielfach im Gebrauch sind, haben hier zu bestehen aufgehört.

Die Mischlinge (Ladinos) bilden die Hauptmasse der Bevölkerung und bestimmen daher die soziale Struktur in beiden Staaten. Die Oberschicht der besitzenden Klasse, die im Genuß ihrer Latifundien Reichtümer angesammelt hatten, hat unter den Revolutionen am meisten gelitten. Viele begaben sich in die Städte oder ins Ausland und leben dort heute noch. So findet man gerade in Städten wie Tuxtla Gutierrez, San Cristobal oder Comitán heute viel solche Familien ansässig. Wer aus der Fremde nach Eintritt ruhigerer Zeiten wieder zurückkehrte, ließ aber sein Kapital im Auslande. Nichts bezeichnet besser die Unsicherheit der gegenwärtigen Lage als die Zurückhaltung der besitzenden Schichten in der Anlage ihres Kapitals in ihren eigenen Unternehmungen. Wirtschaftspsychologisch muß man aber noch als weiteren Grund für die Zurückhaltung hinzufügen, daß diese Kreise aus inneren Hemmungen heraus sich nicht zu gewinnbringender Anlage ihres Geldes entschließen können. Der auf spanischer Tradition beruhende Sparsamkeitstrieb und die Genügsamkeit im familiären Leben rufen eine Scheu hervor, erworbenes Vermögen ertragreich zu machen. Man hinterlegt es lieber bei sich zu Hause zinslos, als daß man es zu Zinsgenuß einer Bank oder einem anderen Unternehmen anvertraute.

Die Handel- und Gewerbetreibenden leiden unter flauem Geschäftsgang. Schuld daran sind die hohen Abgaben, die der Staat auf den

Warenumsatz gelegt hat. In Ladengeschäften ist die Höhe der Abgaben nach der Grundfläche bemessen, die der Laden einnimmt. Infolgedessen suchen sich die Inhaber dadurch zu helfen, daß sie den Laden verkleinern. So fand ich mehrfach in den kleinen Landstädten des östlichen Chiapas die Läden durch Tücher in zwei ungleich große Hälften geteilt, von denen die kleinere nur noch zum Verkauf diente. Hoch sind die Abgaben, die auf dem Transport der Waren durch das Land und auf die Einfuhr aus andern mexikanischen Staaten oder aus dem Auslande lasten. Will beispielsweise ein Kaufmann 1000 Kisten Flaschenbier von Jalisco nach Comitán einführen, so muß er dafür 1000 Pesos (oder 500 Dollar) an Transportkosten und 600 Pesos (300 Dollar) an Einfuhrgebühren an den Staat Chiapas entrichten, so daß die Sendung schon mit 1600 Pesos (800 Dollar) Unkosten an den Verbrauchsort gelangt. Daher werden die Waren mexikanischer Herkunft aus anderen Bundesstaaten und ebenso natürlich auch aus dem Auslande sehr teuer, der Warenumsatz stockt durch die hohen Kleinverkaufspreise, und die Verbraucher schränken nach Möglichkeit ihre Bedürfnisse ein. Dazu kommt, daß ein Teil des kursierenden Geldes, und zwar das vorrevolutionäre Silbergeld, dem öffentlichen Umlauf entzogen wird, da das Volk die Stücke sammelt und aufbewahrt. In Tabasco ist das Geschäft ebenfalls zum Stillstand gekommen, nachdem das Gewerbe und die kleinen Händler in den Angehörigen der Petroleumkompagnien ihre beste Kundschaft verloren haben. Besser gestellt fand ich in diesem Staate den Mittelstand in den kleinen Städten am Usumacinta (Balancan, Tenosique, Montecristo) und in den Küstenorten (Carmen, Frontera de Tabasco), der wohl durch den Holz- und Chiclehandel der Fremden bessere Verdienstmöglichkeiten besitzt als in Chiapas und im übrigen Tabasco. In Montecristo erklärt sich die bessere Stellung auch dadurch, daß dieser Ort in den Wirren sich für neutral erklärt hatte.

Die große Masse der Mischlinge fühlt sich heute als Sieger in dem Umsturze, ohne es doch in Wirklichkeit in materiellem Sinne besser zu haben als vorher. Denn die niederen Schichten leiden ebenso unter der Teuerung, der wirtschaftlichen Stagnation, wie die anderen, ohne sich über die Ursachen im Klaren zu sein. Die Regelung der Löhne hat allerdings den Arbeitern in Stadt und Land wesentlich höhere Löhne zugebilligt als früher, aber damit sind zugleich auch die Bedürfnisse dieser Menschen und ihre Lebenshaltung gestiegen, was sehr im Widerspruch mit der sonst allgemein üblichen Bedürfnislosigkeit der unteren Volksschichten in lateinamerikanischen Ländern steht.

Auf der anderen Seite sind auch die Arbeitsmöglichkeiten wesentlich verringert worden, was aus dem Vorhergesagten ohne weiteres hervorgeht. Es wiederholen sich hier die Vorgänge, wie sie in den meisten Ländern Europas nach dem Weltkrieg sich einstellten. Nur daß bei dieser farbigen Bevölkerung, die nie etwas vom Krieg und seiner Not kennen lernte, diese ganze Einstellung zu den modernen Problemen der Arbeiterfrage künstlich von außen her durch Verhetzung hervorgerufen wurde. Sie wurden dabei aber in eine psychologisch ganz anders geartete Volksseele eingepflanzt als in Europa. In diesen Gebieten Südostmexikos mit ihrer agrikulturellen Struktur fanden die sozialistischen Reformer einen für ihre Tendenzen geeigneten Boden, zumal sicherlich dort die Lage der Landarbeiter unter der Herrschaft des Großgrundbesitzes sozial zu wünschen übrig ließ und besserungsbedürftig war. Als erstes wurde daher die Arbeiterschaft organisiert und die „Liga des Widerstandes der großen sozialistischen Agrarpartei des Südostens" mit dem Motto „Land und Freiheit" geschaffen (Liga de Resistencia del gran Partido Socialista agrario del Sureste Tierra y Libertad). Sie verschaffte den Arbeitern einen festen Rückhalt gegenüber den Unternehmern, so daß sie ihre Forderungen immer höher schraubten, da sie sich des Schutzes der Liga gewiß waren. Diese war denn auch mit Erfolg bestrebt, Einfluß auf die öffentlichen Verhältnisse zu gewinnen. Die Einführung fester Arbeitstarife, der rechtliche Schutz des Arbeitsnehmers gegenüber dem Arbeitgeber, die Einführung des achtstündigen, jetzt des sechsstündigen Arbeitstages, die Besetzung wichtiger öffentlicher Ämter, womöglich des Gouverneurpostens (Tabasco), die Einrichtung öffentlicher Schulen und Volksbibliotheken war alles ihr Werk. Ein Gegensatz zu den früheren großagrarischen Zeiten, wie man sich ihn schärfer kaum vorstellen kann. Ich habe den Eindruck gewonnen, daß dieser Umschwung in Tabasco und Campeche viel rücksichtsloser und nachhaltiger gewesen ist als in Chiapas. So wurden denn die niedrigen Schichten mit einem Male von allem Druck und Zwang befreit, der sie früher zur Arbeit angetrieben hatte. Der Haß gegen die Unterdrücker machte sich in Gewalttätigkeiten Luft. Das Bewußtsein des Rückhaltes an der Liga gab zu immer neuen Lohnforderungen Anlaß, die mittels Streiks durchgesetzt wurden. In dem zum Staat Campeche gehörenden Hafen Carmen traf ich verschiedene kleine Gewerbetreibende (Bäcker, Zimmerleute), die einfach wegen der Lohnforderungen ihrer Gesellen und Arbeiter zur Einschränkung ihrer Betriebe geschritten waren und selbst, gegebenenfalls mit ihren Kindern, das Geschäft in kleinem

Umfange weiterführten. Vereinzelt hörte ich Fälle und lernte selbst solche kennen, wo die Meister mit ihren Familien das Land verlassen hatten, um sich in anderen Gegenden Mexikos eine neue Existenz zu gründen.

Das Schlimme an der Arbeiterbewegung für die Zukunft in Tabasco ist das Aufhören der Arbeit. Dieses Volk, in dem die verschiedenen Mischprodukte nebeneinander leben, in dem ein erheblicher Negereinschlag vorhanden ist, besitzt von vornherein schon schlechte Charakteranlagen. Die Arbeitsunlust, bis zu einem gewissen Grade durch das heiße Klima verständlich, hat sich nun noch mehr gesteigert. Auf dem Lande lungern die Leute den Tag über herum, liegen faul und krank in ihren Hängematten. Die Maisfelder werden schlecht bestellt. Nur wo reine Indianer wohnen, sieht man saubere Maisfelder. Überall wo Mischlinge hausen, sind die Felder verunkrautet. Aber auch die Besitzer der großen Güter produzieren nicht mehr Mais, als sie zum Unterhalt ihrer paar Arbeiterfamilien nötig haben. Denn der Überschuß, den sie früher gewinnbringend absetzten, würden sie heute auf Grund der Zwangsenteignung zu festgesetzten Preisen an den Staat abgeben müssen. Die Folge von solchen Zuständen ist eine allgemeine Maisknappheit in Tabasco, der man durch Einfuhr nordamerikanischen Maises zu steuern sucht.

Bedenklich an der modernen Bewegung ist ferner, daß sie den immer schon vorhandenen Fremdenhaß noch steigert, der bei dem niederen Volk kaum einen Unterschied zwischen den einzelnen Nationalitäten macht, wie man es sonst aus andern Teilen Mexikos hört. Das Volk sieht, daß die Fremden heute allein etwas zuwege bringen und verdienen, was die ungebildete und urteilslose Masse erbittert, die darin nur ihre Ausbeutung sieht. Die Leitung des Staates Tabasco unternimmt auch keine Schritte dagegen.

Dabei ist das fremde Element in diesen Gegenden alles andere als auf Rosen gebettet. Am besten gestellt sind die Fremden, darunter viele Deutsche, in den Kaffeedistrikten von Chiapas und auch da wieder jene besser an der pazifischen Küste als die in Nordchiapas, wo sich die Zustände des benachbarten Tabasco bemerkbar machen. Sie müssen auch ihre Produkte unter viel ungünstigeren Bedingungen (hohe Abgaben) durch Tabasco ausführen. Dazu gesellen sich Schwierigkeiten mit den Arbeitern auf den Plantagen. Immerhin sind die Fincas (Plantagen) gut imstande und arbeiten nur wegen der gegenwärtig guten Weltmarktpreise für Kaffee rentabel. Einige der größeren Fincas an der pazifischen Küste bei Tapachula sowie in Nordchiapas bei Mumunil, El Triumfo, Primavera u. a. sind mustergültig geleitet und in deutschem oder deutschamerikanischem Besitz. Deutsche finden sich sonst nur vereinzelt in beiden Staaten. So traf ich in Ocosingo einen Heilkundigen, der sich eine achtbare Stellung in dem kleinen ungesunden Dorf errungen hatte. und in Yajalón an der Dorfschule eine deutsche Lehrerin, während der einzige in Comitán ansässige Deutsche, ein Ingenieur, kurz vor meiner Ankunft einem Unglücksfall erlegen war. Neben den Deutschen sind viele Spanier in beiden Staaten ansässig, die im Besitze von Haciendas sind oder Handel treiben. Besonders am Usumacinta trifft man viele von ihnen. die durch den Bananen-, Chicle- und Viehhandel reich geworden sind (Montecristo, Balancán, Tenosique). Neben ihnen haben sich in diesen Gegenden Syrer niedergelassen, die in skrupellosem Geschäftsgebahren neben den eingewanderten Chinesen schnell Wohlstand durch den Kleinhandel erlangt haben. Engländer und Amerikaner sind in den oben erwähnten größeren Betrieben tätig, verweilen aber als Angestellte der Kompagnien nur eine gewisse Zeit im Lande.

Aus dem Gesagten geht hervor, daß gegenwärtig Südostmexico und insbesondere Tabasco noch schwer unter den Folgen der Revolutionen zu leiden haben, die erst später als im übrigen Lande zum Ausbruch kamen, dafür aber mit um so größerer Rücksichtslosigkeit ausgekämpft wurden. Es soll hier nicht auf die politischen Zustände in der Gegenwart eingegangen werden, die daran schuld sind. daß das Land sich noch nicht wieder erholt hat. Wenn man die zentralen Teile Mexikos zwischen Veracruz und der Hauptstadt besucht, fällt einem die dortige Entwicklung um so mehr auf, nachdem man die Zustände im Südosten kennen gelernt hat. Hier arbeitet man nicht für das Wohl und den Wiederaufbau wie im Norden. sondern behandelt alles nur vom einseitigen Machtstandpunkt der herrschenden Partei aus. Vor allem ist nicht an Besserung der Wirtschaft zu denken, ehe nicht die Verkehrsverhältnisse gebessert werden, und zwar sowohl im Binnenlande selbst wie in Bezug auf den Anschluß an die Verkehrsrouten auf dem Isthmus und damit an das nordmexikanische Verkehrsnetz. Wieviel Gutes hierin geschaffen werden kann und in wie kurzer Zeit, lehrt am besten die Republik Guatemala, die auf das eifrigste und erfolgreich ihr schönes Land mit Straßen versieht, auf denen Automobilverkehr möglich ist. Notwendig ist aber auch vor allen Dingen die wirkliche Befriedung des Landes und die Behebung der öffentlichen Unsicherheit. Trotz aller noch vorhandenen Schattenseiten muß doch zugegeben werden. daß Chiapas sich redlich bemüht. wieder emporzukommen, sehr vorteilhaft im Gegensatz zu Tabasco. Es werden sogar Stimmen laut, die eine Anlehnung von Chiapas an Guatemala für das Vorteilhafteste halten. Und darin spricht sich nur wieder das Selbständigkeitsgefühl aus, das die Patrioten dieses Staates gegenüber dem Stammlande Mexiko besitzen. Tabasco wird noch langer Zeiten bedürfen, ehe es seinen reichen wirtschaftlichen Möglichkeiten entsprechend entwickelt sein wird. Alles hängt hier davon ab, die politisch und sozial zu radikalen Tendenzen in ein gemäßigtes, ruhigeres Fahrwasser zu lenken. Eine starke, energische, um das Wohl dieses Landes besorgte Persönlichkeit ist hier ganz besonders nötig.

Sitzungen und Veranstaltungen der Gesellschaft.

A. Allgemeine Sitzungen.

465. Sitzung. 7. Januar 1926.

Vorsitz: Geh. Reg.-Rat Prof. Dr. Stuhlmann.

Vortrag: Univ.-Professor Dr. Winkler, Hamburg: „Land und Leute in Zentral-Borneo auf Grund einer 1924/25 ausgeführten botanischen Forschungsreise“ (mit Lichtbildern).

Die in den Jahren 1924 bis 1925 durchgeführte botanische Forschungsreise führte durch das holländische Gebiet Borneos, besonders durch das Schwaner Gebirge. Manche der durchreisten Landschaften waren bis dahin von keinem Europäer betreten. Die Einwohner Borneos bestehen aus den eingewanderten Chinesen und Malayen und den eingeborenen Dajakern. Die Reise führte zunächst den Kapuas hinauf, einen der wasserreichsten Flüsse der Erde, der mehr als die zehnfache Wassermenge der Elbe besitzt. Auf der sehr beschwerlichen Reise kam der Vortragende auch mit den berüchtigten Kopfjägern zusammen, mit denen er auf schwierigen Wasserreisen, die durch Stromschnellen und Überschwemmungen sehr gefährlich wurden, in das Innere des Gebirges zog. Die Dörfer der Eingeborenen bestehen immer nur aus einem einzigen Haus, dessen Front oft 70 bis über 100 m lang ist; bei Zuwachs wird angebaut. An Stelle des Menschenopfers bringen die Dajaker heute Tieropfer dar; ihre Gastfreundschaft ist sehr groß, aber ihre Unsauberkeit ist ekelerregend. Dies sowie ihre brennende Neugierde macht den Besuch bei den Eingeborenen zu einer Qual. Nach der Besteigung des Berges Bukit Raja, die durch den Aberglauben der Dajaker zunächst erschwert wurde, begann ein schwieriger monatelanger Marsch durch einen Urwald, von dem der Vortragende eine anschauliche Schilderung gab. Besonders lästig wurde die Tierwelt des Urwaldes; so gibt es dort Milliarden von Blutegeln, Stinkwanzen und winzigen Fliegen, die dem Reisenden zur unerträglichen Qual wurden. Weiter führte die Reise in das Kapuasgebirge und von da auf schwierigen Umwegen nach Batavia zurück. Viele Exemplare von der dortigen im Schwinden begriffenen Vegetation wurden mit nach Hamburg gebracht, wovon besonders ein Exemplar der sehr seltenen Rafflesia, deren Blüten einen Durchmesser von 80 Zentimeter und mehr besitzen, erwähnenswert ist.

466. Sitzung. 21. Januar 1926.

Vorsitz: Geh. Reg.-Rat Prof. Dr. Stuhlmann.

Vortrag: Fischereidirektor Lübbert, Hamburg: „Der gegenwärtige Stand der nordeuropäischen Seefischereien" (mit Lichtbildern).

Der Fischbestand der Meere ist nicht etwa gleichmäßig über diese verteilt, sondern die Polar-Regionen und die tropische Region sind arm an Fischen, während sich in den Übergangs-Regionen zwischen beiden die ungeheueren Fischreichtümer finden, die den Gegenstand der großen Seefischereien der Erde bilden. Ganz besonders fischreich sind die nordatlantische Übergangsregion, deren fischreiche Flachseegründe allein auf der europäischen Seite sich auf 2¼ Millionen Quadratkilometern erstrecken und damit etwa den vierfachen Umfang des Deutschen Reiches haben. Der Fischereiertrag dieser Gründe belief sich im Jahre 1922 auf 2½ Millionen t (zu 1000 kg) im Werte von mehr als 800 Millionen Goldmark. Von diesem Fang entfallen nicht weniger als 42% auf die Nordsee, 19% auf die norwegische Küste und die Murmanküste, 19% auf die isländischen Gewässer. Nordsee und Nordmeer liefern also zusammen 80% des Gesamtertrages. Dem gegenüber treten die übrigen Teile der nordeuropäischen Meere zurück: Die Westküste von Groß-Britannien liefert 10%, Skagerrak, Kattegatt und Beltsee zusammen 3½%, die Ostsee 3½%, die Gewässer um die Färoer 1½%, die Südküste von England 1% und alle noch übrigen Meeresteile zusammen ½%.

Der wichtigste Fisch für das nordeuropäische Fanggebiet ist der Hering, von dem 1922 824000 t (zu 1000 kg) gefangen wurden, dann folgt der Kabeljau mit 700000 t, Schellfisch mit 260000 t, Seelachs mit 100000 t und Scholle mit 80000 t. Diese fünf Fischarten lieferten zusammen 2 Millionen t Reinertrag, alle übrigen etwa 40 Fischarten, die im nordeuropäischen Fanggebiet erbeutet werden, zusammen nur 0,4 Millionen t.

Das wichtigste Fangfahrzeug für das nordeuropäische Seefischereigebiet ist heute der Fischdampfer. Groß-Britannien hatte im Jahre 1922 3300 Fischdampfer, von denen 1800 mit dem Grundschleppnetz (Trawl) auf Grundfische und 1500 mit Treibnetzen auf Heringe fischten. Frankreich hat 410, Deutschland 400, Holland 170, Schweden 40 und Island 30 Fischdampfer. Keine Fischdampfer gibt es in Norwegen und Dänemark, dafür aber Motorkutter und Motorboote, von denen 1922 in Dänemark 5000 und in Norwegen über 15000 in Betrieb waren. Außer den Fischdampfern sind von Groß-Britannien noch etwa 5000 Motorfahrzeuge, von Island 500 Motorfahrzeuge in der Seefischerei tätig.

Das wichtigste Fanggerät in den nordeuropäischen Seefischereien ist heute das Grundschleppnetz oder Trawl, mit dem 51% aller Fänge erzielt wurden, davon 47% mit Dampfertrawlern und 4% mit Segel- und Motortrawlern. 42% des nordeuropäischen Gesamtfanges entfallen auf Treibnetze, Stellnetze, Beutelnetze, Waaden und 7% auf Angeln (Handangeln und Langleinen). Der Vortragende führte in einer großen Anzahl von schönen Lichtbildern die wichtigsten Fangbetriebe der nordeuropäischen Seefischereien vor und zwar die Grundschleppnetzfischerei der Deutschen, Engländer und Franzosen. die Treibnetzfischerei der Engländer und Schotten, die Beutelnetzfischerei der Norweger. die Klipp- und Stockfischfabrikation der Norweger und Isländer, die Angelfischerei der Franzosen und schließlich den mit Dampfern betriebenen Walfang der Norweger.

Zum Schluß gab der Vortragende einen Überblick darüber, wie sich der Gesamtertrag der nordeuropäischen Seefischereien von insgesamt 2.4 Millionen t (zu 1000 kg) im Jahre 1922 auf die einzelnen Nationen verteilt. Der Menge nach ist die Reihenfolge: Groß-Britannien 940000 t Norwegen 660000 t. Frankreich 195000 t. Deutschland 177000 t, Island 158000 t. Färöer 100000 t, Holland 96000. Schweden 70000 t, Dänemark (ohne Färoer) 50000 t. Mit Rücksicht darauf, daß sich der Wertertrag der Seefischereien nicht nur nach der Menge, sondern wesentlich auch danach richtet. wie die gefangenen Fische verwertet werden können. ergibt sich dem Werte nach eine andere Reihenfolge und zwar: Groß-Britannien 380 Millionen Goldmark, Frankreich 170 Millionen Goldmark. Norwegen 70 Millionen Goldmark. Holland 38 Millionen Goldmark, Deutschland 32 Millionen Goldmark. Dänemark (ohne Färoer) 26 Millionen Goldmark. Schweden 23 Millionen Goldmark. Island 22 Millionen Goldmark und Färoer 7 Millionen Goldmark.

Während also Deutschland der Menge nach an vierter und dem Werte nach an fünfter Stelle steht, kommt man zu ganz anderen Ergebnissen, wenn man rechnet, wie hoch sich der Betrag der nordeuropäischen Seefischereien, auf den Kopf der Einwohner jedes Landes berechnet, beläuft. Dann stehen weitaus an der Spitze die Färoer (nur 21000 Einwohner) mit einem Seefischereiertrag von 4760 kg auf einen Einwohner, dann folgt Island (94000 Einwohner) mit 1681 kg. Norwegen mit 254 kg, Groß-Britannien mit 20 kg. Dänemark ohne (Färoer) mit 16 kg, Holland mit 14 kg, Schweden mit 11 kg, Frankreich mit 5 kg und ganz zuletzt Deutschland mit 3 kg.

Diese Zahlen beweisen einerseits, wie groß der Ertrag der nordeuropäischen Seefischereien heute ist, andererseits, in wie geringem Umfange sich bisher Deutschland daran einen Anteil sichern konnte.

467. Sitzung. 4. Februar 1926.

Vorsitz: Bürgermeister Dr. Schramm.

1. Einzelne, durch einen in der vorhergehenden Sitzung gewählten Ausschuß formulierte Änderungen der Satzungen werden endgültig genehmigt und ein Neudruck der Satzungen beschlossen.

2. Der vom Schatzmeister vorgelegte Kassenbericht für 1925 wird genehmigt.

3. Die satzungsgemäß ausscheidenden vier Vorstandsmitglieder: Bürgermeister Dr. Schramm. Prof. Dr. Gürich. Direktor Riedel und Dr. Semmelhack werden wiedergewählt.

4. Vortrag: Franz Graf von Larisch-Moennich, Tegernsee: „Sturmwellen des Meeres und Brandung an Küsten und Inseln.“ (mit Lichtbildern).

In bezug auf den Inhalt des Vortrages und die prächtigen Bilder sei auf das Buch des Vortragenden verwiesen: „Sturmsee und Brandung" in Monographien zur Erdkunde. Bd. 33. Bielefeld und Leipzig 1925.

468. Sitzung, 4. März 1926.

Vorsitz: Bürgermeister Dr. Schramm.

Vortrag: Regierungsrat Dr. F. W. Mohr, Hamburg: „Politische und wirtschaftliche Probleme des Fernen Ostens. I. Die Lage in China und Japan." (Mit Lichtbildern.)

469. Sitzung. 11. März 1926.

Vorsitz: Bürgermeister Dr. Schramm.

Vortrag: Regierungsrat Dr. F. W. Mohr, Hamburg: „Politische und wirtschaftliche Probleme des Fernen Ostens. II. Die Lage in Südostasien." (Mit Lichtbildern.)

Der wesentlichste Inhalt des Vortrages in dieser wie in der vorigen Sitzung ist im Band XXXVII unserer Mitteilungen wiedergegeben.

470. Sitzung. 25. März 1926.

Vorsitz: Bürgermeister Dr. Schramm.

Vortrag: Dr. ing. Karl Klinghardt. Frankfurt a. M.: „Zwischen Angora und Ararat (Kulturelles und Politisches von einer Reise im Herbst 1925)"(mit Lichtbildern).

Der Redner sprach über seine Reise. die ihn in den Monaten September-Dezember 1925 von Konstantinopel über Angora. Kaisari. Siwas. Erserum bis an den Fuß des Kaukasus und in die östlichen Gebiete der Türkei führte. Der Redner, der mit Land und Leuten seit fünfzehn Jahren verwachsen ist. führte die Zuhörer sogleich mitten hinein in die gewaltigen kulturellen Umstellungen, mit denen die genialen Führer in Angora das türkische Volk in die Zivilisation und über diesen Weg zu Weltbedeutung und Wohlstand führen wollen. Es ist ein Irrtum. zu glauben. die neue Türkei sei deshalb religionsfeindlich. Allein die Tatsache der strengen Feiertagsheiligung und des glänzenden Moscheebaues. den Mustafa Kemal Pascha unweit seiner Residenz demnächst beginnen wird, zeigen, daß man dem islamischen Glauben und seiner Ausübung nicht zu nahe treten will. Was man mit den Kulturmaßnahmen beabsichtigt, ist, den Geist der gesamten Bevölkerung zu öffnen für die westliche Zivilisation, deren man bedarf. um mit den Mitteln der neuzeitlichen Technik die Bodenschätze zu heben, Verkehrslinien zu schaffen. und sich als konkurrenzfähig in das Wirtschaftsgewebe des Erdballs einzufügen. Der Beginn dieser Epoche zeigt sich in dem Eifer, mit dem die Bahnbauten Angora—Kaisari. Siwas—Erserum und Samsun—Siwas unter türkischer Leitung vorwärts getrieben werden. Er zeigt sich im Automobilverkehr. der sich in allen Teilen des Landes einzubürgern beginnt, und nicht zuletzt zeigt er sich im Schulbetrieb. der auf überraschend moderne Basis gestellt ist. wovon der Redner sich in tagelangen Besuchen in den betreffenden

Instituten überzeugte. In zwanzig bis fünfundzwanzig Jahren, so versicherten Ismet Pascha und die Minister dem Vortragenden, hoffe man den Titel eines zivilisierten Volkes wirklich zu verdienen. Es ist zu wünschen, daß den Türken diese Zeit friedlichen Vorwärtsstrebens vergönnt sein wird. Aber man weiß es nicht.

Hier beleuchtete der Redner in großen Zügen das politische Problem der Türkei: den Haß Englands, die imperialistischen, großasiatischen Tendenzen, die Rußland auch als Freund gefährlich machen, die schwankende Haltung Frankreichs, das Ränkespiel des von England überall gestützten Griechenland, die großmannssüchtigen Absichten Italiens auf Südgebiete Kleinasiens, das leichte Hineinspiel der balkanischen Verhältnisse und schließlich das gewisse finanzielle Interesse, das Amerika, hauptsächlich mit Bezug auf die Petroleumfrage mit der Türkei verbindet; immer noch ist die Propaganda gegen die Türkei nicht eingeschlafen. Ganz Griechenland, die gesamte englische Presse und teils auch Amerika, von den Armeniern beeinflußt, beteiligen sich daran. In das Geschick der türkischen Diplomatie kann man alles Zutrauen haben, aber vorläufig ist die nächste Zukunft des Landes durch das Mossulproblem beschattet. Das türkische Recht auf Mossul und damit der Entscheid des Völkerbundes als Fehlentscheid steht unbedingt fest, und zwar nach dem eignen Gutachten der Januar 1925 an Ort und Stelle entsandten Völkerbundskommission unter dem ungarischen Grafen Teleki. Freilich hat England diesen Bericht beiseite geschoben und — unmittelbar vor der Schlußsitzung in Genf — durch den Bericht des estnischen Generals Laidoner eine den Türken ungünstige Stimmung hervorzurufen gewußt mit dem altbekannten Thema der Christengreuel. Die Machtmittel Englands, besonders die finanziellen, sind stärker als die der Türkei, aber überall kriselt es im Gebäude des englischen Imperialismus, und so ist der Staat nicht frei für einen kriegerischen Gebrauch seiner Macht. Die Türkei hingegen verfügt außer über ihr Recht uneingeschränkt über die vielbewährte zähe Kraft ihres Volkstums, die mit geschlossenem Willen hinter ihr steht.

471. Sitzung. 8. April 1926.

Vorsitz: Bürgermeister Dr. Schramm.

Vortrag: 1. Dr. W. Semmelhack, Hamburg: „Kurze Mitteilung über den Zustand der Pflanzungen in Kamerun 1925“ (mit Lichtbildern.

2. H. K. E. Krüger, Bensheim a. d. Bergstraße: „Die hessische Grönland-Expedition 1925“ (mit Lichtbildern).

Die Expedition verfolgte einen doppelten Zweck. Als Vorexpedition für eine größere geplante arktische Forschung diente sie der Sammlung expeditionstechnischer Erfahrungen, der Erprobung verschiedener technischer Einzelheiten der Ausrüstung und dem Vertrautmachen mit den Ernährungsverhältnissen des Nordens. Daneben aber verfolgte sie auch selbständige wissenschaftliche Zwecke auf dem Gebiet der Geologie und Geographie, die wohl auch größtenteils erreicht wurden. An der Expedition nahmen teil: H. K. E. Krüger als Geologe und Leiter und Professor Dr. Klute als Geograph. Dazu kam ein Stab von eingeborenem Personal, der je nach Bedarf ergänzt wurde. Mit dem dänischen Regierungsdampfer Hans Egede ging die Reise bis Umanak an der Westküste, wobei entlang der Westküste die meisten Ansiedlungen angelaufen wurden. Von Umanak wurde dann die eigentliche Expedition angetreten, und es wurden im Boot, mit Schlitten und zu Fuß annähernd 1000 km zurückgelegt in dem Forschungsgebiet, das sich vom 71. bis zum 65. Breitengrade erstreckte. Es wurde die Halbinsel Nuksuak überquert und zwar im Sommer, was bisher noch nicht geschehen war. Somit konnten wertvolle geologische Aufschlüsse dort gewonnen werden.

Die geologischen Verhältnisse liegen ziemlich einfach, da tatsächlich nur zwei Formationen in Frage kommen: im überwiegend größten Teil des Gebietes die archäische Gneisformation und auf der Insel Disko und dem westlichen Teil von Nugsuak Sedimente der oberen Kreide und des unteren Tertiärs. Es erstreckte sich daher die Erforschung des Gebietes besonders auf die petrographischen Verhältnisse. Es wurde eine Sammlung von über 550 Belegstücken und seltenen Mineralien mitgebracht.

Die geographische Forschung erstreckte sich hauptsächlich auf die Morphologie des Landes und ihre Gestaltung durch die starke Eisbedeckung. Eine frühere Hebung des Landes und eine jetzt wieder eingetretene Senkung konnten nachgewiesen werden.

Nebenher wurden Beobachtungen gesammelt auf dem Gebiete der Wirtschaftsgeographie, der Anthropogeographie, der Flora und der Fauna. Eine kleinere Sammlung von Tranlampen, Harpunen und Pfeilspitzen, die zum größten Teil aus Gräbern stammen, wurde angelegt. Mitte November wurde in Holstenborg der Anschluß an den letzten Dampfer nach Europa vor Beginn des Winters erreicht und die Expedition traf Anfang Dezember wieder in Kopenhagen ein.

472. Sitzung. 22. April 1926.

Vorsitz: Geh. Reg. Rat Prof. Dr. Stuhlmann.

Vortrag: Univ.-Professor Dr. Passarge, Hamburg. „Geographische Eindrücke auf einer Reise durch Palästina 1925“. (mit Lichtbildern).

473. Sitzung. 6. Mai 1926.

Vorsitz: Bürgermeister Dr. Schramm.

Vortrag: Privatdozent Dr. H. Mortensen, Göttingen: „Wirtschaftsleben und wirtschaftliche Gliederung Chiles (auf Grund einer 1925/26 ausgeführten Reise)“ (mit Lichtbildern).

Der Vortragende unternahm gemeinsam mit Dr. Berninger, Erlangen, einer Einladung des bekannten deutsch-chilenischen Arztes Dr. Martin (Concepcion) folgend, eine Reise nach Chile. Die Reise führte durch das ganze bewohnte Chile, dessen Längserstreckung der Entfernung von Berlin nach der Sahara entspricht, dessen Breite jedoch durchschnittlich nur knapp 200 km beträgt. Im Anschluß daran ging der Redner kurz auf die natürlichen Verhältnisse Chiles ein (insbesondere Oberflächengestalt und Klima) und entwickelte daraus die 4 Hauptwirtschaftsgebiete Chiles.

Bezüglich der Oberflächengestalt ist wichtig die Dreiteilung in Hauptkordilleren (Cordillera de los Andes), Großes Längstal und Küstenkordillere. Das „Längstal" ist nicht überall ausgebildet: so fehlt es nördlich Santiago auf eine Längserstreckung von ungefähr 800 km.

Ebenso wichtig wie die Oberflächengestalt, ja vielleicht noch wichtiger, ist das Klima. Das ganze bewohnte Chile ist, soweit es überhaupt Regen erhält, ein Gebiet vorwiegender Winterregen. Der Süden, also das Gebiet zwischen Puerto Montt und Concepcion, erhält im ganzen ausreichende Regenmengen. Die Landwirtschaft ist dort im allgemeinen ohne künstliche Bewässerung möglich. Mittelchile, also das Gebiet von Concepcion bis hart nördlich Santiago-Valparaiso, erhält nicht mehr genügend Regen. Eine intensive Landwirtschaft ist dort nur mit Hilfe künstlicher Bewässerung durchführbar. Weiter nach Norden, im Übergangsgebiet zwischen Mittelchile und der nordchilenischen Salpeterwüste, sind die Niederschläge bereits so gering, daß das Wasser der Flüsse nur zur Bewässerung der unmittelbar längs der Gewässer liegenden Geländestreifen ausreicht. Die Landwirtschaft spielt daher in diesem Gebiet, dem sogenannten „Kleinen Norden", nur eine geringe Rolle. Dafür tritt hier der Bergbau, insbesondere auf Kupfer, auch Silber, in den Vordergrund. Die eigentliche Wüste hat durch einen gewissen Bergbau, insbesondere aber durch ihren Salpeter, eine besondere Bedeutung für das Land.

Die wirtschaftliche Eigenart der vier Hauptwirtschaftsgebiete wurde eingehend besprochen. Besonderen Wert legte der Redner darauf, an geeigneten Stellen Parallelen mit den deutschen Verhältnissen zu ziehen, um nicht nur die chilenischen Verhältnisse unserem Verständnis näher zu bringen, sondern besonders auch zu zeigen, welche Lehren wir für uns aus den chilenischen Verhältnissen zu ziehen haben.

In dieser Beziehung dürfte der Nachweis von einem gewissen Interesse sein, daß die in Chile übliche reichlich primitive Raubwirtschaft am Walde bedingt ist durch den großen Kapitalmangel, der in Chile seit Jahrzehnten herrscht. Der Kapitalmangel hat die weitgehende Intensivierung in der Landwirtschaft, aber auch in anderen Wirtschaftszweigen, vielfach verhindert. Er ist, genau wie in Deutschland, bedingt durch eine dauernde, allerdings sehr langsam gehende Geldentwertung, und geht parallel mit einer weitgehenden Überfremdung der gesamten nationalen chilenischen Wirtschaft. Diese Überfremdung äußert sich in allen Wirtschaftszweigen, am deutlichsten vielleicht im Bergbau und in der Salpeterproduktion. Eine Besserung der Verhältnisse ist, nachdem sie erst einmal so weit gediehen sind, kaum zu hoffen.

Auf einzelne Schäden des chilenischen Wirtschaftslebens, insbesondere auf den Vorrang, den die nicht selten schwindelhafte Spekulation vor der werteschaffenden Produktion besitzt, wurde offen hingewiesen.

Die Lage des Salpeters ist im Augenblick nicht so schlecht, wie man es nach der starken Konkurrenz des deutschen künstlichen Salpeters erwarten sollte. Über die Zukunft des Salpeters kann man im Augenblick nichts sagen, da die Konkurrenzfähigkeit des chilenischen Salpeters nicht nur von dem zukünftigen Weltbedarf abhängt, sondern auch in sehr hohem Maße von der Zollpolitik des chilenischen Staates. Auf jeden Fall beginnt der chilenische Staat seine Steuerpolitik, die bisher rein auf die Erträge der Salpeterausfuhr eingestellt war, umzustellen und zu einer normalen Steuererhebung überzugehen, wie sie in anderen Ländern üblich ist.

An verschiedenen Beispielen wurde gezeigt, daß der Klassengegensatz in Chile wesentlich schärfer ist, als er jemals in Deutschland war. Die gedrückte Lage des chilenischen Arbeiters Hand in Hand mit seiner mangelnden beruflichen Zuverlässigkeit ist es, die neben dem Kapitalmangel eine Intensivierung der chilenischen Wirtschaft als wenig aussichtsreich erscheinen läßt.

474. Sitzung. 7. Oktober 1926.

Vorsitz: Geh. Reg. Rat Prof. Dr. Stuhlmann.

1. Die Versammlung genehmigt den vom Vorstande und Beirat einstimmig gefaßten Vorschlag, dem Meteorologen und Klimatologen Wladimir Köppen die goldene Kirchenpauer-Medaille zu verleihen.

2. Vortrag: Dr. Kaj Birket-Smith, Kopenhagen: „Mit Knud Rasmussen unter den Ureskimos (1921—1924)“ (mit Lichtbildern).

Der Vortragende berichtete über seine Erlebnisse auf der sogenannten fünften Thule-Expedition unter der Leitung von Knud Rasmussen. Diese Expedition wurde wie die vorhergehenden wesentlich unterstützt durch die Handelsstation Thule im Kap York-Distrikt in Nordgrönland und war gerichtet nach dem arktischen Amerika. Sie stand unter der Führung von Knud Rasmussen und dauerte von 1921—24. Man darf wohl annehmen, daß für die Leitung niemand besser geeignet war, als Knud Rasmussen, der — in Grönland geboren und selbst Eskimoblut in seinen Adern — sein ganzes Leben des Eskimoischen Volkskunde gewidmet hat. Eben dieser Teil der außergrönländischen Eskimokultur war bisher ziemlich vernachlässigt, und die Aufgabe konnte natürlich nur von einem Forscher mit der intimen Kenntnis der Eskimosprache und -psyche, wie sie eben Knud Rasmussen hat, gelöst werden. Außerdem waren systematische Ausgrabungen der alten Eskimowohnplätze an der Hudsonbay nie unternommen, und für die Frage über die Einwanderung der Eskimos nach Grönland gab es deshalb hier ein interessantes Feld. Ferner lockte auch das große Problem über das Verhältnis der Eskimos zu den Indianern, das eigentlich dasselbe wie die Frage über die Herkunft der Eskimos war.

An der Expedition nahm der Vortragende als Ethnograph und Geograph teil. Im September 1921 erreichte die Expedition die Hudsonbay, nach einem kurzen Besuch in Grönland, und errichtete dort ihr Hauptquartier auf einer kleinen Insel nördlich von Vansittart

Island. Ihr Haus bildete den natürlichen Ausgangspunkt für die Reisenden, da die Mitglieder der Expedition hier im Norden, Westen und Süden von heidnischen und sehr wenig bekannten Eskimos umgeben waren. Die Entfernungen sind indessen in diesem Lande so groß, daß die fünfte Thule-Expedition nicht eine, sondern eine Reihe von einander unabhängigen Expeditionen bildete. Im ersten Winter reiste der Vortragende mit Knud Rasmussen nach Süden und verbrachte den folgenden Sommer auf den großen Tundren im Binnenlande westlich von der Hudsonbay. Es lebt hier die merkwürdigste Gruppe aller Eskimos, die bisher gar nicht studiert war, eine Bevölkerung, die in Körperbildung und Sprache durchaus echte Eskimos sind, aber nie ans Meer kommen.

Das folgende Jahr trat Knud Rasmussen seine große Schlittenreise durch die Nordwestpassage an, verbrachte den Sommer auf King-Williams-Land unter den Netsilikeskimos, begann die Reise wieder im Herbst 1923 und traf im Frühjahr 1924 an der Beringstraße ein nachdem er die längste bisher vollführte Schlittenreise unternommen und überall ein außerordentlich wichtiges folkloristisches Material gesammelt hatte.

Der Vortragende selbst hatte sich schon früher nach dem Süden begeben und verbrachte den Sommer teils bei Eskimo-Point, teils bei den Chipeuyan-Indianern am Churchill.

Unter den ethnologischen Ergebnissen hob der Vortragende hervor, daß er überall an den Küsten von Hudsonbay und der Nordwestpassage Spuren einer älteren Eskimo-Bevölkerung gefunden hat, die kulturell sehr deutlich von der heutigen abwich, indem sie z. B. in weit höherem Grade als diese von Seetierjagd lebte, aber bis in Kleinigkeiten eine staunenswerte Übereinstimmung mit der Alaska- und Grönlandkultur zeigt. Diese alte Kultur ist durch das Hervordringen einer Völkerwelle vom Inland verdrängt. Die jetzigen Zentraleskimos nehmen eine kulturelle Mittelstellung ein zwischen den echten Seetierjägern von Alaska und Grönland einerseits und den eigentlichen Binnenlandeskimos andererseits. Diese letzten haben überhaupt keine Verknüpfung mit der See, und ihre Kultur zeigt einen sehr altertümlichen Typus. Aus verschiedenen Gründen, die hier zu erklären zu weit führen würde, lassen sich in der Eskimo-Kultur die folgenden Schichten unterscheiden:

1. Die älteste Schicht hat sich im Zentralgebiet ausgebildet, und von dort haben sich diese ältesten Eskimos nach Westen und Osten verbreitet.
2. In Alaska hat sich später eine höhere Kultur, die durch enge Anknüpfung an das Meer charakterisiert ist, ausgebildet, und diese hat allmählich das ganze Eskimogebiet bis nach Grönland infiltriert.
3. Auf den großen Tundren im Binnenlande war indessen ein Rest der Ureskimos geblieben, dieser ist in recht später Zeit nach dem Meer hervorgedrängt und hat sich als eine dritte Schicht über die von Alaska herrührende überlagert. Nur ein unbedeutender Rest der Ureskimos ist bis zur neuesten Zeit im Binnenlande geblieben.

und das sind die sehr altertümlichen Renntiereskimos, die wir auf dem Barrenground studierten.

(Vergl. das Buch: „Knud Rasmussen: Rasmussens Thulefahrt, zwei Jahre im Schlitten durch unerforschtes Eskimoland. Frankfurt a. M. 1926.)

475. Sitzung. 14. Oktober 1926.

Vorsitz: Geh. Reg.-Rat Prof. Dr. Stuhlmann.

Vortrag: Prof. Dr. Leo Wehrli, Zürich: „Reisen in den Atlasländern 1923, 1924 und 1925“ (mit Lichtbildern).

476. Sitzung. 28. Oktober 1926.

Vorsitz: Geh. Reg.-Rat Prof. Dr. Stuhlmann.

Vortrag: Fil. Lic. Sten Bergmann, Stockholm: „Auf Hundeschlitten durch Kamtschatka“ (mit Lichtbildern).

Im Jahre 1920 wurde in Schweden eine dreijährige Forschungsexpedition nach Kamtschatka organisiert. Der Zweck der Organisation war ausschließlich wissenschaftlich, sie wurde von der schwedischen Geographischen Gesellschaft unterstützt. Auf dem Programm standen in erster Linie zoologische, botanische und ethnographische Forschungen. Die Zahl der sämtlich schwedischen Teilnehmer war sechs.

Der Vortragende gab zuerst eine allgemeine Schilderung der Natur des Landes, die von zahlreichen Lichtbildern begleitet war und welche deutlich zeigten, daß diese entlegene vulkanreiche Halbinsel reich an großartigen abwechslungsreichen und wunderschönen Scenerien ist.

Danach schilderte der Redner die Bevölkerung des Landes und ihrer Nahrung. Die Schilderung wurde in Form der Beschreibung einer viermonatlichen Hundeschlittenreise gegeben, die der Redner mit seiner Frau als einziger Begleiterin machte. Zuerst machten die Zuhörer Bekanntschaft mit den Zughunden, und wie man mit ihnen fährt. Man lernte das harte Leben dieser bewunderungswerten Zugtiere kennen, ihre Ausdauer und Ergebenheit.

Die ersten Eingeborenen, die der Vortragende besuchte, waren die Kamtschadalen, die Urbewohner der Halbinsel. Unterstützt von zahlreichen Bildern gab der Redner eine Schilderung von dem harten Leben dieser Menschen. Ihre Nahrung gewinnen sie hauptsächlich durch die Jagd und Fischerei. Zobel und Bären sind ihr wichtigstes Wild. Der Redner gab in diesem Zusammenhang eine kurze Übersicht der Tierwelt des Landes und deren wirtschaftliche Bedeutung.

Der Vortragende beendigte seinen Vortrag mit einer kurzen Zusammenfassung der wissenschaftlichen Ergebnisse der Expedition.

(Vergl. das Buch des Vortragenden: Vulkane, Bären und Nomaden, Reisen und Erlebnisse im wilden Kamtschatka. Stuttgart 1926.)

477. Sitzung. 2. Dezember 1926.

Vorsitz: Bürgermeister Dr. Schramm.

Vortrag: Dr. C. Rathjens, Hamburg: „Bericht über eine Reise in Tripolitanien im Frühjahr 1926“ (mit Lichtbildern).

Der Vortragende berichtete über seine diesjährige Reise ins Hinterland von Tripolis. Es wurden zuerst die Ruinen der alten römischen Stadt Leptis Magna besucht, die nach der Zerstörung von Karthago durch die Römer die wirtschaftliche Erbschaft dieser Stadt antrat. Die Ruinen, die heute von den Italienern energisch freigelegt werden, sind durch den sie bedeckenden Wüstensand selten schön erhalten, so daß man besonders bei den Thermen mit ihren Statuen und ihren Warmwasserheizungen das Gefühl hat, als hätten die Römer sie eben verlassen.

Der zweite größere Ausflug führte nach Süden durch die Steppenebenen der Djefara zum 800 m hohen Steilrand des eigentlichen Wüstenplateaus, dem sogenannten Djebel, dem wirtschaftlich wichtigsten Teil der Kolonie Tripolitanien. Hier wurden die eigenartigen Höhlenstädte des Djebels Sharian besucht, die hier in West-Tripolitanien bis nach Ost-Tunesien eine ganz lokale Verbreitung haben und kulturell mit keinen anderen Höhlenbauten in Verbindung gebracht werden können. Es handelt sich um Schachthöhlen. die senkrecht in die Erde gebaut sind, von deren Grunde dann die eigentlichen Wohnhöhlen ausgehen. Die Reise wurde bis zum Djebel-Jefren fortgesetzt. Weiter nach Süden wurde ein Vordringen von den Italienern verhindert, deren Front gegenüber dem unabhängigen Gebiet der Senussi bereits 50 km südlich lag. Der Rückmarsch wurde auf einem anderen Wege durch die Djefara angetreten.

B. Fachsitzungen.

55. Fachsitzung. 28. Januar 1926.

(Zugleich 4. Sitzung der Landesgruppe Hamburg des Verbandes deutscher Schulgeographen.)

1. Bildhauer Brauer, Iserlohn: „Über ein neues Relief von Hamburg."
2. R. Berninghaus, Hamburg: „Über Wenschow-Reliefs."

56. Fachsitzung. 18. Februar 1926.

Dr. Semmelhack, Hamburg: „Oberflächengestalt und vulkanische Tätigkeit des Kamerungebirges" (mit Lichtbildern).

57. Fachsitzung. 18. März 1926.

(Zugleich 5. Sitzung der Landesgruppe Hamburg des Verbandes deutscher Schulgeographen.)

Prof. Dr. Schlee, Hamburg: „Neue Lehrpläne und Richtlinien für den Erdkunde-Unterricht an den höheren Schulen Hamburgs."

58. Fachsitzung. 20. Mai 1926.

Dr. E. Hinrichs, Lübeck: „Lage und Entwicklung der Föhrdenstädte in Schleswig-Holstein“ (mit Lichtbildern).

59. Fachsitzung. 4. November 1926.

(Zugleich 6. Sitzung der Landesgruppe Hamburg des Verbandes deutscher Schulgeographen.)

Dr. F. Schwieker, Bergedorf: „Hamburg eine stadtlandschaftskundliche Betrachtung“ (mit Lichtbildern).

60. Fachsitzung. 18. November 1926.

Dr. O. Tenz, Bremen: „Nach der Robinson-Insel“ (mit Lichtbildern).

61. Fachsitzung. 29. November 1926.

Prof. Dr. W. B. Schostakowitsch, Irkutsk: „Der ewig gefrorene Boden Sibiriens“ (mit Lichtbildern).

62. Fachsitzung. 16. Dezember 1926.

(Zugleich 7. Sitzung der Landesgruppe Hamburg des Verbandes deutscher Schulgeographen.)

Dr. F. Langloff, Hamburg: „Geographische Übungen auf der Oberstufe“ (mit Demonstrationen).

C. Ausflüge.

Am 13. Juni 1926: Im Kraftwagen durch Lauenburg und Stormarn über Gülzow—Segrahner Berge—Ratzeburg—Berkenthin—Eichede—Bargteheide—Hoisbüttel zum Studium der dortigen Glazialerscheinungen (Altmoränen, Jungmoränen, Sande usw.) und Siedelungen. Führung: Dr. K. Gripp und Dr. E. Koch.

Am 26. September 1926: Wanderung durch die Lüneburger Elbmarsch: Bardowiek—Bütlingen—Tespe—Niedermarschacht—Geesthacht (Vorgeest, Marsch, Elbtal, Siedlungen). Führung: Dr. E. Koch.

Berichte über die Bibliothek.

Die gründliche Revision der Bibliothek und insbesondere Nachprüfung der einzelnen Bände auf ihren Inhalt wurde fortgesetzt.

Einen breiten Raum nahm der Schriftwechsel wegen des Tauschverkehrs in Anspruch. Die Geographische Gesellschaft steht nunmehr wieder mit 147 Gesellschaften und Institutionen in regelmäßigem Austauschverkehr.

Es gingen insgesamt 408 Bände ein (unter Bänden sind Einzelwerke und abgeschlossene Jahrgänge von Zeitschriften zu verstehen). In dieser Zahl sind einige amerikanische Serienwerke nicht einbegriffen. die aus rasch aufeinanderfolgenden Publikationen von meist geringem Umfang bestehen; ihre Aufnahme würde das Wachstumsbild des Bestandes nur stören. Diese 408 Bände verteilen sich nach ihrer Herkunft folgendermaßen: Durch Tausch: 344, durch Kauf: 18, durch Schenkung: 46.

In diesem Zusammenhange bemerkenswert ist, daß durch die gemeinsame Initiative des Hamburgischen Staates, der Hamburgischen Handelskammer und der Hamburgischen Geographischen Gesellschaft es gelungen ist, eine wertvolle Spezialbibliothek für Hamburg zu erwerben. Es handelt sich um die Abessinien-Bibliothek des verstorbenen Abessinienforschers J. Bieber in Wien, die fast vollständig die seit dem Mittelalter über dies Land veröffentlichte Literatur enthält. Es war eine wissenschaftliche Notwendigkeit diese mühsam zusammengestellte Bibliothek als Ganzes zu erhalten. Die jetzt als Eigentum des Staates nach Hamburg gekommene Bibliothek umfaßt rund 1200 Stücke, ist in der Commerzbibliothek aufgestellt und wird dort verwaltet.

Abrechnung der Kassenverwaltung für 1926.

Einnahmen.

Barbestand am 1. Januar 1926	RM.	2451,88
Mitglieder-Beiträge (Mitglieder und Förderer)	„	9120,00
Erhaltene Zuwendungen:		
Hochschulbehörde	„	5000,00
Notgemeinschaft der Deutschen Wissenschaft:		
1. Für Druck der Mitteilungen	„	1500,00
2. Für Expedition Termer	„	6000,00
Verkauf von Mitteilungen	„	243,50
Zinsen	„	57,04
Inkasso von Schulgeographen-Beiträgen	„	11,00
Zinsloses Darlehen von Schlubach, Thiemer & Co.	„	1954,06
		26 337,48

Ausgaben.

Monatssitzungen und Vorträge		
Vortragshonorare, Reisevergütungen, Saalmieten, Lichtbilderapparate und sonstige Unkosten	RM.	3822,46
Verwaltung		
Büro-Unkosten der Geschäftsstelle, Telefon, Drucksachen und sonstige Unkosten	„	2822,81
Bibliothek		
Feuerversicherung, Erwerb von Zeitschriften, Büchern, Porto, Buchbinderarbeiten, Zuschuß zum Erwerb der Abessinien-Bibliothek	„	1269,57
Mitteilungen		
Kosten für die Herausgabe von Band XXXVII der Mitteilungen der Geographischen Gesellschaft	„	8708,30
Zuschuß zu den Exkursionskosten	„	139,00
Zuschüsse und Beiträge		
Für die Expedition Dr. Termer RM. 1000.— seitens der Gesellschaft, RM. 6000.— seitens der Notgemeinschaft	„	7000,00
Für die Reise von Prof. Dr. Mecking nach Ostasien	„	600,00
Für die Studienreise von Dr. Mühlhausen nach Irland	„	300,00
Für Verein Jordsand (Beitrag)	„	15,00
Goldene Kirchenpauer-Medaille	„	350,25
Barbestand am 31. Dezember 1926	„	1310,09
	RM.	26 337,48

Vermögensstand am 31. Dezember 1926.

Barbestand	RM.	1310,09
Wertpapiere		
RM. 11000.— 3½% Hamburger Staatsrente (Altbesitz, zwecks Ablösung bei der Norddeutschen Bank am 30. 9. 26 eingereicht) 2,5% Buchwert RM. 275.00		
RM. 250,00 Deutsche Ablösungs-Anleihe, mit RM. 250,00 Auslosungsscheinen (gegen eingereichte M. 10000.00 Deutsche Reichsanleihe [Kriegsanleihe II und IV] .... RM. 250,00	,,	525,00
Ludwig Friederichsen-Gedächtnis-Stiftung		
Saldo per 1. 1. 26.................... RM. 533,44		
Zinsen für 1926 27,01	,,	560,45
	,,	2395,54
abzüglich zinsloses Darlehen von Schlubach, Thiemer & Co.	,,	1954,06
	RM.	441,48

Hamburg, 8. Februar 1927.

Geprüft und einverstanden:

gez. Alfred Westphal gez. R. Schlubach als Schatzmeister. gez. Hans Crasemann

---

Mitgliederbestand am 31. Dezember 1926.

Ehrenmitglieder	16
Korrespondierende Mitglieder	13
Ordentliche Mitglieder, darunter 13 Förderer	806
Zusammen	835

(Die Veröffentlichung des vollständigen Mitgliederverzeichnisses wird nach dem Stande vom 31. Dezember 1927 in Band XXXIX unserer Mitteilungen erfolgen).

Aufnahme von F. Termer

Abb. 1. Blick auf das Indianerdorf San Juan Ixcoy von Süden. Die zerstreute Siedelungsweise ist typisch. Waldverwüstung.

Aufnahme von F. Termer

Abb. 2. Landschaftscharakter der Sierrenzone von Zentralchiapas. Flache Mulden, niedrige Hügel und Kuppen aus Kalk. Oberirdisch fließendes Wasser ist nur auf kurze Strecken vorhanden wie der Rio Vergel. Schüttere Kiefernwälder. In der Nähe des Wassers Viehweiden.

Aufnahme von F. Termer

Abb. 1. Auf dem Marktplatz in Barillas. Die indianischen Frauen in den Altos tragen lange, hemdartige Überwürfe (Huipiles) von weißer Farbe. Unter dem offenen Dach die Markthalle.

Aufnahme von F. Termer

Abb. 2. Christlich-heidnische Opferstätte der Indianer von San Martin Chileverde an der für heilig geltenden Laguna de Chicabal, einem Kratersee im Südwesten von Quezaltenango.

Fig. 1. Höhenschichtenskizze.

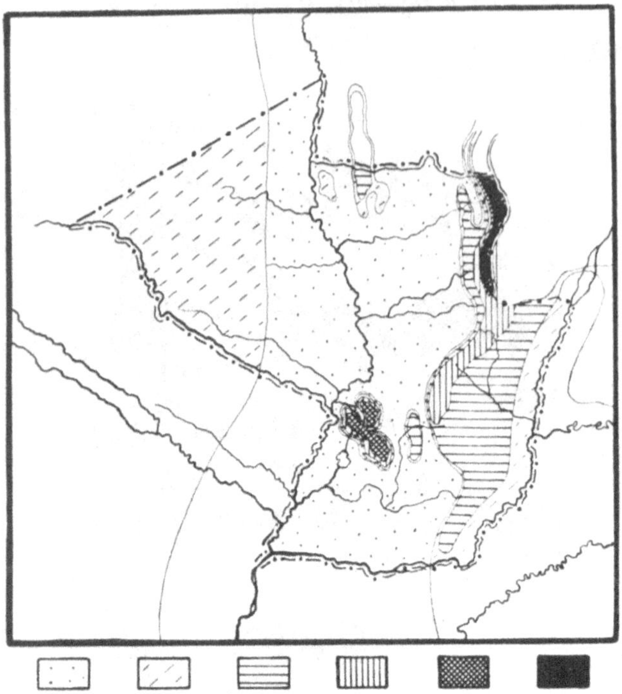

über 100 m | über 200 m | über 300 m | über 400 m | über 500 m | über 600 m

Fig. 2. Orographi

A. Amanbay-Plateau 1. Vorgelä
B. welliges Flachland mit einzelnen Bergl
4. Saty-Plateau 5. Apa-Bergland
7. Sierra de Villa Rica 8. süd
C. Flußtallandschaft des Para

Fig. 7. Hydrographische Gliederung.

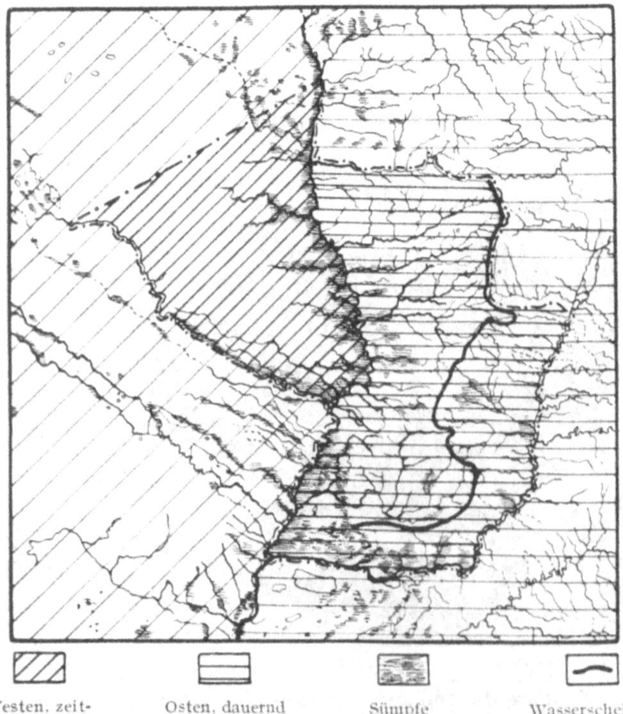

Westen, zeitweilig versiegende Flüsse, ausgeprägte Trockenzeit | Osten, dauernd fließende Flüsse, keine ausgeprägte Trockenzeit | Sümpfe | Wasserscheide

Fig. 8. Pflanzengeogra

immergrüner trop.-subtrop. Wald | Trockenwald

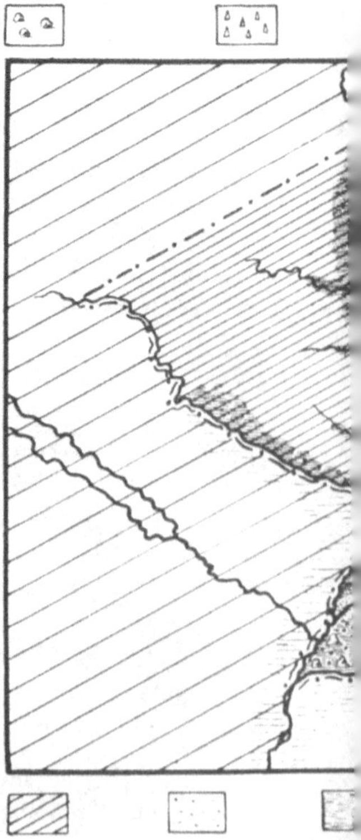

Parklandschaft des Chaco | Grasflur | Sumpfve

ng.

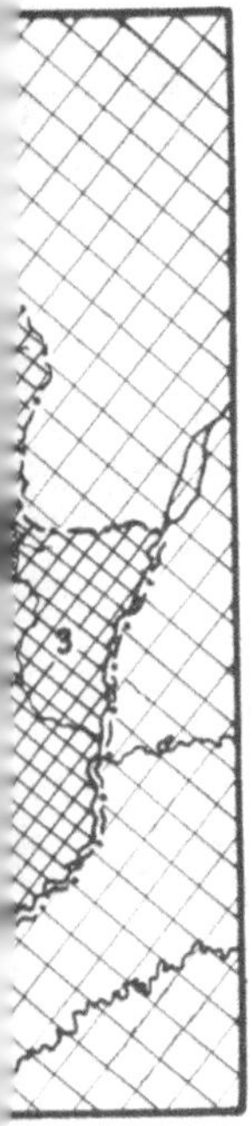

3. Plateau
nordparag. Bergland
) Südparag. Bergland
engerem Sinn
acoebene.

Fig. 3. Petrographisch-tektonische Gliederung.

Triassische Sandsteinschollen

Durchbruchstellen melaphyr. Gesteins

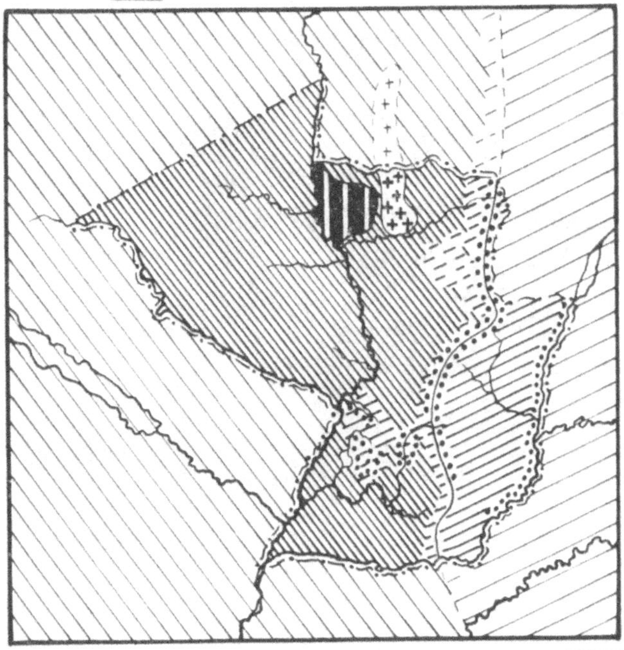

Palaeozoische Faltengebirge z. T. Horste

Kalkregionen

Tiefland mit (mesoz. bis tert.) marinen Ablagerungen u. alluvialen Aufschüttungen, vielfach Sumpfablagerungen

ederung.

Strauchvegetation auf wenig verwittertem Kalkboden

ation

Sandvegetation

Fig. 9. Gliederung nach der Ausgestaltung der Oberfläche.

nach O. geneigtes Plateau mit mäßiger Abtragung

Gebiete starker Abtragung und Schuttausfuhr

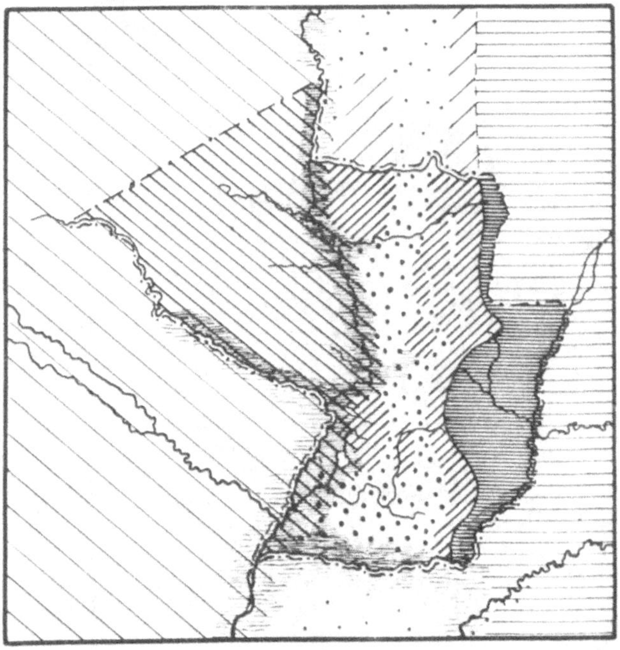

Gebiet mäßiger Abtragung und beträchtlicher, nach W. zunehmender Ablagerung

Paraguayflußtal und Chacoebene; Umlagerung und Schuttanhäufung

Sumpfgebiete

Fig. 4. Bodenkundliche Gliederung.

roter Boden, mehr lehmig — roter Boden, mehr sandig — schwarze Erde, Alluvionen der Flüsse

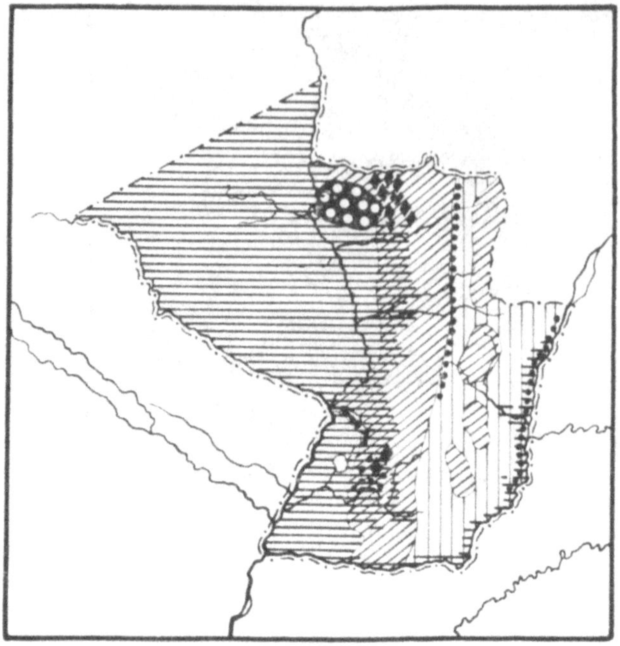

Kalkboden, verwittert — Granit, Gneisboden verwittert — Eruptivgestein, verwittert

Fig. 5. Verteilun

800 bis 1000 mm — 1000 bis 1200 mm

Fig. 10. Landschaftstypen in Paraguay. I. Regenlandschaften.

Sandstein-Regenwald-Bergwald — edaphisch bedingte Steppen und Trockenwald — Übergangsgebiet: Sandstein-Trockenwald-Tafelberglandschaft — Buschwald-schottergebiet

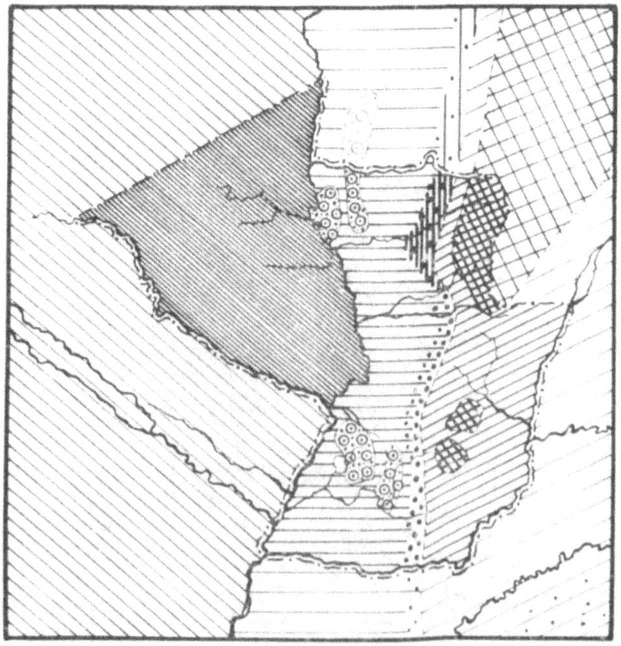

Galeriewaldsteppen-Aufklärungsflachland — Gesteinslandschaften innerhalb desselben — Parklandschaft in der Aufschüttungsebene des Chaco

Fig. 11. Lan

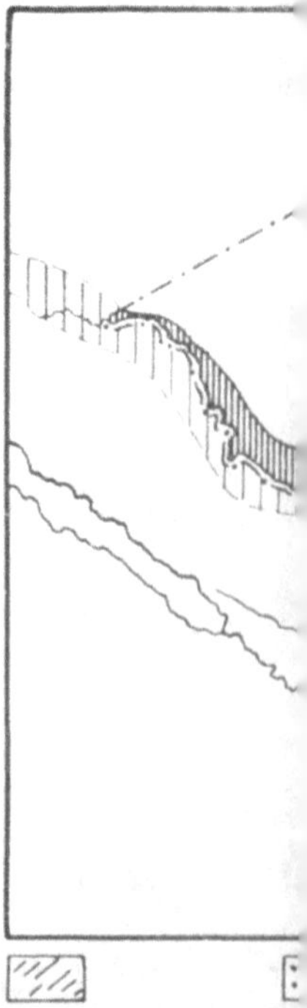

Nasse Landschaften in Osten, Sumpfwald, Grassümpfe etc. — Grundwa schaft der platte Para lich des U mungsg

n Niederschlagsmenge
avis.

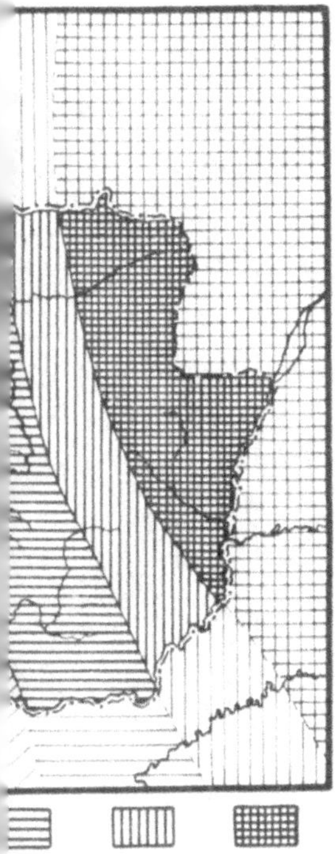

)0 bis
) mm

1600 bis
1800 mm

1800 bis
2000 mm

Fig. 6. Klimatische Gliederung.

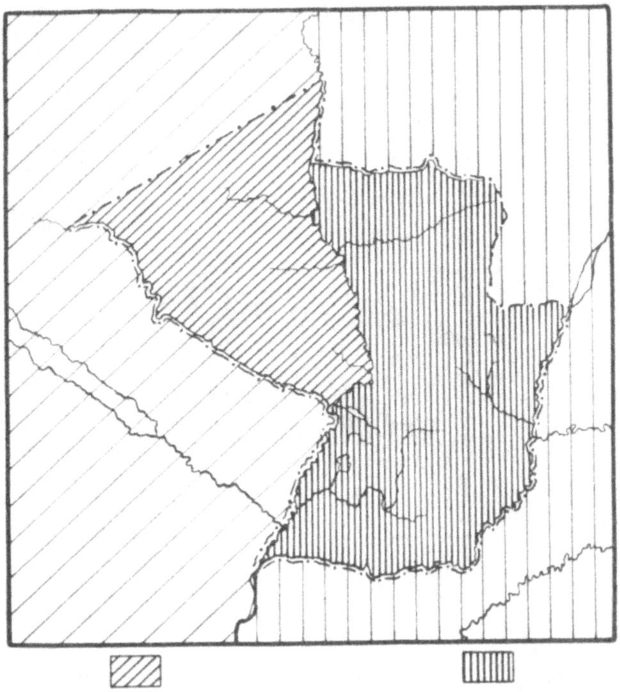

westliches, niederschlagsarmes Gebiet, mit Trockenzeit

östliches, niederschlagsreicheres Gebiet mit gleichmäßigerer Verteilung

n von Paraguay.
haften.

gesetzte Steppen,
mpf- und Über-
mmungslandschaft
des Paraguay

dasselbe am Pilcomayo

Fig. 12. Natürliche Landschaften.

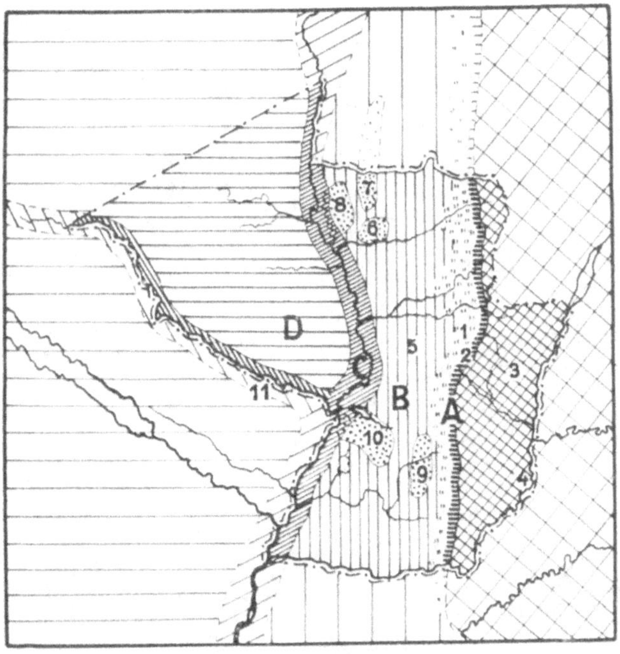

A. Amambayplateau 1. Vorgelände 2. Steilrand 3. Plateaurücken 4. Paranaflußtal
B. welliges Flachland 5. Hügellandplatte 6. Satyplateau 7. Apabergland
8. Kalksteppe 9. Sierra de Villa Rica 10. Südparag. Bergland
C. Paraguayflußtalung D. Chaco 11. Pilcomayoflußtal

Zu G. Niemeyer, Die südostspanische Steppe.

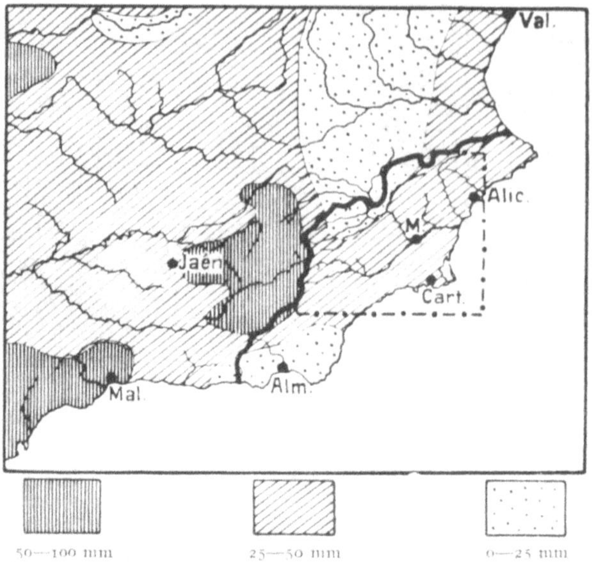

Karte 1. Regenmengen im Februar.

Karte 2.

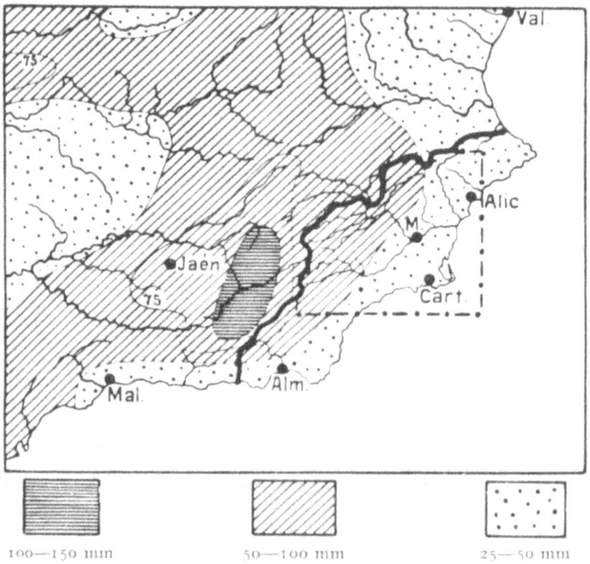

Karte 4. Regenmengen im April.

Karte 5.

(Karte 1—5 nach: Annales du B

— · — · — Umgrenzung des auf

——— Umgrenzung des im

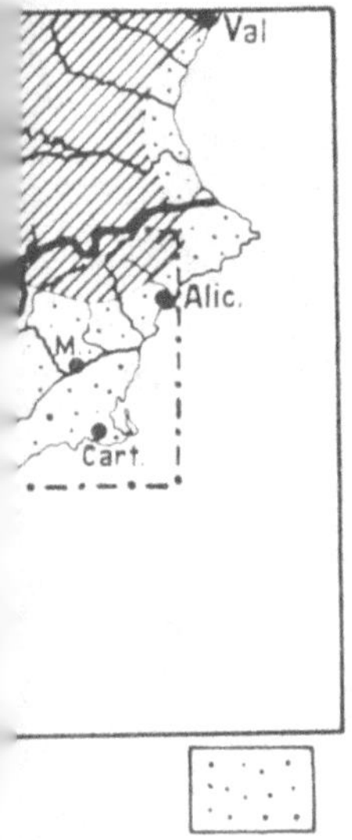

0—10 mm

n August.

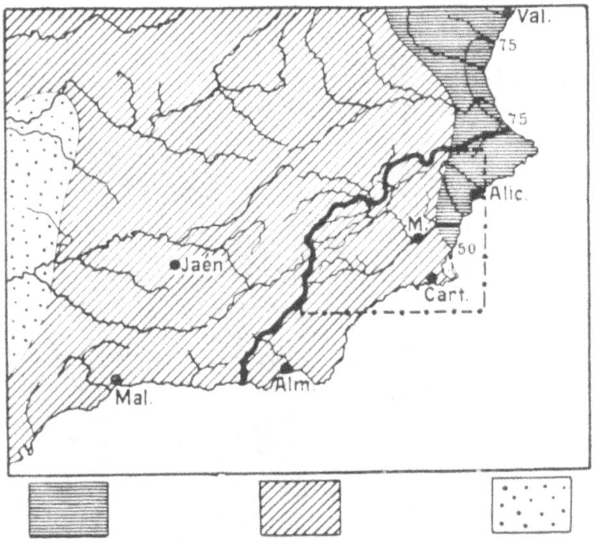

50—100 mm | 25—50 mm | unter 25 mm

Karte 3. Regenmengen im September.

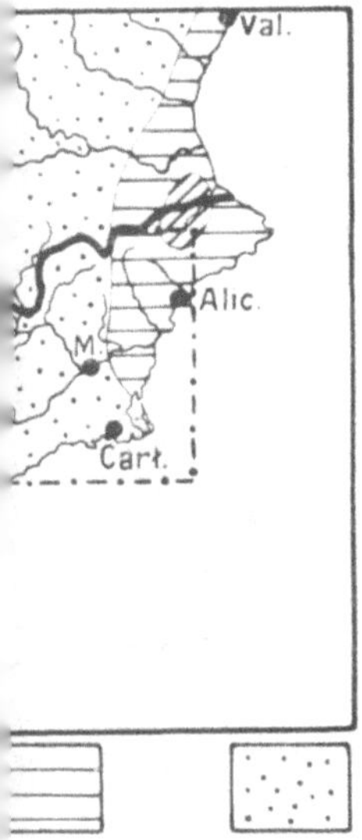

-600 mm | weniger als 400 mm

ı im Jahr.

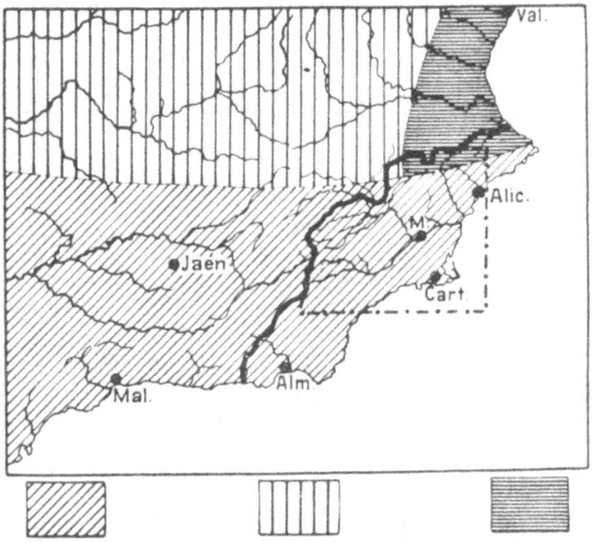

Afrikanische Zone | Kontinentale Zone | Mediterrane Zone

Karte 6. Klimaprovinzen (nach Willkomm).

ıétéorologique de France. 1893 I.)

largestellten Gebietes.

ile der Abhandlung behandelten Gebietes.

Karte 1

Karte 5

te 2

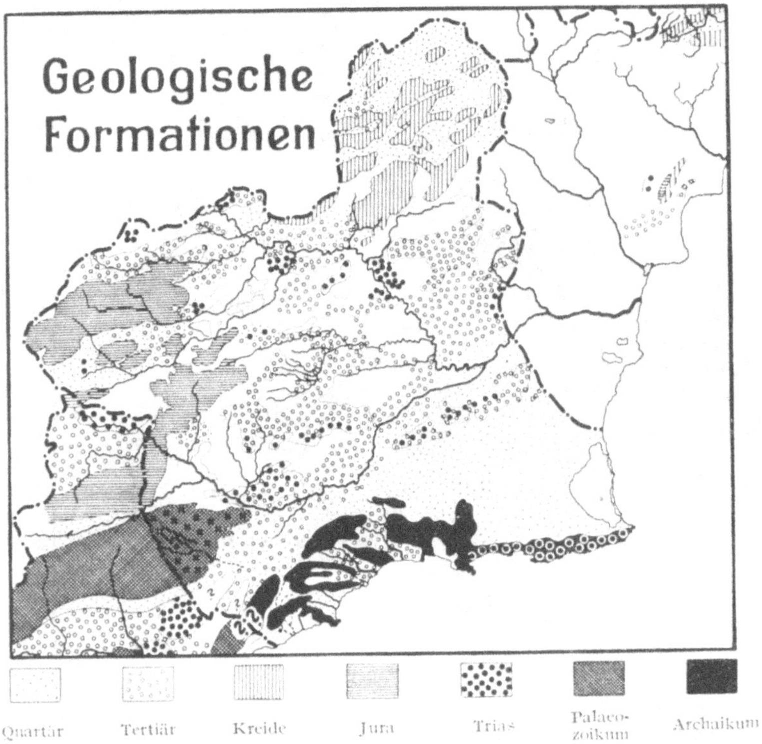
Geologische Formationen
Quartär
Tertiär
Kreide
Jura
Trias
Palaeo-zoikum
Archaikum

rte 6

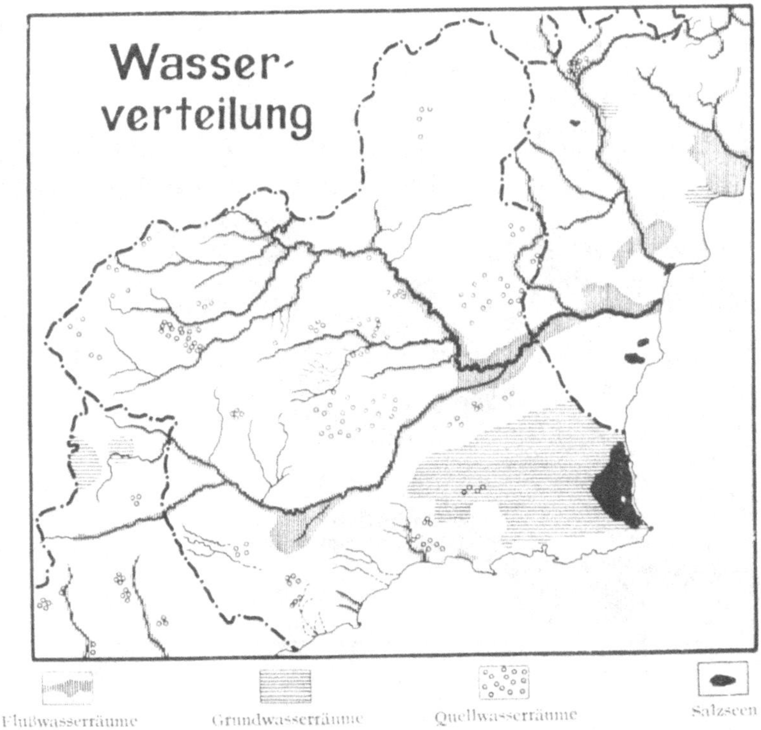
Wasser-verteilung
Flußwasserräume
Grundwasserräume
Quellwasserräume
Salzseen

Glimmerschiefer und Krystalline Marmore | Tonschiefer | Kalke | Eruptivgestein | Kalkig-tonige Nagelfluh

Karte 3

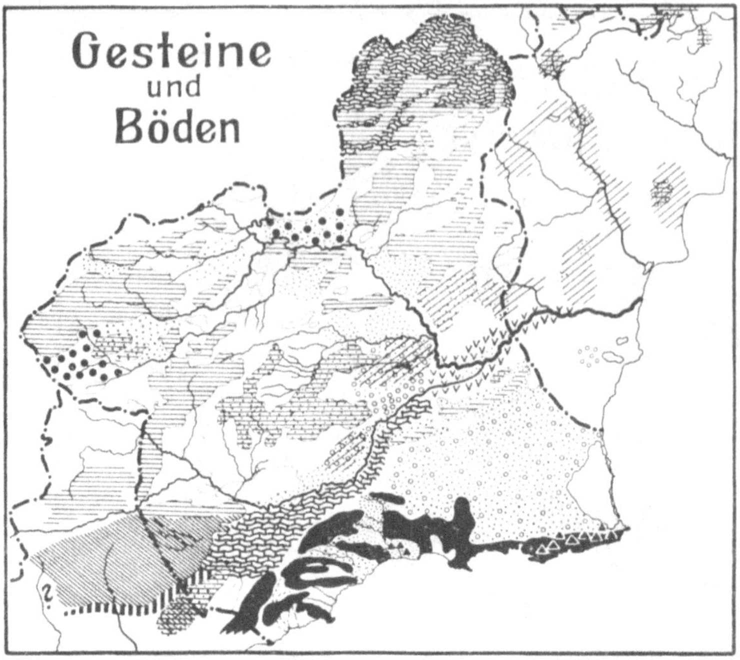

Gips | Grobe Kiesel | Erdiges, toniges Alluvium | stark salzhaltige Böden | mergelhaltige Böden | feinst-sandige Lehmböden

waldlose Gebirge und Hügelgelände | Halophythen-steppe | Halfasteppe | Labiatensteppe | Gebiete mit Kulturland

Karte 7

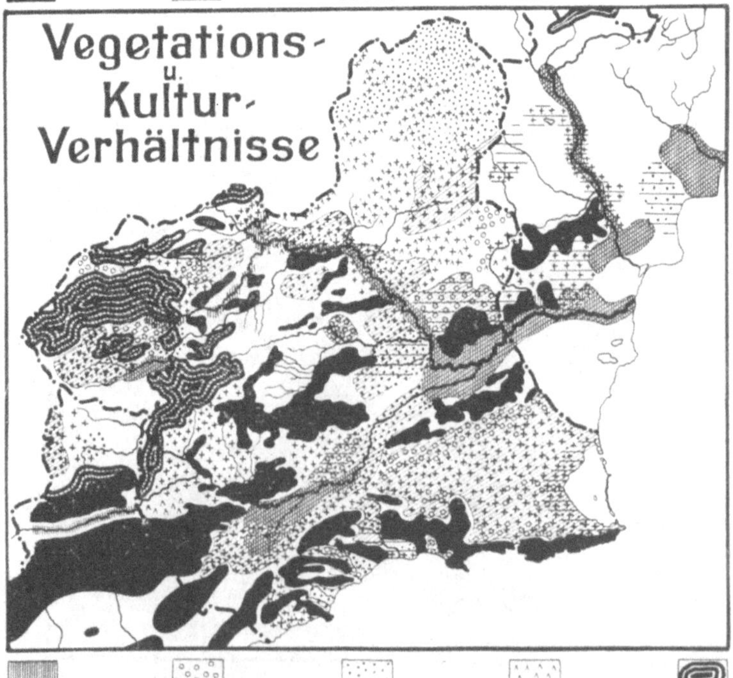

mit Flußwasser | mit Quell- oder Grundwasser | mit Regenwasser = Secano | lichte Kiefern-wälder | Waldgebirge

Regadio

K

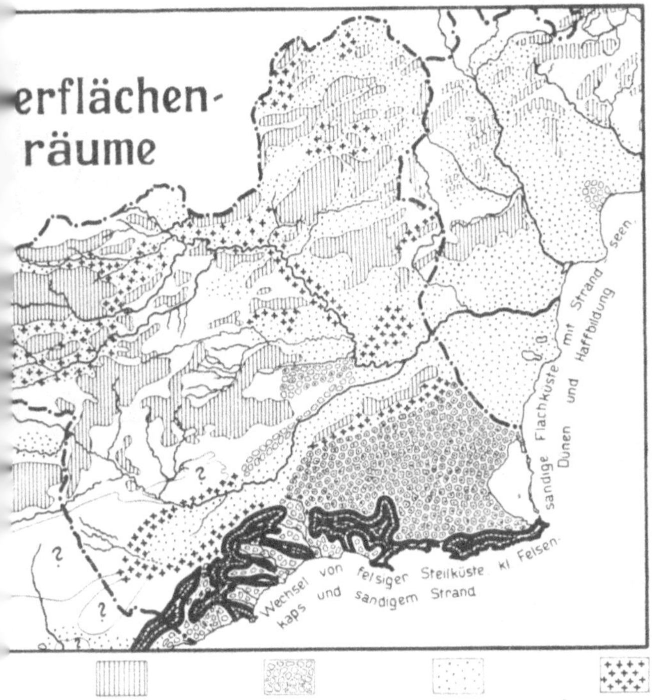

r / ge — wild zerrissenes Gebirgsland — abgerundetes Hügelland — Ebenen — Hügelland unbestimmter Ausbildung

Unterabteilungen der Litoralsteppe

ach- / nd — Halophytensteppenflach- und Hügelland — Kulturflachland in größer. Zusammenhängen; Campo Regadio vorherrschend

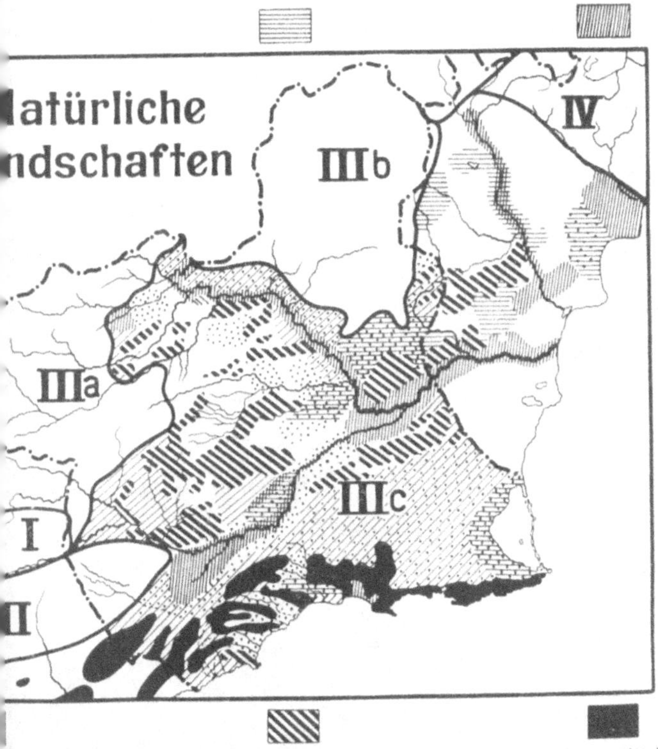

breitetes Kultur- / cano vorherrschend — Entwaldete Mittelgebirge — Entwaldete Mittelgebirge mit Erzgängen

Unterabteilungen der Litoralsteppe

I. Teilweise entwaldetes, wasserarmes Kalkhochgebirgsland. II. Entwaldetes Schiefermittelgebirgsland. III. Von Steppenmittelgebirgen durchzogenes Steppenflachland. a) Jurakalkwaldgebirgsland mit geringer Ebenenentwicklung. b) Trocknere Kreidekalkwaldsteppengebirge im Wechsel mit quartären Regenbauebenen. c) Litoralsteppe. IV. Gariguesbergland mit Steppeninseln.

Aufnahme von Dr. Gehrmann

Abb. 1. Campo de Dalias. Gebirgshang und Schichtenstreichen der Sierra de Gador an der Rambla de Cañuelos. Im Vordergrunde steiniges Secano-Feld.

Aufnahme von Dr. Gehrmann

Abb. 2. Campo de Dalias. Feinbodenablagerung im Ufer der Rambla de Cañuelos.

Aufnahme von Dr. Gehrmann

Abb. 1. Campo de Dalias. Las Marinas. — Steinfeld, Oberfläche.

Aufnahme von Dr. Gehrmann

Abb. 2. Durchstich und neues Flußbett des Rio Grande. — Wasserrinnen, Mitte Juni.

Aufnahme von Dr. Gehrmann

Abb. 1. Campo de Nijar. — Starke Quellansammlung. Vegetation.

Aufnahme von Dr. Gehrmann

Abb. 2. Campo de Nijar. — Esparto-Grasfeld.

Druck von J. J. Augustin in Glückstadt und Hamburg.

Kolibri 360 GmbH
Ferdinand-Jühlke-Straße 7
99095 Erfurt, Deutschland
produktsicherheit@kolibri360.de